Hermann Salmang, Horst Scholze, Rainer Telle (Hrsg.)
Keramik

Weitere empfehlenswerte Titel

Keramik
Band 1: Strukturen, Thermochemie, Sinterkinetik, Gefüge und Untersuchungsmethoden
Hermann Salmang, Horst Scholze, Rainer Telle (Hrsg.), 2022
ISBN 978-3-11-074234-3, e-ISBN (PDF) 978-3-11-074235-0,
e-ISBN (EPUB) 978-3-11-074252-7

Keramik
Band 3: Technologie von den Rohstoffen bis zur Hartbearbeitung
Hermann Salmang, Horst Scholze, Rainer Telle (Hrsg.), 2022
ISBN 978-3-11-074238-1, e-ISBN (PDF) 978-3-11-074239-8,
e-ISBN (EPUB) 978-3-11-074254-1

Keramik
Band 4: Silicatkeramik, feuerfeste Werkstoffe, Hochleistungskeramik und keramische Verbundwerkstoffe
Hermann Salmang, Horst Scholze, Rainer Telle (Hrsg.), 2022
ISBN 978-3-11-074240-4, e-ISBN (PDF) 978-3-11-074241-1,
e-ISBN (EPUB) 978-3-11-074255-8

Glass
Selected Properties and Crystallization
Jürn W. P. Schmelzer (Ed.), 2014
ISBN 978-3-11-029838-3, e-ISBN (PDF) 978-3-11-029858-1,
e-ISBN (EPUB) 978-3-11-036810-9

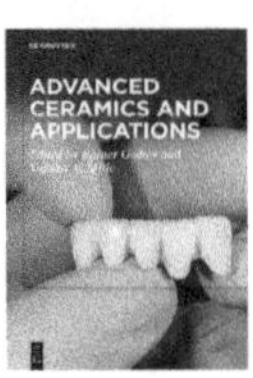

Advanced Ceramics and Applications
Rainer Gadow, Vojislav V. Mitic (Eds.), 2021
ISBN 978-3-11-062513-4, e-ISBN (PDF) 978-3-11-062799-2,
e-ISBN (EPUB) 978-3-11-062516-5

Glass Fibre-Reinforced Polymer Composites
Materials, Manufacturing and Engineering
Jalumedi Babu, J. Paulo Davim (Eds.), 2020
ISBN 978-3-11-060828-1, e-ISBN (PDF) 978-3-11-061014-7,
e-ISBN (EPUB) 978-3-11-060858-8

Keramik

Band 2: Thermische, mechanische, tribologische, optische, elektrische und magnetische Eigenschaften

Herausgegeben von
Hermann Salmang, Horst Scholze und Rainer Telle

8. Auflage

DE GRUYTER

Herausgeber
Professor Dr. rer. nat. Rainer Telle
Institut für Gesteinshüttenkunde,
Lehrstuhl für Keramik und feuerfeste Werkstoffe
RWTH Aachen University
Forckenbeckstr. 33
52074 Aachen
Deutschland
telle@ghi.rwth-aachen.de

Professor Dr. Hermann Salmang†
Institut für Gesteinshüttenkunde
RWTH Aachen
Aachen
Deutschland

Professor Dr. Horst Scholze†
Fraunhofer-Institut für Silikatforschung
Würzburg
Deutschland

ISBN 978-3-11-074236-7
e-ISBN (PDF) 978-3-11-074237-4
e-ISBN (EPUB) 978-3-11-074253-4

Library of Congress Control Number: 2022932903

Bibliografische Information der Deutschen Nationalbibliothek
Die Deutsche Nationalbibliothek verzeichnet diese Publikation in der Deutschen Nationalbibliografie; detaillierte bibliografische Daten sind im Internet über http://dnb.dnb.de abrufbar.

Coverabbildung: Bruchoberfläche von Siliciumnitrid-Keramik, REM-Aufnahme; Quelle: Max-Planck-Institut für Metallforschung, Stuttgart
Satz: VTeX UAB, Lithuania
Druck und Bindung: CPI books GmbH, Leck

www.degruyter.com

Vorwort zur achten Auflage, Band 2

Seit Erscheinen der 7. Auflage beim Springer-Verlag sind nunmehr fünfzehn Jahre vergangen; es ist eine Neue Deutsche Rechtschreibung eingeführt und teilweise wieder verworfen worden; gedruckte Exemplare sind vergriffen und müssen „on demand" nachproduziert werden, wobei die Publikation als E-Book im Vordergrund des Marketings steht. Daher bietet sich jetzt wieder eine 8. gedruckte Auflage an. Viele der zuvor in Urform belassenen Kapitel sind erneut grundlegend überarbeitet worden, wie z. B. die Bruchmechanik, neue Themen kamen hinzu wie die optischen Eigenschaften und das Verschleißverhalten. Im Detail sind auch viele kleine Fehler getilgt, auch dank aufmerksamer Leser, die den Mut hatten, Verbesserungsvorschläge zu machen und wertvolle Hinweise zu geben. Über 800 neue Literaturstellen sind recherchiert und eingearbeitet worden und erschließen zahlreiche brandaktuelle Kapitel wie z. B. über Additive Fertigungsverfahren.

Das Werk ist sowohl als Lehrbuch als auch als Nachschlagewerk für eine schnelle Übersicht gedacht. Es soll detaillierter informieren, wo Routine eingetreten ist, und weiterführende Hinweise auf umfassendere oder speziellere Literatur geben, soweit man den Forschungsstand der letzten fünfzig Jahre überhaupt verantwortlich aufarbeiten kann. Fehler, Unterlassungen und Ungenauigkeiten im Detail sind daher also unvermeidbar, wie bereits Salmang selbst in seinem Vorwort zur ersten Auflage anklingen ließ. Es gibt aber heute ein Hilfsmittel, dessen sich der Herausgeber gerne im Hinblick auf die fortlaufende Edition bedienen möchte:

salmangscholze@ghi.rwth-aachen.de

heißt der „Kummerkasten" bzw. die Anlaufstelle für Anregungen und Hinweise, aber auch für konstruktive Kritik. Der Leser ist eingeladen, sich seiner zu bedienen.

Für wertvolle Hinweise, die in der 8. Auflage berücksichtigt wurden, sei den Herren W. Bender, Fa. ECT Händle, Mühlacker, F. Gansert, Mülheim, J. Keiling, G. Müller, Freiberg, Th. Walter, Freiberg, und Frau I. Hofer-Maksymiw ganz herzlich gedankt. Mein ganz besonderer Dank ebenso wie meine ausdrückliche Hochachtung gilt darüber hinaus Herrn F. Mertz-Peiffer, Useldange, Luxembourg, der meine gesamten Texte äußerst kritisch und genau nicht nur gelesen, sondern geradezu durchgearbeitet hat. Herr Mertz-Peiffer hat Querverweise geprüft, Formeln nachgeschlagen und sogar nachgerechnet. Seine fachlich fundierten Fragen, Bemerkungen und Empfehlungen sowie seine konstruktive Kritik an ausnahmslos berechtigter Stelle haben mich angespornt, noch präziser zu recherchieren und zu formulieren. Dass man dabei übrigens auf reichliche Fehler, auch Plagiaturen früherer Autoren stößt, verstärkt den Spaß an der Arbeit. Herr Mertz-Peiffer hat dies alles unaufgefordert, völlig selbstlos, ohne jede Vergütung und nur aus Freude am Fachgebiet Keramik geleistet. Leider hat die Transskription des Textes von Microsoft Word zu LaTeX reichlich neue Fehler eingebracht,

https://doi.org/10.1515/9783110742374-201

vor allem im Bereich der Sonderzeichen und Kursiv-/Aufrechtschreibung von Variablen und Konstanten in den Formeln. Der Herausgeber ist sich nicht sicher, ob es gelungen ist, alle neuen Fehler bei der Durchsicht der Druckfahnen zu berichtigen.

Den Mitautoren sei für die wertvollen Fachbeiträge und – wie auch dem Verleger – für die Geduld ganz herzlich gedankt. Dank gebührt ferner Frau M. Ch. Debougnoux und Frau C. Schmitz für die abschließende Formatierung sowie in besonderem Maße Frau MA H. Wildfang, die sich mit unglaublicher Geduld der „Übersetzung“ des Textes der 7. Auflage in die Neue Deutsche Rechtschreibung gewidmet hat.

Ein besonderer Dank gilt auch allen denjenigen, die der Zitation ihres Bildmaterials zugestimmt haben. Ohne die Widergabe authentischer Darstellungen wissenschaftlicher Sachverhalte in Graphiken oder Fotografien würde nicht nur ein solches Werk an Wert verlieren, sondern auch manch wertvolle Erkenntnis im Chaos des Internets untergehen. Falls trotz aller Sorgfalt und Bemühungen dennoch Abbildungen fehlerhaft zitiert oder Rechte verletzt erscheinen sollten, bitten wir freundlich um Mitteilung, um unverzüglich Klärung und Abhilfe zu schaffen.

Das Werk war bereits im September 2018 druckreif. Leider haben die aufwändigen Vertragsverhandlungen mit dem Springer-Vieweg-Verlag wegen des neuen Urheberrechtes und des schwerfälligen juristischen Apparates des Großverlags über drei Jahre gedauert und letztendlich zur Rückgabe aller Rechte an den Herausgeber geführt. Hoffen wir, dass das Werk mit einem Wechsel zum Walter de Gruyter-Verlag, Berlin, nunmehr in die richtigen und auch fachkundigen Hände gelangt ist und für Drucklegung und Produktion nicht noch mehr Zeit beansprucht wird. Frau Karin Sora sei hier für den „Empfang mit offenen Armen“ herzlich gedankt.

Der Wechsel zu einem anderen Verlag hat es allerdings bedingt, das Werk mit seinen insgesamt 1845 Seiten in vier Bände aufzuteilen. Dies dient zwar einerseits der Handlichkeit sowie einer besseren Vermarktung; andererseits ist es schwierig geworden, Querverweise aufrecht zu erhalten. Auf Doppelung von Inhalten wurde jedoch verzichtet, so dass man gelegentlich in einem anderen Band Grundlagen oder verfahrenstechnische Dinge oder Anwendungen separat nachschlagen muss.

Die Aufteilung der Bände erfolgte thematisch von den Grundlagen bis hin zu speziellen Werkstoffen bzw. Werkstoffgruppen:

Band 1 umfasst die Kristallstrukturen keramisch-technologisch wichtiger Phasen, ihre Thermochemie mit Phasendiagrammen, die Sinterkinetik, Gefüge-, Oberflächen- und Grenzflächeneigenschaften sowie die Untersuchungsmethoden hierzu.

Band 3 ist der Technologie von den natürlichen und synthetischen Rohstoffen, ihrer Aufbereitung und Formgebung bis zur Hartbearbeitung gewidmet, während *Band 4* die einzelnen Werkstoffgruppen der Silicatkeramik, Feuerfesten Werkstoffe, Hochleistungskeramik und keramischen Verbundwerkstoffe von ihren spezifischen Eigenheiten und Anwendungen her bearbeitet.

Der hier vorliegende *Band 2* behandelt die thermischen, mechanischen, elektrischen, magnetischen, chemischen, optischen und tribologischen Eigenschaften mit ihren Grundlagen und anwendungstechnischen Gesichtspunkten sowie der erforderlichen Prüftechnik. Bei den Eigenschaften offenbart sich deren unglaubliche Bandbreite gegenüber allen anderen Werkstoffen und damit auch das hohe und bei weitem noch nicht ausgeschöpfte Potenzial ihrer Anwendung: Vom superharten Werkzeugwerkstoff bis zum weichen Festschmierstoff, vom vollständigen Isolator über den Ionenleiter und Halbleiter zum perfekten Supraleiter, vom ideal spröden bis zum quasiduktilen Material.

Die Beschäftigung mit diesem fast widersprüchlichen und schwierig zu beherrschenden Werkstoff erweist sich immer wieder als geradezu spannend und stets überraschend. Möge das Buch in gewollter Konkurrenz zum beliebten „Internet" dazu beitragen, altes Wissen zu bewahren, aktuelles zusammenhängend darzustellen und neue Erkenntnisse anzuregen und zu fördern.

Aachen, im April 2022 R. Telle

Aus dem Vorwort zur ersten Auflage

Das vorliegende Buch entstand aus dem Bedürfnis heraus, dem Praktiker und dem Studierenden der Keramik eine kritische Darstellung der Ergebnisse der keramischen Forschung zu geben. Dieses Bedürfnis wurde seit vielen Jahren stark empfunden und dem Verfasser von verschiedenen Seiten gegenüber geäußert, da die Verästelung der Forschung die Übersicht über ihre Ergebnisse immer mehr erschwert.

Da es an guten Büchern und Monographien über die keramische Technik nicht fehlt, sind alle Ausführungen über die keramische Technologie sehr kurz gehalten und die Beschreibung der Apparatur, Maschinerie und Ofenanlagen vollständig fortgelassen worden. Der Forderung des Tages ist weiterhin dadurch Rechnung getragen worden, daß gegenüberstehende Anschauungen nur dann eingehend behandelt wurden, wenn sie noch nicht geklärt waren oder die unterlegene Anschauung hohen wissenschaftlichen Wert hatte. Im Übrigen hat sich der Verfasser bemüht, nur die obsiegende Ansicht anzuführen. Die selbst auferlegte Beschränkung brachte es mit sich, daß längere geschichtliche Übersichten über die Entstehung der modernen Anschauung meist vermieden werden mußten. So kam es dazu, daß manche Arbeiten unserer Altmeister nicht entsprechend den Anregungen, die sie gaben, behandelt werden konnten. Mögen die Manen von Seger und anderer Meister dies dem Verfasser vergeben.

Aachen, im September 1933 H. Salmang

https://doi.org/10.1515/9783110742374-202

Autorenliste zur achten Auflage, Band 2

Dr. ir. V. A. M. Brabers
Technische Universität Eindhoven, MB Eindhoven (Niederlande):
Abschnitt 4

Prof. Dr. rer. nat. Dr.-Ing. h. c. Peter Quirmbach
Universität Koblenz-Landau, Institut für Integrierte Naturwissenschaften, Abteilung Chemie, Arbeitsgruppe Technische Chemie, Koblenz:
Abschnitte 5.6, 6.3 *(unter Mitarbeit von: W. Geist, M. Hölzgen, W. Weiand)*

Prof. Dr. rer. nat. Rainer Telle
RWTH Aachen University, Institut für Gesteinshüttenkunde
Abschnitte 1, 2, 5, 6.2.3, 7, *Anhang*

Prof. Dr. Rainer Waser,
RWTH Aachen, Lehrstuhl für Werkstoffe der Elektrotechnik II und Institut für Werkstoffe der Elektrotechnik
Abschnitt 3

https://doi.org/10.1515/9783110742374-203

Warnungen und rechtliche Hinweise

Dieses Buch enthält chemische Reaktionsgleichungen, die nicht dazu vorgesehen sind, in dieser Form experimentell nachgestellt zu werden, da ernsthafte Verletzungen an Personen oder Sachschäden durch Stoff-, Licht- oder Wärmeemissionen bei unsachgemäßer Anwendung nicht auszuschließen sind. Vor entsprechenden Versuchen wird daher dringend gewarnt; jede Haftung ist ausgeschlossen. Ferner enthält das Werk nichts, was religiösen oder rassistischen Hass hervorrufen, Terrorismus oder rechtswidrige Handlungen fördern oder welches diffamierend sein könnte oder arglistige Falschdarstellungen enthält oder das diesbezüglich anderweitig rechtlich belangbar sein könnte, einschließlich, aber nicht beschränkt auf Tatbestände im Zusammenhang mit Verletzungen, die sich aus der Verwendung einer in dem Werk genannten Handlungsanweisung oder Formel ergeben könnten. Es wird versichert, dass alle im Werk genannten angeblichen Tatsachen nach dem aktuellen Stand und Verständnis der Wissenschaft nach bestem Wissen und Gewissen wahrheitsgemäß und korrekt sind.

https://doi.org/10.1515/9783110742374-204

Inhalt

Über die Herausgeber

Prof. Dr.-Ing. Hermann Salmang

Geboren 1890 in Aachen, Studium der Chemie in Aachen und Berlin, Abschluss 1913; 1914 Promotion in Aachen im Fach Chemische Technologie über Kohlevergasung, Assistent am selben Institut, 1918 Heirat, 1925 Habilitation mit der Schrift „Über die Feuerfestigkeit der Tone"; Venia Legendi in „Technische Silikatchemie", 1926 Dozent und Leiter des Silicatabteilung am Institut für Eisenhüttenkunde, RWTH Aachen, 1928 Gründung des zunächst privaten Institutes für Gesteinshüttenkunde, 1930 Berufung zum außerordentlichen Professor, 1932 Ernennung zum Wissenschaftlichen Mitglied des Kaiser-Wilhelm-Institutes für Silikatforschung. 1933 Aberkennung der Lehrbefugnis, 1935 Abschiedsgesuch und Übersiedlung nach Maastricht, Leiter des Labors der Firma „De Sphinx"; 1948 Ablehnung des Rückrufes an die RWTH Aachen, ab 1953 Lehrtätigkeit am Institut für Gesteinshüttenkunde als o. Professor em.; 1954 Ernennung zum Auswärtigen Wissenschaftlichen Mitglied der Max-Planck-Gesellschaft; 1955 Verleihung der Seger-Plakette der Deutschen Keramischen Gesellschaft; 1960 Verleihung der Otto-Schott-Denkmünze der Deutschen Glastechnischen Gesellschaft; verstorben 1962 durch Unfall. Arbeitsgebiete: Bildsamkeit der Tone, Feuerfestigkeit von Tonen, Verschlackung feuerfester Stoffe, Konstitution von Silicatschmelzen, feuerfeste Werkstoffe für die Eisenmetallurgie, Hochtemperatureigenschaften feuerfester Erzeugnisse, insbesondere Wärmedehnung; keramische Schlicker; 70 Veröffentlichungen und zwei Bücher, seit 1933 Herausgabe des Werkes „Die physikalischen und chemischen Grundlagen der Keramik", Übersetzungen ins Französische und Spanische. Bildquelle: Archiv des Instituts für Gesteinshüttenkunde, Aachen

Prof. Dr. rer. nat. Horst Scholze

Geboren 1921 in Sohland an der Spree, 1946–1951 Studium der Chemie in Würzburg, 1953 Promotion zum Dr.rer.nat. bei Prof. Brieglab, Heirat 1955 in Würzburg; Habilitation 1959 mit dem Thema „Einbau des Wassers in Gläsern", Venia Legendi in „Physikalischer Chemie der Silikate", 1953–1961 Wissenschaftlicher Assistent am Max-Planck-Institut für Silikatforschung in Würzburg, 1962–1963 Dozent für Glas und Keramik an der TU Clausthal, 1963–1971 Ordentlicher Professor und Direktor des neuen Institutes für Silikattechnik, später Institut für Glas, Keramik und Bindemittel an der TU Berlin; 1971–1986 Direktor des neu gegründeten Fraunhofer-Institutes für Silikatforschung in Würzburg; 1972–1988 Vorstandsmitglied der Deutschen Glastechnischen Gesellschaft, 1972 Fellow der

https://doi.org/10.1515/9783110742374-205

American Ceramic Society, 1978–1984 Vizepräsident und Präsident der International Commission on Glass, 1986 Honorary Fellow der Society of Glass Technology, 1988 Verleihung der Otto-Schott-Denkmünze der Deutschen Glastechnischen Gesellschaft; verstorben 1990 in Würzburg.
Arbeitsgebiete: Grundlagen der Strukturen und Eigenschaften von Glas, Keramik und Bindemitteln, u. a. Einfluss von Gasphasen auf den keramischen Brand, Glasurbildung unter Wasserdampfeinfluss, erste Forschung über die Herstellung von Festkörpern nach der Sol–Gel-Methode (1962), erste Einführung organischer Komponenten und damit Begründung der Ormosil-Forschung; 130 Veröffentlichungen, vier Bücher; seit 1968 Betreuung der Herausgabe des Werkes H. Salmang, H. Scholze, Die physikalischen und chemischen Grundlagen der Keramik.
Bildquelle: Privatbesitzt Frau Gisela Scholze, mit freundlicher Genehmigung

Prof. Dr. rer. nat. Rainer Telle

Geboren 1956 in Pforzheim, 1976–1982 Studium der Mineralogie, Kristallchemie und Petrologie-Lagerstättenkunde an der Universität Stuttgart, 1983–1985 Studium der Metallkunde und Metallphysik an der Universität Stuttgart und Doktorand am Pulvermetallurgischen Laboratorium des Max-Planck-Instituts für Metallforschung, Stuttgart, bei Prof. Dr. G. Petzow und Dr. N. Claussen. Promotion zum drucklosen Sintern von Borcarbid; 1985–1987 Wissenschaftlicher Mitarbeiter, Leitung der Hartstoffgruppe und der Keramographie. 1988–1992 Gruppenleiter und Stellvertreter des Direktors des PML. Forschungen zur Tribologie und Hartbearbeitung von Hochleistungskeramiken. Initiierung von DFG-Schwerpunktprogrammen mit Prof. Dr. Petzow, Prof. Dr. Härdtl, Karlsruhe, und Prof. Dr. Tönshoff, Hannover. Geschäftsführer des Keramik-Verbundes Karlsruhe-Stuttgart. 1992–2019 ordentlicher Professor auf dem Lehrstuhl für Keramik und Feuerfeste Werkstoffe und Direktor des Instituts für Gesteinshüttenkunde der RWTH Aachen. Lehr- und Forschungsaufenthalte an der Tohoku-Universität, Sendai, dem Nat. Inst. Research in Inorganic Materials (NIRIM), Tsukuba, und der Tokyo Science University, Tokyo. 1998 Honorarprofessor der Anhui University of Technology (AHUT), Maanshan, Anhui, VR China. 1994-=2019 Vorstand der Deutschen Keramischen Gesellschaft, 1994–2007 Leiter der wissenschaftlichen Arbeiten, 2007–2011 Präsident der DKG. 1985 Francis B. Lukas Award, ASM Intern., 1987 Roland B. Snow Award, ACS, 1997 Distinguished Lecturer Award der Japan Mat. Res. Soc., Tokyo; 2012 Verleihung des Rieke-Ringes der Deutschen Keramischen Gesellschaft. 2019 Ernennung zum Ehrenmitglied der DKG.
Bildquelle: Archiv des Instituts für Gesteinshüttenkunde, Aachen

Einführung

Bei der Aufbereitung, der Formgebung und dem Sintern keramischer Massen sowie beim Einsatz der keramischen Werkstoffe haben oft bestimmte Eigenschaften einen vorherrschenden Einfluss. Bei den Hochleistungskeramiken stehen umgekehrt bestimmte Zieleigenschaften im Vordergrund, die über spezielle Rohstoffe, Aufbereitungs-, Formgebungs- und Sinterverfahren eingestellt werden müssen. Diese Eigenschaften sollen im Folgenden in ihren Grundlagen behandelt werden, wenn sie eine allgemeinere Bedeutung haben. Eigenschaften, die im Wesentlichen nur einem Verfahrensschritt (z. B. Bildsamkeit, Trockenfestigkeit, Trocken- und Brennschwindung) oder nur einem Werkstofftyp (z. B. Frostwiderstandsfähigkeit, Ausblühungen, Transparenz) anhaften, werden später bei den entsprechenden Werkstoffen, ihren Aufbereitungs- und Herstellungsverfahren oder Erzeugnisgruppen behandelt. Dort wird dann auch auf spezielle Auswirkungen oder Anwendungen eingegangen. Einzelne Daten findet man in den bekannten Nachschlagewerken, weitere Hinweise auf spezielle Quellen werden an den betreffenden Stellen gegeben.

https://doi.org/10.1515/9783110742374-001

1 Thermische Eigenschaften

Keramische Werkstoffe entstehen durch einen Brand. Aber nicht nur dabei, sondern oft auch im späteren Einsatz spielen die thermischen Eigenschaften eine wesentliche Rolle.

Eine wichtige Grundgröße stellt hier die spezifische Wärme c_p bzw. Molwärme C_p (= $M\ c_p$ mit M = Molgewicht) dar, wobei der Index p sich auf konstanten Druck bezieht, wie er in der Praxis im Allgemeinen vorliegt. Die theoretische Ableitung der Temperaturabhängigkeit der Molwärme geht vom Verhalten bei konstantem Volumen, also von C_v aus. Am absoluten Nullpunkt ist C_v gleich Null; sie steigt an zunächst mit T^3 und dann nach einer anderen Funktion, in die die sog. charakteristische oder Debye-Temperatur Θ = hν/k eingeht (h = Plancksches Wirkungsquantum, k = Boltzmann-Konstante, ν = Frequenz der Eigenschwingung). Bei hohen Temperaturen erreichen alle Substanzen den einheitlichen Wert

$$C_\text{v} = n \cdot 3R = n \cdot 24{,}95\ \text{J/(mol·K)} \tag{1.1}$$

mit R = Gaskonstante und n = Zahl der Elemente in einer Verbindung. Da bei hohen Temperaturen der Unterschied der Werte von C_v und C_p zu vernachlässigen ist, ergibt sich also

$$C_p \approx n25\ \text{J/(mol·K)}, \tag{1.2}$$

was auch als *Dulong–Petitsche Regel* bekannt ist.

Dieser Grenzfall wird umso früher erreicht, je kleiner Θ, je geringer also die Schwingungsfrequenz ν ist. Das ist um so eher gegeben, je schwerer die schwingenden Atome sind. So liegt Θ für Graphit bei 1700 °C, für BeO bei 900 °C und für Al_2O_3 bei 650 °C. Im letzteren Fall müsste sich nach Gl. (1.2) $C_p \approx 125$ J/(mol K) ergeben. Aus den Werten der Tabelle 3.1 in Band 1 erhält man mit der dortigen Gl. (3.8):

$$\begin{aligned} C_{p,\text{Al}_2\text{O}_3,923\,\text{K}} &= 28{,}80 + 2{,}197 \cdot 0{,}923 - 11{,}56 \cdot 10^5/(923)^2 \\ &= 29{,}47\ \text{cal/(mol·K)} \\ &= 123{,}4\ \text{J/(mol·K)}. \end{aligned}$$

Für die meisten Oxide wird im Bereich um 1000 °C die spezifische Wärme nahezu unabhängig von der Temperatur. Oft wird aber die mittlere spezifische Wärme $\bar{c}_p$ zwischen Raumtemperatur und einer anderen Temperatur T_i angegeben:

$$\bar{c}_p = \frac{1}{T_\text{i} - 298} \int_{298}^{T_\text{i}} c_p \text{d}T,$$

https://doi.org/10.1515/9783110742374-002

die dann mit steigender Temperatur anwächst. Solche Werte enthält Abb. 1.1 für einige feuerfeste Erzeugnisse.

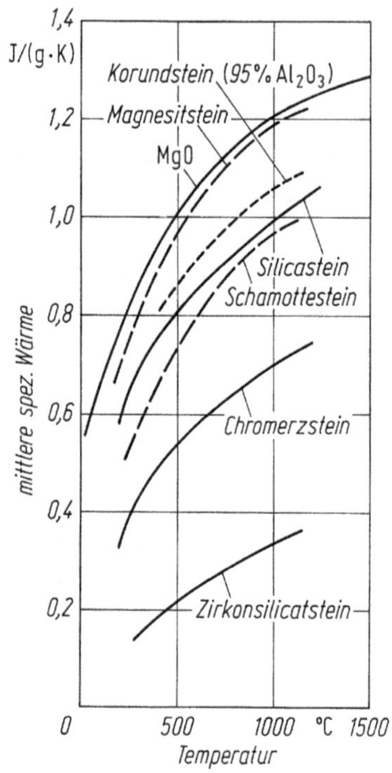

Abb. 1.1: Mittlere spezifische Wärme einiger feuerfester Erzeugnisse.

Die spezifischen Wärmen sind nur wenig von der Struktur und von Fehlstellen darin beeinflusst und damit auch kaum vom Gefüge. Ihr Wert hängt allein von der Masse ab, d. h., Poren wirken sich nicht aus. Bezieht man sich aber auf ein bestimmtes Volumen, dann benötigt ein poröser Körper zum Erhitzen auf eine bestimmte Temperatur entsprechend weniger Wärme.

1.1 Wärmedehnung

Im Allgemeinen dehnt sich jeder Körper mit steigender Temperatur aus. Ursache dafür sind die anharmonischen Schwingungen der Atome, die zu einer Vergrößerung ihres Abstandes im Festkörper und damit zu einer Ausdehnung führen.

Hat ein Körper bei der Temperatur T_0 die Länge l_0, dann beträgt diese bei der Temperatur T

$$l_T = l_0[1 + \alpha(T - T_0)], \tag{1.3}$$

worin α den *Längenausdehnungskoeffizienten* darstellt, auch *linearer Wärmeausdehnungskoeffizient* genannt:

$$\alpha = \frac{1}{l_0}\frac{\Delta l}{\Delta T}. \tag{1.4}$$

In Gl. (1.4) ist der für den Temperaturbereich von T_0 bis T gültige *mittlere Ausdehnungskoeffizient* angegeben, der in dieser Form meist verwendet wird, wobei die betreffenden Temperaturen (in °C) als Indizes angeführt werden, z. B. in der Art $\alpha_{20/800}$. Die für eine bestimmte Temperatur jeweils gültigen wahren Ausdehnungskoeffizienten erhält man nach

$$\alpha_T = \frac{1}{l}\frac{\mathrm{d}l}{\mathrm{d}T} \tag{1.5}$$

bzw. aus der Steigung der Ausdehnungskurve. Für die Volumenausdehnung gilt analog mit dem Volumenausdehnungskoeffizienten β:

$$\beta = \frac{1}{V_0}\frac{\Delta V}{\Delta T}. \tag{1.6}$$

Die Näherung $\beta \approx 3\alpha$ gilt gut für ein $\Delta l/l_0 \leq 5\,\%$. Die experimentelle Bestimmung von α erfolgt meist mit einem Dilatometer. Nach [1] werden dabei folgende Genauigkeiten gefordert: 0,2 % in der Messlänge l_0, 0,004 % in der Längenänderung und ±5 K in der Temperaturmessung und -konstanz über die Probe. Wichtig ist, dass bei grobkörnigen Werkstoffen der Durchmesser der Probe mindestens das Dreifache des Durchmessers des größten Korns betragen muss. Die Wertangabe erfolgt in $10^{-6}\,\mathrm{K}^{-1}$.

Es gibt daneben noch weitere Methoden, wobei man mit einem Interferometer höhere Genauigkeiten erzielen kann. Röntgenographisch lassen sich die Temperaturabhängigkeiten der einzelnen Gitterkonstanten ermitteln, die sich näherungsweise auf Ausdehnungskoeffizienten umrechnen lassen.

Die Wärmedehnung lässt sich mithilfe der *Grüneisen-Beziehung*

$$\beta = \gamma \cdot \frac{\kappa \cdot C_\mathrm{V}}{V} \tag{1.7}$$

auf thermodynamische Daten zurückführen. In Gl. (1.7) ist κ = Kompressibilität, C_V = Molwärme, V = Molvolumen und γ = Grüneisen-Parameter, der für kristalline Stoffe etwa 2 beträgt. Da das Verhältnis κ/V nur wenig temperaturabhängig ist, folgt aus Gl. (1.7) $\beta \sim C_\mathrm{V}$, d. h. nach den eingangs gebrachten Ausführungen über die spezifische Wärme, dass der Ausdehnungskoeffizient am absoluten Nullpunkt Null ist, dann ansteigt, um bei höheren Temperaturen konstant zu werden. Der Ausdehnungskoeffizient ist also temperaturabhängig. Setzt man in Gl. (1.7) die Werte für Korund ein, dann erhält man mit $\kappa = 0{,}37 \cdot 10^{-11}\,\mathrm{m}^2/\mathrm{N}$, $C_\mathrm{V} = 85\,\mathrm{J/(mol\,K)}$ (= N m/(mol K)) und

$V = 25{,}5\,\text{cm}^3/\text{mol}$ (= $25{,}510^{-6}\,\text{m}^3/\text{mol}$)

$$\alpha \approx \frac{2}{3} \cdot \frac{0{,}37 \cdot 10^{-11} \cdot 85}{25{,}5 \cdot 10^{-6}} = 8{,}2 \cdot 10^{-6}\text{K}^{-1},$$

was gut mit den Werten in Tabelle 3.7 in Band 1 übereinstimmt. Weitere Werte für Ausdehnungskoeffizienten sind in Band 1 in den Tabellen 2.11 und 2.16 enthalten. Das Dehnungsverhalten von SiO_2 und Gläsern wird in Band 1 besprochen. Die dort angegebenen Werte sind allerdings Mittelwerte. Genauer betrachtet ist die Wärmedehnung eine Tensorgröße und damit bei kristallinen Stoffen immer richtungsabhängig.

Die α-Werte von Oxiden liegen im Bereich von 8 bis $15 \cdot 10^{-6}\,\text{K}^{-1}$, und die Tief-Formen von SiO_2 haben ebenfalls Werte über $10 \cdot 10^{-6}\,\text{K}^{-1}$. Binäre Silicate haben meist geringere Werte (5 bis $10 \cdot 10^{-6}\,\text{K}^{-1}$), ebenso Carbide (5 bis $7 \cdot 10^{-6}\,\text{K}^{-1}$) und Diamant sogar nur $1{\cdot}10^{-6}\,\text{K}^{-1}$. Es gibt also Zusammenhänge zwischen Wärmedehnung und Kristallstruktur. So ist eine Zunahme von α mit steigendem Ionenradius, höherer Raumerfüllung und schwächerem Bindungstyp zu beobachten. Nach Bayer [2] steigt α bei Oxiden auch mit abnehmender Wertigkeit der Kationen an. Die meisten Silicate besitzen eine relativ offene Struktur und eine geringe Wärmedehnung, weil steigende Temperatur ein Ausweichen der Tetraeder in die Hohlräume bewirken kann. Hohe Dehnungen treten bei solchen Strukturen ein, die eine gestauchte Anordnung der Tetraeder haben, da diese mit steigender Temperatur eine idealere Anordnung zu erreichen suchen. Insgesamt kann man sagen, dass mit Veränderung der Temperatur eine Veränderung der Si–O–Si-Bindungswinkel eintritt, bedingt durch Änderung der Schwingungen der Sauerstoffionen.

Bei diesen Änderungen kann es in einigen Strukturen zur Verringerung von einzelnen Gitterkonstanten mit steigender Temperatur kommen, wodurch sich dann für das gesamte Volumen eine sehr geringe oder sogar negative Wärmedehnung einstellen kann. Solche Verbindungen sind in der Praxis sehr interessant, da Spannungen und vor allem die Temperaturwechselbeständigkeit (Kapitel 2.9.4) vom α-Wert abhängen. Einige Beispiele wurden schon erwähnt, z. B. der Cordierit mit geringer Wärmedehnung (Band 1) und der Hoch-Eukryptit mit negativem Ausdehnungskoeffizienten (Band 1). Charakteristisch ist bei letzterer Verbindung die große Anisotropie der α-Werte mit +8 und $-16 \cdot 10^{-6}\,\text{K}^{-1}$ senkrecht und parallel zur c-Achse.

Ein keramischer Werkstoff zeigt im Allgemeinen ein Gefüge aus meist mehreren Phasen. Haben diese Phasen verschiedene Ausdehnungskoeffizienten, dann entstehen beim Abkühlen nach dem Sintern Spannungen. Solche können sich aber auch bilden, wenn nur eine Phase vorhanden ist, die die eben erwähnte Anisotropie der α-Werte zeigt.

Bei mehrphasigen Werkstoffen interessiert oft der *gemittelte Ausdehnungskoeffizient* $\bar{\alpha}$ des Gesamtsystems [3]. Es wurde oft versucht, Gleichungen zu seiner Berechnung aus der Phasenzusammensetzung aufzustellen [4]. Lundin [5] hat einige dieser Gleichungen diskutiert und daraufhin eine verbesserte Beziehung entwickelt. $\bar{\alpha}$ ergibt sich für einen Werkstoff aus i Komponenten mit den Volumenanteilen V_i und den Kompressionsmoduln K_i nach

$$\bar{\alpha} = \frac{\sum \frac{\alpha_i K_i V_i}{3K_i + 4G_m}}{\sum \frac{K_i V_i}{3K_i + 4G_m}} \approx \frac{\sum \alpha_i K_i V_i}{\sum K_i V_i}. \tag{1.8}$$

In Gl. (1.8) stellt G_m den Schubmodul der kontinuierlichen Matrix dar, in die die restlichen Komponenten eingebettet sind. Verzichtet man auf diese Betrachtung, dann erhält man als Näherung die in Gl. (1.8) rechts angeführte *Turnersche Beziehung*.

Im Allgemeinen weichen die gemittelten Ausdehnungskoeffizienten $\bar{\alpha}$ nicht sehr stark vom einfachen linearen Ansatz $\bar{\alpha} = \sum V_i \alpha_i$ ab. Als Beispiel sei ein Porzellan herangezogen, dessen Daten in Tabelle 1.1 aufgeführt sind. 30 Gew.-% Mullit ergeben danach $V_m = 0{,}235$ und $V_g = 0{,}765$ (wobei die Indizes m = Mullit und g = Glas bedeuten). Der eben erwähnte lineare Ansatz führt zu

$$\bar{\alpha} = (0{,}235 \cdot 4{,}5 + 0{,}765 \cdot 3{,}0) \cdot 10^{-6}\,\mathrm{K}^{-1} = 3{,}35 \cdot 10^{-6}\,\mathrm{K}^{-1}.$$

Mit Gl. (1.8) erhält man nach dem Ansatz von Lundin $\bar{\alpha} = 3{,}42 \cdot 10^{-6}\,\mathrm{K}^{-1}$ und nach der Turnerschen Näherung $\bar{\alpha} = 3{,}49 \cdot 10^{-6}\,\mathrm{K}^{-1}$.

Tab. 1.1: Physikalische Daten von Mullit und einer Porzellanglasphase (aus K_2O:Al_2O_3:SiO_2 = 6,5:6,6:86,9 Gew.-%).

		Mullit	Glasphase
Dichte	g/cm^3	3,16	2,27
Ausdehnungskoeffizient	$10^{-6}\,K^{-1}$	4,5	3,0
Elastizitätsmodul	GN/m^2	100	70
Schubmodul	GN/m^2	42	30
Kompressionsmodul	GN/m^2	56	35
Poisson-Zahl		0,20	0,17

Wendet man Gl. (1.8) auf ein Gefüge an, bei dem neben einer festen Phase 1 nur noch Poren als Phase 2 vorhanden sind, dann folgt wegen $K_2 \to 0$, dass $\bar{\alpha} = \alpha$ wird, d. h., Poren haben keinen Einfluss auf die Wärmedehnung. Das gilt nicht mehr, wenn bei hoher Porosität Orientierungen auftreten [5].

1.2 Wärmetransport

Für den Wärmetransport in keramischen Werkstoffen ist vor allem die Wärmeleitung verantwortlich. Bei höheren Temperaturen ist daneben die Wärmestrahlung zu berücksichtigen, während der Beitrag der Konvektion im Allgemeinen zu vernachlässigen ist. Zusammenfassende Darstellungen findet man bei Kingery [6] und Flynn [7].

Herrscht in einem Medium das Temperaturgefälle $\mathrm{d}T/\mathrm{d}x$, dann fließt in der Zeit t senkrecht zur Fläche F die Wärmemenge Q nach

$$\frac{Q}{t} = \lambda \cdot F \cdot \frac{\mathrm{d}T}{\mathrm{d}x}. \tag{1.9}$$

In Gl. (1.9) stellt der Proportionalitätsfaktor λ die *Wärmeleitfähigkeit* dar. Die Einheit von λ ist W/(m·K). Die Umrechnung der früher verwendeten Einheit ist 1 kcal/(m·h·K) = 1,163 W/(m·K).

Die experimentelle Bestimmung der Wärmeleitfähigkeit geht von Gl. (1.9) aus. Beim Einplattenverfahren wird eine plattenförmige Probe einseitig beheizt, während sich auf der anderen Seite ein Kühlkörper befindet. Aus der Temperaturdifferenz zwischen den beiden Oberflächen des Prüfkörpers und der übertragenen Wärmemenge lässt sich λ berechnen. Analog arbeitet das Zweiplattenverfahren, bei dem die Heizung zwischen zwei Prüfplatten eingebaut wird. Schneller arbeitet das Heißdrahtverfahren [8], das ein instationäres Verfahren ist; hierbei wird die Temperaturänderung eines Heißdrahtes, der sich in der Probe befindet, nach dem Einschalten des Heizstromes zur Berechnung von λ verwendet. Dieses Verfahren ist von DeBoer u. M. [9] zum Paralleldrahtverfahren erweitert worden, das die Bestimmung höherer λ-Werte (bis 25W/(m·K)) und auch die Erkennung von Anisotropien der Wärmeleitfähigkeit erlaubt. Anstelle eines Drahtes kann man nach Borkowetz auch einen Heizleiter verwenden und nähert sich damit dem Hohlzylinderverfahren. Schließlich sei noch die Laserflash-Methode nach Parker u. M. [10] erwähnt, bei der ein Impuls hoher Intensität auf eine Flachseite der Probe aufgegeben und deren Temperaturverhalten registriert wird. Einige Vergleichsmessungen findet man bei Provost [11].

Bei diesen Messungen erhält man meist einen Wert λ_{ges}, der sich aus den Beiträgen der reinen Wärmeleitfähigkeit λ_1 und der Wärmestrahlung zusammensetzt nach $\lambda_{ges} = \lambda_1 + \lambda_{st}$. Oft wird λ_{ges} vereinfachend als Wärmeleitfähigkeit bezeichnet.

In Gasen wird die Wärme durch gegenseitigen Stoß der Moleküle übertragen, woraus sich ergibt

$$\lambda_{gas} = \frac{1}{3}cvl \tag{1.10}$$

mit c = spezifische Wärme pro Volumeneinheit, v = Geschwindigkeit der Moleküle und l = deren mittlere freie Weglänge. In Festkörpern sind die Teilchen nicht frei, führen aber Gitterschwingungen aus. Da diese anharmonisch sind, können sie die Wärme nach Debye in Form von Gitterwellen übertragen. Eine einfache Deutung der reinen Wärmeleitfähigkeit in Festkörpern ergibt sich, wenn man in Analogie zu den Photonen bei den elektromagnetischen Wellen die Gitterwellen als Phononen auffasst. Dann erhält man eine der Gl. (1.10) entsprechende Gleichung:

$$\lambda_{\text{l.fest}} = \frac{1}{3} c v_p l_p \tag{1.11}$$

in der jetzt v_p = Geschwindigkeit der Phononen und l_p = deren mittlere freie Weglänge ist. Mit Hilfe von Gl. (1.11) ist es möglich, die Temperaturabhängigkeit der Wärmeleitfähigkeit zu erklären, wobei zunächst der Einfluss der spezifischen Wärme c maßgebend ist, d. h., λ ist am absoluten Nullpunkt gleich Null. Der Anstieg erfolgt zuerst proportional T^3. Bei höheren Temperaturen lässt der Einfluss von c nach, da dann c einem konstanten Wert zustrebt. In diesem für die Praxis interessanten Bereich haben theoretische Betrachtungen ergeben, dass mit steigender Temperatur die Dichte der Phononen zunimmt und sich dadurch deren mittlere Weglänge l verringert, sodass l und damit auch λ proportional $1/T$ wird. Dazwischen muss ein Maximum von λ liegen, das z. B. für MgO bei 40 K liegt. Bei allen hier interessierenden Verbindungen befindet man sich oberhalb Raumtemperatur im Bereich der mit steigender Temperatur fallenden λ-Werte, wie es auch die meisten Kurven von Abb. 1.2 zeigen.

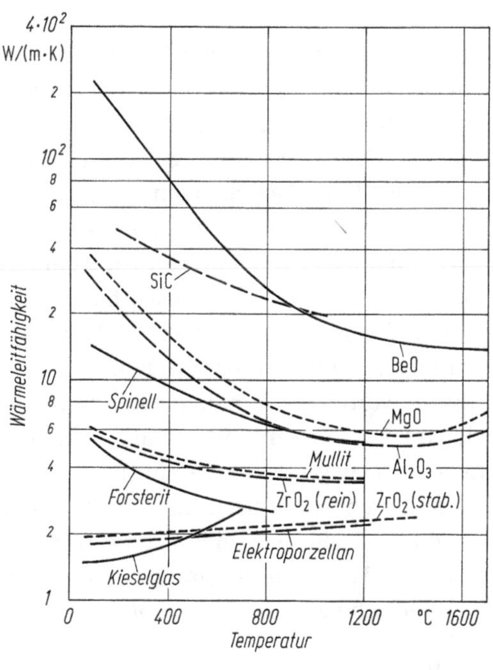

Abb. 1.2: Wärmeleitfähigkeit von Kieselglas und einiger, auf 0 % Porosität korrigierter Werkstoffe.

In Abb. 1.2 treten einige bemerkenswerte Ausnahmen auf. Der Wiederanstieg von λ bei hohen Temperaturen für z. B. MgO und Al_2O_3 ist durch den beginnenden Strahlungseinfluss bedingt, der unten diskutiert wird. Die anderen Erscheinungen lassen sich mit der mittleren freien Weglänge l der Phononen erklären. Es wurde bereits gesagt, dass diese wegen der zunehmenden Phononendichte mit steigender Temperatur abnimmt, da dann mehr Stöße untereinander erfolgen. Überschlagsrechnungen von Kingery [6] haben für Raumtemperatur Werte von l in der Größenordnung von 5 nm ergeben. l kann aber höchstens bis zur Größe der Gitterdimension abnehmen, was bei etwa 1200 °C erreicht ist, sodass dann λ unabhängig von der Temperatur wird. Daneben wird aber l noch durch Stöße an Kristallgrenzen und an Fehlstellen verringert, ein Effekt, der temperaturunabhängig ist. Eine hohe Fehlstellenkonzentration, wie sie im stabilisierten ZrO_2 vorliegt, hat geringe l-Werte und damit auch niedrigere λ-Werte zur Folge. Ähnliches gilt für das Kieselglas, das wegen der fehlenden Fernordnung in der Struktur nur eine geringe mittlere freie Weglänge der Phononen erlaubt (etwa 0,5 nm), sodass dessen Temperaturabhängigkeit von λ nur noch von der spezifischen Wärme bestimmt wird.

Das Elektroporzellan in Abb. 1.2 zeigt wegen des hohen Anteils an Glasphase ebenfalls steigende λ-Werte. Der Beitrag der *Wärmestrahlung* bei hohen Temperaturen wurde bereits erwähnt. Für ihn gilt

$$\lambda_{st} = \frac{16}{3}\sigma n^2 T^3 l_{st} \tag{1.12}$$

mit σ = Boltzmann-Konstante, n = Brechzahl und l_{st} = mittlere freie Weglänge, jetzt der Photonen. Dieser Beitrag steigt wegen der T^3-Abhängigkeit bei hoher Temperatur rasch an. Bei mittlerer Temperatur hängt er von der Brechzahl für die Wellenlänge der Temperaturstrahlung ab, die im infraroten Bereich liegt. Deshalb zeigt das Kieselglas den Anstieg von λ_{ges} oberhalb 500 °C. Die sich aus Gl. (1.12) ergebenden l_{st}-Werte sind relativ groß. Lee und Kingery [12] haben sie für Al_2O_3-Einkristalle bei 750 °C zu 10 cm abgeschätzt. Die Photonen können daher an Poren leicht gestreut werden, wodurch l_{st} erniedrigt wird und z. B. bei einer Porosität von 0,25 Vol.-% in Al_2O_3 bereits auf 0,04 cm absinkt. Die Folge ist, dass sich der Strahlungseinfluss bei nicht vollkommen dicht gesintertem Material, erst bei höherer Temperatur bemerkbar machen kann und oft erst oberhalb 1200 °C erkennbar wird. Bisher wurde das Verhalten eines einheitlichen Körpers behandelt, während die meisten keramischen Produkte aus mehreren Phasen bestehen, wobei diese Phasen kristallin, glasig und gasförmig (Poren) sein können. Für die bei einem solchen System resultierende Wärmeleitfähigkeit λ_r ist der Einfluss der kontinuierlichen Phase (mit λ_k) und der darin dispergierten Phase (mit λ_d) unterschiedlich. Bezeichnet man das Verhältnis λ_k/λ_d mit Q und beträgt der Volumenanteil der kontinuierlichen Phase V, dann ergibt sich nach der *Eucken-Gleichung* [13]

$$\lambda_r = \lambda_k \frac{1 + 2V\frac{1-Q}{2Q+1}}{1 - V\frac{1-Q}{2Q+1}}. \tag{1.13}$$

Unterscheiden sich die Werte von λ_k und λ_d nicht zu stark, dann ist die Abweichung zwischen λ_r und der Summe der mit den Volumenanteilen multiplizierten Einzelleitfähigkeiten nicht groß. Wenn allerdings die kontinuierliche Phase einen wesentlich geringeren λ-Wert hat, führen schon geringe Volumenanteile zu erheblicher Erniedrigung. Gleichung (1.13) kann man auch auf poröse Körper anwenden. V ist dann durch P, den Volumenanteil an Poren, zu ersetzen. Da $\lambda_{\mathrm{gas}} < \lambda_{\mathrm{fest}}$, also auch $\lambda_{\mathrm{d}} < \lambda_{\mathrm{k}}$, wird Q sehr groß, und Gl. (1.13) vereinfacht sich zu

$$\lambda_{\mathrm{r}} \approx \lambda_{\mathrm{k}} \frac{1-P}{1+0{,}5P}, \tag{1.14}$$

woraus man in grober Näherung erhält:

$$\lambda_{\mathrm{r}} \approx \lambda_{\mathrm{k}}(1-P). \tag{1.15}$$

Die sich daraus ergebende lineare Abnahme der Wärmeleitfähigkeit mit steigender Porosität ist mehrfach bestätigt worden [14]. Weitere Untersuchungen haben ergeben, dass man auch noch die Orientierung der Poren und den Strahlungseinfluss durch die Poren berücksichtigen muss. Letzterer Einfluss ist bei kleinen Poren gering, wächst aber mit steigender Porengröße, vor allem, wenn längliche Poren in Richtung des Wärmeflusses liegen. In extremen Fällen kann der Wärmetransport in porösen Körpern größer als in dichten Körpern werden. Die verschiedenen Gefügeeinflüsse haben Le-Doussal und Bisson [15] zusammengestellt.

Aus der Wärmeleitfähigkeit lässt sich die *Temperaturleitfähigkeit a* ermitteln nach

$$a = \lambda/(c_p \rho) \tag{1.16}$$

mit c_p = spezifische Wärme und ρ = Raumgewicht. a ist bestimmend für die Geschwindigkeit des Temperaturausgleichs. Die Einheit von a ist m^2/s.

Der *Wärmeübergang* zwischen einem festen Körper mit der Oberflächentemperatur T_{K} und einem strömenden Medium der Temperatur T_{M} wird mit dem Wärmeübergangskoeffizienten (oder -zahl) h beschrieben nach

$$\dot{Q} = h \cdot (T_{\mathrm{K}} - T_{\mathrm{M}}) \cdot F, \tag{1.17}$$

worin Q die durch die Fläche F tretende Wärmemenge (auch Wärmestrom genannt) darstellt. Die Einheit von h ist $\mathrm{W}/(\mathrm{K\,m}^2)$.

Für den *Wärmedurchgang* durch eine feste Wand, die an beiden Seiten von strömenden Medien der Temperaturen T_{a} und T_{b} umgeben ist, gilt

$$\dot{Q} = k \cdot (T_{\mathrm{a}} - T_{\mathrm{b}}) \cdot F \tag{1.18}$$

mit k = Wärmedurchgangskoeffizient (-zahl), mit gleicher Einheit wie h.

2 Mechanische Eigenschaften

Bearbeitet von R. Telle, Aachen

Die guten Eigenschaften keramischer Werkstoffe können manchmal nicht in der gewünschten Weise genutzt werden, weil entsprechende Bauteile sich spröde verhalten und vorzeitig durch Bruch versagen. Durch intensive Forschung ist es gelungen, die wichtigsten Einflüsse auf die mechanische Festigkeit aufzuklären, wobei neben der chemischen Bindung und der Kristallstruktur der Phasen insbesondere das Gefüge der Bauteile eine wesentliche Rolle spielt. Mit dem Gefüge verbunden sind Gefügedefekte, die auf mangelnde Rohstoffqualität, Aufbereitungs-, Formgebungs- und Sinterfehler zurückzuführen sind. Im Folgenden werden die Grundlagen der linear-elastischen Bruchmechanik und der daraus resultierenden Methoden zur Steigerung der Festigkeit und Bruchzähigkeit abgehandelt. Hier-zu gehören eine Einführung in die Bruchstatistik ebenso wie Aussagen über das unterkritische Risswachstum und Lebensdauervorhersagen. Abschließend werden Hochtemperatureigenschaften behandelt, für die viele Keramiken speziell entwickelt worden sind.

Wirken mechanische Kräfte auf einen Festkörper ein, dann findet eine Verformung statt, die reversibel ist und als Elastizität bezeichnet wird. Bei höheren Kräften kann eine bleibende Verformung eintreten, bedingt durch eine plastische Verformung oder ein Kriechen, was aber bei keramischen Werkstoffen bei Raumtemperatur nur eine untergeordnete Bedeutung hat. Sehr wichtig ist dagegen die andere Art der Reaktion von keramischen Werkstoffen auf große Kräfte, nämlich der Bruch. Bei beiden eben genannten Vorgängen werden atomare Bindungen getrennt. Während sie sich aber bei der plastischen Verformung bei Metallen in neuer Anordnung wieder schließen können, ist dies bei kovalent oder ionisch gebundenen nichtmetallisch-anorganischen Materialien nicht mehr möglich. Kritische Versagensspannungen, die erforderlichen Bruchenergien und als Materialeigenschaften die Oberflächenenergien und damit der Bruchwiderstand sind die wichtigsten Größen, die im Folgenden behandelt werden sollen.

2.1 Atomare Grundlagen der Verformung

Wie bereits in Band 1 behandelt, bestehen keramische Werkstoffe aus Phasen, die aus überwiegend ionischen und/oder kovalenten Bindungen aufgebaut sind. Die ionische Bindung kommt dadurch zustande, dass die Energieniveaus der Elektronenschalen solange mit Elektronen besetzt werden, bis die nächste stabile Edelgaskonfiguration gebildet ist. Diese Außenelektronenhülle ist energetisch derart günstig, dass Elektronen zusätzlich aufgenommen oder abgegeben werden können. Dabei gehören die Elektronen mehr oder minder fest (bestimmt durch die Ionisierungsenergie) zu einem Atomrumpf, der dann positiv (Kation) oder negativ (Anion) geladen ist. Natür-

https://doi.org/10.1515/9783110742374-003

lich muss im Kristall ein Ladungsausgleich zwischen positiv und negativ geladenen Teilchen herrschen. Beispiele hierfür sind Na^+Cl^-, $Mg^{2+}O^{2-}$ oder $Ca^{2+}[CO^3]^{2-}$.

Bei der kovalenten Bindung füllen Elektronen möglichst paarweise (Pauli-Prinzip, Hundsche Regel) örtlich unscharf begrenzte Aufenthaltsräume mit einer bestimmten Besetzungswahrscheinlichkeit (Orbitale) zwischen den beteiligten Atomen. Die Orbitalbindung ist deshalb gerichtet. Beispiele sind SiO_2, SiC, Si_3N_4, BN oder B_4C sowie Diamant.

Es gibt aber auch Keramiken, in denen auch untergeordnet metallische Bindungsanteile vorhanden sind wie TiC, TiB_2, WC oder $MoSi_2$, ganz allgemein die meisten Übergangsmetallcarbide, -boride und -silicide, was sich in einer sehr guten Wärmeleitfähigkeit und Raumtemperatur-Elektronenleitung äußert. So besitzt das Titancarbid, das im NaCl-Gitter kristallisiert, ein kubisch-flächenzentriertes Titan-Untergitter, in welchem metallische Bindungsanteile vorherrschen, während im ebenfalls kubisch-flächenzentrierten Kohlenstoff-Untergitter kovalente Bindungen dominieren. Ferner tragen die kovalenten Bindungsanteile zwischen beiden Untergittern zum hohen Schmelzpunkt und der hohen Härte dieser Verbindung bei (Abb. 2.1). Solche Verbindungen mit metallischen Bindungsanteilen werden auch zu den intermetallischen Phasen gezählt.

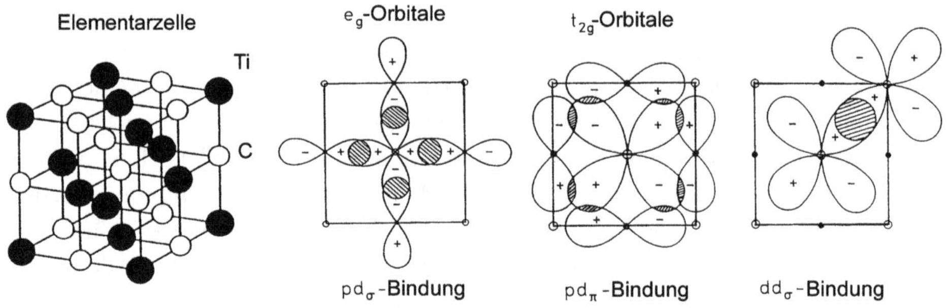

Abb. 2.1: Kristallstruktur des TiC mit Orbitalbindungen.

Im Gegensatz zu Metallen sind bei Keramiken mit ihren ionischen und kovalenten Bindungen die Elektronen also stark lokalisiert. Dies ergibt eine hohe Bindungsstärke, mit der auch der hohe Schmelz- oder Zersetzungspunkt der Keramiken sowie ihre hohe Korrosionsbeständigkeit, Härte, Steifigkeit und die geringe Wärmedehnung zu erklären ist, aber auch ihre fehlende Verformbarkeit unter Last.

Als Nachteil ergibt sich aus der hohen Bindungsstärke die geringe Möglichkeit zur Versetzungsbildung, da die Atomrümpfe nicht über ein Elektronengas zusammengehalten werden. Gegen eine plastische Verformung der Keramik spricht auch deren gegenüber Metallen niedrige Symmetrie der Elementarzellen sowie die große erforderliche Verschiebungsdistanz zur Wiedererlangung identischer kristallchemischer Verhältnisse, d. h. der Burgers-Vektor ist sehr groß, ebenso die Anzahl der verschiedenen an einer Versetzung oder Zwillingsbildung beteiligten atomaren Spezies (Abb. 2.2).

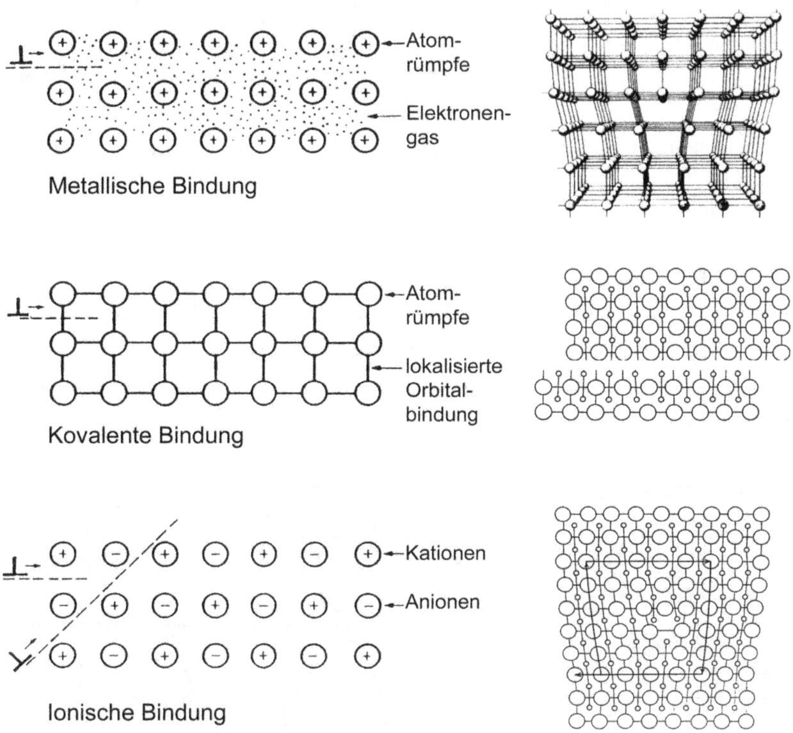

Abb. 2.2: links: Bindungsverhältnisse und Gleitrichtungen; rechts: Versetzungen bzw. Bruch nach [16].

Im Falle überwiegend kovalent gebundener Stoffe tritt während des Überschreitens der Bindungsfestigkeit eine Rehybridisierung der Orbitale ein, sodass der energetisch nächst günstige Zustand – eine Oberfläche – geschaffen wird. Eine erneute Bindung der getrennten Atome zu neuen Nachbarn hin ist damit bei Raumtemperatur unwahrscheinlich. Chemisch reine Ionenkristalle mit einfachen Kristallstrukturen (z. B. NaCl-Typ) können jedoch bei sehr geringen Lastraten auch bei Raumtemperatur ohne Bruch entlang spezieller Burgers-Vektoren, die Ladungsneutralität gewährleisten, verformt werden (Abb. 2.3). Die Versetzungsenden bestehen dann im Gegensatz zu denjenigen bei Metallen nicht nur aus einem Atom, sondern aus einem größeren möglichst ladungsneutralen Cluster aus Anionen und Kationen. Dennoch können sich aus Platzgründen bzw. aufgrund der Gitterverzerrung in der Umgebung Ladungsanhäufungen ergeben, die solche Versetzungen stabilisieren, Ionen fremder Elemente aus Verunreinigungen binden oder besondere Ionenleitungseffekte hervorrufen.

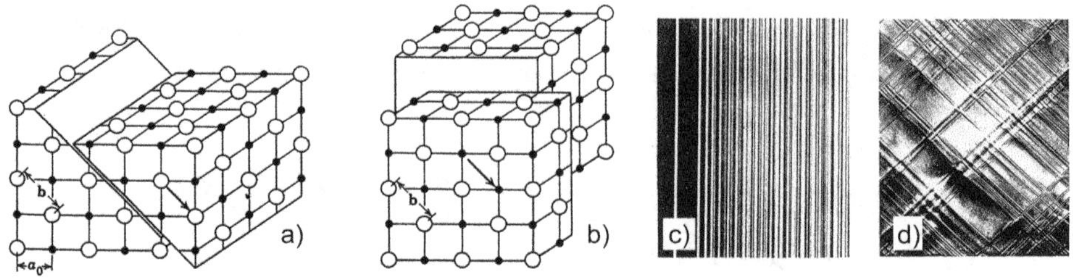

Abb. 2.3: Gleitebenen in der NaCl-Struktur; (a) {110}<101>, (b) {100}<101>, (c) und (d) auflichtmikroskopische Bilder von Gleitlinien auf MgO-Einkristallen nach den Systemen (a) und (b) [3].

Aufgrund der gegenüber Metallen wesentlich größeren Elementarzelle und der geringeren Symmetrie betragen die Längen der Burgers-Vektoren oftmals die Abmessungen der Elementarzelle. Abbildung 2.4 zeigt die Verhältnisse für die kubische Spinell-Struktur (z. B. $MgAl_2O_4$) sowie für die hexagonale Cordierit-Struktur ($Mg_2Al_4Si_5O_{18}$), die als sehr spröde einzustufen sind.

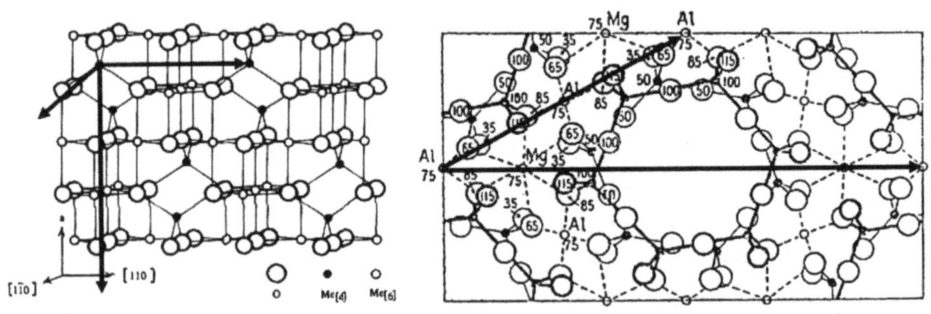

Abb. 2.4: links: Mögliche Burgers-Vektoren in Spinell; rechts in Cordierit.

Häufiger wird allerdings Zwillingsbildung in Keramiken beobachtet. Sie ist sowohl bei Phasenumwandlungen (z. B. tetragonal → monoklin bei ZrO_2) als auch bei Scher- und Schubbelastungen mit geringer Lastrate entlang dicht besetzter und elektrostatisch ausgeglichener Netzebenen möglich (z. B. Al_2O_3, MgO, B_4C, SiC). Findet die Zwillingsbildung unter äußerer Last statt, so spricht man von *polysynthetischer Zwillingsbildung*. Sie ist in Anschliffen oder Dünnschliffen sehr gut an der engen Flächenstreifung bzw. Felderteilung der Körner zu erkennen. So reagiert z. B. grobkörniges Borcarbid auf das Heißpressen bei >2000 °C mit diesem Verformungsmechanismus (Abb. 2.5). Zwillingsbildung und Versetzungsgenerierung sind auch Mechanismen, die zum Abbau von Spannungen während des Abkühlens von Sintertemperatur dienen können. Derartig hohe Spannungen können entstehen, wenn bei mehrphasigen oder stark anisotropen Werkstoffen Unterschiede in den Wärmeausdehnungskoeffizienten benachbarter Körner auftreten (Misfit-Spannungen), siehe Abb. 2.6 und 2.7.

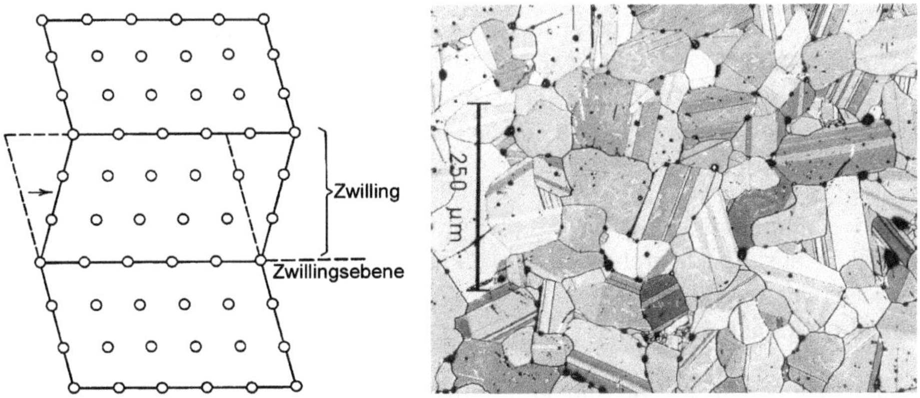

Abb. 2.5: Zwillingsbildung als Mechanismus der plastischen Verformung. Links: Schematische Darstellung des Umklappens eines Kristallgitters entlang zweier Spiegelebenen. Rechts: Polysynthetische Zwillingsbildung in Borcarbid während des Heißpressens bei 2100 °C (U. Täffner, MPI Metallforschung, Stuttgart).

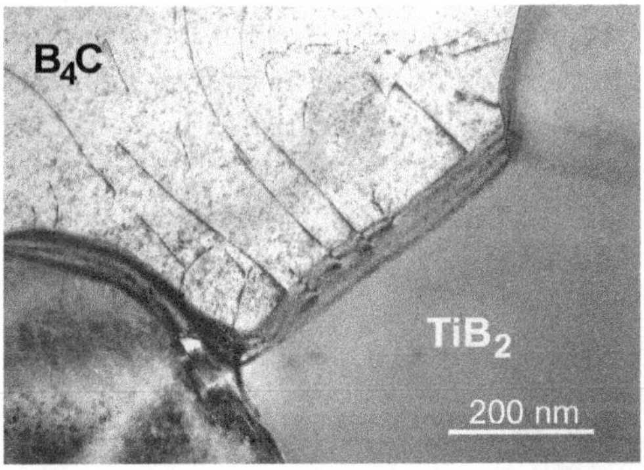

Abb. 2.6: Versetzungen an der Grenzfläche Borcarbid-Titandiborid als Folge von thermischen Misfitspannungen beim Abkühlen von Heißpresstemperatur. Transmissionselektronenmikroskopaufnahme. (MPI Metallforschung Stuttgart).

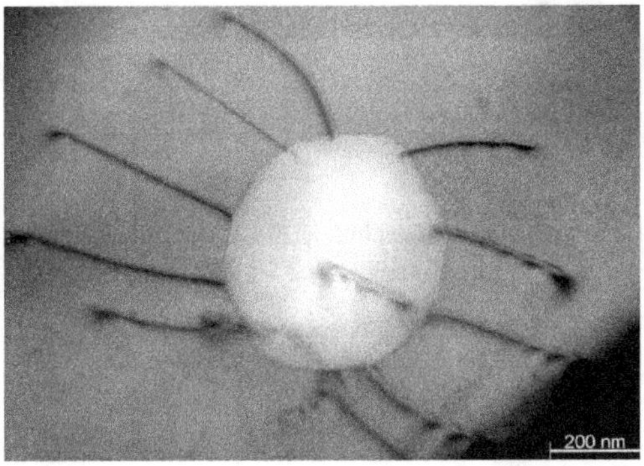

Abb. 2.7: Versetzungen an der Grenzfläche Spinell (im Zentrum) – Korund als Folge tribologischer Belastung beim Schleifen. Transmissionselektronenmikroskopaufnahme (B. Schunck, Gesteinshüttenkunde, Aachen).

Im Allgemeinen sind solche Verformungen jedoch selten. Auf sie wird in den entsprechenden Kapiteln noch eingegangen, falls erforderlich. Im Sinne einer physikalischen Behandlung des Phänomens der Sprödigkeit soll aber im Folgenden die reine linear-elastische Theorie gelten. Keramiken versagen also ebenso wie Gläser durch katastrophalen Bruch, da

- hohe Bindungsstärken,
- stark lokalisierte Elektronen,
- große Burgers-Vektoren,
- niedrige Kristallsymmetrien

die nach dem von-Mises-Kriterium erforderliche Anzahl von mindestens fünf unabhängigen Gleitsystemen bei Raumtemperatur nicht ermöglichen. Anders herum ausgedrückt, liegt bei Metallen die Bruchspannung höher als die Fließspannung, d. h. Lastspannungen können durch Gleitmechanismen abgebaut werden, bevor es zum Bruch kommt. Bei spröden Werkstoffen demgegenüber ist die Bruchspannung kleiner als die Fließspannung, d. h. die Fließspannungen werden unter normalen Bedingungen nicht erreicht. Folge ist daher in der Regel (Raumtemperatur, schnelle Belastung) nach vorhergehender sehr geringer elastischer Verformung (0,1–0,3 %) stets ein unaufhaltsamer „katastrophaler“ Bruch, der je nach Verlaufsrichtung entweder eine flaschenscherbenähnliche Oberfläche (Konkoidalbruch, „muscheliger“ Bruch, Abb. 2.8 und 2.9 links) oder eine treppenartig strukturierte Spaltfläche entlang dicht besetzter und elektrostatisch neutraler Netzebenen erzeugt (Abb. 2.9 rechts und 2.10).

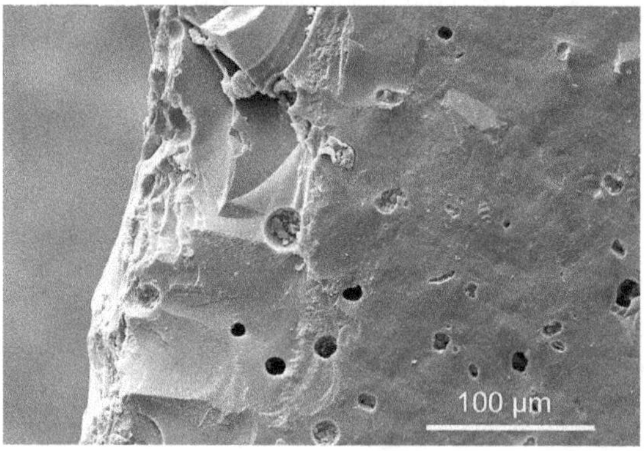

Abb. 2.8: Konkoidalbruch in Porzellan, Bruchverlauf von links nach rechts. REM-Aufnahme (R. Telle, Gesteinshüttenkunde, Aachen).

Abb. 2.9: Bruchoberflächen in Aluminiumoxid durch Schleifbearbeitung. Links: Konkoidalbruch einer Einkristalloberfläche nahe (0001). Rechts: Spaltbruch entlang der trigonal-rhomboedrischen Kristallflächen; gleicher Maßstab. REM-Aufnahmen (R. Telle, Gesteinshüttenkunde, Aachen).

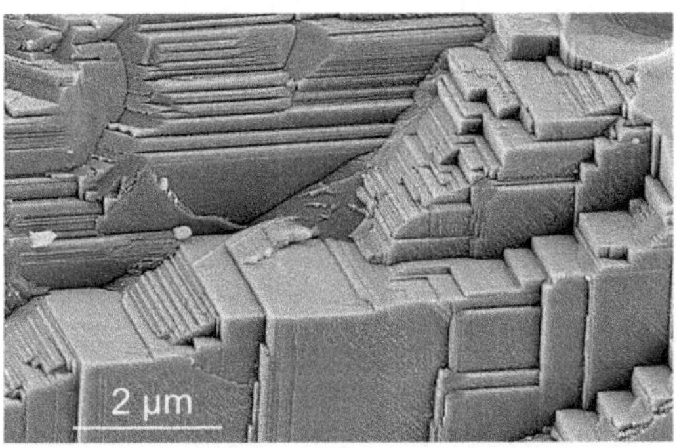

Abb. 2.10: Spaltbruch in Aluminiumoxid nach Biegeversuch. REM-Aufnahme (H. Labitzke, MPI Metallforschung, Stuttgart).

2.2 Elastische Eigenschaften

Beim Wirken einer mechanischen Kraft auf einen Körper tritt eine Verformung ein. Bei ideal linear-elastischen Werkstoffen ist diese Verformung direkt proportional zur wirkenden Kraft und geht nach Entlasten vollständig zurück. Die Proportionalität zwischen Kraft und Verformung ist die Aussage des *Hookeschen Gesetzes*. Bei einer Zugspannung σ bzw. Scherspannung τ ergibt sich eine Dehnung ε bzw. Verdrillung γ nach

$$\sigma = \varepsilon \cdot E \quad \text{bzw. } \tau = G \cdot \gamma \tag{2.1}$$

mit den Proportionalitätskonstanten E = *Elastizitätsmodul* (E-Modul oder Dehnungsmodul) bzw. G = Schubmodul (oder Gleit- oder Torsionsmodul). Allseitiger Druck führt zu einer Kompression, gekennzeichnet durch den Kompressionsmodul K, dessen reziproker Wert die Kompressibilität κ darstellt.

Für eine quantitative Betrachtung des elastischen Verhaltens an realen Prüfkörpern hat sich das Spannungs–Dehnungsdiagramm bewährt. Unter der Annahme rein linear-elastischen Verhaltens sowie einer völlig homogenen Probe gelten die in Abb. 2.11 dargestellten Verhältnisse. Bei Anlegen einer Spannung σ_1 (angegeben in MPa) verlängert sich die Probe um ε_1 (in % der Ausgangslänge). Wird die Spannung auf σ_2 erhöht, verlängert sich die Probe auf ε_2. Diese Vorgänge sind reversibel, bis die angelegte Spannung σ_c, die kritische Spannung, erreicht hat (Bruchspannung) und die Probe versagt.

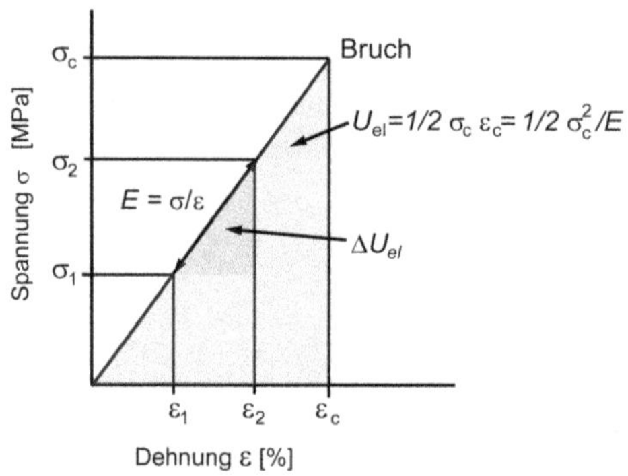

Abb. 2.11: Links: Spannungs–Dehnungsdiagramm eines linear-elastischen Materials. Rechts; Modell der elastischen Gitterverzerrung durch Anlegen einer Zugspannung an der linken Flanke.

Die Steigung der sogenannten Hookeschen Gerade entspricht dem Elastizitätsmodul (der Steifigkeit) und ergibt sich in Umformung der Gl. (2.1) zu $E = \sigma/\varepsilon$. Die Fläche unter der Kurve entspricht der im verformten Material gespeicherten *elastischen Energie* U_{el}:

$$U_{el} = 1/2\sigma \cdot \varepsilon = 1/2\sigma^2/E. \tag{2.2}$$

U_{el} wird auch als Verzerrungsenergie bezeichnet und wird auch auf atomare Prozesse angewandt, etwa auf die lokale Verzerrung des Kristallgitters in der Nachbarschaft von Leerstellen oder Fremdatomen. Diesen Betrachtungen liegt das Federgesetz zugrunde, das in erster Näherung auf die Auslenkung von Atomen oder Ionen aus ihrer energetisch günstigen Ruhelage (Minimum des Bindungspotenzials) unter Krafteinwirkung angewandt werden kann, wie in Abb. 2.12 gezeigt wird.

2.2.1 Elastische Konstanten

Bei der Dehnung tritt in der dazu senkrechten Richtung eine Querkontraktion ein. Beträgt die relative Dehnung $\Delta l/l$ und die relative Querkontraktion $\Delta d/d$, dann wird dieses Verhältnis $\Delta d/d$: $\Delta l/l = \nu$ als *Poisson-Zahl* bezeichnet. Statt ν wird auch oft μ als

Symbol verwendet. Diese vier elastischen Konstanten E, G, K und ν sind Materialkonstanten. Sie sind durch folgende Gleichungen miteinander verbunden:

$$E = \frac{9K \cdot G}{3K + G} = 2G(1+\nu) = 3K(1-2\nu); \tag{2.3}$$

$$G = \frac{E}{2(1+\nu)} = \frac{3(1-2\nu)}{2(1+\nu)} \cdot K = \frac{3K \cdot E}{9K - E}; \tag{2.4}$$

$$K = \frac{E}{3(1-2\nu)} = \frac{E \cdot G}{3(3G - E)} = \frac{2}{3} \cdot \frac{(1+\nu)}{(1-2\nu)} \cdot G. \tag{2.5}$$

Für $\nu > 0$ folgt: $1/2\,E > G > 1/3E$. Die Poisson-Zahl lässt sich umgekehrt mit den anderen elastischen Konstanten ausdrücken:

$$\nu = \frac{E}{2G} - 1 = \frac{1}{2} - \frac{E}{6K} = \frac{3K - 2G}{2(3K + G)}. \tag{2.6}$$

Einige Werte findet man in Tabelle 2.2. Als Einheit wurde dort GN/m^2 gewählt. Folgende Umrechnungen gelten für andere im Schrifttum zu findende Einheiten:

$$1\,GN/m^2 = 10^9\,N/m^2 = 1\,GPa = 10\,kbar\ (\approx 104\,kp/cm^2 \approx 145.000\,psi).$$

Bei Einkristallen muss man berücksichtigen, dass der E-Modul und die anderen elastischen Konstanten im Allgemeinen anisotrop, d. h. richtungsabhängig sind, wobei Letzteres auch für kubische Kristalle gilt. Der E-Modul wird dann zu einem Tensor mit einer der Kristallsymmetrie entsprechenden Anzahl von unabhängigen elastischen Konstanten C_{ijkl}:

$$\sigma_{ij} = C_{ijkl} \cdot \varepsilon_{kl}. \tag{2.7}$$

Dieser Tensor C_{ijkl} beschreibt also die Kopplung zwischen den Richtungen der Hauptlastspannungen σ_{ij} und der Symmetrie des Kristallgitters. Das Ergebnis einer solchen Rechnung ergibt die Reaktion des Kristalls durch entsprechende Dehnungen ε_{kl}, die im allgemeinsten Fall in einer völlig anderen Richtung verlaufen können. Die Indizes ijkl bezeichnen die einzelnen richtungsabhängigen Komponenten des Tensors. Ihre Darstellung erfolgt in Matrizenform, wobei die Symmetrie des Tensors die Kristallsymmetrie widerspiegelt. Einige Beispiele für die elastischen Tensoren wichtiger keramischer Phasen sind in Tabelle 2.1 gezeigt. Aluminiumoxid kristallisiert beispielsweise trigonal-rhomboedrisch. Der Elastizitätstensor hat damit sechs unabhängige Komponenten und ist bezogen auf die Diagonale symmetrisch. Tabelle 2.1 zeigt ferner Kieselglas, das sich aufgrund seiner amorphen Struktur isotrop verhält und nur zwei unabhängige Komponenten aufweist.

Für kubische Phasen wie MgO und Spinell besitzt der Elastizitätstensor drei unabhängige Komponenten, bei hexagonalen Phasen wie α-SiC und β-Si_3N_4 treten fünf unabhängige Komponenten auf. Es reicht jedoch in der Regel aus, mit mittleren Werten zu arbeiten, die sich auch aus den einzelnen Daten berechnen lassen.

Tab. 2.1: Elastizitätstensoren einiger keramischer Werkstoffe.

Werkstoff	C_{ij}	Quelle
Al_2O_3	$\begin{pmatrix} C_{11} & C_{12} & C_{13} & C_{14} & 0 & 0 \\ C_{12} & C_{11} & C_{13} & -C_{14} & 0 & 0 \\ C_{13} & C_{13} & C_{33} & 0 & 0 & 0 \\ C_{14} & -C_{14} & 0 & C_{44} & 0 & 0 \\ 0 & 0 & 0 & 0 & C_{44} & C_{14} \\ 0 & 0 & 0 & 0 & C_{14} & \frac{1}{2}(C_{11}-C_{12}) \end{pmatrix} = \begin{pmatrix} 497{,}2 & 162{,}8 & 116 & -21{,}9 & 0 & 0 \\ 162{,}8 & 497{,}2 & 116 & 21{,}9 & 0 & 0 \\ 116 & 116 & 500{,}8 & 0 & 0 & 0 \\ -21{,}9 & 21{,}9 & 0 & 146{,}7 & 0 & 0 \\ 0 & 0 & 0 & 0 & 146{,}7 & -21{,}9 \\ 0 & 0 & 0 & 0 & -21{,}9 & 167{,}2 \end{pmatrix}$	[17]
SiO_2 amorph	$\begin{pmatrix} C_{11} & C_{11}-2C_{44} & C_{11}-2C_{44} & 0 & 0 & 0 \\ C_{11}-2C_{44} & C_{11} & C_{11}-2C_{44} & 0 & 0 & 0 \\ C_{11}-2C_{44} & C_{11}-2C_{44} & C_{11} & 0 & 0 & 0 \\ 0 & 0 & 0 & C_{44} & 0 & 0 \\ 0 & 0 & 0 & 0 & C_{44} & 0 \\ 0 & 0 & 0 & 0 & 0 & C_{44} \end{pmatrix} = \begin{pmatrix} 78{,}5 & 16{,}1 & 16{,}1 & 0 & 0 & 0 \\ 16{,}1 & 78{,}5 & 16{,}1 & 0 & 0 & 0 \\ 16{,}1 & 16{,}1 & 78{,}5 & 0 & 0 & 0 \\ 0 & 0 & 0 & 31{,}2 & 0 & 0 \\ 0 & 0 & 0 & 0 & 31{,}2 & 0 \\ 0 & 0 & 0 & 0 & 0 & 31{,}2 \end{pmatrix}$	[18]
Mullit	$\begin{pmatrix} C_{11} & C_{12} & C_{13} & 0 & 0 & 0 \\ C_{12} & C_{22} & C_{23} & 0 & 0 & 0 \\ C_{13} & C_{23} & C_{33} & 0 & 0 & 0 \\ 0 & 0 & 0 & C_{24} & 0 & 0 \\ 0 & 0 & 0 & 0 & C_{55} & 0 \\ 0 & 0 & 0 & 0 & 0 & C_{66} \end{pmatrix} = \begin{pmatrix} 291{,}3 & 112{,}9 & 96{,}2 & 0 & 0 & 0 \\ 112{,}9 & 232{,}9 & 121{,}9 & 0 & 0 & 0 \\ 96{,}2 & 121{,}9 & 352{,}1 & 0 & 0 & 0 \\ 0 & 0 & 0 & 110{,}3 & 0 & 0 \\ 0 & 0 & 0 & 0 & 77{,}4 & 0 \\ 0 & 0 & 0 & 0 & 0 & 79{,}9 \end{pmatrix}$	[19]
MgO	$\begin{pmatrix} C_{11} & C_{12} & C_{12} & 0 & 0 & 0 \\ C_{12} & C_{11} & C_{12} & 0 & 0 & 0 \\ C_{12} & C_{12} & C_{11} & 0 & 0 & 0 \\ 0 & 0 & 0 & C_{44} & 0 & 0 \\ 0 & 0 & 0 & 0 & C_{44} & 0 \\ 0 & 0 & 0 & 0 & 0 & C_{44} \end{pmatrix} = \begin{pmatrix} 299 & 96{,}4 & 96{,}4 & 0 & 0 & 0 \\ 96{,}4 & 299 & 96{,}4 & 0 & 0 & 0 \\ 96{,}4 & 116 & 299 & 0 & 0 & 0 \\ 0 & 0 & 0 & 157{,}1 & 0 & 0 \\ 0 & 0 & 0 & 0 & 157{,}1 & 0 \\ 0 & 0 & 0 & 0 & 0 & 157{,}1 \end{pmatrix}$	[17]
MA-Spinell	$\begin{pmatrix} C_{11} & C_{12} & C_{12} & 0 & 0 & 0 \\ C_{12} & C_{11} & C_{12} & 0 & 0 & 0 \\ C_{12} & C_{12} & C_{11} & 0 & 0 & 0 \\ 0 & 0 & 0 & C_{44} & 0 & 0 \\ 0 & 0 & 0 & 0 & C_{44} & 0 \\ 0 & 0 & 0 & 0 & 0 & C_{44} \end{pmatrix} = \begin{pmatrix} 292{,}2 & 168{,}7 & 168{,}7 & 0 & 0 & 0 \\ 168{,}7 & 292{,}2 & 168{,}7 & 0 & 0 & 0 \\ 168{,}7 & 168{,}7 & 292{,}2 & 0 & 0 & 0 \\ 0 & 0 & 0 & 156{,}5 & 0 & 0 \\ 0 & 0 & 0 & 0 & 156{,}5 & 0 \\ 0 & 0 & 0 & 0 & 0 & 156{,}5 \end{pmatrix}$	[17]
SiC 6H	$\begin{pmatrix} C_{11} & C_{12} & C_{13} & 0 & 0 & 0 \\ C_{12} & C_{11} & C_{13} & 0 & 0 & 0 \\ C_{13} & C_{13} & C_{33} & 0 & 0 & 0 \\ 0 & 0 & 0 & C_{44} & 0 & 0 \\ 0 & 0 & 0 & 0 & C_{44} & 0 \\ 0 & 0 & 0 & 0 & 0 & \frac{1}{2}(C_{11}-C_{12}) \end{pmatrix} = \begin{pmatrix} 502 & 95 & 50 & 0 & 0 & 0 \\ 95 & 502 & 50 & 0 & 0 & 0 \\ 50 & 50 & 565 & 0 & 0 & 0 \\ 0 & 0 & 0 & 169 & 0 & 0 \\ 0 & 0 & 0 & 0 & 169 & 0 \\ 0 & 0 & 0 & 0 & 0 & 203{,}5 \end{pmatrix}$	[20]
β-Si_3N_4	$\begin{pmatrix} C_{11} & C_{12} & C_{13} & 0 & 0 & 0 \\ C_{12} & C_{11} & C_{13} & 0 & 0 & 0 \\ C_{13} & C_{13} & C_{33} & 0 & 0 & 0 \\ 0 & 0 & 0 & C_{44} & 0 & 0 \\ 0 & 0 & 0 & 0 & C_{44} & 0 \\ 0 & 0 & 0 & 0 & 0 & \frac{1}{2}(C_{11}-C_{12}) \end{pmatrix} = \begin{pmatrix} 433 & 195 & 127 & 0 & 0 & 0 \\ 195 & 433 & 127 & 0 & 0 & 0 \\ 127 & 127 & 574 & 0 & 0 & 0 \\ 0 & 0 & 0 & 108 & 0 & 0 \\ 0 & 0 & 0 & 0 & 108 & 0 \\ 0 & 0 & 0 & 0 & 0 & 119 \end{pmatrix}$	[21]

Die Poissonzahlen für keramische Werkstoffe liegen zwischen 0,15 und 0,3. Bei rein linear-elastischem Verhalten sind unter dem Vorbehalt, dass unter Zugspannungen das Volumen konstant bleibt oder sich erhöht, Werte zwischen 0 und 0,5 möglich. Werden Poissonzahlen >0,5 gemessen, so ist dies auf eine Volumenverringerung unter Zug zurückzuführen, was eventuell bei porösen Werkstoffen und Faserverbundwerkstoffen der Fall sein kann. Als Besonderheit existiert noch eine SiO_2-Modifikation, der α-Cristobalit, mit negativer Poissonzahl ($\nu = -0{,}5$ für bestimmte Kristallrichtungen; $\nu = -0{,}16$ Durchschnittswert). Hier strecken sich also die gewinkelten O–Si–O-Bindungen bei Anlegen einer Zugspannung senkrecht zur Bindungsachse [22], so dass sich die Probe nicht verjüngt, sondern verbreitert. Auch können mikroporöse Werkstoffe mit schräg zur Zugspannungsrichtung liegenden elongierten Feststoffbrücken durch deren Umorientierung an Breite zunehmen, was sich in einer negativen Poissonzahl äußert. Allerdings sind dies keine Materialeffekte, sondern Gefügeeffekte. Dasselbe Prinzip lässt sich aber auch bei Polymeren wie Polytetrafluorethylen mit Molekülen umsetzen [23] oder bei Netzwerken, deren einzelne, über Ecken verknüpfte Elemente eine laterale Dehnung beim Anlegen einer Zugspannung aufweisen [24].

Tab. 2.2: Elastische Konstanten einiger keramischer Werkstoffe.

Werkstoff	E GN/m²	G GN/m²	K GN/m²	ν
Al_2O_3	410	165	255	0,23
MgO	310	130	155	0,17
ZrO_2	220	75	140	0,27
Porzellan	76	32	38	0,17
Mullit	100	42	56	0,20
Glasphase	70	30	35	0,17
Quarz	90	40	42	0,14
Steatit	100	40	65	0,24
Silicastein	13	5	10	0,25
Schamottestein	32	13	20	0,25
Magnesitstein	120	50	60	0,18
SiC	480	200	240	0,17
Si_3N_4	295	115	235	0,29

Aus Tabelle 2.2 geht hervor, dass die überwiegend kovalent gebundenen Nichtoxide besonders hohe E-Moduli und kleine Poissonzahlen besitzen. Dies hängt mit der abstandsabhängigen Bindungsstärke der Atome und der Kraft zusammen, die erforderlich ist, um die Atome aus ihrer Position auszulenken. Die Auftragung der potentiellen Energie U_{pot} gegen den Abstand eines Atoms r zeigt ein Minimum im kräftefreien Gleichgewichtsabstand r_0, ein steil ansteigendes abstoßendes Potenzial β für $r < r_0$ (Abstoßung durch elektrostatische Wechselwirkungen der Elektronenhüllen und durch das Pauli-Prinzip) und ein flacher ansteigendes anziehendes Potenzial α für $r > r_0$ (anziehend wegen der freiwerdenden Gitterenergie), das asymptotisch den Wert des unendlich weit entfernten Atoms (Dissoziation) anstrebt (Abb. 2.12). Dieses Potenzial U_{pot} wird als *Lennard–Jones-Potenzial* bezeichnet und gehorcht Gl. (2.8):

$$U_{pot} = -\frac{\alpha}{r^m} + \frac{\beta}{r^n} \tag{2.8}$$

mit $n > m$. n liegt bei 12 und m bei 6. Die untere Kurve in Abb. 2.12 zeigt die erste Ableitung des Lennard–Jones-Potenzials $\mathrm{d}U/\mathrm{d}r$ und damit die Kräfte, wobei der aufsteigende Ast bis $\mathrm{d}U/\mathrm{d}r_{max}$ mit einer Parabel (gestrichelte Linie) bzw. einem Ausschnitt aus einer Sinus-Funktion angenähert werden kann. Ihr Maximum bestimmt die theoretische Festigkeit σ_{th}. Die zweite Ableitung $\mathrm{d}^2U/\mathrm{d}r^2$ entspricht dem theoretischen E-Modul E_{th}.

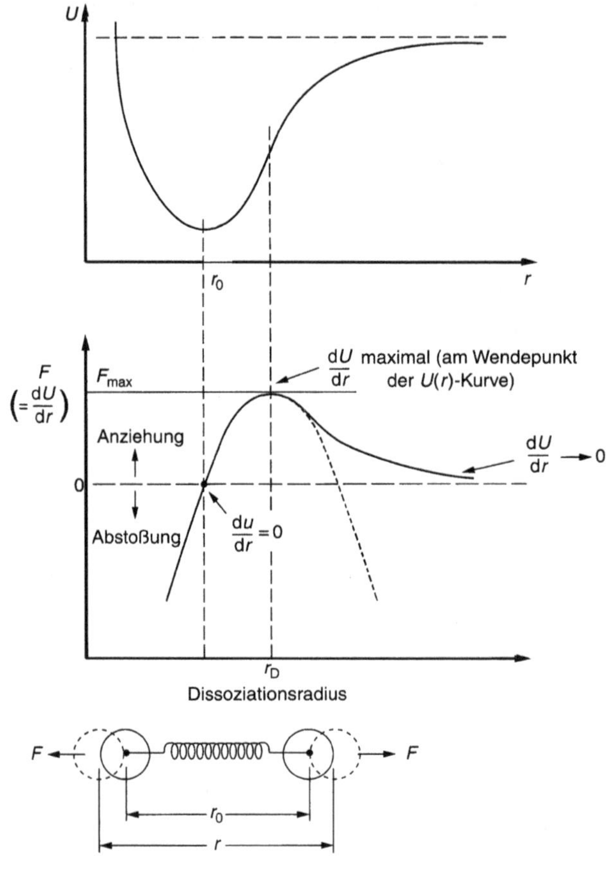

Abb. 2.12: Lennard–Jones-Potenzial und erste Ableitung: Potenzielle Energie und Kräfte bei Verlagerung eines im Kristallgitter gebundenen Atoms, nach [16].

Zur Ermittlung der Kraft, die eine kleine Auslenkung dr des Atoms hervorruft, gilt das Federgesetz:

$$F = \frac{\mathrm{d}U_{pot}}{\mathrm{d}r} \approx S_0(r - r_0). \tag{2.9}$$

Die Bindesteifigkeit (Federkonstante) S an einer beliebigen Stelle ist dann

$$S = \frac{\mathrm{d}F}{\mathrm{d}r} = \frac{\mathrm{d}^2U}{\mathrm{d}r^2}. \tag{2.10}$$

Die zur Auslenkung erforderliche Spannung σ beträgt demnach

$$\sigma = \frac{F}{A} = NS_0(r - r_0) = \frac{S_0}{r_0^2}(r - r_0) = \frac{S_0}{r_0} \cdot \frac{(r - r_0)}{r_0} = E \cdot \varepsilon \qquad (2.11)$$

mit N = Anzahl der Bindungen pro Flächeneinheit. Da die Bindesteifigkeiten S_0 für kovalente Bindungen 20–200 N/m, für ionische und metallische Bindungen 15–100 N/m und für van-der-Waals-Bindungen 0,5–2 N/m betragen, ergibt sich ein minimaler E-Modul von etwa 1 GPa und ein maximaler E-Modul von etwa 1000 GPa (siehe Diamant).

2.2.2 Mischungsregeln, Einfluss der Porosität

Besteht ein Gefüge aus mehreren Phasen, dann resultiert ein gemeinsamer E-Modul E_C des Verbundwerkstoffs, der zwischen den Werten der reinen Komponenten E_i liegt und dessen Größe von den Volumenanteilen V_i und der Form der Komponenten abhängt. Die obere Grenze (*Voigt-Grenzkurve*) gilt für eine Parallelanordnung der Phasen relativ zur angelegten Zugspannung unter der Annahme ähnlicher Dehnungen, wie dies z. B. bei Faserverbundwerkstoffen der Fall ist:

$$E_C = V_1 \cdot E_1 + V_2 \cdot E_2 \quad \text{oder allgemeiner } E_C = \sum V_i E_i. \qquad (2.12)$$

Das *Reuss-Modell* ergibt die untere Grenze unter der Annahme vergleichbarer Belastungen bzw. Spannungen, d. h. einer Reihenanordnung der Phasen:

$$E_{g\perp} = E_1 E_2/(V_1 E_1 + V_2 E_2) \quad \text{oder allgemeiner } \frac{1}{E_C} = \sum_n V_i \frac{1}{E_1}. \qquad (2.13)$$

In der Praxis liegt der E_C-Wert dazwischen, d. h., er ist immer etwas kleiner als der Mittelwert der Gl. (2.12) (Abb. 2.13 und 2.14).

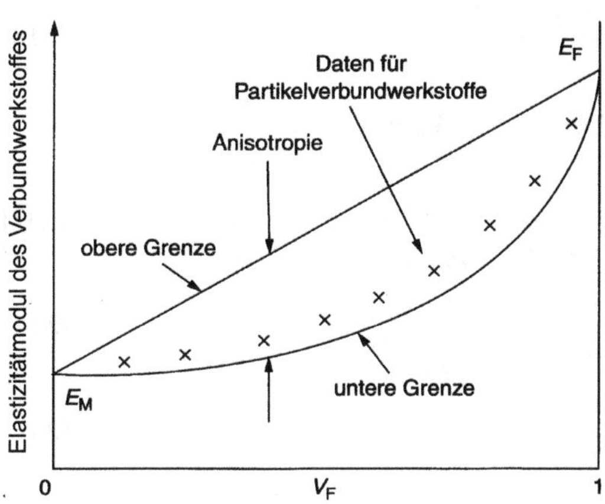

Abb. 2.13: E-Modul für Verbundwerkstoffe, hier am Beispiel faseriger Einlagerungen [16].

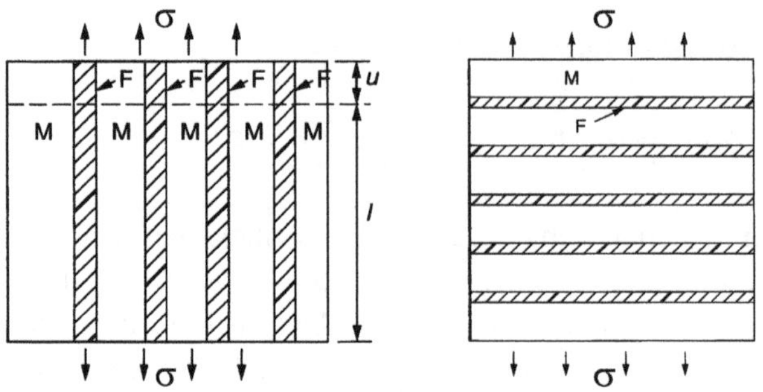

Abb. 2.14: Dehnungs- und Spannungsverteilung in parallel und senkrecht zu den Zugspannungen orientierten Fasertexturen. Links: Dehnung = u/l = in den Fasern (F) und der Matrix (M) gleich groß; rechts: Spannung in den Fasern und der Matrix gleich groß. Nach [16].

Andere Modelle wurden speziell für Verbundwerkstoffe entwickelt und liefern ein engeres Band an Grenzkurven, z. B. das *Hashin–Shtrikman-Modell* [25] oder das Zell-Modell nach Paley und Aboudi [26].

Isotropes Verhalten von Matrixphase (Index m) und Teilchen (Index p) vorausgesetzt, ergibt sich nach Hashin–Shtrikman eine obere Grenzkurve (HS^+) für den Kompressionsmodul K^+ nach

$$K^+ = K_p + \frac{V_m}{\frac{1}{K_m - K_p} + \frac{3V_p}{3K_p + 4G_p}} \tag{2.14}$$

für den Schubmodul G^+ nach

$$G^+ = G_p + \frac{V_m}{\frac{1}{G_m - G_p} + \frac{6(K_p + 2G_p)\cdot V_p}{5G_p(3K_p + 4G_p)}} \tag{2.15}$$

und für den E-Modul E^+ nach

$$E^+ = \frac{9K^+ \cdot G^+}{3K^+ + G^+}. \tag{2.16}$$

Die Gleichungen für die unteren Grenzkurven (HS^-) lauten:

$$K^- = K_m + \frac{V_p}{\frac{1}{K_p - K_m} + \frac{3V_m}{3K_m + 4G_m}}, \tag{2.17}$$

$$G^- = G_m + \frac{V_p}{\frac{1}{G_p - G_m} + \frac{6(K_m + 2G_m)\cdot V_m}{5G_m(3K_m + 4G_m)}}, \tag{2.18}$$

$$E^- = \frac{9K^- \cdot G^-}{3K^- + G^-}. \tag{2.19}$$

Ebenso kann die Finite-Element-Methode zur Simulation des integralen E-Moduls eingesetzt werden [5, 25–29]. Geht man zunächst von einem homogenen Material aus, dann wird sich dessen E-Modul umso stärker ändern, je mehr der E-Modul einer eingelagerten zweiten Phase von diesem abweicht. Für geringere Werte kommt man im Grenzfall zur Betrachtung des Einflusses von Poren auf den E-Modul. In Gl. (2.12) stellt dann $V_2 = P$ = Porosität dar, und mit $V_1 = 1-P$, $E_2 = 0$ und $E_1 = E_0$, dem E-Modul des porenfreien Körpers, folgt bei in Spannungsrichtung orientierten stabförmigen Poren

$$E_{g\|} = E_0(1 - P), \tag{2.20}$$

also eine Art „Verdünnung" des Werkstoffs. Dies entspricht auch der Mischungsregel nach Voigt. Ein allgemeineres Verdünnungsgesetz für isolierte Poren liefert:

$$E = E_0(1 - 2P). \tag{2.21}$$

Setzt man das Porenvolumen in die Hashin–Shtrikman-Gleichungen ein, ohne Porenformen oder -texturen zu betrachten, so lautet das Ergebnis für die obere Grenzkurve:

$$E^+ = E_0 \frac{1 - P}{1 + P}. \tag{2.22}$$

Für praxisnahe Geometrien ergeben sich recht komplizierte Gleichungen, die dann wieder für Spezialfälle vereinfacht werden können. So leitet Ondracek [5] für kugelförmige Poren unter Einbeziehung der Querkontraktionszahl ν_0 ab:

$$E_P = E_0 \frac{3(3 - 5P) \cdot (1 - P)}{9 - P(9{,}5 - 5{,}5\nu_0)}. \tag{2.23}$$

Im Allgemeinen bedient man sich empirischer Gleichungen, die zahlreich vorgeschlagen von Wachtman [30] gegenübergestellt werden. Sie ähneln oft der Form

$$E_g = E_1(1 - f_1 P + f_2 P^2), \tag{2.24}$$

worin die Konstanten f_1 von der Porenform abhängen und bei Kugelform $f_1 = 1{,}9$ und $f_2 = 0{,}9$ betragen. Formelbeispiele für die Abhängigkeit des Elastizitätsmoduls von der Porosität bringt Tabelle 2.3. Hierin bedeuten a und b Konstanten, z. B. gilt in der 2. Gleichung von oben für Al_2O_3: $a = 1{,}9$; $b = 0{,}9$ [31]. Weitere Ansätze sind Exponentialgesetze der Form $E = E_0 \cdot e^{-aP}$ mit $a = 3{,}5$, obwohl Größe, Form und räumliche Verteilung der Poren einen Einfluss haben können [32].

Tab. 2.3: Gleichungen für den porositätsabhängigen E-Modul.

E-Modul
$E = E_0 \cdot (1 - aP)$
$E = E_0 \cdot (1 - aP + bP^2)$
$E = E_0 \cdot (1 - aP)^b$
$E = E_0 \cdot [1 + aP/(1 - (a + 1)P)]$
$E = E_0 \cdot \exp(-aP)$
$E = E_0 \cdot \exp[-(aP + bP^2)]$

Ein weiteres Exponentialgesetz publizierte Zivcova u. M. [33], das bis etwa 50 Vol.-% Porosität Messwerte für Aluminiumoxid gut annähert:

$$E = E_0 \cdot e^{\left(\frac{-2P}{1-P}\right)}. \tag{2.25}$$

Nimmt man Porositäten von P = 0,05–0,1–0,2 oder 0,4 an, dann verringert sich der Ausgangs-E-Modul nach Gl. (2.23) um die Faktoren 0,911–0,823–0,649 oder 0,310 und nach Gl. (2.24) um 0,908–0,819–0,656 oder 0,384, d. h., Poren haben einen Effekt, der in grober Näherung ihrem doppelten Volumen entspricht. Bei genaueren Betrachtungen muss man noch eventuell inhomogene Verteilungen berücksichtigen [32]. Darüber hinaus besteht auch ein Temperatureinfluss auf den E-Modul, indem im Allgemeinen pro 100 K eine Abnahme um 1 % eintritt. In Band 4 sind entsprechende Diagramme für Al_2O_3 dargestellt. Abbildung 2.15 zeigt die Reduktion des E-Moduls mit zunehmender Porosität für Aluminiumoxid zusammen mit den Grenzkurven und der Anpassung nach Gl. (2.25), Abb. 2.16 dann Messwerte für Siliciumnitrid [31].

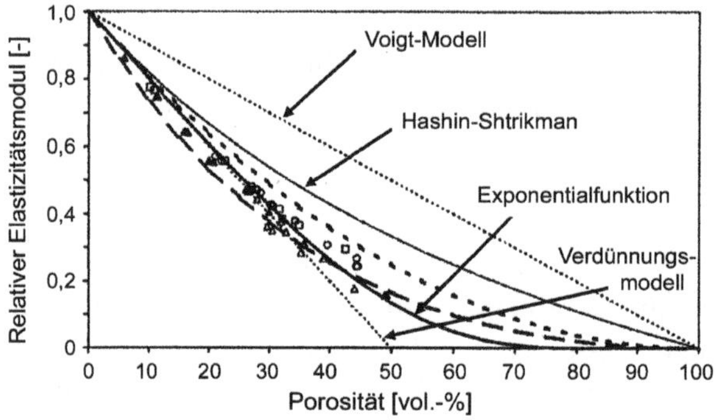

Abb. 2.15: Abfall des E-Moduls mit der Porosität für Aluminiumoxid; eingetragen sind die Grenzkurven nach den Modellen von Voigt (Gl. 2.3), Hashin–Shtrikman (Gl. 2.22), nach dem Exponentialgesetz von Zivcova (Gl. 2.25) und dem Verdünnungsmodell (Gl. 2.21). Bild nach [33]. © Elsevier, Abdruck mit freundlicher Genehmigung.

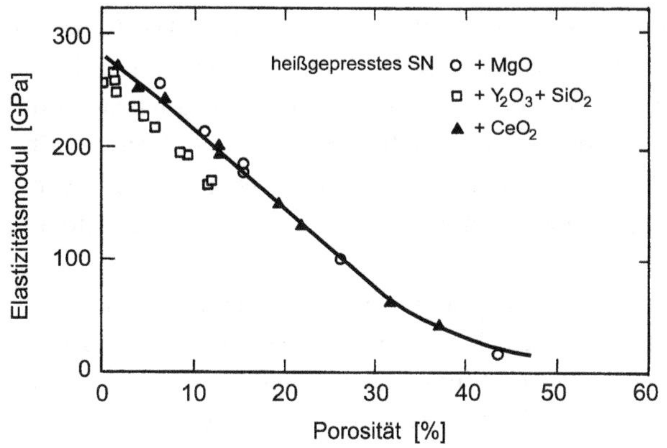

Abb. 2.16: Abfall des E-Moduls mit der Porosität für heißgepresstes Siliciumnitrid mit verschiedenen Dotierungsmitteln nach Munz und Fett [31].

Der Einfluss von Verunreinigungen oder von Zusätzen auf den Elastizitätsmodul hängt davon ab, ob sie in einem Mischkristall gelöst oder als zweite Phase vorhanden sind. So gibt es deutliche Unterschiede zwischen einer 99-%igen und 96-%igen Al_2O_3-Keramik mit einer Glasphase an den Korngrenzen. Während abhängig von der Porosität die elastischen Eigenschaften bis etwa 1100–1200 °C unverändert bleiben sinkt der E-Modul der weniger reinen Qualität im Temperaturbereich von 1000 bis 1400 °C stärker ab. Vereinfacht gilt zur Abschätzung für keramische Werkstoffe, dass pro 100 K eine Abnahme um 1 % eintritt.

2.3 Festigkeit

Bruchvorgänge bei Keramiken können aufgrund des Sprödbruchverhaltens dieser Werkstoffe mit den Methoden der linear-elastischen Bruchmechanik sehr gut beschrieben werden. In den allermeisten Fällen sind mögliche Abweichungen vom linear elastischen Materialverhalten vernachlässigbar gering. Ausnahmen hiervon bilden z. B. sehr langsames (unterkritisches) Risswachstum, Kriechvorgänge bei höheren Temperaturen und sehr großen Lastspannungen, auf die aber hier nicht eingegangen werden soll. Bei der Behandlung der Hochtemperatureigenschaften bzw. des tribologischen Verhaltens keramischer Werkstoffe wird die nicht-linear-elastische Betrachtung allerdings wichtig.

2.3.1 Spannungs–Dehnungsverhalten

Das Versagen keramischer Teile geht fast immer von Gefügeinhomogenitäten, also großen Sinterporen, Mikrorissen, Fremdeinschlüssen, Riesenkörnern, Agglomeraten,

Schleifriefen oder sonstigen Gefügefehlern aus, die als bereits im Material vorhandene Risse betrachtet werden können. Wenn Spannungen in einem spröden Material eine bestimmte Höhe erreicht haben, können solche Defekte wachsen und zum Bruch führen oder anderweitig das weitere mechanische Verhalten beeinflussen. Damit ergibt sich die Frage nach der Höhe der kritischen Spannungen, die in der Lage sind, einen als fehlerfrei angenommenen Festkörper zu zerstören, also die Frage nach der theoretischen Festigkeit.

Orowan ging davon aus, dass die bei einem Zugversuch zur Trennung eines Festkörpers eingebrachte elastische Energie eine solche Dehnung ermöglichen muss, dass benachbarte Ionen mit Abstand r_0 ständig getrennt werden, wobei mindestens die Energie γ zur Bildung der beiden neuen Oberflächen benötigt wird. Dies führt mit dem Elastizitätsmodul E zur theoretischen Festigkeit σ_{th}

$$\sigma_{th} = \sqrt{\frac{E\gamma}{r_o}}. \tag{2.26}$$

σ_{th} ist also umso größer, je steifer der Werkstoff, je größer seine Oberflächenenergie und je geringer der Ionenabstand, d. h., je höher die Bindungsdichte ist. Mit den durchschnittlichen Zahlenwerten von $E = 10^{11}\,\mathrm{N/m^2}$, $\gamma = 1\,\mathrm{N/m}$ und $r_0 = 3 \cdot 10^{-10}\,\mathrm{m}$ ergibt sich $\sigma_{th} = 1{,}8 \cdot 10^{10}\,\mathrm{N/m^2}$. Überschlagsmäßig folgt, dass die theoretische Festigkeit eines Festkörpers bei 1/5 bis 1/10 E liegt. Setzt man die Werte für Al_2O_3 ein mit $E = 4{,}1 \cdot 10^{11}\,\mathrm{N/m^2}$, $\gamma = 1{,}2\,\mathrm{N/m}$ und $r_0 = 2{,}7 \cdot 10^{-10}\,\mathrm{m}$ (O–O-Abstand), dann erhält man aus Gl. (2.26) $\sigma_{th,Al_2O_3} = 4{,}27 \cdot 10^{10}\,\mathrm{N/m^2}$. Die höchsten an Al_2O_3-Einkristallen gemessenen Festigkeiten liegen aber etwa eine Größenordnung niedriger. Die Ursachen hierfür werden später behandelt.

Für eine quantitative Betrachtung des Bruchverhaltens an realen Prüfkörpern kann man wiederum das Spannungs–Dehnungsdiagramm verwenden (Abb. 2.11). Beim Erreichen der Spannung σ_c (Bruchspannung) versagt die Probe. ε_c heißt entsprechend Bruchdehnung. Der Lastabfall erfolgt schlagartig, typische Rissgeschwindigkeiten liegen im Bereich der Schallgeschwindigkeit; bei kovalent gebundenen hochsteifen Werkstoffen werden bis zu 600 m/s Rissgeschwindigkeit gemessen. Die einzelnen (späteren) Bruchstücke relaxieren während des Rissfortschritts aufgrund der Entlastung linear elastisch, was im Spannungs–Dehnungsdiagramm spröder Materialien im Gegensatz zu denen der plastisch verformbaren Metalle nicht sichtbar wird.

In Analogie zur Gl. (2.2) entspricht die Fläche unter der Gesamtkurve des Spannungs–Dehnungsdiagramms bis zum Bruch der im verformten Material gespeicherten elastischen Energie $U_{el.Bruch}$, die erforderlich ist, um den Bruch auszulösen:

$$U_{el.Bruch} = 1/2\sigma_c \cdot \varepsilon_c = 1/2\sigma_c^2/E. \tag{2.27}$$

Typische Bruchdehnungen keramischer Werkstoffe liegen bei 0,1 bis 0,4 % und sind vom Typ der chemischen Bindung abhängig (Abb. 2.17) und liegen damit um Größenordnungen unterhalb derjenigen von Metallen oder Kunststoffen, die sich nach der elastischen Verformung vor dem Bruch teilweise noch plastisch dehnen können (Tabelle 2.4). Zusammen mit dem hohen E-Modul der Keramik, d. h. ihrer hohen Steifigkeit, ist die resultierende Bruchenergie gegenüber diesen Werkstoffen sehr gering. Das in Abb. 2.18 gezeigte Aluminiumtitanat Al_2TiO_5 besitzt eine gezielt minimierte Steifigkeit. Dies wird durch sogenannte Mikrorisse erzielt, die unter Last elastisch nachgeben. Solche Materialien zeigen eine hohe Thermoschockbeständigkeit, allerdings auch eine geringe Festigkeit. Eine ähnliche Strategie wird für feuerfeste Werkstoffe eingesetzt, die durch eine definierte Porosität oder durch Mikrorisse in der Matrix oder innerhalb der groben Kornfraktion in ihrer Steifigkeit bewusst reduziert werden, um eine höhere Dehnung zu erhalten.

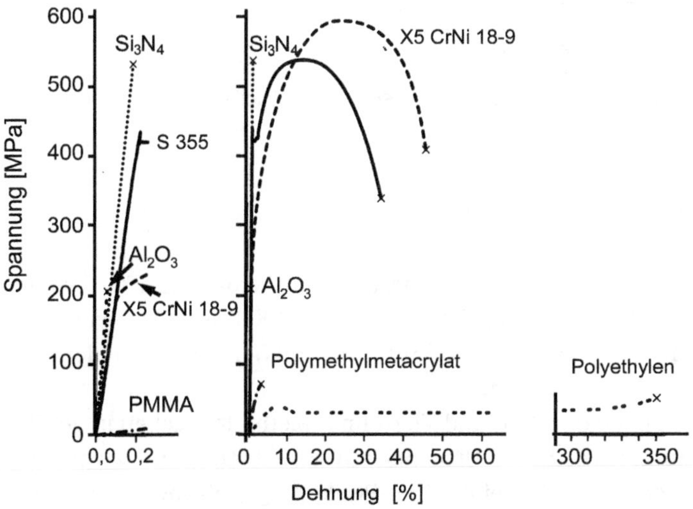

Abb. 2.17: Spannungs-Dehnungskurven einiger Werkstoffe im Vergleich nach [34]. Links: Bereich bis 0,2 % Dehnung, rechts: Thermoplaste bis 350 %.

Tab. 2.4: Bruchdehnungswerte einiger Keramiken.

Werkstoff	Bruchdehnung
SiC	0,10–0,15 %
Al_2O_3	0,15–0,20 %
Si_3N_4	0,20–0,25 %
ZrO_2	0,25–0,45 %

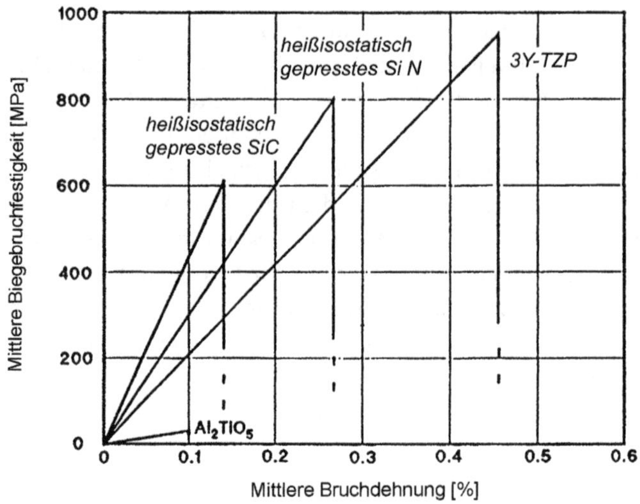

Abb. 2.18: Spannungs–Dehnungsdiagramm für technische Keramiken, Quelle: Verband der Keramischen Industrie.

2.3.2 Festigkeitsprüfung

Es gibt zahlreiche *Messmethoden* zur Festigkeitsbestimmung keramischer Werkstoffe, die in Kapitel 2.10 genauer behandelt werden. Mordfin und Kerper [35] sowie Pabst [36, 37] geben einen Überblick. Im Hinblick auf Aufwand und Genauigkeit ist der Vier-Punkt-Biegeprüfung der Vorzug zu geben.

Vergleichsmessungen nach der Drei- und Vier-Punkt-Methode ergeben in der Regel bei Letzterer eine geringere Festigkeit. Ursache dafür ist, dass der Bruch meist seinen Beginn in der *Oberfläche* hat. Da bei der Vier-Punkt-Biegeprüfung eine größere Fläche beansprucht wird, ist auch die Wahrscheinlichkeit größer, dort einen größeren Fehler zu finden. Diese Fehler kann man in Zusammenhang bringen mit der Griffith-Gleichung (2.57) und sie als Risse bzw. Kerben der Länge l ansprechen. Passmore u. M. [38] konnten an gesinterten und geschliffenen Al_2O_3-Körpern zeigen, dass l der Korngröße entspricht, die Kerben also durch das Herausbrechen von Körnern beim Schleifen entstanden sind. Durch Polieren kann man die Festigkeit erhöhen. Dann gilt das oben gesagte für das Volumen entsprechend.

Die schädliche Wirkung der Oberflächenfehler kann man auch verringern, indem man die Oberfläche unter eine Druckspannung setzt. Bei keramischen Körpern kann man das durch Glasuren erreichen, die immer dann die Festigkeit erhöhen, wenn sie eine kleinere Wärmedehnung als der Scherben haben. Von den vielen Messungen, die das bestätigen, seien hier nur die systematischen Versuche von Skarbye [39] erwähnt. Aber auch bei unglasierten polykristallinen Körpern gelingt eine Festigkeitserhöhung, wenn man in der Oberfläche Kristalle mit einem kleineren Ausdehnungskoeffizienten erzeugt. Kirchner u. M. [40] haben dazu die Mischkristallbildung von Korund ($\alpha = 8{,}4\cdot$

$10^{-6}\,K^{-1}$) mit Cr_2O_3 ($\alpha = 7{,}4 \cdot 10^{-6}\,K^{-1}$) und von $MgAl_2O_4$ ($\alpha = 9{,}7 \cdot 10^{-6}\,K^{-1}$) mit $MgCr_2O_4$ ($\alpha = 6{,}9 \cdot 10^{-6}\,K^{-1}$) ausgenützt, indem sie diese Körper in einer Packung von Cr_2O_3-Pulver temperten. Bei einer geeigneten Schichtdicke der Mischkristalle (etwa 75 µm) konnte so die Biegefestigkeit von Korundproben um 25 % und die von Spinellproben um 15 % erhöht werden.

2.4 Bruchenergie und Spannungsintensität

Wie zuvor ausgeführt, lässt sich die Bruchenergie eines vollständig homogenen Prüfkörpers aus dem Spannungs–Dehnungsdiagramm ermitteln. Allerdings tritt bei realen Proben meist schon bei geringeren Lastspannungen unterhalb der theoretischen Festigkeit Versagen auf, das von Oberflächendefekten oder inneren Gefügefehlern ausgeht. Der homogene Prüfkörper stellt also eine Idealisierung dar. Tatsächlich muss der Einfluss solcher Inhomogenitäten quantitativ berücksichtigt werden, was zur Betrachtung eines Spannungs–Dehnungsdiagramms mit künstlichen Fehlern, also gekerbter Proben führt (Abb. 2.19). Da sich aber jetzt die Lastspannungen nicht homogen über den gesamten Probenquerschnitt verteilen können, sondern durch den Kerb eine Störung verursacht wird, muss das Diagramm in „*Kraft-Verschiebungsdiagramm*, F–V-Diagramm“ umbenannt werden. Bedingt durch den Kerb der Länge *a* steht nunmehr ein geringerer Probenquerschnitt zur Lastaufnahme, d. h. zur Speicherung der elastischen Energie zur Verfügung. Aus der technischen Mechanik ist bekannt, dass ein Volumen mit halbkreisförmigem Querschnitt hinter der Kerbspitze spannungsfrei ist (graue Fläche in Abb. 2.19).

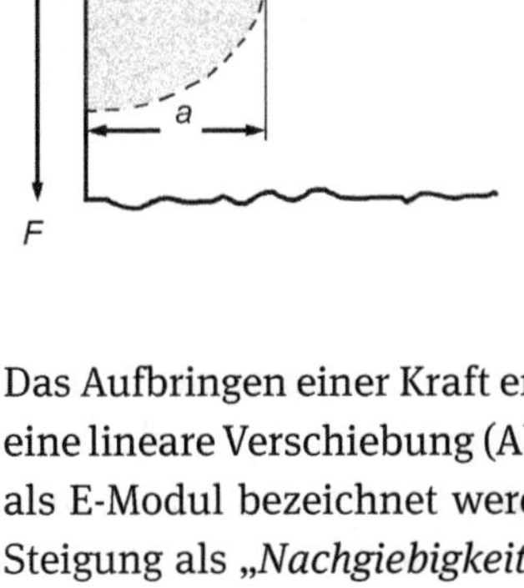

Abb. 2.19: Dehnungsversuch einer Probe mit Kerb (Anriss). Die Welligkeit der Linien deutet an, dass die Probe nach oben, unten und rechts nicht begrenzt ist.

Das Aufbringen einer Kraft erzeugt zunächst wie im Spannungs–Dehnungsdiagramm eine lineare Verschiebung (Abb. 2.20). Die Steigung dieser Gerade darf aber nicht mehr als E-Modul bezeichnet werden. Stattdessen definiert man den reziproken Wert der Steigung als „*Nachgiebigkeit*“ im Gegensatz zur Steifigkeit (engl. *Compliance*), *C*. Die in den Probekörper eingespeicherte elastische Energie ergibt sich dann aus der Fläche unter der Kurve zu

$$U_{\mathrm{el}} = 1/2FV = 1/2F^2C. \tag{2.28}$$

Dabei wird zunächst vorausgesetzt, dass sich der Kerb nicht vergrößert, also die Länge a beibehält. Es folgt aus analytischen Spannungsbetrachtungen für die Verhältnisse im Abstand r vor der Rissspitze, dass die lokalen Spannungen mit $1/\sqrt{r}$ abfallen (Abb. 2.21).

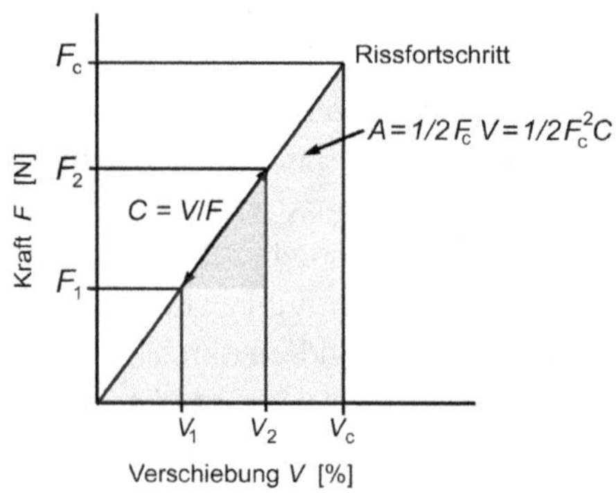

Abb. 2.20: Kraft-Verschiebungsdiagramm zu Abb. 2.19.

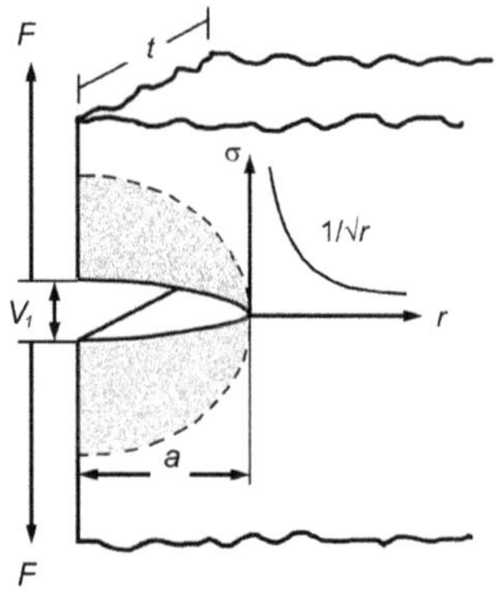

Abb. 2.21: Spannungsverlauf vor der Rissspitze einer gekerbten Probe. Das spannungsfreie Volumen ist grau schattiert dargestellt.

2.4.1 Rissfortschritt und Energiefreisetzung

Die Analyse des Risswachstums ist ein besonderes Forschungsgebiet der linearelastischen Bruchmechanik. Hierüber gibt es umfangreiche Literatur, von der sich besonders die Übersichtsartikel [41–45] mit keramischen Aspekten befassen. Zu einer einfachen Beschreibung des Energieumsatzes bei Rissfortschritt um Δa gelangt man über eine Reihe von Gedankenexperimenten, die bei Munz und Fett [31] genauer erläutert sind. Zur Ausführung dieser Experimente bräuchte man ideale Prüfmaschinen, die sowohl ganz präzise kraft- als auch weggesteuert sein müssten.

Im ersten Versuch wird die gekerbte Probe bis F_2 und V_1 belastet, ohne dass ein Rissfortschritt an der Kerbspitze eintreten soll. Bei konstanter Verschiebung V_1 sei dann ein Risswachstum um δa erlaubt. Der Riss soll dann in dieser Position verharren, sodass die anliegende Kraft auf F_1 abfällt (Abb. 2.22).

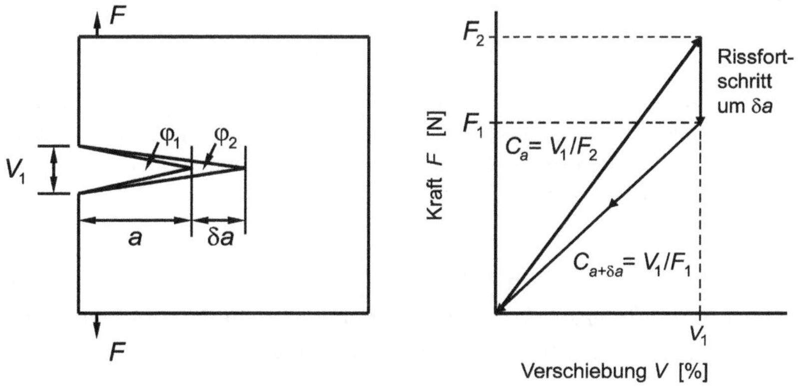

Abb. 2.22: Gedankenversuch 1 zur Ableitung der Bruchenergie. Probe wird bis Kraft F_2 belastet, Riss läuft um δa, dabei sinkt Kraft auf F_1 und die anfängliche Verschiebung V_1 ändert sich nicht. Die Probe federt bei Entlastung elastisch mit Steigung $C_{a+\delta a}$ zurück. Links: Blockbild mit Riss; rechts: Kraft-Verschiebungsdiagramm.

Wichtig ist hierbei, dass der Riss nicht – wie gewohnt – katastrophal zum Versagen des ganzen Prüfkörpers führt. Nach Rissstopp kann nun Entlastung auf $F = 0$ erfolgen, wobei der Probekörper elastisch zurückfedert. Betrug die reziproke Anfangssteigung zu Beginn des Versuchs C_a, so erfolgt die Rückfederung mit $C_{a+\delta a}$. Die Nachgiebigkeit hat sich also vergrößert, der scheinbare E-Modul verringert.

Die geleistete äußere Arbeit ergibt sich zu $W_{\text{außen}} = 1/2 \cdot F_1 \cdot V_1$ und entspricht damit der eingespeicherten elastischen Energie. Nach Risswachstum um δa beträgt die geleistete äußere Arbeit $W_{\delta a} = 0$, da $\Delta V = 0$ ist. Es wurde jedoch innere Arbeit geleistet, da die neue elastische Energie kleiner ist: $\Delta U_{\text{el}} = W_{\text{außen}} - 1/2 \cdot F_2 \cdot V_1 = 1/2 \cdot V_1 \cdot (F_1 - F_2)$.

Beim zweiten Gedankenversuch (Abb. 2.23) soll während des Rissfortschrittes die Kraft F_1 mit einer kraftgesteuerten Zugmaschine konstant gehalten werden, so dass der Riss um δa läuft und die Verschiebung V um ΔV auf V_2 zunimmt. Nach beendetem Rissfortschritt wird die Probe wieder entlastet und federt elastisch zurück. Die Auswertung des Kraft-Verschiebungsdiagramms zeigt, dass die Nachgiebigkeit C_a auf $C_{a+\delta a}$ gestiegen ist.

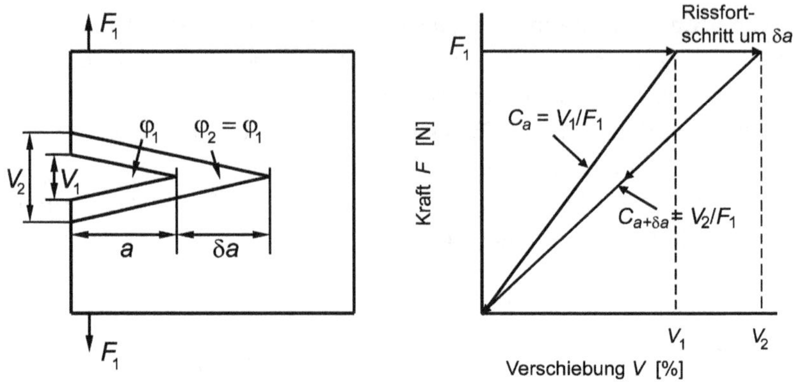

Abb. 2.23: Gedankenversuch 2 zur Ableitung der Bruchararbeit. Probe wird bis Kraft F_1 belastet, Riss läuft um δa, dabei wird Kraft bei F_1 konstant gehalten. Die anfängliche Verschiebung vergrößert sich von V_1 auf V_2. Die Probe federt bei Entlastung elastisch mit Steigung $C_{a+\delta a}$ zurück. Links: Blockbild mit Riss; rechts: Kraft-Verschiebungsdiagramm.

Die geleistete äußere Arbeit beträgt nun $\Delta W_{\text{außen}} = F_1 \cdot \Delta V > 0$. Die gespeicherte elastische Energie steigt. Die Differenz ΔU_f zwischen der eingespeicherten und der restlichen zur Rückfederung führenden elastischen Energie beträgt:

$$\Delta U_\mathrm{f} = \frac{1}{2} \cdot F_1^2 \cdot (C_{\mathrm{a}+\delta\mathrm{a}} - C_\mathrm{a}) = U_{\mathrm{el.}} \cdot (W + \Delta W). \tag{2.29}$$

Damit läuft der Riss stabil, d. h. unaufhaltsam, weil ΔW stets größer ist als ΔU_f, genauer:

$$\Delta W = 2\Delta U_\mathrm{f}. \tag{2.30}$$

Die Energie U_f wird nach elastischer Einspeicherung für den Rissfortschritt freigesetzt. Dieser Energiebetrag wird für die Schaffung zweier neuer Oberflächen (Bruchflächen) benötigt. Aufzubringen ist also die spezifische kritische Bruchenergie G_c (benannt nach A. A. Griffith) multipliziert mit der Gesamtbruchfläche A. Ein Riss läuft also dann katastrophal (überkritisch), wenn gilt:

$$\Delta W \geq \Delta U_{\mathrm{el}} + G_\mathrm{c}\Delta A. \tag{2.31}$$

Im Gleichgewichtsfall, wenn der Riss also gerade die zum Fortschritt benötigte Energie erhält, kann G definiert werden als:

$$G = \frac{\mathrm{d}W_{\text{außen}}}{\mathrm{d}A} - \frac{\mathrm{d}U_{\mathrm{el}}}{\mathrm{d}A} = \frac{\mathrm{d}U_\mathrm{f}}{\mathrm{d}A} = G_\mathrm{c} \quad [G] \text{ in } [\mathrm{J/m^2}]. \tag{2.32}$$

G wird auch als „Griffith-Energie", „Riss treibende Kraft" oder „Energiefreisetzungsrate" (engl.: *strain energy release rate*) bezeichnet. Der Begriff der „Rate" bezeichnet in der Physik üblicherweise eine Ableitung einer Größe nach der Zeit; hier ist damit jedoch die Ableitung nach der Bruchfläche A gemeint. Das Verdienst von Griffith ist, dass er aufbauend auf den Berechnungen von Inglis [46] die Energiebetrachtung in die linear-elastische Bruchmechanik eingebracht hat [47], während G. R. Irwin diese Ergebnisse später mittels Überlegungen zu den herrschenden Spannungen vervollkommnet hat [48, 49]. Allerdings gelten alle Ableitungen nur für vollständig homogene, isotrope und unendlich ausgedehnte linear-elastische Körper.

In Gl. (2.32) bedeuten A die Bruchfläche, $W_{\text{außen}}$ die äußere Arbeit und U_{el} die elastisch gespeicherte Energie. Wie aus dem Kraft-Verschiebungsdiagramm abgeleitet werden kann, wird G nach folgendem Messprinzip ermittelt:

$$G = \frac{1}{2} \cdot F^2 \cdot \frac{\mathrm{d}C}{\mathrm{d}A}. \tag{2.33}$$

Für die Rissbildung, d. h. die Schaffung zweier neuer Oberflächen, ist mindestens deren Oberflächenenergie γ aufzuwenden:

$$G_{\text{c}} = 2 \cdot \gamma. \tag{2.34}$$

Rissfortschritt kommt demnach dann zustande, wenn $G \geq G_{\text{c}}$ ist, d. h. die zur Verfügung stehende, lastbedingte elastische Energie größer oder gleich ist wie die kritische, materialabhängige Bruchenergie. Abbildung 2.24 zeigt einen Zugversuch mit wachsendem Riss bzw. einen Zugversuch mit unterschiedlicher Kerbtiefe, mit welchem die Griffith-Energie nach Gl. (2.33) bestimmt werden kann. Mit steigender Risslänge bzw. Kerbtiefe nimmt die Nachgiebigkeit zu. Die graphische Lösung der Auswertung einer solchen Messung ist in Abb. 2.25 dargestellt.

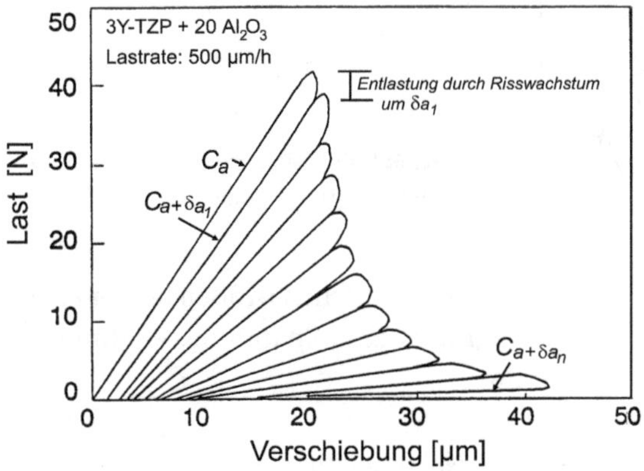

Abb. 2.24: Kraft-Verschiebungsdiagramm bei wachsendem Riss bzw. unterschiedlicher Kerbtiefe bei 3 Mol% Y_2O_3-stabilisiertem ZrO_2 in Al_2O_3-Matrix. Quelle: R. Steinbrech, FZ Jülich, mit freundlicher Genehmigung.

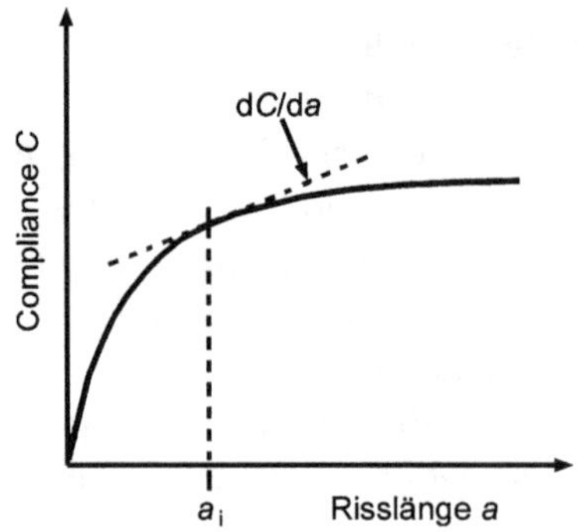

Abb. 2.25: Auswertung von Messungen nach Gl. (2.33) durch Auftragung der Nachgiebigkeit gegen den Rissfortschritt. Für Risslänge a_i ist die Kraft F_i bekannt, dC/da lässt sich aus der Messkurvenschar ermitteln.

Im Folgenden soll eine andere Rissgeometrie betrachtet werden, für die Inglis 1913 eine exakte analytische Lösung gefunden hat [46]. Im Gegensatz zu dem oben diskutierten durchgehenden Kerb geht Inglis von einem halbkreisförmigen Riss mit Radius a aus, der sich radial ausdehnt (Abb. 2.26).

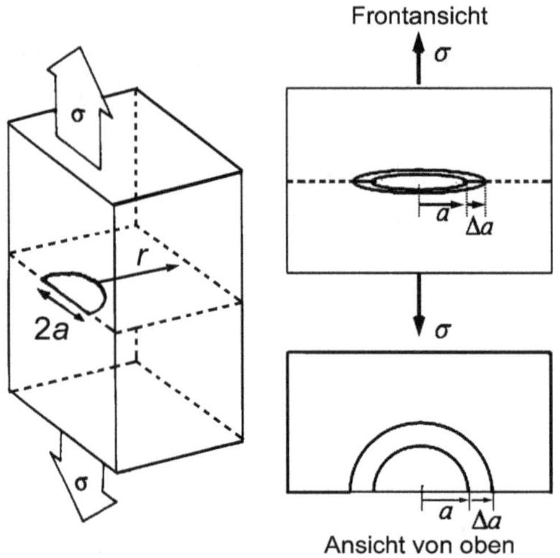

Abb. 2.26: Halbkreisförmiger Oberflächenriss; gestrichelt: Bruchfläche.

Aufgrund der Kreissymmetrie lassen sich jetzt die geometrischen Größen besser angeben. Der Übergang vom Kraft-Verschiebungsdiagramm zum Spannungs–Dehnungsdiagramm kann dann wie folgt formuliert werden:

$$\text{Fläche: } A \to 1/2\pi a^2, \quad \text{Kraft: } F \to \sigma \cdot A; \quad \text{Nachgiebigkeit } C \to \frac{1}{E \cdot A};$$

damit ergibt sich:

$$U_{\mathrm{el}} = \frac{1}{2} \cdot F^2 \cdot C \to U_{\mathrm{el}} = \frac{1}{2} \cdot \frac{\sigma^2}{E} \text{ und } \to U_{\mathrm{f}} = \frac{1}{2} \cdot \frac{\sigma^2}{E} \cdot \pi a^2.$$

Wie bereits erwähnt, ist aus der technischen Mechanik bekannt, dass bei einem zugbeanspruchten Probekörper das halbkreisförmige Volumen hinter der Kerb-(Riss-)Spitze spannungsfrei ist. Dieses Volumen ΔV vergrößert sich bei Rissfortschritt um $t\delta a$ mit t als Probenbreite. Die hierfür erforderliche Energie wird aus der Relaxation der elastischen Verzerrungen bereitgestellt. Verzerrungsenergie wird in Oberflächenenergie umgewandelt (Abb. 2.27).

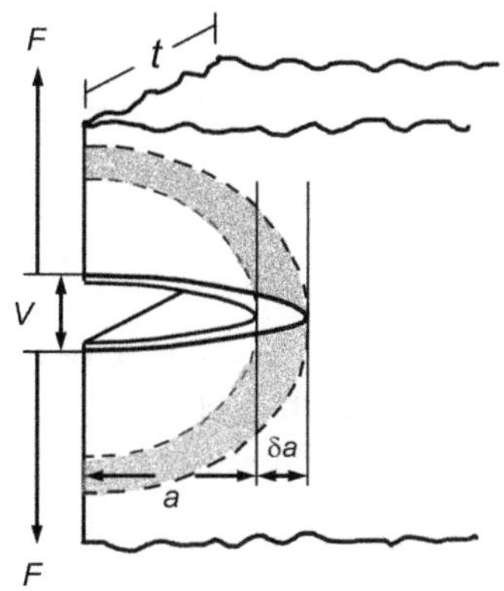

Abb. 2.27: Erweiterung des spannungsfreien Volumens durch Rissfortschritt.

Für eine einmalige Belastung mit $\Delta W = 0$ gilt:

$$-\Delta U_{el} = G_c \cdot t\delta a; \quad -U_{el} = \frac{1}{2} \cdot \frac{\sigma^2}{E} \cdot \Delta V \quad \text{und mit} \quad \Delta V \approx \pi a \cdot t \cdot \delta a \text{ folgt}$$

$$-U_{el} = \frac{1}{2} \cdot \frac{\sigma^2}{E} \cdot \pi a \cdot t \cdot \delta a. \tag{2.35}$$

Das Minuszeichen resultiert aus der Energiefreisetzung.

Die korrekte analytische Beschreibung der Verzerrungsverhältnisse an der Rissspitze führt allerdings nach Inglis zu einem Wert, der für die Fälle in den Abb. 2.26 und 2.27 exakt doppelt so groß ist wie hier aus den geometrischen Annahmen abgeleitet wurde. Dies gilt genauer für eine unendlich ausgedehnte Platte unter einachsiger Zugbelastung, in die ein Riss der Länge $2a$ eingebracht wird [48]. Dabei wird angenommen, dass die Ränder der Platte festgehalten werden. Als Plattendicke wird 1 angenommen. Die tatsächliche freigesetzte gespeicherte elastische Energie U_f beträgt demnach:

$$U_f = \pi \frac{a^2 \cdot \sigma^2}{E} \quad \text{(ebener Spannungszustand)}, \tag{2.36}$$

$$U_f = \pi(1 - \nu^2) \cdot \frac{a^2 \cdot \sigma^2}{E} \quad \text{(ebener Dehnungszustand)}. \tag{2.37}$$

Rissfortschritt (Bruch) tritt also dann ein, wenn die verfügbare freigesetzte Energie G (Lastgröße) größer oder gleich der aufzuwendenden kritischen Bruchenergie G_c (Materialeigenschaft) ist. Mit Gl. (2.37) folgt als Voraussetzung:

$$\frac{\pi a \cdot \sigma^2}{E} \geq G_c \quad \text{bzw. } G \geq G_c. \tag{2.38}$$

Im Gleichgewicht (kritischer Fall) heißt dies:

$$\frac{\pi a \cdot \sigma^2}{E} = G_c \quad \text{bzw. } G = G_c. \tag{2.39}$$

Hiermit lassen sich Lastgrößen auf die linke Seite der Gleichung schreiben und von den Materialeigenschaften auf der rechten Seite trennen:

$$\sigma\sqrt{\pi a} = \sqrt{EG_c}. \tag{2.40}$$

Nach Orowan wird die Bruchenergie für die Erzeugung zweier neuer Oberflächen aufgebraucht. Die Oberflächenenergie γ eines Stoffes lässt sich aus der theoretischen Festigkeit und dem theoretischen E-Modul abschätzen, wobei r_0 den Bindungsabstand darstellt:

$$\gamma = \frac{1}{2}\frac{\sigma_{th}^2}{E_{th}} \cdot r_0 \quad \text{und mit} \quad \sigma_{th} \approx \frac{E_{th}}{10} \quad \text{ergibt sich } \gamma \approx \frac{1}{200}E_{th} \cdot r_0. \tag{2.41}$$

Der Faktor 1/2 in Gl. (2.41) kommt gegenüber Gl. (2.26) dadurch zustande, dass dort die gesamte durch den Bruch erzeugte Oberflächenenergie betrachtet wird, die aber durch zwei Einzeloberflächen gebildet wird. Die ungefähre Gleichsetzung von σ_{th} mit 1/5 bis zu 1/10 E_{th} folgt aus einer Ableitung des Lennard–Jones-Potenzials (Abb. 2.12), die von Kingery genauer ausgeführt wird [3].

2.4.2 Die Griffith-Instabilität

Griffith [47] entwickelte eine Energiebilanz zur genaueren Beschreibung des Versagenskriteriums der unendlich ausgedehnten Platte unter einachsiger Zugbelastung: Die Gesamtenergie U der Platte mit Riss ist:

$$U = U_0 - \Delta U_f + \Delta U_\gamma. \tag{2.42}$$

U_0 ist dabei die elastische Energie der elastisch verspannten Platte ohne Riss, und ΔU_f ist der Anteil an elastischer Energie, der durch Einbringung des Risses freigesetzt wird. Zur Schaffung der Rissoberfläche wird die Oberflächenenergie ΔU_γ benötigt. Für den ebenen Spannungszustand gilt dann:

$$U = U_0 - \frac{\pi \cdot \sigma^2 \cdot a^2}{E} + 2 \cdot 2a \cdot \gamma_{spez}, \tag{2.43}$$

wobei γ_{spez} die spezifische Oberflächenenergie darstellt, die für zwei neue Bruchoberflächen der Länge $2a$ aufzubringen ist. Diese Energiebilanz ist in den Abb. 2.28 und 2.29 graphisch dargestellt. Die resultierende Kurve für $U_{\mathrm{gesamt}} = U_\gamma + U_\mathrm{f}$ zeigt zunächst einen Anstieg, da der Anteil an aufzubringender Oberflächenenergie bei kleinen Risslängen überwiegt. Nach einem Maximum fällt die Kurve monoton ab, da die für den Rissfortschritt verfügbare elastische Energie mit dem Quadrat der Risslänge ansteigt. Der kritische Punkt bei a_c wird Griffith-Instabilität genannt.

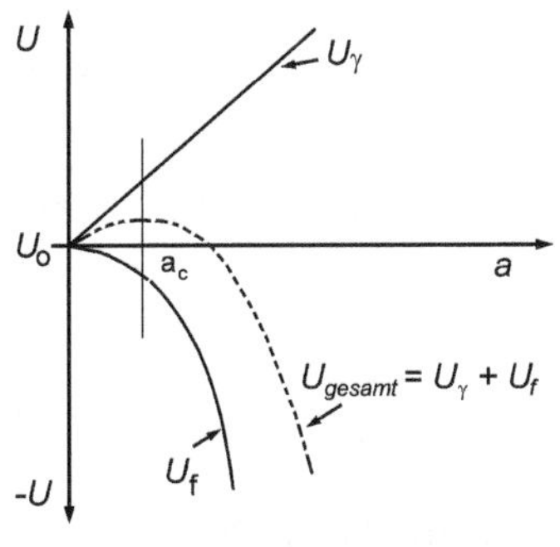

Abb. 2.28: Energiebilanz zwischen aus der Relaxation elastischer Verzerrungen freigesetzten Energie U_f und der Oberflächenenergie U_γ.

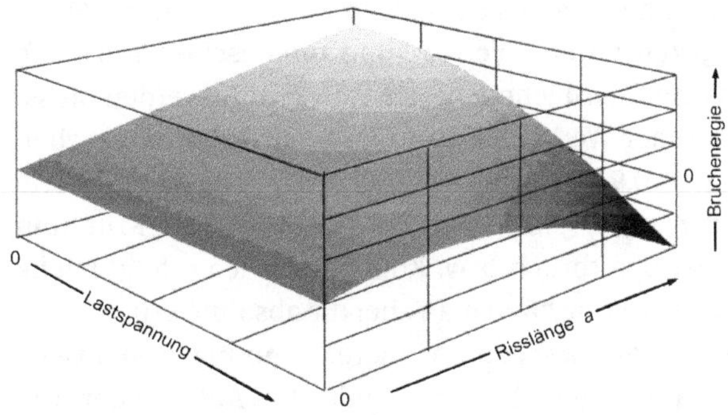

Abb. 2.29: Dreidimensionale Darstellung mit Lastspannung, Risslänge und Bruchenergie. Abbildung 2.28 entspricht der Frontebene.

Der Beginn der Rissausbreitung ist durch die kritische Risslänge a_c bestimmt, die sich aus der Bedingung ableitet:

$$\frac{\mathrm{d}U_{\mathrm{gesamt}}}{\mathrm{d}a} = 0, \quad \text{aus der durch Einsetzen und Differenzieren folgt:}$$

$$4\gamma_{\mathrm{secz}} - \frac{2\pi\sigma^2 a}{E} = 0 \quad \text{und} \quad a_\mathrm{c} = \frac{2 \cdot \gamma_{\mathrm{spez}} \cdot E}{\pi \cdot \sigma^2}. \tag{2.44}$$

Ebenso kann man nun die Spannung σ_c, die Festigkeit, angeben, bei der für einen Riss der Länge a_c der Bruch eintritt:

$$\sigma_c = \sqrt{\frac{2 \cdot \gamma_{spez} \cdot E}{\pi \cdot a_c}}. \tag{2.45}$$

Der Griffithsche Instabilitätspunkt, der sich aus Gl. (2.39) ergibt, ist durch das Gleichgewicht zwischen freigesetzter elastischer Energie und der zur Schaffung neuer Oberflächen verbrauchter Energie gekennzeichnet. Es gilt also:

$$\frac{\sigma_c^2 \cdot \pi \cdot a_c}{E} = 2 \cdot \gamma_{spez}. \tag{2.46}$$

Mit dem Ausdruck $\sigma^2 \pi a / E$ gelangt man wieder zur Energiefreisetzungsrate G. Die Umformung nach Gl. (2.40) lässt sich dann erweitern:

$$\sigma\sqrt{\pi a} = \sqrt{EG} = \sqrt{2\gamma_{spez} E} \quad \text{und} \quad \sigma_{th} = \sqrt{\frac{\gamma_{spez} E}{r_o}}. \tag{2.47}$$

Für alle Risslängen $a \geq a_c$ kommt es also zu einem katastrophalen Bruch, wenn die lokale Lastspannung größer oder gleich der lokalen Festigkeit wird oder, anders ausgedrückt, wenn die freigesetzte elastische Energie größer oder gleich der lokalen kritischen Griffith-Energie und damit mindestens doppelt so groß wird wie die Oberflächenenergie. Hieraus kann umgekehrt für die Verstärkung keramischer Werkstoffe gefolgert werden, dass die spezifische Oberflächenenergie γ_{spez} erhöht werden muss, was nicht einfach ist. γ_{spez} keramischer Werkstoffe kann grob mit 1 J/m^2 angegeben werden. Aluminiumoxid besitzt z. B. 0,9 J/m^2 und SiC 0,73 J/m^2. Die lokalen Werte hängen von der Beschaffenheit der jeweiligen Kristallfläche ab, was ein Kriterium dafür darstellt, ob der Rissweg über Spaltbruch bzw. Konkoidalbruch erfolgt (siehe Abb. 2.9). Als zweite Variante der Verstärkung kann man aber die absolute Bruchfläche A vergrößern, indem der Riss durch Hindernisse, durch innere Spannungen oder zweite Phasen also, aus seiner ebenen Bahn abgelenkt wird. Damit ist es Aufgabe der „Gefügeverstärkung“, geeignete Energie verzehrende (energiedissipative) Mechanismen zu entwickeln wie Faserverstärkung, Mikrorissbildung, Rissverzweigung, Umwandlungsverstärkung usw., auf die noch in Band 4 eingegangen wird, damit G_c höher wird als die reine Oberflächenenergie $2\gamma_{spez}A$. Besser wäre noch, eine plastische Verformung hervorzurufen, wie dies bei den Metallen der Fall ist, so dass die Verformungsenergie noch hinzukommt. Dann darf aber der Ausdruck G nicht mehr verwendet werden, da diese Größe streng auf die linear-elastische Bruchmechanik beschränkt ist.

Die Energiebilanz nach Abb. 2.28 und 2.29 lässt ferner noch den Schluss zu, dass bei geringeren Lasten kleinere, unterkritische Risse gebildet werden können. Allerdings reicht die gespeicherte elastische Energie alleine nicht aus, um solche Risse wachsen zu lassen. Diese Risse „schließen“ sich beim Entlasten auch wieder geometrisch durch Rückfederung – nicht durch chemische Bindung! Bei erneuter Belastung kommt es daher erneut zum Risswachstum, das möglicherweise wieder unterkritisch bleibt. So entstehen bei statischer, aber besonders bei dynamischer Belastung viele kleine Mikrorisse, von denen einer irgendwann überkritisch und damit katastrophal wird. Keramiken können also ermüden und versagen dann schlagartig, im Gegensatz zu Metallen aber ohne vorhergehende Verformung.

2.4.3 Spannungsintensität und Bruchwiderstand

Ein anderer Ansatz zur Beschreibung des von einem Riss ausgehenden Bruchs stammt von G. A. Irwin (1957) [48–52]. Es wird nun das Spannungsfeld in der Umgebung einer Rissspitze unter äußerer Belastung betrachtet. Dieses Spannungsfeld, das durch eine äußere Spannung σ_{ex} verursacht wird, lässt sich für jede der drei in Abb. 2.30 gezeigten Rissöffnungsarten I, II oder III durch die Einführung eines Spannungsintensitätsfaktors K beschreiben.

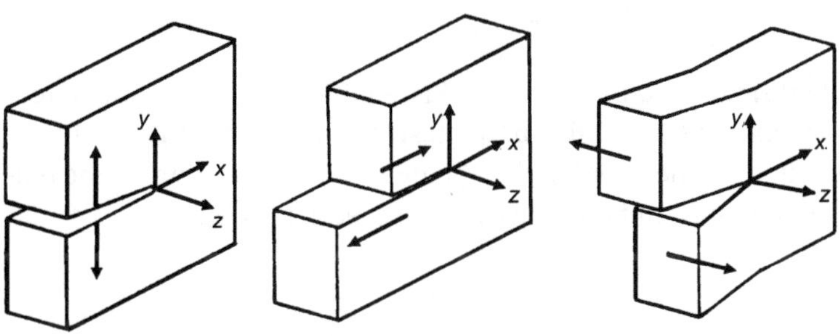

Abb. 2.30: Moden der Rissöffnung bei Zug-, Schub- und Scherspannung.

Im Folgenden wird nur noch die Rissöffnungsart nach Modus I betrachtet, die im Allgemeinen für Keramiken die kritische Belastung darstellt, die Situation mit den Polarkoordinaten r (Länge des Abstandsvektors) und θ (Winkel) ist in Abb. 2.31 beschrieben. Die Formulierung für das lokale Spannungsfeld σ_{ij} in einem Volumenelement vor der Rissspitze lautet:

$$\sigma_{ij} \propto \sigma_{ex} \cdot f(|r|) \cdot f(\theta). \tag{2.48}$$

Betrachtet man zunächst die für i und j gültigen Winkelfunktionen, so ergeben sich folgende Terme:

$$\begin{pmatrix} \sigma_{xx} \\ \sigma_{yy} \\ \sigma_{xy} \end{pmatrix} \propto \cos\left(\frac{\theta}{2}\right) \cdot \begin{pmatrix} 1 - \sin(\frac{\theta}{2}) \sin(\frac{3\theta}{2}) \\ 1 + \sin(\frac{\theta}{2}) \sin(\frac{3\theta}{2}) \\ \sin(\frac{\theta}{2}) \cos(\frac{3\theta}{2}) \end{pmatrix}. \tag{2.49}$$

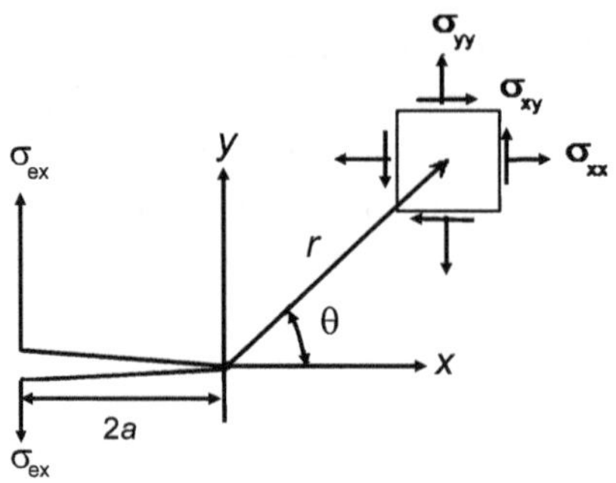

Abb. 2.31: Koordinatensystem zur Behandlung lokaler Spannungen vor einer Rissspitze.

Für $\theta = 0°$, also im Falle eines geradlinigen Rissfortschritts, wird die Funktion für σ_{yy} zu 1, bei $\theta = 90°$ verschwindet sie, das heißt wiederum, dass Rissablenkung um $\theta > 0°$ zu einer Entlastung der Spannungen an der Rissspitze führt. Die Abhängigkeit der Spannungen vom Ortsvektor *r* ist von Inglis [46] analytisch zu

$$\sigma_{\text{ij}} \propto \sigma_{\text{ex}} \cdot \frac{1}{\sqrt{r}} \tag{2.50}$$

ermittelt worden und erbringt für atomar scharfe Risse mit $\sigma_{\text{yy}(r=0)} = \infty$ eine Singularität. Wie noch zu behandeln sein wird, stumpfen sich diese Spannungen mit endlichen Rissspitzenradien ab; ferner werden die Maximalspannungen durch eine entsprechende Rissaufweitung um *b* mit $\sigma_{\text{yy}} = (2a/b)\sigma_{\text{ex}}$ erniedrigt (Abb. 2.32).

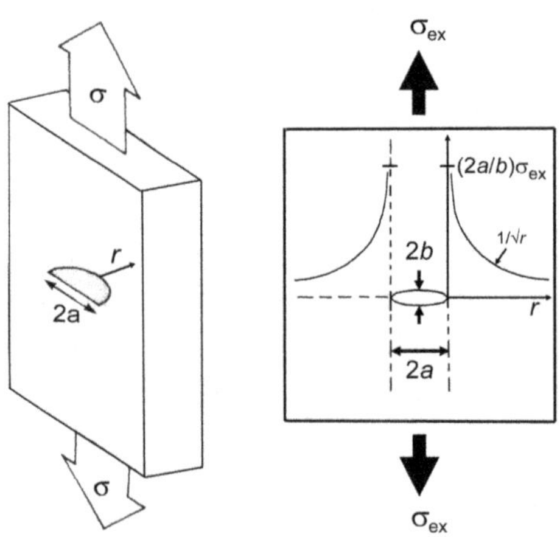

Abb. 2.32: Spannungssingularität an einem Riss in Abhängigkeit von Risslänge *a* und Rissaufweitung *b* [31].

Bei metallischen Werkstoffen erreichen solche Kerbspannungen schnell die Fließspannung, das Material relaxiert durch plastische Verformung. Bei linear-elastischen Materialien ist dies nur durch Rissfortschritt möglich. Allerdings kann die Entstehung von vielen kleinen (unterkritischen) Mikrorissen in der Umgebung des Defektes ebenfalls zur Erniedrigung der Spannungen beitragen.

Die Abhängigkeit der lokalen Spannungen vom Ortsvektor r und seinem Orientierungswinkel θ führt zur Frage nach der Proportionalitätskonstante. Ein Einheitenvergleich in Gln. (2.48) und (2.50) zeigt, dass die Konstante die Einheit $\sqrt{m}$ besitzen muss. Da keine in der Physik bekannte Größe eine solche Einheit aufweist, bezog Irwin die Spannung σ_{ex} in den Proportionalitätsfaktor K ein und definierte:

$$K = \sigma \cdot \sqrt{r} \quad [K] = [\mathrm{MPa}] \cdot [\sqrt{m}]. \tag{2.51}$$

Die Lösung der Spannungsgleichung lautet also für den Griffith-Riss unter Zug:

$$\sigma_{ij} = \frac{K_I}{\sqrt{2\pi r}} \cdot f_{ij}^{I}(\theta) \tag{2.52}$$

oder ausgeführt:

$$\begin{aligned}
\sigma_x &= \frac{K_I}{\sqrt{2\pi r}} \cdot \cos\frac{\vartheta}{2} \cdot \left(1 - \sin\frac{\vartheta}{2} \cdot \sin\frac{3\vartheta}{2}\right), \\
\sigma_y &= \frac{K_I}{\sqrt{2\pi r}} \cdot \cos\frac{\vartheta}{2} \cdot \left(1 + \sin\frac{\vartheta}{2} \cdot \sin\frac{3\vartheta}{2}\right), \\
\tau_{xy} &= \frac{K_I}{\sqrt{2\pi r}} \cdot \sin\frac{\vartheta}{2} \cdot \cos\frac{\vartheta}{2} \cdot \cos\frac{3\vartheta}{2}, \\
\sigma_z &= 0 \text{ für } z = +\frac{t}{2}, -\frac{t}{2} \quad \text{(Rand, ebener Spannungszustand)}, \\
\sigma_z &= \nu \cdot (\sigma_x + \sigma_y) \quad \text{(ebener Dehnungszustand)}.
\end{aligned}$$

Das Spannungsfeld ist also ortsabhängig und ändert sich seinem Betrag nach mit K. K wird daher als *Spannungsintensitätsfaktor* (engl.: *stress intensity factor*) bezeichnet, was leider irreführend ist, da eine Intensität in der Physik eine flächenbezogene Größe ist, etwa wie die Konzentration eine volumenbezogene Größe darstellt. Tatsächlich kann aber K als Übertragungsfaktor einer beliebigen (äußeren) Spannung auf ein Volumenelement der Ausdehnung a oder über die Distanz a interpretiert werden. Bezogen auf einen Griffith-Riss wird Gl. (2.51) dann zu:

$$K = \sigma\sqrt{\pi a}, \tag{2.53}$$

was gleichzeitig die Beziehung zwischen der Irwinschen Spannungsbetrachtung und der Griffithschen Energiebetrachtung herstellt. Mit Gl. (2.54) wird dann deutlich, dass K durchaus physikalisch sinnvoll ist und sich auf Materialeigenschaften zurückführen lässt:

$$K = \sigma\sqrt{\pi a} = \sqrt{EG} = \sqrt{2\gamma_{spez}E} \quad \text{ebener Spannungszustand.} \tag{2.54}$$

Der Bruchvorgang lässt sich in dieser Betrachtungsweise so erklären, dass der Spannungsintensitätsfaktor an der Rissspitze einen im Idealfall nur materialspezifischen kritischen Wert erreicht oder überschreitet. Im Falle der Modus-I-Belastung (Zugspannungen) würde bei Einsetzen des Bruches also gelten:

$$K_I \geq K_{Ic}. \tag{2.55}$$

Durch die Parametrisierung des K_I zur kritischen Größe K_{Ic} wird auch Gl. (2.53) uminterpretiert zu:

$$K_{Ic} = \sigma_c \sqrt{\pi a_c} \tag{2.56}$$

mit σ_c als der kritischen Lastspannung, also der Festigkeit, und a_c als kritischer Fehlergröße, also dem Durchmesser des versagensauslösenden Defektes. K_{Ic} ist dann der *kritische Spannungsintensitätsfaktor*, auch als „Bruchwiderstand" oder „Bruchzähigkeit" bezeichnet. Er ist eine Materialeigenschaft homogener spröder Festkörper. Die Einheit für K ist $\text{MNm}^{-3/2} = 31{,}62\,\text{Nmm}^{-3/2} = \text{MPa}\,\text{m}^{1/2}$. Für keramische Werkstoffe liegen die Zahlenwerte für K_{Ic} bei 0,5 bis über 20 MPa $\text{m}^{1/2}$, für handelsübliche technische Keramiken findet man Werte von 4–7 MPa $\text{m}^{1/2}$. Für $K_{Ic} = 1\,\text{MN}\,\text{m}^{-3/2}$ und einen angenommenen Riss von $1\,\mu\text{m} = 10^{-6}$ m Tiefe ergibt sich $\sigma_c = 564\,\text{MN/m}^2$. Methoden zur K_I-Messung, die sich im Prinzip von Gl. (2.56) ableiten, werden u. a. von Evans [53], Pabst [35] oder Davidge [41] beschrieben. Man muss dabei beachten, dass K_I und K_{Ic} auch vom Gefüge abhängen, was am Beispiel von Al_2O_3 durch Kirchner und Ragosta [54] dargestellt wird.

Die Auflösung von Gl. (2.56) nach der Festigkeit ergibt die sog. *Griffith-Gleichung* oder *Irwin-Beziehung*, der wichtigsten Gleichung der linear-elastischen Bruchmechanik:

$$\sigma_c = \frac{K_{Ic}}{\sqrt{\pi a_c}} \quad \text{Griffith-Gleichung.} \tag{2.57}$$

In Analogie zum Energieargument für die überkritische Rissausbreitung kann formuliert werden, dass ein katastrophaler Bruch dann eintritt, wenn die lokale Spannungsintensität K_I größer oder gleich dem lokalen Bruchwiderstand des Materials K_{Ic} ist (Abb. 2.33).

Gemäß Abb. 2.30 gibt es in Analogie zum Zugzustand auch K_{IIc}- und K_{IIIc}-Werte für Schub und Scherung. Diese Größen erlangen dann Bedeutung, wenn der Riss aus seinem ebenen Verlauf abgelenkt wird und zusätzlich Rissflankenreibung oder Rissverdrillung und -verkippung eintreten. Ein K_{IVc} wurde für Fälle formuliert, in welchen eine Materialtrennung durch Risswachstum zusätzlich elektrostatische Effekte durch Ladungstrennung verursacht, also insbesondere bei Ionenkristallen. Diese Größe wird zur Beschreibung des Versagens von Kondensatoren und piezoelektrischen Elementen herangezogen. Umgekehrt können elektrostatische Effekte auch vor Versagen warnen, indem die elektrischen Spannungen im Umfeld eines laufenden Risses gemessen und als Signale verarbeitet werden.

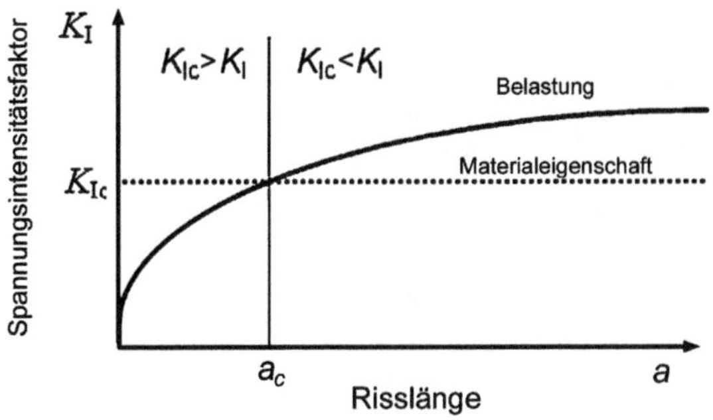

Abb. 2.33: Darstellung des Versagenskriteriums für $K_I \geq K_{Ic}$ bei a_c.

Einige typische Werte der Bruchenergie und des Bruchwiderstandes für keramische und andere Werkstoffe sind in Tabelle 2.5 aufgelistet. Der Vergleich zeigt, dass Keramiken aufgrund der fehlenden plastischen Verformbarkeit einen großen Abstand zu den Metallen besitzen. Allerdings zeigt das hexagonale und damit spröde Beryllium den Keramiken vergleichbare Werte. Silicatkeramiken verhalten sich wie Glas, was aufgrund des hohen Glasanteils z. B. im Steinzeug und Porzellan auch zu verstehen ist. Auch natürliche Gesteine liegen in dieser Größenordnung. Die Spalte mit optimierten Werten bezieht sich auf Werkstoffe, bei welchen die durch Zugabe von Additiven Einfluss auf Kornwachstum, Kornform oder die Präsenz zweiter Phasen genommen worden ist, so dass gezielt innere Spannungen erzeugt werden und sich ein veränderter Rissverlauf mit vergrößerter Bruchfläche ergibt. Stofflich sind diese optimierten Werkstoffe dann mit den unverstärkten zu unterscheiden. Die Spalte enthält ferner Angaben über Maximalwerte, die im Labormaßstab erreicht werden, nicht unbedingt aber im Produktionsmaßstab.

Trotz ihrer gegenüber Kunststoffen höheren K_{Ic}-Werte sind keramische Werkstoffe vergleichsweise weniger oft in Konstruktionen anzutreffen. Dies hängt mit der Absorption von Bruchenergie zusammen, die mit

$$G_I = \frac{K_I^2}{E} \tag{2.58}$$

eine Funktion des E-Moduls ist. Da Keramiken eine sehr hohe Steifigkeit aufweisen, liegen die Bruchenergie-Werte 1–2 Zehnerpotenzen unterhalb derjenigen der Kunststoffe:

$$K_{Ic}^2/E_{\text{Keramik}} \approx 10^{-1}\text{–}10^{-3}\,\text{kJ/m}^2; \quad K_{Ic}^2/E_{\text{Kunststoff}} \approx 10\text{–}10^{-1}\,\text{kJ/m}^2.$$

Für Konstruktionen, die kraftbegrenzt sind, wird ein hoher K_{Ic}-Wert >20 MPam$^{1/2}$ benötigt, der bei Metallen gegeben ist; für verformungsbegrenzte Konstruktionen (z. B. formschlüssige Verbindungen) ist wiederum ein hoher Quotient K_{Ic}/E erforderlich, der bei Kunststoffen gegeben ist.

Tab. 2.5: Bruchenergie- und Bruchwiderstandswerte im Vergleich.

Werkstoff	**G_{Ic} [J/m²]**	**K_{Ic} [MPam$^{1/2}$]**	**K_{Ic} optimiert [MPam$^{1/2}$]**
Diamant		8–10	–
Zirconiumdioxid	120–500	6–8	8–30
Titandiborid	80–100	5–6	8–11
Siliciumnitrid	65–100	4–5	6–10
Siliciumcarbid	30–50	3,5	8–12
Aluminiumoxid	30–50	4	6–7
Borcarbid	35	3,5	6–8
Hydroxylapatit	15	1	1–2
Elektroporzellan	10	1	1–2
Glas	3–8	0,75–0,9	3–4
Stahl	10^7	40–150	>200
Kupfer	10^6	100	350
Titanlegierungen	2.000–10^5	55–115	–
Grauguss	200–3.000	6–20	–
Hartmetalle	300–500	10–12	14–16
Beryllium	50	4	–
Glasfaser verstärktes Epoxidharz	$4 \cdot 10^4$	40	60
Holz senkrecht zur Maserung	$8–20 \cdot 10^3$	11–13	–
Polyethylen	$6–7 \cdot 10^3$	2	3
Nylon	$2–4 \cdot 10^3$	0,5–1	
Holz parallel zur Maserung	500–2.000	0,5–1	–
Stahlbeton	200–4.000	10–15	–
Granit	100	3	–
Zement	30	0,2	–
Kalkstein	20	0,9	–
Eis	3	0,2	

Zur Erleichterung einer Werkstoffauswahl für bestimmte Einsatzfälle hat M. Ashby seine bekannten Eigenschafts-Verteilungsdiagramme („Ashby-Maps“) erarbeitet [16]. In Abb. 2.34 ist der Bruchwiderstand gegen die Festigkeit für alle technisch wichtigen Werkstoffe aufgetragen. Es ergeben sich klare Abgrenzungen zwischen den Werkstoffklassen. Ferner sind Hilfslinien konstanter Quotienten $K_{\mathrm{Ic}}/\sigma_{\mathrm{c}}$ bzw. $K_{\mathrm{Ic}}^2/\sigma_{\mathrm{c}}^2$ vorgegeben, die die Orientierung erleichtern. Teilt man das Diagramm entlang der Diagonale $K_{\mathrm{Ic}}^2/\sigma_{\mathrm{c}}^2 = 1$ in zwei Hälften, so erhält man links oben ein Feld, in welchem die Fließspannung kleiner ist als die Bruchspannung, also bevorzugt Verformung eintritt. Im Feld rechts unten dagegen versagen die Werkstoffe eher durch Bruch als durch Verformung. Entsprechend befinden sich die Keramiken zusammen mit Glas,

Gesteinen und Baustoffen in diesem Feld, aber auch spröde Metalle wie Grauguss und Wolframlegierungen.

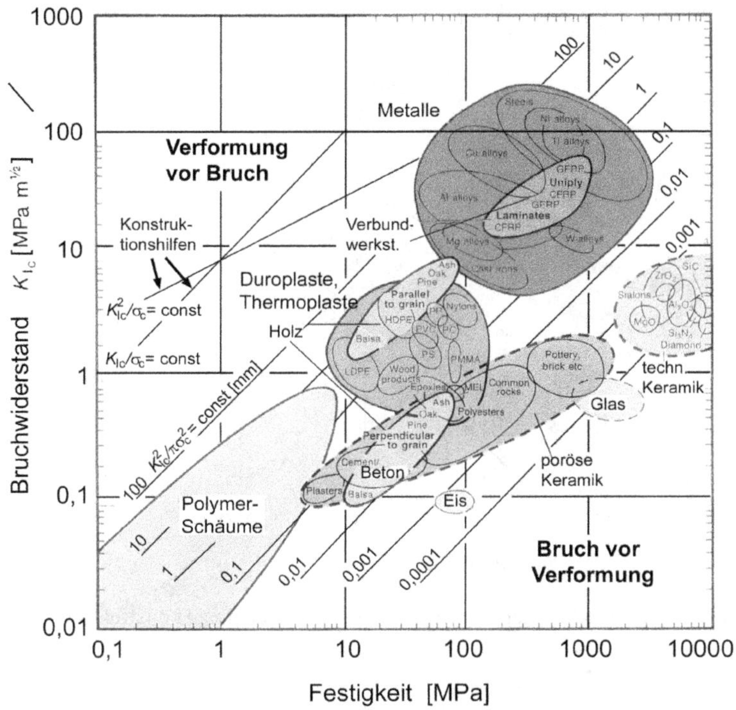

Abb. 2.34: Korrelation zwischen Bruchwiderstand und Festigkeit für einige Konstruktionswerkstoffe nach [16].

In Abb. 2.35 ist der Bruchwiderstand gegen den Elastizitätsmodul aufgetragen. Auch hier finden sich Hilfslinien konstanter K_{Ic}/E- bzw. K_{Ic}^2/E-Werte, die die absorbierbare Bruchenergie angeben. Als minimal mögliche Bruchenergie ist die Grenzkurve unten rechts zu sehen, bei der G_c gerade gleich der Oberflächenenergie ist. Es ist gut zu erkennen, dass sich alle spröden Werkstoffe eng an diese Grenzkurve anschmiegen. Jeder Abstand zu dieser Geraden verdeutlicht, dass weitere energieabsorbierende Effekte zur Oberflächenenergie hinzukommen.

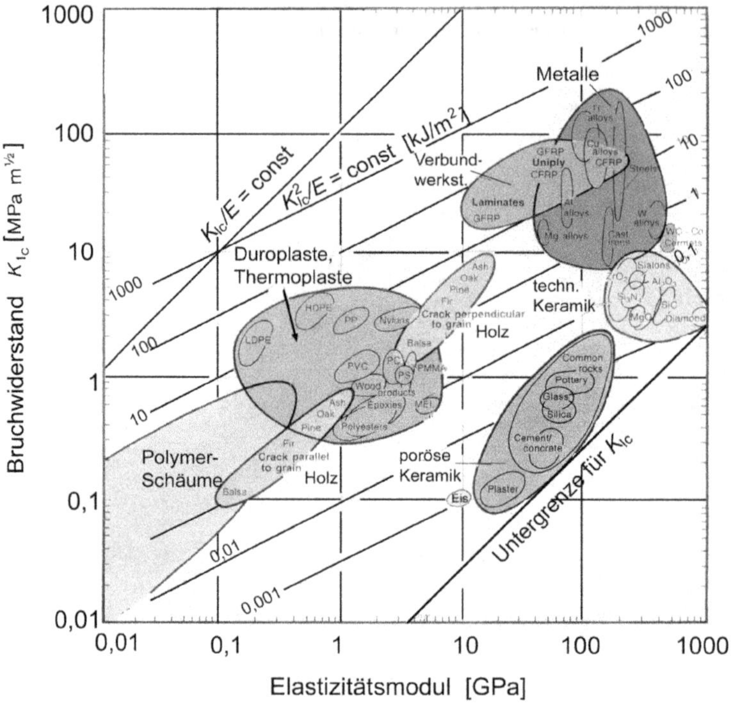

Abb. 2.35: Korrelation zwischen Bruchwiderstand und Elastizitätsmodul für einige Konstruktionswerkstoffe nach [16].

2.5 Bruchmechanik natürlicher Defekte

Keramische Bauteile bestehen weder aus unendlich ausgedehnten Platten, noch sind die in ihnen auftretenden versagensauslösenden Defekte halbkreisförmig. Im realen Fall kommt noch die relativ zum Spannungsfeld zufällige Orientierung der unregelmäßigen Risse oder Defekte hinzu. Die aus den theoretischen Überlegungen abgeleiteten Formeln bedürfen daher entsprechender Übertragungsfunktionen zur Beschreibung allgemeingültiger Sachverhalte.

2.5.1 Einfluss der Bauteilabmessung, Defektgeometrie und -lage

Zur Beschreibung sogenannter „natürlicher Defekte" ist also eine Korrektur der Griffith-Gleichung bzw. der Definition von K erforderlich:

$$K = \sigma \cdot Y \cdot \sqrt{a}. \tag{2.59}$$

oder für den kritischen Fall umformuliert:

$$\sigma_c = \frac{K_c}{Y\sqrt{a_c}} \tag{2.60}$$

Dabei ist Y eine Korrekturfunktion, die die Form des Risses und seine Lage im Spannungsfeld berücksichtigt und daher als Geometriefaktor bezeichnet wird. Für den geraden Riss in einer unendlich ausgedehnten Platte und Normalspannung hat Y den Wert $\sqrt{\pi} = 1{,}7725$, wie sich aus Gl. (2.53) ergeben hat. Die Werte für weitere einfache Modell-Geometrien sind in Abb. 2.36 gezeigt.

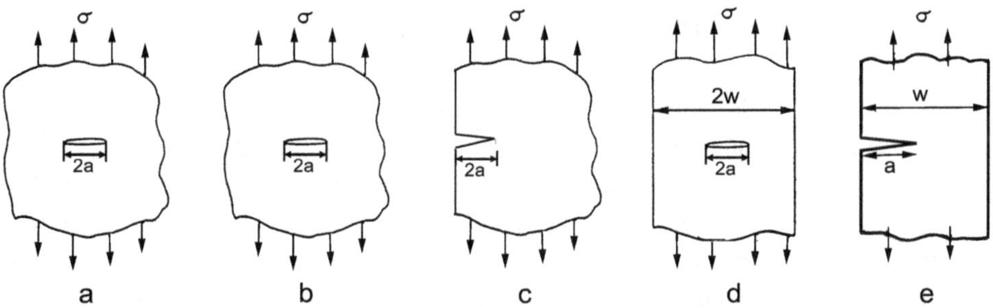

Abb. 2.36: Zweidimensionale Fehlermodelle: (a) kreisförmiger Innenriss in unendlich ausgedehnter Platte, $Y = \sqrt{\pi}$. (b) halbkreisförmiger Außenriss in unendlich ausgedehnter Platte, $Y = 2/\sqrt{\pi}$. (c) gerader Außenriss in unendlicher Platte, $Y = 1{,}12 \cdot \sqrt{\pi}$. (d) halbkreisförmiger Außenriss in seitlich begrenzter Platte, Gl. (2.61), (2.62) und (2.63). (e) gerader Außenriss in seitlich begrenzter Platte, Gl. (2.65).

Eine seitliche Begrenzung der betrachteten Volumina führt zu komplexeren Lösungen für die Geometriefunktion. So zeigt sich, dass die Spannungsübertragung abhängig wird von der Prüfkörperbreite w. Für einen halbkreisförmigen Außenriss in endlicher Platte gilt

$$\sigma_c = \frac{K_{Ic}}{\sqrt{2w \cdot \tan(\frac{\pi * a}{2 * W})}}, \tag{2.61}$$

wobei für $w \to \infty$ der Ausdruck $\tan\{(\pi a)/(2w)\}$ zu πa wird. Aufgelöst nach K_{Ic} ergibt sich

$$K_{Ic} = \sigma \sqrt{2w \tan \frac{\pi a}{2w}}, \tag{2.62}$$

was mittels einer Reihenentwicklung numerisch approximiert werden kann. Eine solche oft verwendete Näherung hat Srawley [55] vorgeschlagen, wobei weitere Glieder vernachlässigt werden können:

$$K_I = \sigma \cdot \sqrt{a} \cdot \left[1{,}93 - 3{,}07 \cdot \left(\frac{a}{w}\right) + 14{,}53 \cdot \left(\frac{a}{w}\right)^2 + \cdots\right]. \tag{2.63}$$

Die Korrekturfunktion für einen elliptischen Innenriss mit den Halbachsen a und c und $k = a/c$ in einer unendlich ausgedehnten Platte nach Abb. 2.37 lässt sich in Abhängigkeit vom Kippwinkel φ der Hauptachsen gegenüber der Lasteinleitung nach Irwin [48] allgemeingültiger formulieren:

$$Y = [f(\varphi,k)]^{1/4} \cdot \int_0^{\pi/2} [f(\varphi,k)]^{1/2} \mathrm{d}\varphi, \qquad f(\varphi,k) = \sin^2\varphi + \left(\frac{a}{c}\right)^2 \cos^2\varphi. \tag{2.64}$$

Da der Riss immer an derjenigen Stelle der Rissfront fortschreitet, wo die lokal höchste Spannungsintensität herrscht, also beim größten Wert für Y, wird aus dem gegenläufigen Verhalten der Geometriefunktionen für $\varphi = 0°$ und $\varphi = 90°$ das Bestreben des Anfangsrisses deutlich, sich stets der Geometrie eines Kreises anzunähern, d. h. mit zunehmender Risslänge wird $a/c = 1$ (Abb. 2.39). Für diesen Grenzfall eines Kreises und $\varphi = 90°$ ergibt sich aus Gl. (2.64) $Y = 2/\pi \approx 0{,}637$ und für $c \gg a$ folgt $Y = 1$.

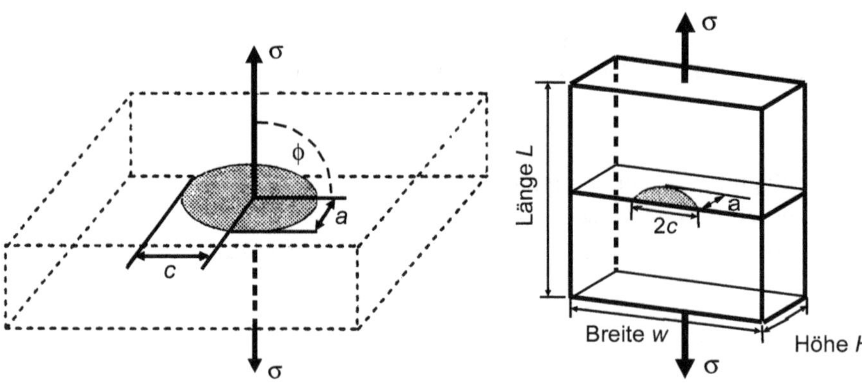

Abb. 2.37: Geometriemodelle für elliptischen Innenriss und Außenriss in unendlicher Platte [56].

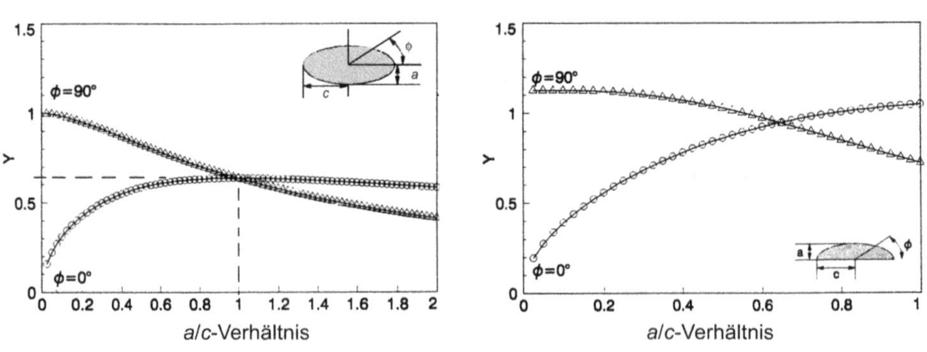

Abb. 2.38: Geometriefunktionen für elliptischen Innenriss (links) und Außenriss (rechts) in unendlicher Platte nach Wolf [56].

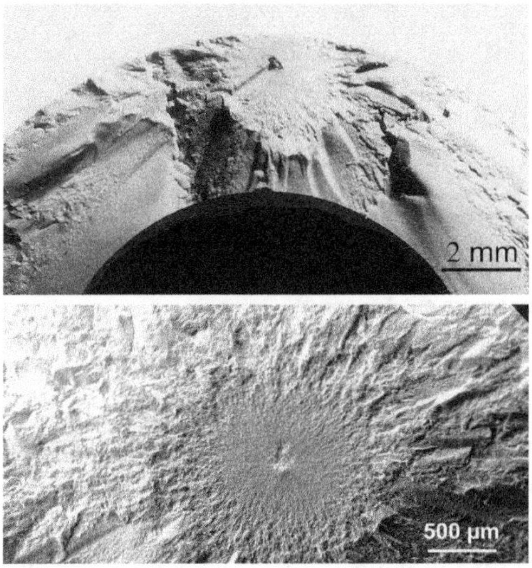

Abb. 2.39: Bruchspiegel von Siliciumnitrid-Keramiken. Der Riss nähert sich der Kreisform an. Quelle: MPI Metallforschung, Stuttgart.

Für einen elliptischen Außenriss mit den Halbachsen a und c in einer Platte der endlichen Höhe H und Breite w existieren numerische Fehlermodelle, die bei [57, 58] näher beschrieben und verglichen worden sind. Raju und Newmann [59] geben die umfassendste Lösung der Geometriefunktion an, die mittels Finiter-Elemente-Methode gewonnen worden ist. Für eine homogene Zugspannung gilt unter Zuhilfenahme von Gl. (2.64):

$$\begin{aligned}
Y &= [f(\varphi,k)]^{1/4} \cdot \int_0^{\frac{\pi}{2}} [f(\varphi,k)]^{1/2} \mathrm{d}\varphi \cdot [F_1 + F_2 k^2 + F_3 k^3] \cdot F_4 \cdot F_5 \quad \text{mit} \\
F_1 &= 1{,}13 - 0{,}09 \cdot \left(\frac{a}{c}\right)^2; \quad F_2 = -0{,}54 + \frac{0{,}89}{0{,}2 + (\frac{a}{c})^2} \\
F_3 &= -0{,}5 \cdot \frac{1}{0{,}65 + (\frac{a}{c})} + 14 \cdot \left(\frac{a}{c}\right)^2; \\
F_4 &= 1 + \left[0{,}1 + 0{,}35 \cdot \left(\frac{a}{c}\right)^2\right] \cdot (1 - \sin\varphi); \\
F_5 &= \left[\cos^{-1}\left(\frac{\pi c}{2w} \cdot \sqrt{\frac{a}{H}}\right)\right]^{1/2}.
\end{aligned} \tag{2.65}$$

Abb. 2.38 zeigt rechts die entsprechenden Funktionen für $\varphi = 0°$ und $\varphi = 90°$ unter der Voraussetzung einer in Relation zur Rissausdehnung wesentlich größeren Probenhöhe $H \gg a$. F_4 und F_5 werden dann zu 1, als Grenzfall für $c \to \propto$ resultiert das Modell eines ebenen Kantenrisses mit $Y = 1{,}1215$.

Natürliche Defekte sind allerdings dreidimensional, was die mathematische Behandlung wesentlich verkompliziert.

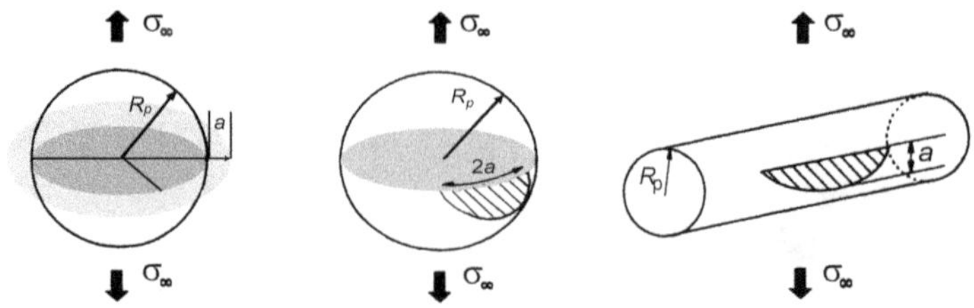

Abb. 2.40: Dreidimensionale Fehlermodelle: links: Kugelpore mit umlaufendem Saumriss; Mitte: Kugelpore mit partiellem Außenriss; rechts: Zylinderpore mit Außenriss.

Ferner haben Baratta [60–62], Green [63] und Trantina [64] Lösungen für Saumrisse an Kugelporen angegeben, die von Rosenfelder [58] als äquivalent gewertet worden sind. Für die Kugelpore mit Saumriss (Abb. 2.40) verwendet Baratta eine Reihe von numerischen Konstanten sowie Spannungsmultiplikatoren, die je nach Spannungszustand –1, 0 oder +1 gewählt werden. Ferner geht die Poissonzahl in das Modell ein. Die Kugelpore mit partiellem Saumriss wird nach Evans [65] mit folgendem Geometriefaktor beschrieben:

$$Y = \frac{2}{\pi} * \left[1 + 0{,}3 * \left(0{,}21 + \frac{a}{R_\mathrm{p}}\right)^{-1}\right]. \tag{2.66}$$

Die Zylinderpore mit partiellem Außenriss, die z. B. eine ausgebrannte organische Faser darstellt, erhält Evans [66]

$$Y = \frac{2}{\pi} * \left[1{,}07 + \frac{1{,}37}{0{,}52 + \frac{a}{R_\mathrm{p}}}\right]. \tag{2.67}$$

Analog kann man auch bei der Beschreibung von Rissen vorgehen, die von festen kugelförmigen oder faserförmigen Einschlüssen ausgehen [63, 65–67]. Neben diesen analytischen Ansätzen haben sich empirische Regeln in der Praxis gut bewährt.

Hier ist es sinnvoll, nochmals auf die Festigkeit näher einzugehen. Es wurde bereits erwähnt, dass die experimentell bestimmten praktischen Festigkeiten deutlich unter den theoretischen Werten liegen. Dichte keramische Werkstoffe haben Zugfestigkeiten in der Größenordnung von 10^8 N/m^2 (= 100 MN/m^2 = 100 MPa ≈ 1000 kp/cm^2). Diese Werte sind jedoch nicht konstant, sondern hängen stark vom jeweiligen Gefüge und vom geprüften Volumen ab.

2.5.2 Einfluss der Porosität

Besonders deutlich ist der Einfluss der Porosität, der sich dadurch zu erkennen gibt, dass nach den Gl. (2.57) und (2.58) der E-Modul erniedrigt wird, der im unmittelbaren

Zusammenhang mit der Festigkeit steht. Diese Abhängigkeiten werden auch verwendet, um die Abnahme der Festigkeit mit wachsender Porosität quantitativ darzustellen. Gut bewährt hat sich der empirische Ansatz von Duckworth [68]:

$$\sigma = \sigma_0 \cdot e^{(-bP)}, \tag{2.68}$$

in dem je nach Werkstoff die Konstante b zwischen 3 und 9 liegt, d. h., die Ausgangsfestigkeit σ_0 wird bei Porositäten zwischen $P = 0{,}08$ und 0,23 auf die Hälfte verringert. Sehr kleine Poren mit $r_p \ll a_c$ bei einem Gesamtporenvolumen von 0,1–1 % bewirken aber auch einen Anstieg der Festigkeit, da der Rissspitzenradius mit einer atomar scharfen Krümmung abgestumpft wird, sobald der Riss eine Pore trifft.

2.5.3 Einfluss der Korngröße

Das Gefüge wird weiterhin durch die Korngröße bestimmt. Man kann einen einzelnen Kristall als eine Inhomogenität bzw. Kerbstelle im Sinne der Griffith-Gleichung auffassen. Wird der Korndurchmesser mit d bezeichnet, dann müsste danach $\sigma \sim (1/d)^{0,5}$ sein, d. h., mit steigender Korngröße sollte die Festigkeit abnehmen. Das wird auch experimentell beobachtet, bei z. B. Silicatkeramiken jedoch mit Abweichungen vom Exponenten 0,5, weshalb Knudsen [70] eine allgemeinere Gleichung für die Korngrößenabhängigkeit der Festigkeit mit den Konstanten k und a vorschlägt:

$$\sigma = kd^{-a}. \tag{2.69}$$

Diese Gleichung ist mehrfach variiert worden, Kröckel [69] findet eine bessere Übereinstimmung in der Form

$$\sigma = k_1 \cdot (k_2 + d)^{-1/2} \tag{2.70}$$

z. B. für ein Korundporzellan mit $\sigma = 2360 \cdot (160 \cdot d)^{-1/2}$ [MN/m^2] (d in µm). Rice [71], der Messwerte für viele Werkstoffe angibt, diskutiert auch die Bedeutung der Konstanten und weist darauf hin, dass auch ein Einfluss der Anisotropie der Ausdehnungskoeffizienten besteht. Nach Singh et al. [72] ist nicht nur das einzelne Korn zu beachten, sondern seine Beziehungen zum Gesamtgefüge.

Meist variieren sowohl Porosität als auch Korngröße. Knudsen [70] hat dafür die Gln. (2.68) und (2.69) kombiniert zu

$$\sigma = k \cdot d^{-a} e^{-bP}, \tag{2.71}$$

mit der viele Versuchsergebnisse mit einer Genauigkeit von ±10 % erfasst werden konnten. Passmore u. M. [38] fanden bei ihren Versuchen an Sintertonerde eine bessere Übereinstimmung mit einer erweiterten Form

$$\sigma = k \cdot d^{-a+cP} e^{-bP}. \tag{2.72}$$

Hier ist mit dem Glied $c \cdot P$ berücksichtigt, dass die Festigkeit durch den bereits erwähnten Abbau von Spannungen in Poren, gleichbedeutend mit der Erniedrigung des E-Moduls, erhöht wird, was aber im Allgemeinen durch den Faktor $\exp(-b \cdot P)$ überdeckt wird.

2.5.4 Einfluss des Kerbradius

Die zuvor behandelten Lösungen zur Beschreibung der Risssysteme beruhten auf der Annahme atomar scharfer Risse, sogenannter natürlicher Risse. Nur dann kommt es auch zu der Spannungssingularität nach Irwin. Solche Risse erzeugt man, wie noch zu behandeln sein wird, z. B. durch Härteeindrücke mit einem Vickers- oder Knoop-Prüfkörper oder aber durch unterkritische Verlängerung von Sägekerben oder anderen Anrissen. Bereits in Abb. 2.32 wurde aber schon angedeutet, dass mit der Aufweitung eines Risses um den Betrag b die an der Rissspitze anliegende Spannung σ_{yy} um den Faktor $2a/b$ reduziert wird. Dies liegt unter anderem an der Vergrößerung des *Rissspitzenradius* ρ. Es gilt mit Abb. 2.41:

$$\sigma_{yy} = 2\sigma_{ex} \cdot \sqrt{\frac{a}{\rho}}. \tag{2.73}$$

Nach Gl. (2.73) ergibt sich für eine kugelförmige Pore mit dem Radius a entsprechend $\sigma_{yy} = 2\sigma_{ex}$, für einen Kreisriss mit Radius $a = 1\,\text{mm} = 10^{-3}\,\text{m}$ und einem atomar scharfen Rissspitzenradius $\rho = 0{,}1\,\text{nm} = 10^{-10}\,\text{m}$ entsprechend $\sigma_{yy} \approx 6320\sigma_{ex}$.

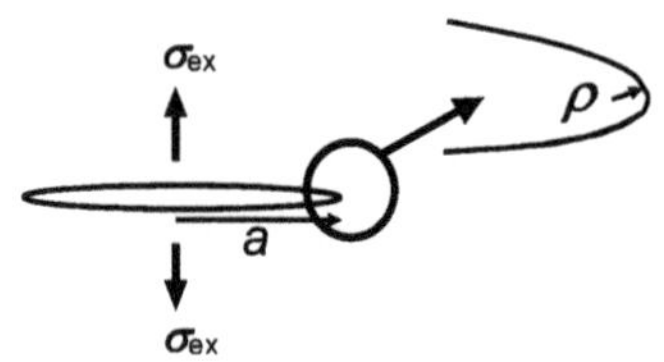

Abb. 2.41: Definition des Rissspitzenradius.

Gleichung (2.73) gilt nur für Spannungsänderungen, ist aber prinzipiell auch ein Bestandteil der Formeln zur Berechnung der Kerbspannungen bei Bauteilkonstruktionen, bei denen Querschnittsverjüngungen, Nuten, Kanten, Ecken, Radien usw. vorgegeben sind (Abb. 2.42). Oft ergeben sich die verlangten Kantenradien (Kerbradien) aus der Fertigungstechnik metallischer Bauteile, bei welchen man durch Drehen, Fräsen, Schleifen usw. beliebige Oberflächengeometrien herstellen kann. Prüft man solche Konstruktionen, so sind meistens diese scharfen Übergänge überhaupt nicht erforderlich. Besser ist es also, stumpfe Übergänge zu schaffen, Kanten anzufasen und Radien möglichst groß zu wählen. Um zu den tatsächlich herrschenden Spannungen zu gelangen, müssen weitere geometrische Randbedingungen wie die Bauteilbreite, die restliche Querschnittsbreite im Bereich des Kerbs bzw. der Verjüngung, die Querschnittsform (Rundstab, Flachstab usw.) sowie die Art der Lasteinleitung berücksichtigt werden. Hierzu gibt es in einschlägigen Werken der technischen Mechanik Formzahldiagramme, aus denen die Korrekturfaktoren sowie die Momente abgelesen werden können, z. B. [73].

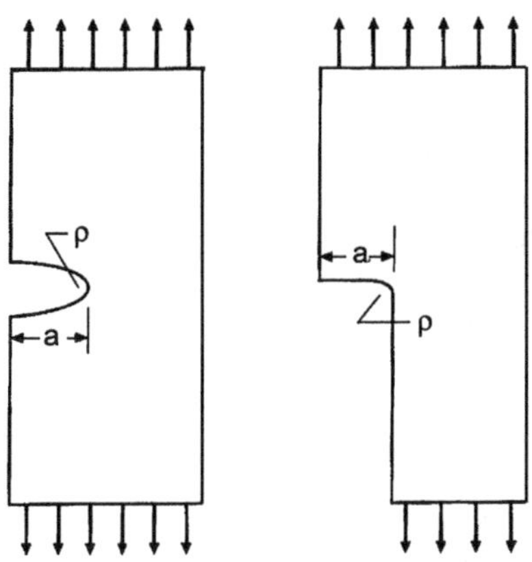

Abb. 2.42: Kerbradieneffekt bei Nuten und Querschnittsverjüngungen [31].

2.5.5 Fraktographie

Die Untersuchung von Bruchflächen im Licht- oder Rasterelektronenmikroskop ergibt immer wieder ein typisches Bild der Oberflächentopographie, wenn der Riss von einem besonders großen Defekt ausgeht (Abb. 2.39). Um den versagensauslösenden Gefügefehler bildet sich in der Regel ein feinstrukturiertes Plateau aus, das *Bruchspiegel* (engl.: *Mirror*) genannt wird. Die Rissfront wandert in diesem Bereich unter dem langsam ansteigenden lokalen Spannungsintensitätsfaktor radial nach außen, wobei sie, wie in Kapitel 2.5.1 gezeigt worden ist, bestrebt ist, Kreisform anzunehmen. Danach steigt die Rissgeschwindigkeit innerhalb von Mikrosekunden um viele Größenordnungen an. Es entsteht ein Bereich, der durch Rissverzweigung und -verkippung gekennzeichnet ist und daher eine unregelmäßig gezackte Form aufweist. Dieser Bereich wird englisch als Mist bezeichnet, wobei die Übersetzung mit „Nebel“ oder „Schleier“ nicht besonders gut passt. Hierauf beschleunigt der Riss langsamer bis auf seinen Maximalwert, der etwa der Hälfte der Rayleigh-Wellengeschwindigkeit an Festkörperoberflächen, also der transversalen Biegewellengeschwindigkeit, entspricht. Diese ist wie auch die longitudinale Schallausbreitung proportional zu $\sqrt{E/\rho}$, also zur Wurzel der spezifischen Steifigkeit, bei Einkristallen darüber hinaus von der Kristallstruktur und der Netzebene.

Nach Erreichen der Maximalgeschwindigkeit versagt das Bauteil katastrophal (siehe Kapitel 2.4.2). Dieser letzte und größte Bruchflächenbereich wird Hackle (deutsch etwa: Nackenfell, Gefieder) genannt. Einige maximale Rissgeschwindigkeiten sind für Gläser und technische Keramiken in Tabelle 2.6 aufgelistet. Abbildung 2.43 zeigt die Zusammenhänge am Beispiel eines Bruches in Siliciumnitrid mit Rissausbreitung vom Defekt aus nach rechts.

Tab. 2.6: Bruchgeschwindigkeiten in Gläsern und Keramiken.

Werkstoff [m/s]	**Bruchgeschwindigkeit**
Flint-Glas	700–1100
Natrium-Kalkgläser	1500–1600
Borosilicat-Glas	1700–1800
Silica-Glas	2100–2500
Siliciumnitrid, reaktionsgebunden	2950
Siliciumnitrid, heißgepresst	3500
MgO-Keramik, 15 % Porosität	1800
MgO-Einkristall	5100
Aluminiumoxid-Keramik, <0,1 % Porosität	2000
Aluminiumoxid-Einkristall $\{10\bar{1}0\}$-Fläche	4500
Borcarbid-Keramik, <2 % Porosität	4500
Diamant-Kristall, {111}-Fläche	7200
Werkzeugstahl	1700

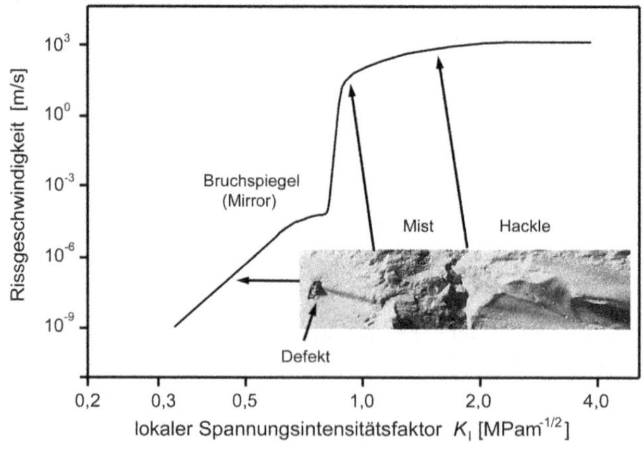

Abb. 2.43: Entstehung der Oberflächentopographie eines Risses als Funktion der Rissgeschwindigkeit und des lokalen Spannungsintensitätsfaktors nach J. Dusza, Košice.

Die Regelmäßigkeit der oben geschilderten Beobachtungen erlaubt es bei guter Übung, anhand der Bruchflächen den Rissverlauf auf den versagensauslösenden Defekt zurückzuverfolgen und Aussagen über die Art und Intensität der Beanspruchungsspannung zu machen. Quinn und Morell haben hierzu Anleitungen verfasst, die nicht nur über die erforderlichen Hilfs- und Dokumentationsmittel informieren, sondern auch Hinweise zur quantitativen Auswertung geben [18, 74]. So können die Radien R der einzelnen Zonen des Bruchspiegels ausgemessen werden (Abb. 2.44). Es ergeben sich nach

$$\sigma\sqrt{R} = A. \tag{2.74}$$

Kennwerte, die sogenannte Bruchspiegelkonstanten A mit R_i = Bruchspiegelradius und A_i, einem materialspezifischen Wert, R_o dem Radius der Grenze Mist-Hackle mit A_o und R_b dem Radius der Außengrenze des Hackle-Bereichs, also der Fläche der Rissverbiegung (Index b für bending). Die Einheiten für alle A-Parameter betragen MPa $\sqrt{m}$. Sie entsprechen damit dem Spannungsintensitätsfaktor K, wie der Vergleich mit Gl. (2.51) und (2.53) zeigt.

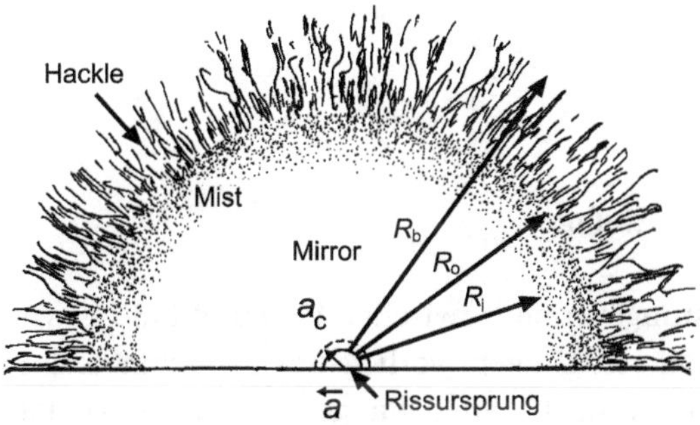

Abb. 2.44: Schema der Oberflächentopographie eines Risses in der Aufsicht. Eingetragen ist der rissauslösende Gefügefehler, hier ein Oberflächendefekt mit der Ausdehnung a, der auf die kritische Fehlergröße a_c anwächst, ferner die Radien des Bruchspiegels und der angrenzenden Zonen. Bild unter Verwendung der Vorlage von [18]. © John Wiley & Sons, Abdruck mit freundlicher Genehmigung.

Kirchner und Conway [75] konnten zeigen, dass tatsächlich eine Korrelation zwischen dem kritischen Spannungsintensitätsfaktor K_{Ic} und den A-Werten besteht. Mecholsky u. M. haben aus Messungen an einer Vielzahl von Gläsern und Keramiken einen A_o/K_{Ic}-Quotienten von 2,86 ermittelt, jedoch mit einer großen Streuung [76]. Bansal und Duckworth [77] bestimmten für Glaskeramiken und Aluminiumoxid ein A_o/K_{Ic}-Verhältnis von 2,2–2,4, während Bradt u. M. allerdings Zweifel bekundeten, dass A_o eine Materialeigenschaft sei [78]. Abbildung 2.45 dokumentiert den linearen Zusammenhang zwischen der Bruchspannung und der reziproken Wurzel aus dem Bruchspiegelradius R_i für Scheiben und Biegestäbchen aus 3Y-TZP [79]. Hieraus lässt sich jeweils ein A_i-Wert errechnen.

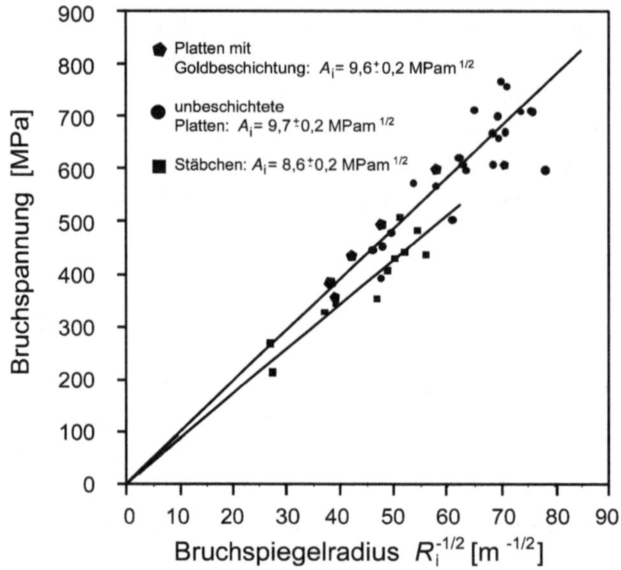

Abb. 2.45: Lineare Korrelation zwischen Bruchspannung und Bruchspiegelkonstante für unterschiedliche Probekörper aus 3Y-TZP, nach [79].

2.6 Bruchstatistik

2.6.1 Konsequenzen aus der Griffith-Gleichung

Die schnelle Entwicklung der Hochleistungskeramik zwischen 1970 und 1980 ist vor allem der Nutzung des eigentlich schon seit Langem vorliegenden bruchmechanischen Verständnisses zu verdanken. So war recht schnell klar geworden, dass gemäß der Griffith-Gleichung (2.57) vor allem durch eine verbesserte Rohstoffqualität und Herstellungstechnik die Festigkeit keramischer Bauteile entscheidend gesteigert werden kann. War man bis Anfang der 1970er Jahre noch mit Aluminiumoxidkeramiken zufrieden, die bei einer durchschnittlichen Korngröße von 50–100 µm Festigkeiten von etwa 200 MPa erbrachten, so gelang alleine durch die Einführung der Intensivmahlung mit Rührwerkskugelmühlen (Attritoren) auf Anhieb für fast alle Werkstoffe eine Verdoppelung oder Verdreifachung der Festigkeitswerte. Man lernte, auf Bruchflächen mittels Rasterelektronenmikroskopie nach Gefügedefekten zu suchen und sie auf bestimmte Rohstoffeigenschaften und Prozessschritte zurückzuführen. Abbildungen 2.46 bis 2.50 zeigen einige typische versagensauslösenden Fehler.

Wie die Bilder verdeutlichen, können einzelne Ursachen der Gefügedefekte identifiziert und eventuell abgestellt werden. Die Überlagerung der wichtigsten Fehlerfamilien („Fehlerpopulationen") zeigt Abb. 2.51. Hier ist schematisch jeweils die Häufigkeitsverteilung aufgetragen.

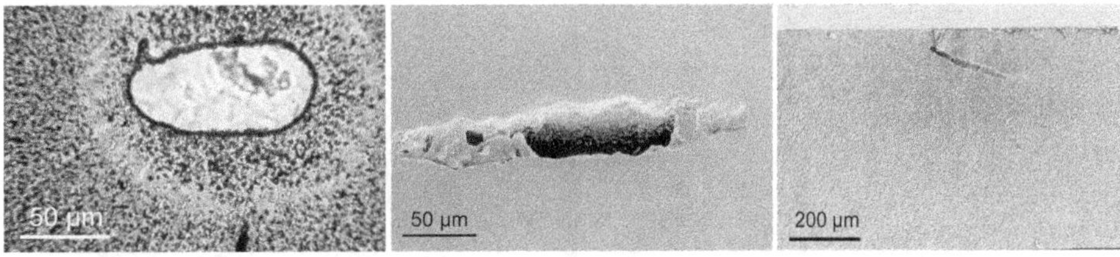

Abb. 2.46: Versagensauslösende Poren. Links: Sinterpore in SSiC mit Saum aus unaufgelösten Sinterhilfsmitteln. Mitte und rechts: Ausgebrannte organische Einschlüsse in Aluminiumoxid.

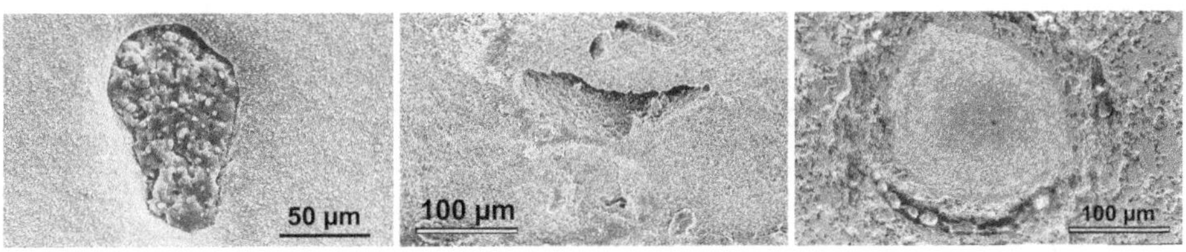

Abb. 2.47: Versagensauslösende Agglomerate. Links: Grobkornwachstum in Agglomerat aus Al_2O_3–ZrO_2. Mitte: Schlecht kompaktierte Al_2O_3-Granulate, Pressfehler. Rechts: Agglomerat mit randlicher WC-Anreicherung und TiB_2-reichem Kern.

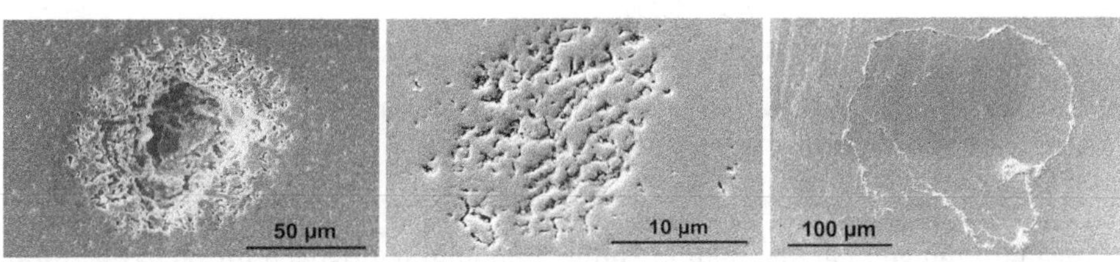

Abb. 2.48: Links: Pore im Bereich aufgeschmolzener Verunreinigungen in Al_2O_3–ZrO_2. Mitte: Granulat mit geringer Dichte. Rechts: Saum mit Verunreinigungen um Granulat Aluminiumoxid.

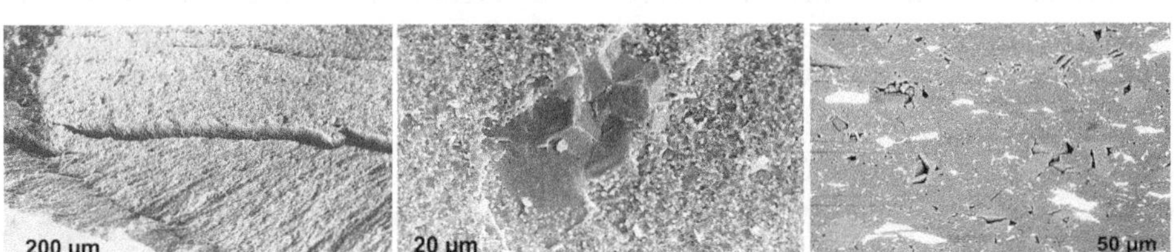

Abb. 2.49: Links: Scherriss in spritzgegossenem Formteil. Mitte: Nicht aufgemahlenes Kornaggregat in feinkörniger Matrix. Rechts: Schlecht dispergierte ZrO_2-Granulate in Al_2O_3-SiC-Matrix. Alle Bilder mit freundlicher Genehmigung des MPI für Metallforschung, Stuttgart.

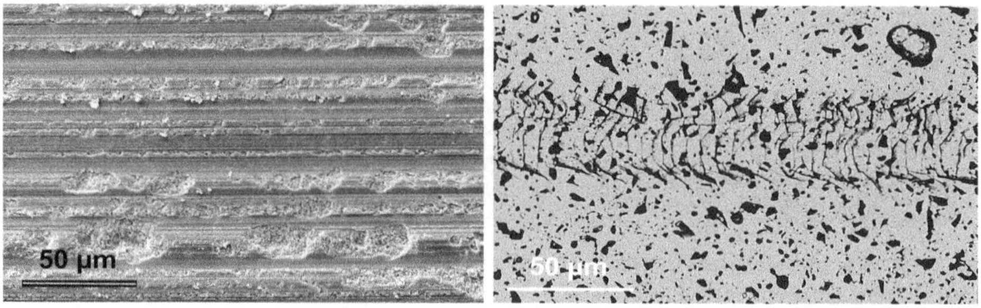

Abb. 2.50: Links: Schleifriefen in Al_2O_3. Rechts: Risse im Untergrund von Schleifriefen; Durchlichtmikroskopieaufnahme etwa 50 µm unterhalb der Oberfläche; SiC. Quelle: R. Telle, U. Täffner, MPI Metallforschung, Stuttgart.

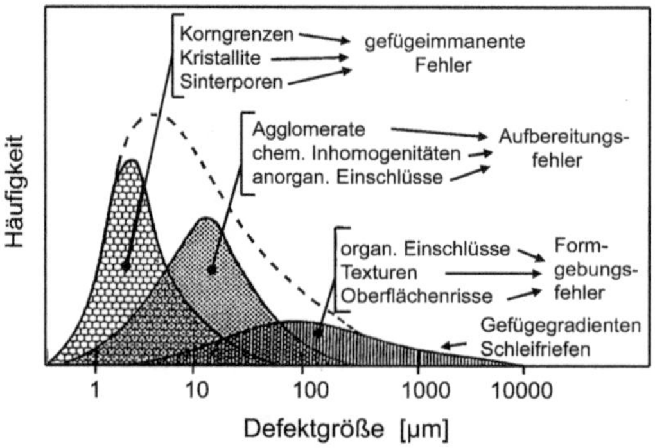

Abb. 2.51: Fehlerursachen und ihre Größen- und Häufigkeitsverteilung; die gestrichelte Linie stellt die Einhüllende der drei Fehlerpopulationen dar [80].

Die sogenannten gefügeimmanenten Fehler sind charakteristisch für polykristalline Gefüge, die natürlich Körner und Sinterporen als Inhomogenitäten aufweisen, etwa im Gegensatz zu Gläsern. Diese unvermeidbaren Defekte sind zahlenmäßig die häufigsten, von der Größe her nur dann von Bedeutung, wenn andere Defekte fehlen oder einzelne Körner während des Sinterns zu abnormalem Kornwachstum neigen. Es folgen Aufbereitungsfehler, vor allem Agglomerate und anorganische Einschlüsse durch Verunreinigungen aus den Rohstoffen oder den Aufbereitungs- und Formgebungsanlagen. Formgebungsfehler zeigen eine sehr breite Verteilung: Schlecht verformte Granulate, organische Einschlüsse von Additiven und Stäuben, z. B. auch von Textilien, ferner Scherrisse, Fließnähte, Texturen, Dichtegradienten, Oberflächenrisse durch Trocknung, Brand und Hartbearbeitung.

Die Aussage der Griffith-Gleichung (2.57) lässt sich graphisch darstellen (Abb. 2.52 und 2.53). Trägt man die Festigkeit über dem Bruchwiderstand auf, ergeben sich Geraden gleicher Fehlergröße; in der doppellogarithmischen Auftragung der (hier: theoretischen) Festigkeit gegenüber der Fehlergröße ergeben sich Linien gleichen Bruchwiderstandes. Beide Darstellungen ermöglichen erste Abschätzungen, welche Fehlerdimensionen bei gegebenen Bruchwiderstandswerten zu welcher Festigkeit führen, oder anders ausgedrückt, welche Fehlergröße noch toleriert werden kann, wenn eine bestimmte Festigkeit verlangt wird.

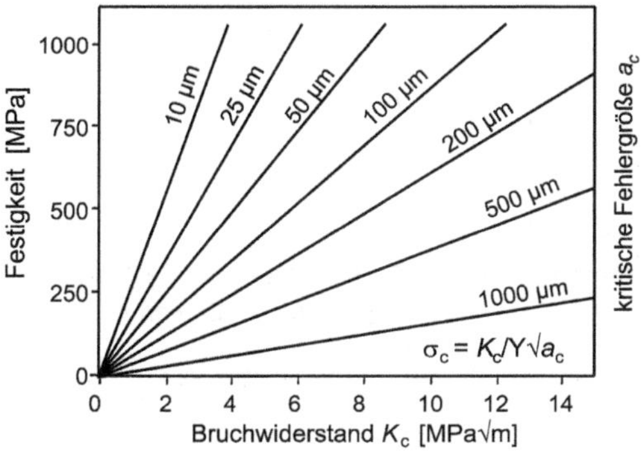

Abb. 2.52: Festigkeit, Bruchwiderstand und kritische Fehlergröße.

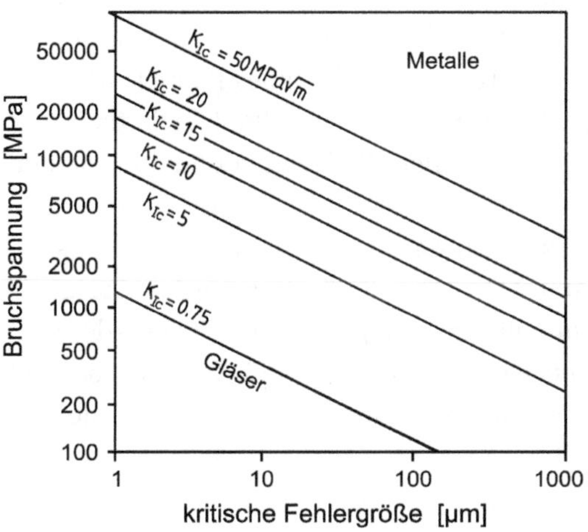

Abb. 2.53: Theoretische Festigkeit, kritische Fehlergröße und Bruchwiderstand.

Gelingt es, grobe Gefügedefekte aus der Formgebung und Nachbearbeitung zu vermeiden, so wird die Korngröße selbst zum versagensauslösenden Defekt. Generell wird in der Praxis gefunden, dass die meisten rohstoff-, aufbereitungs- und sinterbedingten Defekte mit der Korngröße skalieren. In Abb. 2.54 ist daher die Biegefestigkeit von Al_2O_3-Keramiken aus einer Vielzahl von Literaturstellen gegen die reziproke Wurzel aus der Korngröße aufgetragen. Es ergibt sich innerhalb eines Streubandes eine gute lineare Korrelation.

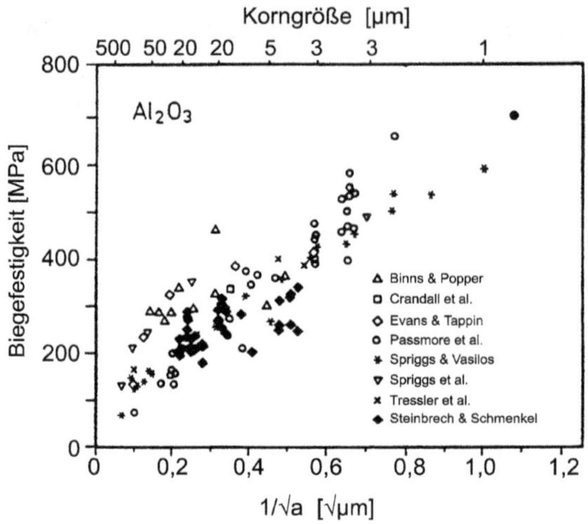

Abb. 2.54: Korrelation von Festigkeit und Korngröße bei Al_2O_3-Keramiken, nach [81].

Aus der Vielzahl möglicher Fehlerquellen folgt, dass die kritische Defektgröße für ein Bauteil oder eine Produktionsserie keine feststehende Größe ist, sondern dass sie einer Häufigkeitsverteilung gehorcht und mit einer bestimmten Wahrscheinlichkeit einen vorgegebenen Wert erreicht. Aus der Griffith-Gleichung lässt sich daher die Festigkeit nicht als definierte Eigenschaft eines Werkstoffs oder eines Bauteils ablesen, sondern sie folgt als Funktion der Fehlergrößenverteilung ebenfalls einer Statistik und zeigt eine große Streuung der Werte. Bei metallischen Werkstoffen und Kunststoffen kann die Bruchspannung sehr gut mit einer Gauß-Verteilung beschrieben werden. Bei spröden Werkstoffen ist jedoch die Funktion der Fehlerverteilungsdichte asymmetrisch, wie die einhüllende Kurve in Abb. 2.51 verdeutlichte. Entsprechend zeigt die Verteilungsdichtefunktion für solche Materialien auch einen recht weit ausgedehnten flachen Abfall in Richtung auf kleine Versagensspannungen (Abb. 2.55) an, bedingt durch eine – wenn auch geringe – Wahrscheinlichkeit der Existenz großer Fehler.

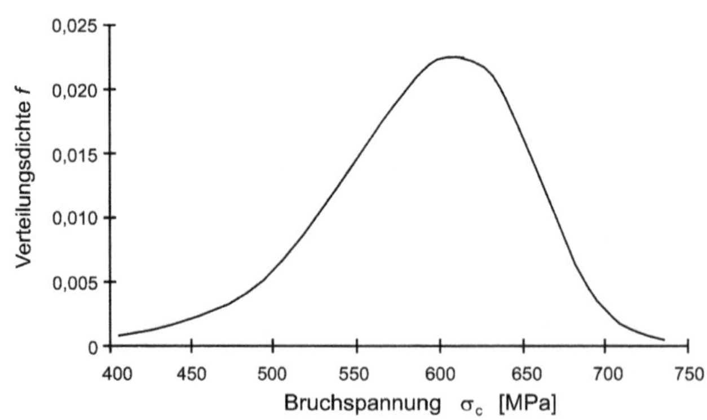

Abb. 2.55: Verteilungsdichtefunktion für die Bruchspannung.

2.6.2 Weibull-Statistik

Weibull versuchte 1939, auf dem Wege der bruchstatistischen Behandlung das Verhalten spröder Materialien zu beschreiben. Dazu stellte er eine Festigkeitsverteilungsfunktion auf, die die Versagenswahrscheinlichkeit in Abhängigkeit vom Probevolumen und der angelegten Spannungsbeanspruchung wiedergibt [82, 83].

Die *Weibull-Statistik* geht davon aus, dass bei einer Kette das schwächste Glied deren Festigkeit bestimmt. Wenn W_1 die Überlebenswahrscheinlichkeit einer Kette 1 der Länge l_1 und W_2 die einer Kette 2 der Länge l_2 ist, dann beträgt die Überlebenswahrscheinlichkeit für eine Kette der Länge $l_1 + l_2$: $W_{1+2} = W_1 \cdot W_2$ mit $W = 1 - P_f$ und P_f = Bruchwahrscheinlichkeit (engl.: *Probability of Failure*). Dies ist das sogenannte Weakest-Link-Konzept, das analog auf ein Volumen V übertragen werden kann, das x-mal größer als das Einheitsvolumen V_0 ist:

$$W(V) = W(V_0)^x = \exp[x \cdot \ln W(V_0)]. \tag{2.75}$$

Ausgangspunkt ist ein mit einem einachsigen Spannungszustand (Spannungsniveau σ) beanspruchter Probekörper mit Volumen V, der so in N gleiche kleine Volumenelemente v_i, unterteilt sei, dass gilt [84]: $V = N \cdot v_i$. Die Versagenswahrscheinlichkeit des i-ten Elementes ist dann P_{fi}. Die Überlebenswahrscheinlichkeit für das i-te Element ist dann wie oben $W_i = 1 - P_{fi}$. Geht man davon aus, dass die Beanspruchung in jedem Element und das Volumen jedes Elementes identisch sind, so ist auch die Überlebens- und damit die Versagenswahrscheinlichkeit eines jeden Elementes gleich. Das Versagen des Probekörpers soll erfolgen, wenn *eines* der Elemente versagt. Der Probekörper versagt somit nur dann nicht, wenn *alle* Elemente überleben. Sind die Überlebenswahrscheinlichkeiten der einzelnen Elemente unabhängig voneinander, so ist die Gesamtwahrscheinlichkeit gleich dem Produkt der Einzelwahrscheinlichkeiten: $W = (W_i)^N$ bzw. $W = (1 - P_{fi})^N$. Kennt man nun die Versagenswahrscheinlichkeit eines Elementes, so kann die Überlebenswahrscheinlichkeit des Probekörpers berechnet werden. Die Versagenswahrscheinlichkeit für ein Volumenelement ist also gleich der Wahrscheinlichkeit, dass in diesem Element ein kritischer Defekt vorkommt.

Ein spröder Körper wird also in viele kleine virtuelle Volumenelemente dv zerlegt. Die Versagenswahrscheinlichkeit des Gesamtkörpers ist somit abhängig von der Versagenswahrscheinlichkeit jedes einzelnen Volumenelementes und wird nur durch die angelegte Spannungsbeanspruchung beeinflusst. Für die Versagenswahrscheinlichkeit des Gesamtkörpers ergibt sich somit:

$$P_f = 1 - \exp(-B_V). \tag{2.76}$$

Der in dieser Gleichung enthaltene Exponent B_V wurde von Weibull unter dem Begriff „*Risk of rupture*" (Bruchrisiko) eingeführt. Diese Größe ist die Summe der Versagenswahrscheinlichkeit aller einzelnen infinitesimal kleinen Volumenelemente dv in einem zu betrachtenden Volumen V und kann mathematisch so formuliert werden:

$$B = \int n(\sigma)\mathrm{d}v. \tag{2.77}$$

Mit der Materialfunktion $n(\sigma)$ werden die Festigkeitseigenschaften eines isotropen Materials in Abhängigkeit von der angelegten Spannung wiedergegeben. Im Hinblick auf die experimentellen Ergebnisse lautet die Formel für die Materialfunktion:

$$n(\sigma) = k \cdot \sigma^m. \tag{2.78}$$

Dabei stellen k und m Konstanten dar und σ die angelegte Spannung. Mit dem Ansatz

$$\sigma_0 = (V_0 k)^{\frac{-1}{m}}, \tag{2.79}$$

in welchem σ_0 die sogenannte charakteristische Festigkeit, also eine Art Mittelwert, darstellt, folgt dann für die Versagenswahrscheinlichkeit P_f [83]:

$$P_f = 1 - \exp\left[-\frac{V}{V_0} \cdot \left(\frac{\sigma}{\sigma_0}\right)^m\right]. \tag{2.80}$$

Diese Gleichung nennt man auch *zweiparametrige Weibull-Funktion* oder Weibull-Verteilung. Der Unterschied zur dreiparametrigen-Weibull-Verteilung besteht nur in einer Variation des Spannungsterms $((\sigma - \sigma_u)/\sigma_0)$, wobei σ_u diejenige Spannung darstellt, bei der die Versagenswahrscheinlichkeit gleich Null ist. Deshalb wird bei der praxisrelevanten zweiparametrigen Weibull-Verteilung σ_u gleich Null gesetzt. Die *dreiparametrige-Weibull-Funktion* lautet dann:

$$P_f = 1 - \exp\left[-\frac{V}{V_0} \cdot \left(\frac{\sigma - \sigma_u}{\sigma_0}\right)^m\right]. \tag{2.81}$$

In der Weibull-Verteilung werden mit dem Faktor V/V_0 unterschiedliche Probenvolumina berücksichtigt, dabei wählt man das Normierungsvolumen V_o meist zu 1 mm^3. σ_0 und m sind dabei die gesuchten Parameter. Der Weibull-Modul m gibt die Streuung der Festigkeitswerte σ an und ist umso größer, je geringer diese Streuung ist. Keramiken haben im Allgemeinen einen Weibull-Modul m zwischen 5 und 9, bei verstärkten Keramiken sogar bis 20.

Für ein gegebenes Bauteilvolumen V, das mit der Spannung σ_0 belastet wird, beträgt die Versagenswahrscheinlichkeit 63,2 %. Die Auswertung der Weibull-Parameter m und σ_0 erfolgt nach der Norm DIN 51110 Teil 3 bzw. der EN 843-1, die eine Abschätzung der Parameter nach der Maximum-Likelihood-Methode vorsehen. Dazu wird der Weibull-Modul m durch eine numerische Lösung der nichtlinearen Gleichung folgender Form bestimmt:

$$\frac{n}{m} + \sum_{i=1}^{n} \ln \sigma_i - n \cdot \frac{\sum_{i=1}^{n} \sigma_i^m \cdot \ln \sigma_i}{\sum_{i=1}^{n} \sigma_i^m} = 0. \tag{2.82}$$

Mithilfe des Schätzwertes m und Gl. (2.82) wird dann der zweite Parameter ermittelt:

$$\sigma_0 = \left(\frac{1}{n} \cdot \sum_{i=1}^{n} \sigma^{m_i} \right)^{1/m}. \tag{2.83}$$

Zur graphischen Darstellung wird Gl. (2.80) üblicherweise doppelt logarithmiert und kann wie folgt geschrieben werden:

$$\ln \ln \frac{1}{1 - P_f} = m \cdot \ln(\sigma) - m \cdot \ln(\sigma_0) + \ln\left(\frac{V}{V_0}\right). \tag{2.84}$$

Die einzelnen Messwerte werden dann der Größe nach geordnet. Für eine aussagekräftige Verteilungsfunktion sollten mindestens 50 Festigkeitswerte ermittelt werden. In Abb. 2.56 ist zunächst eine lineare Auftragung der 19 hier gemessenen Festigkeitswerte gezeigt. Bei 650 MPa Prüfspannung sind alle, d. h. 100 % der N Proben gebrochen. Der Abstand der Punkte auf der Achse der Bruchwahrscheinlichkeit beträgt somit $100/N$ = 5,2 %. Der Verlauf entspricht in etwa einer Summenkurve. Aussagen für eine Bruchwahrscheinlichkeit von 0 % können allerdings nicht gemacht werden. Auch sind Proben denkbar, die eine größere Festigkeit als 650 MPa aufweisen. Im Koordinatensystem wird sodann $\ln \ln[1/(1 - P_f)]$ als y-Achse über $\ln(\sigma)$ als x-Achse aufgetragen. Die Punkteschar kann dann durch eine Geradengleichung nach der Methode der kleinsten Fehlerquadrate angenähert werden, wobei deren Steigung dem Weibull-Modul m entspricht. Die charakteristische Festigkeit σ_0 kann beim y-Wert $\ln \ln[1/(1 - P_f)] = 0$ abgelesen werden. Nach der Delogarithmierung ergeben sich aus dem Diagramm die entsprechenden Werte. In Abb. 2.57 und Abb. 2.58 ist die Abfolge der Auswertung dargestellt.

Abb. 2.59 bringt ein Beispiel von Siliciumcarbid nach Davidge [41] mit 21 Messwerten. Nach der üblichen Auswertung durch Mittelwertbildung ergibt sich eine Zugfestigkeit von 309±40 MN/m^2. Der 50 %-Wert liegt bei 312 MN/m^2, und der Weibull-Modul beträgt m = 8,5. Auf die weitere Aussagekraft von m wird später eingegangen werden. Hier sei nur noch erwähnt, dass man die Weibull-Statistik nach Batdorf und Sines [42] auch zur gemeinsamen Auswertung von verschiedenen Prüfungen an demselben Werkstoff anwenden kann. Der Zusammenhang zwischen Weibull-Exponent m und Standard-Abweichung s für einen Mittelwert $\bar{\sigma}$ aus einer herkömmlichen Statistik ist gegeben durch:

$$m \approx 1{,}2 \cdot \frac{\bar{\sigma}}{s} = 1{,}2 \cdot \frac{\frac{1}{2} \sum_{i=1}^{n} \sigma_i}{\sqrt{\frac{1}{1-n} \sum_{i=1}^{n} (\sigma_i - \bar{\sigma}_i)^2}}. \tag{2.85}$$

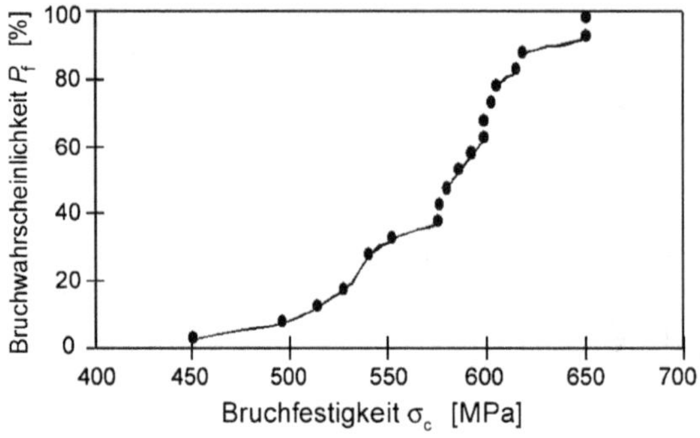

Abb. 2.56: Lineare Auftragung der Messwerte.

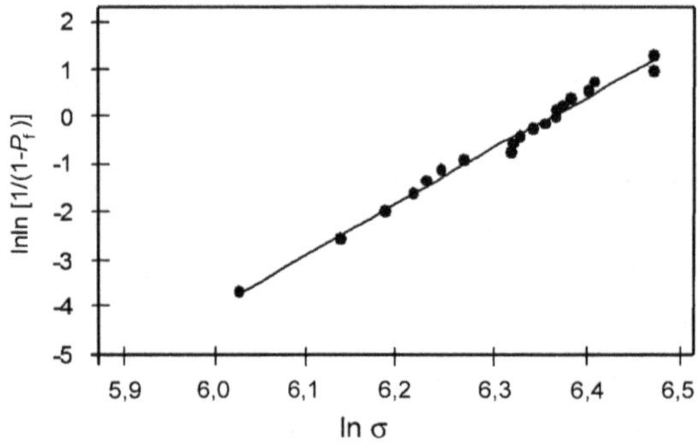

Abb. 2.57: Logarithmierte Darstellung.

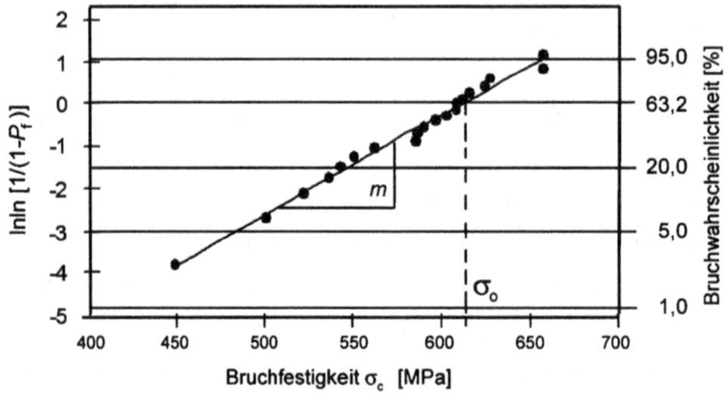

Abb. 2.58: Delogarithmieren und Auslesen der Werte.

Die Berechnung der Weibull-Statistik kann über das Statistik-Tool „Analysis ToolPak Add-In" mit Microsoft Excel® berechnet werden. Hierbei kann auch die obere bzw. untere Grenze für das Vertrauensintervall der charakteristischen Festigkeit σ_0 verändert sowie für *m* Korrekturfunktionen für kleine Probenmengen berücksichtigt werden.

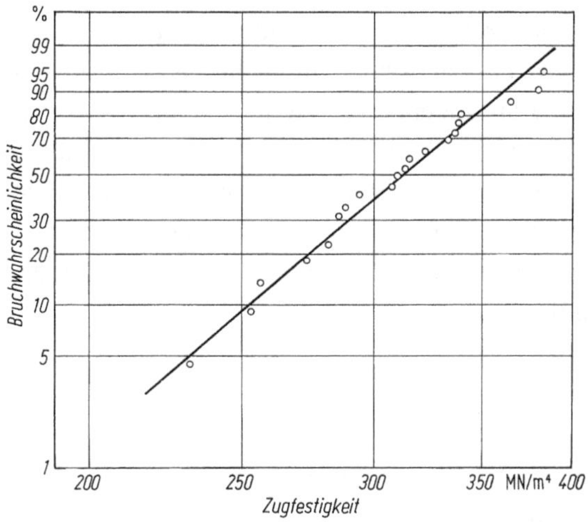

Abb. 2.59: Zugfestigkeit von SiC nach der Weibull-Statistik [41].

2.6.3 Numerische Ermittlung der Versagenswahrscheinlichkeit

Der folgende Ansatz von Jayatalika [85] zur numerischen Ermittlung der Versagenswahrscheinlichkeit beschreibt den Zusammenhang zwischen einer im Bauteil befindlichen Defektgrößenverteilung und der daraus resultierenden statistischen Beschreibung des Festigkeitsverhaltens. Genau wie beim Weakest-Link-Modell wird ein Bauteil bzw. eine Probe in viele gleiche Volumenelemente v_i unterteilt, sodass die Versagenswahrscheinlichkeit eines solchen Volumenelementes gleich der Wahrscheinlichkeit ist in einem solchen Element einen kritischen Defekt zu finden. Daraus folgt, je größer das betrachtete Volumen und je größer die kritische Fehlerdichte ist, desto größer ist die Wahrscheinlichkeit auf einen kritischen Defekt zu treffen (Abb. 2.60).

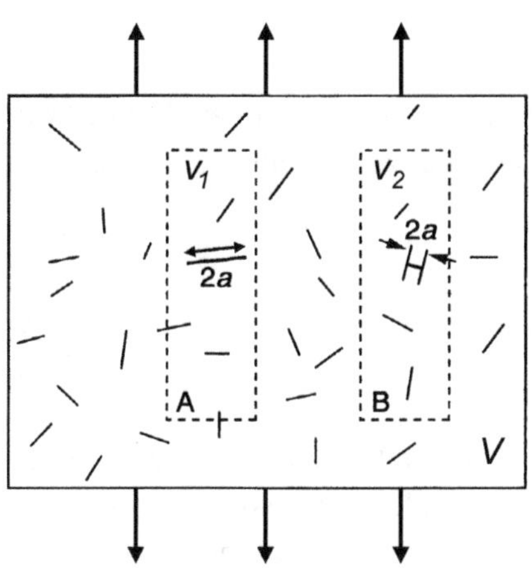

Abb. 2.60: Schematische Aufteilung eines Volumens V in kleinere Volumina v_i mit entsprechenden Defekten, nach [16]. Kleinere Volumina besitzen im Mittel kleinere und damit weniger kritische Defekte.

Da die in Abb. 2.55 bzw. 63 gezeigte Fehlergrößenverteilungskurve nur in Bezug auf den kritischen Bereich, d. h. auf große Defektabmessungen, für die Betrachtung der Festigkeit interessant ist, braucht nur der absteigende Teil rechts vom Maximum berücksichtigt zu werden, genauer gesagt nur der Bereich $a > a_c$. Man lässt auf diese Weise alle gefügeimmanenten Fehler als unterkritisch zu. Abbildung 2.61 verdeutlicht in schematischer Darstellung die Anzahl der Defekte pro Volumenelement und Defektgröße a. Die ausgezogene Kurve stellt die hierzu gehörende Funktion $g(a)$ dar, die gestrichelte Linie die Anpassungsfunktion:

$$g(a \geq a_c) = C \cdot a^{-r}. \tag{2.86}$$

Ebenfalls eingezeichnet (schraffierte Fläche) ist das Integral unter demjenigen Teil der Kurve, der die kritischen Fehler enthält, also $a \geq a_c$ ist.

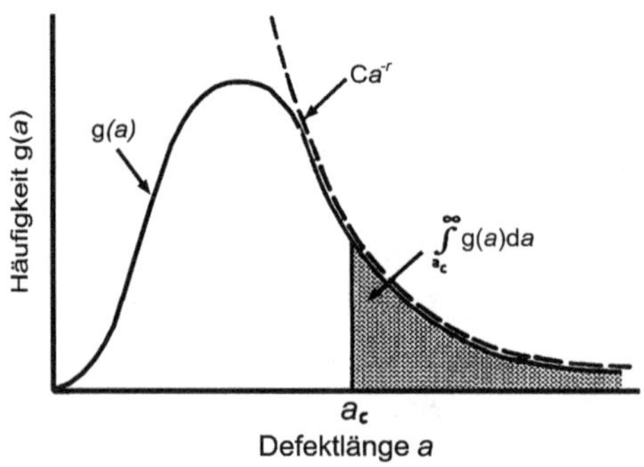

Abb. 2.61: Zahl der Defekte pro Defektlänge und pro Einheitsvolumen in Abhängigkeit von der Defektlänge a. Ausgezogene Kurve: Defektgrößenverteilung $g(a)$. Gestrichelte Kurve: Funktion angepasst nach Gl. (2.85), schraffierte Fläche: Integral von Gl. (2.86); nach Danzer.

Für die Anzahl der Defekte ($N_{c,i}$) in einem Volumenelement, die größer als eine kritische Länge a_c sind, gilt unter Verwendung der Defektlängenverteilungsfunktion $g(a)$ nachstehende Gleichung [85]:

$$N_{c,i} = v_i \cdot \int_{a_c}^{\infty} g(a)\mathrm{d}a. \tag{2.87}$$

Das Integral gibt damit die mittlere Anzahl der kritischen Defekte in einem Volumenelement an. Ist nun $N_{c,i} \ll 1$ (d. h. für hinreichend kleine Elemente), so ist $N_{c,i}$ gleich der Wahrscheinlichkeit, einen kritischen Defekt in einem Element zu finden: $N_{c,i} = P_{fi}$.

Damit erhält man für die Überlebenswahrscheinlichkeit der Probe:

$$W = \left[1 - v_\mathrm{i} \cdot \int_{a_\mathrm{c}}^{\infty} \mathrm{g}(a)\mathrm{d}a\right]^N = \left[1 - \frac{v_\mathrm{i}}{N} \cdot \int_{a_\mathrm{c}}^{\infty} \mathrm{g}(a)\mathrm{d}a\right]^N. \tag{2.88}$$

Im Grenzwert für $N \to \infty$ ergibt dies

$$W = \exp\left[-v_\mathrm{i} \cdot \int_{a_\mathrm{c}}^{\infty} \mathrm{g}(a)\mathrm{d}a\right]. \tag{2.89}$$

Betrachtet man nun den Übergang von einem Volumenelement v_i mit einer kritischen Defektanzahl $N_{\mathrm{c,i}}$ zu einem Gesamtprobenvolumen V mit der mittleren kritischen Defektanzahl $\langle N_\mathrm{c}\rangle$, so ergibt sich:

$$\langle N_\mathrm{c}\rangle = \int_V d_V \cdot \int_{a_\mathrm{c}}^{\infty} C_1 \cdot a^{-r} \mathrm{d}a. \tag{2.90}$$

Durch Integration von a_c bis ∞ und über das Probenvolumen V mit $r \neq 1$ erhält man:

$$\langle N_\mathrm{c}\rangle = V \cdot C_1 \cdot \frac{1}{(r-1)} \cdot a_\mathrm{c}^{(1-r)}. \tag{2.91}$$

Setzt man für die kritische Defektlänge a_c, die nach a_c umgestellte Griffith-Gleichung

$$a_\mathrm{c} = \left(\frac{K_\mathrm{Ic}}{Y \cdot \sigma_\mathrm{c}}\right)^2 \cdot \frac{1}{\pi} \tag{2.92}$$

ein, so erhält man:

$$\langle N_\mathrm{c}\rangle = \frac{V \cdot C_1}{(r-1)} \cdot \left[\frac{\pi^{0,5} \cdot Y}{K_\mathrm{Ic}}\right]^{2\cdot(r-1)} \cdot \sigma_\mathrm{c}^{2\cdot(r-1)}. \tag{2.93}$$

Fasst man die beiden ersten Terme zusammen, folgt

$$\sigma_0 = \frac{K_\mathrm{Ic}}{\pi^{0,5} \cdot Y} \cdot \left[\frac{(r-1)}{C_1 \cdot V_0}\right]^{\frac{1}{2\cdot(r-1)}}. \tag{2.94}$$

Die Endformel für die mittlere kritische Anzahl der Defekte lautet dann:

$$\langle N_\mathrm{c}\rangle = \frac{V}{V_0} \cdot \left(\frac{\sigma_\mathrm{c}}{\sigma_0}\right)^{2\cdot(r-1)}. \tag{2.95}$$

Dabei ist V_o das mit $1\,\mathrm{mm}^3$ angenommene Normierungsvolumen. Mit der Bedingung $(N_{\mathrm{c,i}} = P_\mathrm{f})$ kann nun die Versagenswahrscheinlichkeit P_f wie folgt beschrieben werden:

$$P_\mathrm{f} = 1 - \exp\left(-\frac{V}{V_0}\left(\frac{\sigma_\mathrm{c}}{\sigma_0}\right)^{2\cdot(r-1)}\right). \tag{2.96}$$

Die Defektgrößenverteilung wird also mit dem Ansatz in Gl. (2.86) an den kritischen Ast der Gesamtverteilungskurve angenähert (gestrichelte Kurve in Abb. 2.61), wobei r eine Konstante (abhängig vom Weibull-Modul m) und C_1 ein Vorfaktor sind. Aus Gl. (2.83) und (2.86) erhält man umgekehrt nach kurzer Rechnung die in Gl. (2.80) angegebene Weibull-Verteilung, wenn man in Gl. (2.89) für a_c den durch die Griffith-Gleichung (2.57) bestimmten Wert einsetzt [85, 86]. Der Weibull-Modul m hängt also nur von dem Verlauf der Defektgrößenverteilung g (charakterisiert durch den Parameter r) ab:

$$m = 2 \cdot (r - 1). \tag{2.97}$$

Da bezüglich der Belastungsart, der Fehlerart oder des Bruchmechanismus keine Annahmen getroffen wurden, ist die Berechnung an Werkstoffen mit inhomogener Defektverteilung, inhomogenen mehrachsigen Spannungszuständen und multimodalen Defektverteilungen möglich. Vergleicht man die Gleichung der Versagenswahrscheinlichkeit hier und die Gleichung der Versagenswahrscheinlichkeit nach Weibull (Gl. (2.80)), so muss neben Gl. (2.97) noch folgende Korrelation für die Materialeigenschaftsfunktion $n(\sigma)$: bestehen [56]:

$$n(\sigma) = \frac{1}{V_0} \cdot \left(\frac{\sigma}{\sigma_0}\right)^{2\cdot(r-1)}. \tag{2.98}$$

Die Weibull-Verteilung stellt sich somit als ein Spezialfall einer allgemeineren Verteilungsfunktion für eine bestimmte Defektgrößenverteilung heraus. An diesem Ergebnis erscheint wichtig, dass der Zusammenhang zwischen der Defektgrößenverteilung einerseits und der Verteilung der Festigkeitswerte andererseits deutlich gemacht wird. Die Weibull-Verteilung ist daher keine empirisch gefundene Verteilungsfunktion, die mehr oder weniger „zufällig" eine zutreffende Beschreibung der Festigkeitsverteilung ermöglicht, sondern sie ist die „richtige" Verteilungsfunktion für spröde Werkstoffe, die Defekte mit einer nach einem Potenzgesetz (Gl. (2.86)) abfallenden Defektgrößenverteilung enthalten. Solche Defektgrößenverteilungen wurden, allerdings nur in wenigen Fällen, metallographisch bestimmt [87, 88]. Kann die Defektgrößenverteilung allerdings durch Gl. (2.86) nicht beschrieben werden, so ist im Allgemeinen mit keiner Weibull-Verteilung für die Festigkeitswerte zu rechnen.

Zusammenfassend sollen die wichtigsten bei der Ableitung der Verteilungsfunktion Gl. (2.89) zugrunde gelegten Voraussetzungen aufgezählt werden:

1. Das Material ist statistisch homogen und isotrop, d. h. die Verteilung der Defektgrößen ist in jedem Volumenelement gleich.

2. Der Probekörper verhält sich bis zum Bruch rein linear-elastisch.
3. Das Versagen in einem Element erfolgt, wenn in diesem die Lastspannung σ größer oder gleich groß ist wie die Festigkeit (σ_c).
4. Die vorhandenen Defekte zeigen untereinander eine vernachlässigbare Wechselwirkung, d. h. die Defektdichte ist so klein, dass die durch einen Defekt verursachte Änderung des Spannungsfeldes am Ort der anderen Defekte vernachlässigt werden kann. Diese Voraussetzung ist allerdings nicht immer erfüllt.
5. Die Festigkeit wird durch das schwächste Volumenelement bestimmt, d. h. Versagen des gesamten Bauteils erfolgt, wenn ein einzelnes Volumenelement versagt.

Kann darüber hinaus die Verteilung der Defektgrößen $g(a)$ zumindest näherungsweise durch Gl. (2.86) beschrieben werden, so geht Gl. (2.89) in die Weibull-Verteilung (Gl. (2.80)) über.

Eine Übertragung der eben dargestellten Überlegungen auf mehrachsige Spannungszustände ist also möglich. Das Spannungsniveau σ ist in diesem Fall durch eine Vergleichsspannung, σ_V, zu ersetzen, die vom Versagenskriterium für den mehrachsigen Spannungszustand und eventuell auch von der Art des bruchauslösenden Defektes abhängt.

Eine weitere Komplikation bei Beanspruchung mit beliebigen Spannungszuständen folgt daraus, dass im Allgemeinen nicht alle Volumenelemente gleich beansprucht werden und somit auch keine gleichen Beiträge zur Versagenswahrscheinlichkeit liefern, wie oben angenommen. Das Volumen in Gl. (2.80) geht dann in eine Integration über das Volumen über in

$$P_f = 1 - \exp\left[-\frac{V_{\text{eff}}}{V_0} \cdot \int\limits_{\sigma_{ij}>0} \left(\frac{\sigma_V}{\sigma_0}\right)^m \mathrm{d}V\right], \tag{2.99}$$

wobei die Integration nur über Volumenbereiche mit Zugspannungskomponenten zu führen ist. Die Berechnung dieses Integrals für Bauteile wird wegen der im Allgemeinen komplizierten Geometrie und Spannungsverteilung zweckmäßigerweise mit numerischen Methoden erfolgen. Beispiele dafür sind in [84, 89–91] veröffentlicht.

Zum Vergleich von Festigkeitsdaten, welche an Proben verschiedener Größe, Geometrie und Beanspruchungsweise gewonnen wurden, hat sich der Begriff des effektiven Volumens, V_{eff}, als praktisch erwiesen. Man fordert, dass in einer beliebig beanspruchten Probe die Versagenswahrscheinlichkeit gleich der einer einachsig beanspruchten Zugprobe ist, die mit der größten in der beliebig beanspruchten Probe auftretenden Zugspannungskomponente $\sigma_{ij,\max}$ beansprucht wird. Um dies zu erreichen, kann das Volumen der Zugprobe variiert werden. Das Volumen, das die Bedingung erfüllt, ist das effektive Volumen:

$$V_{\text{eff}} = \left[-\frac{\sigma_0}{\sigma_{ij,\max}} \cdot \int\limits_{\sigma_{ij}>0} \left(\frac{\sigma_V}{\sigma_0}\right)^m \mathrm{d}V\right]. \tag{2.100}$$

Bei spröden Werkstoffen wird die Festigkeit häufig im Drei-Punkt- bzw. im Vier-Punkt-Biegeversuch bestimmt. Eine typische Probengröße ist $3{,}5 \cdot 4{,}5 \cdot 45\,\text{mm}^3$, wobei der äußere Auflagerabstand 40 mm und der innere Auflagerabstand beim Vier-Punkt-Versuch 20 mm beträgt. In Tabelle 2.7 sind die effektiven Volumina bei diesen Versuchsbedingungen für drei typische Weibull-Moduli (schlechtes, mittleres, sehr gutes Material) mit dem entsprechenden effektiven Volumen im Zugversuch verglichen. Es ist offensichtlich, dass beim Biegeversuch die Werkstoffausnutzung wesentlich schlechter als beim Zugversuch ist.

Tab. 2.7: Effektives Volumen für eine typische Probe ($3{,}5 \cdot 4{,}5 \cdot 45\,\text{mm}^3$) in Abhängigkeit von der Versuchsdurchführung und vom Weibull-Modul.

	V_{eff} (mm^3)		
m	**Drei-Punkt**	**Vier-Punkt**	**Zug**
5	9,0	22	710
10	2,6	16	710
20	0,7	8	710

2.6.4 Einfluss des Probenvolumens und der Oberfläche

Um den Einfluss des Probenvolumens zu untersuchen, wird angenommen, zwei Probensätze unterschieden sich nur durch das Volumen der Einzelproben (V_1, V_2). Die Proben sollen auf identische Weise geprüft werden. Es sei vorausgesetzt, dass das Werkstoffverhalten durch eine Weibull-Verteilung beschrieben werden kann. Gesucht wird nun für den Probensatz 2 das Spannungsniveau σ_2, bei dem die Versagenswahrscheinlichkeit gleich wie beim Probensatz 1 beim Spannungsniveau σ_1 ist, d. h. es soll gelten: $P_f(\sigma_1, V_1) = P_f(\sigma_2, V_2)$ mit $\sigma_u = 0$. Daraus folgt [41]:

$$\frac{\sigma_1}{\sigma_2} = \left(\frac{V_2}{V_1}\right)^{1/m} . \tag{2.101}$$

Im Beispiel aus Abb. 2.59 mit $\sigma_{50\,\%} = 312\,\text{MN/m}^2$ und $m = 8{,}5$ würde sich bei einem fünffachen Volumen ($V_2/V_1 = 5$) der $\sigma_{50\,\%}$-Wert auf $258\,\text{MN/m}^2$ erniedrigen. Überträgt man diese Betrachtungen auf die Festigkeitsprüfungen und deren unterschiedliche Beanspruchung der Prüfkörper, dann folgt für den Vergleich von σ_z = Zug-, σ_{3B} = Drei-Punkt-Biege- und σ_{4B} = Vier-Punkt-Biegefestigkeit:

$$\begin{aligned} &\frac{\sigma_{3B}}{\sigma_Z} = \left[2(m+1)^2\right]^{1/m}; \quad \frac{\sigma_{4B}}{\sigma_Z} = \left[\frac{4(m+1)^2}{m+2}\right]^{1/m}; \\ &\frac{\sigma_{3B}}{\sigma_{4B}} = \left[0{,}5(m+2)\right]^{1/m}. \end{aligned} \tag{2.102}$$

Es ergeben sich dann die Verhältniszahlen 1,843, 1,516 bzw. 1,215. Die Weibull-Geraden verschieben sich also mit größerem geprüftem Volumen zu geringeren Festigkeitswerten bei gleicher Steigung (Abb. 2.62).

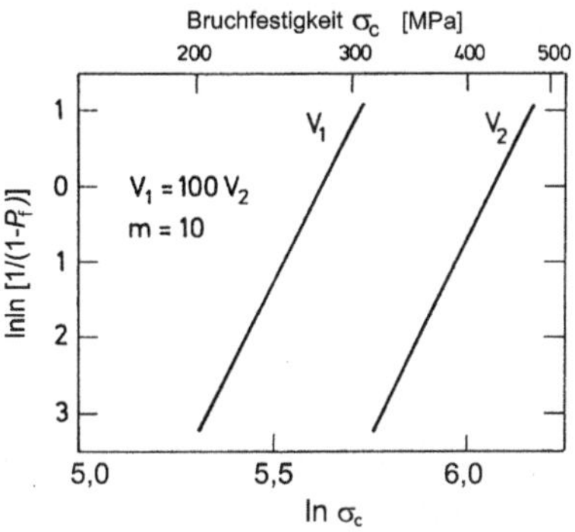

Abb. 2.62: Weibull-Geraden für um den Faktor 100 unterschiedliche Probenvolumina [92].

Ein weiteres Beispiel ist in Abb. 2.63 mit einer kommerziellen SiC-Keramik veranschaulicht. Zahlenangaben für die Abnahme der ertragbaren Spannung für drei ausgesuchte Volumenverhältnisse und drei typische Weibull-Moduli liefert Tabelle 2.8. Man erkennt, dass bei großen Volumenverhältnissen und bei verhältnismäßig kleinen Weibull-Moduli die nutzbare Festigkeit stark abnimmt. Bei der Anwendung der Weibull-Theorie wird allerdings vorausgesetzt, dass die am Probensatz 1 über den Weibull-Modul bestimmte Defektgrößenverteilung auch beim Probensatz 2 vorliegt.

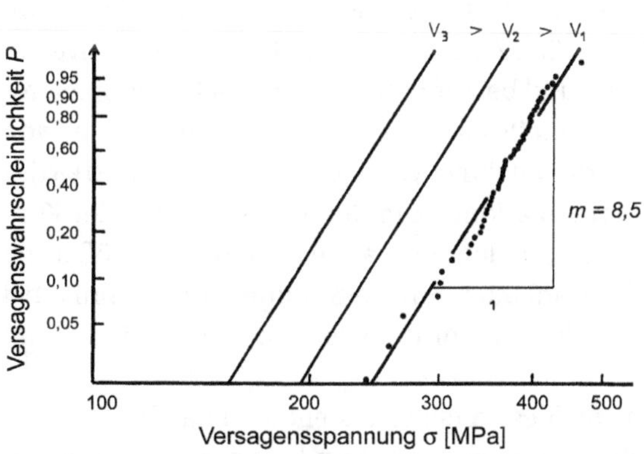

Abb. 2.63: Versagenswahrscheinlichkeiten einer drucklos gesinterten SiC-Keramik mit V_1 und Extrapolation auf die Volumina V_2 und V_3 [92].

Unter dieser Voraussetzung und für die jeweils gleiche Zahl von Proben je Probensatz kann das Größenverhältnis der größten, in jedem Probensatz vorkommenden bruchauslösenden Defekte für gleiche Versagenswahrscheinlichkeit berechnet werden. Diese Werte sind ebenfalls in Tabelle 2.8 angegeben.

Tab. 2.8: Verhältnis σ_2/σ_1 der ertragbaren Spannungsniveaus (in %) in Abhängigkeit vom Volumenverhältnis der Proben V_2/V_1 und vom Weibull-Modul m für konstante Versagenswahrscheinlichkeit. Eingetragen ist ferner das Größenverhältnis der größten in jedem Probensatz auftretenden bruchauslösenden Defekte a_2/a_1.

V_2/V_1	10^2		10^4		10^6	
m	σ_2/σ_1 [%]	a_2/a_1 [–]	σ_2/σ_1 [%]	a_2/a_1 [–]	σ_2/σ_1 [%]	a_2/a_1 [–]
20	79	1,6	63	2,5	50	4
10	63	2,5	40	6,3	25	16
5	40	6,3	16	4,0	6	250

Der Durchmesser der bruchauslösenden Defekte steigt mit dem Probenvolumen bei Vorliegen einer Weibull-Verteilung stark an (in den obigen Beispielen bis zum 250fachen). Dies sollte mit dem Erfahrungsbereich, der über die Defektgrößenverteilung aus der Bestimmung der Weibull-Verteilung vorliegt, verglichen werden. Für die eher ungewöhnlich große Zahl von 100 Proben je Probensatz gibt die erste Spalte von Tabelle 2.8 das Verhältnis der Durchmesser des größten und des kleinsten im Probensatz vorkommenden bruchauslösenden Defektes an. Dies entspricht dem bei der Bestimmung der Weibull-Verteilung (bei 100 Proben) gewonnenen Erfahrungsbereich über die Defektgrößenverteilung des Werkstoffs. Die Defektgrößenverteilung wird demzufolge nur in einem sehr beschränkten Bereich gemessen. Die in der Tabelle 2.8 durchgeführten Volumenextrapolationen um einen Faktor 10^4 und 10^6 überschreiten somit den bestehenden Erfahrungsbereich um ein Vielfaches und sollten daher besser vermieden werden.

Es stellt sich nun die Frage, ob solche Extrapolationen für die Konstruktion von Teilen überhaupt benötigt werden. Wie in Tabelle 2.7 gezeigt, beträgt das effektive Volumen (bei der Vier-Punkt-Biegeprüfung und bei für Keramiken typischen Probengrößen) etwa 10 mm^3. Hoch beanspruchte Bauteile aus Keramik können ein Volumen von 10^6 mm^3 und mehr aufweisen. Erreicht das effektive Volumen des Teils etwa 10 % des Gesamtvolumens, so sind Volumenextrapolationen um den Faktor 10^4 bei der Konstruktion nötig. Eine Verringerung der Extrapolationsspanne ist durch Vergrößerung der Proben, durch Erhöhung der Probenzahl oder durch eine andere Prüftechnik, bei der das Verhältnis V_{eff}/V größer als bei der Biegeprüfung ist, möglich. Dafür kommt z. B. der Zugversuch infrage.

Bei der Analyse von Ergebnissen aus Biegeversuchen stellt man häufig fest, dass die Bruchausgangsstellen an der Probenoberfläche liegen und die bruchauslösenden Defekte bei der Schleifbearbeitung entstandene Risse sind. Die Defekte sind in diesen Fällen nicht, wie bei der Herleitung der Weibull-Verteilung (Gln. (2.76, 2.80)) implizit angenommen, im Volumen, sondern an der Oberfläche verteilt.

Eine analoge Verteilungsfunktion für Oberflächendefekte kann einfach bestimmt werden. Man erhält:

$$P_{\mathrm{f}} = 1 - \exp\left[-\frac{O}{O_0} \cdot \left(\frac{\sigma}{\sigma_0^*}\right)^{m^*}\right], \tag{2.103}$$

wobei O die Oberfläche und O_0 und σ_0^* Werkstoffparameter sind. Der Weibull-Modul für Oberflächendefekte, m^*, steht analog zu Gl. (2.97) mit der Größenverteilung dieser Defekte in Zusammenhang. Die charakteristische Festigkeit σ_0^* ist durch die Bruchzähigkeit und die Defektgrößenverteilung bestimmt. Da die Defekte in diesem Fall aber durch die Probenbearbeitung verursacht werden, hat diese einen entscheidenden Einfluss auf die Festigkeit. Dies ist vor allem bei Keramiken häufig der Fall, wie in Abb. 2.50 gezeigt worden ist.

Sind Oberflächendefekte bruchauslösend, so kann eine Größenextrapolation im Prinzip mittels Gl. (2.103), analog zum oben Gesagten, durchgeführt werden. Allerdings ist zu bedenken, dass mit steigender Probengröße das Verhältnis zwischen Oberfläche und Volumen immer kleiner wird und der Einfluss des Volumens auf das Werkstoffverhalten zunimmt. Gibt es außer den Oberflächendefekten im Werkstoff auch Volumendefekte, was bei spröden Werkstoffen praktisch immer der Fall ist, so steigt mit der Probengröße im Allgemeinen auch die Wahrscheinlichkeit, dass ein Volumendefekt bruchauslösend ist. Die Größenverteilung der Defekte hat ebenfalls einen Einfluss, auf den hier aber nicht eingegangen werden soll. Es liegen somit im Allgemeinen mindestens zwei Defektarten vor, nämlich Volumen- und Oberflächendefekte und beide müssen bei der statistischen Betrachtung berücksichtigt werden. Dies ergibt für die Versagenswahrscheinlichkeit:

$$P_{\mathrm{f}} = 1 - \exp\left[-\frac{V}{V_0} \cdot \left(\frac{\sigma_{\mathrm{c}}}{\sigma_0}\right)^{m} - \frac{O}{O_0} \cdot \left(\frac{\sigma}{\sigma_0^*}\right)^{m^*}\right]. \tag{2.104}$$

Die Konsequenzen einer solchen bimodalen Verteilung zeigt Abb. 2.64 in schematischer Darstellung. Solche Verteilungskurven wurden in letzter Zeit, z. B. für Al_2O_3, vereinzelt beobachtet.

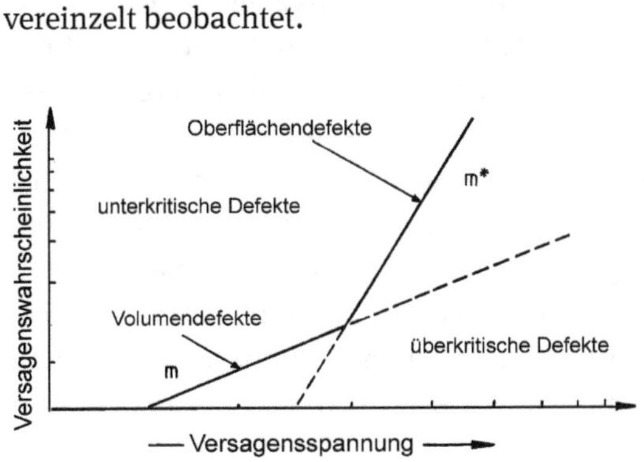

Abb. 2.64: Abhängigkeit der Versagenswahrscheinlichkeit vom Spannungsniveau und Problemvolumen für Proben, die Oberflächen- und Volumendefekte enthalten.

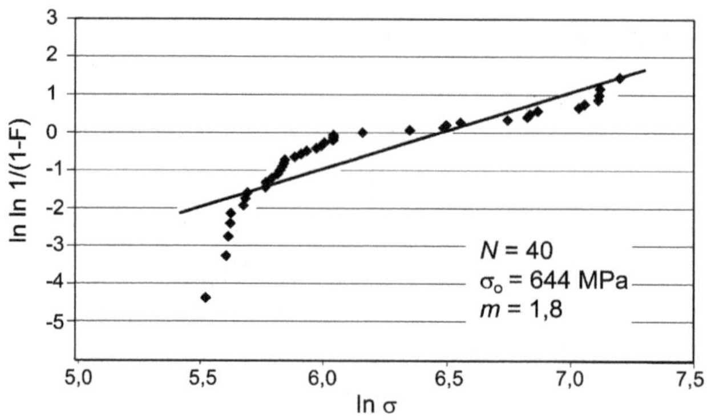

Abb. 2.65: Weibull-Diagramm von gedruckten Si_3N_4-Biegestäbchen [93].

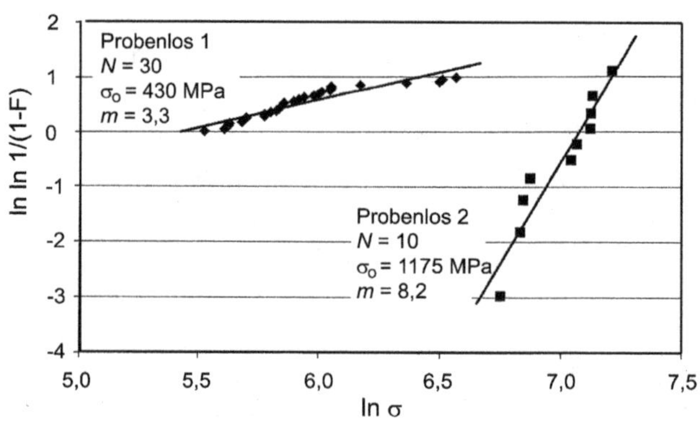

Abb. 2.66: Weibull-Kurven aus Abb. 2.65 nach Separation der Bruchursachen [93].

Ein weiteres Beispiel aus der Praxis ist in Abb. 2.65 gezeigt. Hier wurden Siliciumnitrid-Pulver mit dem Verfahren des direkten Tintenstrahldruckes schichtweise zu einem dreidimensionalen Bauteil in Form von Biegestäbchen verdruckt. Die Auswertung aller Messpunkte ergibt keine Gerade, sondern feine Kurve mit zwei Abschnitten unterschiedlicher Steigung. Entsprechend schlecht ist der Weibull-Exponent mit $m = 1{,}8$. Eine Analyse der Fehlerursachen im Rasterelektronenmikroskop zeigte, dass im Bereich kleiner Versagensspannungen Delaminationseffekte zwischen den einzelnen gedruckten Schichten rissauslösend sind, während das Versagen bei hohen Lasten durch Restporosität bestimmt ist. Hier ist es verlockend, beide Bereiche in Analogie mit Abb. 2.66 zu trennen. Allerdings wird mit den nunmehr erhöhten Weibull-Exponenten $m = 3{,}3$ und 8,2 das Verhalten der gesamten Testreihe falsch beschrieben. In diesem Fall ist es aber durch eine spätere verfahrenstechnische Optimierung gelungen, die Delamination zu vermeiden, so dass die rechte Gerade mit allen Proben reproduziert werden konnte [93].

2.6.5 Versagen durch seltene Defekte

Bauteile aus spröden Werkstoffen enthalten meist mehrere Arten von Defekten, die durch die Werkstoffherstellung, die Oberflächenbearbeitung und auch durch die Beanspruchung selbst entstanden sein können. Eine schematische Darstellung der in einer Keramik möglichen werkstoffspezifischen Defekte hat Abb. 2.51 [80] gezeigt. Der Verlauf der Gesamtkurve kann, rechts von ihrem Maximum und zumindest in kleinen Bereichen, durch Potenzfunktionen vom Typ der Gl. (2.86) dargestellt werden. Daher wird bei der Messung der Versagenswahrscheinlichkeit mit kleinen Probenmengen (weniger als 100 Proben) auch meist eine Weibull-Verteilung gemessen. Bei Extrapolationen über größere Volumenbereiche, vor allem wenn verschiedene Defektarten bruchauslösend sein können, können Abweichungen von diesem Verhalten wichtig werden. Die Anzahl der kritischen Defekte in einer Probe ist durch

$$N_c(\sigma) = \int\limits_{V(\sigma>0)} \int\limits_{a_c(\sigma)}^{\infty} \sum_i g_i(a) \cdot \mathrm{d}a\mathrm{d}V + \int\limits_{O(\sigma>0)} \int\limits_{a_c(\sigma)}^{\infty} g_i^*(a) \cdot \mathrm{d}a\mathrm{d}O \tag{2.105}$$

gegeben, wobei g_i und g_j^* die Größenverteilungsdichtefunktionen der vorkommenden Volumen- und Oberflächendefektarten sind. Die Versagenswahrscheinlichkeit ist entsprechend Gl. (2.95) und (2.96) gleich $P_f = 1 - \exp(-N_c(\sigma))$. Die Zahl der kritischen Defekte hängt vom Spannungsniveau σ ab. Bei Beanspruchungen, bei denen $N_c = 1$ ist, beträgt die Versagenswahrscheinlichkeit 63,2 %, d. h. diese Beanspruchung ist bis auf einen Zahlenfaktor nahe eins gleich der mittleren Festigkeit. Da die Zahl der kritischen Defekte vom Volumen und der Oberfläche abhängt (siehe Gl. (2.104)), hängt auch die Festigkeit von der Probengröße ab. Dies kann von entscheidender Bedeutung werden, wenn in einem spröden Werkstoff seltene Defekte vorkommen, die groß genug sind, um bei Betriebsbeanspruchungen bruchauslösend zu sein. Das soll durch das folgende Beispiel von R. Danzer verdeutlicht werden.

Die Festigkeitsverteilung eines Werkstoffs soll mittels der in den Kapiteln 2.3.2 und 2.10.1 besprochenen Vier-Punkt-Biegeprüfung bestimmt werden. Für die Weibull-Verteilung erhalte man $P_f = 1 - \exp(-(\sigma/800)^{20})$, wobei die Spannungen in MPa angegeben sind. Die Bruchzähigkeit des Werkstoffs sei 5 $\mathrm{MPam}^{1/2}$. Die effektive Oberfläche der Probe sei 100 mm^2, das effektive Volumen 8 mm^3. Mit diesem Werkstoff soll ein Teil hergestellt werden, dessen effektive Oberfläche 10^4 mm^2 und dessen effektives Volumen 10^4 mm^3 beträgt. Die maximale Zugspannungskomponente im Teil betrage 250 MPa und die erlaubte Versagenswahrscheinlichkeit sei 1 %.

Für die Proben kann das erlaubte Spannungsniveau σ_1 aus folgender Beziehung bestimmt werden: $P_f = 0{,}01 = 1 - \exp(-(\sigma_1/800)^{20})$, d. h. $\sigma_1 = 635$ MPa. Diese Spannung ist aber größer als für das Teil erlaubt, da ja das Teil größer als die Probe ist. Nach Gl. (2.100) kann die für das Teil erlaubte Spannung σ_2 berechnet werden: $\sigma_2 = 635 \cdot (8/10000)^{1/20} = 444$ MPa. Das Teil müsste die gestellten Forderungen somit erfüllen, da σ_2 größer als die maximale, im Teil vorkommende Spannungskomponente von 250 MPa ist. Führt man eine analoge Rechnung für Oberflächendefekte durch, so ist die erlaubte Spannung sogar $\sigma_2 = 504$ MPa.

Nun soll angenommen werden, dass der Werkstoff Gefügefehler mit einem Radius größer als 130 µm enthält, die wie Risse wirken. Diese Defekte können z. B. bei der Kontamination des Pulvers mit einem Fremdpulver entstanden sein. Diese Defekte seien ausgesprochen selten, es mögen nur 200 von ihnen in einem dm^3 des Werkstoffes enthalten sein.

Wegen ihrer Größe sind diese Defekte immer bruchauslösend, wenn sie im beanspruchten Volumen vorkommen. Nach Gl. (2.57) ist aber $\sigma_b \approx K_{Ic}/\sqrt{(\pi a_c)} \leq 5/\sqrt{(\pi \cdot 0{,}00013)} = 247$ MPa. Allerdings kommen sie auch sehr selten vor. Im effektiven Volumen einer Biegeprobe sind im Mittel 1/625 dieser Defekte zu finden, d. h. im effektiven Volumen von 625 Proben einer, und einige Tausend Biegeversuche mit nachfolgender Bruchflächenuntersuchung wären nötig, um sichere Hinweise auf die Existenz dieser Defektart zu erhalten. In der Praxis bedeutet dies, dass diese Defektart in den bruchstatistischen Überlegungen nicht berücksichtigt wird. Im effektiven Volumen des betrachteten großen Bauteils findet man jedoch im Mittel zwei dieser Defekte, und fast alle Teile würden daher für den Konstrukteur überraschend bei der Inbetriebnahme versagen. Die angestrebte Zuverlässigkeit könnte erreicht werden, wenn die Defektdichte, z. B. durch eine Aufbereitung der Pulver in Reinräumen, auf unter ein Defekt pro dm^3 gesenkt werden könnte.

2.6.6 Keramikherstellung in Reinräumen

Generell hat sich die Reinraumtechnik zur Eliminierung rohstoff- und produktionsbedingter Fehler bewährt. Die Technologie hierfür kann im Wesentlichen aus der Herstellungstechnik der Halbleiter übernommen werden. Allerdings muss die mechanische Aufbereitung und Formgebung entsprechend berücksichtigt werden. Man ist daher dazu übergegangen, die Fabrikationsbereiche in unterschiedliche Reinraumklassen zu unterteilen, die mit stark unterschiedlichem Aufwand gebaut und betrieben werden müssen. So sollte die Synthese oder die offene Handhabung der Pulver in der höchsten Reinraumklasse 100 mit maximal 100 Fremdstoffteilchen pro Kubikfuß (amerikanisches Maß) Luft erfolgen (Abb. 2.67). Elektromotoren sind hier wegen des Kohleabriebs von den Elektrodenbürsten nicht mehr zugelassen. Das Arbeiten erfolgt nach Duschen mit Luftdüsen in Vollschutzkleidung in Arbeitsboxen mit laminarem Luftstrom und permanenter Absaugung über Filter. Danach können die Pulver in gekapselten Behältern z. B. der Mahlaufbereitung in Reinräumen der Klasse 10.000 zugeführt werden (Abb. 2.68). Die Nassformgebung ist ebenfalls weniger kritisch, da die Suspensionen in Behältern geschützt werden können. Das Abfüllen zur Trockenformgebung muss wiederum in Reinräumen der Klasse 100 oder 1000 erfolgen. Abbildung 2.69 zeigt einen schematischen Verfahrensablauf nach Schubert [94].

Abb. 2.67: Arbeiten im Reinraum der Klasse 100 (MPI Stuttgart).

Abb. 2.68: Reinraum Klasse 10.000 (MPI Stuttgart).

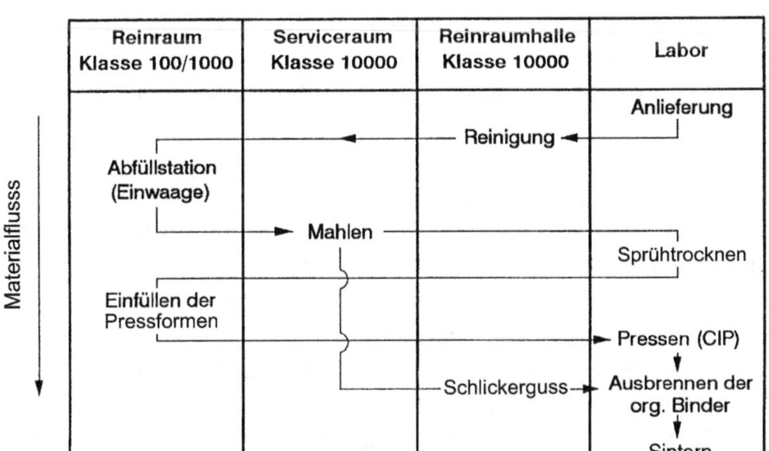

Abb. 2.69: Verfahrensabläufe in Reinräumen unterschiedlicher Klasse [94].

2.6.7 Zusammenfassende Aussagen der Bruchstatistik

Die Weibull-Theorie ist also eine verhältnismäßig einfache und auch gut eingeführte Möglichkeit zur Dimensionierung spröder Bauteile. Sie wird vor allem verwendet, um den Festigkeitsabfall großer Teile im Vergleich zu kleinen Proben abzuschätzen. Die Vorhersagen der Theorie erscheinen zumindest näherungsweise sinnvoll, wenn dieselben Defektarten das Versagen von Proben und Bauteilen auslösen. Es ist daher eine wesentliche Voraussetzung für die Anwendung der Weibull-Theorie, dass die Einhaltung dieser Bedingung sichergestellt ist. Dies dürfte durch folgende Maßnahmen gewährleistet sein:

Alle Probenflächen sind fraktographisch zu untersuchen (siehe Kapitel 2.5.5), die Bruchausgangsstelle ist zu identifizieren und die bruchauslösende Defektart ist festzustellen. Die Probendimensionen und die Prüfbedingungen sind so zu wählen, dass das effektive Volumen bzw. die effektive Oberfläche nicht zu stark von den Bedingungen beim Bauteil abweicht. Ein Verhältnis von 1:10 oder auch von 1:20 erscheint aber noch akzeptabel, ein Verhältnis von 1:100 oder darunter aber nicht mehr. Darüber hinaus sind so viele Proben zu prüfen, dass die Summe der effektiven Volumina der geprüften Proben ein Vielfaches des effektiven Bauteilvolumens (z. B. das Fünffache) beträgt. Dadurch ist gewährleistet, dass die im letzten Kapitel besprochenen seltenen Defekte zumindest in einigen Proben das Versagen auslösen, sofern sie überhaupt von Bedeutung sind. Die entsprechenden Proben weisen dann besonders niedrige Festigkeitswerte auf und auch durch die fraktographischen Untersuchungen erkannt werden. Sind solche Proben im Probensatz vorhanden, so darf die Weibull-Theorie zur Abschätzung der nutzbaren Festigkeit nicht verwendet werden. Abschließend werden diese Forderungen nochmals zusammengestellt:

1. bruchauslösende Defektart in Probe = bruchauslösende Defektart in Bauteil;
2. $V_{\mathrm{eff}}(\mathrm{Probe}) \geq 1/20 V_{\mathrm{eff}}(\mathrm{Bauteil})$;
3. Die Summe V_{eff} aller Proben sollte größer sein als das Fünffache von V_{eff} des Bauteils.

Die Einhaltung dieser Forderungen ermöglicht eine weitgehend sichere Anwendung der Weibull-Theorie. Bei Verwendung der heute meist üblichen Biegeprüfung sind Bedingung (2) und auch Bedingung (3) aber vor allem dann schwer erfüllbar, wenn Proben aus Bauteilen gefertigt werden sollen. Als besonders ungünstig erweist sich dabei das beim Biegeversuch zu geringe Verhältnis von beanspruchtem Volumen zum Gesamtvolumen ($V_{\mathrm{eff}}/V \approx 1/100$). Es werden daher Prüftechniken benötigt, bei denen der Werkstoff besser ausgenutzt wird. Für diesen Zweck bietet sich, trotz der bekannten experimentellen Schwierigkeiten, die Prüfung im Zugversuch an. Das Verhältnis V_{eff}/V beträgt dabei etwa 1/3.

Aus dem Gesagten folgt, dass es schwierig ist, aus einer relativ kleinen Anzahl von Messungen bzw. einem geringen geprüften Volumen Vorhersagen über das Verhalten einer Serienproduktion abzuleiten. Dies hat zur Folge, dass in der Praxis so oft wie möglich dem Proof-Test der Vorzug gegeben wird, zumal dann die Prüfkonditionen sehr nahe an der tatsächlichen Beanspruchungsart liegen.

2.7 Unterkritisches Risswachstum

Es wurde bereits darauf hingewiesen, dass der kritische Spannungsintensitätsfaktor K_{Ic} aussagt, welche Spannung σ zur Erweiterung eines Risses notwendig ist. Für die Praxis ist es wichtig zu wissen, mit welcher Geschwindigkeit diese *Rissausbreitung* erfolgt, d. h., ob sie sehr schnell ist und damit zum katastrophalen Bruch führt oder ob nur ein langsames und damit zunächst ungefährliches Risswachstum eintritt. Man spricht im letzteren Fall auch von *unterkritischer Rissausbreitung*, jedoch ist deren Grenze nicht genau festgelegt. Oft versteht man darunter Bruchgeschwindigkeiten $v_B < 10^{-5}$ m/s, während der katastrophale Riss mit Überschallgeschwindigkeit läuft, also mit $v_B > 10^2$ m/s.

Aus der linear-elastischen Bruchmechanik kann jedoch keine schlüssige Erklärung für das Phänomen eines zeitlich verzögerten Versagens bzw. einer statischen Ermüdung abgeleitet werden, wie sie in der Praxis bei vielen keramischen Bauteilen festzustellen ist. Das Auftreten eines solchen zeitabhängigen Versagens unter statischer Belastung kann aber nichts anderes bedeuten, als dass die Spannungsintensität K_I am versagensrelevanten Defekt einer Probe oder eines Bauteils zunächst kleiner als der kritische Spannungsintensitätsfaktor K_{Ic} ist, im Laufe der Zeit aber bis zum kritischen Wert ansteigt. Da sich im statischen Fall die äußere Last nicht ändert, ist klar, dass die Erhöhung des Spannungsintensitätsfaktors auf eine unterkritische Vergrößerung des betrachteten Defektes bis zur kritischen Länge a_c zurückzuführen ist. Während des unterkritischen Risswachstums muss sich der Riss also makroskopisch in einem dynamischen bzw. quasistatischen Gleichgewicht befinden. Mit der rein kontinuumsmechanischen Energiebilanz an einem Riss, wie sie in Abb. 2.28 dargestellt ist, kann man jedoch für einen Riss unter konstanter Spannung bei einer Rissverlängerung keine neue stabile Gleichgewichtslage finden. Bei gedachten Rissverlängerungen, die in ihrer Gesamtlänge kleiner als die für die anliegende Spannung kritische Länge a_c sind, kann der zur Schaffung neuer Oberflächen erforderliche Energiebeitrag von der freigesetzten elastischen Energie nicht aufgebracht werden. Der Riss behält also seine Ausgangslänge. Bei Rissverlängerungen mit Gesamtrisslängen $>a_c$ übersteigt die zusätzlich freiwerdende elastische Energie den von den neuen Oberflächen verbrauchten Anteil. Damit wird der Riss sofort instabil. Es kommt zum katastrophalen Bruch.

2.7.1 Modelle für das unterkritische Risswachstum

Von Thomson, Hsieh u. M. stammt ein Modell, das im Gegensatz zu den obigen kontinuumsmechanischen Betrachtungen den diskreten atomaren Aufbau der Materie berücksichtigt [95, 96]. In diesem Modell (Abb. 2.70) werden die Atombindungen mit den Eigenschaften mechanischer Biege- und Zugfedern versehen. Unter Annahme des Federgesetzes können die Verschiebungen der Atome des Modellgitters unter der Wirkung einer äußeren Last F berechnet werden. Im einfachsten Modell [96] wird für alle Federn (Positionen $n + i$), bis auf die direkt an der Rissspitze liegende (Position n), eine linear elastische Federcharakteristik angenommen, während die Feder an der Rissspitze als einzige über den linearen Bereich hinaus gedehnt sein und somit nichtlineares Verhalten aufweisen soll. Rissfortschritt bedeutet in diesem Modell, dass die an der Rissspitze liegende Bindung infolge der auf den Riss wirkenden Belastung über eine kritische Auslenkung hinaus gedehnt wird und somit bricht (Position $n - 1$).

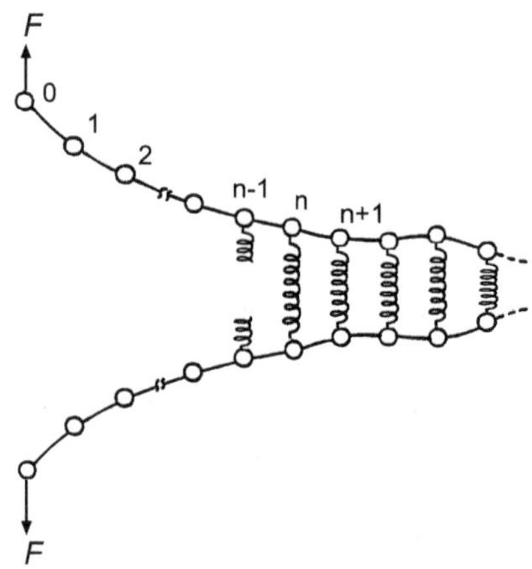

Abb. 2.70: Atomistische Deutung von Rissöffnung und Bruch nach Thomson, Hsieh u. M. [95]. © AIP, Abdruck mit freundl. Genehmigung.

Ein Rissschluss wird umgekehrt dadurch modelliert, dass sich die Bindungspartner der letzten aufgebrochenen Bindung an der Rissspitze infolge einer verringerten äußeren Last wieder bis auf den kritischen Abstand annähern, wodurch sich die Bindung wieder schließt. An dieser Position kann die Feder wieder eine Kraft übertragen. Die Berechnung der Kraft F^+, bei der der Riss um eine Bindung voranschreitet, und der Kraft F^-, bei der sich der Riss um eine Bindung zurückbewegt, zeigt, dass diese beiden Kräfte nicht gleich groß sind. Das Verhältnis F^+/F^- ist >1. Die Lösungen für F^+ und F^- sind bei genügend großen Modellgittern von der Anzahl der Bindungen unabhängig.

Der Unterschied zur kontinuumsmechanischen Lösung folgt daraus, dass sich die Rissoberflächenenergie im mikromechanischen Ansatz aus der Kopplung eines linearen Terms mit einer mit dem Atomabstand periodischen Funktion zusammensetzt, während die zu erbringende Oberflächenenergie im Griffith-Konzept linear mit der Risslänge ansteigt. Die periodische Funktion repräsentiert die variierende Energiedichte im Bereich atomistischer Größenordnungen. Die resultierende Rissoberflächenenergie ist zwar weiterhin monoton wachsend, hat aber keine konstante Steigung mehr und weist aufgrund ihrer Periodizität Wendepunkte auf. Da die für einen Rissfortschritt aufzuwendende Kraft F nichts anderes darstellt als die Ableitung der Oberflächenenergie nach der Risslänge, kann diese nicht mehr wie im kontinuumsmechanischen Konzept konstant sein. Die Wendepunkte der periodischen Oberflächenenergiefunktion ergeben Maxima und Minima für F, nämlich die beiden Werten F^+ und F^-. Die periodisch variierende Oberflächenenergie liefert also mögliche metastabile Lagen für einen Riss, auf denen dieser vom Gitter sozusagen festgehalten wird – ein Effekt, der von Thomson u. M. als *„lattice-trapping"* bezeichnet wurde. Die Ausdehnung des „lattice-trapping"-Bereichs ist stark abhängig vom Verhältnis der Federsteifigkeiten parallel und senkrecht zum Riss. Übertragen auf ein reales Gitter bedeutet dies, dass die Anisotropie der Bindungsverhältnisse sowie die kristallographische Ausbreitungsrichtung eines Risses dessen Stabilitätsbereich beeinflussen. Verbesserte Modelle mit zweidimensionalen Gittern und Berücksichtigung nichtlinearer Kraft-Verschiebungsgesetze sowie Computersimulationsrechnungen [96] liefern zwar etwas andere quantitative Ergebnisse, bestätigen aber die grundsätzliche Aussage der Rissstabilisierung im atomistischen Bereich, die sich aus dem eindimensionalen Thomsonschen Modell ergibt.

Zum unterkritischen Risswachstum gelangt man nun durch die Vorstellung, dass es Mechanismen gibt, durch die sich ein stabiler Riss bei einer Belastung $F < F^+$ durch Überwindung der zugehörigen Energiebarriere jeweils nur um eine Bindung weiterbewegt. Denkbare Ursachen können thermische Fluktuationen, chemische Reaktionen oder eine Kombination aus beiden Vorgängen sein. Als weiterer Mechanismus wurde ein quantenmechanisches Tunneln durch die Energiebarrieren vorgeschlagen [97]. Die Umsetzung der Ergebnisse des atomistischen Modells in analytische Gleichungen für die Risswachstumsgeschwindigkeit kann zum Beispiel durch die Annahme einer geeigneten periodischen Gesamtenergiefunktion $U(a)$ erfolgen. Hieraus ergeben sich die Aktivierungsschwellen, die von den genannten Mechanismen bei Rissausbreitung überwunden werden müssen. Die erhaltenen Ergebnisse erlauben aber keine quantitativen Aussagen über das Rissausbreitungsverhalten in einem bestimmten Material, da zum einen die für die Berechnung benötigten Bindungspotenziale nur ungenau bekannt sind und zum anderen die genauen Gitterparameter in der Rissfortpflanzungsrichtung bekannt sein müssten, was bei polykristallinen Materialien kaum möglich sein dürfte. Des Weiteren lassen sich analytische Lösungen maximal im zweidimensionalen Fall mit einfachen Gitterstrukturen erhalten. Dreidimensionale Rechnungen unter Berücksichtigung realer Gitterstrukturen können nur noch numerisch ausgeführt werden.

Durch Messergebnisse können allerdings die qualitativen Aussagen der atomistischen Risswachstumsgesetze bestätigt werden. Jedoch ist in den Gleichungen die Anzahl der anzupassenden Parameter so groß, dass verschiedene in der analytischen Form unterschiedliche Risswachstumsgesetze an die gleichen Messergebnisse angepasst werden können [97].

Während die Rissmodelle von Thomson u. M. allgemein das Verhalten eines Risses innerhalb einer idealisierten diskreten Struktur betrachten, hat Fett die Energieschwelle untersucht, die überwunden werden muss, um eine einzelne vorbelastete Bindung aufzubrechen [98]. Dazu wurde eine analytische Form des Bindungspotenzials (*Morse-* oder *Lennard–Jones-Potenzial*) (Abb. 2.12) angenommen. Die Tatsache, dass die Bindung infolge einer äußeren Spannung bereits beansprucht ist, wird durch eine Auslenkung der Bindungspartner aus ihrer ursprünglichen Gleichgewichtskonfiguration berücksichtigt. Die rückstellende Wirkung der benachbarten Bindungen wurde von Fett sowohl mit linearer als auch nichtlinearer Abhängigkeit von der Auslenkung modelliert. Der Grenzfall verschwindender Rückstellkräfte wurde ebenfalls untersucht. So konnte die Energiebarriere ΔU berechnet werden, bei der sich die betrachtete Bindung öffnet, ebenso die Energie ΔW, die aufgebracht werden muss, um die Bindung wieder zu schließen. Beide Energieschwellen hängen natürlich vom Verhältnis des angelegten Spannungsintensitätsfaktors K zum kritischen Spannungsintensitätsfaktor K_c ab. Wenn man diese Energieterme in die Gleichung der Boltzmann-Verteilung einsetzt, ergibt sich die Zahl der pro Zeiteinheit infolge thermischer Stöße aufgebrochenen und der davon wieder geschlossenen Bindungen. Die Nettosumme N der pro Zeiteinheit bleibend aufgebrochenen Bindungen muss makroskopisch der Rissausbreitungsgeschwindigkeit entsprechen. Für N ergibt sich dabei:

$$N = N_0 \cdot \mathrm{e}^{\frac{-\Delta U}{kT}} \cdot [1 - \mathrm{e}^{\frac{-\Delta W}{kT}}]. \tag{2.106}$$

N_0 ist hierbei die Grundfrequenz des Systems, also die Anzahl aller thermischen Stöße pro Zeiteinheit. Für die Risswachstumsgeschwindigkeit v_B gilt analog:

$$v_B = v_0^* \cdot \mathrm{e}^{\frac{-\Delta U}{kT}} \cdot [1 - \mathrm{e}^{\frac{-\Delta W}{kT}}], \tag{2.107}$$

wobei v_0^* die zur Grundfrequenz N_0 gehörende charakteristische Geschwindigkeit darstellt. In der doppelt-logarithmischen Auftragung von v_B über K_I/K_{Ic} wird erkennbar, dass sich die Funktion $v_B(K_I/K_{Ic})$ in großen Bereichen von K_I/K_{Ic} linear annähern lässt (Abb. 2.71).

In diesen Bereichen kann man die Risswachstumsgeschwindigkeit also durch ein Potenzgesetz der Form

$$v_B = v_0 \left(\frac{K_I}{K_{Ic}} \right)^n \tag{2.108}$$

bzw.

$$v_B = A \cdot K_{Ic}^n \tag{2.109}$$

beschreiben. Ein solcher Zusammenhang wurde für das unterkritische Risswachstum bereits in früheren Arbeiten empirisch gefunden [99–101]. Das Modell von Fett zeigt, dass sich dieses Potenzgesetz mikromechanisch deuten oder zumindest rechtfertigen lässt. Es ergibt sich damit eine Beziehung zwischen mikrostrukturellen Größen und der makroskopischen Rissgeschwindigkeit. Der Zusammenhang zwischen dem Exponenten n aus Gl. (2.108) und der Bindungsstärke – charakterisiert durch die Dissoziationsenergie U_0 – lautet:

$$n \sim \frac{U_0}{kT}. \tag{2.110}$$

Es wurde immer wieder festgestellt, dass das unterkritische Risswachstum in starkem Maße vom Umgebungsmedium abhängt. In einigen Arbeiten [102, 103] wird unterkritisches Risswachstum generell als korrosiver Vorgang interpretiert, d. h. die Bindungen an der Rissspitze reagieren mit den Molekülen eines korrosiven Umgebungsmediums und brechen dadurch auf. Die Reaktionsgeschwindigkeit ist dabei abhängig vom Spannungsfeld an der Rissspitze.

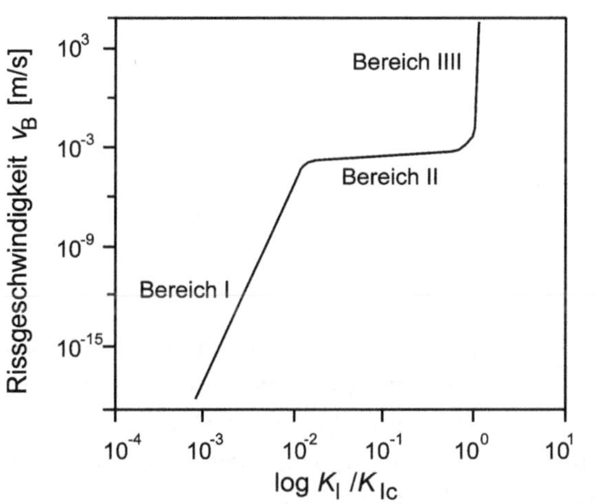

Abb. 2.71: Zusammenhang zwischen Rissgeschwindigkeit und Spannungsintensität.

Im Fettschen Modell kann man die Auswirkung eines korrosiven Mediums auf den unterkritischen Rissfortschritt qualitativ so deuten, dass sich infolge einer Reaktion an der Rissspitze das Bindungspotenzial U_0 verringert. Dies kann z. B. eine Anlagerung von OH^--Ionen an Bindungen der Rissspitzenatome sein. Dadurch werden auch die Energiebarrieren zum Aufbrechen von Bindungen niedriger. Bei gleicher thermischer Aktivierung erhöht sich somit die Risswachstumsgeschwindigkeit. Man spricht dann von Spannungsrisskorrosion. Nach Gl. (2.110) wird auch der Risswachstumsexponent

n niedriger, was einem flacheren Verlauf des linearen Teils der $v-K$-Kurve in doppeltlogarithmischer Auftragung entspricht.

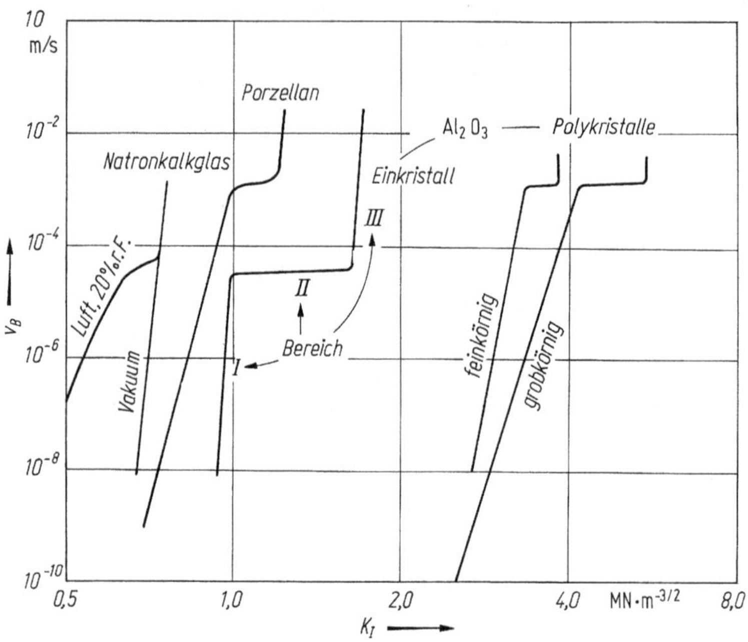

Abb. 2.72: Abhängigkeiten der Bruchgeschwindigkeit v_B vom Spannungsintensitätsfaktor K_I bei einigen Werkstoffen [254].

Bruchgeschwindigkeiten v_B sind von mehreren Autoren gemessen worden (Abb. 2.72). Solche Messungen bedürfen großer Sorgfalt, worauf besonders Pabst [104] hinweist. Oftmals lässt sich der Risswachstumsverlauf bei Anwesenheit eines korrosiven Mediums durch die in Abb. 2.72 dargestellte, bei vielen Materialien auch experimentell so vorgefundene, dreiteilige Kurve beschreiben. Wiederhorn [105] und Richter [106] haben den Einfluss von Luftfeuchtigkeit und anderer korrosiver Medium auf die unterkritische Rissausbreitung näher erörtert. Die Interpretation des Kurvenverlaufs erfolgt auf der Grundlage der oben angesprochenen Vorstellung von chemischen Reaktionen an der Rissspitze. Im Bereich I ist das korrosive Medium an der Rissspitze in so ausreichendem Maße vorhanden, dass auch bei einer Erhöhung der Rissfortpflanzungsgeschwindigkeit infolge einer Erhöhung der äußeren Last und damit von K_I noch genügend Moleküle des Mediums für eine Reaktion zur Verfügung stehen. In diesem Bereich ist die Rissgeschwindigkeit v eine Funktion des Spannungsintensitätsfaktors K_I und lässt sich meist durch ein Potenzgesetz der Form der Gln. (2.108) bzw. (2.109) beschreiben. Wird die Risswachstumsgeschwindigkeit und damit die Reaktionsgeschwindigkeit durch eine Steigerung von K soweit erhöht, dass das Korrosionsmedium schneller verbraucht wird als es an die Rissspitze transportiert werden kann, dann wird dieser Transportmechanismus der geschwindigkeitsbestimmende Schritt. Die Geschwindigkeit des Risses ist in diesem Bereich II – dem Plateau in der $v - K$-Kurve – von K_I unabhängig. Bei weiterer Erhöhung von K_I wird schließlich ein Bereich III erreicht, bei dem die Bindungen an der Rissspitze mechanisch so stark belastet sind, dass sie infolge thermischer Fluktuationen aufbrechen können. Der Riss läuft dabei dem korrosiven Medium voraus. Dieses Risswachstum ist dann entsprechend den Vorstellungen aus den atomistischen Modellen rein thermisch aktiviert und lässt sich bei vielen Materialien in Vakuum oder unter inerter Atmosphäre messen. Der entsprechende Bereich III im $v - K$-Diagramm ist wieder durch das bekannte Potenzgesetz beschreibbar, allerdings mit einem gegenüber Bereich I wesentlich höheren Exponenten n.

In Abb. 2.71 wurden die v_B-Werte über den K_I-Werten in doppelt-logarithmischer Form aufgetragen, da sich Gl. (2.108) umformen lässt zu

$$\lg v_B = \lg A + n \cdot \lg K_I. \tag{2.111}$$

Beim Vergleich mit Literaturwerten ist auf die Einheit von A in Gl. (2.109) bzw. (2.110) zu achten. In Abb. 2.72 lautet sie $(\mathrm{MN})^{-n}\,\mathrm{m}^{1{,}5n+1}\mathrm{s}^{-1}$.

Tabelle 2.9 bringt die entsprechenden Konstanten für Aluminiumoxid und silikatische Werkstoffe. Wiederhorn [100] und Richter [106] haben den Einfluss von Wasserdampf auf die unterkritische Rissausbreitung näher erörtert. Dies hat zur Folge, dass v_B mit wachsender relativer Feuchte ansteigt, wie auch der Vergleich der Werte beim Natronkalkglas in Vakuum und in Luft in Abb. 2.72 zeigt. Unabhängig davon steigt v_B auch mit zunehmender Temperatur an.

Tab. 2.9: Bruchmechanische Daten für das unterkritische Risswachstum.

Werkstoff	**Medium**	K_{Ic} $\mathrm{MN \cdot m^{-3/2}}$	**Konstanten** n	$\lg A$ [a]
Al_2O_3		>1,6	113	−4,97
			67 [b]	−18,3 [b]
Al_2O_3-Polykristall [c]	Luft, 50 % rel. Feuchte			
feinkörnig		3,84	51	−29,9
grobkörnig		5,4	33	−23,2
Porzellan	Wasser	>1,26	37	−3,20
Natronkalkglas	Vakuum	0,76	81 [b]	+6,96 [d]
	Luft, 20 % rel. Feuchte	0,76	21	−0,46

[a] berechnet mit v in m/s und K_I in $\mathrm{MN/m^{-3/2}}$.
[b] Bereich III.
[c] mittlere Korngrößen 5 und 25 µm.
[d] zugleich Bereich III.

2.7.2 Ermüdung und Lebensdauer bei statischer Belastung

Das Vorhandensein einer unterkritischen Rissausbreitung hat zur Folge, dass bei jeder angelegten Spannung mit einem Risswachstum zu rechnen ist, welches bei hohen Spannungen oder langen Rissen, d. h. bei hohen K_I-Werten, überkritisch wird, sodass Bruch eintritt. Wenn die Belastung aber geringer ist, dann breitet sich ein Riss zunächst langsam aus, bis er die kritische Länge erreicht, d. h., es tritt erst nach einer gewissen Belastungszeit Bruch ein. Solche verzögerten Erscheinungen bezeichnet man auch als *Ermüdung*. Man kann sie statisch, dynamisch oder zyklisch messen und behandeln und auf bruchmechanische Daten zurückführen. Pabst u. M. [107] sowie Jakus u. M. [99] weisen darauf hin, dass die so erhaltenen Ergebnisse sehr empfindlich von der Genauigkeit dieser Daten abhängen. Es wurde bereits darauf hingewiesen, dass bei einer bestimmten Spannung bzw. einem bestimmten K_I-Wert die Rissgeschwindigkeit v mit steigender Luftfeuchtigkeit größer wird. Daraus ergibt sich, dass auch die Ermüdung umso eher eintritt, je mehr H_2O-Dampf bzw. korrosive Medien zugegen sind.

Das Ziel der Lebensdauerprognose ist es, für eine gegebene Belastung die Lebensdauer eines Bauteils vorherzusagen, bzw. für eine geforderte Lebensdauer die maximal zulässige Spannung anzugeben. Im weiteren Verlauf wird dabei nur der Fall der *statischen Ermüdung* betrachtet, d. h. das Bauteil bzw. die Probe unterliegen einer zeitlich konstanten Last.

Zur Lebensdauerprognose benötigt man eine Risswachstumsfunktion der Form:

$$\frac{\mathrm{d}a}{\mathrm{d}t} = v. \tag{2.112}$$

Eine Variablentrennung liefert für die Lebensdauer (engl.: *time to failure*) t_F:

$$t_F = \int_{a_i}^{a_c} \frac{\mathrm{d}a}{v}, \tag{2.113}$$

mit a_i als Anfangsrisslänge und a_c als Risslänge bei Einsetzen des instabilen Bruchs. Aus der Ableitung der Griffith-Gleichung (2.57) nach a ergibt sich:

$$\mathrm{d}a = \frac{2 \cdot K_I}{\sigma^2 \cdot Y^2} \cdot \mathrm{d}K_I. \tag{2.114}$$

Eingesetzt in Gl. (2.113) erhält man als allgemeine Bestimmungsgleichung für t_f:

$$t_F = \frac{2}{\sigma^2 \cdot Y^2} \int_{K_{Ii}}^{K_{Ic}} \frac{K_I}{v(K_I)} \mathrm{d}K_I. \tag{2.115}$$

Dabei sind K_{Ii} und K_{Ic} die zu den Risslängen a_{i} und a_{c} gehörenden Spannungsintensitätsfaktoren, und σ ist die konstante Spannung, die auf die Probe bzw. das Bauteil wirkt. Bei der Herleitung von Gl. (2.115) wurde angenommen, dass sich die Geometriefunktion Y im betrachteten Risslängenbereich nicht ändert.

Die Lösungsfunktion von Gl. (2.115) hängt von der Form der Risswachstumsfunktion $v(K_{\mathrm{I}})$ ab. Eine analytische Lösung lässt sich für den Fall eines Risswachstumsgesetzes nach Gl. (2.109) angeben:

$$t_{\mathrm{F}} \cong \frac{2}{(n-2)\cdot A\cdot\sigma^2\cdot Y^2}\cdot\left(K_{\mathrm{Ii}}^{n-2}-K_{\mathrm{Ic}}^{n-2}\right). \tag{2.116}$$

Da $K_{\mathrm{Ic}} > K_{\mathrm{Ii}}$ ist und bei Keramiken n fast immer >10 beträgt, kann der zweite Ausdruck in der Klammer gegenüber dem ersten vernachlässigt werden. Damit erhält man:

$$t_{\mathrm{F}} \cong \frac{2}{(n-2)\cdot A\cdot\sigma^2\cdot Y^2}\cdot K_{\mathrm{Ii}}^{n-2}. \tag{2.117}$$

Bei der Auswertung von Gl. (2.117) benötigt man zur Ermittlung von K_{Ii} die Kenntnis der Anfangsrisslänge a_{i}. Diese erhält man indirekt aus der Griffith-Gleichung, wenn man die sogenannte Inertfestigkeit σ_{c} der Probe kennt, also die Versagensspannung, die sich ergibt, wenn kein unterkritisches Risswachstum auftritt, siehe Kapitel 2.10.1. Aus der Gleichung für die lokale Lastspannungsintensität an der Spitze des Anfangsrisses

$$K_{\mathrm{Ii}} = \sigma\cdot Y\cdot\sqrt{a_{\mathrm{i}}} \tag{2.118}$$

und der Gleichung für den dort herrschenden lokalen Bruchwiderstand

$$K_{\mathrm{Ic}} = \sigma_{\mathrm{c}}\cdot Y\cdot\sqrt{a_{\mathrm{i}}} \tag{2.119}$$

folgt:

$$K_{\mathrm{Ii}} = \frac{\sigma}{\sigma_{\mathrm{c}}}\cdot K_{\mathrm{Ic}}. \tag{2.120}$$

Letztendlich ergibt sich somit [98]:

$$t_{\mathrm{F}} = \frac{2}{(n-2)A\cdot Y^2\cdot K_{\mathrm{Ic}}^{n-2}}\cdot\frac{\sigma_{\mathrm{c}}^{n-2}}{\sigma^n}. \tag{2.121}$$

Es lässt sich zeigen, dass bei Gültigkeit des Potenzgesetzes nach Gl. (2.109) die Lebensdauer von den Anfangsbedingungen, nämlich der Anfangsrisslänge a_{i} und der dazugehörigen Geschwindigkeit v_{i}, bestimmt wird. Aus Gl. (2.117) folgt durch Einsetzen der Gln. (2.118) und (2.119):

$$t_{\mathrm{F}} = \frac{2}{(n-2)A\cdot Y^n\cdot\sigma^n}\cdot a_{\mathrm{i}}^{\frac{n-2}{2}}. \tag{2.122}$$

Wegen

$$A \cdot \sigma^n \cdot Y^n \cdot a_i^{\frac{n}{2}} = A \cdot K_{Ii}^n = v_i \tag{2.123}$$

folgt schließlich

$$t_F = \frac{2}{n-2} \cdot \frac{a_i}{v_i}. \tag{2.124}$$

Eine andere Ableitung der quantitativen Beschreibung geht ebenfalls von der Griffith-Gleichung (2.57) aus, wobei diese unter der Annahme einer konstanten angelegten Spannung nach der Zeit differenziert wird:

$$\frac{dK_I}{dt} = \frac{\sigma_a \cdot Y}{2\sqrt{a}} \cdot \frac{da}{dt} = \frac{\sigma_a^2 \cdot Y^2}{2K_I} \cdot v_B \quad \text{mit} \quad v_B = \frac{da}{dt}. \tag{2.125}$$

Die Zeit t_F, bei der der Bruch eintritt, also die Lebensdauer, erhält man durch Auflösen nach dt und Integration über K_I/v_B von K_{Ia} (Wert bei Beginn der Beanspruchung) bis K_{Ic}. Die Abhängigkeit von v_B von K_I ist durch die Gl. (2.109) bzw. (2.111) durch die beiden Konstanten n und A beschrieben. Das führt dann mit σ_{Ic} = Festigkeit in inerter Umgebung zu der Beziehung

$$t_F = \frac{2 \cdot \sigma_{I_c}^{n-2} \cdot \sigma_a^{-n}}{Y^2 \cdot (n-2) \cdot A \cdot K_{I_c}^{n-2}}, \tag{2.126}$$

die sich in mehreren Fällen bewährt hat. Sehr anschauliche Ergebnisse mit Glas beschreibt Richter [108]. Zur Verbesserung der Genauigkeit kann man Gl. (2.125) mit der Weibull-Statistik verknüpfen, was Jakus u. M. [99] am Beispiel von Natronkalkglas und Si_3N_4 zeigen.

Gleichung (2.126) sei an einem Beispiel demonstriert. Für das feinkörnige Al_2O_3 gilt nach Tabelle 2.9: $K_{Ic} = 3{,}84\,\text{MN}\,\text{m}^{-3/2}$, $n = 51$ und $\lg A = -29{,}9$. Nimmt man an, dass die σ_{Ic}-Festigkeit durch große ausgebrochene Körner der Größe $10\,\mu\text{m} = a$ bestimmt wird, dann liefert Gl. (2.100) $\sigma_{Ic} = 685\,\text{MN/m}^2$. Setzt man $Y = \sqrt{\pi}$, dann erhält man bei Dauerbelastungen mit 2/3 bzw. 1/2 der kritischen Festigkeit, also mit $\sigma_a = 457$ bzw. $343\,\text{MN/m}^2$ die Lebensdauern $t_F = 473\,\text{s}$ bzw. 37 a. Man kann aber auch die ursprüngliche Bruchspannung von $685\,\text{MN/m}^2$ beibehalten, den Probekörper aber so bearbeiten, dass die Oberflächenrisse z. B. auf $3\,\mu\text{m}$ zurückgehen. Dann wird das neue $\sigma_{Ic} = 1250\,\text{MN/m}^2$, und mit jetzt $\sigma_a = 685\,\text{MN/m}^2$ ergibt sich eine Lebensdauer t_F von 37 d.

Lebensdauervorhersagen bzw. -garantien lassen sich mit einer Vorprüfung (engl.: *proof testing*) erreichen [109]. Grundlage dazu ist eine gezielte Vorbeanspruchung mit einer Prüfspannung σ_p, die höher liegt als die spätere Arbeitsspannung σ_a. Es werden dabei alle die Werkstücke zu Bruch gehen, für die $\sigma_p \cdot Y \cdot \sqrt{a_p} \geq K_{Ic}$ gilt. Die verbleibenden Stücke haben nur noch Risse mit $a < a_p$. Es gilt also $\sigma_a \cdot Y \cdot \sqrt{a} < K_{Ic}$. Da nun

$\sigma_a < \sigma_p$ und $\sigma_a \cdot Y \cdot \sqrt{a} < K_{I_a}$ sein sollte, gilt:

$$\frac{\sigma_p}{\sigma_a} < \frac{K_{I_c}}{K_{I_a}} \quad \text{bzw.} \quad \frac{1}{K_{I_a}} > \frac{1}{K_{I_c}} \cdot \frac{\sigma_p}{\sigma_a}. \tag{2.127}$$

Mit $\sigma_p = \sigma_{Ic}$ erhält dann Gl. (2.126) die neue Form

$$t_F > \frac{2 \cdot \sigma_p^{n-2} \cdot \sigma_a^{-n}}{Y^2 \cdot (n-2) \cdot A \cdot K_{I_c}^{n-2}}. \tag{2.128}$$

Diese Beziehung kann man verwenden, um ($\lg t - \lg \sigma_a$)-Diagramme zu zeichnen und daraus abzulesen, wie hoch σ_p sein muss, damit eine gewünschte Lebensdauer gesichert ist. Nimmt man das obige Beispiel des feinkörnigen Al_2O_3, das später einer Belastung von $\sigma_a = 400\ MN/m^2$ ausgesetzt sein soll, dann erreicht man mit einer Vorprüfung bei $\sigma_p = 600\,MN/m^2$ eine Mindestlebensdauer $t_F > 630\,s$ und mit $\sigma_p = 800\,MN/m^2 t_F > 26$ a.

Proof-Tests sollten nicht nur bezüglich ihrer Beanspruchungsspannung, sondern auch hinsichtlich ihrer Belastungsart möglichst in Annäherung an die tatsächlichen Anwendungsbedingungen durchgeführt werden. Dies empfiehlt sich auch deswegen, weil aus vielen Bauteilen keine oder nur unter sehr großem Aufwand normgerechte Probekörper entnommen werden können. So sind viele spezielle Prüfmethoden entwickelt worden wie z. B. der Schleudertest für Turbolader, bei welchem die Zentrifugalkraft für die radiale Zugspannung sorgt, oder der Axialgelenklagertest, der mehrachsige Druck- und Scherspannungen einbringt und gleichzeitig auch tribologische Belastungen mit und ohne Schmiermitteleinwirkung einbringt. Abbildung 2.73 zeigt schematisch die Überlagerung von Materialeigenschaften (hier Festigkeit) und Beanspruchungsspannungen (jeweils als Verteilung dargestellt) nach Bauteilherstellung, nach Proof-Test und nach einer Werkstoffoptimierung.

Beträgt vor einem Proof-Test mit der Last p die Versagenswahrscheinlichkeit P_f in Vereinfachung der Gl. (2.80)

$$P_f = 1 - \exp\left[-\left(\frac{\sigma_c}{\sigma_o}\right)^m\right], \tag{2.129}$$

so erfüllen alle Teile, die nach dem Test nicht versagt haben, das Kriterium $\sigma_c > \sigma_p$. Die neue Verteilungs*dichte*-Funktion des verbliebenen Probenloses sei dann $g(\sigma_c)$. Sie wird gewonnen durch Beschneiden der ursprünglichen Funktion bei $\sigma < \sigma_c$ (Abb. 2.73 oben rechts und Abb. 2.74).

Die dazu gehörende Weibull-Funktion $G(\sigma_c)$ kann ermittelt werden nach:

$$G(\sigma_c) = \frac{P_f(\sigma_c) - P_f(\sigma_p)}{1 - P_f(\sigma_p)} = \frac{A_1}{A_2} \tag{2.130}$$

$$= \frac{1 - \exp[-(\frac{\sigma_c}{\sigma_o})^m] - \{1 - \exp[-(\frac{\sigma_p}{\sigma_o})^m]\}}{1 - \{1 - \exp[-(\frac{\sigma_p}{\sigma_o})^m]\}}, \quad \text{woraus} \tag{2.131}$$

folgt:

$$G(\sigma_c) = 1 - \exp\left[-\left(\frac{\sigma_c}{\sigma_o}\right)^m + \left(\frac{\sigma_p}{\sigma_o}\right)^m\right]. \tag{2.132}$$

Hierbei handelt es sich aber um keine Weibull-Funktion, da aus der der Statistik genügenden Gesamtmenge von Proben gewollt eine bestimmte Menge durch die Prüfung entnommen wurde. Dies äußert sich in der Abweichung von der Weibull-Geraden nahe dem Wert σ_p (Abb. 2.75).

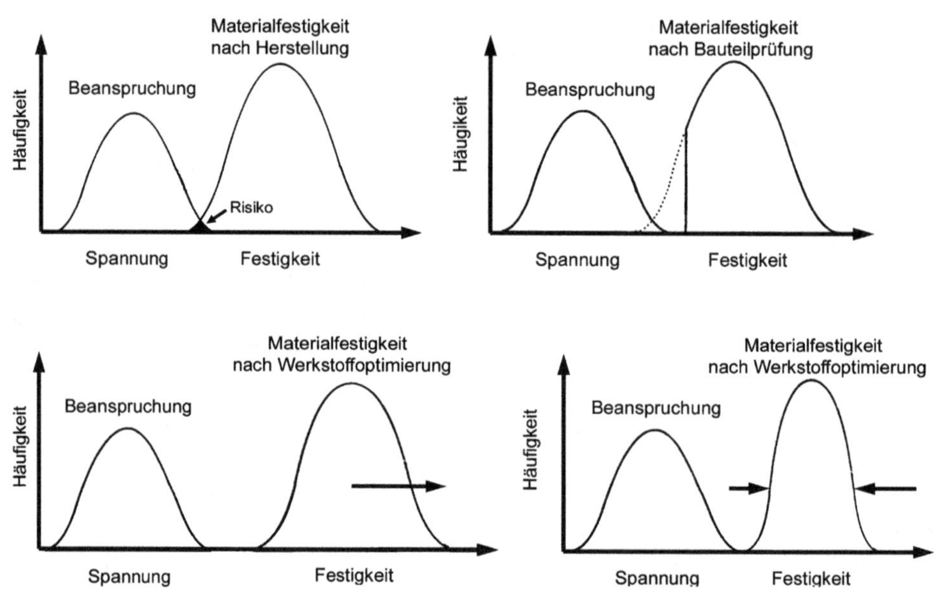

Abb. 2.73: Verteilung von Materialeigenschaften und Beanspruchungsgrößen. Das Versagensrisiko kann verringert werden, indem durch Proof-Tests schlechtere Bauteile eliminiert werden. Durch Werkstoffoptimierung kann die Eigenschaftsverteilungskurve nach rechts verschoben oder enger gestaltet werden, d. h. die Festigkeit und/oder die Zuverlässigkeit werden gesteigert. Zur Vereinfachung sind für die Materialeigenschaften allerdings Gauß-Kurven verwendet worden. Das Überlappungsrisiko ist jedoch größer, da die Festigkeitsverteilung in Richtung auf geringere Werte flacher abfällt und weiter reicht.

Es muss noch darauf hingewiesen werden, dass jede Prüfbeanspruchung ihrerseits wieder zum unterkritischen Risswachstum auch bei denjenigen Bauteilen beigetragen hat, die den Test überstanden haben. Teile mit einer jetzt auf nahe $a_{p,c}$ angewachsenen Fehlergröße würden also beim nächsten Proof-Test versagen [109–112].

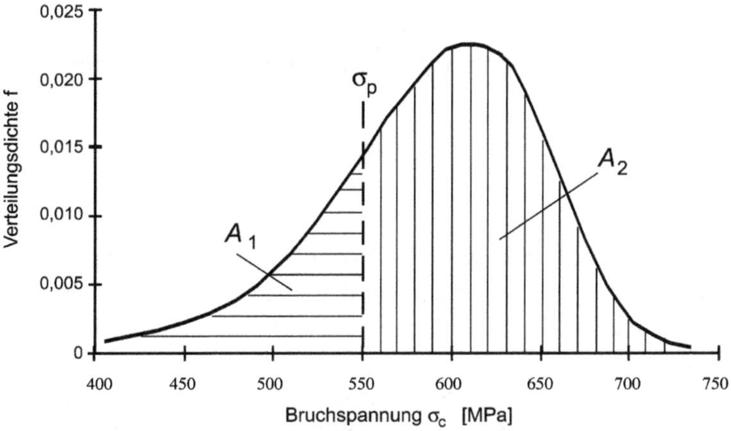

Abb. 2.74: Verteilungsdichtefunktion mit eingetragener Prüfspannung σ_p nach Danzer. Bauteile in der Fläche A_1 haben versagt, die der Fläche A_2 haben den Test überlebt.

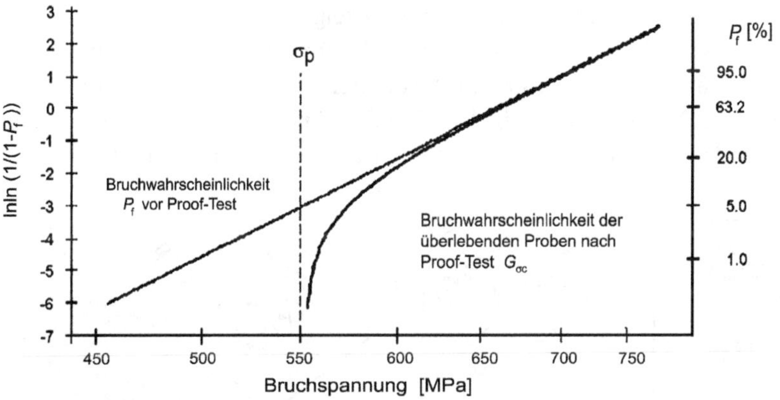

Abb. 2.75: Weibull-Verteilung für eine Probenserie vor dem Proof-Test; Verteilung für die überlebenden Proben nach dem Proof-Test.

2.8 Härte

Die Härte ist der Widerstand eines Materials gegenüber plastischer Verformung durch einen Prüfkörper definiert. Bei den Metallen liegt die Ursache für die Verformbarkeit in der Bildung und Bewegung von Versetzungenund Zwillingen. Da die hierfür erforderliche Energie bei Keramiken jedoch sehr groß ist, zeichnen sich diese durch eine hohe Härte aus, aber auch durch eine geringe Elastizität und Zähigkeit (Kapitel 2.2 und 2.3) Die bruchmechanischen Zusammenhänge sind jedoch sehr kompliziert, da multiaxiale Spannungszustände, Porenkompression, Reibungseffekte mit Wärmeentwicklung, viskoses Fließen und Korngrenzengleiten hinzukommen. Dennoch ist die plastische Verformung insbesondere kubischer Materialien wie Diamant und MgO oder technisch wichtiger Werkstoffe wie Al_2O_3 recht gut untersucht. So kann man durch Ätzen Versetzungsgrübchen unterhalb von Knoop-Eindrücken auf der (001)-Fläche von MgO-Kristallen sichtbar machen [3].

2.8.1 Prüfverfahren

Das einfachste Verfahren zur Härteprüfung ist die *Ritzhärte*. Sie gibt nach der *Mohsschen Härteskala* die Reihenfolge von Mineralen an, die vom nächst härteren geritzt werden können. So findet man für die Härte 6 = Orthoklas, 7 = Quarz, 8 = Topas, 9 = Korund und 10 = Diamant (Abb. 2.78).

Es handelt sich also nur um eine relative Reihung, die auch die Komplexität der Materialabtragsmechanismen beim Ritzen sowie die Richtungsabhängigkeit dieser Verfahren nicht berücksichtigt. So können gemäß den Vorstellungen der Tribologie Materialumformung und Materialabtrag – duktil oder spröde – ineinander übergehen, wie dies in Abb. 7.14 (Kapitel Tribologie 7.4.1) anhand der Mechanismen Mikropflügen, Mikroermüden, Mikrospanen und Mikrobrechen gezeigt ist. Daraus resultieren je nach beanspruchter Kristallart richtungsabhängige Verformungs- oder Bruchmechanismen, sodass die Härte eine anisotrope Größe darstellt. In Abb. 2.76 sind Härtevektoren für einige Mineralphasen angegeben, wobei die Länge der Vektoren zur Härte proportional ist. Im Falle von Calcit ($CaCO_3$) ist die Härte sogar eine polare Größe.

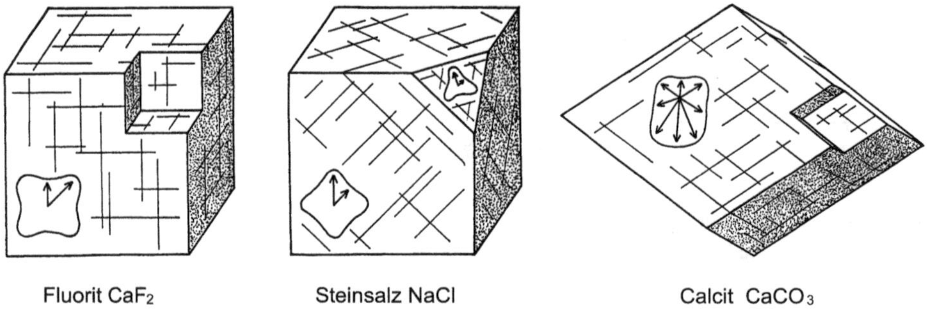

Abb. 2.76: Anisotropie der Ritzhärte bei Steinsalz, Fluorit und Calcit. Lange Vektoren zeigen eine hohe Härte, kurze Vektoren eine kleine. Als Schraffur eingetragen sind auch die Hauptspaltflächen [113]. © E. Nickel, Abdruck mit freundl. Genehmigung.

Da diese Prüfmethode jedoch einfach anzuwenden ist, ist sie in den Geowissenschaften zur Mineralbestimmung im Gelände häufig und in der klassischen Keramik gelegentlich noch verbreitet. Hierfür wird die Skala erweitert, indem zwischen 9 und 10 die synthetischen Werkstoffe Siliciumcarbid, Borcarbid und kubisches Bornitrid eingetragen werden. Man erkennt die Tendenz, dass mit ansteigender Härte auch die Schmelztemperaturen ansteigen. Der Zusammenhang zwischen beiden Eigenschaften ist durch die Art der chemischen Bindung gegeben. Insofern ist es gerechtfertigt, die Werkstoffe mit Härten >8 als *Hartstoffe* und solche mit Härten >9 als *Superharte Stoffe* zu bezeichnen. Nicht zu verwechseln mit dieser Definition sind die Hartstoffe der tonkeramischen Versätze, unter denen lediglich die nichtplastischen Bestandteile verstanden werden wie Feldspäte, Quarz und Schamotte.

Gegenüber der Ritzhärte ist es allerdings wesentlich genauer und reproduzierbarer, die Härte über die Kraft zu messen, den ein Prüfkörper (*Indenter*) aufbringen muss, um einen bleibenden Eindruck zu hinterlassen (*Eindruckshärte*). In der Keramik werden als Eindringkörper vorzugsweise Diamantpyramiden mit bestimmter Form eingesetzt (Abb. 2.77). Messverfahren, Auswertung, Kalibrierung und Prüfung der Prüfmaschinen sind in verschiedenen Normen für die Prüfung von Metallen, Beschichtungen, Vergütungen, Lacken usw. festgelegt. Für technische Keramiken existieren nur wenige Normen; die Richtlinien müssen daher in manchen Fällen von der Metallprüfung übernommen werden (Tabelle 2.10).

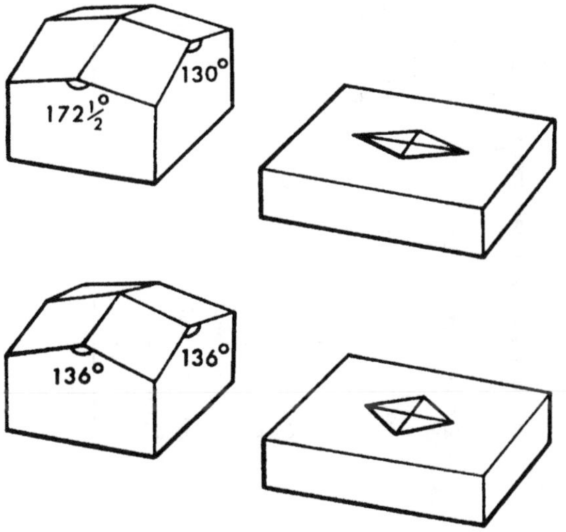

Abb. 2.77: Härteprüfkörper und ihre Eindrücke. Oben: Knoop-Indenter, unten Vickers-Indenter, jeweils mit Winkelangaben.

Aus den ausgemessenen Diagonalen der Eindrücke ergeben sich die *Vickershärte* HV bzw. die *Knoophärte* HK. Bei dieser Methode treten neben elastischen und plastischen Verformungen auch Brucherscheinungen auf, die teils in die Tiefe, teils in Verlängerung der Eindrucksdiagonalen reichen. Das Messergebnis in Deka-Newton, daN, oder kp/mm^2 ergibt sich aus der Rückrechnung der je erzeugter Abdrucksfläche A (in mm^2) benötigten Last P (in kp) sowie dem Faktor 0,102 (1 kp = 9,81 N). Für die einzelnen Messverfahren gibt es daher eigene Formeln, die den Keilwinkel der Pyramide berücksichtigen.

Tab. 2.10: Härteprüfverfahren.

Verfahren	DIN EN ISO, Wertangabe, Beispiel	Prüfkörper	Messung	Auswertung
Vickers HV	6507-1:2005-4:2005 Wert $HV_{P/t}$: $1200HV_{10/10}$ in $kp/mm^2 \approx daN$	Diamant-Pyramide, quadratisch, Öffnungswinkel 136°	Belastung mit P für t = 10–15 s; Bestimmung des Durchmesser d des bleibenden Eindrucks	$HV = 0{,}102 \cdot P/d^2 \cdot 2\sin(136°/2)$ $HV = 0{,}189P/d^2$
Knoop HK	4545-1 bis -4 Wert $HK_{P/t}$: $1200HK_{10/10}$ in $kp/mm^2 \approx daN$	Diamant-Pyramide, spitzkeilförmig, Öffnungswinkel 172,5 und 130°	Belastung mit P für t = 10–15 s; Bestimmung der längeren Diagonale d des bleibenden Eindrucks	$HK = 0{,}102 \cdot P/d^2 \cdot$ $[\sin(172{,}5°/2) + \cos(130°/2)]$ $HK = 0{,}145P/d^2$
Brinell HB	6506-1 bis -4 Wert $HB_{D/P/t}$ $500HBW_{10/3000/60}$ in $kp/mm^2 \approx daN$	Kugel mit Durchmesser D, D = 1, 2,5, 5 und 10 mm; bei Angabe HBW: Hartmetallkugel	Belastung mit P für t = 10–180 s; Bestimmung der Eindringtiefe des Durchmesser d des bleibenden Eindrucks	$HB = \frac{0{,}102 \cdot 2P}{\pi D \cdot (D - \sqrt{D^2 - d^2})}$
Rockwell HR	6508-1 bzw. 10109 Wert HRC, 90HRC, dimensionslos	Kugel mit Durchmesser D	Vorlast, t = 2–6 s bei Hauptlast, Entlastung auf Vorlast, Differenz der Eindringtiefen h bezogen auf die N-fache Skalenunterteilung S	$HR = N - h/S$
HRA		Stahlkugel	Vorkraft: 10 kp	$N = 100$, $S = 0{,}002$ mm
HRB, HRF, HRG		Stahl- oder Hartmetallkugel D = 1,5875 mm	Vorkraft: 10 kp, Hauptkraft: 90 kp	$N = 130$, $S = 0{,}002$ mm
HRC		Diamant-Kegel, Spitzenwinkel 120° Spitzenradius: 200 µm	Vorkraft: 10 kp Hauptkraft: 140 kp	$N = 100$, $S = 0{,}002$ mm

D in mm, P in N

Ferner existieren Messvorschriften bezüglich der Eindringgeschwindigkeit (meistens im Messgerät selbst durch Dämpfer geregelt) und der Zeitdauer der vollständigen Belastung, in der Regel 15 Sekunden. Bei längerer Belastung besteht die Möglichkeit einer plastischen Verformung durch Kriecheffekte, die einen zu geringen Härtewert ergeben.

Das Härteprüfgerät ist bei älteren Geräten wie ein Lichtmikroskop aufgebaut und erlaubt die Belastung über die Auflage von Gewichtsscheiben. Die gewählte konstante Auflast wird in Kilopond oder Newton als Index zur Härteeinheit hinzugefügt, also z. B. HV_{10} = Vickershärte mit 10 kp Last. Je nach Last unterscheidet man *Makrohärte* (*Großlasthärte*) ($p > 5$ kp), *Kleinlasthärte* ($p = 0,2$–5 kp), *Mikrohärte* ($p = 0{,}01$–$0{,}2$ kp) und *Nanohärte* ($p \ll 0,01$ kp). Nach erfolgtem Eindruck und Entlastung wird der Eindringkörper herausgeschwenkt und ein Mikroskopobjektiv eingeschwenkt, mit dem mittels einer Messlehre die Diagonalen des Eindrucks ausgemessen werden. Dabei ist zu berücksichtigen, dass Ausbrüche und Risse an den Kanten und Ecken des Eindrucks die Messung erschweren und den Härtewert verringern.

Es ist außerdem wichtig, dass bei solchen Untersuchungen das Gefüge nicht zu grob oder zu inhomogen ist. Auch sind Poren zu berücksichtigen. Über die beobachteten Risse besteht jedoch ein Zusammenhang zwischen Härte und bruchmechanischen Kennwerten wie der Bruchenergie und dem Elastizitätsmodul. So kann man aus der Risslänge den *Spannungsintensitätsfaktor* berechnen, was u. a. von Lawn u. M. [114] kritisch diskutiert wird. Hierfür wird oft der Knoop-Indenter verwendet, da er aufgrund seiner Keilform besonders günstig für die Rissentstehung ist. Andere Indentergeometrien, die vor allem in der Prüfung von keramischen Schichten, Hartmetallen oder Metallen Verwendung finden, sind der kugelförmige *Brinell*-Körper, der kugel- oder kegelförmige *Rockwell*-Körper sowie der *Berkovič*-Körper in Form einer dreiseitigen Pyramide mit einem Pyramidalwinkel von 141,9°. Letzterer wird gerne zur Vermeidung von Anisotropie-Effekten verwendet.

Moderne Anlagen arbeiten halb- oder vollautomatisch, zeigen die Eindrucksbilder auf einem Bildschirm und werten digital aus. Insbesondere die Nanohärte wird vollautomatisch mit dynamischer magnetischer Lasteinleitung mittels zylindrischer Eindringkörper gemessen, wobei die Eindringtiefe über Wegsensoren und nicht mehr über die Eindrucksbilder bestimmt wird. Der Übergang zwischen solchen *Nanoindentern* und *Rasterkraftmikroskopen* mit teilweise atomarer Auflösung ist heute fließend. Auch die Ritzhärte lässt sich mit solchen Anlagen in einer extrem hohen Auflösung bestimmen. Die Korrelation zwischen der Mohsschen Ritzhärte und der Knoophärte ist beispielhaft in Abb. 2.78 gezeigt.

Aufgrund des Selbstähnlichkeitsgesetzes sollte der gemessene Härtewert eines bestimmten Materials eigentlich unabhängig von der Last sein, da die Abdrucksfläche mit zunehmender Last proportional größer wird, d. h. $H = P/A$ = konstant (siehe Tabelle 2.10).

Allerdings bewirken erhöhte Lasten auch andere Verformungsmechanismen, sodass sich generell mit höherer Last ein sinkender Härtewert ergibt. *Last-Härte-Kurven* lassen sich in guter Näherung in zwei Bereiche einteilen, in einen Kleinlastbereich mit parabolischem Verhalten und ab einer kritischen Last P_c einen Großlastbereich mit annähernd linearem, im Idealfall lastunabhängigem Verhalten mit Härte H_0 (Abb. 2.79).

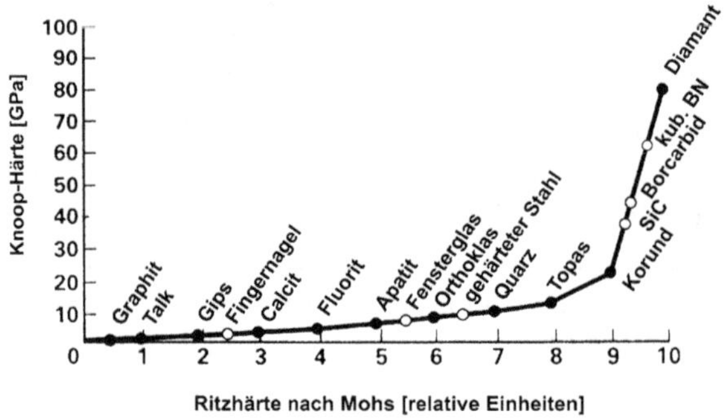

Abb. 2.78: Korrelation zwischen Mohsscher Ritzhärte und Knoophärte. Es wird deutlich, dass die Ritzmethode keine linearen Zusammenhänge widerspiegelt, sondern nur ein Relativverfahren darstellt, da die Abstände auf der Abszisse willkürlich gleich groß gewählt worden sind. Schwarze Punkte: Mineralien, weiße Punkte: Vergleichsmaterialien bzw. synthetische Werkstoffe [113]. © E. Nickel, Abdruck mit freundl. Genehmigung.

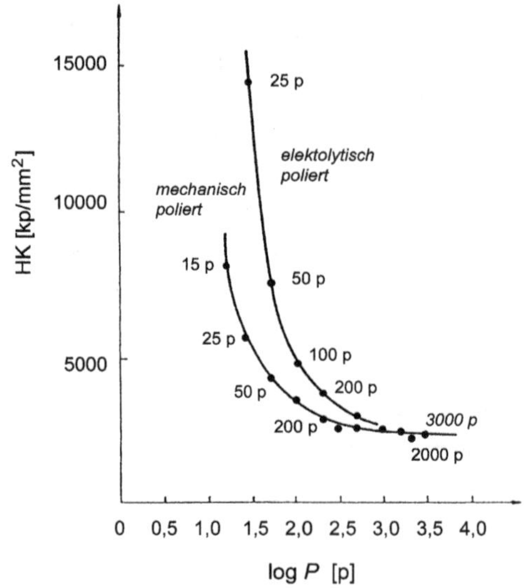

Abb. 2.79: Last-Härte-Kurve von Borcarbid nach unterschiedlicher Oberflächenpolitur. Bei $P > 1$–2 kp wird eine annähernd konstante Härte gemessen, $H_0 \approx 2100$–$2400\ \text{kp/mm}^2$. Nach [116].

Der Kleinlastbereich gehorcht dem sog. *Meyer-Gesetz*:

$$P \cdot D^{-n} = k, \tag{2.133}$$

wobei D die Eindrucksdiagonale und k und n material- und methodenabhängige Größen darstellen. Li und Bradt haben dieses Verhalten umfassend diskutiert und geben Zahlenwerte für verschiedene Keramiken und Einkristalle an [115]. So liegt k bei polykristallinem Al_2O_3 bei $0,46 \pm 0,04$ und n bei $1,74 \pm 0,08$.

Zur Ermittlung eines vertrauenswürdigen Härtewertes bedarf es also zuerst der Anfertigung einer Last-Härte-Kurve, um den Lastbereich $P > P_0$ des lastunabhängigen Verhaltens festzustellen. Für Aluminiumoxid und andere Oxidkeramiken liegt dieser bei $P > 2\,\text{kp}$. Insbesondere die Carbide und Boride reagieren sehr empfindlich auf eine Lastvariation und Oberflächenbehandlung (Abb. 2.79), sodass hier große Abweichungen der Messwerte in der Literatur zu finden sind.

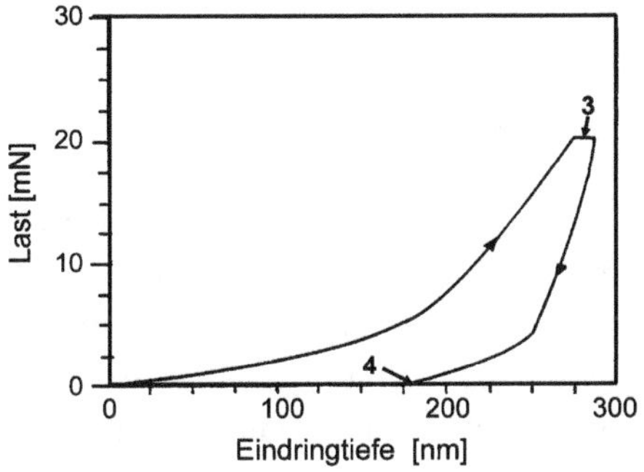

Abb. 2.80: Last-Eindringkurve für Al_2O_3.

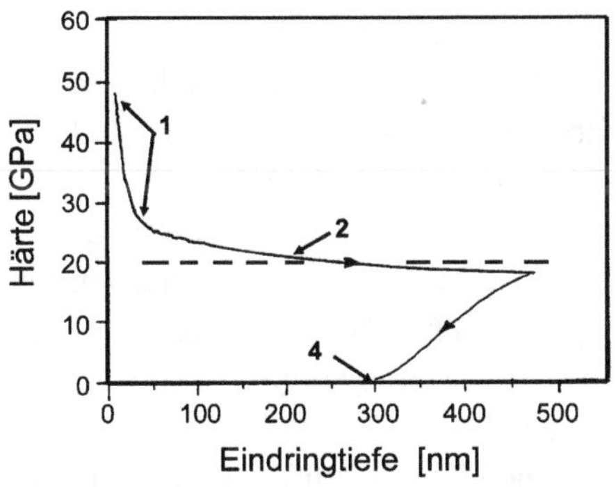

Abb. 2.81: Aus Abb. 2.80 berechnete Härtekurve.

Die Verwendung kleiner Lasten ist allerdings dann erforderlich, wenn dünne Schichten zu bewerten sind. Große Lasten bewirken den Bruch der Schicht, der Messwert ist dann lediglich durch das meist metallische Substrat bestimmt. Gerade CVD- und PVD-Schichten erfordern Auflasten im mN-Bereich. Da die Auswertung nicht mehr über die winzigen Eindrucksquerschnitte erfolgen kann, bedient man sich der induktiv aufgenommenen Eindringtiefe. Diese Messwerte erfordern dann aber größte Vorsicht bei der Interpretation, da elastische und plastische Effekte mit großer Auflösung aufgenommen werden. Die Abb. 2.80 und 2.81 zeigen Nanoindentermessungen an einer Al_2O_3-Keramik (keine Beschichtung). Auffallend ist bei Punkt 1 die sehr hohe „Oberflächenhärte“ aufgrund bearbeitungsbedingter Druckspannungen, die bis zu 50 nm unter die Probenoberfläche wirken. Danach pendelt sich die gemessene Härte beim typischen Makro-Härtewert des Al_2O_3 mit 20 GPa ein. Punkt 3 spiegelt eine Erhöhung der Eindringtiefe bei konstanter Last mit fortschreitender Zeit wieder, was also auf zeitabhängiges Kriechen zurückzuführen ist. Die Punkte 4 markieren bleibende Dehnung nach vollständiger Entlastung (Abb. 2.80), wobei bei Abb. 2.81 noch elastische Rückfederung hinzukommt. Ebenso weist der Knick der Be- und Entlastungskurven in Abb. 2.80 auf lastabhängiges viskoses Fließen hin.

2.8.2 Einflussgrößen

Die Härte der Materialien hängt von deren atomarem Aufbau ab. Atomphysikalisch gesehen ist die Härte eine Funktion der Kompressibilität κ und diese wiederum der atomaren Bindungslänge, die mit der Elektronenkonzentration am Atom und der Fermi-Energie verknüpft ist. Die Härte kann daher nach Cohen aus den Molekülorbitaleigenschaften berechnet werden, was auch zur Vorhersage einer theoretischen Verbindung C_3N_4 mit Si_3N_4-Struktur geführt hat, die härter wäre als Diamant [117–119]. Generell sind Stoffe mit kovalenter oder ionischer Bindung härter als solche mit metallischer Bindung, d. h., sie besitzen eine größere Bindungsstärke und damit einen höheren Widerstand gegen die Verschiebung von Atomen. Hinzu kommen Aspekte der Kristallstruktur wie Symmetrie und Größe des Burgers-Vektors (Band 1).

Die Härte ist daher eine *anisotrope Kristalleigenschaft*, d. h., auf unterschiedlichen Kristallflächen und in verschiedenen Gitterrichtungen werden auch unterschiedliche Härtewerte gemessen. Abbildung 2.82 bringt Diamant als Beispiel [120], der für diese Versuche auf den Würfel-, den Rhomboeder- und Oktaederflächen in verschiedene Richtungen geprüft wurde. Die eingetragenen Diamant-Typen beziehen sich auf unterschiedliche Herkunft (ND = natürlicher, SD = synthetischer Diamant) und Dotierung (Typ I = N-dotiert, Typ II = B-dotiert). Die große Anisotropie erklärt auch, wieso es gelingt, Diamant mit Diamant zu schleifen und zu polieren.

Die Anisotropie der Messergebnisse gilt prinzipiell für alle Prüfmethoden. Erst bei polykristallinen Keramiken mit einer Korngröße deutlich unterhalb der Eindrucksgröße werden integrale Eigenschaften bestimmt, die dann allerdings noch mit anderen Parametern zusammenhängen. So hängt die Härte von dem Elastizitätsmodul und damit von der Porosität ab sowie von den aktivierbaren Verformungsmechanismen. Sie ist somit über die *Versetzungsdichte* und die freie Weglänge für mobile Versetzungen mit der Korngrenzenfläche korreliert. Untersucht man die Härte von technischen Keramiken in Abhängigkeit von der Korngröße d, so gehorcht sie für Korngrößenintervall oberhalb etwa 1–1,5 m annähernd der *Hall–Petch-Beziehung*, d. h. $H \sim 1/\sqrt{d}$ [121]. Bei kleineren Korngrößen bleibt bei Al_2O_3 die Härte konstant oder nimmt leicht ab, da die Verfestigung an Korngrenzen eine Sättigung erreicht und damit alle weiteren Vorgänge eigentlich korngrößenunabhängig sind [122]. Verformung findet dann jedoch über Korngrenzengleiten statt, d. h. über eine relative Verschiebung der Körner entlang der Korngrenzen. Dies tritt insbesondere bei nanokristallinen Werkstoffen ein (*Superplastizität*) oder bei glasphasenhaltigen bei höheren Temperaturen (*Kriechen*). Abbildung 2.83 zeigt dies für Al_2O_3-Keramiken identischer Reinheit und Porosität (>99,6 %). Da bei kleinen Korngrößen auch keine besonderen bruchenergieabsorbierenden Mechanismen vorhanden sind, sinkt gleichzeitig der Bruchwiderstand.

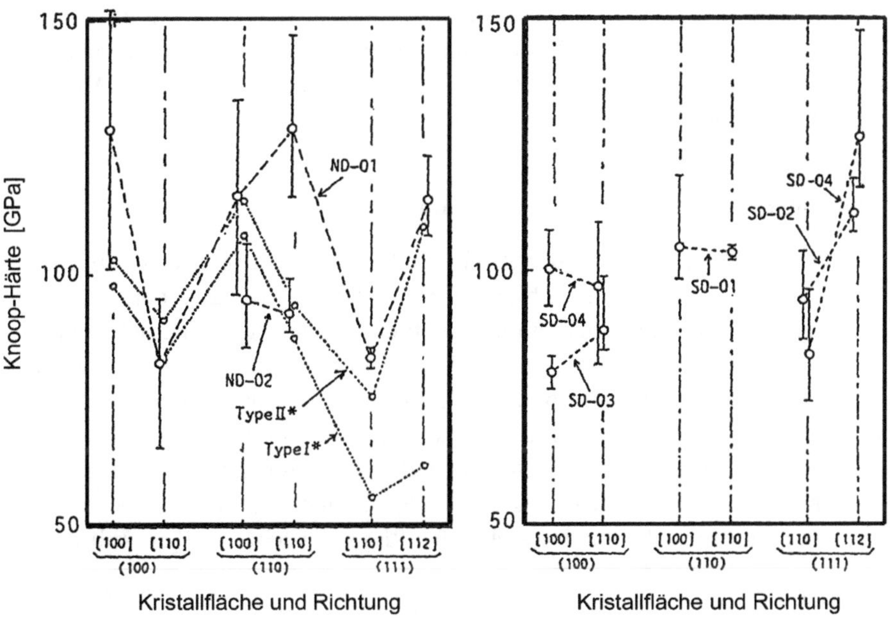

Abb. 2.82: Knoop-Härte von Diamant als Funktion der geprüften Flächen und Richtungen [120].

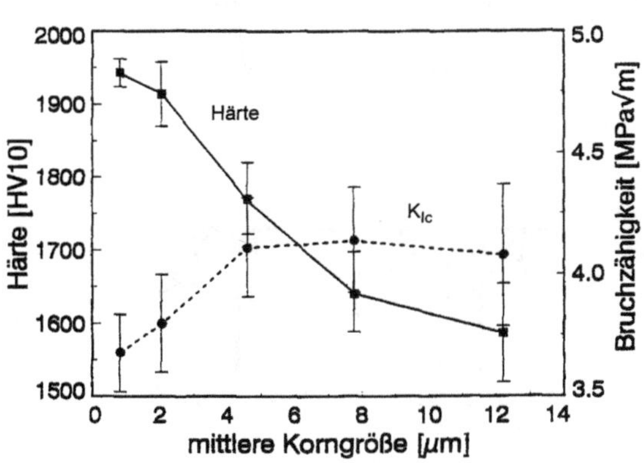

Abb. 2.83: Korngrößenabhängigkeit der Härte und des Bruchwiderstandes bei hochreiner Al_2O_3-Keramik gleicher Sinterdichte [123].

Die *Porosität* eines Werkstoffs verringert die Härte, da die Poren während der Belastung kollabieren. Empirische Ansätze berücksichtigen daher das Porenvolumen P nach dem Exponentialansatz

$$H \propto H_0 \mathrm{e}^{-aP}, \tag{2.134}$$

wobei H_0 die Härte des vollständig dichten Körpers, ersatzweise die des Einkristalls darstellt und a ein Korrelationsfaktor ist, der über Messungen bestimmt werden muss.

In Band 4 wird der Verlauf der *Hochtemperaturhärte* für verschiedene Dotierungen und Korngrößen von Al_2O_3-Keramiken im Vergleich zu einkristallinem Saphir dargestellt. Messungen von z. B. [124–126] zeigen, dass die Härte nahezu linear mit steigender Temperatur abfällt. In diesem Kapitel werden auch die Ursachen der plastischen Verformung für Aluminiumoxid genauer erläutert. In Kapitel 2.9.3 vergleicht Abb. 2.98 die Hochtemperaturhärten einiger Keramiken.

2.8.3 Dynamische Prozesse bei der Härteprüfung

Wie oben bei den Messmethoden bereits erwähnt, sind mit der Härtemessung auch noch Bruchprozesse verbunden. Abbildung 2.84 zeigt die Vorgänge beim Belasten und Entlasten der Probe mit einem Eindringkörper im Querschnitt. Belastet man einen spröden Werkstoff mit einem scharfen Eindringkörper, so erfolgt zunächst eine rein elastische Verformung, dann bildet sich unterhalb des Diamanten eine inelastisch verformte Zone mit halbkugelförmigem Volumen (karierte Fläche) aus (bei F_1 in Abb. 2.84). Bei einer kritischen Last bildet sich als Folge des divergenten Druckspannungsfeldes unter dem Eindruck ein Hertzsches Risssystem aus, das aus zwei runden, parallel zu den Eindrucksdiagonalen stehenden Rissen besteht (bei F_2 in Abb. 2.84).

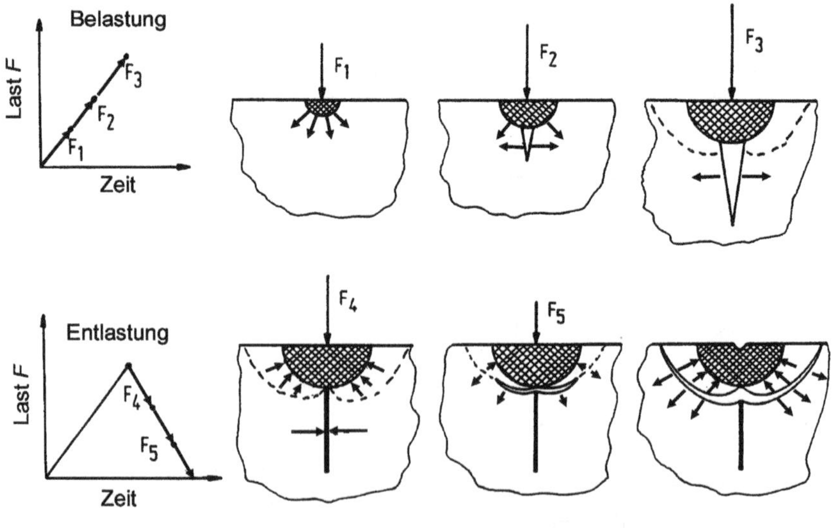

Abb. 2.84: Vorgänge beim Be- und Entlasten eines Indenters im Querschnitt.

Diese Risse werden *Medianrisse* (engl.: *penny-shaped median vents*) genannt. Je nach Indentergeometrie wachsen diese Risse sternförmig (Vickers, Knoop) oder zufällig (Rockwell, Brinell) in die Tiefe und zur Seite. Gleichzeitig treten in Oberflächennähe Fließerscheinungen auf, die auf Versetzungsbewegungen, Zwillingsbildung, Korngrenzengleiten und ggf. Porenschluss zurückzuführen sind. Das durch plastische Fließen verdrängte Volumen kann übrigens in seltenen Fällen als kleiner „Wall“ um den Eindruck herum nachgewiesen werden. Zur Erklärung der plastischen Verformbarkeit von Keramiken unter den Bedingungen der Härteprüfung muss noch berücksichtigt werden, dass aufgrund der Relativbewegung zwischen Indenterflächen und abgeprägter Keramikoberfläche starke Reibung und damit auch Wärmeentwicklung eintritt. Unter den multiaxialen Beanspruchungen mit extremen Flächenpressungen erscheint dann das beobachtete viskose Fließen plausibel.

Ab einer gewissen kritischen Größe der Deformationszone werden die Medianrisse instabil und vergrößern sich zu halbkreisförmigen oder halbelliptischen Oberflächenrissen (bei F_3 in Abb. 2.84). Sie werden dann als *Radialrisse* bezeichnet [114]. Während der Entlastung kommt es zur Ausbildung eines weiteren Risssystems. Die wird durch Zugspannungen an der Grenzfläche zwischen plastisch verformtem Volumen und unbeeinträchtigtem Gefüge generiert. Es entstehen daher *Lateralrisse* [127], die sich bei fortschreitender Entlastung in Richtung Oberfläche ausbreiten und dort in Erscheinung treten (bei F_5 in Abb. 2.84). Beide Risssysteme sind an der Oberfläche zu erkennen: Die Medianrisse gehen von den Ecken eines pyramidalen Indenterabdrucks aus, die Lateralrisse von den Kanten (Abb. 2.85). Da die Medianrisse sehr definiert sind und scharfe Rissspitzen aufweisen, lassen sie sich zur Bestimmung der Bruchzähigkeit heranziehen, siehe z. B. [114, 128, 129] u. v. m.. Dies wird im Kapitel „Prüfmethoden“ genauer beschrieben.

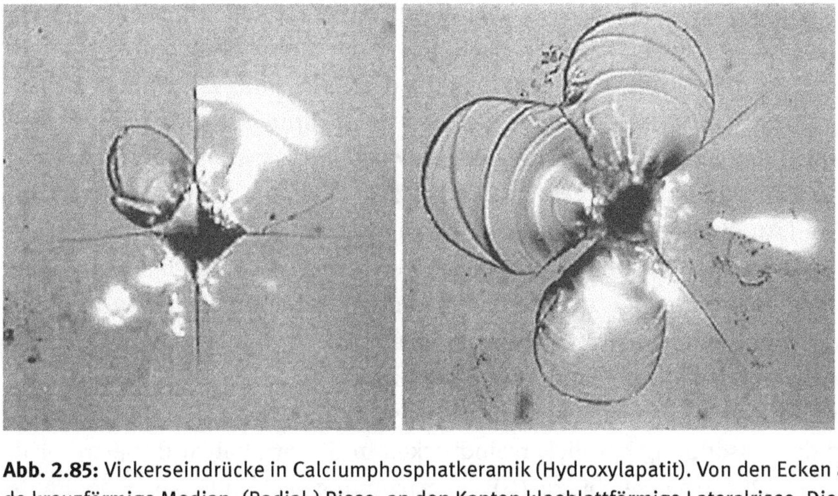

Abb. 2.85: Vickerseindrücke in Calciumphosphatkeramik (Hydroxylapatit). Von den Ecken ausgehende kreuzförmige Median- (Radial-) Risse, an den Kanten kleeblattförmige Lateralrisse. Die hellen Bereiche sind Innenreflexe, die auf Rissbildung im Untergrund des Anschliffs hinweisen. Quelle: M. Sax, Inst. Gesteinshüttenkunde, Aachen.

Mittels ortsauflösender Röntgenbeugung ist es gelungen, die inneren Spannungen im Bereich von Vickerseindrücken quantitativ nachzuweisen. Dort, wo bereits Lateralrisse zur Spannungsrelaxation beigetragen haben, werden in Aluminiumoxidkeramiken noch 0,7–1,0 GPa Zugspannungen gemessen. Wo noch keine Rissbildung eingetreten ist, betragen die elastischen Spannungen bis zu 2 GPa.

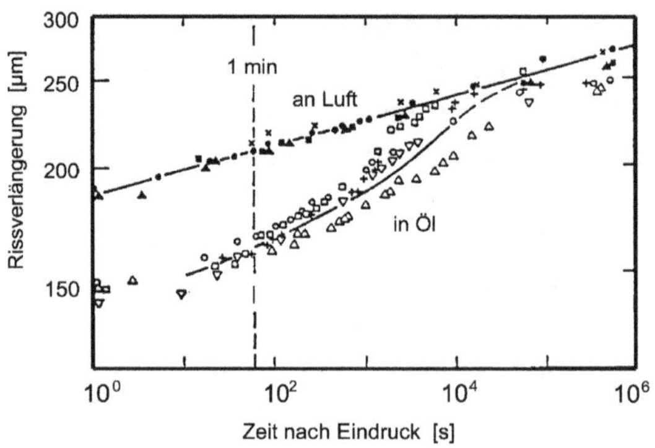

Abb. 2.86: Radialrisswachstum in Glas als Funktion der Zeit und des Umgebungsmediums [130].

Auch nach der vollständigen Entlastung kann eine Verlängerung der Radial- und Lateralrisse beobachtet werden [130]. Abbildung 2.86 zeigt diese Vergrößerung der Radialrisse als Funktion der Zeit in Glas [128]. Füllt man Öl in den Vickerseindruck und damit über Kapillarkräfte in die Risse, so wird das Risswachstum zunächst verzögert, da keine schnelle Spannungsrisskorrosion durch Luftfeuchtigkeit eintreten kann. Später gleicht sich die Risswachstumsgeschwindigkeit derjenigen an Luft wieder an. Die Tatsache der fortgesetzten Rissausbreitung führte zu der Annahme eines irreversiblen Spannungsfeldes, das durch die Inkompatibilität der Verformungszone mit dem elastischen Material erklärt wird [131]. Eine genauere Betrachtung des Spannungsfeldes zeigt, dass sich Zugbereiche in Druckbereiche umwandeln, wenn die Probe nicht mehr vom Vickersdiamanten belastet wird. So wirken z. B. Zugkräfte auf die Medianrisse, solange eine Last über dem Diamanten aufgebracht wird. Nach dem Entlasten werden diese zu Druckspannungen, die versuchen, die Medianrisse zu schließen. Unterhalb der Oberfläche findet der umgekehrte Vorgang statt. Die Druckspannungen, die während des Eindringens des Vickersdiamanten erzeugt werden, sind nach dem Entlasten Zugspannungen, die die Radialrisse vergrößern. Das erzeugte Risssystem steht folglich unter Spannungen. Die Rissflanken sind somit nicht kräftefrei. Eine genauere Analyse der Rissöffnung bei Vickerseindrücken in Gläsern haben Burghard et al. durchgeführt [132]. Sie messen bis zu 2 GPa Zugspannungen unmittelbar an der Kante der Eindrücke, die allerdings mit größerer Entfernung sehr stark abklingen.

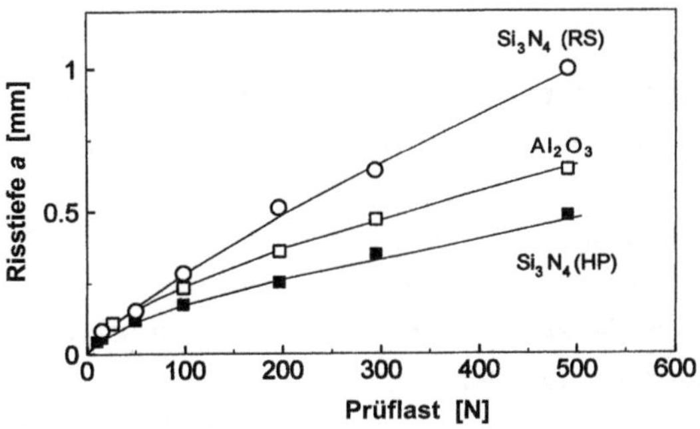

Abb. 2.87: Risstiefen unter Knoop-Eindrücken [133].

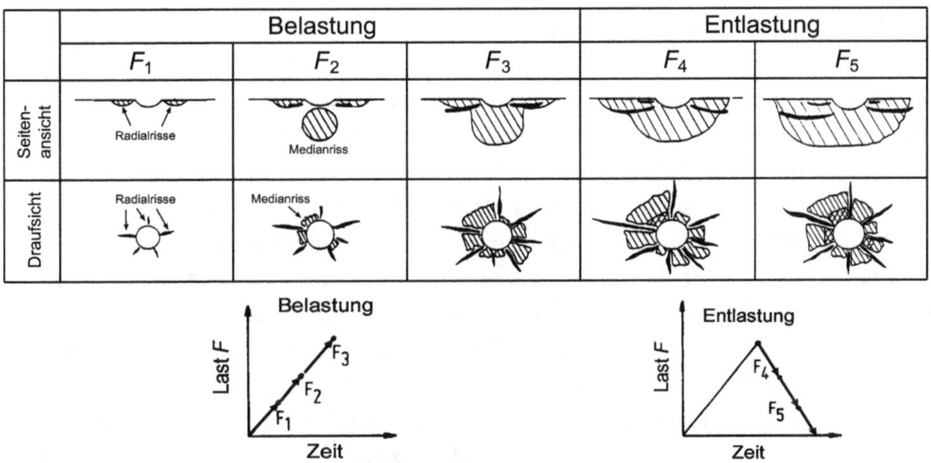

Abb. 2.88: Entstehung von Palmquist-Rissen bei der Härteprüfung mit Brinell-Indenter.

Die Medianrisstiefen unterhalb von Vickers- oder Knoop-Eindrücken können recht groß werden. Messergebnisse für Knoop-Indenter in Siliciumnitrid als Funktion der Prüflast sind in Abb. 2.87 dargestellt [133].

Die Fähigkeit, scharfe Risse auszuprägen, favorisiert die Verwendung von Vickers- und Knoop-Prüfkörpern gegenüber dem Rockwell- oder Brinelltest. Hier sind die Hertzschen Spannungen ungerichtet, sogenannte Palmquist-Risse können also zufällig und überall auftreten, lassen sich also kaum einer weiteren Analyse zuführen. Prinzipiell laufen dabei aber dieselben Prozesse ab (Abb. 2.88).

2.9 Mechanische Hochtemperatureigenschaften

Keramische Werkstoffe gelten als hochtemperaturfest. Dies ist generell richtig im Vergleich zu den meisten Metallen, da die Kristallstrukturen keramischer Phasen gekennzeichnet sind durch:

- hohe Bindungsstärken,
- lokalisierte Elektronen (Ausbildung der energetisch günstigen Edelgaskonfiguration von Kationen und Anionen bei Ionenkristallen; Zugehörigkeit zu Orbitalen bei kovalent gebundenen Spezies),
- i. A. niedrige Symmetrien der Kristallstrukturen mit wenigen möglichen Gleitrichtungen und wenigen dicht besetzten Netzebenen mit Ladungsneutralität,
- große Burgers-Vektoren aufgrund komplexer nächster atomarer Nachbarschaften in Form von Kationen-/Anionen-Koordinationspolyeder,
- komplizierter Aufbau der Versetzungsenden aufgrund der Forderung der Ladungsneutralität,
- geringe Versetzungsbeweglichkeit aufgrund der stabilen bzw. durch Fremdatome stabilisierten Versetzungsenden.

Das bedeutet, dass das von-Mises-Kriterium, nämlich die zur plastischen Verformung erforderliche Anzahl von mindestens fünf unabhängigen Gleitsystemen bei Raumtemperatur und uniaxialer Belastung nicht erfüllt wird. Anders herum ausgedrückt, liegt bei Metallen die Bruchspannung höher als die Fließspannung, bei spröden Werkstoffen demgegenüber ist die Bruchspannung kleiner als die Fließspannung. Wie noch zu zeigen sein wird, gilt die bisher zugrunde gelegte linear-elastische Bruchmechanik nicht mehr, sobald hohe Temperaturen und mehrachsige Spannungszustände auftreten. Keramische Werkstoffe können sich dann auch plastisch verformen. Dies geschieht meistens über viskoses Fließen, wenn an den Korngrenzen Verunreinigungen oder Sinteradditive angereichert sind, die Glasphasen bilden. Bei Überschreiten der Glastransformationstemperatur kommt es dann zum langsamen Abgleiten von Körnern. Dies gilt auch für Keramiken mit nanoskaligen Gefügen, weil dann auch ohne Verunreinigungen das Volumen der Korngrenzen, vor allem der Großwinkelkorngrenzen, d. h. der nichtkristallinen bzw. strukturell stark mit Defekten versehenen Bereiche gegenüber dem kristallinen Volumen stark zunimmt.

Weitere Mechanismen der plastischen Verformung lassen sich auf Versetzungs- und Gleitmechanismen oder auf Zwillingsbildung zurückführen, die völlig mit denen der Metalle identisch sind. Zur Aktivierung dieser Mechanismen bedarf es allerdings sehr hoher Temperaturen, hoher mehrachsiger Spannungszustände und geringer Lastraten. Diese Art der Verformung erscheint in der Praxis zunächst sehr unwahrscheinlich zu sein. Tatsächlich lässt sich der einfache Schleif- und Poliervorgang mit einer ausbruchsfreien Einebnung einer Probenoberfläche bereits auf diese Mechanismen zurückführen, auch wenn in diesem Fall die Verformungsgeschwindigkeiten extrem hoch sind.

Im Folgenden werden zunächst die mechanischen Hochtemperatureigenschaften wie Elastizität, Festigkeit, Härte und Thermoschockbeständigkeit allgemein beschrieben, dann widmen sich die Kapitel den atomaren Mechanismen sowie den Kriechvorgängen durch viskoses Fließen.

2.9.1 Elastische Hochtemperatureigenschaften

Im Gegensatz zu Metallen verändert sich der Elastizitätsmodul mit höherer Temperatur zunächst nur wenig, bis er ab einer kritischen Temperatur deutlich absinkt. So nimmt der Elastizitätsmodul von Al_2O_3-Einkristallen nach Wachtman und Lam [134] von rund $4 \cdot 10^5$ bei Raumtemperatur auf $3 \cdot 10^5$ MN/m^2 bei 1500 °C ab (siehe auch Band 4). Atomar kann man dieses Verhalten anhand des Lennard–Jones-Potenzials zeigen, das in Kapitel 2.2.1 mit Abb. 2.12 eingeführt worden war. Mit zunehmender Temperatur begibt sich ein Atom in eine energetisch höhere Position und kann umso leichter aus seinem Gleichgewichtsabstand r_0 ausgelenkt werden (Abb. 2.89). Für den Kompressionsmodul $K(T)$ gilt mit $\alpha_V(T)$ = thermischer Volumenausdehnungskoeffizient und $\delta_V(T)$ = Anderson–Grüneisen-Parameter [135]:

$$K(T) = K_0 \cdot e^{\{-\int_{T=0}^{T} \alpha_V(T)\cdot\delta_V(T)\mathrm{d}T\}}. \quad (2.135)$$

Empirisch wurde für die Temperaturabhängigkeit des Elastizitätsmoduls folgender Ansatz gefunden:

$$E(T) = E_0 - b \cdot T \cdot e^{\frac{T_0}{T}}. \quad (2.136)$$

Man beachte, dass die Absenkung des E-Moduls anfangs nahezu linear erfolgt (Abb. 2.90).

Zum Verständnis des starken Abfalls des E-Moduls bei weiterer Temperaturerhöhung ist auf den Einfluss von Verunreinigungen oder von Zusätzen zu achten, der davon abhängt, ob sie in fester Lösung oder als zweite Phase vorhanden sind. Lindner und Thoma stellten bei der Messung des E-Moduls deutliche Unterschiede zwischen einer 99-%igen und 96-%igen Al_2O_3-Keramik im Temperaturbereich bis 1400 °C fest, wobei der E-Modul der 96-%igen Qualität durch Erweichen der Bindephase im Bereich 1000 bis 1400 °C stärker absank. In Band 4 wird das Verhalten von Aluminiumoxid für verschiedene Porositäten diskutiert. Unabhängig von dieser sind die elastischen Eigenschaften bis etwa 1100–1200 °C unverändert, zu höheren Temperaturen hin sinkt der E-Modul stark ab. Vereinfacht gilt zur Abschätzung für keramische Werkstoffe, dass pro 100 K eine Abnahme um 1 % eintritt. Der Einfluss der Korngröße ist sehr gering. Für Feuerfestanwendungen ist generell eine Porosität von 17–18 vol.-% erwünscht, um den E-Modul und damit die Thermoschockanfälligkeit um etwa ein Drittel zu senken.

Abb. 2.91 veranschaulicht den Verlauf des E-Moduls von flüssigphasengesintertem Siliciumnitrid im Vergleich zum Warmstahl 1.2999 und der Zirconium-Legierung TZM. Die Keramik ist zunächst bis zu Temperaturen von etwa 1000 °C den metallischen Werkstoffen überlegen, danach sinkt ihr E-Modul auf die Hälfte, was auf die Erweichung der Korngrenzenglasphase zurückzuführen ist, wie noch zu zeigen ist.

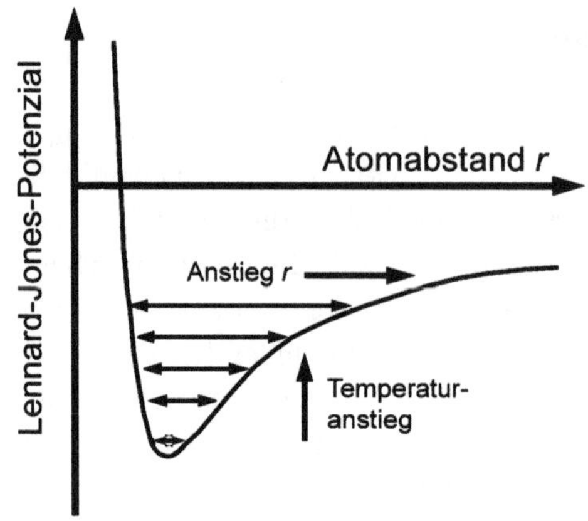

Abb. 2.89: Vergrößerung der Atomabstände mit steigender Temperatur.

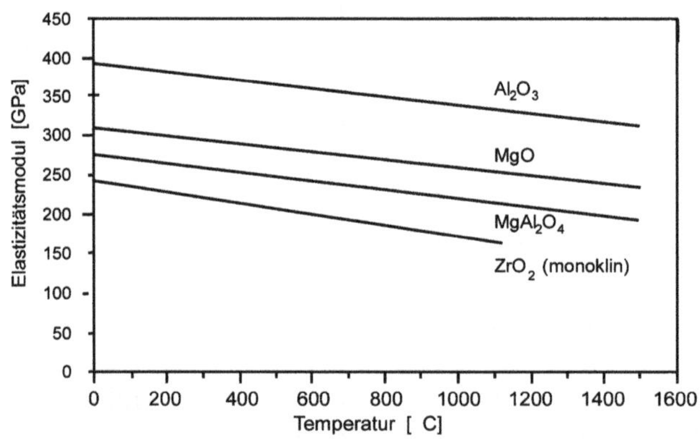

Abb. 2.90: Abfall des Elastizitätsmoduls einiger Oxidkeramiken mit steigender Temperatur.

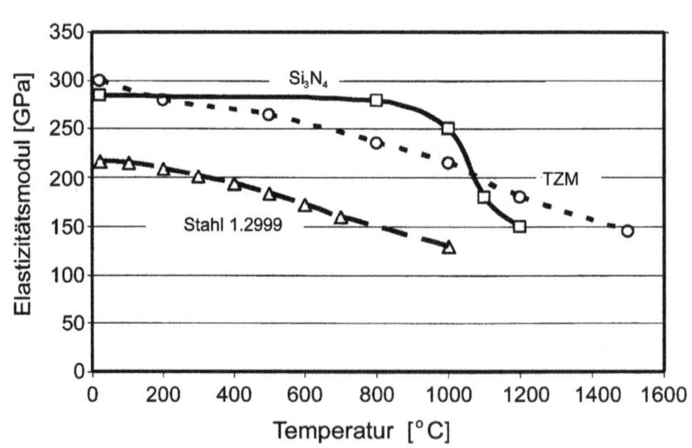

Abb. 2.91: HT-Elastizitätsmodul von LPS-Si_3N_4 im Vergleich zu Stahl und TZM [136].

2.9.2 Hochtemperaturfestigkeit

Aufgrund der bei geringen Temperaturen fehlenden plastischen Verformung zeigen nahezu alle Keramiken zunächst konstante Festigkeitswerte. Erst bei Aktivierung von Verformungs- oder Fließmechanismen, z. B. Korngrenzengleiten oder Erweichen von Glasphasen oder Aufschmelzen niedrig schmelzender Additive, kommt es zu einem raschen Festigkeitsabfall. So korreliert der E-Modul-Abfall des in Abb. 2.91 gezeigten LPS-Si_3N_4 direkt mit einem Festigkeitsabfall im gleichen Temperaturintervall (Abb. 2.92).

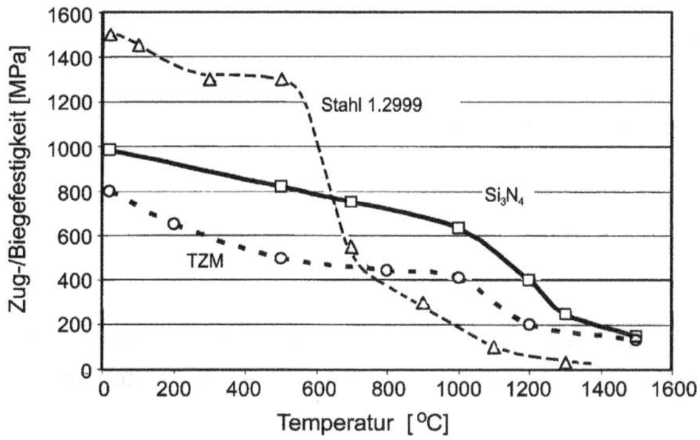

Abb. 2.92: HT-Festigkeit von LPS-Si_3N_4 im Vergleich zu Stahl und TZM [136].

Generell sollten keramische Hochtemperaturwerkstoffe daher möglichst ohne korngrenzenaktive Sinteradditive und vor allem ohne restliche Glasphasen gesintert werden. Abbildung 2.93 zeigt einen Vergleich gängiger keramischer und metallischer Werkstoffe mit Stählen und einer Nickelbasislegierung. In Zusammenhang mit der Entwicklung der Hochleistungskeramik für den Motorenbau wurde vor allem Siliciumnitrid hinsichtlich seiner Pulverqualitäten, Glasphasen und Sintermethoden als hochtemperaturfestes Material optimiert. Oberhalb 1250–1300 °C erreichen jedoch die meisten monolithischen, d. h. einphasigen Keramiken ihre Grenzen.

Abweichend von Abb. 2.93 sind für spezielle Zwecke auch Hochleistungskeramiken entwickelt worden, die zuverlässig >1000 MPa Biegefestigkeit bei 1000 °C aufweisen. Generell gilt, dass Dichte und Reinheit sehr hoch sein müssen, daher sind viele Materialien heißgepresst oder heißisostatisch gepresst. Werkstoffe wie RSiC oder RB-SiC sind besonders rein, weisen aber noch eine Restporosität auf, was zu einem geringen Ausgangsniveau der Festigkeit führt, das sie aber auch bis zu extremen Temperaturen (>1800 °C) halten können. Sie eignen sich daher besonders als Matrizes für Faserverbundwerkstoffe. Der Einfluss einer Gefügeverstärkung mit Zweitphasen ist den Abb. 2.94 und 2.95 zu entnehmen. So können im Extremfall bei nahezu vollständiger Kristallisation der Glasphase bei Siliciumnitridkeramiken Festigkeiten von 1100 MPa bei 1200 °C erreicht werden [137], wobei nach Tsuge u. M. aber ein Teil der glasigen Korngrenzenphase verdampft [138].

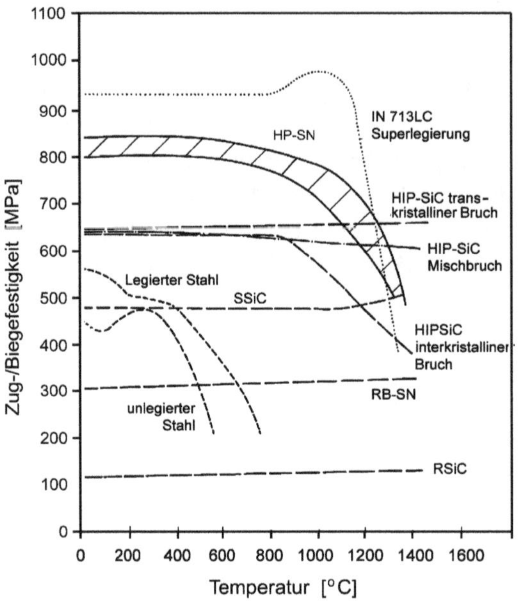

Abb. 2.93: HT-Festigkeit verschiedener Konstruktionswerkstoffe. Ergänzt nach Daten des Bundesverbandes der Keramischen Industrie (BVKI). HIP = heißisostatisch gepresst, RB = reaktionsgebunden, HP = heißgepresst.

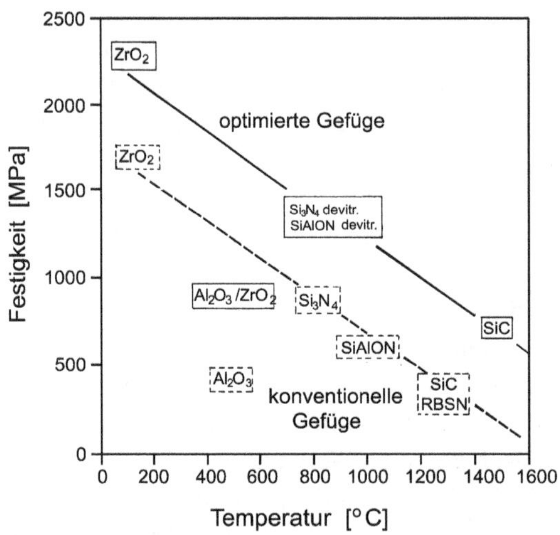

Abb. 2.94: Potenzial der Steigerung der Hochtemperaturfestigkeit für einige technische Keramiken. Zur Gefügeverstärkung gehört hauptsächlich die Vermeidung oder Kristallisation von Glasphasen („devitr." = devirifiziert, glasphasenarm), die Einstellung stengelförmiger oder plattenförmiger Körner (Si_3N_4, SiC) sowie die Kontrolle der Phasenumwandlung beim ZrO_2. Nach P. Greil, MPI Stuttgart.

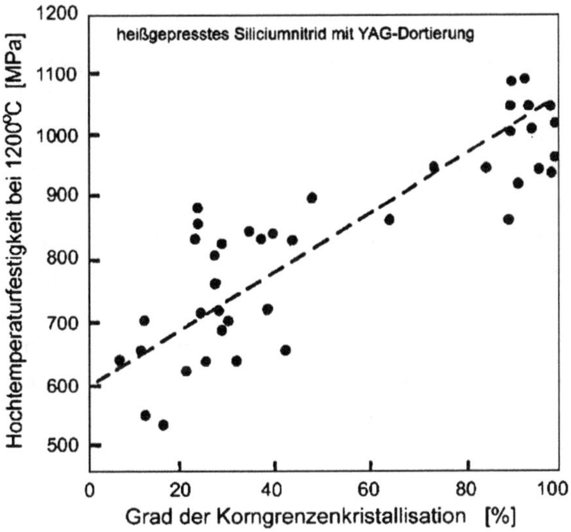

Abb. 2.95: Abhängigkeit der Hochtemperaturfestigkeit vom Kristallisationsgrad der Glasphase bei Y_2O_3–Al_2O_3-dotierten Si_3N_4-Keramiken nach Tsuge und Komeya [137, 138].

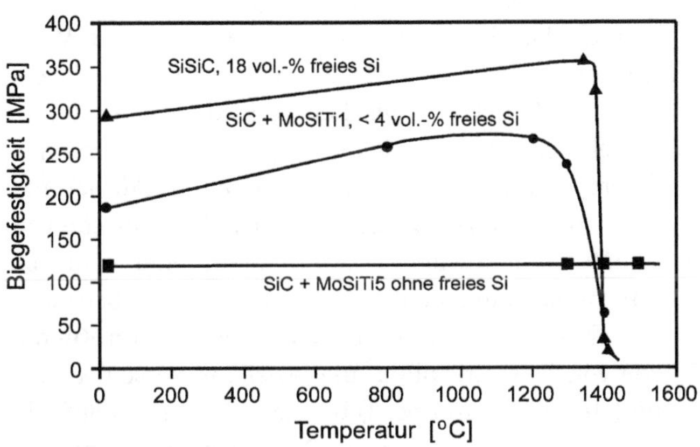

Abb. 2.96: HT-Festigkeit von porösem SiC, infiltriert mit unterschiedlichen Schmelzen; nach [139].

Verbundwerkstoffe, die über die Infiltration poröser Körper mit niedrig schmelzenden Phasen hergestellt worden sind, weisen besonders scharfe Festigkeitsverluste am Schmelzpunkt dieser Matrixphasen auf, wie Abb. 2.96 am Beispiel von SiC-Keramiken demonstriert. So besitzt SiSiC (Silicium-infiltriertes SiC) bis 1400 °C ein hohes Festigkeitsniveau; bei 1414 °C wird der Schmelzpunkt von Si erreicht, verbunden mit einem dramatischen Festigkeitsabfall. Es wird daher versucht, eutektische Systeme zur Infiltration zu nutzen, deren Komponenten nach dem Füllen der Poren mit dem Matrixwerkstoff zu hoch schmelzenden Verbindungen weiterreagieren. In Abb. 2.96 sind nach Heinrich u. M. [139] Werkstoffe verglichen, die auf einer Mischung von SiC mit 6,8 Gew.% Kohlenstoff basieren, der mit der infiltrierenden Schmelze reagieren kann. Das gezeigte SiSiC enthält nach vollständiger Porenraumfüllung noch 18 vol.-% freies Silicium. Die Legierung MoSiTi1 wurde mit einer Mischung aus 22,5 Gew.-% $MoSi_2$, 56,8 % Si und 20,7 % Ti infiltriert, die mit der umgebenden SiC-Matrix zu MoC, TiC und Mo-/Ti-Siliciden weiterreagierte, wobei noch maximal 4 vol.-% Si ungebunden im Gefüge verblieb. Eine Erhöhung des Titangehaltes erbrachte zusammen mit einer Verringerung der Si-Konzentration dann einen Sinterkörper ohne freies Silicium, wodurch das Festigkeitsniveau entsprechend stabilisiert werden konnte. Solche Strategien zur reaktiven Infiltration sind insbesondere für Faserverbundwerkstoffe auf der Basis von C- oder SiC-Langfasern von Bedeutung. Auf die festigkeits- und zähigkeitssteigernden Effekte durch Kurz- oder Langfasern wird in Kapitel 2.10 eingegangen.

2.9.3 Hochtemperaturhärte

Kaum ein anderer Prüfversuch zeigt den Übergang von elastischem zu plastischem Verhalten so gut wie die Härteprüfung. Gerade bei keramischen Werkstoffen treten hierbei bleibende Verformungen zusammen mit multipler Rissbildung auf.

Wie in Kapitel 2.8 gezeigt wurde, ist die Härte als der Widerstand eines Materials gegenüber plastischer Verformung durch einen Prüfkörper definiert. Während der Härteprüfung wird also duktiles Verhalten keramischer Werkstoffe erwartet. Diese Plastizität lässt sich mit der Mehrachsigkeit der lokalen Spannungen sowie den reibungsbedingten sehr hohen Temperaturen am Kontakt zwischen Prüfkörper und Probenoberfläche rechtfertigen. Wo Einkristalle verfügbar sind, ist die plastische Verformung insbesondere kubischer Materialien wie Diamant und MgO oder technisch wichtiger Werkstoffe wie Al_2O_3 recht gut untersucht. Abbildung 2.97 zeigt beispielsweise durch Ätzen sichtbar gemachte Versetzungsgrübchen unterhalb von Knoop-Eindrücken auf der (001)-Fläche von MgO-Kristallen, die jeweils in verschiedenen Richtungen gesetzt worden sind [118]. Bilder a) und d) bringen Oberflächenaufnahmen, die Ausschnitt b), c), e) und f) zeigen die Spuren des Gleitens nach Abätzen der Oberflächen um 25 und 45 µm. Die Verformungen reichen also in große Tiefen.

In Band 4 wird der Verlauf der Hochtemperaturhärte für verschiedene Dotierungen und Korngrößen von Al_2O_3-Keramiken im Vergleich zu einem Al_2O_3–ZrO_2-Verbundwerkstoff und einem Saphir-Einkristall dargestellt. Die Härte fällt nahezu linear mit zunehmender Temperatur ab [124–126]. Dotierungseinflüsse und Korngröße haben einen minimalen Einfluss. Betrachtet man die Kurve für den Einkristall genauer, so wird deutlich, dass sie nicht alle Messpunkte genau trifft. Bezieht man wirklich alle Messpunkt in die Auswertung ein, so ergibt sich eine treppenförmig gestufte Abhängigkeit, die auf die Aktivierung von Verformungsmechanismen hinweist.

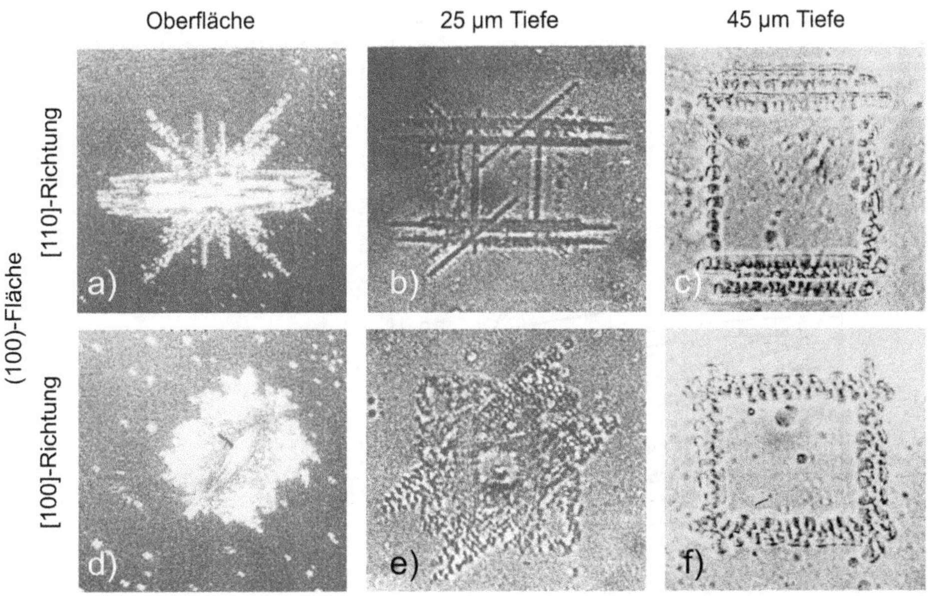

Abb. 2.97: Versetzungsgrübchen unterhalb von Knoop-Eindrücken in MgO-Einkristallen unterschiedlicher Orientierung, nach [118].

Die Hochtemperaturhärten einiger Keramiken sind nach Literaturdaten mit den superharten Stoffen Diamant und kubisches Bornitrid in Abb. 2.98 verglichen. Dabei bedeuten Me–C bzw. Me–C–N und Me–B jeweils Übergangsmetallcarbide bzw. -nitride, -carbonitride und -boride, wobei die römischen Zahlen die Hauptgruppen angeben. Die Nichtoxide wurden jeweils unter Schutzgasatmosphäre gemessen. Man erkennt, dass oberhalb etwa 1100 °C Borcarbid das härteste Material ist. Der starke Härteabfall von Diamant und kubischem Bornitrid ist mit dem metastabilen Zustand dieser Hochdruckmodifikationen zu erklären. Mit zunehmender Temperatur wandeln sich langsam oberflächennahe Bereiche in den sp^2-Bindungstyp um. Die physikalischen Hintergründe für den generellen Härteabfall werden neben umfangreichem Datenmaterial von Kollenberg präsentiert [126]. Abbildung 2.99 präsentiert Vergleiche der Übergangsmetallcarbide TiC und TaC bzw. dreier Wolframcarbid-Mischkristalle. Dabei bedeuten die Zusammensetzungen (W,Ti)C 30 Gew.-% TiC-Anteil, (W,Ta)C 90 Gew.-% TaC-Anteil und (W,Ti,Ta)C 27 Gew.-% TiC- und 7 Gew.-% TaC-Anteil. Auch hier ist wie bei den meisten Oxidkeramiken ein nahezu linearer Härteabfall mit steigender Temperatur zu verzeichnen [140, 141].

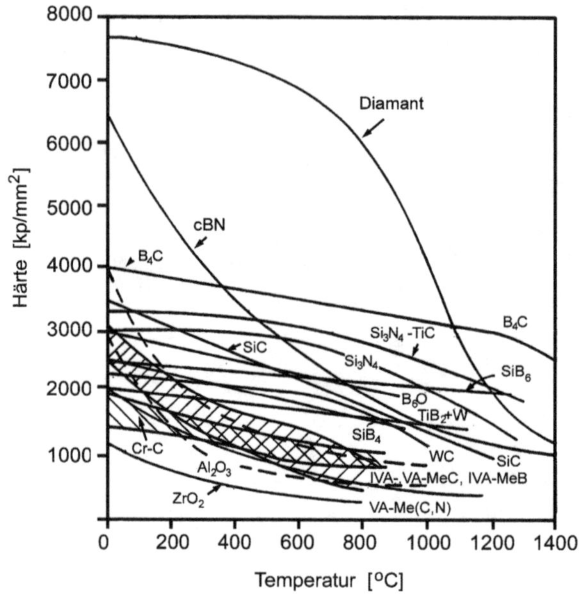

Abb. 2.98: Hochtemperaturhärte einiger wichtiger Keramiken im Vergleich zu Diamant. Messungen in Inertgas-Atmosphäre.

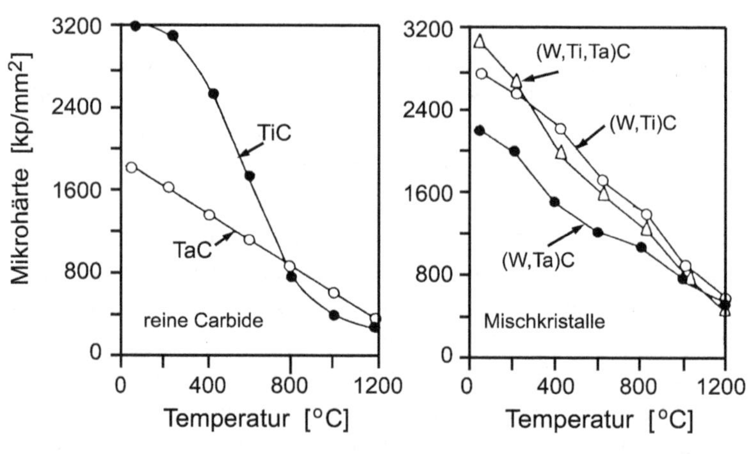

Abb. 2.99: HT-Härte von Übergangsmetallcarbiden nach [140].

2.9.4 Temperaturwechselbeständigkeit, Thermoschockbeständigkeit

Es ist eine allgemeine Erfahrung, dass keramische Werkstoffe nur eine begrenzte Fähigkeit haben, schroffen Temperaturänderungen zu widerstehen. Diese als *Temperaturwechselbeständigkeit* (TWB) bezeichnete Eigenschaft wird in DIN 51068 [142] wie folgt beschrieben: „Der Begriff TWB kennzeichnet allgemein das Verhalten gegenüber der wiederholten Einwirkung von Wärmespannungen im veränderlichen Temperaturfeld. Dieses Verhalten wird vom Werkstoffgefüge sowie von Form und Volumen des Erzeugnisses beeinflusst und ist beanspruchungsabhängig.“ Es gibt darüber ein umfangreiches Schrifttum, woraus nur die Übersichtsartikel von Hennicke und Kersting [143], Nakayama [144] und Hasselman [145, 146] aus den 1950er bis 1970er Jahren erwähnt seien. Insbesondere die Entwicklung der Hochleistungskeramik für Anwendungen in der Energietechnik und Antriebstechnik hat zwischen 1980 und 1990 Jahren mit der Bereitstellung hochwärmeleitfähiger Werkstoffe wie AlN, Si_3N_4 und SiC die Forschung an der TWB neu belebt [147–150]. Aus dieser Zeit stammt auch der Begriff der Thermoschockbeständigkeit, der nicht näher definiert ist, sich eher auf eine einmalige, sehr kurzzeitige und starke Temperaturänderung bezieht, während die Temperaturwechselbeständigkeit nach obiger Definition auch eine zyklische und sanfte Temperaturänderung einbezieht. Seit 2010 hat sich die Feuerfestforschung erneut intensiv mit dem Thema befasst, vor allem aufgrund eines besseren Verständnisses der Matrixwerkstoffe sowie neuer zerstörungsfreier Prüfmethoden [151]. In Band 4 wird daher auf die Prüftechnik für feuerfeste Erzeugnisse nochmals kurz eingegangen.

In den folgenden Abschnitten werden erst die Ursachen der Schädigung keramischer Werkstoffe durch Temperaturwechsel angesprochen, nämlich die inneren Spannungen. Danach werden die thermophysikalischen Randbedingungen sowie die Einflüsse von Phasenbestand und Gefüge in Form der Wärmespannungsparameter und abschließend die Mechanik und Kinetik der Rissbildung und Rissausbreitung sowie Untersuchungsmethoden behandelt.

Innere Spannungen, Eigenspannungen

Keramische Werkstoffe bilden nach dem Brand beim Abkühlen *innere Spannungen* aus, auch thermische Misfitspannungen genannt, da im Allgemeinen die einzelnen Phasen unterschiedliche Wärmeausdehnungskoeffizienten α besitzen. Auf die Höhe dieser Spannungen nehmen neben diesem Unterschied und der Temperaturdifferenz ΔT, in der er wirkt, noch die elastischen Konstanten und die Geometrie des Probekörpers Einfluss. Zunächst soll die einmalige Einwirkung einer Temperaturänderung betrachtet werden. Es können dabei thermische Spannungen aus unterschiedlichen Gründen auftreten. In Kapitel 1.1 wurde bereits ein Grund erwähnt, nämlich mehrphasige Gefüge oder Beschichtungen aus Komponenten mit verschiedenen Ausdehnungskoeffizienten. Typische Beispiele sind die Spannungen, die sich zwischen Glasur und Scherben oder um in Glasphase eingebettete Quarzkörner ausbilden können. Sie bleiben bestehen, wenn der Körper seine Endtemperatur erreicht hat.

In einem homogenen Körper können entsprechende Spannungen σ entstehen, wenn bei einer Temperaturänderung der Körper durch äußere Kräfte gehindert wird, sich entsprechend seinem Ausdehnungskoeffizienten α zu dehnen oder zu schwinden. Ist die Ausgangstemperatur T_0 und die Endtemperatur T, dann gilt mit dem Elastizitätsmodul E

$$\sigma = \alpha \cdot E \cdot (T_0 - T). \tag{2.137}$$

Für einen Al_2O_3-Körper mit $\alpha = 6{,}9 \cdot 10^{-6}\,K^{-1}$ und $E = 4{,}1 \cdot 10^5\,MN/m^2$ ergibt sich beim Erhitzen um 300 K eine Druckspannung von $\sigma = 850\,MN/m^2$. Beim Aufheben der äußeren Kräfte gehen diese Spannungen unter Dehnung auf Null zurück.

Eine genauere Betrachtung zeigt aber, dass bei Al_2O_3 wie bei vielen anderen nicht kubisch kristallisierenden Werkstoffen auch der Wärmeausdehnungskoeffizient richtungsabhängig, d. h. anisotrop ist. Man muss dann in einem polykristallinen Gefüge mit Spannungen an den Korngrenzen benachbarter Körner rechnen, wenn diese in einer unterschiedlichen Winkellage aneinandergrenzen. Beim Korund beträgt diese Anisotropie nach Messungen von Chikh u. M. [152] bis 1500 °C mit $\alpha_a = 7{,}96 \cdot 10^{-6}\,K^{-1}$ und $\alpha_c = 8{,}89 \cdot 10^{-6}\,K^{-1}$ etwa 11 %, d. h. Gl. (2.137) muss erweitert werden:

$$\sigma = (\alpha_1 - \alpha_2) \cdot E \cdot (T_0 - T) \quad \text{oder allgemeiner } \sigma = \Delta\alpha \cdot E \cdot \Delta T. \tag{2.138}$$

Im Fall des oberen Beispiels betragen diese Spannungen an den Korngrenzen also bis zu 114 MN/m^2. Streng genommen müssten jetzt auch die anisotropen Elastizitätsmoduli verwendet werden. Es entstehen sogenannte *Eigenspannungen*, wenn polykristalline Körper nach dem Sintern auf Raumtemperatur abgekühlt werden und sich die einzelnen Gefügekörner gegenseitig in ihrer Schwindung behindern. Die Temperaturdifferenz ΔT bemisst sich dabei nach der Beobachtungstemperatur, also z. B. Raumtemperatur T in Gl. (2.138) und der höheren Ausgangstemperatur, unterhalb der sich elastische Spannungen aufbauen können, ohne durch plastische Verformungsprozesse wie Versetzungsmechanismen, Diffusion oder Korngrenzengleiten usw. abgebaut zu werden. Diese maximale Temperatur wird als *kritische Spannungsrelaxationstemperatur* T_0 bezeichnet. Sie liegt damit wesentlich tiefer als die Sintertemperatur und hängt von der Art derjenigen Verformungsmechanismen ab, die bei der niedrigsten Temperatur aktiviert werden können (siehe Kapitel 2.9.5 und 2.9.6). Im Allgemeinen wird T_0 am Übergang vom ersten in das zweite Sinterstadium angesetzt, wo also die Temperatur noch zu niedrig ist, um Leerstellendiffusion an den Korngrenzen zu ermöglichen. Sind Keramiken mit Glasphasenbildnern verunreinigt oder mit Flüssigphasen gesintert worden, so liegt T_0 unterhalb der Glastransformationstemperatur T_g, sodass keine Spannungsrelaxation durch viskoses Fließen stattfinden kann.

Unter Eigenspannungen versteht man nach Macherauch u. M. Spannungen in einem abgeschlossenen System, auf das keine äußeren Kräfte und Momente – auch nicht indirekt durch z. B. Temperaturgradienten – wirken [153]. Es herrscht dabei ein Gleichgewicht der inneren Kräfte und Momente, d. h. die Summe der Kräfte in jeder Schnittebene und die Summe der Momente entlang aller Achsen durch das System sind gleich Null. Nach Heyn und Masing [154, 155] werden folgende Arten von Eigenspannungen unterschieden:

Eigenspannungen I. Art:

Sie sind über größere Werkstoffbereiche (große Kornverbände) homogen und wechseln das Vorzeichen zwischen diesen Bereichen. Folgen sind makroskopisch sichtbare elastische Verformungen; daher werden sie auch makroskopische Eigenspannungen genannt.

Eigenspannungen II. Art:

Sie sind über kleine Werkstoffbereiche (einzelne oder mehrere Körner) hinweg nahezu homogen, jedoch zwischen Körnern in Betrag und Richtung unterschiedlich. Bei Eingreifen in diese Spannungsgleichgewichte können makroskopische Verformungen auftreten. Sie werden auch (homogene) Mikrospannungen genannt.

Eigenspannungen III. Art:

Die Spannungszustände sind über atomare Werkstoffbereiche inhomogen, die mit ihnen verbundenen Kräfte sind jedoch innerhalb eines Kornes im Gleichgewicht. Bei Eingriff in diese Gleichgewichte treten keine makroskopischen Verformungen auf. Diese Eigenspannungen werden auch als Gitterspannungen bezeichnet.

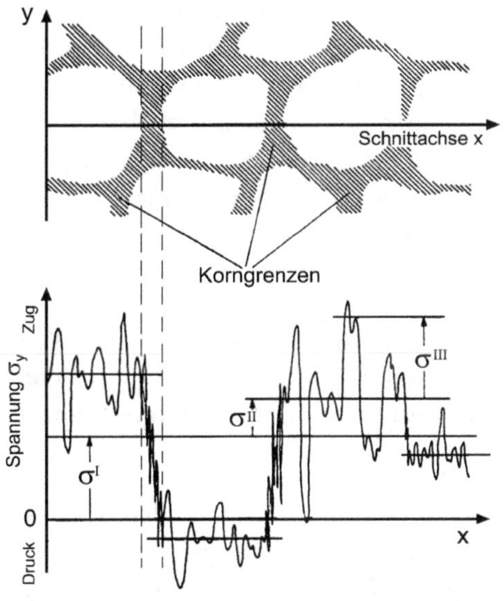

Abb. 2.100: Eigenspannungen nach Macherauch. Oben: Schematisches Gefügebild mit vier Körnern, die von *x* geschnitten werden. Unten: Projektion der Spannungen entlang der *x*-Achse [153].

Diese Einteilung lässt sich an Abb. 2.100 gut beschreiben. Im oberen Teil ist schematisch ein polykristallines Gefüge mit Korngrenzenbereichen dargestellt, im unteren Teil die dazu gehörige Projektion der Spannungen in x-Richtung des Schnittes. So ist das erste, das dritte und vierte Korn von links zugbehaftet, während das zweite unter Druck steht. Die einzelnen Körner sind Eigenspannungen III. Art ausgesetzt. Die wahre örtliche Eigenspannung setzt sich aus den Eigenspannungen I., II. und III. Art zusammen, die jeweils auf ihrer Erstreckungsebene gemittelt werden müssen (horizontale Linien).

Die Ursachen für Eigenspannungen I. Art liegen in vorausgegangenen Temperatur- und damit in Dehnungsdifferenzen über größere Gefügeabschnitte (Rand/Kern) hinweg begründet, z. B. nach raschem Abkühlen von Sintertemperatur. So kann in den Randzonen Spannungsabbau durch Verformung (z. B. viskoses Fließen, Porenschluss...) eintreten, während der Kern zunächst unter Druckspannungen steht, später aber nach Spannungsumkehr (Wärmeschwindung des Kernes bei stabilen Randzonenverhältnissen) unter Zugspannungen. Ferner können temperatur- oder druckabhängige Phasenumwandlungen unter Volumenänderungen (z. B. beim ZrO_2) zu Eigenspannungen I. Art bis hin zur Rissbildung führen. Ebenso können tribologische Belastungen (Schleifen) zu lokalen plastischen Relaxationsvorgängen in den beanspruchten Randzonen führen, die bei Entlastung und elastischer Relaxation Spannungen zwischen Randzone und Kern hervorrufen. Bei Metallen sind hierzu auch Biegeeigenspannungen mit lokaler plastischer Verformung zu zählen.

Eigenspannungen II. Art sind thermisch bedingt, wenn bei mehrphasigen Werkstoffen unterschiedliche Wärmeausdehnungskoeffizienten vorliegen bzw. wenn bei einphasigen Materialien eine deutliche Anisotropie der Wärmedehnung vorhanden ist, was häufig der Fall ist. Abbildung 2.101 zeigt, wie sich diese Zustände bei Schwindungsbehinderung des Kornverbandes ausbilden. Diese Spannungen sind häufig die Ursache dafür, dass keramische Erzeugnisse nach dem Brand verformt oder rissbehaftet sind, was bis zur vollständigen Zerstörung des Sinterkörpers führen kann. Eine weitere Folge ist das unterkritische Risswachstum, eventuell noch unter dem Einfluss der Spannungsrisskorrosion. Eigenspannungen II. Art können aber auch verformungsbedingt oder tribologisch bedingt sein.

Eigenspannungen III. Art entstehen im Gitterbereich um Punkt-, Linien- oder Volumendefekte herum, z. B. bei Leerstellen, Besetzung von Zwischengitterpositionen, Substitution durch Fremdatome anderer Ionenradien, am Ende von Versetzungen, um Guinier–Preston-Zonen herum oder im Bereich von Korngrenzen.

Eigenspannungen können integral durch Röntgenbeugungsmethoden bestimmt werden, da sich die lokalen Gitterverzerrungen bei geeigneter Ortsauflösung des Verfahrens über die Abweichungen der d-Werte (Braggsche Gleichung) sowie über die größere Halbwertsbreite der Reflexe bemerkbar machen. Andere Verfahren arbeiten mit der Störung des Kräfte- und Momente-Gleichgewichts, indem z. B. von einer Probe ein Bereich abgetrennt wird oder ein Bohrloch eingebracht wird und die resultierende Verformung gemessen wird. Im Durchlichtpolarisationsmikroskop sowie im Transmissionselektronenmikroskop können nach Kalibrierung die Eigenspannungen direkt an Interferenzkontrasten bestimmt werden, wobei die Präparation der Probe den gesuchten Effekt durch die tribologische Belastung allerdings überlagert. Hier hat es sich bewährt, mit der *Focused Ion Beam* Methode (Band 1) zu arbeiten, die außer einer geringen Erwärmung der Probe keinen mechanischen Einfluss ausübt.

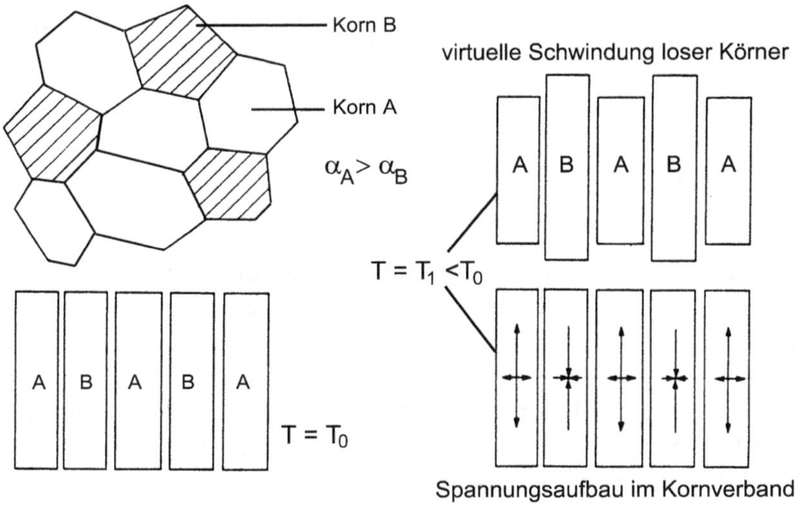

Abb. 2.101: Ein bei T_0 relaxierter Kornverband aus den Phasen A und B (links) kühlt auf T_1 ab. Da aufgrund des Gefügezusammenhalts die einzelnen Körner nicht unabhängig voneinander schwinden können, bilden sich Eigenspannungen II. Art aus (rechts). Nach Macherauch [153].

Da die Eigenspannungen II. Art bei Dispersionskeramiken bzw. Verbundwerkstoffen gezielt zur Rissablenkung bzw. Mikrorissbildung genutzt wird, wird darauf nochmals später genauer eingegangen. Hier soll der Fall einer Glasur auf einem Scherben behandelt werden. Die Größen für die Glasur sollen in den folgenden Gleichungen mit dem Index g und die des ebenen Scherbens mit dem Index s gekennzeichnet sein. Hat Erstere die Dicke d_g und Letztere eine solche von d_s, dann resultieren in Glasur und Scherben die Spannungen

$$\sigma_g = \frac{(\alpha_s - \alpha_g) \cdot \Delta T}{\frac{1-\nu_g}{E_g} + \frac{1-\nu_s}{E_s} \cdot \frac{d_g}{d_s}} \quad \text{und} \quad \sigma_2 = \frac{(\alpha_g - \alpha_s) \cdot \Delta T}{\frac{1-\nu_s}{E_s} + \frac{1-\nu_g}{E_g} \cdot \frac{d_s}{d_g}}. \tag{2.139}$$

In diesem Beispiel ist ΔT die Differenz zwischen T_g der Glasur und Raumtemperatur. Positive Werte zeigen Druckspannungen, negative Zugspannungen an. Bei $\alpha_s > \alpha_g$ entstehen in der Glasur Druck- und in den Scherben Zugspannungen, die umso kleiner werden, je größer das Verhältnis d_g/d_s und je kleiner die Werte von μ und E sind. Geht man zur Kugelsymmetrie über, indem als Modell für Porzellan ein kugelförmiger Kristall (Index k) in einer Glasphase (Index g) eingebettet ist, dann muss man zwischen Radial- und Tangentialspannungen (Indizes rad bzw. tan) unterscheiden. Diese betragen nach Ableitungen von Lundin [4]:

$$\sigma_{k,rad} = \sigma_{k,tan} = -A\left(1 - \frac{R^3}{r^3}\right), \tag{2.140}$$

$$\sigma_{g,rad} = -A\left(\frac{R^3}{x^3} - \frac{R^3}{r^3}\right) \quad \text{und} \quad \sigma_{g,tan} = \frac{1}{2}A\left(\frac{R^3}{x^3} - \frac{R^3}{r^3}\right) \tag{2.141}$$

mit

$$A = \frac{(\alpha_g - \alpha_k) \cdot \Delta T}{\frac{1-2\nu_k}{E_k} \cdot (1 - \frac{R^3}{r^3}) + \frac{1}{E_g} \cdot [1 + \nu_g + 2\frac{R^3}{r^3} \cdot (1 - 2\nu_g)]}$$

und R = Radius des Kristalls, r = Radius des Gesamtsystems und x = Laufradius, beginnend in Kugelmitte. Danach sind im Innern des Kristalls die Spannungen konstant, in der darum befindlichen Glasphase nehmen sie mit wachsendem Abstand x ab. Obige Gleichungen vereinfachen sich bei unendlich ausgedehnter Glasphase, da dann $r \to \infty$ und $R^3/r^3 \to 0$ geht. An der Grenzfläche Kristall/Glas mit $x = R$ herrschen im Falle $\alpha_k > \alpha_g$ sowohl im Kristall als auch im Glas gleich große radiale Zugspannungen, im Kristall auch eine gleiche tangentiale Zugspannung, aber im Glas eine tangentiale Druckspannung halber Höhe.

Wärmespannungsparameter

In den zuvor betrachteten Fällen hatten die Körper überall gleiche Temperatur. Eine größere praktische Bedeutung haben aber die Fälle, in denen ein Körper schnell auf eine andere Temperatur gebracht wird. Nimmt man z. B. den Fall an, dass eine Platte von der Ausgangstemperatur T_0 auf die tiefere Temperatur T abgeschreckt wird, dann möchte sich die Oberfläche um $\alpha \cdot \Delta T$ kontrahieren. Da aber das Innere noch seine ursprüngliche Temperatur und damit auch seine ursprüngliche Dimension hat, entstehen in der Oberfläche Zugspannungen nach

$$\sigma = \frac{\alpha \cdot E}{1 - \nu} \cdot (T_0 - T), \tag{2.142}$$

mit ν = Querkontraktionszahl (Poisson-Zahl). Umgekehrt erhält man beim schnellen Aufheizen Druckspannungen in der Oberfläche. Gleichung (2.142) kann sich für andere Geometrien ändern, was sich im Ausdruck $(1 - \nu)$ äußert. Diese und weitere Abhängigkeiten haben vor allem Kingery [156] und Buessem [157] untersucht.

Wenn in Gl. (2.142) $(T_0 - T) = \Delta T$ größer wird, bis schließlich σ_c die Zugfestigkeit erreicht ist, tritt Bruch ein. Damit ergibt sich die kritische Temperaturdifferenz ΔT_{max}, die ein Körper gerade noch schadensfrei verträgt, zu

$$\Delta T_{max} = \frac{\sigma_c \cdot (1 - \nu)}{\alpha E} \equiv R \quad \text{mit [K]}, \tag{2.143}$$

wobei die Größe R als *erster Wärmespannungsparameter* bezeichnet wird. Sie ist eine echte Materialeigenschaft. Sie wird deshalb „erster“ Wärmespannungsparameter genannt, weil es noch weitere entsprechende Parameter gibt, die von Hasselman [158] zusammengestellt worden sind.

Gleichung (2.142) ist nur gültig, wenn sich die Oberfläche sehr schnell erhitzt, aber das Innere mit der Temperatur nachhinkt, d. h., wenn die Wärmeübergangszahl h sehr groß und die Wärmeleitfähigkeit λ möglichst klein ist.

Beide Größen werden in der Biot-Zahl $\beta = bh/\lambda$ zusammengefasst, in der b eine von der Geometrie abhängige Größe in Richtung des Temperaturgradienten, z. B. die halbe Dicke einer Platte oder den Radius eines Stabes, bedeutet. Obiges Verhalten könnte nur bei $\beta = \infty$ beobachtet werden, was unrealistisch ist. Mit mittleren Werten von $b = 1\,\mathrm{cm}$, $h = 1000\,\mathrm{W/(m^2\,K)}$ und $\lambda = 10\,\mathrm{W/(m\,K)}$ erhält man z. B. $\beta = 1$. Niedrigere Biot-Zahlen haben zur Folge, dass die maximalen Spannungen in der Oberfläche geringer werden und erst nach einer gewissen Zeit auftreten. Dieses Verhalten zeigt Abb. 2.102, in dem die Erniedrigung auf $\sigma_{\mathrm{real}} = f\,\sigma_{\mathrm{ideal}}$ durch den Faktor f dargestellt und gegen eine relative Zeit aufgetragen wird. Diese relative, dimensionslose Zeit τ gibt für einen unendlich langen Zylinder mit dem Radius R an, wie schnell ein Temperaturgradient abgebaut wird: Es gilt:

$$\tau = \frac{\kappa t}{R^2} \quad \text{mit } \kappa = \text{Temperaturleitfähigkeit.} \tag{2.144}$$

Der Erniedrigungsfaktor f wird definiert als:

$$f = \frac{\sigma_{\mathrm{ideal}}}{E\alpha\Delta T} \quad \text{mit } 0 \le f \le 1. \tag{2.145}$$

Durch numerische Angleichung erhält man für seine Abhängigkeit von der Biot-Zahl β unter milden Thermoschockbedingungen:

$$\frac{1}{f} = 1{,}5 + \frac{3{,}25}{\beta} - 0{,}5\mathrm{e}^{\left(\frac{-16}{\beta}\right)}. \tag{2.146}$$

Für $\beta \to \infty$ gilt also $f \to 1$ und $\sigma_{\mathrm{real}} = E\alpha\Delta T$ und für $\beta < \infty$ folgt $f < 1$ und damit $\sigma_{\mathrm{real}} = f \cdot E\alpha\Delta T$.

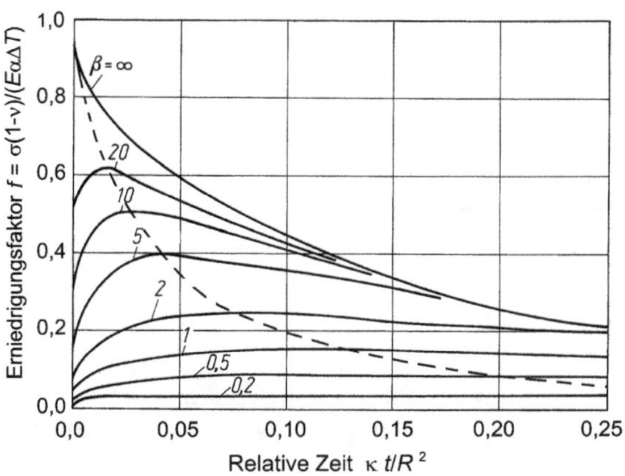

Abb. 2.102: Spannungsausbildung in der Oberfläche bei Temperaturänderung, gekennzeichnet durch den Erniedrigungsfaktor f, in Abhängigkeit von Zeit und Biot-Zahl β (kursive Zahlen).

Bei kleinen h-Werten gilt für die maximale Spannung

$$\sigma_{max} = \frac{\alpha \cdot E}{1-\nu} \cdot \frac{\Delta T}{3\beta}, \tag{2.147}$$

woraus sich die Abschreckfestigkeit nach Umformung und mit C = geometrischer Formfaktor zu

$$\Delta T_{max} = \frac{\sigma_c \cdot (1-\nu)}{\alpha E} \cdot \lambda \cdot \frac{C}{h} \equiv R' \cdot \frac{C}{h} \tag{2.148}$$

ergibt, worin R' (= $R{\cdot}\lambda$) den *zweiten Wärmespannungsparameter* mit der Einheit [W/m] darstellt.

Danach sind zur Beschreibung eines Materials die beiden Größen R und R' notwendig. In Abb. 2.103 sind die maximalen Abschrecktemperaturen für einige Stoffe angegeben. Man erkennt, dass bei hohen h-Werten die Kurven parallel zur Abszisse laufen, also keine Abhängigkeit von der Form besteht. Bei geringen h-Werten ist dagegen auch eine Abhängigkeit von b, also von der Form vorhanden. Die ΔT_{max}-Werte sind aber in ruhender Luft so hoch, dass nur bei sehr dicken Gegenständen ein Reißen zu befürchten ist. Die Wärmeübergangszahl nimmt mit steigender Strömungsgeschwindigkeit der Luft zu und kann Werte bis zu h = 1250 W/(m$^2{\cdot}$K) erreichen. Dadurch wird ΔT_{max} stark erniedrigt. Aus Abb. 2.103 ist außerdem zu erkennen, dass sich einige Kurven überschneiden. Man kann daher keine bestimmte Reihenfolge für die TWB verschiedener Stoffe angeben, da diese von der Art der Beanspruchung abhängt. Diese Folgerung ist gleichbedeutend mit obiger Aussage, dass zur Beschreibung der TWB eines Stoffes zwei Werte notwendig sind.

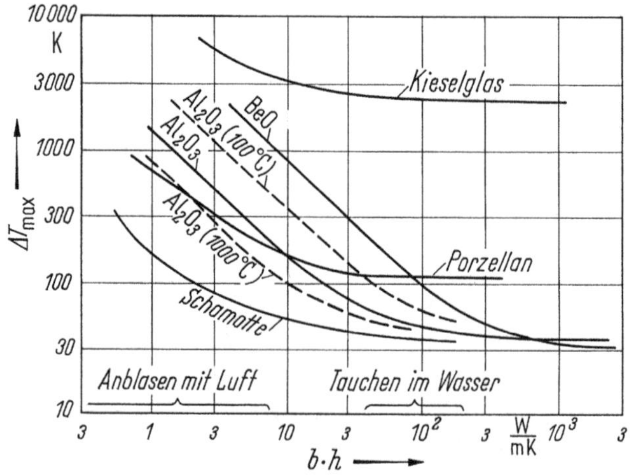

Abb. 2.103: Maximale Abschrecktemperaturen einiger Werkstoffe in Abhängigkeit von der Wärmeübergangszahl h nach Kingery [156] (b = Abstand von Probenmitte; berechnet mit den Eigenschaften bei 400 °C, für Al_2O_3 auch bei 100 und 1000 °C).

Die meisten der in die Wärmespannungsparameter eingehenden Werte werden durch Poren erniedrigt. Coble und Kingery [159] haben diese Verhältnisse näher untersucht und gefunden, dass eine Porosität zu einer deutlichen Verringerung der Wärmespannungsparameter, also auch der TWB führt. Bei Versuchen mit Al_2O_3 fanden sie mit den Werten für 600 °C eine Erniedrigung von $R = 175$ K beim dichten Produkt auf 70 K bei 20 Vol.-% Porosität und auf 52 K bei 50 Vol.-% Porosität. Noch stärker sank R' ab: von 1610 auf 470 bzw. 200 W/m bei obigen Stufen.

In der Praxis beobachtet man allerdings oft bei etwa 20 Vol.-% Porosität ein Maximum der TWB, das seine Ursache darin hat, dass gefährliche Spannungen und Risse in den Poren abgefangen werden. Gleichzeitig erniedrigen Poren den E-Modul und sorgen nach Gl. (2.143) für eine Erhöhung von ΔT_{max}.

Bei der Abkühlung eines Körpers interessiert auch die Frage nach der maximalen Abkühlgeschwindigkeit, bei der gerade keine Risse auftreten. Dafür liefert die Theorie für eine Platte mit der Dicke $2b$

$$\left(\frac{\mathrm{d}T}{\mathrm{d}t}\right)_{max} = \frac{\sigma_c \cdot (1-\nu)}{\alpha E} \cdot \frac{\lambda}{c\rho} \cdot \frac{3}{b^2}, \tag{2.149}$$

in der man alle materialeigenen Größen (c = spezifische Wärme, ρ = Raumgewicht) zum *dritten Wärmespannungsparameter*

$$R'' \equiv \frac{\sigma_c \cdot (1-\nu)}{\alpha E} \cdot \frac{\lambda}{c\rho} \equiv Ra \quad \text{mit der Einheit } [\mathrm{m^2 \cdot K/s}] \tag{2.150}$$

zusammenfassen kann (a = Temperaturleitfähigkeit), sodass folgt:

$$\left(\frac{\mathrm{d}T}{\mathrm{d}t}\right)_{max} = R'' \frac{3}{b^2}. \tag{2.151}$$

Für Al_2O_3 mit $R = 175$ K und $R' = 1610$ W/m beträgt $R'' = 0{,}00038\ \mathrm{m^2\,K/s}$, woraus sich recht hohe Abkühlgeschwindigkeiten ergeben, z. B. für eine Platte der Dicke $2b = 2$ cm von 3,8 K/s.

Bisher wurde rein elastisches Verhalten angenommen. Bei hohen Temperaturen besteht die Möglichkeit des Abbaus der Spannungen durch Kriechen (Kapitel 2.9.6). Hasselman [160] hat diesem Fließprozess ohne Berücksichtigung der tatsächlichen Mechanismen eine Viskosität η zugeordnet und kommt so zu den modifizierten Wärmespannungsparametern

$$R_{Kr} \equiv \frac{\sigma_c \cdot (1-\nu)}{\alpha\eta} \quad \text{und} \quad R'_{Kr} = R_{Kr} \cdot \lambda. \tag{2.152}$$

Die bisherigen Betrachtungen der TWB sind davon ausgegangen, dass beim Erreichen der kritischen Spannung ein oder mehrere Risse durch den Körper laufen, d. h., der Anfangsriss bestimmt das Verhalten. Oft sind aber schon Risse vorhanden, die – wenn die entstehenden Spannungen ausreichen – sich verlängern können. Ein Charakteristikum der Thermoschockbeständigkeit eines Materials ist daher das Verhältnis von Energieaufwand für das Risswachstum zu verfügbarer Energie, also das Verhältnis von Brucharbeit zu elastisch gespeicherter Verzerrungsenergie. Die Bruchmechanik hat gezeigt, dass ein solches Risswachstum (Kapitel 2.7) unterkritisch, also sehr langsam verlaufen kann, ehe es zum katastrophalen Bruch kommt. Die für einen Rissfortschritt notwendige kritische Temperaturdifferenz ΔT_c berechnet sich nach [161] zu

$$\Delta T_c = (1 + 2\pi \cdot N \cdot l_0^2) \cdot \left(\frac{2\gamma}{\pi \alpha^2 E_0 l_0} \right)^{1/2} \tag{2.153}$$

mit N = Zahl und l_0 = Anfangslänge der Risse, γ = Bruchflächenenergie und E_0 = E-Modul des rissfreien Körpers. Gleichung (2.153) gilt für eine einachsig belastete ebene Platte. Als Materialkonstante bietet sich hier

$$\sqrt{\gamma/\alpha^2 E_0} \equiv R_{ts} \tag{2.154}$$

der *Thermoschockwiderstandsparameter* an. Nach der klassischen linear-elastischen Bruchmechanik bedeutet hierin γ die Oberflächenenergie der beiden neu geschaffenen Bruchflächen, exakt das Produkt aus der spezifischen Oberflächenenergie γ_{ob} und der beiden Bruchflächen $2A$. Wie in Gl. (2.152) ausgeführt, können aber zusätzlich viskoses Fließen, Korngrenzengleiten und weitere unter Kapitel 2.12 ausgeführte energiedissipative Prozesse wie Rissflankenreibung, Rissüberbrückung, Pull-out usw. die Bruchenergie erhöhen. Daher umfasst der Energieterm γ vor allem bei heterogenen Materialien wie feuerfesten Werkstoffen oder Verbundwerkstoffen eine Vielzahl nicht linearer Größen und wird daher oft als effektive Bruchenergie γ_{eff} oder englisch als *Work of Fracture* γ_{wof} bezeichnet.

Über die Griffith-Gleichung ergibt sich eine Verknüpfung des Thermoschockwiderstandsparameters mit dem ersten Wärmespannungsparameter nach

$$R_{ts} \sim R(l_0)^{1/2}. \tag{2.155}$$

Abb. 2.104 zeigt in graphischer Darstellung die Rissabhängigkeit nach der etwas umgeformten Gl. (2.152). Die durchgezogenen Kurven geben die ΔT_c-Werte an. Oberhalb werden die Risse instabil, weshalb sie sich spontan fortsetzen, während unterhalb der Bereich der stabilen Risse liegt. Beginnend mit sehr kleinen Rissen führt eine Rissverlängerung zu geringeren ΔT_c-Werten, d. h., zu einer abnehmenden TWB. Der Mindestwert von ΔT_c liegt bei der Risslänge

$$l_m = (6\pi \cdot N)^{-1/2}. \tag{2.156}$$

Durch Einsetzen in die Griffith-Gleichung kann man diese Mindestrisslänge l_m für eine gegebene Temperaturdifferenz ΔT ausdrücken:

$$l_m = \frac{1}{\pi} \cdot \frac{\gamma_{\text{eff}}}{\frac{1}{2} \cdot \frac{\sigma^2}{E}} \tag{2.157}$$

In Abb. 2.104 steigt bei Rissen mit $l_0 > l_m$ die kritische Abschrecktemperatur wieder an, d. h. die TWB nimmt zu, obwohl größere l_0-Werte eine geringere Festigkeit bedeuten. Auch ergibt sich, dass ΔT_c mit wachsender Zahl an Rissen größer wird. Das entspricht der praktischen Erfahrung, wonach rissbehaftete feuerfeste Steine eine höhere TWB besitzen.

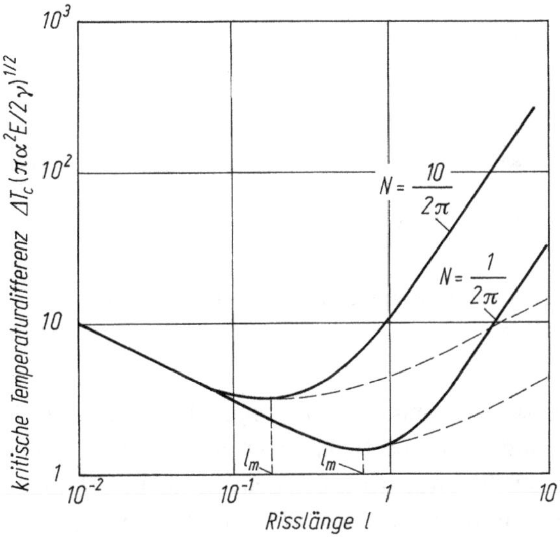

Abb. 2.104: Rissbeständigkeit und Rissfortschritt in einer einachsig belasteten Platte mit N Rissen pro Einheitsfläche in Abhängigkeit von der Abschreckdifferenz ΔT nach Hasselman [145], — kritische ΔT für Instabilität eines Risses, --- = resultierende Risslänge eines instabilen Risses mit $l_0 < l_m$.

Bei $l_0 > l_m$ hat der Anstieg von ΔT_c beim Rissfortschritt zur Folge, dass kein katastrophaler Bruch auftreten kann. Anders ist es aber, wenn die Risslängen $l_0 < l_m$ sind. Aus Abb. 2.104 ist zu erkennen, dass ein anlaufender Riss durchläuft, bis er den rechten Ast der Kurve erreicht hat. Er besitzt aber noch so viel kinetische Energie, dass er erst bei der gestrichelten Kurve zum Stehen kommt.

Für Festigkeitsmessungen nach Abschreckversuchen bedeutet dies, dass bei schrittweiser Steigerung von ΔT bei Anfangsrissen von $l_0 > l_m$ die Restfestigkeit beim Erreichen von ΔT_c kontinuierlich abnimmt, dagegen für $l_0 < l_m$ schlagartig auf einen tieferen Wert abfällt, der bei weiterer Steigerung von ΔT_c konstant bleibt, da die

Endrisslänge l_e unterhalb der Kurve für den stabilen Rissfortschritt liegt. l_e ist nach

$$l_e \sim \frac{1}{l_0 N} \tag{2.158}$$

umgekehrt proportional l_0, d. h. je geringer l_0, also je höher die Anfangsfestigkeit war, umso größer wird l_e also umso geringer die Endfestigkeit. Letzteres Verhalten zeigt Abb. 2.105 am Beispiel von zwei Sinterkorundarten.

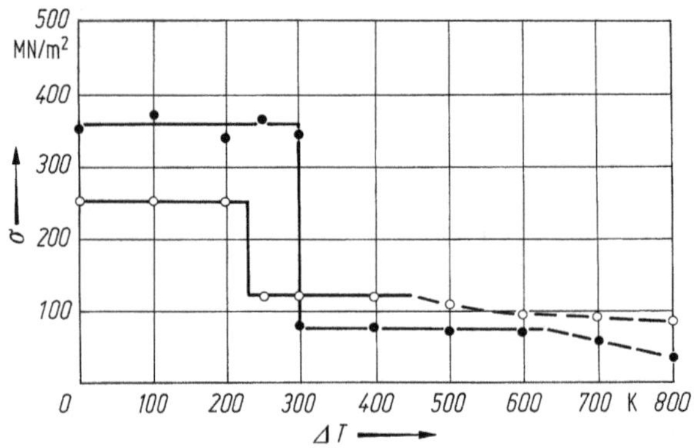

Abb. 2.105: Festigkeiten σ von Stäben aus Sinterkorund zweier Qualitäten nach dem Abschrecken mit einer Temperaturdifferenz ΔT in Wasser [145].

Man kann dieses Verhalten weiter auswerten und zu Vorhersagen über eine thermische Lebensdauer bzw. die Zahl der möglichen Abschreckungen kommen [162, 163].

Der Verlauf der Restfestigkeit von Keramiken nach einem einfachen Thermoschock von ΔT hat also immer einen ähnlichen Verlauf. Abbildung 2.106 zeigt dies für dichte Aluminiumoxidkeramiken verschiedener durchschnittlicher Korngrößen [164, 165].

Während bei grobkörnigen Gefügevarianten der Abfall vom anfänglichen Festigkeitsplateau bei kleinen ΔT-Werten wesentlich milder ist, bilden sich für feinere Gefüge ein schroffer Abfall und ein zweites Plateau nahezu konstanter Restfestigkeit aus. Pandolfelli u. M. haben die Formen dieser Kurvenabschnitte mittels einer Energiebetrachtung näher untersucht [166]. Er unterscheidet genauer zwischen der effektiven Bruchenergie γ_{eff} und der Bucharbeit γ_{wof}:

$$\gamma_{wof} = \gamma_{eff} + \Delta\bar{\gamma} \quad \text{mit } \gamma_{eff} = \gamma_{ob} + \gamma_{pl}. \tag{2.159}$$

Damit soll ausgedrückt werden, dass die effektive Bruchenergie die Anteile an aufzubringender Oberflächenenergie γ_{ob} und der plastischen (viskosen) Verformungsenergie γ_{pl} umfasst, also die Energieterme, die *zur Initiierung* des Rissfortschrittes erforderlich sind, wogegen die Gesamtbrucharbeit γ_{wof} noch diejenigen Prozesse beinhaltet, die *während* des Rissfortschritts noch energiedissipativ hinzu kommen können wie Rissverzweigung, Rissflankenreibung, Rissüberbrückung, Phasenumwandlungen und dergleichen. Diese Brucharbeit lässt sich auf die elastisch gespeicherte Energie normieren, was zu einem neuen Thermoschockparameter R'''' führt:

$$R'''' = \frac{\gamma_{\mathrm{wof}}}{\frac{1}{2} \cdot \frac{\sigma^2}{E}} = \frac{2E\gamma_{\mathrm{wof}}}{\sigma_c^2} \quad \text{mit der Einheit [m].} \tag{2.160}$$

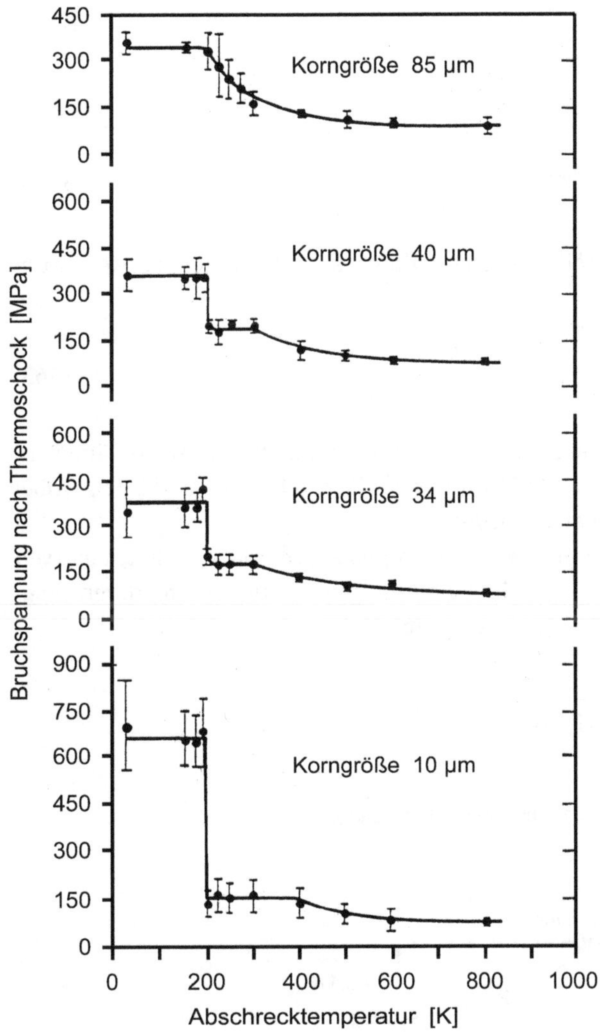

Abb. 2.106: Restfestigkeiten von Aluminiumoxidkeramik mit unterschiedlicher durchschnittlicher Korngröße nach Gupta [164].

R'''' hat eine Längeneinheit und wird daher als Charakteristische Bruchlänge oder einfach *Charakteristische Länge* bezeichnet. Sie wird zur Beschreibung der Thermoschockbeständigkeit bzw. „Bruchzähigkeit" feuerfester Werkstoffe oder anderer stark heterogener Materialien eingesetzt und korrespondiert mit der kritischen Fehlergröße bzw. Risslänge a_c in der Griffith-Gleichung:

$$\text{mit} \quad \sigma_c = \frac{K_{Ic}}{\sqrt{\pi a_c}} = \frac{\sqrt{2E_{\gamma_{eff}}}}{\sqrt{\pi a_c}} \quad \text{und} \quad R'''' = \frac{\gamma_{wof}}{\frac{1}{2}\cdot\frac{\sigma^2}{E}} = \frac{\gamma_{wof}}{\frac{1}{2}\cdot\frac{2E\gamma_{eff}}{\pi a E}} \quad \text{folgt}$$

$$R'''' = \pi a_c \cdot \frac{\gamma_{wof}}{\gamma_{eff}}. \tag{2.161}$$

Durch Umformung erhält man

$$R'''' \propto \frac{\gamma_{wof}}{\gamma_{eff}} = \frac{\gamma_{eff} + \Delta\bar{\gamma}}{\gamma_{eff}} = 1 + \frac{\Delta\bar{\gamma}}{\gamma_{eff}}. \tag{2.162}$$

Für den Fall $\Delta\bar{\gamma} = 0$ folgt ein sprödes Versagen durch katastrophales Risswachstum mit

$$R'''' = \frac{K_{Ic}^2}{\sigma_c^2} \tag{2.163}$$

und für $\Delta\bar{\gamma} > 0$ heißt dies, dass die Bruchwiderstand mit zunehmender Risslänge ansteigt, d. h. ein sogenanntes R-Kurven-Verhalten vorliegt (siehe Kapitel 2.12), wobei hier R = Resistance = Bruchwiderstand bedeutet.

Anhand der vorhergehenden Überlegungen lassen sich die Restfestigkeitskurven wie z. B. in den Abb. 2.105 und 2.106 in einzelne Abschnitte einteilen und deren Ursachen benennen. Abbildung 2.107 zeigt dies schematisch.

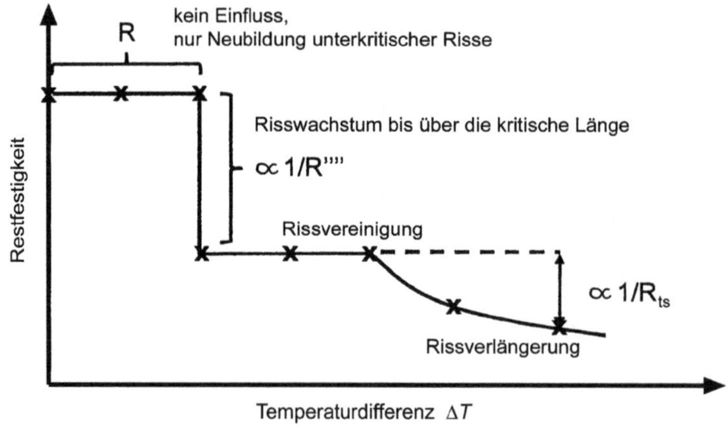

Abb. 2.107: Restfestigkeitskurve mit zugeordneten Wärmespannungsparametern.

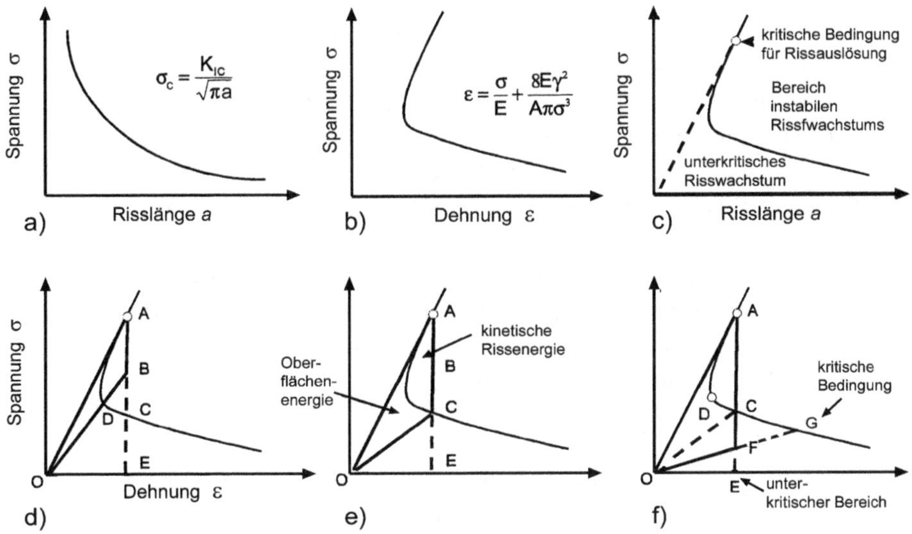

Abb. 2.108: Energieumsatz eines laufenden Risses unter Berücksichtigung seiner kinetischen Energie.

Zum genauen Verständnis der Form der einzelnen Kurvenabschnitte muss man auf die Gedankenversuche in Kapitel 2.4.1 (Abb. 2.22) zurückgreifen, wo in einem Kraft-Verschiebungsdiagramm der Energieumsatz zwischen freigesetzter elastischer Energie und restlicher elastischer Energie nach Rissfortschritt dargestellt wurde. Da bei stark heterogenen Gefügen ein Rissfortschritt nur dann möglich ist, wenn die Griffith-Gleichung lokal erfüllt ist, der lokale Bruchwiderstand aber unterschiedlich hoch sein kann, ist der Betrag der Energiefreisetzung unterschiedlich. Abbildung 2.108 a) bis f) verdeutlichen den Gedankengang. In Teilbild a) ist der Spannungsabfall mit zunehmender Risslänge nach der Griffith-Gleichung gezeigt. Bei Werkstoffen mit *R*-Kurven-Effekt, also mit steigendem Bruchwiderstand bei zunehmender Risslänge, verbraucht der laufende Riss anfangs mehr elastische Energie. Die Rissbeschleunigung ist im Spannungs–Dehnungsdiagramm b) gezeigt. Die Spannungsrelaxation erfolgt zunächst mit derselben Steigung wie die Hookesche Gerade bei Belastung, gestrichelte Linie in Teilbild c). In Teilbild d) ist die Überlagerung mit Abb. 2.22 unter der Annahme gezeigt, dass Spannung und Dehnung für eine konstante Verschiebung aufgetragen werden. Die Fläche AOE entspricht der gesamten elastischen Verzerrungsenergie nach Belastung. Fläche AOB zeigt die für das Risswachstum freigesetzte Energie, die Griffith-Energie G_C. Im Gegensatz zu Abb. 2.108c wird hier noch zusätzlich zwischen der aufzubringenden Oberflächenenergie in Fläche AOD und kinetische Energie des Risses mit Fläche ABD unterschieden. Wächst der Riss weiter bis C, Teilbild e), verschiebt sich zwar das Verhältnis von kinetischer und Oberflächenenergie zugunsten der letzteren. Nach den Überlegungen aus Abb. 2.108 ist bei C die freigesetzte elastische Energie vollständig in Oberflächenenergie umgewandelt, jedoch besitzt der Riss noch genügend restliche kinetische Energie, um weiter in Richtung F zu laufen und neue Bruchfläche zu schaffen. In Teilbild f) sind die Verhältnisse am Ende des Rissfortschritts dargestellt: Die Fläche AOF stellt jetzt den gesamten Energieumsatz dar. Die eingangs aufgenommene kinetische Energie mit Fläche ADC erlaubt die Bereitstellung der für den zusätzlichen Rissfortschritt benötigten Oberflächenenergie mit Fläche COF. Die gesamte aufgebrachte Oberflächenenergie bemisst sich nach Fläche OADCF.

In Abb. 2.109 ist gezeigt, wie die unterkritische Rissverlängerung ruckartig mit zunehmendem Thermoschock voranschreitet und damit auch einen entsprechenden Abfall der Restfestigkeit sowohl für einen zuvor hochfesten als auch für einen geringfesten Werkstoff herbeiführt (rechte Teilbilder).

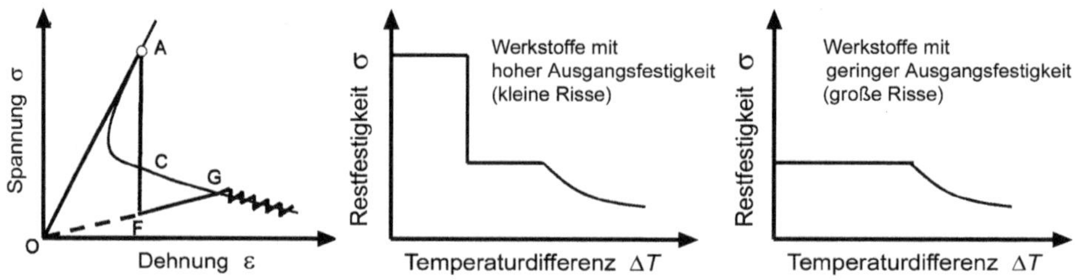

Abb. 2.109: Energieumsatz und Restfestigkeitskurven nach Thermoschock für Werkstoffe mit hoher und geringer Ausgangsfestigkeit.

Thermische Zyklierung

Wenn man annimmt, dass sich beim Rissfortschritt die verschiedenen Eigenschaftswerte nicht wesentlich ändern, dann lässt sich aus der um die Temperaturabhängigkeit erweiterten Gl. (2.109)

$$\frac{\mathrm{d}l}{\mathrm{d}t} = AK_\mathrm{I}^n \cdot \exp\left(\frac{Q}{\mathrm{R}T}\right) \tag{2.164}$$

eine Beziehung für die Temperaturdifferenz ΔT_M ableiten, bei der nach M Abschreckungen Bruch eintritt. Für eine andere Abschreckzahl M' oder eine andere Temperaturdifferenz $\Delta T'_\mathrm{M}$ gilt dann mit n aus obiger Gleichung:

$$\frac{M}{M'} = \left(\frac{\Delta T'_\mathrm{M}}{\Delta T_\mathrm{M}}\right)^n . \tag{2.165}$$

Diese Beziehung zur thermischen Zyklierung lässt sich weiter ausbauen unter Berücksichtigung der Weibull-Statistik. Man erhält dabei Aussagen, die denen zur Lebensdauer t_F gleichen, wobei t_F jetzt M und σ jetzt ΔT_M entspricht (siehe Kapitel 2.6).

Um die Wärmespannungs- und Thermoschockparameter zusammenzufassen, bedarf es noch der Einführung von R''', dem vierten Wärmespannungsparameter, der sich aus dem Bruchwiderstand K_{Ic}, der Temperaturdifferenz ΔT und der Wärmeleitfähigkeit λ ableitet:

$$R''' = \frac{K_{Ic} \cdot \lambda \cdot \Delta T}{\alpha E} \quad \text{mit } [\text{W·K·m}^{-1/2}]. \tag{2.166}$$

Er berücksichtigt dabei den Rissfortschritt unter den Lastgrößen, wobei aber ähnlich wie bei R' die Wirkung der Wärmeleitfähigkeit positiv einfließt.

In Tabelle 2.11 sind nochmals alle Wärmespannungs- bzw. Thermoschockparameter aufgeführt zusammen mit den Möglichkeiten, eine Werkstoffoptimierung durchzuführen.

Tab. 2.11: Wärmespannungsparameter und Optimierungsstrategien.

	Beanspruchung $\sigma = E\alpha\Delta T$	**Werkstoffoptimierung**	
Thermoschock-parameter	$R = \frac{\sigma(1-\nu)}{\alpha E}$	$\alpha \swarrow$	Mischkristallbildung,
	$R' = \frac{\sigma(1-\nu)}{\alpha E}\lambda$	$E \swarrow$	Phasenbestand, Porosität, Texturen
	$R'' = \frac{\sigma(1-\nu)}{\alpha E}\frac{\lambda}{c_p\rho}$	$\lambda \nearrow$	Korngrenzen, Verunreinigungen Porosität
	$R''' = \frac{K_{Ic}\Delta T}{\alpha E}\lambda$	$K_c \nearrow$	Gefüge, innere Spannungen
	$R'''' = \frac{2E\gamma}{\sigma^2} = \frac{K_c^2}{\sigma^2}$	$\sigma_c \nearrow$	Korngröße, Gefügedefekte
	$R_{ts} = \sqrt{\frac{\gamma}{\alpha^2 E}}$	$\gamma \nearrow$	Rissablenkung, Rissverzweigung, Rissüberbrückung, Pull-out u. a.
	$R^{Kr} = \frac{\sigma(1-\nu)}{\alpha\eta}$	$\eta \swarrow$	Viskosität der Korngrenzenphase erniedrigen. Andere Hochtemperatureigenschaften verschlechtern sich!

Untersuchungsmethoden

Zur experimentellen Bestimmung der TWB gibt es mehrere Methoden. Generell werden die Proben auf eine obere Temperatur T_0 gebracht, mittels eine Haltezeit vollständig durchwärmt und dann möglichst schnell auf eine niedrigere Temperatur gebracht, meistens durch Tauchen in ein flüssiges Abschreckmedium [167]. So werden unabhängig von der Geometrie der Probe in deren Innerem Druckspannungen und an ihrer Oberfläche Zugspannungen erzeugt. Am einfachsten ist danach die Sichtprüfung auf Risse oder Bruch, wobei Abplatzungen durch Kontrolle des Gewichts ermittelt werden können. Eine Tränkung der Probe mit stark färbenden oder fluoreszierenden Flüssigkeiten unter Vakuum erleichtert das Auffinden feinster Haarrisse. DIN 51068 [142] beschreibt die Abschreckung von feuerfesten Steinen von 950 °C, wobei dieser Vorgang so oft wiederholt wird, bis Bruch eintritt oder eine Mindestbeanspruchung nicht mehr ertragen wird. Die Abschreckung kann dabei durch Tauchen in Wasser oder Anblasen mit Druckluft erfolgen. Mit Luft kühlt auch Bock [168] seine Proben aus sehr verschiedenen silicatkeramischen Massen, die u. a. in Tabelle 2.12 aufgeführt sind. Seine TWB resultiert als Restfestigkeit der von 800 °C abgeschreckten Stäbe in Prozent der Anfangsfestigkeit. In Tabelle 2.12 sind außerdem noch die entsprechenden Eigenschafts- und R- und R'-Werte angegeben. Man erkennt daraus, dass vor allem eine niedrige Wärmedehnung und eine hohe Wärmeleitfähigkeit zu einem verbesserten Thermoschockverhalten beitragen. Ferner ist aus der Tabelle 2.12 sowie aus Abb. 2.110 abzulesen, dass der zweite Wärmespannungsparameter R' am besten mit der TWB korreliert, wozu man aber das Gefüge berücksichtigen muss. Große Streuungen sind oft durch die komplizierten Vorgänge während der Abschreckung bedingt. Neben Luft und Wasser werden auch Öle und Salzschmelzen eingesetzt. Eine statistische Auswertung ist daher wichtig [169, 170].

Tab. 2.12: TWB-Werte und Wärmespannungsfaktoren einiger keramischer Werkstoffe nach Bock [168] σ_c = Biegefestigkeit, E = Elastizitätsmodul, $\alpha_{200/600}$ = Ausdehnungskoeffizient, λ = Wärmeleitfähigkeit.

Werkstoff	σ_c MN/m^2	E GN/m^2	$\alpha_{200/600...1000}$ $10^{-6}\,K^{-1}$	λ W/(m·K)	R K	R' W/m	$R'''/\Delta T$ $W\,m^{-1/2}$
Hartporzellan	90	82	6,2	1,5	142	213	6
Cordieritmasse	140	101	2,9	2,2	382	840	19
Feinschamotte	110	98	5,1	2,1	176	370	6
Mullitporzellan	140	116	4,5	2,0	215	430	8
Al_2O_3, 85 %ig	320	297	7,6	7,7	113	870	13
Al_2O_3, 92 %ig	360	291	7,7	8,2	129	1058	43
Diamant	1000	1000	0,8–1,5	$1–2 \cdot 10^3$	10^4	10^6	10^4
Siliciumcarbid	350	480	4,5–4,8	60–150	195	19500	211
Siliciumnitrid	800	440	3,2–3,5	32–35	500	17000	195
Titandiborid	600	560	6,5–8,5	65–120	95	9500	129
Borcarbid	350	450	4,2–4,5	40–45	180	7600	53
Wolframcarbid	400	710	5,2–6,0	100–120	41	4500	181
Titancarbid	400	600	7,4–7,7	33–35	58	2030	39
Zirconiumdioxid, 3YTZP	1200	220	8–10	1,7–2,2	220	400	7

Beim Abschrecken in Wasser können Störungen durch die Bildung von Wasserdampfblasen eintreten, die den Wärmeübergang hemmen (Leidenfrostsches Phänomen) und sich besonders dann bemerkbar machen, wenn man die Rissbildung während des Abschreckens mit der Messung der Schallemission verfolgen will. Schillalies u. M. [171] konnten dies durch Abschrecken in einer Schmelze aus Wood-Metall, einer bei 60 °C schmelzenden Legierung aus (in Masse-%) 50 % Bi, 25 % Pb, 12,5 %

Sn und 12,5 % Cd, vermeiden und dadurch feststellen, dass beim Abschrecken von Sinterkorund mit $\Delta T < \Delta T_c$ keine Risse entstehen. Diese Methoden sind allerdings nicht geeignet, quantitative Aussagen zu thermoelastischen oder bruchmechanischen Einflussgrößen zu machen, da die im Augenblick des Thermoschocks auftretenden Temperatur- und Wärmespannungsfelder nicht experimentell bestimmt, sondern nur mit Finiten-Element-Methoden simuliert werden können.

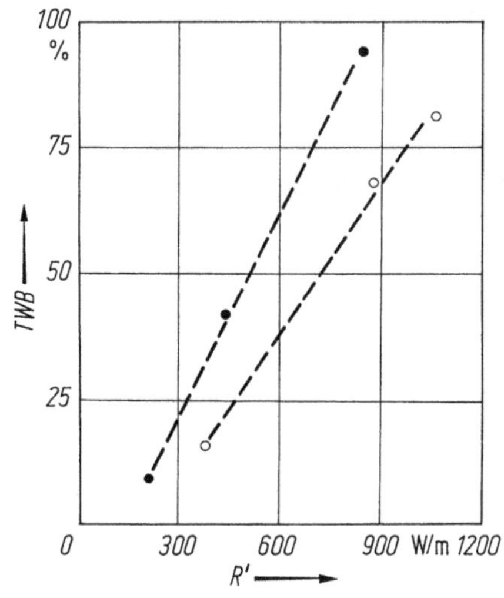

Abb. 2.110: Abhängigkeit der TWB (mittels Luftabschreckung) vom Wärmespannungsfaktor R'. •: Werkstoffe mit viel Glasphase, ∘: Werkstoffe mit wenig Glasphase. TWB-Angabe in Prozent der Ausgangsfestigkeit.

Oft sind auch die Temperaturabhängigkeit der elastischen Konstanten, der Festigkeit und Bruchzähigkeit oder die Wärmeübergangszahl nicht bekannt [172]. Es lassen sich im abgeschreckten Zustand folgende Anschlussmessungen an den Proben durchführen:

- Bestimmung der Restfestigkeit im Biege- oder Zugversuch,
- Bestimmung des dynamischen Elastizitätsmoduls und der Dämpfung der Schwingungsamplituden,
- licht- und rasterelektronenmikroskopische Charakterisierung der Proben.

Wünschenswert wäre ein Prüfverfahren, mit dem man unter thermischer Zyklierung direkt Festigkeit, Bruchwiderstand und unterkritische Risswachstumsparameter messen könnte. Schneider hat daher eine neue Thermoschockapparatur aufgebaut, bei der eine dünne, scheibenförmige Probe spannungsfrei so gelagert wird, dass sie in der Mitte durch zwei gegenüberstehende Halogenlampen erhitzt werden kann, ohne dass Wärme über die zwei punktuellen Halterungen abfließen kann [173–175]. Es wird damit ein instationäres radialsymmetrisches Temperaturfeld erzeugt, das über ein Pyrometer ausgemessen wird. Da die Probenmitte heißer ist als der Randbereich, unterliegt der Kern einer Dehnungsbehinderung. Das dabei hervorgerufene Spannungsfeld ist identisch mit demjenigen beim Abkühlen einer zylindrischen Probe, welches aus numerischer Simulation bekannt ist [173, 176]. Nachdem die mechanische Bearbeitung des Probenrandes sehr aufwendig ist und rissauslösende Defekte nicht völlig vermieden werden können, hat es sich bewährt, eine Kerbe bekannter Länge radial einzubringen. Somit ist die Stelle für die Rissausbreitung vorgegeben, was wiederum die direkte Beobachtung des unterkritischen Rissfortschritts bzw. die Bestimmung der lokalen, temperaturabhängigen Bruchzähigkeit erlaubt. Der exakte Versagenszeitpunkt kann über Schallemissionsmessung festgestellt werden. Die Bilder Abb. 2.111 und Abb. 2.112 zeigen den Versuchsaufbau sowie eine Scheibe mit 13 mm Durchmesser nach Thermoschock [175]. In Abb. 2.113 ist für eine 0,67 mm dicke SiC- bzw. Si_3N_4-Scheibe die elastische Energie als Funktion der Risslänge und der Aufheizdauer dargestellt, in Abb. 2.114 der entsprechende Verlauf des kritischen Spannungsintensitätsfaktor für Thermoschock.

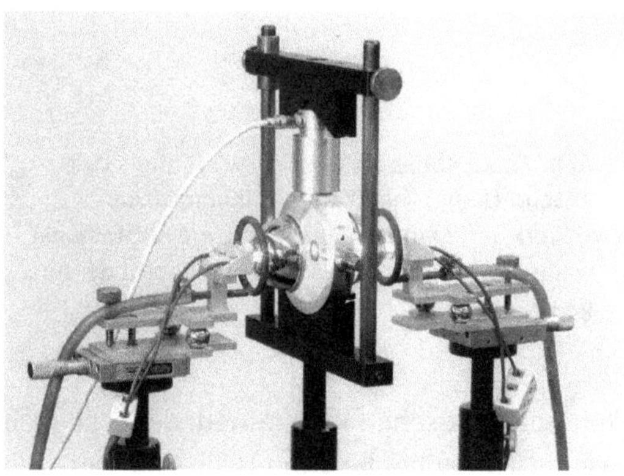

Abb. 2.111: Thermoschockprüfstand nach Schneider [175].

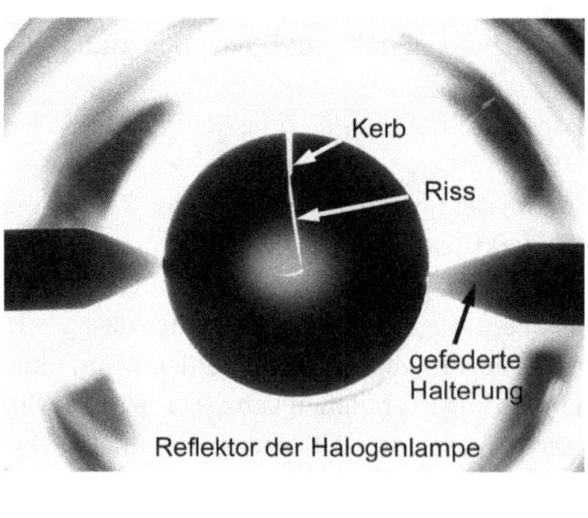

Abb. 2.112: Zentral erwärmte Scheibe mit Kerb und Rissfortschritt. Scheibendurchmesser 13 mm [173].

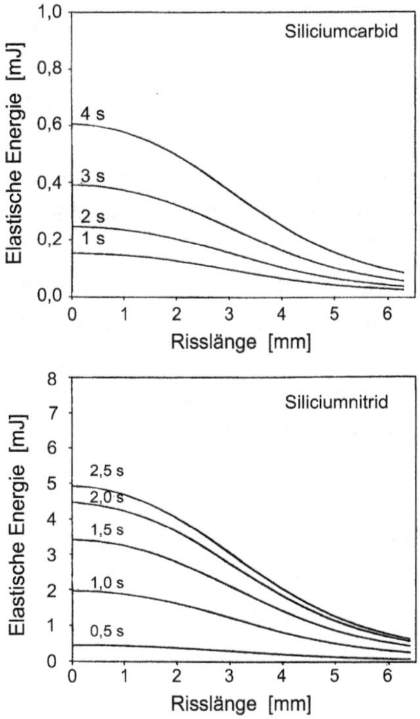

Abb. 2.113: Berechnete elastische Energie als Funktion der Risslänge durch Aufheizen auf 1300 °C innerhalb verschiedener Zeiten [175].

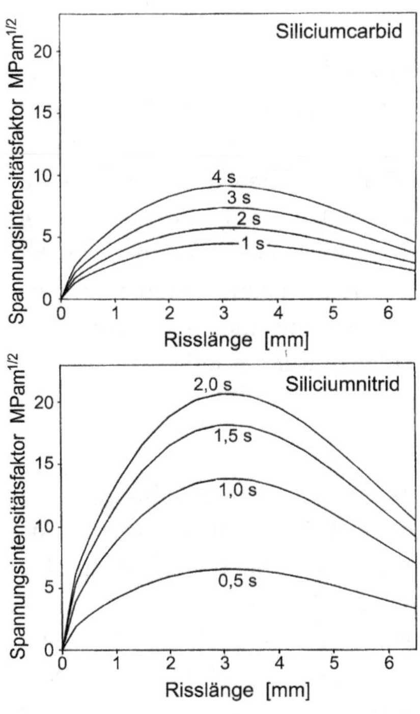

Abb. 2.114: Berechnete Spannungsintensitätsfaktoren als Funktion der Risslänge nach Aufheizen auf 1300 °C [175].

Weitere Untersuchungsmethoden, die sich mit der Bestimmung des dynamischen E-Moduls bei hohen Temperaturen befassen, befinden sich in der Entwicklung. Zwar sind Verfahren nach der Puls-Echo-Methode bei Raumtemperatur seit langem etabliert, allerdings bedarf ihre quantitative Interpretation in Bezug auf innere Gefügeschädigungen durch unterkritisches Risswachstum insbesondere bei heterogenen Werkstoffen und bei hohen Temperaturen noch intensiver Forschung. Diese Methoden beruhen auf der pulsartigen Anregung einer balkenförmigen Probe, die auf zwei Auflagern so platziert ist, dass sie durch einen Hammer oder durch Beschuss mit einer Kugel in Resonanzfrequenz versetzt werden kann. Aus der Laufzeit der Transversal- und Longitudinalwellen lassen sich der E-Modul und die Poisson-Zahl bestimmen. Die Dämpfung gibt Informationen über die Innere Reibung im Gefüge, also über Defekte und Inhomogenitäten aller Art. Durch den Versuchsaufbau sind Messungen bei Temperaturen bis über 2000 °C (im Vakuum) oder bis 1750 °C an Luft möglich. Auch lassen sich die Anlagen thermisch zyklieren bzw. einem gelinden Temperaturwechsel aussetzen [177–181]. Die Korrelation mit den Gefügeveränderungen lässt sich bislang nur in Kombination mit weiteren Prüfmethoden herstellen, so z. B. mit der Schallemissionsanalyse, mit Computer-Tomographie, mit Rasterelektronenmikroskopie oder mit Restfestigkeitsmessungen.

2.9.5 Verformungsmechanismen bei Einkristallen

Wie bereits in Kapitel 2.1 angedeutet wurde, besitzen keramische Phasen bedingt durch ihre starken ionischen und kovalenten Bindungen, der gegenüber Metallen niedrigeren Kristallsymmetrie sowie der großen Burgers-Vektoren keine Verformbarkeit bei Raumtemperatur, weshalb ihr mechanisches Verhalten mit Ausnahme der Härte oder unter tribologischen Bedingungen sehr gut mit der linear-elastischen Bruchmechanik beschrieben werden kann. Dennoch beobachtet man bei sehr hohen Temperaturen und mehrachsiger Belastung sowie geringen Lastraten auch bei grobkörnigen Gefügen Phänomene wie Versetzungsbildung und -bewegung sowie Zwillingsbildung, die im Folgenden genauer beschrieben werden sollen.

Versetzungen

Reine Ionenkristalle mit hoch symmetrischen Kristallstrukturen (z. B. kubischer NaCl-Typ) können bei sehr geringen Lastraten auf speziellen, dicht mit Ionen besetzten Ebenen entlang bestimmter Burgers-Vektoren verformt werden, die ein Abgleiten ohne dauerhafte Ladungstrennung und damit ohne Bruch ermöglichen (Abb. 2.3 und 2.4 in Kapitel 2.1). Dabei betragen die Längen der Burgers-Vektoren oftmals die Abmessungen der ganzen Elementarzelle. Da die zur Versetzungsbewegung erforderliche Schubspannung, die sogenannte Peierls-Spannung σ_P, exponentiell vom Abstand der Gleitebenen d und vom Burgers-vektor b abhängt, liegt sie deutlich höher als bei Metallen:

$$\tau_P = \frac{2G}{1-\nu} e^{\left(\frac{2\pi d}{(1-\nu)b}\right)}. \tag{2.167}$$

Bedingt durch die Verringerung der Häufigkeit der potentiellen Gleitsysteme bei nichtkubischen Kristallsystemen ist also in vielen Fällen das von-Mises-Kriterium nicht erfüllt, das für die plastische Verformung mindestens fünf voneinander unabhängige Gleitsysteme fordert.

Nachdem die Verformbarkeit beim NaCl schon seit längerer Zeit bekannt war, wurde sie auch beim ebenfalls kubischen MgO festgestellt. So beobachteten Gorum et al. [182] an Periklas-Einkristallen bei Raumtemperatur nach Überschreitung einer kritischen Spannung von etwa 170 MPa eine Verlängerung bis zu 20 %. Der Mechanismus des Gleitens erfolgt durch Versetzungsbewegungen (Band 1) entlang bestimmter Gitterebenen. Diese sind meist dicht mit Ionen besetzt, beim kubischen Gitter also die Ebene {110}. Die Gleitrichtung wird dadurch bestimmt, dass bei der Bewegung jedes Ion möglichst schnell wieder seine richtige Lage findet und auf diesem Weg möglichst nicht direkt an gleichgeladenen Ionen vorbeikommt. Damit ergibt sich beim kubischen Gitter als Gleitrichtung $\langle 1\bar{1}1 \rangle$. Gleitebene und Gleitrichtung bilden ein Gleitsystem. Meist sind genügend Versetzungen vorhanden, anderenfalls müssen sie erst gebildet werden, was eine höhere Energie erfordert, d. h. eine höhere Fließgrenze bewirkt. Die Gleitgeschwindigkeit ist abhängig von der Zahl der Versetzungen und deren Wanderungsgeschwindigkeit. Somit ist das Gleiten stark strukturabhängig, und die Messergebnisse können sehr variieren. Stokes und Li [183] konnten zeigen, dass MgO-Einkristalle mit sehr sauberer Oberfläche rein elastisches Verhalten bis über 1100 MPa Zugspannung aufweisen, während bei Oberflächen mit Fehlstellen schon ab 70 MPa plastisches Fließen einsetzen kann. Die Fließgrenze nimmt mit steigender Temperatur ab, während ein steigender Gehalt an geringen Verunreinigungen die Fließgrenze erhöht, da an diesen die Versetzungen festgehalten werden. Da ein Anstieg der Fließgrenze gleichbedeutend mit einem Anstieg der Festigkeit ist, können also geringe Verunreinigungen die Festigkeit erhöhen. Während des Fließens kann es ebenfalls zu einer Hemmung der Wanderungsgeschwindigkeit der Versetzungen, also zu einer Verfestigung kommen, wie dies von Metallen her bekannt ist. Versetzungen lassen sich durch chemisches oder thermisches Ätzen der Oberfläche sichtbar machen.

Spröd-duktil-Übergang bei Saphir-Einkristallen

Beim Al_2O_3 mit seiner trigonal-rhomboedrischen Struktur wird dem Gleiten größerer Widerstand entgegengesetzt, so dass es einer gewissen thermischen Anregung bedarf. An Einkristallen wurde daher plastisches Fließen erst oberhalb 900 °C beobachtet. Gemäß den bahnbrechenden Experimenten von Kronberg und Wachtman aus den Jahren 1957 bis 1962 [184–187] sind beim Saphir die Basalfläche {0001} die Hauptgleitebene und die Rhomboederrichtung $\langle 11\bar{2}0 \rangle$ die Hauptgleitrichtung. Abbildung 2.115

zeigt die klassische Versuchsanordnung mit der 45°-Orientierung der Basalfläche relativ zur uniaxialen Lasteinleitung. Die gemessene Last-Dehnungskurve unterscheidet sich prinzipiell nicht von denjenigen der Metalle (Abb. 2.116). Ihre Aussagen sollen hier kurz behandelt werden. Im Bereich a) verhält sich das Material rein linearelastisch und folgt der Hookeschen Gerade. mit der Steigung $\sigma/\varepsilon = E$, Elastizitätsmodul. Bei σ_{so} ist die obere Streckgrenze erreicht, die in der Metallkunde auch mit R_{eH} bezeichnet wird. Ein für die Konstruktion wichtiger Wert für Metalle ist die Dehngrenze $R_{p0,2}$, bei welcher 0,2 % plastische Dehnung zugelassen ist (Abb. 2.116). Bei Überschreiten der oberen Streckgrenze kann es zu einem schnellen Abgleiten von Versetzungen kommen, sodass die anliegende Lastspannung rasch sinkt, bis die untere Streckgrenze σ_{su} bzw. R_{eL} erreicht ist. Bei duktilen Metallen wie den unlegierten Stählen setzt dann die sogenannte Lüders-Dehnung ein, die durch eine sich ruckartig einpendelnde Verformung auf konstantem Lastniveau gekennzeichnet ist und auf koordinierte Gleitbewegungen entlang von Lüders-Bändern zurückzuführen ist. Danach kommt es zum Aufstauen von Versetzungen an den Korngrenzen, die zur Verformung benötigten Spannungen steigen an; das Material verfestigt sich wieder. Es folgt ein Abschnitt c) des stationären Fließens mit nahezu konstanter Dehnrate. Bei Metallen wird hier die Maximalspannung, die Zugfestigkeit R_m, erreicht, danach erfolgt Einschnürung, also die Verringerung des Querschnittes des Probenstabes. Danach fließt das Material mit abnehmender Lastspannung bis zum Bruch, der üblicherweise durch ein Kreuz x gekennzeichnet wird.

In Kronbergs Versuchen wurde ein etwa 50 mm langer Kristallstab bei Temperaturen zwischen 1260 und 1670 °C kontinuierlich gezogen und die dabei auftretende Verlängerung und Spannung gemessen. Danach ist zunächst rein elastisches Verhalten zu beobachten, bis bei 70 MPa das Fließen einsetzt und die Spannung dadurch erniedrigt wird. Es stellt sich dann eine neue untere Fließgrenze ein, wobei das Verhältnis von oberer zu unterer Fließgrenze ≈ 2 ist.

Mit sinkender Temperatur nehmen beide Werte zu, bis eine Temperatur erreicht wird, bei der die obere Fließgrenze die Zugfestigkeit erreicht. Diese Temperatur hängt von der Ziehgeschwindigkeit ab. Es lassen sich die obere und untere Streckgrenze bestimmen, eine Art Lüders-Dehnung sowie Verfestigung (Abschnitt d) in Abb. 2.116) bis zum Bruch bei σ_t, der Bruchspannung, feststellen. Der scharfe Umkehrpunkt zwischen oberer und unterer Streckgrenze wird dabei eher durch das Erfordernis der Versetzungsgenerierung erklärt als durch die Lösung der Versetzungen von Verankerungspunkten wie bei der Lüders-Dehnung. Damit entspricht die am Saphir gemessene Last-Dehnungskurve nahezu exakt derjenigen, die von Metallen bekannt sind. Es gibt also für jede Dehnrate eine kritische Temperatur, bei der schlagartig ein Übergang von duktilem zu sprödem Verhalten eintritt (Abb. 2.117 und 2.118). Zur Einstellung eines plastischen Verhaltens bedarf es also einer hohen Temperatur oder einer kleineren Belastungsrate. Abbildung 2.119 zeigt dies für die aufbereiteten Daten von Kronberg.

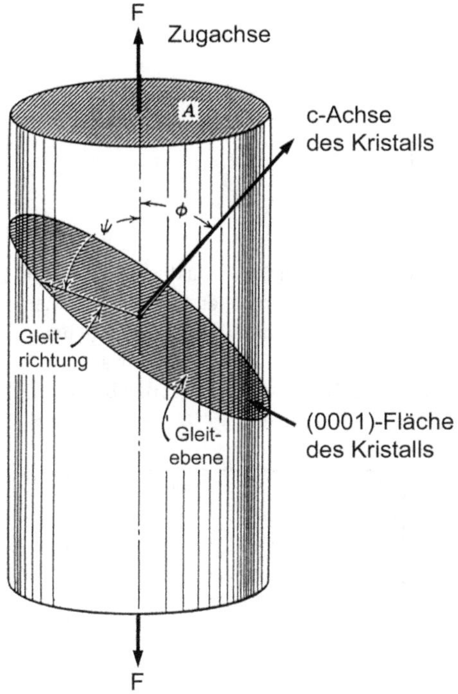

Abb. 2.115: Einkristallzugversuch von Kronberg [184, 185].

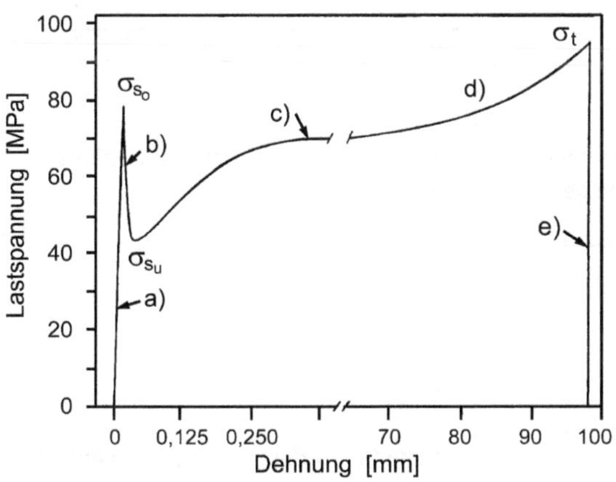

Abb. 2.116: Fließkurve eines Al_2O_3-Einkristalls bei 1500 °C bei kontinuierlicher Verlängerung von 0,5 mm/min nach Kronberg [184, 185]: (a) linear-elastischer Bereich nach Hooke-Gesetz, (b) Lastabfall durch Lüders-Gleiten, (c) stationäres Fließen, (d) Verfestigung, (e) Bruch.

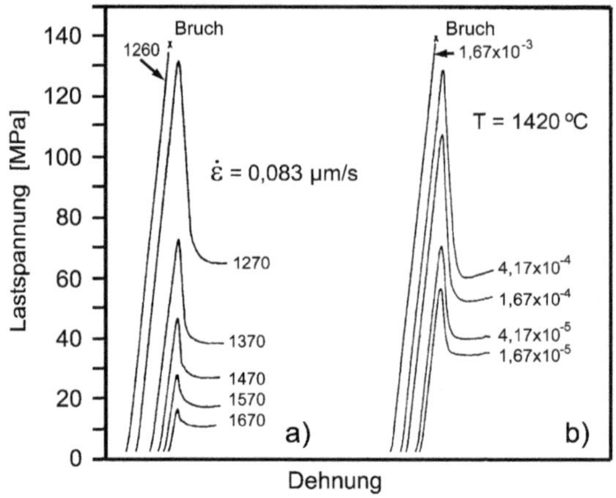

Abb. 2.117: Spröd-duktil-Übergang von Saphir-Einkristallen (a) bei konstanter Lastrate. Temperaturen in °C, (b) bei konstanter Temperatur, Lastraten in 1/s. Das Kreuz markiert den Bruch, nach [184, 185].

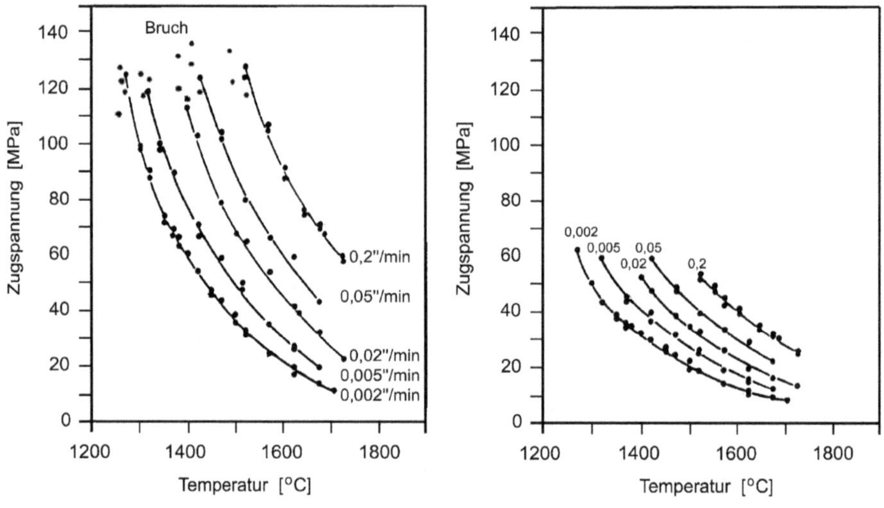

Abb. 2.118: Lage der oberen (links) sowie der unteren (rechts) Fließgrenze bei konstanter Dehnrate (in inch/min angegeben) in Abhängigkeit von der Temperatur [184, 185].

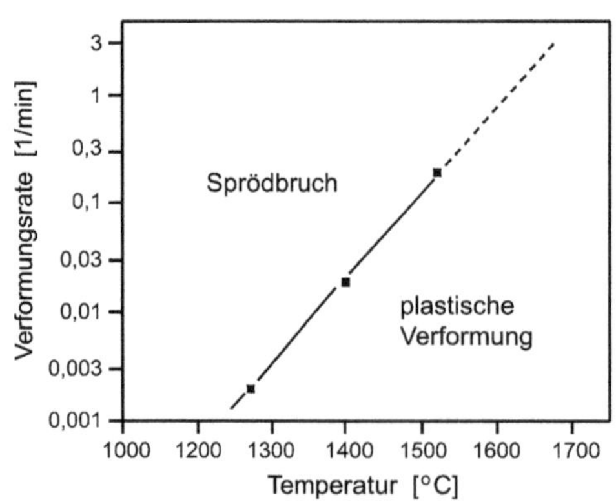

Abb. 2.119: Spröd-duktil-Übergang in Abhängigkeit von Verformungsrate und Temperatur für Saphir-Einkristalle. Daten nach den Messungen nach Kronberg. Es kann interpoliert werden, dass der spröd-duktil-Übergang bei 0 °C bei einer Verformungsrate von 10^{-10} 1/min und bei 2000 °C bei 100 1/min liegt.

Dieser spröd-duktil-Übergang ist für Silicium-Einkristalle im Hinblick auf die Wafer-Bearbeitung gut untersucht worden. Bei der kritischen Übergangstemperatur T_0 wird die Peierls-Spannung durch thermische Aktivierung überwunden, d. h. die kritische Schubspannung nimmt mit zunehmender Temperatur ab. Damit wird die Streckgrenze kleiner als die Bruchspannung. Umgekehrt steigt die Übergangstemperatur mit steigender Peierls-Spannung an. Bei Gottstein [188] oder in anderen metallphysikalischen Lehrbüchern sind diese Zusammenhänge näher beschrieben. Geht man davon aus, dass die Überwindung der Peierls-Spannung das einzige Hindernis für die Versetzungsbewegung darstellt, so stellt die Aktivierungsenergie $\Delta G(0)$ bei 0 K einen Mittelwert aus der Linien-Energie $E_L \approx 1/2Gb^2$ und der Peierls-Energie

$$E_P = T_P b^2/(2\pi) \tag{2.168}$$

dar:

$$\Delta G(0) = \frac{4b}{\pi}\sqrt{E_P E_L}. \tag{2.169}$$

Ohne äußere Lastspannung liegt die thermische Aktivierungsenergie also bei

$$\Delta G(0) = \frac{4b}{\pi} \cdot \frac{b}{\sqrt{2\pi}}\sqrt{\tau_P E_L}. \tag{2.170}$$

Bei Vorhandensein einer Lastspannung $\tau < \tau_P$ reduziert sich die thermische Aktivierungsenergie auf

$$\Delta G(0) = \frac{4b}{\pi} \cdot \frac{b}{\sqrt{2\pi}}\sqrt{(\tau_P - \tau) \cdot E_L}. \tag{2.171}$$

Da die Gleitgeschwindigkeit $\mathrm{d}y/\mathrm{d}t$ der Versetzung

$$\frac{\mathrm{d}y}{\mathrm{d}t}(T) = \frac{\mathrm{d}y}{dt}(0) \cdot \mathrm{e}^{(-\frac{\Delta G(T)}{kT})} \tag{2.172}$$

beträgt, ergibt sich für die kritische Schubspannung bei T

$$\tau(T) = \tau_P - AT^2\left(\ln\frac{\frac{\mathrm{d}y}{\mathrm{d}t}(T)}{\frac{\mathrm{d}y}{\mathrm{d}t}(0)}\right)^2. \tag{2.173}$$

Somit nimmt die kritische Schubspannung mit T^2 ab. Übersteigt die Lastrate die Gleitgeschwindigkeit bzw. die Bildungsgeschwindigkeit der Versetzungen und sind keine sekundären Verformungsmechanismen zu aktivieren, so führt die erzwungene Verformung zum Bruch. Dies erklärt die prägnante Abhängigkeit des spröd-duktil-Übergangs von der Belastungsgeschwindigkeit. Im Falle des Siliciums fanden Samuels, Roberts u. Hirsch [189], dass die Bildungsrate von Versetzungen im Bereich laufender Risse hierfür ausschlaggebend ist. Es kann sogar zu einer Abschirmung der Rissspitze von Spannungen kommen, indem ein kleines Volumen vor der Rissspitze Versetzungen bildet und mobilisiert. Dies ließ sich anhand von Ätzversuchen nach der Verformung unter kritischen Temperaturbedingungen zeigen. Im Falle der keramischen Phasen sind gegenüber den Metallen wesentlich weniger natürliche Versetzungen in den Kristallen enthalten, so dass erst Versetzungsquellen aktiviert werden müssen. Insbesondere ist der Nachweis einer Versetzungsgenerierung *vor* einer Rissspitze trotz zahlreicher Bemühungen nicht überzeugend gelungen, wohl aber unterhalb von Vickers- oder Knoop-Härteeindrücken, wie das Abb. 2.97 zeigt.

Bereits in der 1930er bis 1950er Jahren wurde die empirische Regel angewandt, dass für den spröd-duktil-Übergang der Quotient aus Kompressionsmodul (Bulk-Modul) B und Schubmodul G ausschlaggebend sei [190]. Das Symbol B für den Kompressionsmodul wird hier verwendet, um Verwechslungen mit dem Spannungsintensitätsfaktor K auszuschließen. B/G liegt für keramische Phasen <0,5 und für duktile Metalle bei >1,8 (B/G für Be = 0,87; Zn = 1,59; Rh = 1,76; Ni = 2,52; Cu = 3,0; Ag = 3,44; Au = 6,14; Pb = 7,37). Ein gleicher Anteil an sprödem und duktilem Verhalten soll bei $B/G = 1{,}8$ liegen. Diese Angaben gelten aber nur für den absoluten Nullpunkt, also 0 Kelvin. Kontinuumsmechanisch kann auch das Verhältnis der Bruchenergie (Griffith-Energie $G_c = K^2/E = 2\gamma_{sv}$) zur Verformungsenergie $G \cdot b$ herangezogen werden. Bei $G_c/G \cdot b < 1$ tritt Bruch ein, bei $G_c/G \cdot b > 1$ eher Fließen. Heute lassen sich die Bulk-Moduli über quantenmechanische Ab-initio-Methoden berechnen. Damit wird das Materialverhalten (bei 0 K) vorhersagbar und man kann Phasen und Kristallstruktur entsprechend auswählen. Beispiele von Nitriden zeigen z. B. Musič und Schneider [191].

Bei Ionenkristallen bzw. kovalent gebundenen Materialien müssen noch die bindungsmäßigen Besonderheiten an den Versetzungsenden berücksichtigt werden (Abb. 2.120). Bedingt durch Ladungsanhäufungen können sich Fremdionen am Versetzungsende unter Energieerniedrigung verankern, die ladungskompensierend wirken. Solche Versetzungen bedürfen zur Mobilisierung einer weiteren Aktivierung, die eine Möglichkeit für eine koordinierte Diffusion mit dem Fremdion oder seine Entkoppelung vom Versetzungsende ermöglicht.

Gleiches gilt für Leerstellen in einem der Untergitter, die entsprechend Ladungen kompensieren können. Ferner kann die Verschiebung von z. B. Ionen auf die nächste Position durch gleich geladene Ionen behindert werden, die im Wege sind. Somit bedarf der direkte Weg eines großen Energieaufwandes, die Gleitung muss über einen Umweg stattfinden. Dieser Umweg muss aus Gründen der geforderten Ladungsneutralität vom kooperierenden gegensinnig geladenen Ion mitverfolgt werden. Abb. 2.121 veranschaulicht diese Situation für die Basalebene des Korundgitters. Das O^{2-}-Ion in Position 1 könnte direkt in Position 2 gelangen, allerdings ist der Umweg über 3 energetisch günstiger. Gleichzeitig muss aber das Al^{3+}-Ion von b_1, über b_2' und b_1'' in die äquivalente Position b_2'' gleiten. Eine solche koordinierte Aufspaltung in zwei Partialversetzungen wird durch mehrachsige Spannungszustände in einer Netzebene erleichtert.

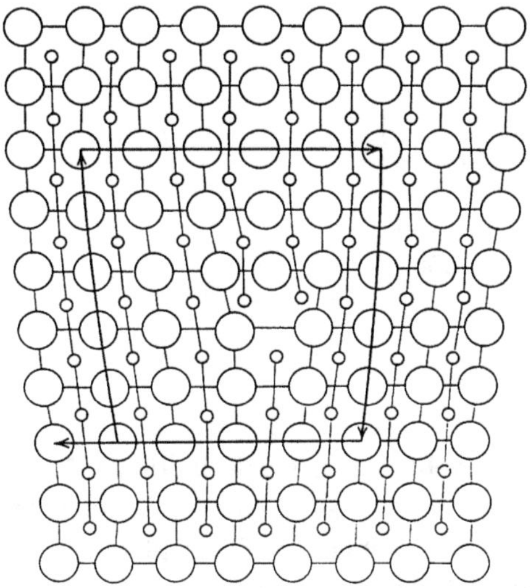

Abb. 2.120: Versetzungsende in einem kubischen Ionenkristall [3]. © John Wiley & Sons, Abdruck mit freundlicher Genehmigung.

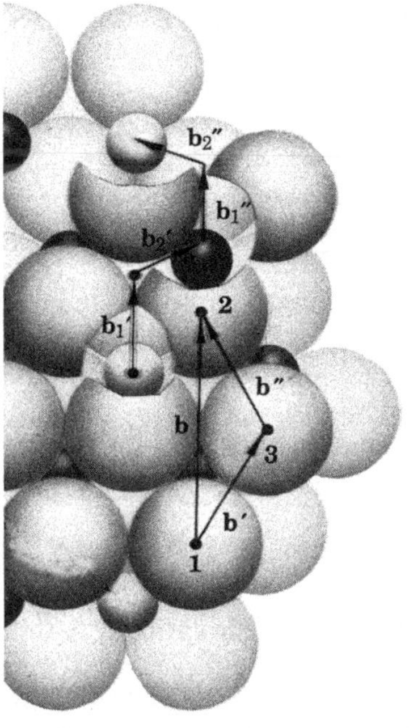

Abb. 2.121: Koordinierte Positionswechsel in der Basalebene des Korundgitters [3]. © John Wiley & Sons, Abdruck mit freundlicher Genehmigung.

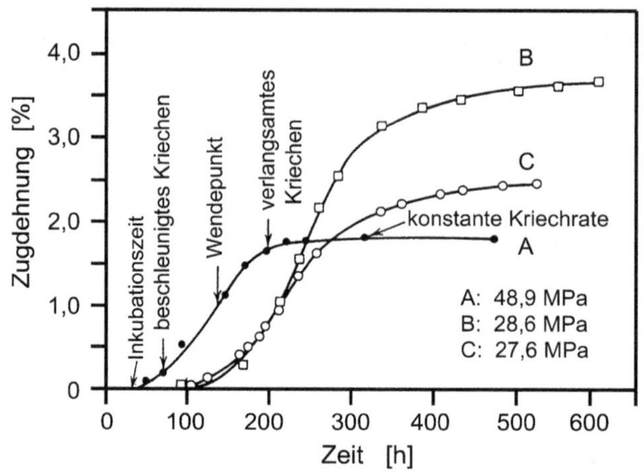

Abb. 2.122: Sigmoidales Kriechen von Saphir-Einkristallen [186].

Bei niedrigen Lastspannungsniveaus haben Wachtman u. Maxwell [186, 187] die Zeitabhängigkeit der plastischen Verformung an Saphir-Einkristallen untersucht. Sie konnten Perioden der Keimbildung (Inkubation) neben einem Beschleunigungsstadium und einem stationären Fließen mit konstanter Kriechrate unterscheiden (Abb. 2.122).

Aus diesen Untersuchungen sowie anhand von Studien der Verformungsmechanismen bei Härteeindrücken sind die bei Korund aktivierbaren Gleitsysteme inzwischen gut bekannt und in Tabelle 2.13 aufgelistet.

Tab. 2.13: Temperaturabhängigkeit der Gleitmechanismen in Al_2O_3.

Temperatur	Ebene	Richtung	Mechanismus
900 °C	$\{0001\}$	$\langle 11\bar{2}0\rangle$	Versetzungen
1100 °C	$\{0001\}$		basale Zwillinge
1200 °C	$\{0001\}$	$\langle 10\bar{1}1\rangle$	Versetzungen
>1420 °C	$\{10\bar{1}1\}$		rhomboedrische Zwillinge
>1500 °C	$\{1\bar{1}02\}$	$\langle 10\bar{1}0\rangle$	Prismengleiten
1700 °C	$\{1\bar{1}02\}$	$\langle 10\bar{1}1\rangle$	drei rhomboedrische Gleitsysteme

Einfluss von Dotierungen

Magnesiumoxid lässt sich durch Zonenschmelzverfahren sehr gut als Einkristall züchten, weshalb an diesem Beispiel das Verhalten der NaCl-Struktur oftmals untersucht worden ist. Abbildung 2.123 bringt die Spannungs–Dehnungsdiagramme von MgO und KBr im Vergleich. Im Gegensatz zum Saphir ist hierbei keine Lüders-Dehnung zu beobachten. Erwartungsgemäß weist das isotype KBr aufgrund seiner geringeren Ionenstärke (Ladung bezogen auf Ionenradius) und größeren Netzebenenabstände eine deutlich geringere Fließspannung auf als MgO. In Abb. 2.124 ist das Verhalten von MgO unter Druckspannungen für einzelne Gleitrichtungen bei 1300 °C dargestellt. Offensichtlich ist die Verformung in ‹111›-Richtung schwieriger als in ‹110›- und ‹100›-Richtung.

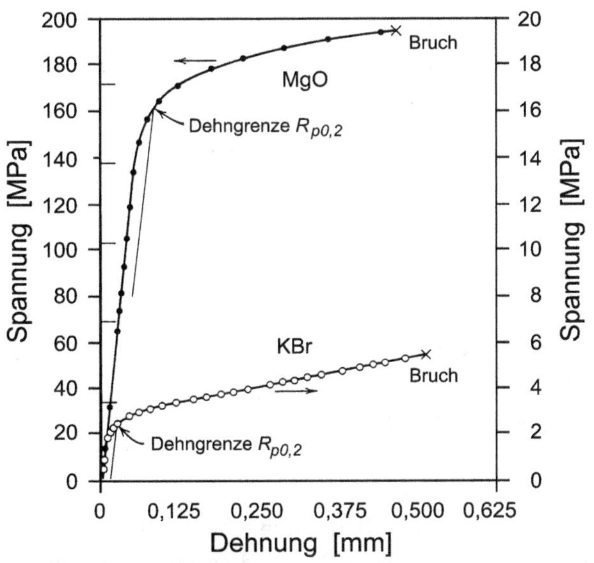

Abb. 2.123: Spannungs–Dehnungskurven für MgO und KBr [3]. © John Wiley & Sons, Abdruck mit freundlicher Genehmigung.

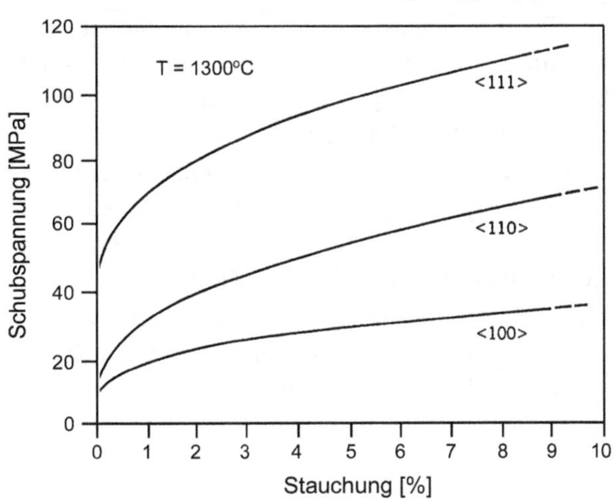

Abb. 2.124: Druckversuche an MgO-Einkristallen [3]. © John Wiley & Sons, Abdruck mit freundlicher Genehmigung.

Aus der Analogie zwischen hochsymmetrisch kristallisierenden Ionenkristallen und Metallen lassen sich auch Strategien für eine Verfestigung ableiten. So ist es durch Dotierungsmittel möglich, Versetzungen festzuhalten (engl.: *dislocation pinning*) und damit die Fließspannung zu erhöhen. In Abb. 2.125 ist NiO als Beispiel gewählt, das in MgO löslich ist und eine Erhöhung der Fließspannung bewirkt.

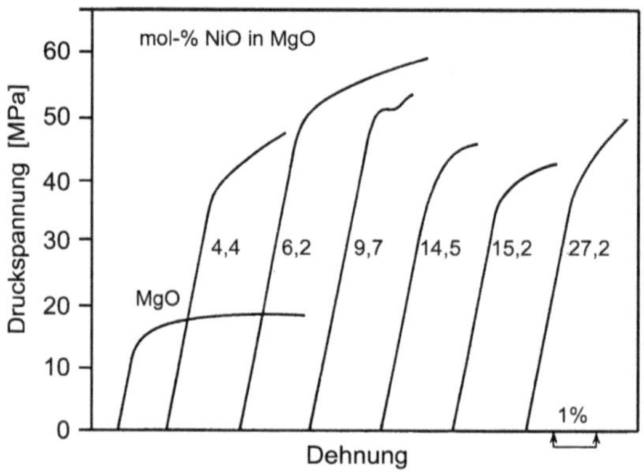

Abb. 2.125: Wirkung einer NiO-Dotierung auf das Verformungsverhalten von MgO [3].

Ferner ist es denkbar, aus übersättigten Mischkristallen durch eine Glühbehandlung bei geringeren Temperaturen Zweitphasen auszuscheiden und so eine Härtung zu erzeugen. Beispiele hierzu sind Übergangsmetallcarbide, die als Bestandteile von Hartmetallen technisch wichtig sind, oder Übergangsmetallnitride und -boride. Die Werkstoffgruppen kristallisieren im NaCl-Gitter bzw. in einer Schichtstruktur vom AlB_2-Typ (WC_{1-x} sowie Diboride) mit dichtest gepackten Netzebenen im Metalluntergitter, so dass bei höheren Temperaturen ein Härteabfall eintritt (Abb. 2.99). Durch Bor-Dotierung in TiC werden z. B. TiB_2-Ausscheidungen erzeugt, die eine Erhöhung der kritischen Schubspannungen bewirken (Abb. 2.126) [140].

Ein weiteres Beispiel für die Verbesserung der mechanischen Eigenschaften durch in-situ-Ausscheidungen stellt das System ZrO_2–Al_2O_3–MgO dar [192]. Hier können aufgrund der Bildung der Spinellphase $MgAl_2O_4$ und seiner Löslichkeit für Al_2O_3 bei einer Glühbehandlung zwischen 1300 und 1500 °C dünntafelige Al_2O_3-Ausscheidungen sowie globulare ZrO_2-Einschlüsse erzeugt werden (Abb. 2.127). Die Festigkeiten dieser Dispersionskeramiken zeigen bei Raumtemperatur zunächst ein niedrigeres Niveau als die unverstärkten Materialien, beweisen ihre Leistungsfähigkeit jedoch oberhalb 800 °C (Abb. 2.128).

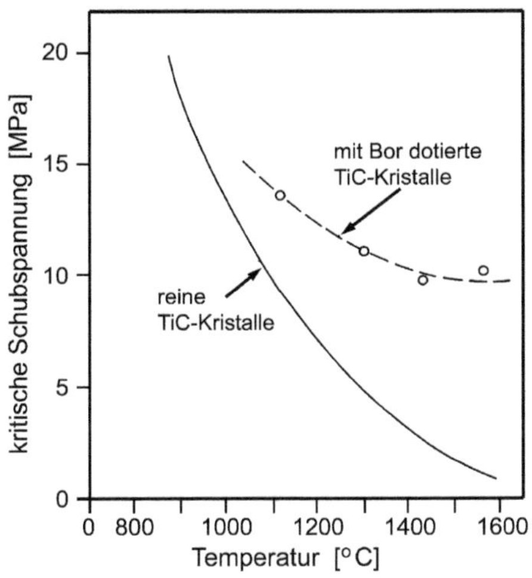

Abb. 2.126: Kritische Schubspannungswerte von TiC und B-dotiertem TiC [140].

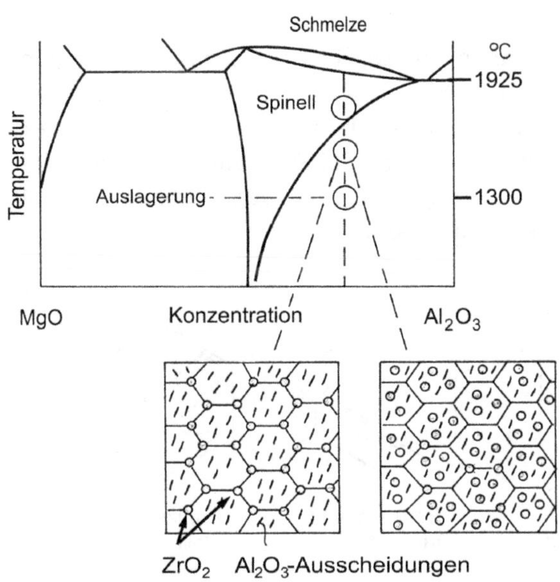

Abb. 2.127: Al_2O_3–MgO-Phasensystem mit möglichen Gefügevarianten durch in-situ-Ausscheidungen von Al_2O_3 in Spinell [192].

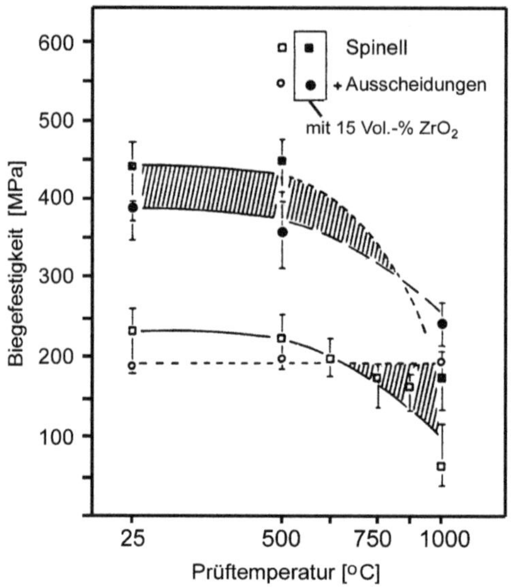

Abb. 2.128: Hochtemperaturfestigkeit von ZrO_2/Al_2O_3-verstärkten Spinell-Keramiken [192].

Reaktionen von Versetzungen, Rissbildung

Analog zu den Metallen sind auch Reaktionen zwischen Versetzungen, Korngrenzen und Ausscheidungen usw. bekannt geworden (Abb. 2.129 und 2.130). Bezogen auf Aluminiumoxid und die mechanische Beanspruchung durch den Schleifprozess seien hier entsprechende Mechanismen anhand von TEM-Aufnahmen dokumentiert (Abb. 2.131–2.133), wobei vor allem die Bildung von Gleitbänderscharen und die mit hohen Versetzungsdichten einhergehende Rissbildung auffällig sind.

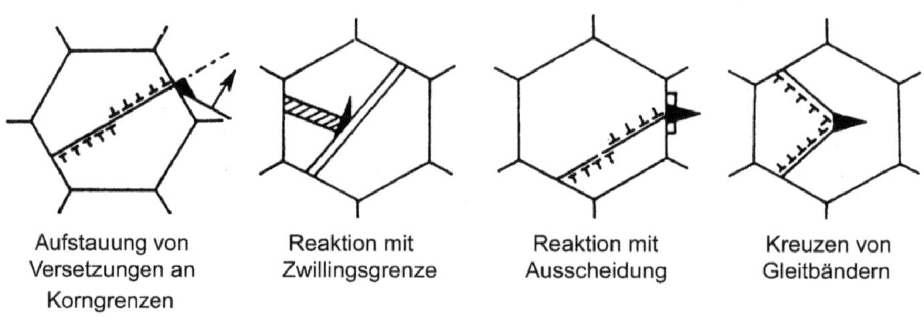

Abb. 2.129: Rissbildung im Zuge von Versetzungsreaktionen, nach J. Lankford [193].

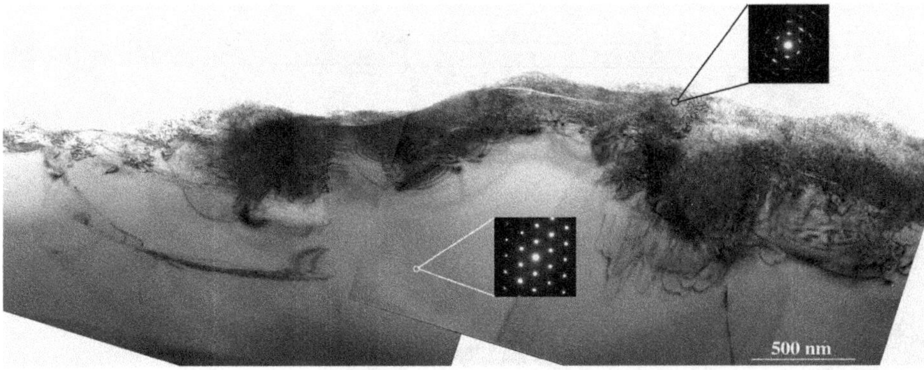

Abb. 2.130: Schnitt senkrecht durch die Randzone einer geläppten grobkristallinen Siliciumcarbid-Keramik, TEM-Aufnahme mit Blick in Richtung der Schleifriefen [194]. Die Umgebung der Riefen ist durch eine hohe Versetzungskonzentration gekennzeichnet, die sich teilweise an Korngrenzen aufstauen. Die eingeblendeten Beugungsaufnahmen zeigen das ungestörte Kristallgitter (unten) und Anzeichen starker Verformung (oben rechts).

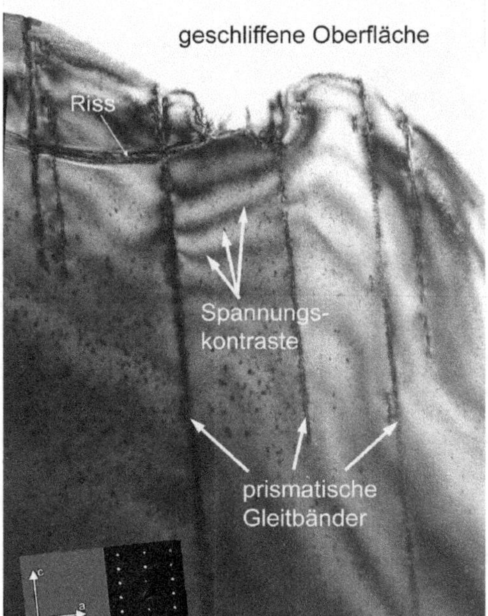

Abb. 2.131: Geschliffene Aluminiumoxid-Keramik: Spannungen im Bereich der Gleitbänder, oben: Riss-Initiierung [194].

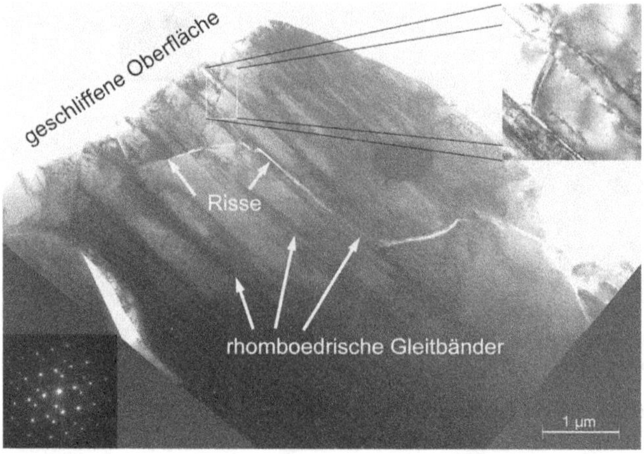

Abb. 2.132: Geschliffene Aluminiumoxid-Keramik: Treppenförmiger Spaltbruch nach den Hauptebenen des trigonal-rhomboedrischen Systems in Kombination mit Gleitbändern. Der Riss wechselt zwischen den Gleitbandscharen die Laufrichtung [194].

Abb. 2.133: Geschliffene Aluminiumoxid-Keramik: Aufstauung von Versetzungen und rhomboedrische Gleitbandsysteme an Korngrenzen mit Rissbildung [194].

2.9.6 Verformung polykristalliner Keramiken – Kriechen

Bisher wurden Beobachtungen an Einkristallen wichtiger keramischer Phasen geschildert. Aber auch bei polykristallinen Werkstoffen stellt man bei Belastungsversuchen fest, dass nach einer rein elastischen Verformung vor dem Bruch eine plastische Verformung eintreten kann, die von der Spannung, der Zeit und der Temperatur abhängig ist. Man charakterisiert ein solches Verhalten durch Fließkurven, indem man stabförmige Proben entweder kontinuierlich dehnt und die erforderlichen Spannungen misst oder die Belastung konstant hält und eine kontinuierliche Verlängerung feststellt. Dieses Fließen wird dann als *Kriechen* bezeichnet. Abbildung 2.134 zeigt schematisch eine solche *Kriechkurve*, bei der die Dehnung ε über der Zeit t für vier Temperaturen $T_1 < T_2 < T_3 < T_4$ aufgetragen wurde. ε_0 stellt darin die elastische Dehnung dar, die einer *Fließgrenze* entspricht. Daran schließen sich die Bereiche I bis III an, die als primäres (oder Übergangs-), sekundäres (oder stationäres) und tertiäres Kriechen bezeichnet werden. Dann erfolgt schließlich der Bruch. Man erkennt aus dem oberen Teil Abb. 2.134, dass im stationären Bereich eine konstante Verformungs- oder Kriechgeschwindigkeit $\mathrm{d}\varepsilon/\mathrm{d}t$ vorliegt. Mit steigender Temperatur oder höherer angelegter Spannung σ werden die Kriechkurven steiler. Für Letzteres gilt $\mathrm{d}\varepsilon/\mathrm{d}t \sim \sigma^n$. Wilshire und Watkins [195] haben an polykristallinen Keramiken aus CaO bei 1000 °C $n = 5$ und aus MgO bei 1700 °C $n = 3$ beobachtet. Nähere Angaben über das Hochtemperaturverformungsverhalten keramischer Werkstoffe findet man z. B. bei Davidge [41] oder in einem Übersichtsartikel von Terwilliger und Radford [196].

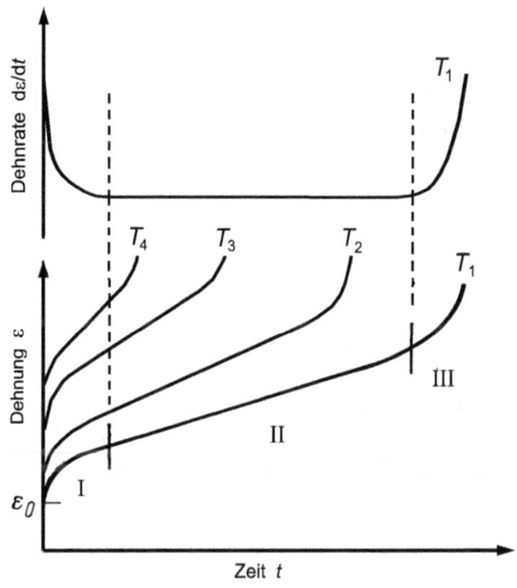

Abb. 2.134: Schematische Darstellung einer Kriechkurve bei jeweils konstanten Temperaturen $T_1 < T_2 < T_3 < T_4$ und konstanter Lastspannung: ε_0 = Fließgrenze (= elastische Dehnung), I = primäres oder Übergangskriechen, II = sekundäres oder stationäres Kriechen, III = tertiäres Kriechen (bis Bruch). Oberes Teilbild: Dehnrate, unteres Teilbild: Dehnung.

Versetzungskriechen

Bei Metallen kann die Kriechverformung durch Versetzungsbewegungen, vor allem durch Sprünge in verschiedene Gleitebenen erklärt werden. Nachdem bei polykristallinen Gefügen nicht alle Körner mit ihren Gleitebenen relativ zur Lasteinleitung ideal ausgerichtet sind, ist Voraussetzung für ein plastisches Fließen, dass mindestens fünf unabhängige Gleitsysteme vorhanden sind (*von-Mises-Kriterium*). Beim kubischen MgO werden diese bei ab etwa 600 °C aktiviert. Erst dann ist gewährleistet, dass jedes Korn in allen Richtungen verformbar ist und sich so den Verzerrungen der Nachbarkörner anpassen kann. Es gibt aber bedingt durch die Komplexität der Kristallstrukturen nur wenige keramische Phasen, die diese Bedingungen erfüllen, wie Tabelle 2.14 an einigen Beispielen im Vergleich zu Metallen zeigt. Die Verformung durch versetzungsbedingtes Gleiten tritt deshalb nur selten in Erscheinung, auf jeden Fall werden hierfür hohe Temperaturen zur Aktivierung der Gleitsysteme benötigt, wie Tabelle 2.13 für Al_2O_3 demonstriert. Das primäre Kriechen im Bereich I des Abb. 2.134 zeigt nach anfänglicher hoher Dehnrate einen Abfall der Verformungsgeschwindigkeit, der mit Versetzungsaufstauungen an Korngrenzen oder Gitterdefekten und damit als Verfestigung gedeutet wird. Die Zeitabhängigkeit des primären Kriechens wird mit

$$\varepsilon = \alpha \log t \tag{2.174}$$

beschrieben, wobei α ein materialabhängiger Vorfaktor ist. Das stationäre Kriechen (II), stellt ein dynamisches Gleichgewicht zwischen Entfestigung und Verfestigung dar, ist thermisch aktiviert und gehorcht daher einem Arrhenius-Gesetz nach

$$\frac{d\varepsilon_{II}}{dt} = Ce^{-\frac{Q}{RT}} \quad \text{und} \quad \varepsilon_{II} = c \cdot t, \tag{2.175}$$

wobei Q die Aktivierungsenergie bedeutet. C und c sind Konstanten, in die die Korngröße, Kornform, Volumenanteil, Orientierung und Dispergierungsgrad der beteiligten Phasen eingehen. Zur Bestimmung der Aktivierungsenergie benötigt man zwei Messungen bei verschiedenen Temperaturen (Gl. (2.176)):

$$Q = R \cdot \frac{T_1 \cdot T_2}{(T_2 - T_1)} (\ln \dot{\varepsilon}_2 - \ln \dot{\varepsilon}_1). \tag{2.176}$$

Tab. 2.14: Anzahl unabhängiger Gleitsysteme in einigen Werkstoffen.

Kristallsystem (Gittertyp)	Verbindung	Anzahl der unabhängigen Gleitsysteme	
		niedrige Temperaturen	hohe Temperaturen
kubisch (NaCl)	MgO, LiF	2	5
kubisch (CaF_2)	ThO_2, UO_2	3	5
kubisch (flächenzentriert)	Ag, Au, Cu	5	5
kubisch (Spinell)	$MgAl_2O_4$	–	5
kubisch (Zinkblende)	β-SiC	–	5
tetragonal (TiO_2)	TiO_2	–	4
trigonal-rhomboedrisch	BeO, SiO_2	–	2
hexagonal (AlB_2)	TiB_2, ZrB_2	–	2

Diffusionskriechen

Experimentell hat sich ergeben, dass viele keramische Werkstoffe bei hohen Temperaturen eine plastische Verformung zeigen, die mit obigem Gleiten nicht erklärbar ist. Während bisher die Verformung von Bindungsart, Struktur und Gitterfehlern beeinflusst wurde, machen sich jetzt noch die Korngrenzen bemerkbar. An diesen entstehen unter Zugspannung im Kristall Leerstellen, die an diejenigen Stellen wandern, die unter Druck stehen, was gleichbedeutend mit einer Diffusion von Atomen bzw. Ionen in entgegengesetzter Richtung ist. Dabei kann die Diffusion durch das Gitter (*Nabarro–Herring-Mechanismus*) oder entlang der Korngrenzen (*Coble-Mechanismus*) erfolgen, wobei jeweils die gekoppelte Diffusion der Kationen oder Anionen geschwindigkeitsbestimmend sein kann. Daneben findet noch *Korngrenzengleiten* statt, das durch Versetzungsmechanismen, Korngrenzendiffusion oder *viskoses Fließen* der Korngrenzenphase bedingt sein kann.

Diese Mechanismen kann man in einer allgemeinen Kriechgleichung zusammenfassen:

$$\dot{\varepsilon} = \frac{ADGb}{\mathrm{k}T} \cdot \left(\frac{b}{d}\right)^m \cdot \left(\frac{\sigma}{G}\right)^n, \tag{2.177}$$

in der D = Diffusionskoeffizient, G = Schubmodul, b = Größe des Burgers-Vektors, d = Korngröße, σ = angelegte Spannung, k = Boltzmann-Konstante, T = Temperatur und A, m und n = Konstanten sind. m und n charakterisieren den jeweiligen Mechanismus.

Da sich Versetzungen nur im Innern von Kristallgittern befinden, besteht beim Versetzungsgleiten kein Korngrößeneinfluss und $m = 0$. Für den Spannungseinfluss gibt es einige Untertypen des Mechanismus, weshalb n von 3 bis 5 variiert. Dagegen ist das diffusionsbedingte Kriechen direkt proportional zur Spannung, also $n = 1$. Die Art der Diffusion wird vor allem von der Korngröße bestimmt, d. h. von der Konstanten m. Es gilt für die Gitterdiffusion (Nabarro–Herring-Mechanismus) $m = 2$, für die Korngrenzendiffusion (Coble-Mechanismus) $m = 3$ und für das Korngrenzengleiten $m = 1$ bis 2, je nach Untertyp.

Für glasphasenhaltige SiAlON-Keramik hängt beim primären Kriechen nach dem Ansatz

$$\varepsilon(t) = at^b \tag{2.178}$$

der Zeitexponent b umgekehrt proportional vom Sauerstoffgehalt der Glasphase ab [197]. Das primäre Kriechen geht bei den sauerstoffreichsten Oxynitrid-Korngrenzenphasen erst nach etwa 50 h in den stationären Bereich über, bei sauerstoffarmen Varianten bereits nach etwa 10 h bei 1200–1250 °C. Man erkennt aus Abb. 2.135, dass im stationären Bereich eine konstante Verformungs- oder Kriechgeschwindigkeit $\mathrm{d}\varepsilon/\mathrm{d}t$ vorliegt.

Mit steigender Temperatur oder höherer angelegter Spannung σ werden die Kriechkurven steiler (Abb. 2.134). Für letzteres gilt:

$$\frac{\mathrm{d}\varepsilon}{\mathrm{d}t} = A\sigma^n \mathrm{e}^{-\frac{\Delta H}{RT}}. \tag{2.179}$$

Richter u. M. haben Kriechkurven für heißisostatisch gepresstes Siliciumnitrid mit 2,5 Masse-% Y_2O_3-Dotierung bei 1400 °C unter verschiedenen Lastspannungen geprüft und damit gegenüber Abb. 2.135 über den stationären Bereich hinaus in den tertiären Bereich hinein belastet, was für kleine Spannungen zu ungewöhnlichen Dehnungen geführt hat, Abb. 2.136 [198].

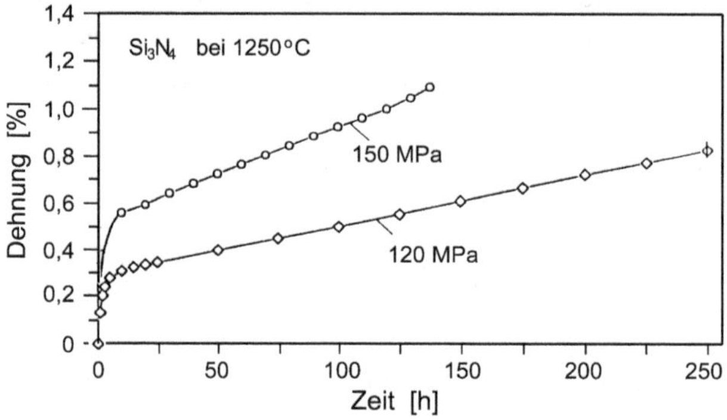

Abb. 2.135: Kriechkurven für glasphasenhaltiges Siliciumnitrid bei 1250 °C und 120 bzw. 150 MPa Biegespannung. Der Bereich des tertiären Kriechens wird nicht erreicht [197].

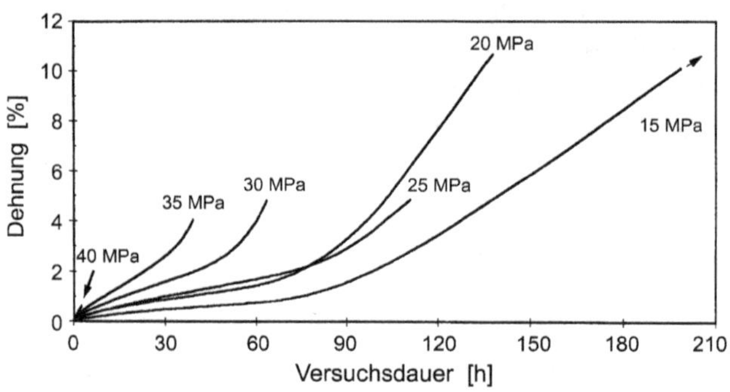

Abb. 2.136: Kriechkurven für heißisostatisch gepresstes Siliciumnitrid bei 1400 °C und Zugspannung von 15–40 MPa. Der Bereich des tertiären Kriechens ist sehr ausgeprägt und macht bei 15 MPa Spannung über 90 % der Gesamtdehnung aus [198].

Die eben angeführten Mechanismen treten nun meist nicht rein, sondern kombiniert auf. Es gibt aber Bedingungen, bei denen bestimmte Mechanismen überwiegen, sodass man bei Kenntnis der Daten in Gl. (2.177) die Grenzen solcher Bereiche festlegen kann. Abbildung 2.137 zeigt, wie sich die Einflussbereiche der Versetzungsmechanismen der jeweiligen individuellen Körner mit denen des Korngrenzengleitens für fein- und grobkörnige Gefüge überlagern. So wird das basale Gleiten bei 50 MPa Zugspannung bei etwa 1400 °C mit zunehmender Temperatur in feinkörnigem Al_2O_3 durch Korngrenzengleiten abgelöst, während bei grobkörniger Keramik etwa 1700 °C erforderlich sind.

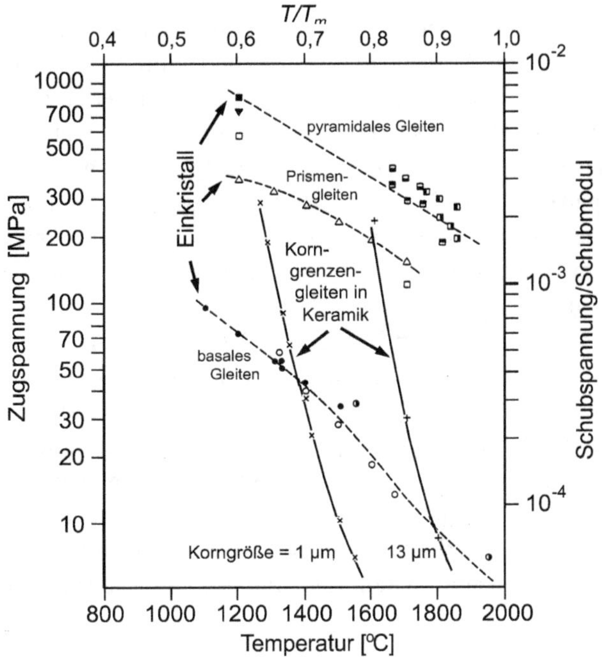

Abb. 2.137: Spannungs- und Temperaturabhängigkeit der Verformungsmechanismen bei einkristallinem und polykristallinem Al_2O_3 nach [3]. Rechte Achse: Quotient aus Schubspannung und Schubmodul. © John Wiley & Sons, Abdruck mit freundlicher Genehmigung.

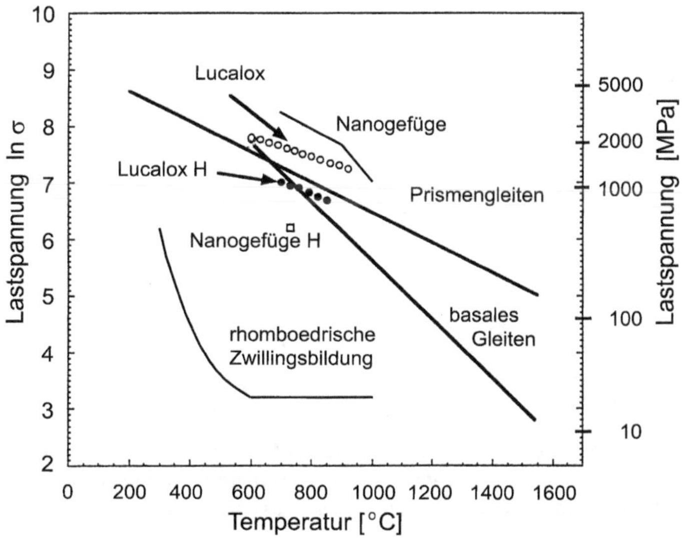

Abb. 2.138: Verformungsmechanismen als Funktion der Lastspannung und der Temperatur für Al_2O_3-Varianten unter hydrostatischem Druck [199]. Mit H markiert sind unter Wasserstoff dicht gesinterte Varianten.

Ähnliche Verhältnisse beschreiben Korinek u. Castaign [199] für Aluminiumoxid unter hydrostatischem Druck (Abb. 2.138). Sie unterscheiden zusätzlich Keramikvarianten, die zur Steigerung der Transluzenz (grobkörnige Lucalox-Keramik) bzw. Transparenz (Nanogefüge) unter Wasserstoff („H") gesintert wurden. Wasserstoffatmosphäre hat gegenüber Luft den Vorteil, dass verbleibendes in den Poren eingeschlossenes Gas sehr gut über Volumen- und Korngrenzendiffusion entfernt werden kann, so dass diese Gefüge nahezu vollständig porenfrei sind. Wenn die Korngrößen keramischer Materialien unter 1–2 Mikrometer liegen, spielen Versetzungseffekte bei der *langsamen* Verformung nur eine untergeordnete Rolle. Bei hohen Lastraten ist aufgrund der geringen freien Weglänge der Versetzungen eine schnelle „Einsatzhärtung" zu beobachten. Da in nanoskaligen Gefügen Versetzungsmechanismen aufgrund der sehr kleinen freien Weglänge zum Gleiten nicht zum Tragen kommen, sind diese empfindlich gegenüber Coble-Kriechen und Korngrenzengleiten.

Wegen dieser gegenseitigen Abhängigkeiten hat Ashby [200] Deformationsdiagramme vorgeschlagen, die den Wirkungsbereich der Mechanismen von jeweils zwei Parametern bei Konstanthalten der restlichen Parameter zeigen. Langdon [201] beschreibt einige Anwendungsmöglichkeiten. Abbildung 2.139 zeigt ein Deformationsdiagramm von Sinterkorund nach Cannon u. M. [202]. Man erkennt, dass mit steigender angelegter Spannung und wachsender Korngröße das Korngrenzengleiten über das Diffusionskriechen in das Versetzungsgleiten übergeht, wobei beim Diffusionskriechen zwischen Gitter- und Korngrenzendiffusion der Anionen und Kationen unterschieden werden kann.

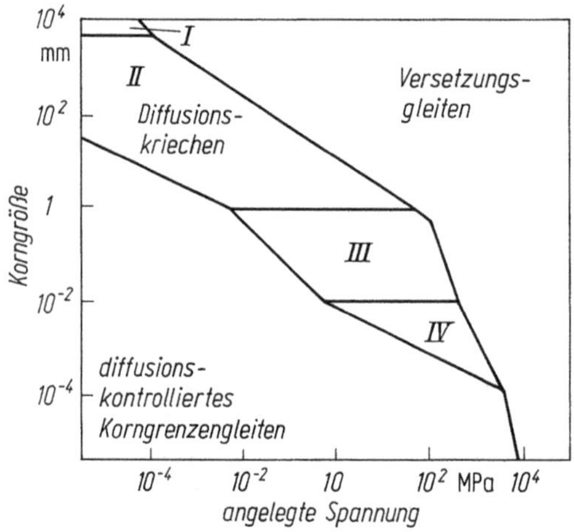

Abb. 2.139: Deformationsdiagramm von MgO-dotierter polykristalliner Al_2O_3-Keramik bei 1500 °C (geschwindigkeitsbestimmend bei I: Gitterdiffusion der O^{2-}-Ionen, II: Korngrenzendiffusion der O^{2-}-Ionen, III: Gitterdiffusion der Al^{3+}-Ionen, IV: Korngrenzendiffusion der Al^{3+}-Ionen).

Die Kriechgeschwindigkeit nimmt mit steigender Temperatur zu, da die entsprechende Temperaturabhängigkeit des Diffusionskoeffizienten in Gl. (2.177) überwiegt. Weiterhin wird die Kriechgeschwindigkeit durch eine Porosität erhöht. So fanden Coble und Kingery [203] an polykristallinem Al_2O_3, dass $d\varepsilon/dt$ bei Zunahme der Porosität von 5 auf 50 Vol.-% um den Faktor 50 anstieg. Man kann dies auf eine Vergrößerung der effektiven Spannung des noch vorhandenen Gefüges zurückführen [204]. Deren Einfluss tritt aber mit wachsendem Anteil an Glasphase zurück [205].

Viskoses Fließen

Ist Glasphase oder Schmelzphase als Gefügebestandteil in keramischen Werkstoffen vorhanden, so bestimmt sie deren Hochtemperaturverhalten wesentlich, d. h., ihr Einfluss wird oberhalb der Glastransformationstemperatur T_g deutlich bemerkbar. Greil hat die Kriechmechanismen für glasphasenhaltige Keramiken anschaulich dargestellt (Abb. 2.140 rechts). Unter Zugspannungen erfolgt neben Korngrenzengleiten auch Kriechporenbildung. Die Keimbildung für die Kriechporen beginnt zunächst an den Phasengrenzen Kristall/Glas. Nach Porenvergröberung kommt es zum Risswachstum, wobei die Glasphase erst durch Fließen reagiert und den Riss teilweise überbrückt (Abb. 2.141 und 2.142).

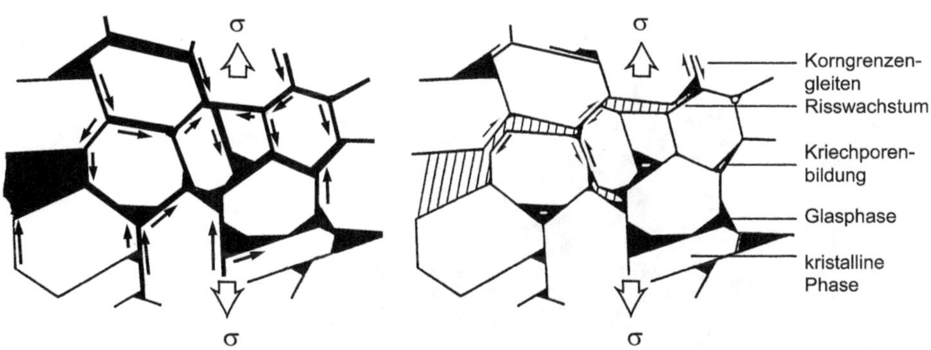

Abb. 2.140: Gefügeveränderungen beim Kriechen glasphasenhaltiger Keramiken. Links: Fließrichtung der Glasphase unter Zugspannungseinfluss. Rechts: Schädigung durch Kriechporenbildung und Risswachstum nach P. Greil, MPI Metallforschung, Stuttgart.

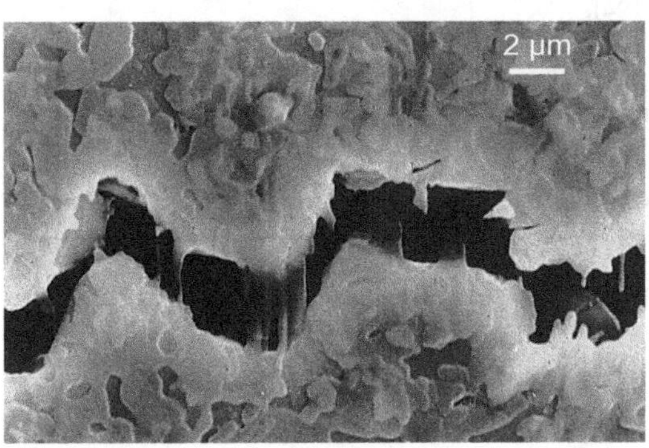

Abb. 2.141: Bruch in Si-infiltriertem SiC; viskose Si-Schmelze überbrückt die Bruchfläche. Quelle: MPI-Metallforschung, Stuttgart.

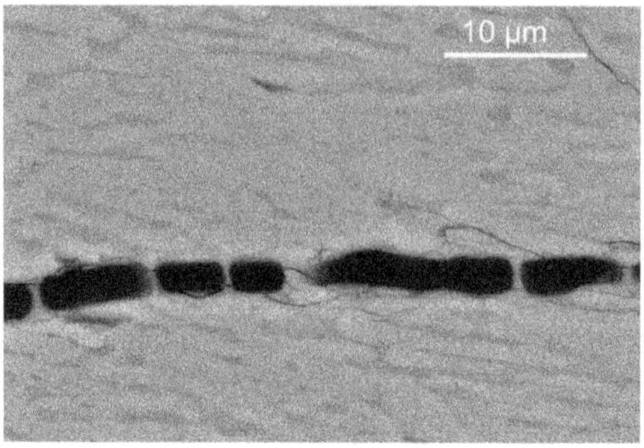

Abb. 2.142: Rissüberbrückung durch viskose Schmelzphasen in einem Andalusit-Aggregat eines An–S–Z-Feuerbetons. Die Schmelzphase entsteht hier durch die beginnende thermische Zersetzung des Andalusits in Mullit und Restschmelze. Quelle: J. Schnieder, Inst. Gesteinshüttenkunde, RWTH Aachen.

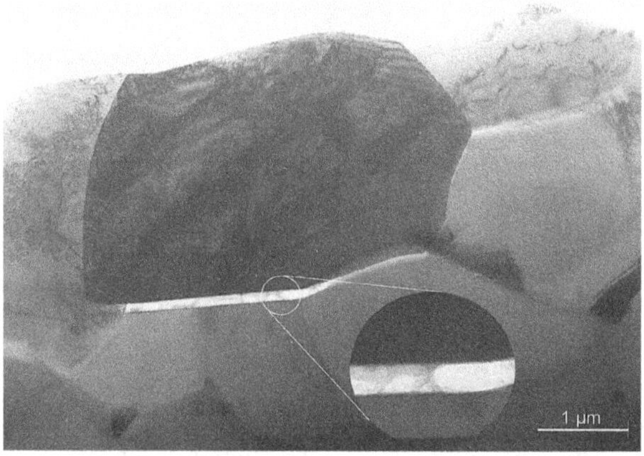

Abb. 2.143: Mobilisierung der Korngrenzenglasphase in Aluminiumoxidkeramik durch Schleifen. Der Bildausschnitt unten zeigt, wie die viskose Glasphase den interkristallinen Riss zusammenhält. TEM-Aufnahme senkrecht zur Schleifrichtung [194].

Festigkeitsuntersuchungen bei hohen Temperaturen zeigen, dass zunächst ein positiver Einfluss der Glasphase besteht, indem oberhalb T_g die Werte ansteigen, um bei weiter erhöhter Temperatur dann deutlich abzusinken. Beim Porzellan beobachtet man diesen Effekt im Bereich um 800 bis 900 °C, bei vielen feuerfesten Werkstoffen um 1000 bis 1100 °C. Man kann die Ursache darin sehen, dass die Schmelzphase zu Erweichungsbeginn selbst noch eine hohe Festigkeit aufweist, aber bereits in der Lage ist, kleine Risse im Gefüge auszuheilen (Abb. 2.143), wie dies auch beim laserunterstützten Drehen beobachtet worden ist [194]. So ist nach dem laserunterstütztem Drehen ebenfalls eine Festigkeitssteigerung bei Siliciumnitrid-Keramik durch Auffüllen der entstandenen Risse mit mobilisierter Glasphase beobachtet worden. Auch konnte die Festigkeit von Siliciumnitrid-Keramik durch eine anschließende Oxidationsbehandlung gesteigert werden. Hierzu wurden hartbearbeitete Proben bei Temperaturen zwischen 900 °C und 1200 °C an Luft ausgelagert [206]. Die Festigkeit stieg von z. B. 520 MPa auf etwa 800 MPa, da Riefen, Risse und Ausbrüche zumindest teilweise durch die gebildete Glasphase eingeebnet wurden. Mit einer Auslagerungsprozedur bei 1000 °C für 5 h konnten Proben gefertigt werden, die eine auf etwa 1210 MPa bis 1470 MPa gesteigerte charakteristische Festigkeit aufwiesen. Bei höheren Temperaturen erfolgt dann die plastische Verformung durch viskoses Fließen.

Das Hochtemperaturverhalten wird stark vom Volumenanteil an Glasphase und der Temperaturabhängigkeit ihrer Viskosität und damit von der chemischen Zusammensetzung beeinflusst. Die Bedeutung von Verunreinigungen haben erstmals Becher u. M. eingehender untersucht [207, 208]. Abbildung 2.144 zeigt Druckspannungs–Dehnungsdiagramme für Aluminiumoxid-Keramiken mit 99,0 und 99,9 % Reinheit bei zwei Temperaturen und konstanter Dehnrate; Verunreinigungen sind typischerweise Na_2O, K_2O, CaO und SiO_2. Die zur Verformung erforderliche Last ist bei der reineren Variante um den Faktor fünf höher. Hier wurden basale und rhomboedrische Zwillingsbildung sowie Versetzungsgleiten in $\langle 11\bar{2}0\rangle$- und $\langle 10\bar{1}1\rangle$-Richtung beobachtet, während bei der weniger reinen Keramik eher Korngrenzengleiten sowie Versetzungsbewegungen innerhalb der Korngrenzen wirksam waren. Die Erleichterung des Korngrenzengleitens wird auf die verunreinigungsbedingten Glasphasen zurückgeführt. Bei letzterer setzte bei 1700 °C bei etwa 20 MPa Druckspannung bereits viskoses Fließen ein.

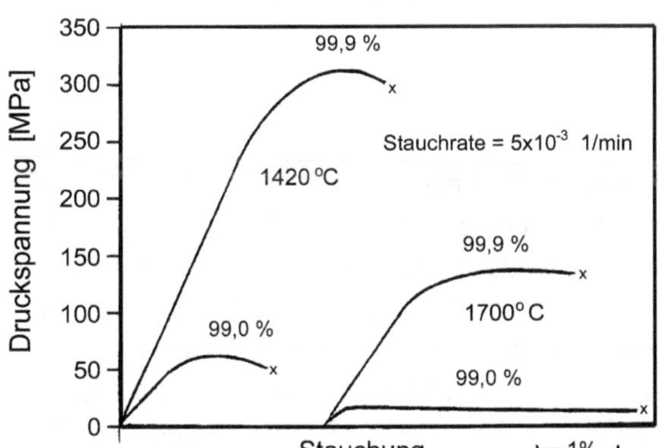

Abb. 2.144: Druckspannungsversuche an Al_2O_3-Keramiken unterschiedlicher Reinheit in Abhängigkeit von der Temperatur bei konstanter Stauchrate nach [207].

Kriechen durch Lösung und Wiederausscheidung

Nachdem beim Flüssigphasensintern Kornwachstum durch Lösung und Wiederausscheidung stattfindet, ist es wahrscheinlich, dass eine solche Umkristallisation auch eine Rolle bei Kriechprozessen spielt. Die Überlegung, dass nicht nur die Oberflächengeometrie nach der Gibbs–Thomson-Gleichung (Gl. (2.180)) die Löslichkeit einer festen Phase in der umgebenden Flüssigkeit beeinflusst, sondern auch anstehende Druck- und Zugspannungen, ist zuerst für die Gefüge bildenden Prozesse bei der Metamorphose von Gesteinen entwickelt worden [209]. Das Verhalten, dass unter Druckspannungen ein Material in Lösung geht und unter Zugspannungsbedingungen wieder kristallisiert, kann in Analogie zum Atom- bzw. Leerstellenstrom beim diffusionskontrollierten Kriechen verstanden werden.

Für diesen Mechanismus ist ausschlaggebend, dass konvex gekrümmte Oberflächen eine größere Löslichkeit zeigen als ebene oder konkave Oberflächen:

$$c = c_0\left(1 + \frac{2\gamma_{\mathrm{sl}}\Omega}{\mathrm{k}Tr}\right), \tag{2.180}$$

wobei c die Löslichkeit der festen Komponente in der Schmelze und r der Krümmungsradius der Kontaktfläche fest/flüssig sind. c_0 stellt die Löslichkeit einer ebenen Fläche mit $r = \infty$, γ_{sl} die Grenzflächenenergie fest/flüssig und Ω das (Mol)-Volumen der sich lösenden Spezies dar. Das chemische Potenzial μ ist proportional zum Laplaceschen Krümmungsdruck p nach

$$\Delta\mu = \Delta p\Omega = \gamma_{\mathrm{sl}}\Omega(1/r_1 + 1/r_2) = \mathrm{k}T\ln(c/c_0) \tag{2.181}$$

mit c als der Löslichkeit an der Kurvatur mit den Hauptkrümmungsradien r_1 und r_2 und der kapillardrucklosen Löslichkeit c_0 in einer ebenen Fläche. Raj hat diese Gesetze quantitativ auf Silicumnitridkeramik angewendet und thermodynamisch wie experimentell erfolgreich überprüft [210–212].

Optimierungsstrategien

Nach den vorhergehenden Überlegungen sind alle glasphasenhaltigen Keramiken bei Temperaturen oberhalb der Glastransformationstemperatur kriechgefährdet. Dies gilt sowohl für verunreinigte Werkstoffe, deren Spurenbestandteile sich an den Korngrenzen anreichern, als auch insbesondere für flüssigphasengesinterte Keramiken, deren Schmelzen sich nicht über weitere Reaktionen zu Feststoffen umsetzen lassen (temporäres Flüssigphasensintern). Solche Keramiken müssen also zur Verbesserung der Kriechbeständigkeit besonders behandelt werden. Eine Maßnahme neben der Minimierung des Volumenanteils an zum Sintern erforderlicher Schmelze ist die gezielte Kornvergröberung. Wichtig ist ferner die Form der kristallinen Phasen, da nadel-, stengel- oder plattenförmige Körner nach einer Anfangsverformung des Gefüges miteinander verhaken oder sich gegenseitig abstützen und damit den weiteren Kriechprozess behindern. Im Falle der Silicatkeramik übernehmen der nicht aufgelöste Quarz und der neu gebildete Mullit diese Funktion und erhöhen die Standfestigkeit der Erzeugnisse im Brand. Bei Siliciumnitrid ist die stengelige Kristallform von Vorteil, während bei Bauteilen aus Siliciumcarbid für Hochtemperaturanwendungen plattenförmige Gefüge eingestellt werden. Wenn das Gefüge nach der gegenseitigen Verhakung der Körner (engl.: *microstructural interlocking*) die Lastspannung zunächst einmal abgefangen hat, können bei konstanter Last oder sehr kleiner Lastrate Versetzungsmechanismen sowie Diffusionskriechen oder aber Bruch folgen.

Siliciumnitrid ist ein besonders gut untersuchtes Beispiel, da dieses Material eine hervorragende Warmhärte und Thermoschockbeständigkeit zeigt, aber nur unter Stickstoff-Gasdruck oder durch Heißpressen und Heißisostatpressen ohne Flüssigphase verdichtet werden kann (siehe Band 4). Hier wie auch beim LP-SiC (Band 4) geht die Optimierungsstrategie den Weg, nach Verdichtung des Bauteils mittels geeigneter, meist kompliziert zusammengesetzter Schmelzen einen möglichst großen Volumenanteil dieser Glasphase durch eine Temperbehandlung bei niedrigeren Temperaturen zu einer Sekundärphase zu kristallisieren (Abb. 2.145 und 2.146). So haben sich sowohl bei Si_3N_4 als auch bei SiC Dotierungen mit Seltenen Erden sowie Oxiden bewährt, die hochviskose Oxynitridschmelzen generieren (Abb. 2.147). Tabelle 2.15 zeigt einige Sekundärphasen, die für Oxynitridgläser in Betracht kommen. Die zweite Strategie beruht auf einer generellen Minimierung des Glasphasenanteils, was jedoch manchmal ein Heißpressen erforderlich macht.

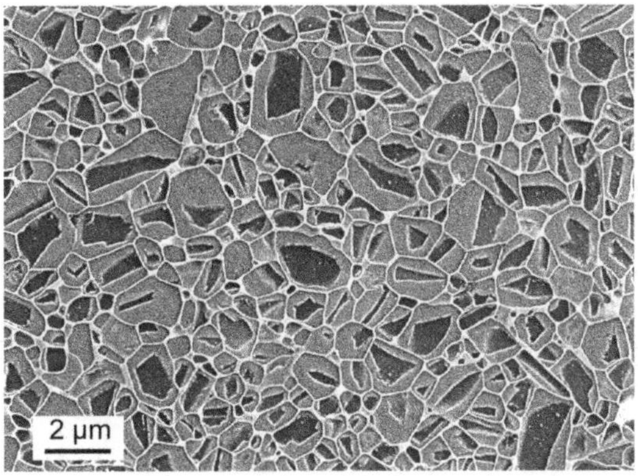

Abb. 2.145: Flüssigphasengesintertes Siliciumcarbid mit Kern–Schale-Struktur (Mischkristallbildung); Plasmaätzung, Quelle: K. A. Schwetz, Elektroschmelzwerk Kempten.

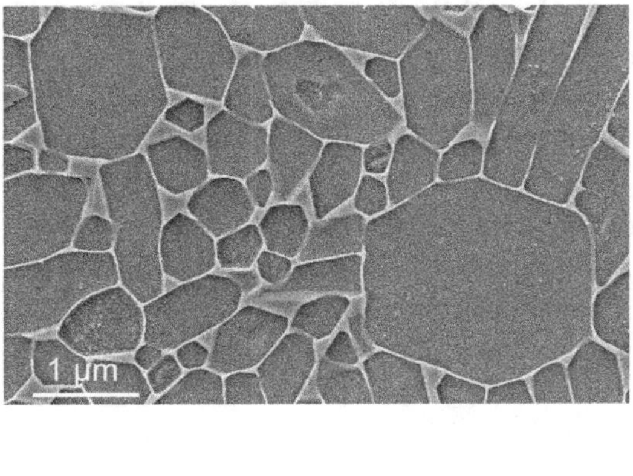

Abb. 2.146: Flüssigphasengesintertes Siliciumnitrid mit minimiertem Glasanteil. REM-Aufnahme, Quelle: H. Labitzke, MPI Metallforschung, Stuttgart.

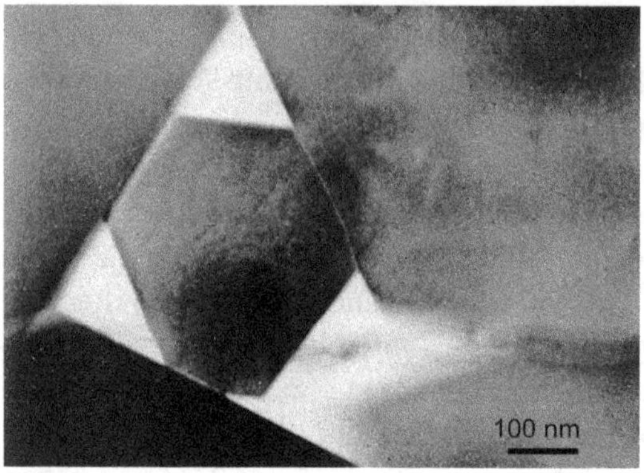

Abb. 2.147: Flüssigphasengesintertes Siliciumnitrid mit Sekundärausscheidung eines Yttrium-Aluminium-Granates (YAG) im Zentrum; TEM-Aufnahme [197].

Tab. 2.15: Aus Korngrenzengläsern kristallisierbare Phasen in Si_3N_4- und SiC-Keramiken nach Greil.

Zusammensetzung	Strukturtyp	Beispiele
Oxide	Spinell	$MgAl_2O_4$
	Perovskit	$Y_2Al_2O_6$
	Wöhlerit	$Y_4Al_2O_9$
Oxynitride	Melilith	$M_2Si_3O_3N_4$
	Apatit	$M_{10}[Si_4O_6]N_2$
	Wollastonit	$MSiON_2$
	Cuspidin	$M_4Si_2O_7N_2$
Silicate	Cordierit	$Mg_2Al_4Si_5O_{18}$
	Mullit	$Al_6Si_2O_{13}$
	Spodumen	$LiAlSi_2O_6$
	Eukryptit	$LiAlSiO_4$
	M = Y, Ce, La, Nd, Sm, andere SE	

Abbildungen 2.148 und 2.149 verdeutlichen den Einfluss der Reinheit am Vergleich von reaktionsgesintertem porösem, aber hochreinem Si_3N_4 und dem flüssigphasengesintertem Material ohne und mit Ausscheidung der Glasphase als Yttrium-Aluminium-Granat. In Abb. 2.149 ist gut zu erkennen, dass auch nach einer Ausscheidungsglühung die Festigkeit bei Überschreiten der Glastransformationstemperatur zunächst abfällt und dann durch Verhakung der Kristallite auf einem nahezu konstanten Niveau von 630 MPa abgefangen wird, während das nicht auskristallisierte Material weiterhin an Festigkeit verliert. Eine weitere Strategie zur Hochtemperaturverstärkung besteht in der Wahl des äquiaxial kristallisierenden α-Si_3N_4-Mischkristalls als Ausgangsmaterial, der sich beim Sintern in die nadelförmig kristallisierende β-Si_3N_4-Modifikation umwandelt. In Fortführung dieser Überlegungen stellt sich die Faserverstärkung (Whisker als auch Langfasern) als wirksamste Methode zur Hochtemperaturverstärkung heraus.

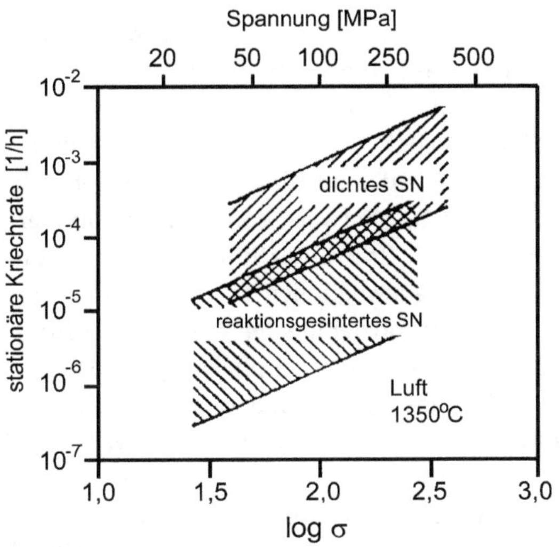

Abb. 2.148: Vergleich der stationären Kriechrate von dichtem Si_3N_4 mit Glasphase und reaktionsgebundenem reinem, aber porösem Si_3N_4. Quelle: ETH Zürich.

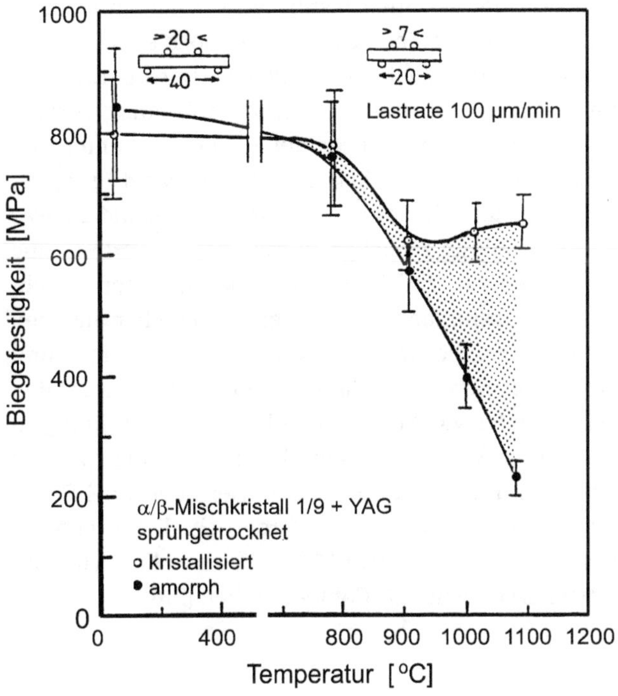

Abb. 2.149: Hochtemperaturfestigkeit von flüssigphasengesintertem Siliciumnitrid ohne und mit Sekundärausscheidung eines YAG [213].

Abschließend ist noch zu klären, welche Temperaturen für T_g, also für die „Erweichungstemperatur" der interkristallinen Glasphase zu erwarten sind. Für Oxidkeramiken, die üblicherweise mit 0,1–1 Gew.-% Alkalien und SiO_2 verunreinigt sind, gilt die Analogie zu den Mineralgläsern: T_g liegt also bei 800–900 °C. Bei Nitriden hängt T_g von den Dotierungsmitteln und vom Verhältnis des im Glas gelösten Sauerstoffs zu Stickstoff ab. Bei Carbiden und Boriden, die typischerweise sauerstofffrei sind, erhöht sich die Kriechtemperatur auf 1000–1200 °C. Hier sind Diffusionsprozesse die Verformungsmechanismen, aber auch Versetzungsbewegungen. Das Risiko des viskosen Fließens ist dann jedoch durch Abweichungen von der idealen Zusammensetzung und der damit verbundenen Bildung metallischer Korngrenzenphasen gegeben.

Eine besondere praktische Bedeutung hat das Dauerstandverhalten feuerfester Werkstoffe für die Beurteilung der Standfestigkeit eines Bauteils oder einer ganzen Konstruktion unter dem eigenen Gewicht bei erhöhter Temperatur. Es gibt dazu eine Reihe von Prüfverfahren zur Bestimmung der Festigkeit bzw. des Erweichens bei Druck-, Biege-, Zug- oder Torsionsbeanspruchung, die teils genormt sind und im Band 4 im Rahmen der feuerfesten keramischen Werkstoffe erörtert werden.

Superplastische Verformung

Geht man davon aus, dass in einem Gefüge keine Glasphasen vorhanden sind, so beobachtet man insbesondere bei sehr feinkörnigen Gefügen dennoch sehr schnelle Verformungsprozesse, die nicht alleine durch Coble- oder Nabarro–Herring-Kriechen erklärt werden können. Für diese sogenannte superplastische Verformung wurden einige Modelle entwickelt, die Diffusion und Korngrenzengleiten, teilweise unter temporärer Porenbildung einschließen. In der klassischen Metallkunde wird hierunter jedoch eine schnelle Dehnung mit gleichmäßiger Einschnürung verstanden, was durch eine rasche Gleichgewichtseinstellung zwischen physikalischer Verfestigung und geometrischer Entfestigung ermöglicht wird [214]. Es werden bei Bronze Dehnungen bis 8000 % beobachtet [215]. Für Keramiken kommen jedoch eher die oben zuerst genannten Mechanismen in Frage. Sie sind auch für besonders weiche und niedrig schmelzende Metalle entwickelt worden. Abbildung 2.150 zeigt oben (a) den *Ashby–Verall-Mechanismus*. Hierbei gleiten vier benachbarte Körner unter Bildung einer thermodynamisch instabilen Vierkornkante so aneinander ab, dass eine optimale Elongierung des Verbundes bzw. Spannungsrelaxation eintritt. Der Quadrupel-Punkt zerfällt wieder in zwei Tripelpunkte. Hierzu ist Diffusion erforderlich, die in der Nähe der Korngrenzen zu aktivieren ist. Dabei werden etwa 17 Vol.-% eines Korns mobilisiert, dennoch ist dieser Mechanismus schneller als Coble-Kriechen [216].

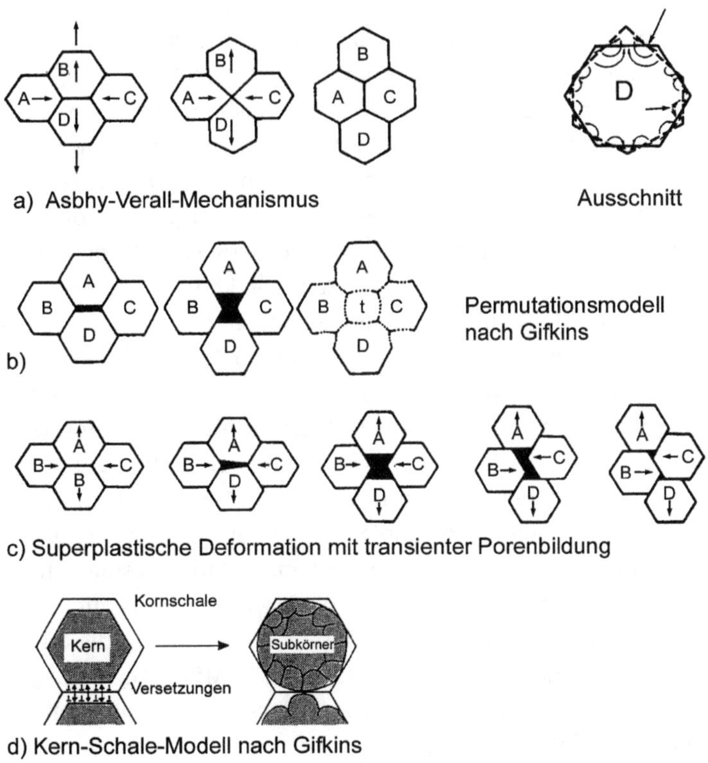

Abb. 2.150: Modelle zur Erklärung der superplastischen Verformung nach [220]. (a) Ashby–Verall-Mechanismus mit Korngrenzengleiten unter Bildung instabiler 90°-Kontaktwinkel; (b) Gifkins-Mechanismus mit transienter Poren- und Kornneubildung (t); (c) Kuznetsova-Mechanismus mit Kriechporenbildung und Verkippung der Zugspannungsachsen; (d) Subkornbildung durch Versetzungsmechanismen nach Gifkins.

Nach dem *Gifkins-Modell* (b) entsteht bei der Umorientierung der Körner zunächst eine Kriechpore. Sie ist aufgrund der Hantelform ebenfalls instabil. Die Lücke wird über Oberflächendiffusion und Verdampfung/Kondensation bzw. Korngrenzendiffusion mit einem transienten neuen Korn oder durch Umorientierung eines darüber oder darunter liegenden Nachbarkorns aufgefüllt, das zwar vier 120°-Tripelpunkte mit den Nachbarkörnern bildet, jedoch nur vier Ecken hat und daher auch instabil ist. Hieraus ergibt sich die Triebkraft für das Wachstum der umgebenden, inzwischen siebeneckigen Körner, bis wieder der Gleichgewichtsdihedralwinkel eingestellt ist [217]. Das Endresultat ist dieselbe Kornkonfiguration wie beim Ashby–Verall-Mechanismus. Kritisch muss jedoch angemerkt werden, dass sich die von Gifkins erwähnten Beispiele auf sehr weiche Metalle wie Pb–Tl-Legierungen beziehen.

Ebenfalls mit transienter Porenbildung arbeitet das *Modell von Kuznetsova* (c), das keiner instabilen Übergangsformen bedarf [218]. Allerdings ist eine Auslenkung des Kornverbandes aus der Zugspannungsrichtung erforderlich, weshalb es zu einer Umorientierung durch Korngrenzengleiten kommt. Dieser Mechanismus wird am wirksamsten für die superplastische Deformation von nanoskaligen Gefügen angesehen. Gifkins präsentiert noch ein Kriechmodell, das *Kern–Schale-Modell* [219], in dem er postuliert, dass Körner unter Lastbedingungen im Randbereich (Schale, Mantel) aufgrund von Versetzungsanreicherungen zu Subkörnern zerfallen können, die eine Gestaltsänderung effizienter herbeiführen, ohne den Kern zu beeinflussen (d).

Da Zirconiumdioxid-Keramik mit Yttriumoxid-Dotierung (Y-TZP) lange Zeit die feinkörnigste verfügbare Keramik war, wurde bereits in den 80er Jahren versucht, dieses Material über superplastische Verformung nach dem Sintern umzuformen. Mittels Hochtemperatur-Extrusion bei 1300–1500 °C konnten auch Stäbe hergestellt werden, allerdings mit extrem geringen Verformungsraten von $1–3 \times 10^{-4}$ mm/min. Abbildung 2.151 zeigt die Strangpressteile, die ohne bzw. mit Graphit als Festschmierstoff hergestellt worden sind, sowie die dazu gehörenden Verformungsraten und -temperaturen. Das ZrO_2 musste zur Aktivierung des Korngrenzengleitens mit 0,2 % Glasphase (Na_2O/SiO_2) dotiert werden (Abb. 2.152). Abb. 2.153 verdeutlicht die erforderlichen Verformungsgeschwindigkeiten bei 1500 °C und 35,5 MPa Druck für geschmierte und ungeschmierte Formwerkzeuge. Es ist klar, dass diese Versuche nicht zu einer tiefziehfähigen Keramik führen werden.

Abb. 2.151: Strangpressteile aus ZrO_2 [221].

Abb. 2.152: Stranggepresstes Gefüge aus ZrO_2. TEM-Aufnahme. [221].

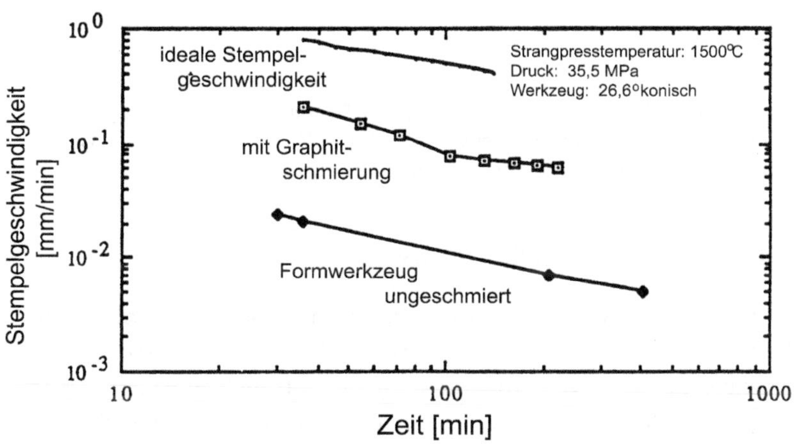

Abb. 2.153: Zeitlicher Verlauf der Verformungsraten bei konstantem Pressdruck [221].

Hoo u. M. gelang es, Keramiken aus 40 Vol.-% Al_2O_3, 30 Vol.-% ZrO_2 und 30 Vol.-% Mullit mit einer mittleren Korngröße von 260 nm bei 1350 °C unter Druckspannungen zu verformen und die Gefügeänderungen mittels Rasterelektronenmikroskopie und Rasterkraftmikroskopie zu verfolgen [222]. Beobachtungen an 800 Korngrenzen ergaben kein besonderes Verhalten unterschiedlicher Phasengrenzen. Lediglich an schubspannungsbelasteten Mullit–Mullit-Korngrenzen wurde eine Mullit-Neubildung festgestellt. Abb. 2.154 deutet darauf hin, dass die superplastische Verformung hier nach dem Ashby–Verrall-Mechanismus stattfindet.

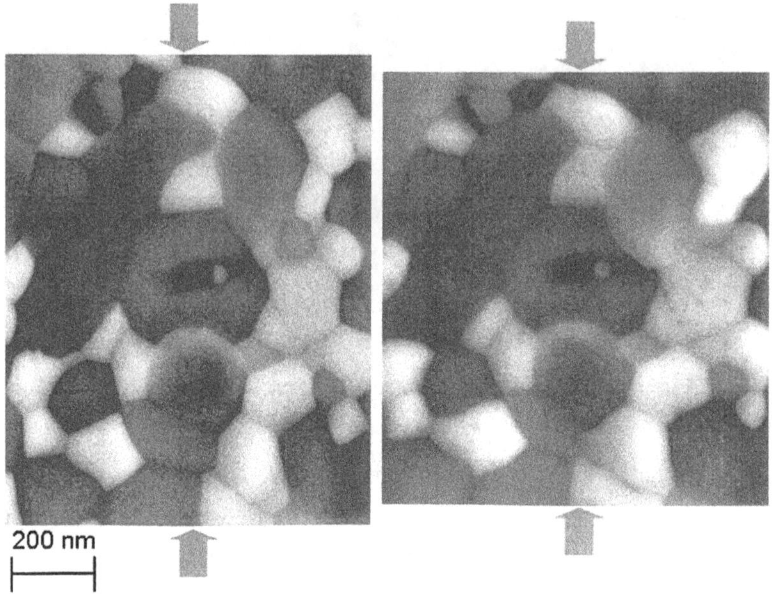

Abb. 2.154: Superplastische Verformung einer Al_2O_3–ZrO_2-Mullit-Keramik unter Druckspannungen nach 5 % Stauchung (links) und 9 % Stauchung bei 1350 °C [222]. REM-Aufnahme, dunkel: Al_2O_3, mittelgrau: Mullit, hell: ZrO_2. © John Wiley & Sons, Abdruck mit freundl. Genehmigung.

2.10 Methoden der Festigkeitsprüfung

Wie zuvor bei den statistischen Betrachtungen ausgeführt worden ist, sollten möglichst große Volumina geprüft werden, um zu sicheren Werten mit geringer Standardabweichung zu gelangen, da sich mit größerem Prüfvolumen auch eine höhere Wahrscheinlichkeit ergibt, große Gefügedefekte zu finden. Es bietet sich also wie in der Prüftechnik der Metalle der Zugversuch an, da an Rundstabproben mehrere Kubikzentimeter Volumen unter Spannung gestellt werden können. Allerdings sind solches Prüfmethoden an spröden Werkstoffen nicht einfach, die Probenherstellung ist auch sehr aufwendig und teuer. Es soll daher mit der Beschreibung der häufigeren Biegeprüfung begonnen werden.

2.10.1 Biegeprüfung

Es gibt zahlreiche Messmethoden zur Festigkeitsbestimmung keramischer Werkstoffe. Mordfin und Kerper [35] geben einen Überblick, während Pabst [35, 37] mit seinen kritischen Bemerkungen auf die verschiedenen Fehlerquellen hinweist. Im Hinblick auf Aufwand und Genauigkeit ist der Vier-Punkt-Biegeprüfung der Vorzug zu geben. Die Abb. 2.155–2.157 zeigen den Aufbau, die Spannungsverteilung und die Prüfkörpergeometrie nach DIN EN 843-1 (DIN 51110 Entwurf 1990 bzw. ISO 14704:2000). Beim Standardbiegeversuch beträgt die Lastweite $l_1 = 20$ mm und die Stützweite $l_2 = 40$ mm bei einer Probengeometrie ($W \times B \times L$) von $3 \times 4 \times > 45$ mm^3. Die Prüfvorrichtung besteht aus zwei parallel angeordneten Auflagerollen und einer bzw. zwei Belastungsrollen, meist aus Keramik.

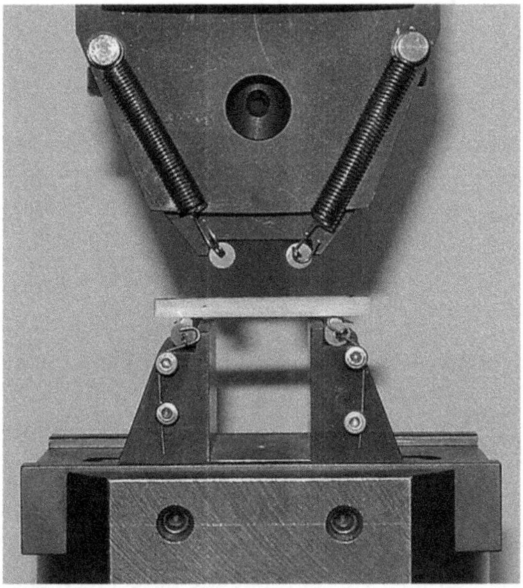

Abb. 2.155: Aufbau der Biegeprüfungsapparatur.

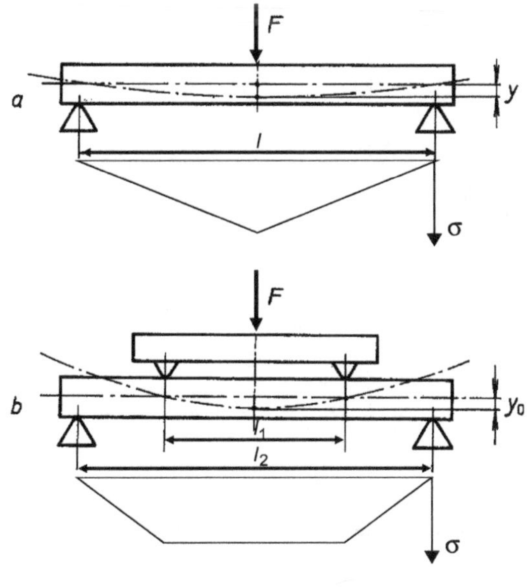

Abb. 2.156: Lastspannungsverteilung im Drei-Punkt-Versuch (oben) und im Vier-Punkt-Versuch (unten).

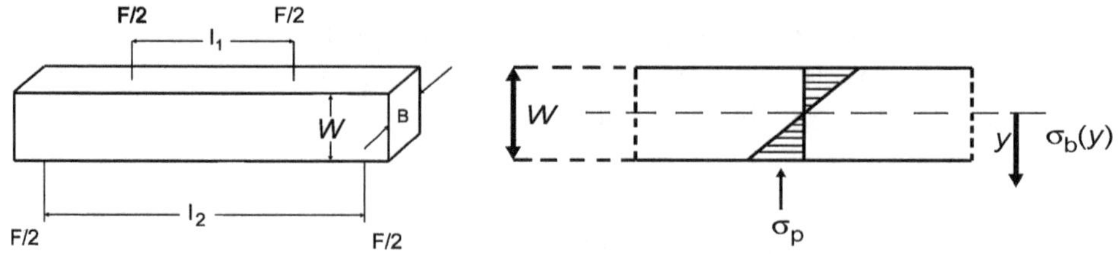

Abb. 2.157: Geometrie und Spannungsverteilung des Biegebalkens.

Die Auswertung erfolgt nach Gl. (2.182), wobei im Drei-Punkt-Versuch $l_1 = 0$ wird. Das maximale Biegemoment beträgt dann $M_{b,max} = Fl_2/4$. Es sollten mindestens 30 Proben geprüft werden. Der Messfehler beträgt unter Norm-Bedingungen ±2 %.

$$\sigma_c = \frac{3}{2}\frac{F_{max}(l_2 - l_1)}{BW^2}. \tag{2.182}$$

Die Verteilung der Biegespannungen $\sigma_b(y)$ in y-Richtung nach Abb. 2.157 beträgt:

$$\sigma_b = \frac{2}{W} \cdot y \cdot \sigma_p. \tag{2.183}$$

Trotz der geringen Durchbiegung keramischer Prüfkörper ist darauf zu achten, dass die Auflager unter dem starken Andruck keine Reibmomente erzeugen, d. h. sie müssen mit einer scharfen Schneide ausgestattet oder rund und pendelnd gelagert sein (Abb. 2.158). Die Befestigung der Auflager erfolgt üblicherweise mit Federn, sodass eine selbstständige parallele Ausrichtung und eine freie Anpassung der Lasteinleitung gewährleistet sind.

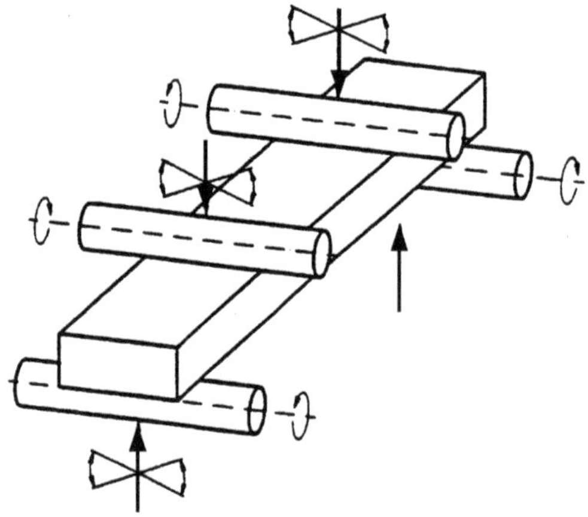

Abb. 2.158: Freiheitsgrade der Auflagerbewegung und Lasteinteilung beim Vier-Punkt-Biegeversuch nach Danzer und Lube, Leoben.

Weiterhin ist die Belastungsgeschwindigkeit von Bedeutung, da eine geringe Lastrate bei Erreichen des Festigkeitswertes Anlass zum parasitären Risswachstum gibt. Darunter versteht man, dass ausgehend von der Oberfläche oder von in Größe und Lage konkurrierenden Gefügedefekten mehrere Risse gleichzeitig unterkritisch wachsen, bis einer davon überkritisch wird und das Versagen einleitet. Wird schnell belastet, spielt dieses unterkritische Risswachstum keine Rolle mehr, die bruchauslösende Spannungskonzentration entsteht immer am größten Defekt. Es wird dann die sogenannte *Inertfestigkeit* gemessen, d. h. die Festigkeitswerte sind ab einer kritischen Belastungsgeschwindigkeit unabhängig von der Lastrate (Abb. 2.159).

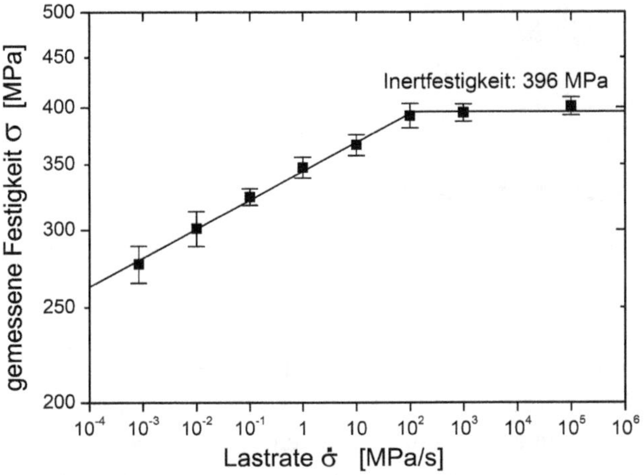

Abb. 2.159: Abhängigkeit der gemessenen Festigkeit von Al_2O_3 von der Lastrate nach Baierl, Danzer und Lube [223].

Vergleichsmessungen nach der Drei- und Vier-Punkt-Methode ergeben in der Regel bei Letzterer eine geringere Festigkeit, dafür aber eine geringere Streuung der Werte. Ursache dafür ist, dass der Bruch meist seinen Beginn in der Oberfläche hat. Da bei der Vier-Punkt-Biegeprüfung eine größere Fläche beansprucht wird, ist auch die Wahrscheinlichkeit größer, dort einen größeren Fehler zu finden. Diese Fehler kann man in Zusammenhang bringen mit der Griffith-Gleichung (2.57) und sie als Risse bzw. Kerben der Länge a ansprechen. Wirklich konnten Passmore u. M. [38] an gesinterten und geschliffenen Al_2O_3-Körpern zeigen, dass a der Korngröße entspricht, die Kerben also durch das Herausbrechen von Körnern beim Schleifen entstanden sind. Durch Polieren und Anfasen der Kanten kann man die Festigkeit erhöhen. Dann gilt das oben Gesagte für das Volumen entsprechend. Auch hier wird beim Vier-Punkt-Versuch das größere Volumen geprüft, da die Maximalspannung gleichmäßig über den kleineren Auflagerabstand l_1 verteilt ist, während bei der Drei-Punkt-Pprüfung eine lokale Maximalspannung auftritt.

Sind alle rohstoff- und produktionsbedingten Fehler eliminiert, tritt sogenannter multipler Bruch auf, d. h. das Versagen findet an mehreren Stellen gleichzeitig von der zugspannungsbelasteten Oberfläche aus statt (Abb. 2.160). Die Pfeile zeigen die verschieden Orte des Rissausgangs in Borcarbid. Diese an sich wenig feste Keramik ($\sigma_b \approx$ 400–500 MPa) erzielte eine ungewöhnlich hohe Biegefestigkeit von 1100 MPa.

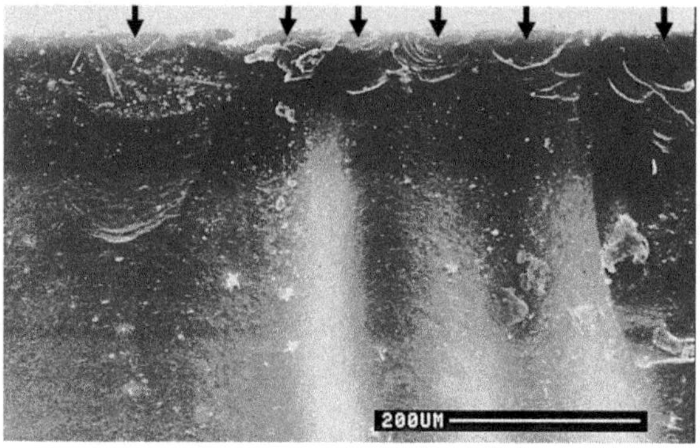

Abb. 2.160: Multiple Rissbildung in heißisostatisch gepresstem Borcarbid [224]. Die Pfeile markieren Punkte der Rissinitiierung.

Die schädliche Wirkung der Oberflächenfehler kann man auch verringern, indem man die Oberfläche unter eine Druckspannung setzt. Bei keramischen Körpern kann man das durch Glasuren erreichen, die immer dann die Festigkeit erhöhen, wenn sie eine kleinere Wärmedehnung als der Scherben haben. Von den vielen Messungen, die das bestätigen, seien hier nur die systematischen Versuche von Skarbye [39] erwähnt. Aber auch bei unglasierten polykristallinen Körpern gelingt eine Festigkeitserhöhung, wenn man in der Oberfläche Kristalle mit einem kleineren Ausdehnungskoeffizienten erzeugt. Kirchner u. M. [40] haben dazu die Mischkristallbildung von Korund ($\alpha = 8{,}4 \cdot 10^{-6}\,K^{-1}$) mit Cr_2O_3 ($\alpha = 7{,}4 \cdot 10^{-6}\,K^{-1}$) und von $MgAl_2O_4$ ($\alpha = 9{,}7 \cdot 10^{-6}\,K^{-1}$) mit $MgCr_2O_4$ ($\alpha = 6{,}9 \cdot 10^{-6}\,K^{-1}$) ausgenützt, indem sie diese Körper in einer Packung von Cr_2O_3-Pulver temperten. Bei einer geeigneten Schichtdicke der Mischkristalle (etwa 75 µm) konnte so die Biegefestigkeit von Korundkörpern um 25 % und die von Spinellkörpern um 15 % erhöht werden.

2.10.2 Festigkeitsprüfung mit Rundstäben und Schulterzugproben

Rundstabproben ermöglichen die Prüfung eines Volumens von mehreren Kubikzentimetern im Zugspannungsmodus. Allerdings ist die Herstellung des Stabes mit der erforderlichen Verjüngung durch Außen- oder Innenrundschleifen sehr teuer. Erst durch das laserunterstützte Drehen können solche Prüfkörper wirtschaftlich hergestellt werden. Allerdings greift diese spanabhebende Bearbeitungsmethode in das oberflächennahe Gefüge durch thermische Einwirkung und Glasphasenbildung bzw. -mobilisation verändernd ein, sodass sie nicht generell eingesetzt werden kann. Ferner sind die bei metallischen Werkstoffen üblichen Einspannungsvorrichtungen bei den Zugmaschinen oft Auslöser eines vorzeitigen Versagens durch Hertzsche Spannungen. Werden Schulterzugproben verwendet, so sind die Probleme bezüglich der Einspannung verschärft. Ein Ausreißen im Bereich der Probenaufnahme, insbesondere bei gelochten Probeschenkeln ist bei unachtsamer Behandlung üblich. Weiterhin sind die üblichen Dejustierungsfehler wie Versatz und Exzentrizität zu korrigieren, die zur Auslenkung aus dem uniaxialen Zugspannungszustand führen und die den Lehrbüchern zur technischen Mechanik oder Metallprüfung entnommen werden können.

Probleme der Einspannung können durch die Probenanordnung des Innendruck-Zugversuchs der Fa. Asea Cerama, Robertsfors, Schweden, umgangen werden. Hier werden an den Kopfenden der Rundstabprobe Halterungen angeklebt, die von einem inneren Öldruck nach außen gedrückt werden. Dabei ergibt sich theoretisch eine Selbstjustierung. Abbildung 2.161 zeigt den Aufbau der Druckkammer mit der eingelegten Probe.

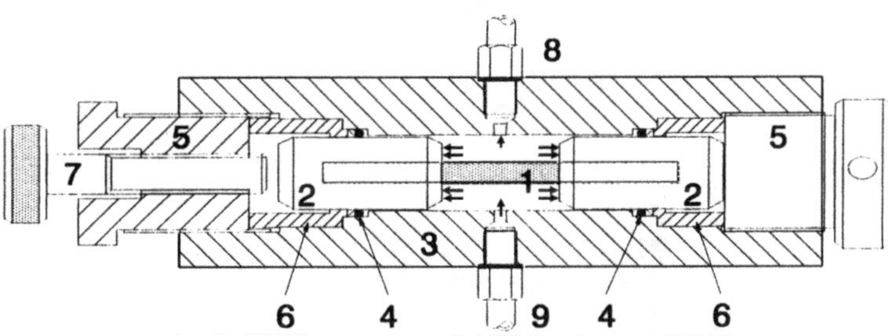

Abb. 2.161: Zugversuch mittels hydraulischem Druck; Konstruktionszeichnung Asea Cerama AB, Robertsfors, Schweden.

Für die Nennspannung ergibt sich mit A = Mittelwert der Querschnittsflächen der Probenhalter, A_s = Querschnittsfläche der Probe und P = hydrostatischer Druck:

$$\sigma_n = \frac{A - A_s}{A_s} \cdot P. \tag{2.184}$$

Allerdings können als Fehlerquellen auftreten: Spannungsüberhöhung bei der Lasteinleitung, dreiachsiger Spannungszustand bei fehlerhaftem Einkleben der Halterungen, Reibung bei den Dichtringen und Abweichungen von der Sollgeometrie. Die

Abschätzung der Fehlersumme zeigt aber, dass sie kleiner oder höchstens gleich derjenigen der Biegeproben ist.

2.10.3 Andere Festigkeitsprüfmethoden

Kreisring-Prüfung

Zum Prüfen der Festigkeit von Rohrabschnitten ist besonders der Kreisringtest geeignet, da die Proben einfach gewonnen werden können und repräsentativer sind als herausgeschnittene Prüfstäbchen. Der Kreisringtest wird generell in der Steinzeugindustrie für die Prüfung von Kanalrohren mit einem gewinkelten Stützlager und Gummipuffern durchgeführt (Abb. 2.162 rechts), aber auch für keramische Ofenrollen. Die Auswertung eines Rings mit der Dicke t, der Breite B und dem Radius der spannungsneutralen Seele r erfolgt für planparallele Stützlager nach:

$$\sigma_c = \frac{6}{\pi} \cdot \frac{Fr}{Bt^2} \cdot \frac{1 - \frac{t}{6r}}{1 - \frac{t}{2r}}. \tag{2.185}$$

Die Prüfung nach DIN 1230 mit gewinkeltem Stützlager erfolgt mit einer homogeneren Lasteinleitung. Die Auswerteformel muss entsprechend modifiziert werden zu:

$$\sigma_c = 1{,}8 \cdot \frac{Fr}{Bt^2} \cdot \left(1 + \frac{t}{3r}\right). \tag{2.186}$$

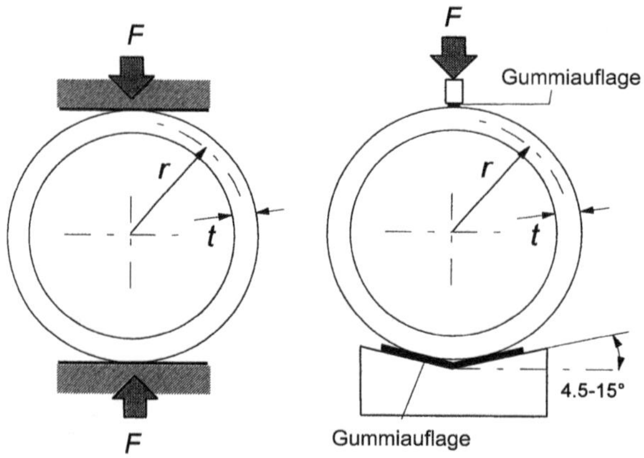

Abb. 2.162: Kreisringprüfung mit verschiedenen Stützlagern [31].

C-Ring-Prüfung

Der C-Ring-Test erfolgt mit Halbringen oder C-förmigen Dreiviertel-Rohrabschnitten. Abbildung 2.163 zeigt die Versuchsanordnung für den Druckversuch (links) und den Zugversuch (rechts).

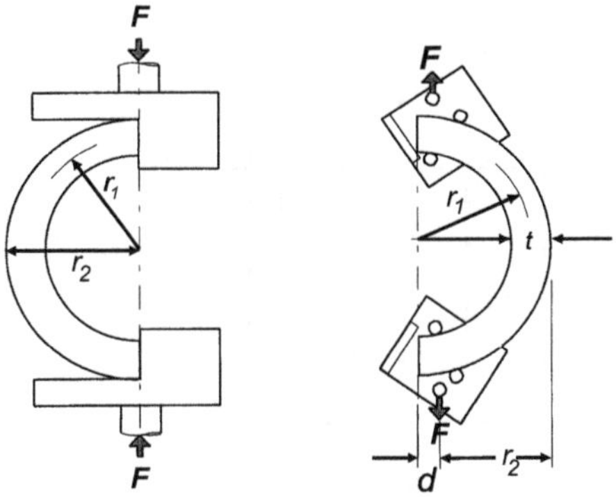

Abb. 2.163: C-Ring-Test für Druck (links) und Zug (rechts) nach [31].

Die Auswertung des Druckversuchs mit der möglichen Näherung für $r_2 = (r_1 + 0{,}5t)$ ergibt:

$$\sigma_c = \left[\frac{(r_2 - 0{,}5t) \cdot (r_2 - 0{,}5t - L)}{(r_1 + 0{,}5t)(r_1 - L)} - 1 \right] \cdot \frac{F}{Bt}, \tag{2.187}$$

mit

$$L = \frac{t}{\log \frac{r_1 + 0{,}5t}{r_1 - 0{,}5t}}. \tag{2.188}$$

Im Zugversuch wird Gl. (2.187) unter Verwendung von Gl. (2.188) zu:

$$\sigma_c = \left[\frac{(r_2 - 0{,}5t - d) \cdot (L - r_1 - 0{,}5t)}{(r_1 - 0{,}5t)(r_1 - L)} + 1 \right] \cdot \frac{F}{Bt}. \tag{2.189}$$

Ring-auf-Ring-Test – Doppelring-Biegetest

Große Volumina werden auch mit der Doppelringprüfung gemessen. Hier tritt ein zweiachsiger Spannungszustand auf. Die Proben bestehen aus kreisförmigen dünnen Platten, die über konzentrisch angeordnete Ringe belastet werden. Wie man an den resultierenden Spannungsverläufen in Abb. 2.164 entnehmen kann, wird die Probenkante im Gegensatz zum Vier-Punkt-Biegeversuch nur gering belastet. Kantenfehler infolge der Bearbeitung sind hierbei als Ursache für frühzeitiges Versagen praktisch ausgeschlossen. Die Probenabmessungen betragen nach Empfehlungen der Deutschen Keramischen Gesellschaft: $r_1 = 8\,\text{mm}$, $r_2 = 16\,\text{mm}$, $r_3 = 22{,}5\,\text{mm}$, $W = 2{,}5\,\text{mm}$.

Die Auswertung erfolgt nach:

$$\sigma_p = \sigma_{\varphi,\max} = \sigma_{r,\max} = \frac{3(1+\nu)F}{4\pi W^2} \cdot \left(2 \ln \frac{r_2}{r_1} + \frac{1-\nu}{1+\nu} \cdot \frac{r_2^2 - r_1^2}{r_3^2} \right). \tag{2.190}$$

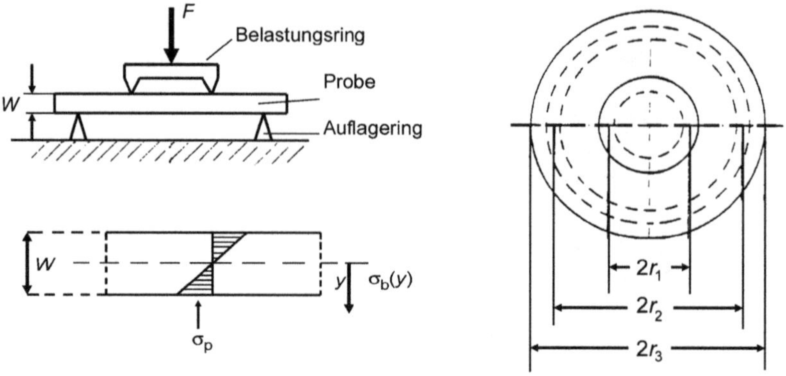

Abb. 2.164: Doppelring-Prüfung; links oben Seitenansicht, rechts Draufsicht, links unten: radiale und axiale Spannungsverteilung.

Vier-Kugel-Prüfung

Dem Doppelringversuch ähnelt der maßgeblich von Danzer u. M. [225–228] detailliert ausgearbeitete Vier-Kugel-Versuch, auch *Kugel-auf-drei-Kugeln-Test* genannt. Dabei werden scheibenförmige Probekörper auf drei Kugeln aufgesetzt und im Zentrum mit einer weiteren Kugel in einer konventionellen Universalprüfmaschine mit Druck belastet (Abb. 2.165). Im Falle planparalleler runder Scheiben mit der Dicke t ergibt sich die Maximalspannung zu

$$\sigma_{\text{max}} = f \cdot \frac{F}{t^2}, \tag{2.191}$$

wobei f ein dimensionsloser Vorfaktor ist und F die Maximallast beim Bruch. f berücksichtigt die Probendimensionen nach

$$f = c_0 + \frac{c_1 + c_2 \cdot \frac{t}{R} + c_3 \cdot (\frac{t}{R})^2 + c_4 \cdot (\frac{t}{R})^3}{1 + c_5 \cdot \frac{t}{R}} \cdot \left(1 + c_6 \cdot \frac{R_\text{a}}{R}\right). \tag{2.192}$$

R ist hierbei der Radius der Probe, R_a der Kontaktradius. Die Konstanten c_i hängen von der Querkontraktionszahl ν und FEM-Simulationen der Spannungszustände im Prüfkörper ab. Dies erlaubt prinzipiell die Prüfung beliebig geformter dünner planparalleler Proben, solange deren Abgrenzungen nach außen durch eine Simulation beschrieben werden können. Der Kontaktradius R_a ergibt sich aus dem Kugelradius R_b nach $R_\text{a} = 2/3\sqrt{3} \cdot R_\text{b}$. Diese Prüfanordnung eignet sich hervorragend für eine sehr große Stückzahl sehr kleiner Formkörper und hat sich daher bei der Charakterisierung elektronischer Bauteile (Piezokeramik, Kondensatoren etc.) sehr bewährt.

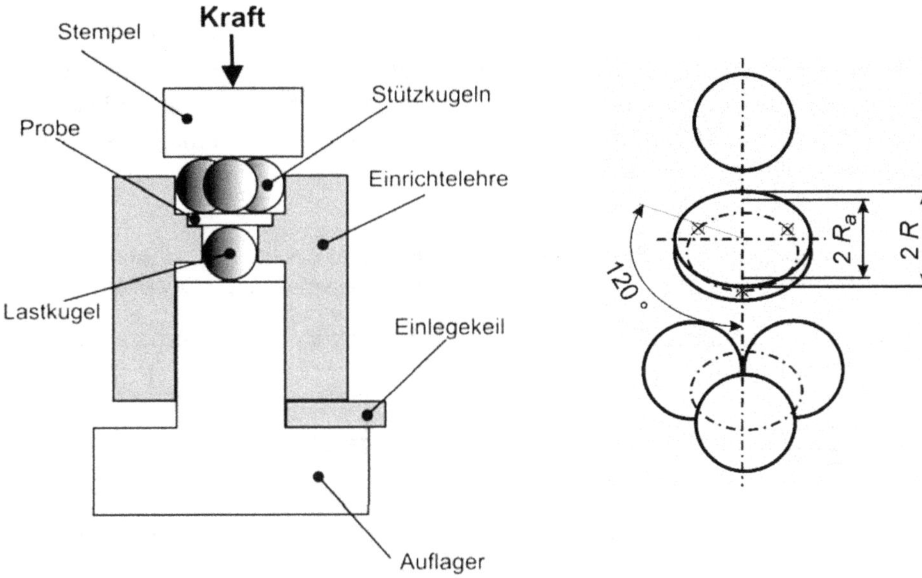

Abb. 2.165: Vier-Kugel-Prüfung: Apparativer Aufbau und Probendimensionierung [228].

2.11 Bestimmung von Bruchenergie und Bruchwiderstand

Zur Charakterisierung des kritischen und unterkritischen Bruchverhaltens gibt es eine Vielzahl von Messgrößen. Im Folgenden soll nur die kritische Rissausbreitung behandelt werden. Hierbei stellt sich zunächst die Frage, welche Messgröße geeignet ist, um das kritische Bruchverhalten zu beschreiben. Dieser Thematik sind sehr zahlreiche Arbeiten gewidmet worden, die sich kritisch mit dem methodischen Vorgehen selbst, aber auch mit der mathematischen Analyse und der Auswertung und Interpretation der Ergebnisse befassen. Auf entsprechende Bücher und Zusammenfassungen sei hingewiesen, z. B. [31, 148, 229], um nur einige zu nennen.

Wie bereits erwähnt, geht bei spröden Werkstoffen der Bruch in hochbelasteten Teilen bei einer bestimmten kritischen Spannung σ von einem Fehler im Material aus, z. B. einem Riss der kritischen Länge a_c. Mithilfe des kritischen Spannungsintensitätsfaktors K_{Ic} wird die kritische Spannung σ_c mit der dazugehörigen kritischen Risslänge a_c korreliert. D. h., mit dem K_{Ic}-Wert, dem Bruchwiderstand, hat man eine Möglichkeit die beiden entscheidenden Größen kritische Spannung und kritische Risslänge in Beziehung zu setzen. Ein für den Praktiker entscheidender Vorteil ist zusätzlich bei der Spannungsintensitätsbetrachtung gegeben: Die K-Faktoren können nicht nur bei reiner Zugbelastung (K_I-Mode), sondern auch bei Torsion/Scherung (K_{II}-Mode) oder Schub (K_{III}-Mode) angegeben werden [230]. Zudem sind die unterschiedlichen K-Faktoren addierbar.

Die K_{Ic}-Bestimmung wird schon seit Langem an metallischen Werkstoffen erprobt. Daher gibt es für derartige Untersuchungen genaue Vorschriften [231]. Es wurden zwar eine Vielzahl von Probenformen und -dimensionen in Anlehnung an bereits bekannte Geometrien getestet (Abb. 2.166), aber es konnte bislang kein verbindliches Prüfverfahren vorgestellt werden [53, 232].

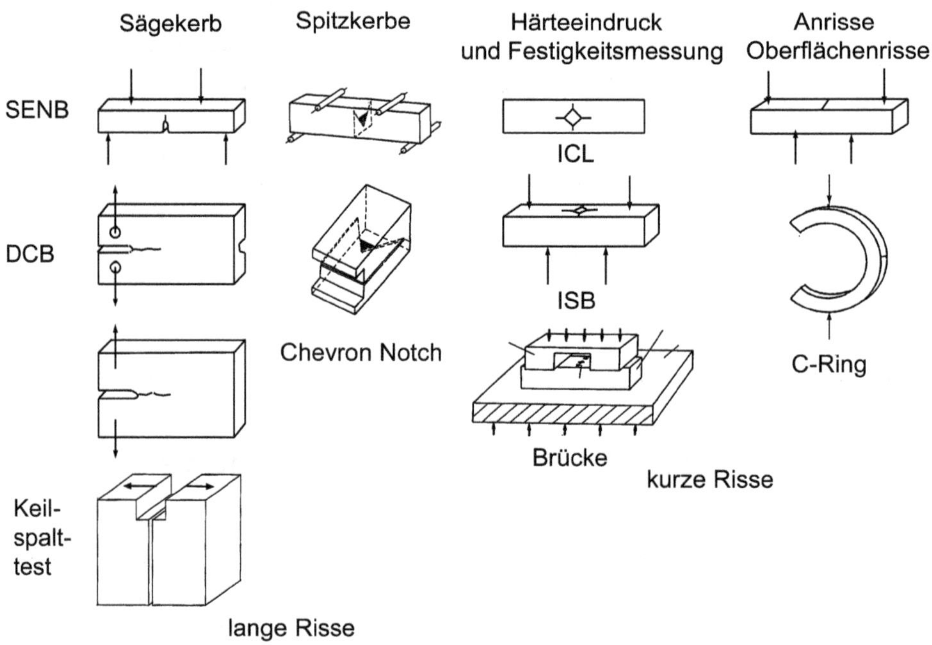

Abb. 2.166: Probengeometrien für die Prüfung des Bruchwiderstandes nach Vorlagen von D. Munz, Karlsruhe, R. Steinbrech, Jülich, und H. Harmuth, Leoben.

Es soll daher zunächst einmal auf die Anforderungen an das Messverfahren und die Probendimensionen eingegangen werden. Zum Ersten muss es das Messverfahren zulassen, Last (-Spannung) und Risslänge eindeutig zu bestimmen. Die Probengeometrien sollten einfach sein, da die Bearbeitung keramischer Werkstoffe wegen der hohen Härte zeit- und kostenintensiv ist. Die Probendimensionen sollten klein gehalten werden, damit die Untersuchungen nicht materialintensiv und dadurch zu teuer werden. Die bei Metallen notwendige Mindestbreite zur Erzielung des ebenen Verformungszustandes ist bei Keramiken praktisch immer gegeben. Es muss nur darauf geachtet werden, dass die Breite ein Vielfaches der charakteristischen Gefügekenngröße beträgt. Zudem sollte das Prüfverfahren geeignet sein für Hochtemperaturmessungen, die bekanntermaßen für Keramiken von entscheidender Bedeutung sind. Daraus folgt, dass einfache Konstruktionen zur Lastaufbringung verwendet werden müssen, die am besten aus druckbelasteten keramischen Werkstoffen bestehen. Zusätzlich sollte die Probe mit einem natürlichen Anriss versehen sein, was z. B. eine genügend „scharfe“ Kerbe sein kann. Probenkonfigurationen, die diese Voraussetzungen am besten erfüllen, sind die Biegeprobe mit gerade durchgehendem Kerb oder Spitz-Kerb, die Doppeltorsionsprobe (DT-Probe) und die für die Eindrucksbruchmechanik geeigneten Probenformen.

2.11.1 Bruchwiderstandsprüfung an gekerbten Proben

Die wohl einfachste Probenkonfiguration zur Bestimmung des kritischen Spannungsintensitätsfaktors K_{Ic} ist die gekerbte Biegeprobe. Sie wird entweder in Drei-Punkt- oder Vier-Punkt-Anordnung gebrochen. Wegen des konstanten Biegemoments zwischen den inneren Auflagern ist die Justierung der Probe in Vier-Punkt-Anordnung weniger problematisch als in Drei-Punkt-Anordnung. Letztere hat jedoch wegen der einfachen Bauweise entscheidende Vorteile im Hochtemperaturtest. Die verwendeten Probendimensionen liegen üblicherweise zwischen 3 und 4 mm in der Breite und 6–8 mm in der Höhe. Allgemein sollte darauf geachtet werden, dass die Probenbreite auf jeden Fall größer als ein Vielfaches des charakteristischen Gefügeparameters (mittlerer Korndurchmesser) ist. Als Rissausgang dient meistens eine Kerbe, die mittels einer Säge eingebracht wurde, oder ein kleiner Anriss (halbkreisförmig oder halbelliptisch), der durch einen Vickers- oder Knoop-Eindruck erzeugt wurde. Dieser Anriss ist einer natürlichen Schädigung sehr ähnlich. Auf die Eindruckstechnik wird in einem späteren Kapitel näher eingegangen.

Die am häufigsten verwendete Methode zur Einbringung von Anrissen in keramischen Werkstoffen ist die gesägte Kerbe. Dabei wird mit diamantbeschichteten Scheiben oder Drähten eine dünne Kerbe erzeugt. Die erzielbaren Kerbbreiten betragen dabei 100 µm und mehr. Mit größerem Aufwand sind 60–80 µm breite Kerben erzeugbar. Extrem feine Kerben (ca. 10 µm) konnten in Hartmetalle [233] eingebracht werden.

In der Literatur werden noch andere Möglichkeiten zur Erzeugung scharfer Risse in Keramiken angegeben. So wird z. B. von der Risseinbringung durch Thermoschockbehandlung [234] oder durch das sogenannte Anreißen von Proben [235, 236] berichtet (Abb. 2.168). Beide Verfahren sind jedoch wegen der schwierigen experimentellen Bestimmung der Anrisstiefe für Standardtests zur K_{Ic}-Bestimmung nicht geeignet. Zudem können beim Anreißen Rissflankeneffekte (Reibungs- oder Adhäsionskräfte [237]) oder Mehrfachrissbildung [238, 239] auftreten, die dann zu falschen K_{Ic}-Werten führen.

Eine Vielzahl von Untersuchungen [234] hat gezeigt, dass bei Keramiken der sogenannte Kerbeffekt auftreten kann. Darunter versteht man die Abhängigkeit des Bruchwiderstandes von den geometrischen Abmessungen einer meist durch Sägen eingebrachten Kerbe als Ersatz für einen scharfen Anriss. Dieser Effekt tritt nur oberhalb eines kritischen Kerbradius bzw. einer kritischen Kerbbreite auf. Diese kritische Abmessung ist werkstoffspezifisch. In Abb. 2.167 [240] ist z. B. für ein heißgepresstes Si_3N_4 die Abhängigkeit des Bruchwiderstandes von der Kerbbreite gezeigt. Man kann daraus entnehmen, dass die kritische Kerbbreite, unterhalb der der Bruchwiderstand konstant ist, in der Größenordnung von ca. 100 µm liegt.

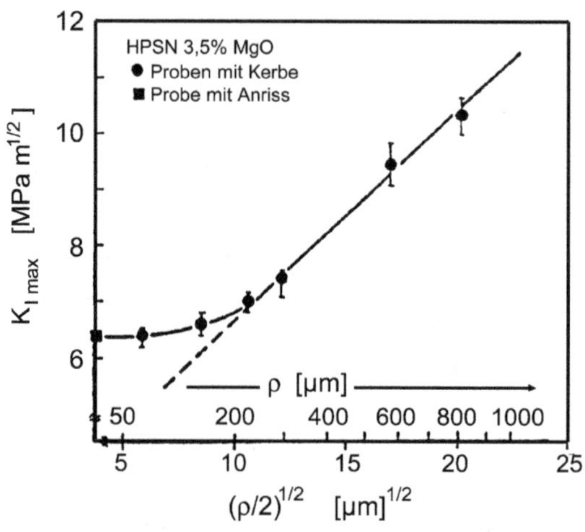

Abb. 2.167: Abhängigkeit des gemessenen K_{Ic}-Wertes von der Kerbbreite [240].

Abb. 2.168: Sägekerb mit Anriss.

Mit den zurzeit kommerziell angebotenen Trennscheiben kann man mit vertretbarem Aufwand Kerbbreiten von 60–80 µm erzielen, sodass der Einfluss des Kerbeffektes auf den Bruchwiderstand vernachlässigbar ist bzw. nahezu ausgeschlossen werden kann.

Eine andere Möglichkeit zur Einbringung scharfer Kerben ist die Verlängerung der mit Trennscheiben eingesägten Kerben mit einer pendelnd über den Kerbgrund geführten Rasierklinge. Hierfür wird als Abrasionsmittel eine Diamant-Suspension von

1 µm Korngröße eingebracht. Auch wenn der Verschleiß an Klinge gegenüber dem Sägefortschritt relativ hoch und die Führung eventuell nicht sehr stabil ist, kann mit vertretbarem Aufwand ein Kerb mit einem Radius von 20–30 µm eingebracht werden [241–244]. Abbildung 2.169 zeigt eine REM-Aufnahme einer solchen Kerbverlängerung. Die Auswertung erfolgt nach den üblichen Methoden.

Abb. 2.169: Kerbradienverlängerung mittels Rasierklinge, beide Bilder [245].

Single-Edge-Notch-Beam-Methode (SENB)

Eine recht einfache Probengeometrie, nämlich das Biegestäbchen, wird beim Einkanten-Kerb-Biegebalken-Test verwendet. Der Bruchwiderstand K_{Ic} wird über die maximale Last P_{max}, die kritische Risslänge $a_{c,max}$, die Probendimensionen Höhe W und Breite B und den Auflagerabstand l für den Drei-Punkt-Versuch bzw. (l_2-l_1) für den Vier-Punkt-Versuch bestimmt (Abb. 2.170). Typische Abmessungen betragen für Hochleistungskeramiken $l_1 = 8$–20 mm, $l_2 = 20$–40 mm, $B = 3$–4 mm, $W = 4$–$6 \ldots 8$ mm und $a = 0{,}5W$. Zur Berücksichtigung der endlichen Probenabmessungen muss eine Korrekturfunktion $Y(a/W)$ verwendet werden [55, 246, 247]. Wird eine V-förmige Kerbe eingebracht, etwa durch die zuvor erwähnte Rasierklingenmethode, so bezeichnet man den Test als SENB-Prüfung. Das Kraft-Durchbiegungsdiagramm und die Rissverlängerung sind in Abb. 2.171 dargestellt.

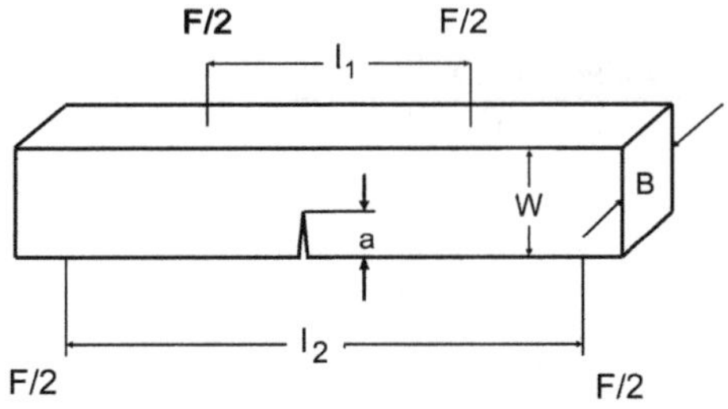

Abb. 2.170: Geometrieverhältnisse bei der SENB-Prüfung [31].

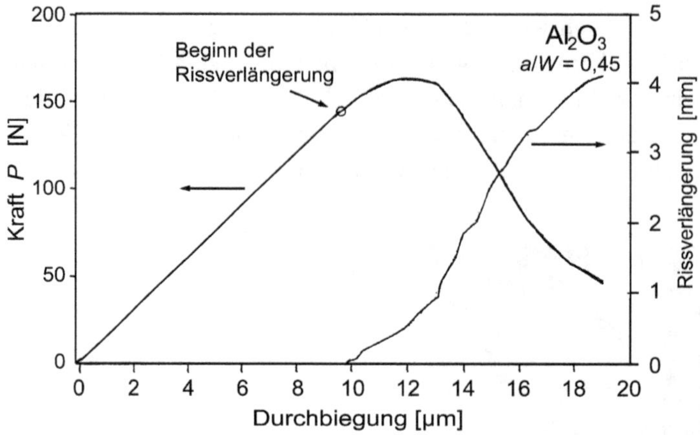

Abb. 2.171: Last-Durchbiegungskurve und Rissverlängerung beim SENB-Versuch nach R. Steinbrech, Jülich.

Der K_{Ic}-Wert berechnet sich nach

$$K_{Ic} = \frac{3}{2} \cdot \frac{P_{max}(l_2 - l_1)}{BW^2} Y\left(\frac{a_c}{W}\right) \cdot \sqrt{\frac{a_c}{W}}, \tag{2.193}$$

wobei für $Y(a_c/W)$ am häufigsten die auf Srawley [55] zurückgehende Funktion verwendet wird:

$$Y(x) = \frac{1{,}99 - x(1-x)(2{,}15 - 3{,}99x + 2{,}7x^2)}{(1+2x)(1-x)^{3/2}}. \tag{2.194}$$

Dabei ist $x = a_c/W$. Der Vorteil dieser ursprünglich für Drei-Punkt-Anordnung abgeleiteten Gleichung liegt darin, dass sie im Gegensatz zu den beiden anderen [246] über den gesamten Bereich der Rissausbreitung Gültigkeit hat (Abb. 2.172). Eine weitere verfeinerte Auswertegleichung präsentiert Munz [31]:

$$K_{Ic} = \frac{P_{max}(l_2 - l_1)}{B\sqrt{W}} Y\left(\frac{a_c}{W}\right) \cdot \frac{3}{2} \cdot \frac{\sqrt{\frac{a_c}{W}}}{(1 - \frac{a_c}{W})^{3/2}}, \tag{2.195}$$

mit $x = a_c/W$ und

$$Y(x) = 1{,}9887 - 1{,}326x - \frac{[3{,}49 - 0{,}68x + 1{,}35x^2]x(1-x)}{(1+x)^2}. \tag{2.196}$$

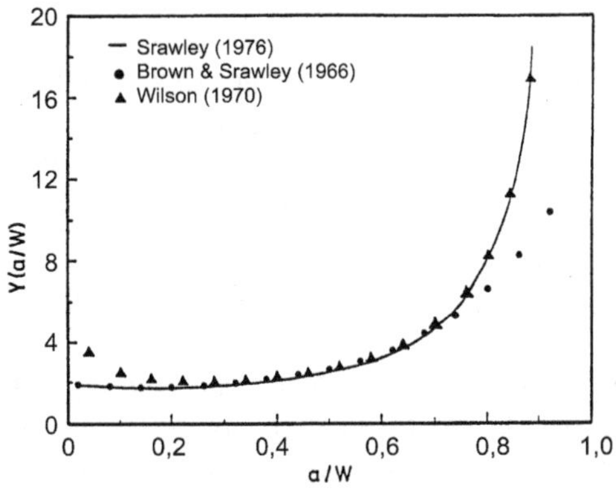

Abb. 2.172: Korrekturfunktionen im Vergleich nach Vogel, MPI Metallforschung Stuttgart.

Spitzkerb-Probe – Chevron-Notch (CN-Methode)

Eine andere, früher häufig verwendete Methode zur Erzeugung eines scharfen Anrisses ist die Spitzkerbe oder Chevron-Kerbe. Dabei breitet sich der Riss ausgehend von der Spitze einer dreiecksförmigen Kerbe aus. Die Chevron-Kerbe hat in mehreren Probenformen Anwendung gefunden [232], so z. B. in der kurzen Rechteckprobe, der Rundprobe oder der Biegeprobe (Abb. 2.173 und 2.174).

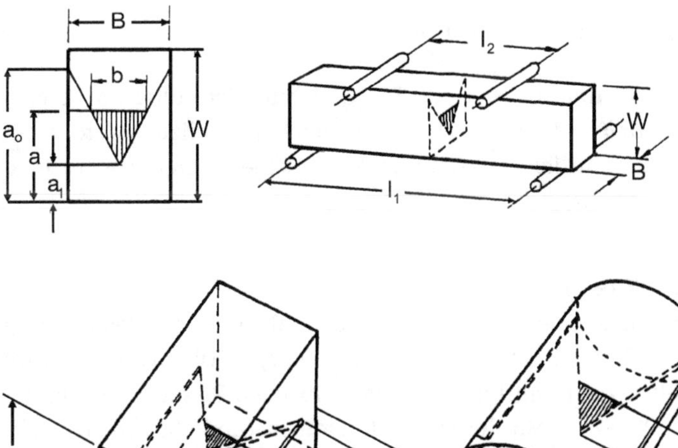

Abb. 2.173: Chevron-Notch-Geometrie zur K_{Ic}-Bestimmung im Biegemodus [31].

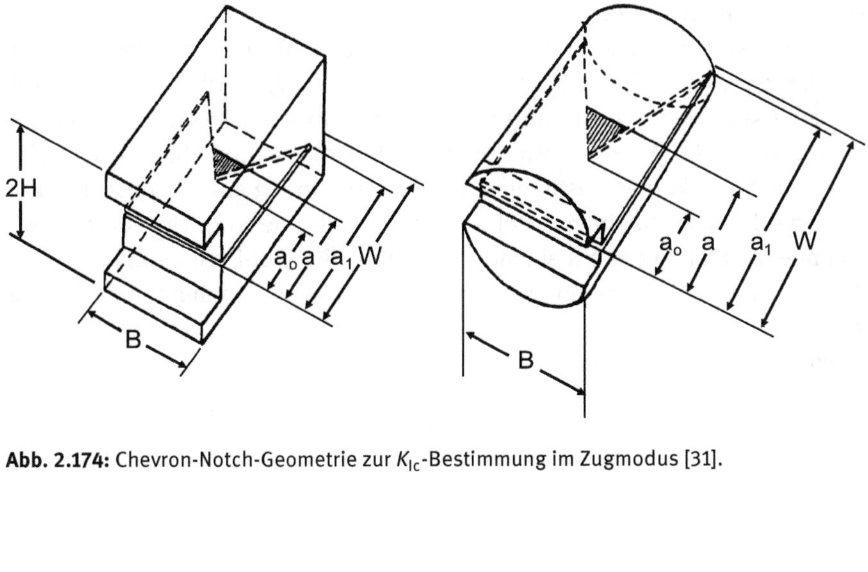

Abb. 2.174: Chevron-Notch-Geometrie zur K_{Ic}-Bestimmung im Zugmodus [31].

Der Vorteil dieser Kerbform liegt darin, dass bei gegebenen Proben- und Chevron-Kerbgeometrien der Bruchwiderstand nur durch die Maximallast gegeben ist und keine Risslängenmessung durchgeführt werden muss. Dies beruht darauf, dass die erzeugte Bruchfläche mit zunehmender Risslänge auch in der Breite wächst. Der K_{Ic}-Wert berechnet sich nach

$$K_{\mathrm{Ic}} = \frac{P_{\max}}{BW} Y_m^*, \tag{2.197}$$

mit $P_{\max}$ als maximaler Last im Last-Verlängerungsdiagramm, B als Probenbreite und W als Probenhöhe. Y ist wieder eine Korrekturfunktion, die die Kerbgeometrie und die charakteristischen Probendimensionen beinhaltet. Für die Vier-Punkt-Anordnung gilt [247] für eine Probengeometrie von $\alpha = a/W$

$$b = B \cdot \frac{a - a_0}{a_1 - a_0} = B \cdot \frac{\alpha - \alpha_0}{\alpha_1 - \alpha_0}, \tag{2.198}$$

$$Y_m^* = (3{,}08 + 5{,}00\alpha_0 + 8{,}33\alpha_0^2)\left[1 + 0{,}007 \cdot \sqrt{\frac{l_1 \cdot l_2}{W^2}}\right] \cdot \frac{\alpha_1 - \alpha_0}{1 - \alpha_0} \cdot \frac{l_2 - l_1}{W}. \tag{2.199}$$

Für kurze Rundstabproben gilt [249]:

$$\begin{aligned} Y_m^* = {} & 19{,}98 - 9{,}54\omega + 6{,}8\omega^2 + (-118{,}7 + 125{,}1\omega - 22{,}08\omega^2)\alpha_0 \\ & + (379{,}4 - 363{,}6\omega + 84{,}4\omega^2)\alpha_0^2. \end{aligned} \tag{2.200}$$

Hierin bedeuten $\alpha_0 = a_0/W$ und $\alpha_1 = a_1/W$. Die Gleichung ist gültig im Bereich $1{,}5 < \omega < 2{,}0$ und $\alpha_0 < 0{,}4$ für $\alpha_1 = 1$. Bei $\alpha_1 < 1$ muss Y_m^* noch multipliziert werden mit $[(\alpha_1 - \alpha_0)/(1 - \alpha_0)]^{1/2}$. Eine ausführliche Darstellung der verschiedenen Korrekturfunktionen bringen Munz und Fett [31].

Doppeltorsionsmethode (DT-Test)

Mit der Doppeltorsionsprobe existiert eine weitere Möglichkeit der K_{Ic}-Bestimmung ohne Risslängenmessung. Erstmals von Outwater und Gerry [250] vorgestellt, wird sie heute fast ausschließlich zur Ermittlung der unterkritischen Rissausbreitungsparameter eingesetzt, z. B. [251–253]. Mit der Doppeltorsionsmethode lassen sich sehr gut Last-Verschiebungskurven bestimmen. Die Prüfanordnung entspricht im Prinzip derjenigen eines Fliesenschneiders. Der Rissweg ist durch eine lange Nut vorgegeben. An einem Ende der Platte wird mit einem Drei-Punkt- oder Vier-Punkt-Auflager gebogen (Abb. 2.175). Typische Abmessungen sind $t = 2\,\mathrm{mm}$, $W = 25\,\mathrm{mm}$ mit einer Länge $L = 80\,\mathrm{mm}$.

Die Auswerteformel lautet nach Fett [254]:

$$K_{\mathrm{Ic}} = P_{\max} W \cdot \left(\frac{3(1 + \nu)}{Wt^3 t_1}\right)^{1/2}. \tag{2.201}$$

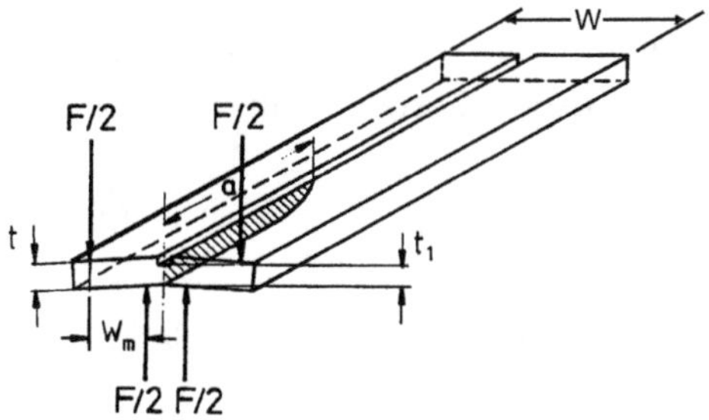

Abb. 2.175: Doppeltorsionsprobe mit vorgegebenem Rissweg [31].

Double-Cantilever-Beam-Test (DCB) – Doppelausleger-Kragbalken-Prüfung

Eine Modifizierung des DT-Test stellt die DCB-Methode dar, auch CT-Methode genannt nach engl. *compact tension*. Anstelle der Biegebelastung wird ähnlich wie beim Chevron-Notch-Test im Zugmodus geprüft. Die Rissspur ist durch eine Kerbe und eine Führungsrille vorgegeben. Abbildung 2.176 zeigt die Probengeometrie.

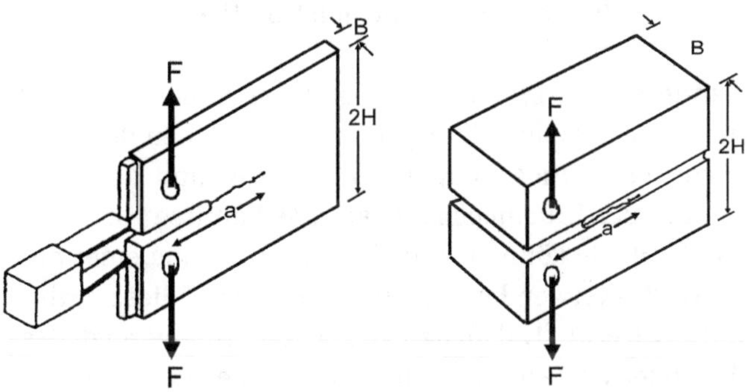

Abb. 2.176: DCB-Anordnung, links ohne Führungsnut, mit Dehnmessstreifen; rechts mit Führungsnut [31].

Die Auswertung erfolgt nach Freimann u. M. [255]:

$$K_{Ic} = \frac{\sqrt{12}aF}{(1-\nu^2)^{1/2}BH^{3/2}}, \tag{2.202}$$

was aber aufgrund der fehlenden Berücksichtigung von Scherspannungen und der als fest gedachten Einspannung recht ungenau ist. Durch eine Korrektur kann das Ergebnis verfeinert werden zu:

$$K_{Ic} = \frac{\sqrt{12}aF}{(1-\nu^2)^{1/2}BH^{3/2}} \cdot \left[\left(1+\frac{a_0}{a}\right)^2 + \frac{1+\nu}{3}\left(\frac{H}{a}\right)^2\right]^{1/2}, \tag{2.203}$$

wobei a_0 numerisch bestimmt werden muss, aber mit $a_0 = H/3$ angenähert werden kann. Die Auswertung kann nach ASTM-Standard [256, 257] auch erfolgen nach:

$$K_{Ic} = \frac{F}{B\sqrt{W}} \cdot f\left(\frac{a}{W}\right) \quad \text{mit} \tag{2.204}$$

$$f\left(\frac{a}{W}\right) = \frac{2 + a/W}{(1 - a/W)^{3/2}} \cdot (0{,}886 + 4{,}64 \cdot (a/W) - 13{,}32 \cdot (a/W)^2 + 14{,}72 \cdot (a/W)^3 - 5{,}6 \cdot (a/W)^4). \tag{2.205}$$

Spezielle Werte der Geometriefunktion $f(a/W)$ sind in Tabelle 2.16 aufgelistet.

Tab. 2.16: Werte der Geometriefunktion $f(a/W)$ für die DCB-Probe.

a/W	0,45	0,46	0,47	0,48	0,49	0,50	0,51	0,52	0,53	0,54	0,55
$f(a/W)$	8,34	8,58	8,83	9,09	9,37	9,66	9,96	10,29	10,63	10,98	11,36

2.11.2 Bruchwiderstandsprüfung an Proben mit künstlichen Oberflächenrissen

Schon seit Längerem ist bekannt, dass bei höheren Belastungen spröder Werkstoffe mit scharfen Eindringkörpern (Vickers- und Knoop-Diamanten) neben dem plastischen Eindruck auch Risse entstehen. Diese Risse (Abb. 2.84, 2.85 und 2.178) werden in den Arbeiten über die Eindruck-Bruchmechanik als „Medianrisse" bzw. „Radialrisse" bezeichnet [114, 258–260]. Sie können einmal zur Bestimmung eines dem Bruchwiderstand ähnlichen K-Wertes verwendet werden. Basierend auf diesen Arbeiten haben Evans et al. [261] und Lawn et al. [114] für den Vickers-Eindruck gezeigt, dass dieser Wert für eine Vielzahl spröder Werkstoffe mit dem Bruchwiderstand gut übereinstimmt. Petrovič und Mitarbeiter haben sich ausführlich mit dem Knoop-Eindruck beschäftigt [262, 263]. In [264] gibt Petrovič einen kritischen Vergleich von Knoop- und Vickers-Eindruckstechnik. Die Vorgänge, die während eines Härteeindruckes in Keramiken ablaufen, sind relativ kompliziert und werden im Kapitel 2.8.1 „Härte" genauer behandelt.

Indentation-Crack-Length-Methode (ICL) – Risslängen-Methode

Die ersten Untersuchungen zur Bestimmung des K_{Ic}-Wertes aus Härteeindrücken wurden von Palmquist [265] an Metallkarbiden durchgeführt. Er fand, dass die erzeugte Risslänge linear mit der Auflast ansteigt. Die Steigung dieser Geraden entspricht den Bruchwiderstand. Dawihl und Altmeyer [266] stellten fest, dass die Oberflächengüte die Abhängigkeit der Risslänge von der Eindrucklast stark beeinflusst. Sie schlugen daher vor, nur Proben mit sorgfältig polierten Oberflächen zu verwenden.

Von Lawn und Mitarbeitern [114, 258, 259] stammen die grundlegenden Arbeiten über die Eindrucksbruchmechanik. Evans und Wilshaw [260] ergänzten diese Arbeiten durch die Berücksichtigung des elastisch-plastischen Charakters des Spannungsfeldes und lieferten eine Erklärung für die unterschiedlich bestimmten Abhängigkeiten der Risslänge von der Last.

In ihrer Arbeit von 1976 gaben Evans und Charles [261] erstmals eine Gleichung für die Bestimmung des Bruchwiderstandes an. Durch eine Dimensionsanalyse zeigten sie, dass der K_{Ic}-Wert über folgende Gleichung bestimmt werden kann:

$$K_{\mathrm{Ic}} = \frac{\Phi}{H\sqrt{a}} = F_1\left(\frac{c}{a}\right) \cdot F_2\left(\nu, \mu, \frac{r_{\mathrm{p}}}{a}\right), \tag{2.206}$$

wobei K_{Ic} der Bruchwiderstand, H die Härte, Φ eine Korrekturfunktion (~3), ν die Poisson-Zahl, μ der Reibungskoeffizient zwischen Eindringkörper und Material, r_{p} der Radius der plastischen Zone, a die halbe Eindrucksdiagonale und F_1 und F_2 empirisch bestimmte Funktionen sind, mit

$$F_1 = \left(\frac{c}{a}\right)^{-3/2} \quad F_2 = \left(\frac{H}{E\Phi}\right)^{0.4}. \tag{2.207}$$

Korrigiert man Gl. (2.206) mit $E\Phi/H$ und bezieht die Gleichung zur Ermittlung der Vickershärte ($H = 0{,}48P/a^2$) mit ein, so ergibt sich:

$$K_{\mathrm{Ic}} = \frac{\Phi}{H\sqrt{a}} = 0{,}48\left(\frac{c}{a}\right)^{-3/2}. \tag{2.208}$$

In Abb. 2.177 sind Messpunkte und die berechnete Kurve für eine Vielzahl von Materialien eingetragen [261]. Man erkennt, dass Gl. (2.206) die Messwerte gut beschreibt. Diese Gleichung soll für einen weiten Bereich der Härte, der Bruchzähigkeit und der Poisson-Zahl mit ca. 10 % Genauigkeit gelten, wenn der E-Modul bekannt ist.

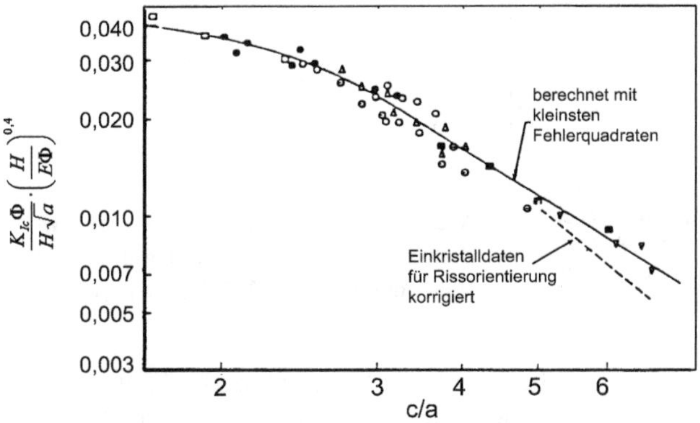

Abb. 2.177: Vergleich der K_{Ic}-Werte und der Risslängen nach Gl. (224) [261].

Basierend auf der Arbeit von Evans und Charles [261] wurde ab 1976 eine Vielzahl von Gleichungen zur Bestimmung des Bruchwiderstandes aufgestellt. Gute Zusammenstellungen finden sich in [267, 268], besonders kritisch ist [129]. Sehr häufig verwendet wird die Auswertegleichung für K_{Ic} von Anstis und Mitarbeiter [128]:

$$K_{Ic} = (0{,}016 \pm 0{,}004) \cdot \left(\frac{E}{H}\right)^{1/2} \cdot \left(\frac{P}{c}\right)^{3/2} . \tag{2.209}$$

Dabei ist $2c$ der ursprüngliche Durchmesser des Radialrisses, also die Risslänge ohne die durch die irreversiblen Spannungen verursachte Rissverlängerung (Abb. 2.178).

Abb. 2.178: Erzeugung und Verwendung von Median-(Radial-)Rissen zur K_{Ic}-Prüfung.

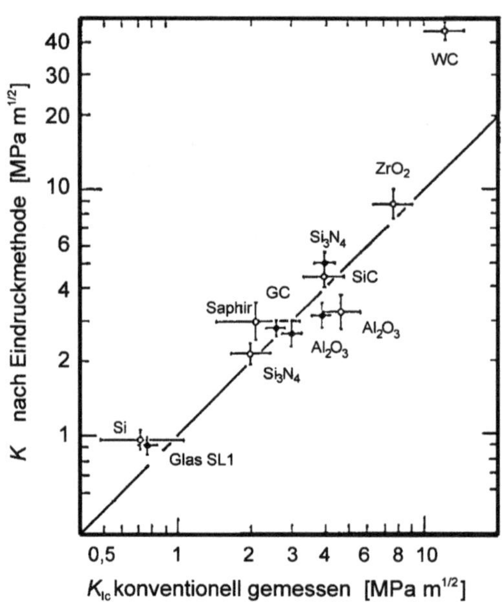

Abb. 2.179: Korrelation zwischen Bruchwiderstandsmessungen nach der Eindruckmethode und nach der DCB-Methode [128].

In Abb. 2.179 [128] sind K_{Ic}-Werte dargestellt, die mit der Eindruckmethode und einem konventionellen Verfahren (hier DCB-Test) gewonnen wurden. Es lässt sich eine gute Übereinstimmung für die meisten der untersuchten Werkstoffe erkennen. Aus solchen

Vergleichen wurden auch der Proportionalitätsfaktor und seine Standardabweichung ermittelt.

Betrachtet man die Korrelation zwischen den Ergebnissen der Eindrucksmessung und der Kerb-Methoden nach Gl. (2.209) genau, so wird ein mittlerer Fehler von 25 % angegeben. Dies hat vielen Autoren, aber auch Firmen Anreiz gegeben, eigene Formeln bzw. Korrelationsfaktoren zu erarbeiten, die teilweise kritisch zu bewerten sind, da die aus identischen Versuchen berechneten Werte bis zu 50 % voneinander abweichen können. Es ist daher für die Beurteilung von Publikationen und Materialspezifikationen dringend zu empfehlen, die verwendete Auswertemethode anzugeben bzw. herauszufinden. Eine kritische Zusammenstellung der bis 1992 publizierten Auswerteformeln geben Guillou et al. [129]. In den meisten Fällen basiert der Ansatz auf den Funktionen (E/H) und (P/c) gemäß

$$K_{\mathrm{Ic}} \propto \mathrm{const} \cdot \left(\frac{E}{H}\right)^{n} \cdot \left(\frac{P}{c^{m}}\right) \quad \text{mit } 0{,}25 < n < 0{,}66 \text{ und } m = 3/2. \tag{2.210}$$

Oft wird P, die Prüflast, ausgedrückt durch die Diagonale a des erzeugten Eindrucks, sodass weitere Korrekturfunktionen in der Form $(c/a)^{p}$ auftreten können. Der Quotient E/H ist bedingt durch die Überlagerung des rein linear-elastischen Verhaltens mit der plastischen Verformung und stellt ein Kriterium für den sogenannten Spröd-Duktil-Übergang dar. Vielfach zitierte und angewandte Gleichungen für die Bestimmung des Bruchwiderstandes nach der ICL-Methode sind z. B.:

$$K_{\mathrm{Ic}} = 0{,}032 \cdot H\sqrt{a}\left(\frac{E}{H}\right)^{1/2} \cdot \left(\frac{c}{a}\right)^{-3/2} \quad \text{nach Anstis [128]}, \tag{2.211}$$

$$K_{\mathrm{Ic}} = 0{,}018 \cdot H\sqrt{a}\left(\frac{E}{H}\right)^{0{,}4} \cdot \left(\frac{c}{a} - 1\right)^{-1/2} \quad \text{nach Niihara [269]}. \tag{2.212}$$

Für halbkreisförmige Risse nach Abb. 2.178 gilt nach Niihara [269]:

$$K_{\mathrm{Ic}} = 0{,}067 \cdot H\sqrt{a}\left(\frac{E}{H}\right)^{0.4} \cdot \left(\frac{c}{a}\right)^{-3/2}. \tag{2.213}$$

Indentation-Strength-in-Bending-Test (ISB) – Eindruck und Biegeprüfung

Eine andere Möglichkeit der K_{Ic}-Bestimmung mithilfe der Eindruckstechnik basiert auf der Idee, in einer Biegeprobe einen bruchauslösenden Fehler zu erzeugen. So kann die Eindruckstechnik, am besten mit dem keilförmigen Knoop-Indenter, zur Erzeugung eines kleinen scharfen Anrisses anstelle eines Sägeschnittes in Biegeproben verwendet werden (Abb. 2.180). Dieser Riss ist aufgrund seines atomar scharfen Rissspitzenradius einer natürlichen Schädigung sehr ähnlich, da z. B. bei Schleif- und Poliervorgängen durch Diamantkörner vergleichbare Oberflächendefekte erzeugt werden können. Bruchwiderstandsmessungen an derart vorgeschädigten Proben sind praxisnahe Untersuchungen, da bekanntlich an hoch belasteten keramischen Bauteilen kleine Risse festigkeitsbestimmend sind. Unter Annahme von halbkreisförmigen bzw. halbelliptischen Oberflächenrissen kann der Bruchwiderstand berechnet werden. Diese Art wurde von vielen Autoren zur Bestimmung des K_{Ic}-Wertes verwendet (z. B. [263, 270, 271]). Bei all diesen Untersuchungen traten jedoch zwei entscheidende Nachteile auf. Die Risslängenmessung war relativ ungenau, da die Rissprofile weder auf der Probenoberfläche noch als Bruchspiegel auf der durchgebrochenen Probe exakt sichtbar waren. Zum anderen führte das durch den Eindruck hervorgerufene irreversible Spannungsfeld zu deutlich niedrigeren K_{Ic}-Werten, als sie mit anderen Methoden gewonnen wurden. Die Beseitigung dieser Spannungen durch Relaxationsglühen kann zu Rissausheilung oder Rissverklebung – speziell bei Keramiken mit glasartigen Korngrenzenphasen – führen.

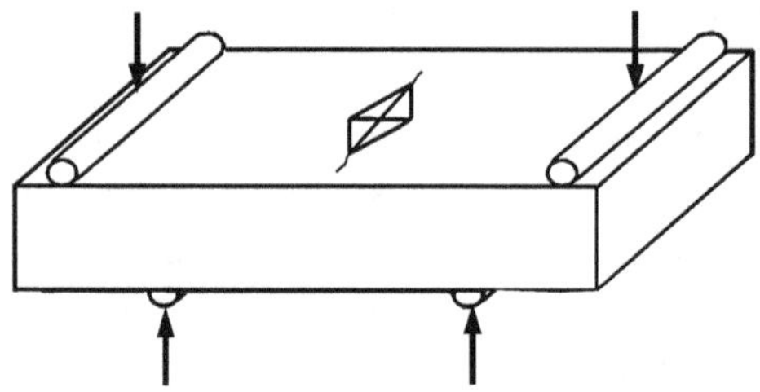

Abb. 2.180: Vier-Punkt-Biegeprüfung einer Probe mit „natürlichem" Riss, eingebracht durch einen Knoop-Eindruck.

Das Abschleifen einer bestimmten Schicht zur Beseitigung der plastisch verformten Zone führt zur Veränderung der Risssysteme. Somit muss folglich die Probenbehandlung nach dem Einbringen des Eindrucks genau bekannt sein. Lawn, Marshall, Chantikul und Mitarbeiter [272] haben nun auf der Basis der elastisch-plastischen Bruchmechanik diese irreversiblen Spannungen mit in die Berechnung einbezogen [273]. Zudem konnten sie die Risslänge aus den Gleichungen eliminieren [274]. Dies führte dann zu einer einfachen Beziehung zur Bestimmung des Bruchwiderstandes nach Chantikul et al. [272]:

$$K_{Ic} = \eta \cdot \left(\frac{E}{H}\right)^{1/8} \cdot (\sigma \cdot P^{1/3})^{3/4} \quad \text{mit } \eta = 0{,}59 \pm 0{,}12. \tag{2.214}$$

Dabei ist σ die Bruchspannung, P die Eindruckslast und η eine Geometriekonstante, die durch die Rissgeometrie und die Wechselwirkung der Risssysteme untereinander bestimmt ist [263, 275].

Bridge-Methode – Brückenmethode

Die Brückenmethode dient zur unterkritischen Erweiterung eines Risses, der mittels Vickers- oder Knoop-Härteprüfung eingebracht wird. Die Probe – eine Platte oder ein

Stäbchen – wird auf eine ebene steife Unterlage gesetzt und mit einer Brücke belastet (Abb. 2.181). Dabei wird die Probe elastisch verformt. Die Spannungen führen zum kontrollierten Wachstum des senkrecht zur Zugspannung liegenden Medianrisses des Eindrucks. Zur Kontrolle auf eventuelles unterkritisches Risswachstum können weitere Härteeindrücke so gesetzt werden, dass sie zwar nicht das Versagen auslösen, aber Hinweise auf andere zeitgleich ablaufende spannungsrelaxierende Effekte liefern [275, 276]. Zur Verhinderung der Spannungsrisskorrosion kann ferner ein Öltropfen auf den Eindruck appliziert werden. Solche „vorgebrochenen" Proben werden zur Unterscheidung zu den gekerbten Proben als SEPB-Proben (*single edge pre-cracked beam*) bezeichnet. Die weitere Prüfung erfolgt nach der ISB-Methode. Die Auswertung erfolgt entsprechend nach Gl. (2.214). Die unterschiedlichen Messergebnisse zu den SENB- und SENVB-Messungen diskutieren z. B. Quinn et al. [277] oder Choi und Gyekenyesi [244].

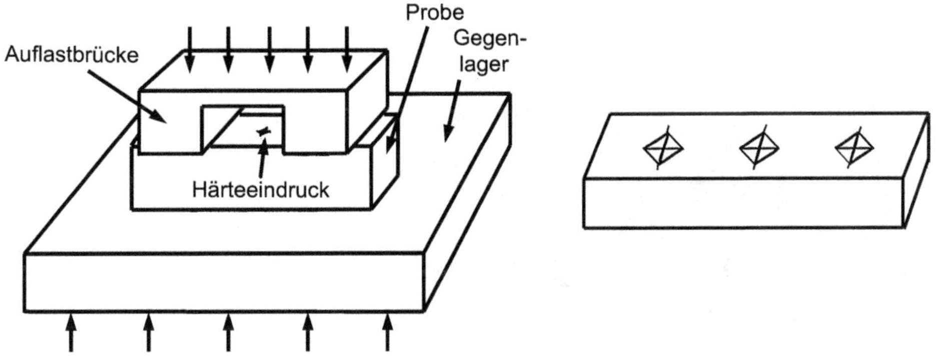

Abb. 2.181: Probenanordnung bei der Brückenmethode. Rechts: Probe mit drei Vickers- oder Knoop-Eindrücken.

Der Keilspalttest

Zur Bestimmung der Bruchenergie großer und sehr heterogen aufgebauter Prüfkörper aus der Baustoff- oder Feuerfest-Technik eignen sich die oben genannten Prüfmethoden nicht mehr. Porositäten von 15–20 % und mehr ergeben zusammen mit Korngrößen bis zu einem Zentimeter Bruchzonen mit multiplen Risssystemen sowie nichtlinearen Effekten wie Rissüberbrückung, Rissflankenreibung, die eine Korrelation von Brucharbeit und makroskopisch beobachtbarem Versagensfortschritt nicht mehr zulassen. Hier hat sich die Keilspaltmethode nach Tschegg [278–282] bewährt, bei welcher ein präparierter Sägeschnitt durch einen sehr flachen Keil über ein Rollensystem langsam geöffnet wird, was zum Spalten des Prüfkörpers führt (Abb. 2.182). Abbildung 2.183 zeigt ein Detail der Lasteinleitung über Keil, Rollensystem und Andruckplatten nach Harmuth.

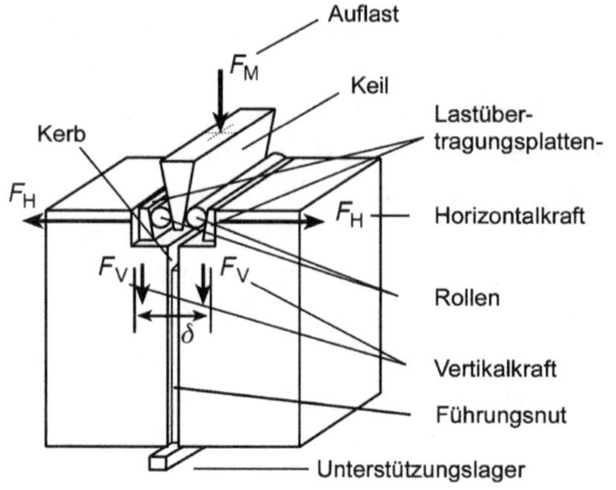

Abb. 2.182: Aufbau des Keilspalttests.

Abb. 2.183: Keilspalt-Werkzeug.

Abb. 2.184 gibt die Prüfkörpergeometrie an. Die Ermittlung der Bruchenergie G_f erfolgt nach Gl. (2.215):

$$G_f = \frac{1}{A} \int_0^{\delta_{max}} F_H \cdot d\delta \qquad (2.215)$$

mit F_H = Horizontalkraft, A = Bruchfläche, δ_{max} = maximale Verschiebung. Die Horizontallast berechnet sich aus Vertikalkraft F_V und Keilwinkel α zu:

$$F_H = \frac{F_V}{2\tan(\frac{\alpha}{2})}. \qquad (2.216)$$

Ferner erhält man eine nominale Kerbzugfestigkeit σ_{kz} nach

$$\sigma_{kz} = \frac{F_{H\,max}}{bh} \cdot \left[1 + \frac{6y}{bh^2}\right] \tag{2.217}$$

mit $F_{H\,max}$ = maximaler horizontaler Last im Last-Verschiebungsdiagramm, b = Breite und h = Höhe des erzeugten Risses, y = senkrechter Abstand der horizontalen Lasteinleitung auf dem Schwerpunkt der Bruchfläche. Die gemessenen Bruchenergiewerte hängen vom Kerbgrundradius und der Risslänge ab. Genaue Analysen und Auswertungen hierzu haben Harmuth [280] und Rieder et al. [281] veröffentlicht.

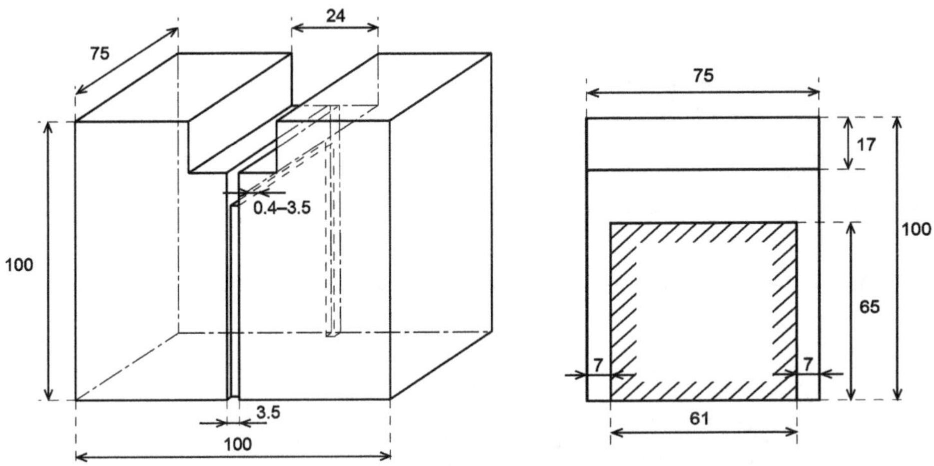

Abb. 2.184: Geometrie und Abmessungen von Keilspaltproben in Millimetern (Quelle: H. Harmuth, Leoben).

Der Vorteil der Methode liegt darin, dass sehr große Proben geprüft werden können. Damit werden die Heterogenitäten durch die große erzeugte Bruchfläche herausgemittelt. Auch kann bei hohen Temperaturen getestet werden, weshalb die Methode für die Feuerfestindustrie weiterentwickelt wurde. Keil, Rollen und Lastübertragungsplatten müssen dann aus kriechbeständigen Keramiken gefertigt werden.

2.11.3 Einfluss von Gefüge, Prüfgeschwindigkeit und Umgebungsbedingungen

Auf den Einfluss des Kerbgrundradius, der inneren Spannungen und des unterkritischen Risswachstums bei der Bruchwiderstandsprüfung wurde bereits mehrfach hingewiesen. Steinbrech hat ferner den Einfluss des Gefüges, der Bruchart (transkristallin–interkristallin) sowie der Lastrate und der Umgebungsmedien für die DCB-Methode (Abb. 2.185) und die SENB-Methode in einfachen Schemata am Beispiel von Aluminiumoxid-Keramik verdeutlicht (Abb. 2.186 und 2.187).

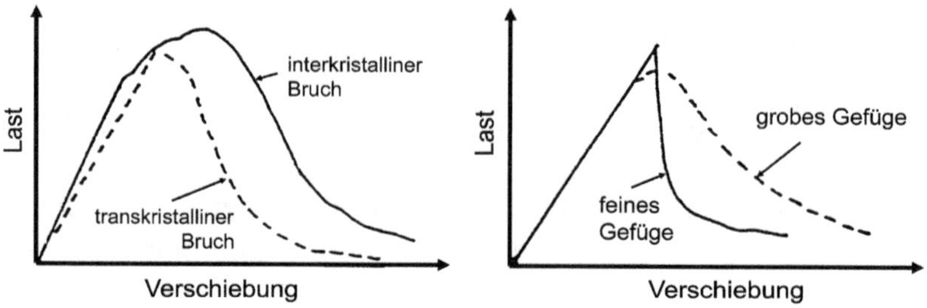

Abb. 2.185: Last-Verschiebungskurven aus DCB-Methode für verschiedene Brucharten und Gefügetypen von Aluminiumoxid.

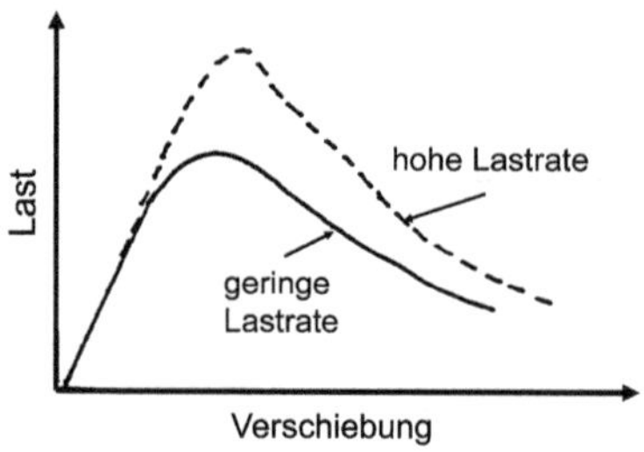

Abb. 2.186: Last-Verschiebungskurve für verschiedene Lastraten, SENB-Methode, Aluminiumoxid.

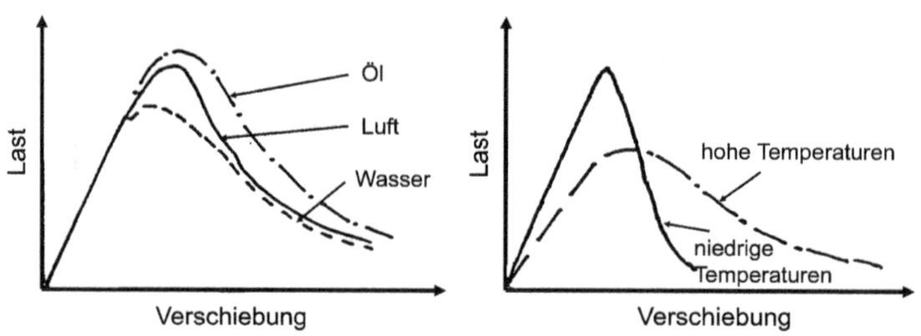

Abb. 2.187: Last-Verschiebungskurven für verschiedene Umgebungsmedien und Temperaturen, SENB-Methode, Aluminiumoxid (Abb. 2.185–2.187 nach R. Steinbrech, Jülich, mit freundlicher Genehmigung).

Dabei wird deutlich, dass unabhängig von Dichte und E-Modul am Ende der linearelastischen Dehnung inelastische Effekte auftreten, beim interkristallinen Bruch z. B. ein zickzackförmiger Rissverlauf mit Verhakung der Körner bei Rissöffnung, entsprechend einem groben Gefüge, ferner ein voreilendes „parasitäres" Risswachstum bei geringen Lastraten, wo ausgehend vom Kerbgrund mehrere Risse gleichzeitig wachsen, bis einer von ihnen versagensrelevant wird (Abb. 2.185). Dies ist vergleichbar mit der höheren gemessenen Festigkeit im Falle einer hohen Lastrate bei der Festigkeitsprüfung (siehe Abb. 2.159 und 2.186). Weiterhin wird aus Abb. 2.187 die Folge der Spannungsrisskorrosion an (feuchter) Luft und Wasser deutlich, die ebenfalls Risswachstum bei geringeren Lasten fördert.

2.12 Mechanische Verstärkung technischer Keramiken

Gemäß den Aussagen der linear-elastischen Bruchmechanik gibt es nur beschränkte Möglichkeiten, die Eigenschaften spröder Werkstoffe zu verbessern. Zum einen geht aus der Griffith-Gleichung hervor, dass Gefügeinhomogenitäten eliminiert oder gering sowohl an Anzahl als auch in ihrer Ausdehnung gehalten werden müssen. Zum anderen muss nach Effekten gesucht werden, die die Bruchabeit erhöhen. Genauer gesagt müssen diese Maßnahmen zu einer Vergrößerung der Bruchfläche führen oder aber nichtlineare Effekte initiieren. Dies führt aber selbstverständlich zu einem Verlassen der Gültigkeit der Gesetze der linear-elastischen Bruchmechanik. Dennoch behilft man sich mit deren Methoden, soweit nicht echte Plastizität im Sinne der bleibenden Verformung über Versetzungsgleiten, Zwillingsbildung usw. eintritt.

Im nächsten Kapitel wird bereits mit einer Abweichung von der linear-elastischen Bruchmechanik in die Methoden der Gefügeverstärkung eingeführt.

2.12.1 Risslängenabhängiger Bruchwiderstand – R-Kurven-Effekt

Bei der Bestimmung des Bruchwiderstandes bei großen Proben und langen Rissen stellt man immer wieder fest, dass der K_{Ic}-Wert von der Risslänge abhängig ist, was eigentlich nicht sein darf, da er als Materialeigenschaft gemäß Gl. (2.54) vom E-Modul und der Oberflächenenergie bestimmt wird. Es gibt also spröde Werkstoffe, bei denen der K_{Ic}-Wert eine *lokale* Materialeigenschaft darstellt und für das Gefüge im Bereich der Rissspitze charakteristisch ist. Der Effekt tritt also bei inhomogenen Werkstoffen auf, bei mehrphasigen Verbundwerkstoffen oder bei grobkörnigen einphasigen Materialien, sodass die linear-elastische Bruchmechanik nur beschränkt anwendbar ist. Man hat daher den K-Faktor in R (engl.: *Resistance*) oder K_R umbenannt und spricht von *R-Kurven-Effekt*.

Dieses R-Kurven-Verhalten hat einigen Einfluss auf das Festigkeitsverhalten. Das Versagen eines R-Kurven-Materials wird nicht mehr nur durch die eine Bedingung

$$K_a = \sigma \cdot Y \cdot \sqrt{a} = K_{Ic} \tag{2.218}$$

bestimmt, sondern es muss zusätzlich gelten:

$$\frac{dKa}{da} \geq \frac{dK_{Ic}}{da}. \tag{2.219}$$

Am einfachsten ist der R-Kurvenverlauf schematisch an einem Modellgefüge zu zeigen, in welchem der Riss mit einem einzelnen Teilchen einer zweiter Phase, z. B. ein Metallpartikel in einer keramischen Matrix, in Wechselwirkung treten soll (Abb. 2.188). Zunächst läuft der Riss durch die ideal spröde Matrix, es wird der K_{Ic}-Wert der Matrixphase K_{Ic}^{Matrix} gemessen (a). Bei Annäherung an das Teilchen gelangt der Riss in das elastische Verzerrungsfeld um das Teilchen und stoppt an der Grenzfläche zwischen Matrix und Teilchen. Der für den weiteren Rissfortschritt erforderliche

K_R-Wert steigt an (b). Das Teilchen soll nun vom Riss äquatoriell umgangen werden, während es vertikal an den Rissflanken haften bleiben soll. Wiederum steigt K_R an (c). Mit weiterem Rissfortschritt werden Zugspannungen auf das Teilchen übertragen, es dehnt sich erst elastisch (d), dann tritt plastische Verformung ein (e, f). Dies ruft den stärksten Anstieg des Bruchwiderstandes hervor. Wenn die Streckgrenze des Materials überschritten ist, bricht das Teilchen, der Riss schreitet in der unveränderten Matrixphase fort. Es wird wieder K_{Ic}^{Matrix} gemessen (g, h).

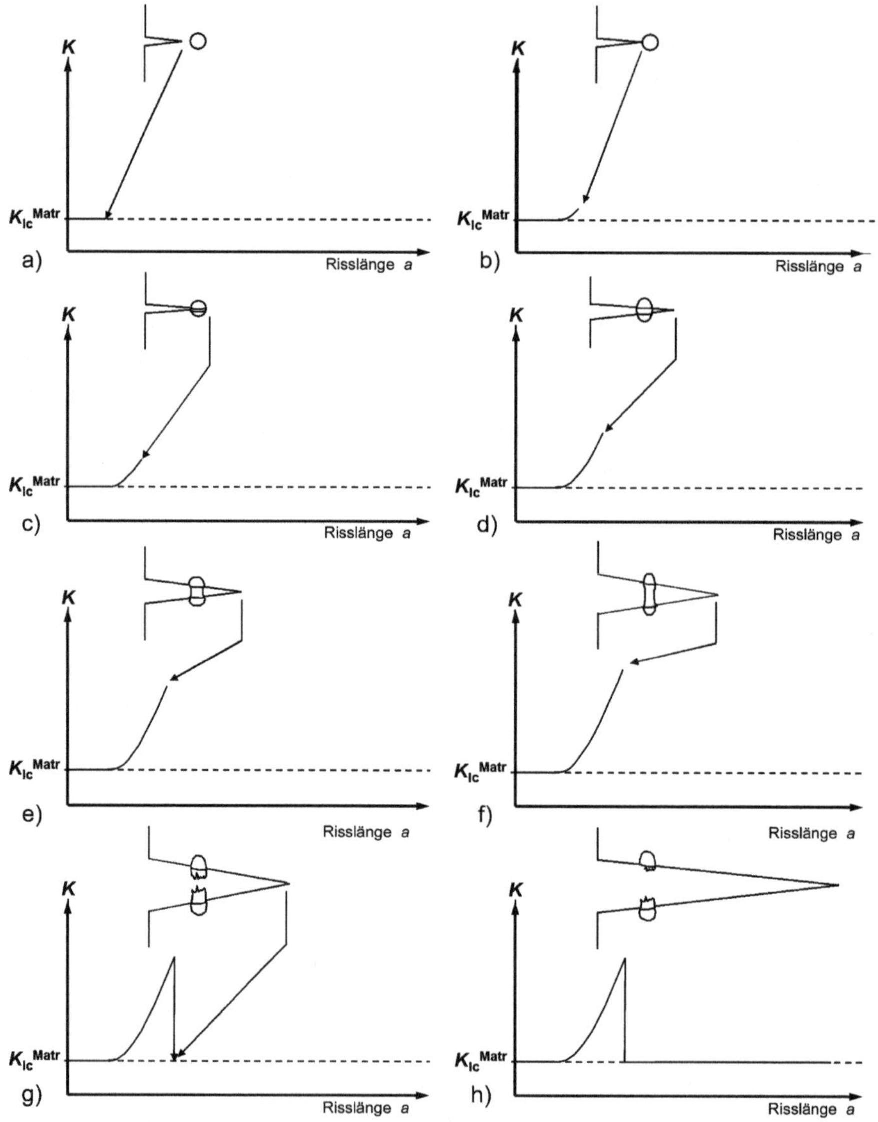

Abb. 2.188: K_R-Erhöhung mit zunehmender Risslänge bei Ein-Teilchen-Wechselwirkung (Quelle: R. Telle, Aachen).

Wird nun eine lineare Anordnung von Teilchen in Richtung des Rissverlaufes angenommen, so wiederholen sich die Vorgänge aus Abb. 2.188 a-h; sie werden nacheinander wirksam und sind nach einer bestimmten Risslänge alle gleichzeitig aktiv. Der gemessene K_R-Wert erreicht dann einen Sättigungswert $K_{Ic}^{Verbund}$, der demjenigen des Verbundwerkstoffs mit einer homogenen Partikelverteilung entspricht (Abb. 2.189 und 2.190).

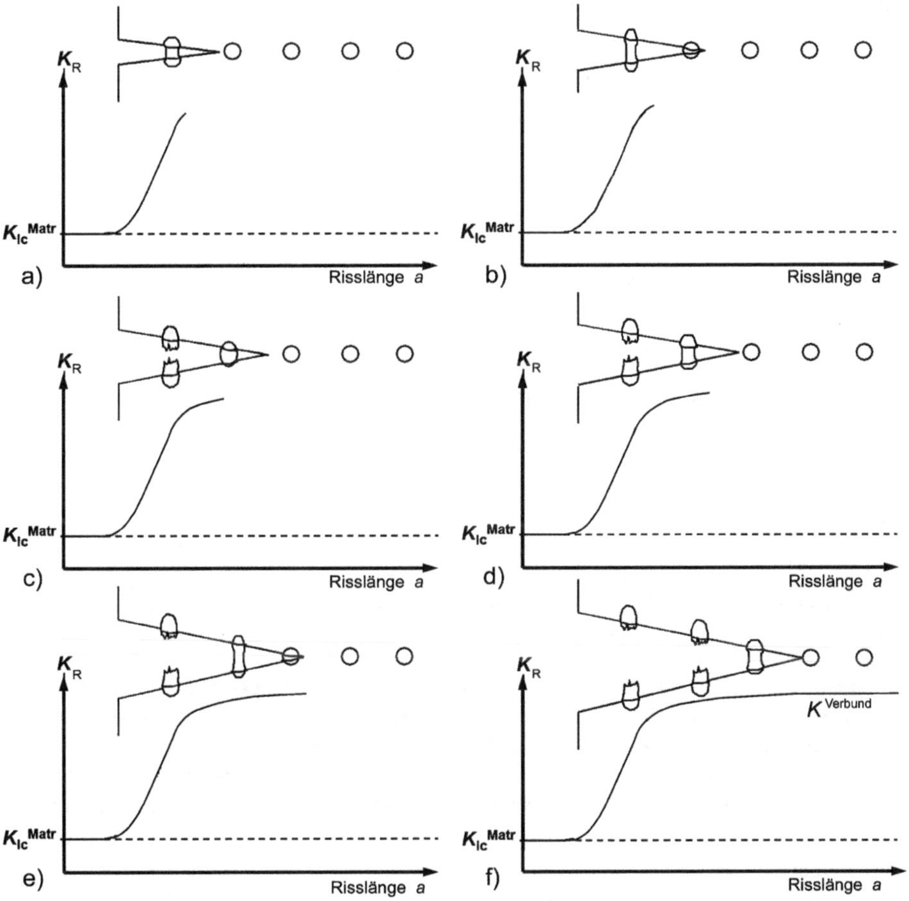

Abb. 2.189: K_R-Erhöhung mit zunehmender Risslänge bei Wechselwirkung mit Teilchenkette (Quelle: R. Telle, Aachen).

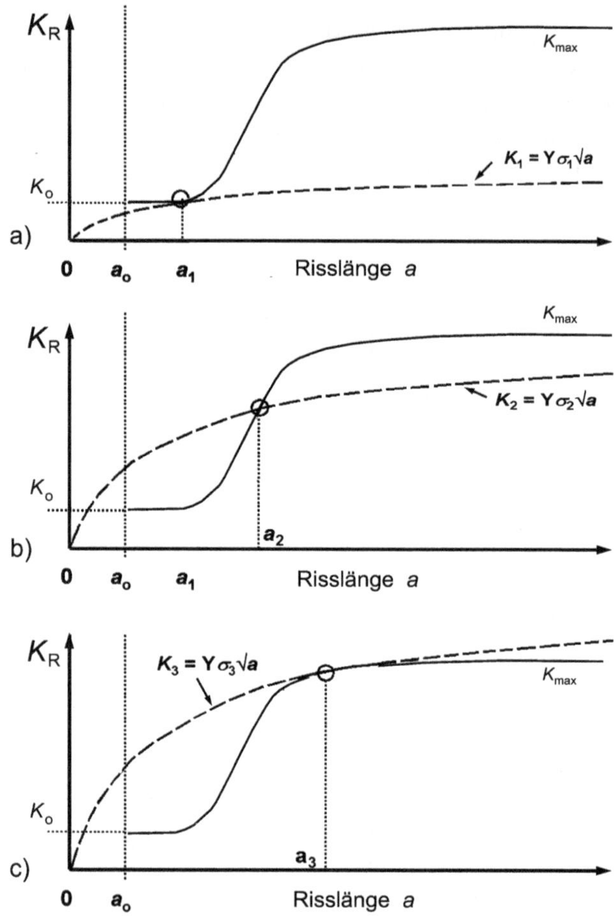

Abb. 2.190: Kriterien für den Rissfortschritt bei Werkstoffen mit *R*-Kurven-Verhalten. (a) *R*-Kurve (durchgezogene Linie) mit risslängenabhängigem Verhalten des Spannungsintensitätsfaktors $K_{(\sigma_1)}$ (gestrichelte Linie). $K_{(\sigma_1)}$ ist für alle a kleiner als $K_{R(a)}$ des Werkstoffs; (b) $K_{(\sigma_2)}$ ist bis a_2 größer als $K_{R(a<a_2)}$ des Werkstoffs, Riss wächst bis a_2 und stoppt. (c) Lastübertragungsfaktor $K_{(\sigma_3)}$ ist stets größer als $K_{R(a)}$ des Werkstoffs, Riss wächst katastrophal (Grenzkurve) (Quelle: R. Telle, Aachen).

Der Versagensablauf bei *R*-Kurven-Verhalten ist in der Abb. 2.190a-c schematisch dargestellt. Die *R*-Kurve startet bei der Ausgangsrisslänge a_o mit dem Wert K_0 und wächst innerhalb einer bestimmten Risslänge auf den Wert K_{max} an. Die äußere Belastung wird durch die gestrichelte K_i-Kurve charakterisiert, die aufgrund von Gl. (2.218) den Verlauf einer Wurzelfunktion der Lastspannung σ_i besitzt. Eine Erhöhung der äußeren Spannung $\sigma_1 < \sigma_2 < \sigma_3$ bewirkt einen steileren Anstieg der K_i-Kurven. Man sieht, dass bereits vor Erreichen des kritischen Punktes, bei dem der katastrophale Bruch eintritt, Gl. (2.219) erfüllt ist, d. h. der (scheinbare) Risswiderstand des Materials erreicht wird. Weil aber die Bedingung nach Gl. (2.218) nicht gleichzeitig miterfüllt wird, kann der

Riss sich stabil ausbreiten, da bei einer virtuellen Rissverlängerung um δa der Risswiderstand wieder größer ist als der von außen anliegende Spannungsintensitätsfaktor. Bei einer Erhöhung von σ wandert der Schnittpunkt der K_a-Kurve mit der R-Kurve weiter nach rechts oben, was bedeutet, dass sich der Riss zwar entlang der kritischen Bedingung ($K_i = K_R$), aber stabil ausbreitet, bis der Berührungspunkt mit gemeinsamer Tangente von K_a-Kurve und R-Kurve erreicht wird, wo die instabile Rissausbreitung beginnt [283].

Becher und Dusza haben an einem TiC-Verbundwerkstoff mit 40 % Ni_3Al-Matrix die Erhöhung des Spannungsintensitätsfaktors mit ansteigender Belastung bei gleichzeitiger Beobachtung der Rissflankeneffekte während des unterkritischen Risswachstums bestimmt. Abbildung 2.191 zeigt zunächst das Aufreißen der Phasengrenze (Debonding), dann transkristallinen Bruch durch das TiC. Bemerkenswert ist, dass die Ni_3Al-Matrix über große Lastbereiche mit Dehnung reagiert; nur in wenigen Fällen springt der Riss von einer Phasengrenze durch die Matrix zur nächsten Phasengrenze.

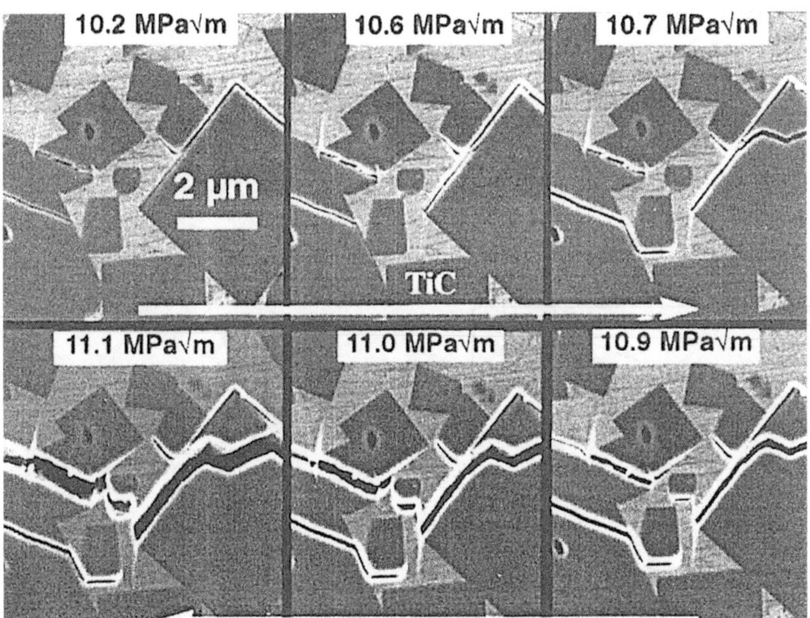

Abb. 2.191: Unterkritisches Risswachstum in TiC-40 % Ni_3Al (Quelle: J. Dusza, Košice; P. F. Becher, Oak Ridge).

Die zuvor gezeigten R-Kurven wiesen im Anfangsbereich mit dem horizontalen Verlauf aus didaktischen Gründen immer den K_{Ic}-Wert der Matrix auf. Da die Teilchenabstände in der Realität im Mikrometerbereich liegen, ist der reale Wert von K_{Ic}^{Matrix} natürlich kaum bestimmbar. Tatsächliche Kurven beginnen daher meist mit einer Steigung, während das Plateau aber je nach Werkstoff und Messmethode nach einigen Millimetern oder Zentimetern Risslänge erreicht werden kann. Die Abb. 2.192 und 2.193 präsentieren einige gemessene *R*-Kurven für technische Keramiken, wobei deutlich wird, dass bei einphasigem Material und interkristallinem Rissfortschritt aufgrund der stärkeren Rissablenkung, Rissverzweigung und Rissüberbrückung die Korngröße einen wesentlichen Einfluss nimmt.

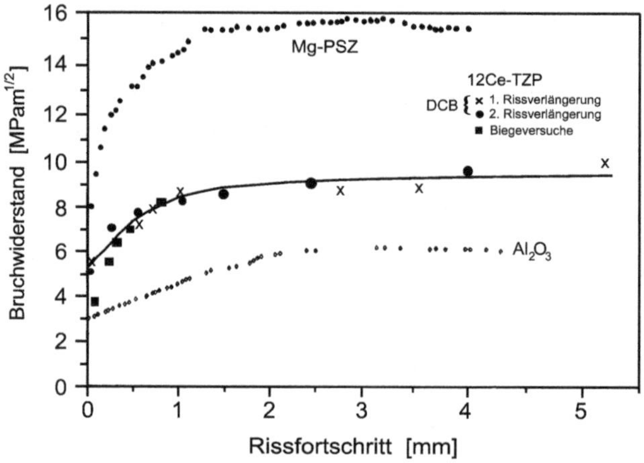

Abb. 2.192: *R*-Kurven von Al_2O_3, Mg-PSZ [nach Steinbrech, Jülich] und mit 12 Mol-% Ce_2O_3 stabilisiertem ZrO_2 nach Grathwohl [284].

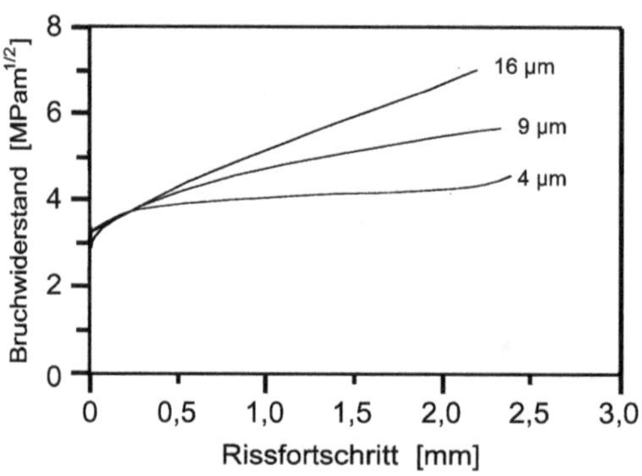

Abb. 2.193: *R*-Kurven von Al_2O_3-Keramiken mit unterschiedlichen Korngrößen [nach Steinbrech, Jülich].

Aus den Bildern geht hervor, dass auch einphasige Werkstoffe ein *R*-Kurven-Verhalten zeigen können. Im Falle des ZrO_2 liegen Phasenumwandlungen vor, die den Rissfortschritt behindern (Umwandlungsverstärkung, was später noch zu besprechen ist.), beim Al_2O_3 ist hier ein besonders grobkörniges Gefüge (d = 50–150 µm) gewählt worden, bei welchem der Riss entlang der Korngrenzen um die Teilchen interkristallin verläuft. Öffnet sich nun der Riss, so tritt eine Verhakung der gegenüberliegenden Rissflanken auf, was wiederum den Rissfortschritt bremst.

Von Kendall et al. [285] sowie von Cook und Clarke [286] wurde gezeigt, dass ein Material mit R-Kurven-Verhalten unter Umständen eine verringerte Festigkeitsstreuung haben kann, da aufgrund des beschriebenen Bruchverhaltens die unterschiedlichen Ausgangsgrößen der bruchauslösenden Defekte weniger stark ins Gewicht fallen als bei einem Versagen entsprechend der Irwinschen Bedingung (Gl. (2.218)) eines Materials mit konstantem K_{Ic}.

Generell zeigen R-Kurven immer eine Abweichung von der linearen Elastizität an. Dies ist gegeben bei:
- grobkörnigen Gefügen,
- Gefügen mit inneren Spannungen,
- porösen Gefügen,
- Gefügen mit nicht-linearem Rissverlauf,
- mehrphasige Gefüge, insbesondere mit Rissüberbrückung,
- bei Rissverzeigung,
- bei spannungsinduzierten Phasenumwandlungen mit Volumenänderungen,
- bei lokaler plastischer Verformung.

Für den Fall dynamischer Belastungen im unterkritischen Lastbereich ist die Frage nach der Steilheit der R-Kurve von Bedeutung. Flache R-Kurven mit hohem Endwert K_{max} führen zur Bildung vieler kleiner Mikrorisse, die lokalen Lastspannungen an einem Defekt abdämpfen („Abstumpfung", „Rissspitzen-Abschirmung"), ohne selbst zu überkritischen Längen zu wachsen. Andererseits wird bei steilen R-Kurven das Risswachstum sofort behindert. Bei iterativer Temperaturwechselbeanspruchung kann es gemäß Abb. 2.190b zu einem sprunghaften Rissfortschritt kommen, wobei der Riss immer wieder aufgehalten wird, wenn die Bedingung $K < R$ erreicht wird. Munz und Fett [31] weisen auf einen günstigen Einfluss des R-Kurven-Verhaltens auf die Lebensdauer von Bauteilen hin. Den Einfluss des R-Kurven-Effektes auf die Festigkeit konnte Proß [287] beim Ce_2O_3-dotiertem ZrO_2 nachweisen (Abb. 2.194).

Bei Raumtemperatur gemessene Proben wiesen aufgrund der Umwandlungsverstärkung einen hohen Weibull-Modul von m = 92 und eine charakteristische Festigkeit σ_0 = 450 MPa auf, während Messungen bei 600 °C, wo die Umwandlung nicht mehr eintritt, eine geringe Steigung der Weibull-Gerade von m = 9 und eine charakteristische Festigkeit von σ_0 = 300 MPa bestimmt wurde.

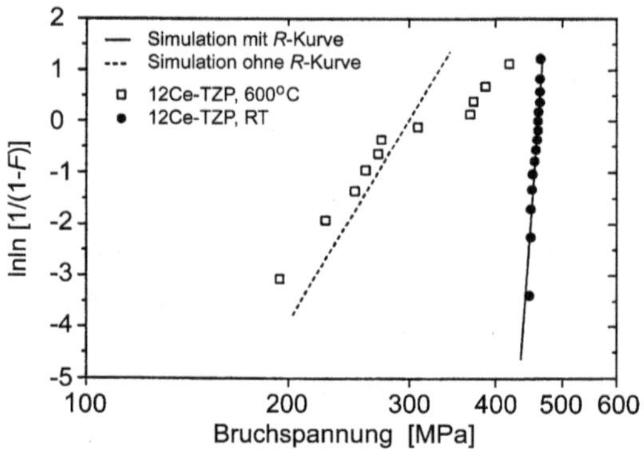

Abb. 2.194: Einfluss des R-Kurven-Verhaltens auf die Weibull-Statistik nach [287]. Messungen von umwandlungsverstärktem Ce-TZP ergeben bei Raumtemperatur höheres m und σ_0 als bei 600 °C, wo die Umwandlungsverstärkung nicht mehr wirkt.

Messung von Bruchwiderstandskurven

Die klassische Methode zur R-Kurven-Bestimmung ist die Auswertung von Last-Verschiebungskurven, die bei kontrollierter Ausbreitung von Makrorissen aufgezeichnet werden. Eine solche Last-Verschiebungskurve ist schematisch in Abb. 2.195 dargestellt. Ein gemessenes Beispiel war bereits in Abb. 2.24 gezeigt worden. Es gibt prinzipiell zwei Fälle zu unterscheiden:

1. Nach einer Rissverlängerung δa geht die Entlastungsgerade wieder durch den Ursprung.
2. Infolge irreversibler Prozesse bei der Rissausbreitung geht die Entlastungsgerade nicht mehr durch den Ursprung.

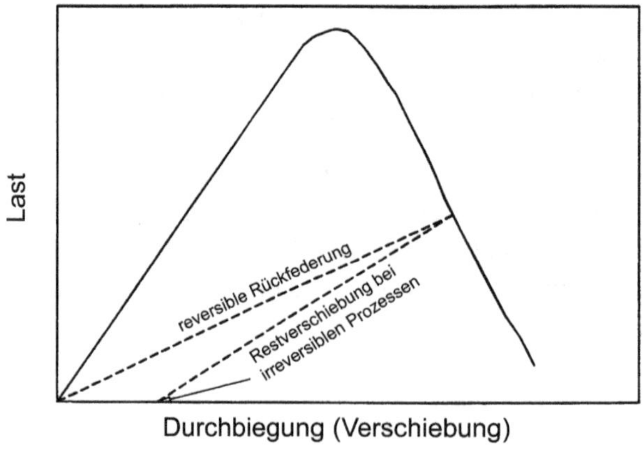

Abb. 2.195: Schematische Last-Verschiebungskurve (Einhüllende) mit den Möglichkeiten der elastischen und inelastischen Rückfederung [287]. Vergleiche Abb. 2.24.

Im ersten Fall sind nur linear-elastische Effekte wirksam, während im zweiten Fall irreversible Prozesse auftreten und das Konzept der linear-elastischen Bruchmechanik nur noch bedingt anwendbar ist. Ferner existiert die Schwierigkeit, dass zur R-Kurven-Bestimmung jedem Punkt der Last-Verschiebungskurve eine Risslänge zugeordnet werden muss. Die Risslänge kann entweder direkt aus einer optischen Rissbeobachtung mit einem Messmikroskop gewonnen oder indirekt aus der Probennachgiebigkeit berechnet werden. Ein Nachteil der direkten Methode ist, dass zum einen die Auflösung eines optischen Mikroskops üblicherweise nicht ausreicht, um die Rissspitze tatsächlich zu beobachten. Des Weiteren sieht man nur die Spur des Risses auf der Probenoberfläche, wodurch eine eventuell vorhandene Rissfrontkrümmung im Inneren der Probe nicht berücksichtigt wird [288].

Die Compliance-Methode zur rechnerischen Bestimmung von Risslängen aus der Nachgiebigkeit von Proben liefert dagegen die bruchmechanisch wirksame Risslänge, gemittelt über der Rissfront (siehe auch Gl. (2.220)). Allerdings steckt in den zugrunde liegenden Gleichungen, die die Abhängigkeit zwischen Probennachgiebigkeit und Risslänge beschreiben, die Annahme von kräftefreien Rissflanken, was bei keramischen Materialien mit R-Kurven-Verhalten nicht ohne Weiteres als gegeben betrachtet werden darf.

Kleinlein hat ein Verfahren angegeben, mit dem aus der Kraft-Durchbiegungskurve (F-d-Kurve) eines Vier-Punkt-Biegeversuches eine R-Kurve bestimmt werden kann. Dieses Verfahren beruht allerdings auf der Annahme, dass die Entlastungslinien im F-d-Diagramm wieder durch den Ursprung gehen, dass also keine messbaren irreversiblen Prozesse bei der Rissverlängerung auftreten. Der Biegeversuch wird mit einer konstanten Durchbiegungsrate gefahren, um den Riss überhaupt stabil vorantreiben zu können. Zusätzlich müssen die Biegeproben sehr tief eingekerbt werden, um die in ihnen gespeicherte elastische Energie zu minimieren, da diese sonst beim Einsetzen der Rissverlängerung den Rissfortschritt instabil macht. Das Verfahren von Kleinlein beruht auf einem Energieansatz. Die Energiefreisetzungsrate G wird aus der Änderung der gespeicherten elastischen Energie in der Probe bei Rissfortschritt berechnet. Die Theorie hierzu wurde schon ausführlicher in Kapitel 2.4.1 erläutert. Die Änderung der elastischen Energie erhält man demnach aus der Änderung der Probennachgiebigkeit C mit der Risslänge a. Es gilt nach [288]:

$$G = \frac{F^2}{2 \cdot b} \cdot \frac{\mathrm{d}C}{\mathrm{d}a}. \tag{2.220}$$

In dieser Gleichung ist F die auf die Probe wirkende Kraft und b die Probenbreite. Für die Nachgiebigkeit C einer Probe mit Riss kann man in Abhängigkeit von der Probenhöhe h normierten Risslänge $x = a/h$ schreiben:

$$C(x) = C_0 \cdot [1 + \delta \cdot Z(x)]. \tag{2.221}$$

Dabei bedeuten C_0 die Nachgiebigkeit der ungekerbten Probe und δ eine von der Probengeometrie abhängige Konstante. Aus der Biegetheorie erhält man für C_0:

$$C_0 = \frac{(l_a - l_i)^2 \cdot (l_a + 2 \cdot l_i)}{4 \cdot b \cdot h^3 \cdot E} + \frac{K}{2} \cdot \frac{l_a - l_i}{E \cdot b \cdot h} \cdot (1 + \nu) \tag{2.222}$$

und für δ:

$$\delta = \frac{18 \cdot h \cdot (1 - \nu^2)}{l_a + 2 \cdot l_i + 2 \cdot \kappa \cdot \frac{h^2}{l_a - l_i} \cdot (1 + \nu)}. \tag{2.223}$$

l_a und l_i bezeichnen den äußeren und inneren Auflagerabstand, E den E-Modul des Probenmaterials und κ einen Scherkorrekturfaktor, der in [288] mit 1,2 angegeben wird. Die Funktion $Z(x)$ ist ihrerseits von der Geometriefunktion des Risses bestimmt und wird aus der Differenzialgleichung:

$$\frac{\mathrm{d}Z}{\mathrm{d}x} = Y^2 \cdot x \tag{2.224}$$

ermittelt. Im Bereich $x > 0{,}5$ gibt Wilson [248] für Y eine Funktion an, mit der man Gl. (2.224) analytisch lösen und damit durch Einsetzen in Gl. (2.221) die Probennachgiebigkeit $C(x)$ mit der normierten Risslänge x korrelieren kann. Da $C(x)$ gemessen werden kann und x bestimmt werden soll, ist dieser Zusammenhang in der Form $x = f(C(x))$ zu analysieren. Es ergibt sich [288]:

$$x = 1 - \left[\frac{72{,}0}{15{,}9201} \cdot \left(\frac{C(x) - C_0}{C_0 \cdot \delta} + 0{,}30205\right)\right]^{-\frac{1}{2}}. \tag{2.225}$$

Die Energiefreisetzungsrate G errechnet sich aus:

$$G = \frac{P^2}{2 \cdot h \cdot b} \cdot C_0 \cdot Y^2 \cdot x. \tag{2.226}$$

Über Gl. (2.220) kann aus G zu jeder Risslänge der Spannungsintensitätsfaktor K_I ermittelt werden:

$$G = \frac{K_\mathrm{I}^2}{E}. \tag{2.227}$$

Bei Materialien mit ausgeprägtem R-Kurven-Verhalten ist diese Beziehung zwischen G und K allerdings nicht mehr gültig.

Um Unsicherheiten bei der Risslängenbestimmung zu umgehen, kann die Probe entlastet und aus der Prüfmaschine ausgebaut werden, wenn der Riss ein bestimmtes Stück vorangeschritten ist. Dann kann die Rissverlängerung mikroskopisch gemessen werden. Danach wird die Probe wieder in die Belastungsvorrichtung eingebaut und erneut belastet. Tritt Rissfortschritt auf, so ist dies am Abweichen der Kraft-Durchbiegungskurve von der Hookeschen Geraden zu erkennen. Die zugehörige Spannung kann direkt über die zuvor gemessene Risslänge und die entsprechende Geometriefunktion in einen Spannungsintensitätsfaktor umgerechnet werden. Die sukzessive Anwendung dieses Verfahrens erlaubt eine punktweise Erfassung der *R*-Kurve, allerdings bei einigem experimentellen Aufwand.

Andere Arbeiten beschäftigen sich mit der *R*-Kurven-Messung an Rissen, die durch Härteeindrücke induziert wurden [247, 289]. Bei dem in [247] beschriebenen Verfahren werden auf der Zugseite einer Biegeprobe im Bereich zwischen den inneren Lastrollen mit verschieden großen Eindruckslasten Risse produziert und ausgemessen (siehe auch Abb. 2.85, 2.178, 2.180 und 2.181). Danach wird die Probe im Biegeversuch gebrochen. Das Versagen geht dabei vom größten Riss aus. Tritt eine *R*-Kurve auf, so verlängern sich die kürzeren Risse gemäß der Darstellung in Abb. 2.190b stabil. Da die Spannung aus dem Biegeversuch bekannt ist und die stabile Rissverlängerung an den Bruchstücken gemessen werden kann, liefert jeder stabil verlängerte Riss einen Punkt der *R*-Kurve. Der Vorteil dieses Verfahrens ist ein relativ geringer experimenteller Aufwand. Ferner kommen die durch Härteeindrücke induzierten Risse in ihrem Verhalten natürlichen Rissen wesentlich näher als makroskopische Kerben. Ein Nachteil ist, dass infolge der Deformation im Bereich des Härteeindrucks Eigenspannungen existieren, die bei der Auswertung berücksichtigt werden müssen. Weiterhin muss eine geeignete Annahme für die Rissgeometrie zu Beginn und während der stabilen Verlängerung getroffen werden. Diese wird benötigt, um über die Geometriefunktion Y den Spannungsintensitätsfaktor zu berechnen, was zu einem großen Fehlerpotenzial führt [290].

2.12.2 Gefügeverstärkung

Ein wichtiges Anliegen bei der Weiterentwicklung keramischer Werkstoffe ist die Erhöhung der Bruchzähigkeit und damit der Toleranz gegenüber Gefügefehlern. Da bei den keramischen Werkstoffen lokale Spannungsspitzen nicht durch plastische Verformungen abgebaut werden können, muss versucht werden, den Rissfortschritt im Gefüge auf andere Weise zu behindern. Der am nächsten liegende Ansatz bestünde darin, die Bruchenergie durch Erhöhung der Oberflächenenergie des Werkstoffs zu steigern (siehe Gl. 3.13). Allerdings ist die spezifische Oberflächenenergie abhängig vom Bindungszustand der Atome auf und unter einer Oberfläche und damit eine werkstoffspezifische Größe, die nur wenig z. B. durch Wahl des Rissweges durch einen Kristall (Stichwort: Spaltbarkeit) oder durch Mischkristallbildung in engen Grenzen verändert werden kann. So bleibt die Beeinflussung der beiden erzeugten Rissoberflächen übrig, die abweichend von der linearen Rissausbreitung durch einen Zickzackverlauf wesentlich gesteigert werden kann. Nimmt man noch innere Spannungen hinzu, die äußere Lastspannungen teilweise kompensieren oder umlenken können, so ergeben sich durch gezielte Einstellung eines Gefüges folgende drei unterschiedliche mikromechanische Konzepte, nämlich Hindernisse in den Rissweg einzubauen, Spannungen an der Rissspitze zu minimieren und Druckspannungen einzubringen (Abb. 2.196 und 2.197):

1. Ablenkung und Verkippung eines ursprünglich ebenen Risses aus seiner Ausgangsebene (engl.: *crack deflection*) sowie Behinderung des Rissfortschritts (engl.: *crack pinning, crack front bowing*) durch eingelagerte Teilchen einer zweiten Phase.
2. Abschirmung der Rissspitze von der äußeren Belastung (engl.: *crack tip shielding*) durch Vergrößerung der Rissspitzenradien oder Übertragung von Kräften entlang der Rissflanken durch Rissüberbrückung, Rissflankenreibung, viskoses Fließen und Mikrorissbildung.
3. Spannungsinduzierte Phasenumwandlungen unter Volumendehnung (Umwandlungsverstärkung, engl.: *transformation toughening*).

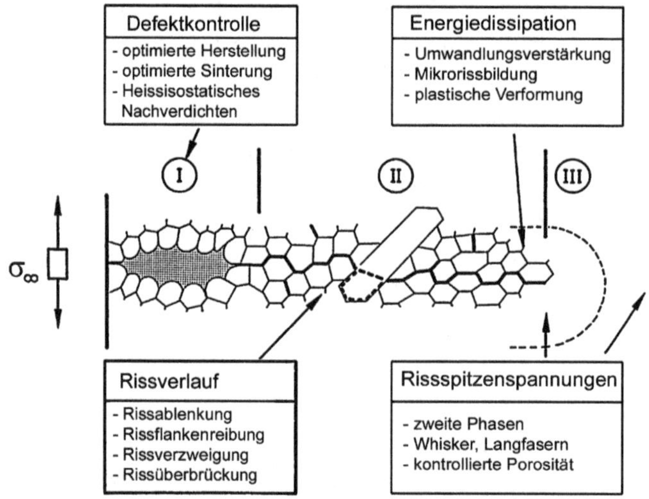

Abb. 2.196: Möglichkeiten der Bruchwiderstandserhöhung: I) Vermeidung von Gefügefehlern, II) Rissflankeneffekte, III) Rissspitzeneffekte [Quelle: MPI Stuttgart].

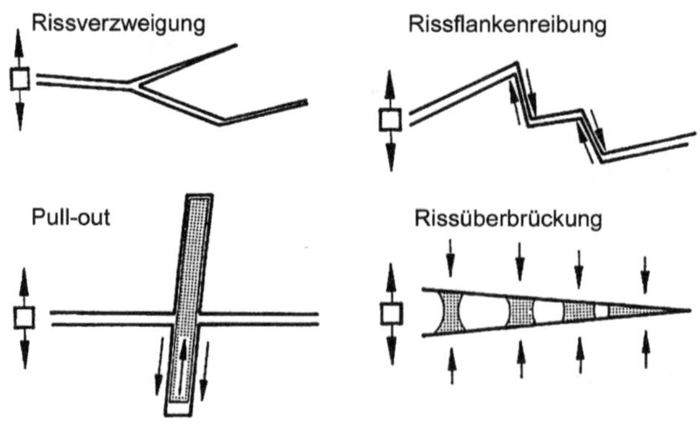

Abb. 2.197: Bruchwiderstandserhöhung durch Rissflankeneffekte [Quelle: MPI Stuttgart].

Abb. 2.198: Rissfortschritt im Mauerwerk eines Burgfrieds aus dem 17. Jhdt. (Quelle: R. Telle, Aachen).

Prinzipiell sind diese grundlegenden Mechanismen der Verstärkung bereits intuitiv seit langer Zeit in Anwendung, z. B. [291, 292]. Die guten mechanischen Eigenschaften eines jeden Mauer- oder Holzverbandes lassen sich auf sie zurückführen (Abb. 2.198).

Bei den meisten Methoden der Verstärkung spielen Eigenspannungen eine große Rolle, die in Kapitel 2.9.4 behandelt worden sind. Es sind hauptsächlich die Eigenspannungen II. Art, die nun bei der Gefügeverstärkung gezielt eingesetzt werden, um den Rissverlauf zu beeinflussen, d. h. diejenigen, die sich beim Abkühlen von Sintertemperatur bedingt durch die Anisotropie der Wärmedehnung einer Phase oder durch die unterschiedlichen Wärmeausdehnungskoeffizienten mehrerer Phasen aufbauen. Üblicherweise wird dabei auf die Mehrphasigkeit abgehoben, da dort die zu erwartenden Effekte am größten sind und am besten gesteuert werden können. Über den Einfluss der Anisotropie der Wärmedehnung wird noch in Kapitel 2.12.3 gesondert eingegangen. Es sind also die sogenannten *Dispersionskeramiken*, die aufgrund des Verbundes von homogen oder gezielt texturiert verteilten Zweitphasen in einer Matrix optimierte Brucheigenschaften zeigen.

Der Verstärkungseffekt, der bei zweiphasigen Keramiken auftritt, beruht im Wesentlichen auf zwei Mechanismen [293, 294]:

1. Die Rissfront trifft an einzelnen Stellen auf Partikel der zweiten Phase und wird an diesen Stellen am Fortschreiten gehindert (engl.: *pinning*). Dadurch baucht sie sich zwischen den Partikeln aus und bekommt einen nichtlinearen Verlauf (engl.: *crack front bowing*).
2. Aufgrund unterschiedlicher thermischer Ausdehnungskoeffizienten und elastischer Eigenschaften von Einlagerungen und Matrix entstehen in dem zweiphasigen Material die in Kapitel 2.9.4 erläuterten Eigenspannungen. Diese Eigenspannungen sind die Ursache für eine Ablenkung und Verkippung der Rissfront, wenn diese in die Nähe eingelagerter Teilchen gelangt. Der Begriff *Ablenkung* beschreibt dabei die Drehung um eine Achse, die in der Ausgangsebene des Risses liegt und senkrecht zur Ausbreitungsrichtung verläuft. Entsprechend ist die *Verkippung* die Drehung um eine Achse in der Ausgangsebene, die sich in Ausbreitungsrichtung erstreckt.

Beide Mechanismen treten gemeinsam auf, wobei je nach Gefüge die Auswirkungen des einen oder anderen Effekts überwiegen.

Rissfrontbiegung

Lange [294] beobachtete, dass ein fortschreitender Riss an Teilchen festgehalten werden kann und die Rissfront beim weiteren Fortschritt des Risses ausgebaucht wird. Der Mechanismus der Rissfrontbiegung basiert allein auf einer temporären abschnittsweisen Anhaftung einer fortschreitenden Rissfront an einer linienhaften Anordnung von Teilchen. Diese Teilchen müssen keinerlei besondere Eigenschaften aufweisen, außer dass sie unter erhöhter Lastspannung vom Riss geschnitten oder umgangen werden können. Dieses Verhalten erinnert auf atomistischer Skala an den Orowan-Mechanismus, bei welchem laufende Versetzungen an Gitterdefekten oder Ausscheidungen festgehalten werden, bis sich die Spannungen soweit aufgestaut haben, dass die Kopplung zwischen Versetzung und Gitterdefekt gelöst wird. Hier nun läuft geometrisch Ähnliches auf der Längenskala der Gefügedimensionen ab.

Trifft ein Riss nach Abb. 2.199 die Teilchenkette, wird er allein aufgrund der lokalen Heterogenitäten (Grenzflächeneffekt) haften bleiben und sich bei Erhöhung der Last in Fortschrittsrichtung ausbauchen. Damit baut sich eine Linienspannung in Gegenrichtung auf, ferner wird die durchgebogene Rissfront durch die überbrückenden Teilchen teilweise von der Last abgeschirmt. Die Spannungsüberhöhung an der Rissspitze wird durch die Verlängerung der Rissfront in der Matrix vermindert, dagegen nimmt sie am Teilchen zu. Bis zu welchem Grad ein Riss ausgebaucht werden kann, hängt von dem Widerstand der Einlagerungsteilchen gegenüber einer Durchtrennung durch Spaltbruch und dem Volumenanteil der Teilchen ab, wie im Folgenden gezeigt wird.

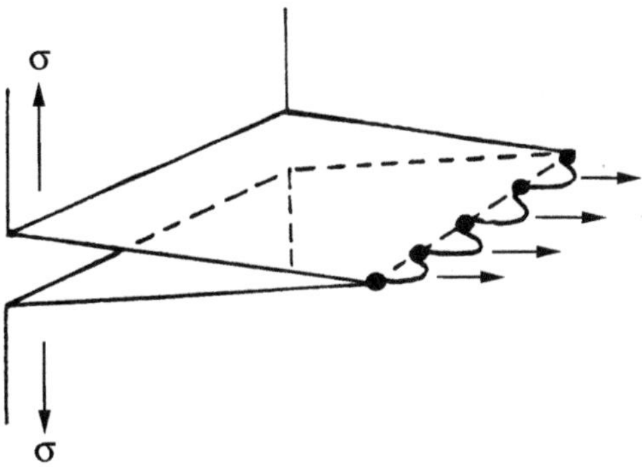

Abb. 2.199: Wechselwirkung zwischen Riss und linienartiger Teilchenanordnung [294]. © Taylor & Francis, Abdruck mit freundl. Genehmigung.

Das von Lange entwickelte Risskrümmungsmodell basiert auf der Berechnung einer Linienspannung für eine Rissfront, die beim Fortschritt von eingelagerten Teilchen festgehalten wird. Das Konzept der Linienspannung beruht wiederum auf der Übertragung der Dehnungsenergie, die von einem halbkreisförmigen Riss in einer unendlich ausgedehnten Platte verursacht wird, auf die Energie, die ein ausgebauchter Riss besitzt [295]. Die Energie, die für einen Rissfortschritt zur Verfügung stehen muss, kann in zwei Terme aufgeteilt werden. Der erste Term beinhaltet die Arbeit, die zur Bildung einer neuen Bruchfläche gebraucht wird; der zweite Term die zur Verlängerung der Rissfront benötigte Arbeit. Die partielle Differentiation der Summe dieser beiden Energien liefert die Energiefreisetzungsrate G pro Rissfortschrittslänge. Im Moment, da sich die Rissfront vom Teilchen ablöst, ist die Bruchenergie des Werkstoffverbundes gleich der Bruchenergie der Matrix plus der Arbeit gegen die Linienspannung τ, was durch eine Abhängigkeit vom Teilchenradius r und dem Durchbiegungsradius c ausgedrückt werden kann, wobei bei maximaler Durchbiegung $2c$ dem mittleren Teilchenabstand entspricht (Abb. 2.200):

$$G_\mathrm{c}^\mathrm{Verbund} = 2\left(G_\mathrm{c}^\mathrm{Matrix} + \frac{\tau}{2c}\right). \tag{2.228}$$

Bruchzähigkeit und Festigkeit, die proportional zu G sind, sind somit umgekehrt proportional zum Teilchenabstand $2c$. Die zweite Größe, von der die Zähigkeits- bzw. Festigkeitssteigerung abhängt, ist die Linienspannung τ. Für diese gilt:

$$\tau = \frac{2}{3}c \cdot G_\mathrm{c}^\mathrm{Matrix}. \tag{2.229}$$

Daraus folgt, dass der Teilchenabstand im Vergleich zum Radius des Sekundärrisses klein sein muss, um eine effektive Verstärkung zu erhalten.

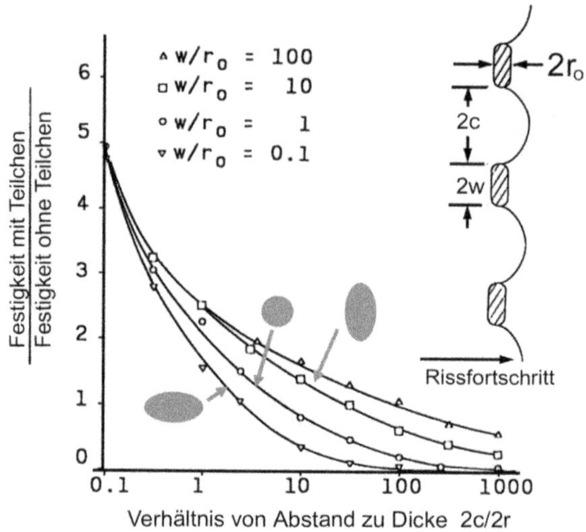

Abb. 2.200: Geometrische Einflüsse auf die Festigkeitssteigerung nach [294]. © Taylor & Francis, Abdruck mit freundl. Genehmigung.

Der Beitrag, den die Linienspannung zur Festigkeitserhöhung liefert, kann durch einen Vergleich der Festigkeiten von Werkstoffen mit und ohne eingelagerten Teilchen erhalten werden. Für die Beziehung zwischen der kritischen Bruchspannung einer unverstärkten Keramik und dem Spannungsanteil aus dem Risskrümmungsmodell wurde von Green [296] ein einfacher Ausdruck entwickelt:

$$\frac{\sigma_{\mathrm{L}}}{\sigma_{\mathrm{c}}^{\mathrm{Matrix}}} = \sum_{n=0}^{7} A_{\mathrm{n}} \left(\frac{2r'}{2c} \right)^{n} \tag{2.230}$$

(A_{n} = Faktoren der numerischen Funktion, σ_{L} = Festigkeitsbeitrag durch Linienspannung, r' = Funktion des Teilchenradius r, die die Durchtrennbarkeit des Teilchens beinhaltet, $2c$ = mittlerer Teilchenabstand).

Der Verstärkungseffekt wird verringert, wenn die Teilchen versagen, bevor sich der Riss vom Teilchen löst. Mit Erhöhung des $2r/2c$-Verhältnisses wird die Form des Sekundärrisses verändert und dadurch die Spannung im Teilchen erhöht. Es gibt daher für spröde Teilchen ein kritisches $2r/2c$-Verhältnis, das von der Bruchdehnung und der Dehnung durch elastische und thermische Fehlpassung von Matrix und Teilchen abhängt. Wird das Teilchen während des Rissfortschritts nicht durchtrennt, so bleibt es hinter der Rissfront als Ligament stehen und wirkt der Rissöffnung entgegen. Einflussparameter für die Durchtrennbarkeit der Einlagerungsteilchen sind das Verhältnis der Zähigkeit und Festigkeit von Matrix und Teilchen sowie die Grenzflächenbeschaffenheit. Eine inhomogene Verteilung der Einlagerungsteilchen führt zu Einschränkungen bei der Festigkeitserhöhung [296]. Die Variation der Abstände kann mit Modellen von Faber und Evans oder Bansal und Ardell berücksichtigt werden [293, 297].

Ordnet man dem Teilchen zwei Halbachsen r und w anstelle eines Radius r zu, kann durch Variation dieser Größen die Form und Orientierung der Partikel verändert werden (Abb. 2.200). Einfache Rechnungen zeigen, dass Partikel mit hohem Streckungsgrad, die in der Rissebene quer zur Fortschrittsrichtung orientiert sind, die beste Wirkung entfalten, während Partikel mit Elongierung parallel zur Rissausbreitungsrichtung sogar schädlich wirken können. Mit zunehmender Teilchenkonzentration im Gefüge nimmt in Abb. 2.200 das Verhältnis $2c/2r$ ab, der Gewinn an Bruchwiderstand und damit an Festigkeit steigt. Man beachte jedoch, dass die Skala logarithmisch ist, sodass eine Erhöhung der Teilchenkonzentration nur relativ wenig bewirkt.

Die bisherigen Ausführungen wurden unter der Voraussetzung durchgeführt, dass sich die einzelnen Spannungsfelder vor den Teilrissfronten nicht gegenseitig beeinflussen. Die mit der Wechselwirkung verbundene Festigkeitsreduktion wird in einer Arbeit von Paris und Sih [298] beschrieben. Experimentelle Beobachtungen haben gezeigt, dass die Linienspannung den Hauptbeitrag zur Festigkeitssteigerung darstellt, wenn die Länge des fortschreitenden Risses groß im Vergleich zum Teilchenabstand ist. In Werkstoffen mit Whiskern und metallischen Einlagerungsteilchen liefert die Linienspannung nur einen geringen Beitrag zur Festigkeitserhöhung. Ist der Riss kleiner als der Teilchenabstand, so findet keine Festigkeitserhöhung statt [299].

Trotz der Einfachheit des Modells sind interessante Vorhersagen möglich. So lässt sich daraus auch ableiten, dass linienartige Porenanordnungen ebenfalls verstärkend wirken können. Lokal beruht dieser Effekt auf der Verminderung der wirksamen Spannungen aufgrund der Erhöhung des Rissspitzenradius gemäß Gl. (2.73), Kerbradius-Effekt, siehe Abb. 2.201. Für die Spannung σ_{yy} in einem Volumenelement mit Abstand x vor einer Rissspitze mit Radius ρ ergibt sich mit $a \gg r$ nach [300]:

$$\sigma_{yy} = 2\sigma_{ex} \cdot \sqrt{\frac{a}{\rho + 4x}}. \tag{2.231}$$

Der Spannungsintensitätsfaktor an der Rissspitze beträgt nach [298] dann:

$$K = 2\sqrt{\frac{a}{\pi}} \int_0^a \frac{\sigma_{yy}(x)\mathrm{d}x}{\sqrt{a^2 - x^2}}. \tag{2.232}$$

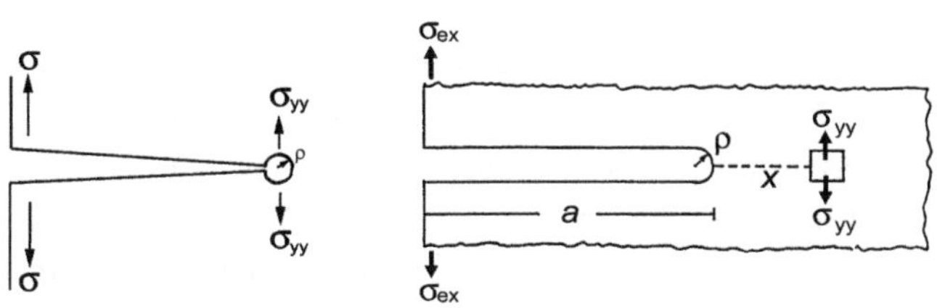

Abb. 2.201: Kerbradieneffekte. Links: Riss trifft Pore unter Vergrößerung des Rissspitzenradius. Rechts: Spannungseinfluss auf Volumenelement vor der Rissspitze, siehe Gl. (2.232) [224].

Trifft nun eine Rissfront auf solche Poren, so werden dort die Lastspannungen unterkritisch. Der Riss kann also nur im Bereich zwischen den Poren fortschreiten, bis die äußere Lastspannung auch für die Poren überkritisch geworden ist. Natürlich dürfen die Poren die kritische Fehlergröße nicht erreichen, auch soll der Volumenanteil möglichst den E-Modul kaum beeinflussen. Typische wirksame Porengrößen liegen im Bereich von <1 µm, die Gesamtporosität soll zwischen 0,1 und 1 % betragen. So konnte an B_4C–TiB_2–W_2B_5-Keramiken gezeigt werden, dass bei sonst identischem Gefüge ein Porenvolumen von 0,9 % mit einer durchschnittlichen Porengröße von 0,25 µm gegenüber einer heißisostatisch gepressten 100 % dichten Keramik zu einer Festigkeitserhöhung von 600 MPa auf 1120 MPa und einer K_{Ic}-Erhöhung von 3 $MPa^{1/2}$ auf 5,2 $MPa^{1/2}$ führte [224].

Rissablenkung

Ein Riss mit einer abgelenkten und verkippten Front erfährt an der Spitze Belastungen in allen drei Öffnungsarten nach Abb. 2.30. Bei einem abgelenkten Riss, der ursprünglich nur eine Mode-I-Belastung erfahren hat, wirken nach der Ablenkung Belastungen nach Mode I und II. Kippt die Rissfront aus ihrer Ebene, so wirken an der Rissspitze Belastungen nach Mode I und III. Faber und Evans haben aus der Überlagerung der Belastungsarten die resultierende mittlere Energiefreisetzungsrate G einer abgelenkten und verkippten Rissfront berechnet und mit der Energiefreisetzungsrate der nicht abgelenkten Rissfront verglichen [293]. Es zeigt sich, dass die resultierende Energiefreisetzungsrate einer verkippten oder abgelenkten Rissfront kleiner ist als diejenige einer nicht abgelenkten Rissfront im Matrixmaterial, was einer Bruchzähigkeitssteigerung gleichkommt. Die Erhöhung der kritischen Energiefreisetzungsrate bzw. der Bruchzähigkeit hängt hierbei nicht von der absoluten Größe der eingelagerten Teilchen ab. Entscheidend sind die Gestalt der Teilchen sowie ihr Volumenanteil im Verbundwerkstoff. Als optimal erweisen sich in diesen Berechnungen stäbchen- oder stengelförmige Einlagerungen mit einem großen Streckungsgrad, die mit einem Volumenanteil zwischen 10 und 20 % in der Matrix verteilt sind. Der Hauptanteil der Zähigkeitssteigerung resultiert im Modell von Faber und Evans aus der Verkippung der Rissfront. Nur bei plättchenförmigen Einlagerungen mit einem hohen Streckungsgrad kann auch die Rissablenkung eine große Zähigkeitssteigerung bewirken. Absolutbetrag und Vorzeichen der Eigenspannungen haben nach [293] einen untergeordneten Einfluss auf die Bruchzähigkeit des Materials.

Trifft ein Riss unter den oben genannten Voraussetzungen auf ein Teilchen, so wird er aus seiner ursprünglichen Rissfrontebene abgelenkt (Abb. 2.202). Der Ablenkwinkel hängt von der Form, der Orientierung und der Lage des Teilchens zur Rissfront und dem Vorzeichen der Restdehnung ab. Bei der Verkippung wird ein Riss, der ursprünglich nur nach Mode I (Zug) belastet wurde, zusätzlich nach Mode II (Schub) belastet. Ein weiterer Rissfortschritt kann zu einer Verdrillung der Rissfront führen, wenn zwei benachbarte Teilchen den Riss in entgegengesetzte Richtungen ablenken (Abb. 2.203).

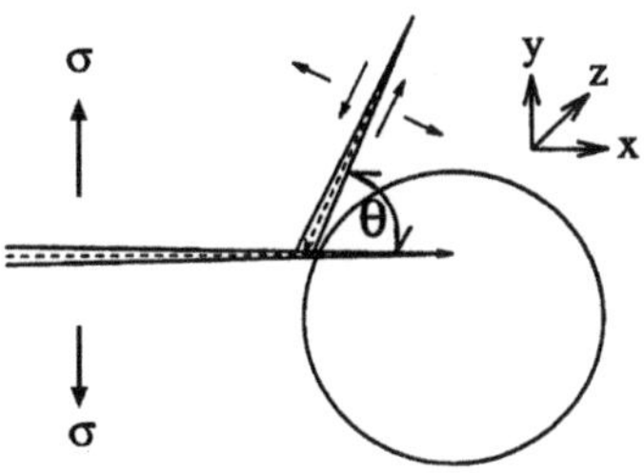

Abb. 2.202: Rissablenkung bei Kugeln [293]. © Elsevier, Abdruck mit freundl. Genehmigung.

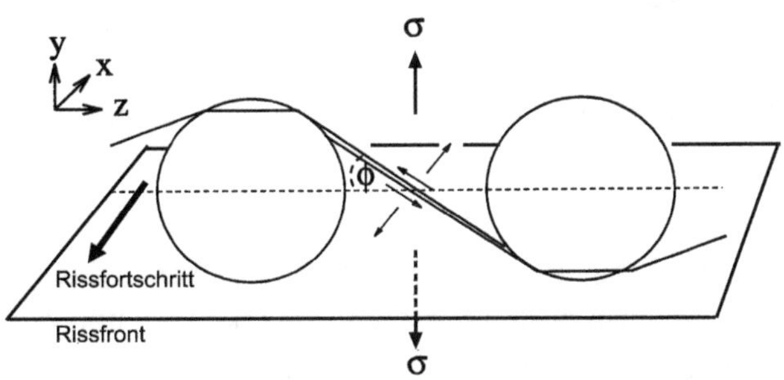

Abb. 2.203: Rissablenkung und -verkippung bei Kugelpaaren [293]. © Elsevier, Abdruck mit freundl. Genehmigung.

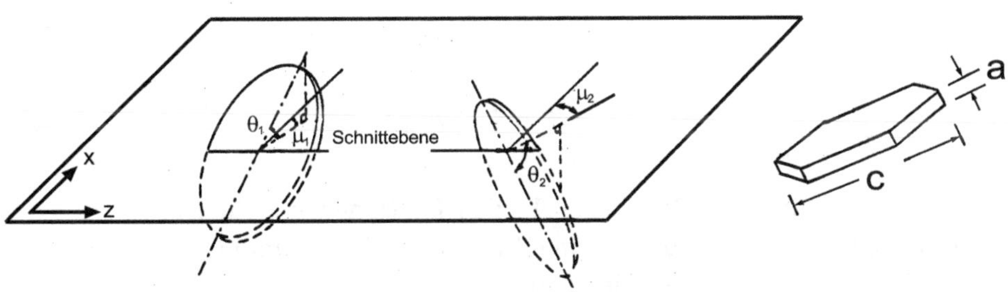

Abb. 2.204: Rissverkippung und -verdrillung bei Plättchen, Definition des c/a-Verhältnisses [293]. © Elsevier, Abdruck mit freundl. Genehmigung.

Der Riss steht im Falle einer Verdrillung dann nicht nur unter Mode I-Belastung, sondern auch unter einem Anteil an Mode III-Belastung (Scherung). Der Spannungsintensitätsfaktor setzt sich dann aus K_{I}, K_{II} und K_{III} zusammen. Für platten- und faserförmige Teilchen wird neben dem Verhältnis von Durchmesser zu Dicke bzw. Länge zu Dicke (c/a-Verhältnis) noch die Orientierung wichtig (Abb. 2.204).

Lässt man die Plättchen in ihrer Rotationsachse wachsen, erhält man stengelige oder faserige Partikel, für die dieselben Überlegungen zutreffen (Abb. 2.205).

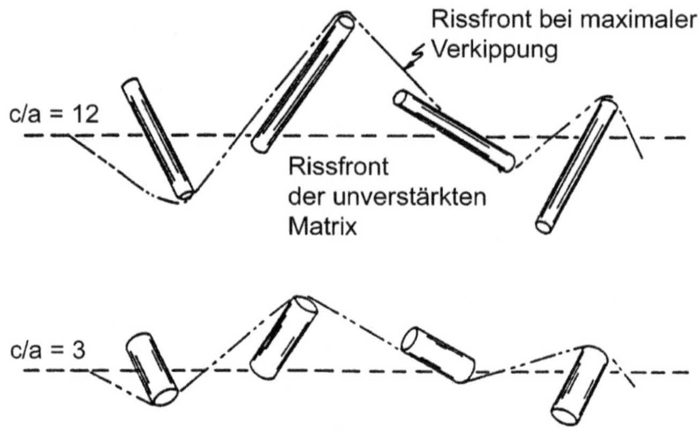

Abb. 2.205: Rissverkippung bei faser- oder stäbchenförmigen Teilchen [293]. © Elsevier, Abdruck mit freundl. Genehmigung.

Von Faber und Evans [293] wurde die Zähigkeitssteigerung der Rissablenkung abgeschätzt, indem sie die lokalen Spannungsintensitätsfaktoren der verkippten und verdrillten Risse unter Berücksichtigung deren Anteile an der gesamten Rissfront in Abhängigkeit vom Ablenkungswinkel betrachteten. Die Zähigkeitssteigerungen bei einer Rissverkippung ergeben für eine Kugel

$$G_c^{\text{Verbund}} = G_c^{\text{Matrix}} \cdot (1 + 0{,}87 v_p) \tag{2.233}$$

und für Plättchen

$$G_c^{\text{Verbund}} = G_c^{\text{Marix}} \cdot \left(1 + 0{,}56 v_p \cdot \frac{r}{h}\right) \tag{2.234}$$

mit v_p = Volumenanteil der Partikel, r = Radius, h = Höhe der Plättchen.

Die Zähigkeitserhöhung durch reine Verkippung der Rissfront ist nur bei Scheibchen mit hohen Formfaktoren bedeutend.

Die räumliche Lage und Orientierung benachbarter Teilchen bestimmt, ob der Riss verkippt oder verdrillt wird. Für eine Gesamtzähigkeitsabschätzung müssen alle möglichen Teilchenanordnungen betrachtet und die jeweiligen Anteile an Rissverkippung und Rissverdrillung berücksichtigt werden. Dabei wird der Fall, dass die Lage zweier benachbarter Teilchen zur Rissfront gleich ist, so behandelt, als ob eine Verkippung stattfände. Es ist nicht bekannt, inwieweit in diesem Fall die Rissfront planar bleibt und zwischen den Teilchen ausgebaucht wird. Bei der Zähigkeitsabschätzung von nichtkugeligen Teilchen besteht eine weitere Schwierigkeit in der Beschreibung der Teilchenorientierung zum Riss und untereinander. Obwohl der Beitrag der Verkippung zur Zähigkeitssteigerung für Plättchen hoch ist, gilt für alle Teilchenmorphologien, dass der Beitrag der Rissverdrillung höher als derjenige der Rissverkippung ist.

Die höheren Zähigkeiten bei elongierten Teilchen lassen sich damit erklären, dass eine höhere Zahl an großen Ablenkungswinkeln vorliegt, die zu einem höheren Verdrillungsanteil führen.

Die Zähigkeitsverbesserungen hängen unter den genannten Randbedingungen nur vom Volumenanteil, der Verteilung und der Form der Einlagerungsteilchen ab. Abbildung 2.206 zeigt die Verhältnisse für kugelige Teilchen im Vergleich zur Bruchenergieerhöhung, die nur auf der Vergrößerung der Bruchfläche beruht (untere Kurve). Eine homogene Verteilung kann optimiert werden, indem man möglichst oft Rissverdrillung zu initiieren versucht. Für eine deutliche Zähigkeitssteigerung wird hier auch ein relativ großer Volumenanteil benötigt.

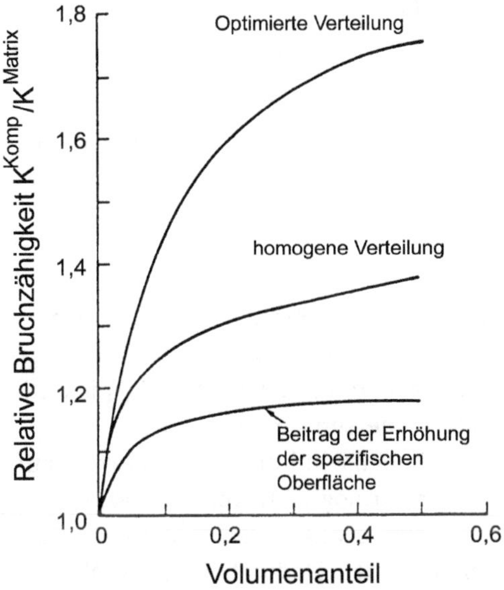

Abb. 2.206: Theoretische Bruchzähigkeitssteigerung bei Kugeln nach [293]. © Elsevier, Abdruck mit freundl. Genehmigung.

Bei plattenförmigen Partikeln ist die erzielbare Bruchzähigkeitssteigerung deutlich besser (Abb. 2.207). Die erhaltenen Werte nähern sich bei etwa 20 Vol.-% einem Grenzwert an. Bei faserförmigen Partikeln wird das Plateau der Zähigkeitssteigerung bereits bei 10 Vol.-% erreicht. Auch bei der Erhöhung des Streckungsgrades der Teilchen ist ein asymptotischer Verlauf der Zähigkeitserhöhung zu erkennen.

Alle Modelle zeigen, dass das Verhältnis von der Länge bzw. dem Durchmesser zur Dicke der Teilchen, das sogenannte Aspekt-Verhältnis (engl.: *aspect ratio*; Formfaktor, Streckungsgrad, Elongierungsgrad) ausschlaggebend für die Wirksamkeit der Rissablenkung in Bezug auf die Steigerung der Bruchzähigkeit ist. Falls verfügbar, sollten also gegenüber äquiaxialen Partikeln plattenförmige bevorzugt eingesetzt werden, wobei sich stengelige bzw. faserförmige noch günstiger verhalten als plattenförmige. Später ist noch zu behandeln, welche weiteren Randbedingungen erfüllt werden müssen, damit die Bruchwiderstandssteigerung optimal genutzt werden kann.

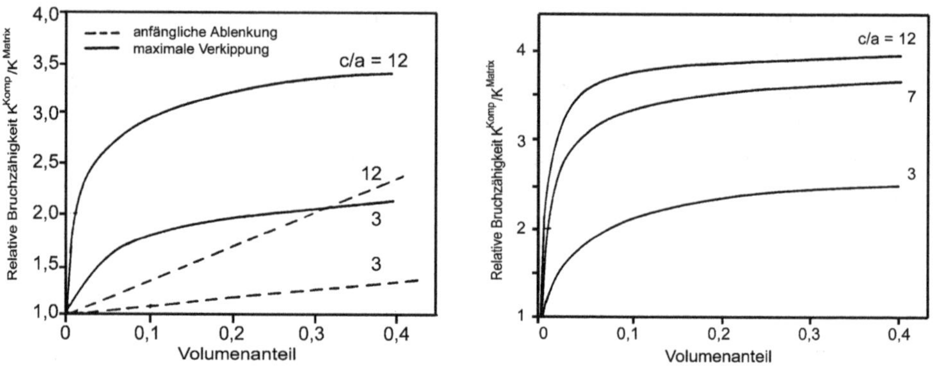

Abb. 2.207: Theoretische Bruchzähigkeitssteigerung bei Plättchen (links) und Fasern (rechts) nach [293]. © Elsevier, Abdruck mit freundl. Genehmigung.

Rissüberbrückung

Die Überbrückung einer Rissfront durch Teilchen ist ein Verstärkungsmechanismus, der vor allem bei stabförmigen Teilchen und Fasern genutzt werden kann, aber generell bei allen grobkörnigen Gefügen auftritt. In ersteren Fällen sind Zähigkeitserhöhungen bis zum 3–4-fachen der Matrixzähigkeit gemessen worden.

Die Überbrückung eines Risses mit festen Teilchen tritt hinter der Rissspitze auf, wie bereits in Abb. 2.196 gezeigt wurde. Dies wird ermöglicht, wenn der Riss äquatoriell ein elongiertes Teilchen umläuft, wobei die Partikelenden weiterhin an den Rissflanken haften bzw. im Gefüge eingeklemmt bleiben. Dadurch wirken schließende Kräfte auf die Rissfront, was einer Zähigkeitserhöhung gleichkommt. Das Teilchen wirkt gewissermaßen wie ein Nagel, der durch zwei Holzbretter getrieben worden ist (Abb. 2.208), der Effekt wirkt aber auch bei äquiaxialen grobkörnigen Partikeln (Abb. 2.209), wo noch das Phänomen der Rissflankenreibung oder Verhakung der Bruchflächen zusätzlich auftreten kann.

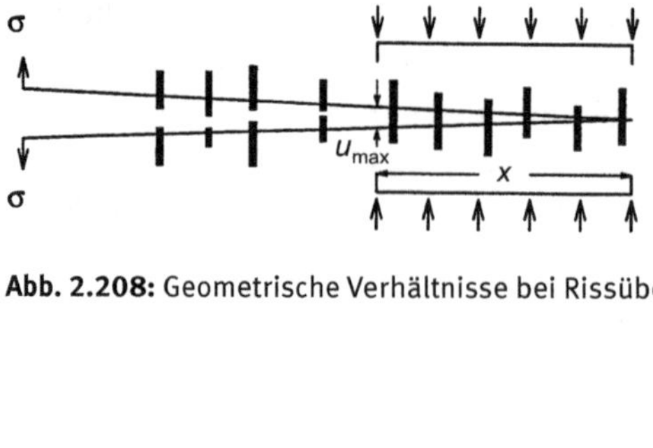

Abb. 2.208: Geometrische Verhältnisse bei Rissüberbrückung [287].

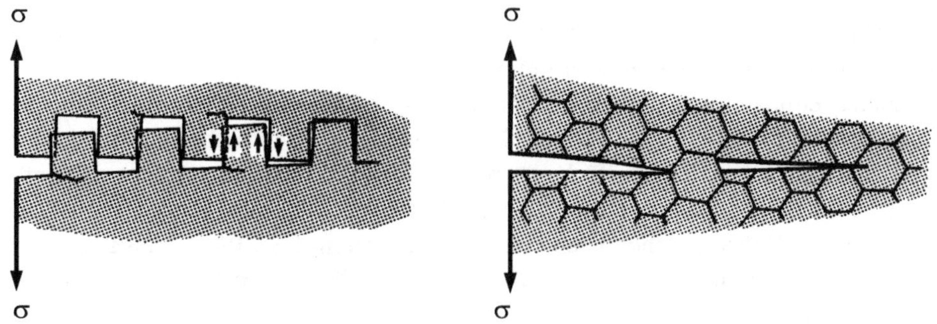

Abb. 2.209: Rissüberbrückung mit Verhakung, Reibung und parasitärer Rissbildung (Quelle: R. Telle, Aachen).

Die Rissüberbrückung bedingt eine Abschirmung der Rissspitze von der äußeren Belastung (engl.: *crack tip shielding*) dadurch, dass entlang der Rissflanken noch Kräfte übertragen werden können, wodurch die maximale Rissöffnung $u_{\max}$ verringert wird. Dies bedeutet, dass der an der Rissspitze effektiv wirksame Spannungsintensitätsfaktor $K_{\text{Rissspitze}}$ gegenüber dem von außen angelegten Spannungsintensitätsfaktor $K_{\text{außen}}$ um einen Betrag ΔK abgeschwächt ist:

$$K_{\text{Rissspitze}} = K_{\text{außen}} - \Delta K. \tag{2.235}$$

Die Abschätzung des Zähigkeitsbeitrages kann über eine energetische Betrachtung erfolgen [301]. Die im Zusammenhang mit der Überbrückung verursachte Energieänderung hängt von der Spannung τ_{u} in der Überbrückungszone und dem Rissöffnungsbetrag u am Ende der Überbrückungszone ab:

$$\Delta G = \int_0^{u_{\max}} \tau_{\text{u}} \mathrm{d}u. \tag{2.236}$$

Die maximale Spannung, die in der Überbrückungszone wirken kann, wird durch die Festigkeit $\sigma_{\text{c}}^{\text{p}}$ der Partikel und deren Flächenanteil A^{p}, der von den Rissflanken tangiert wird, bestimmt.

$$\tau_{\text{u,max}} = \sigma_{\text{c}}^{\text{p}} \cdot A^{\text{p}}. \tag{2.237}$$

Der Flächenanteil A^{p} kann bei sehr langgestreckten Teilchen mit dem Volumenanteil der Einlagerungsphase angenähert werden. In Materialien mit anderen Einlagerungsteilchen muss der Flächenanteil aus experimentellen Beobachtungen bestimmt werden. Wenn das Teilchen nicht von der Matrix abreißt, bestimmt der E-Modul des Teilchens den maximalen Rissöffnungsbetrag. Je kleiner der E-Modul ist, desto größer ist der Rissöffnungsbetrag. Der resultierende Zähigkeitsbeitrag ist sehr gering, da die Teilchen meist kurz hinter der Rissfront versagen.

Ist das Einlagerungsteilchen von der Matrix zum Teil gelöst, so resultiert ein größerer Rissöffnungsbetrag, da sich die Spannung im Teilchen nicht mehr allein auf den Bereich zwischen den Rissflächen konzentriert (Abb. 2.210). Der maximale Rissöffnungsbetrag ist dann begrenzt durch die maximale Bruchdehnung des Teilchens und die Länge der Matrix-Teilchen-Grenzfläche, die abgetrennt ist. Diese Länge l_g hängt wiederum vom Verhältnis der Bruchzähigkeit des Teilchens zur Bruchzähigkeit der Grenzfläche ab.

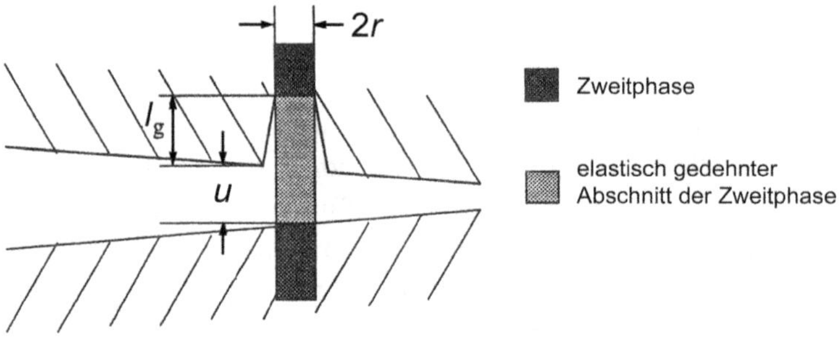

Abb. 2.210: Geometrische Verhältnisse bei Rissüberbrückung und Pull-out nach [301].

Die Energie, die durch die elastische Dehnung der überbrückenden Teilchen verbraucht wird, welche teilweise von der Matrix getrennt sind, beträgt:

$$\Delta G = \frac{A^{\mathrm{p}} \cdot (\sigma_{\mathrm{c}}^{\mathrm{p}})^2}{2E^{\mathrm{p}}} \cdot l_{\mathrm{g}} \tag{2.238}$$

mit

$$l_{\mathrm{g}} = \frac{rG_{\mathrm{c}}^{\mathrm{p}}}{6G_{\mathrm{c}}^{\mathrm{g}}}, \tag{2.239}$$

wobei $\sigma_{\mathrm{c}}^{\mathrm{p}}$ = Bruchfestigkeit der Teilchen, E^{p} = E-Modul der Teilchen, $G_{\mathrm{c}}^{\mathrm{p}}$ = Bruchenergie der Teilchen, $G_{\mathrm{c}}^{\mathrm{g}}$ = Bruchenergie der Matrix/Teilchen-Grenzfläche, r = Radius der Teilchen bedeuten.

Ist die thermische Ausdehnung der Matrix größer als die des Teilchens, besteht zwischen dem Teilchen und der Matrix eine Reibung, sodass ein zusätzlicher Faktor, der den Scherreibungswiderstand berücksichtigt, eingeführt werden muss. Die Energieänderung beträgt dann:

$$\Delta G = \frac{A^{\mathrm{p}} \cdot (\sigma_{\mathrm{c}}^{\mathrm{p}})^2}{3E^{\mathrm{p}}} \cdot l_{\mathrm{g}} \tag{2.240}$$

mit

$$l_g = \frac{r\sigma_c^p}{2\tau^g} \tag{2.241}$$

(τ^g = Scherreibungswiderstand = $\mu\sigma_r$, μ = Reibungskoeffizient, σ_r = radiale Druckspannungen).

Oft kann in Verbindung mit der Rissüberbrückung, bei der eine Reibung zwischen Matrix und Teilchen besteht, ein Herausziehen (engl.: *pull-out*) von lang gestreckten Teilchen beobachtet werden, das einen zusätzlichen Verstärkungseffekt verursacht. Der Energiebeitrag setzt sich folgendermaßen zusammen:

$$\Delta G = A^{po}\tau r\left(\frac{l_{po}}{r}\right)^2 \tag{2.242}$$

(A^{po} = Flächenanteil der Teilchen mit Pull-out, l_{po} = herausgezogene Länge des Teilchens, r = Teilchenradius).

Die Abhängigkeit der Überbrückungseffekte vom E-Modul des Teilchens konnte experimentell nachgewiesen werden. Die Zähigkeit steigt in Materialien mit höherem Verhältnis von Matrix-E-Modul zu Teilchen-E-Modul. Eine Abtrennung zwischen Matrix und Teilchen wird beobachtet, wenn schwache Grenzflächen vorliegen oder wenn Rissablenkung stattfindet.

2.12.3 Innere Spannungen

Die zuvor genannten Mechanismen der Rissablenkung werden nicht nur wirksam, wenn der Riss tatsächlich auf die Grenzfläche Matrix-Teilchen trifft und das Hindernis wegen vorausgesetzten höheren Festigkeiten der Teilchen nicht durchtrennen kann, sondern um es herumlaufen muss. Rissablenkung kann auch im Vorfeld des Teilchens bereits in der Matrix eingeleitet werden, indem der Riss in ein elastisches Spannungsfeld in der näheren Umgebung des Partikels hineinläuft. Dies kann dazu führen, dass ein Riss geradezu auf ein Teilchen hin abgelenkt wird und dort in ein auf der Risswachstumsrichtung senkrecht stehendes Druckspannungsfeld gerät. Unabhängig von der echten Wechselwirkung mit dem Teilchen (Rissüberbrückung, Pull-out usw.) wird damit ein sehr wirksamer Verstärkungseffekt erzielt.

Innere Spannungen sind bei keramischen Werkstoffen in der Regel bereits herstellungsbedingt vorhanden. Sie werden beim Abkühlen von der Sintertemperatur auf Raumtemperatur generiert, wenn die kritischen Temperaturen für einen Spannungsabbau innerhalb technisch vernünftiger Zeiträume durch diffusive Prozesse oder viskoses Fließen unterschritten werden. Wie aus der Sintertheorie folgt, werden beim Aufheizen eines Grünkörpers zuerst die Materialtransportmechanismen

Verdampfung und Kondensation, dann Oberflächendiffusion, danach Grenzflächendiffusion, Volumendiffusion und zuletzt viskoses Fließen aktiviert. Beim Abkühlen wird diese Reihenfolge umgekehrt durchlaufen. Da nur die letzten drei Mechanismen zu einer Verformung und damit zu einem relativ schnellen Spannungsabbau beitragen können, gilt als obere Temperaturgrenze für das „Einfrieren" von Spannungen in erster Näherung die Glastransformationstemperatur T_g der Korngrenzenphase, ersatzweise die Temperatur, bei welcher Grenzflächendiffusion gerade nicht mehr zu einem Massentransport beiträgt.

Der Aufbau von Spannungen selbst ist durch die Differenzen der Wärmeausdehnungskoeffizienten α bedingt. Bei mehrphasigen Werkstoffen sind dies die Differenzen $\Delta\alpha = \alpha_{\text{Matrix}} - \alpha_{\text{Partikel}} = \alpha_m - \alpha_p$, bei einphasigen kristallinen Werkstoffen wirkt die Anisotropie der Wärmedehnung als Ursache für den Spannungsaufbau, z. B. $\Delta\alpha = \alpha_{[001]} - \alpha_{[100]}$. Genauer betrachtet kommen bei mehrphasigen Materialien natürlich beide Effekte zusammen.

Eine weitere Ursache für innere Spannungen sind Differenzen der Elastizitätsmoduli. Um diese wirksam werden zu lassen, bedarf es einer äußeren Spannung, die zu einer lokal unterschiedlichen elastischen Verzerrung von Matrix und Teilchen bzw. einer richtungsabhängigen Verzerrung bei Anisotropie führt.

Die Spannungen, die in einem Teilchen und in der Matrix aufgrund der Unterschiede der thermischen und elastischen Eigenschaften herrschen, sind von Eshelby [302, 303] für elliptische Teilchen analytisch berechnet worden. Seine Vorgehensweise entspricht der Darstellung in Abb. 2.101.

Die Berechnungsprozedur beginnt mit der Simulation des Partikelverhaltens beim Abkühlen im spannungsfreien Zustand. Hierbei wird die reine Wärmekontraktion ermittelt. Danach führt man dieselbe Berechnung für das Matrixmaterial durch, das einen Hohlraum von der Ausgangsgröße des Teilchens enthält. Dieser wird nach Abkühlung nach Verhältnis der Wärmeausdehnungskoeffizienten und der elastischen Relaxation der Matrix größer oder kleiner sein als das resultierende Teilchen. Im letzten Schritt wird das Teilchen virtuell in diesen Hohlraum eingesetzt, wobei die Grenzflächen und die beteiligten Phasen komprimiert oder gedehnt werden müssen. Unter Berücksichtigung der elastischen Konstanten ergeben sich dann die lokalen Spannungsverhältnisse. Dieses Vorgehen, die sogenannte Eshelby-Prozedur, kann heute mittels Finiter-Element-Analyse am Rechner durchgeführt werden.

Von Selsing und Weyl [67, 304] gibt es eine einfache Lösung für die hydrostatische Spannung σ_h in einem kugeligen Teilchen, das in einer isotropen, unendlich großen Matrix eingelagert ist (*Selsing-Gleichung*):

$$\sigma_h = \frac{\Delta\alpha \cdot \Delta T}{\frac{1+\nu_m}{2E_m} + \frac{1-2\nu_p}{E_p}} \tag{2.243}$$

(E = Elastizitätsmodul, ν = Poissonzahl, α = thermischer Ausdehnungskoeffizient, m = Matrix, p = Teilchen).

Die radialen Matrixspannungen (σ_{mr}) sind betragsmäßig gleich den hydrostatischen Spannungen im Teilchen, die tangentialen Matrixspannungen betragen: $\sigma_{mt} = -\sigma_{mr}/2$. Die Matrixspannungen nehmen mit der Entfernung vom Teilchen mit Radius r proportional zu $(r/R)^3$ ab, wobei R der Abstand zum Teilchenmittelpunkt ist. Im Umfeld eines Teilchens mit der hydrostatischen Misfit-Spannung P ergibt sich somit nach Weyl [304] ein Spannungsfeld:

$$\sigma_{mt} = -\frac{PR^3}{2r^3} = -\frac{1}{2}\sigma_{mr}. \tag{2.244}$$

Die mittlere Spannung in der Matrix und im Teilchen kann durch eine Normierung mit dem Volumenanteil der Einlagerungsteilchen erhalten werden [305]. Die so ermittelten Spannungen hängen nicht von der Teilchengröße ab. Die Beobachtung, dass die noch zu besprechende Mikrorissbildung mit der Teilchengröße zusammenhängt, kann also noch nicht erklärt werden.

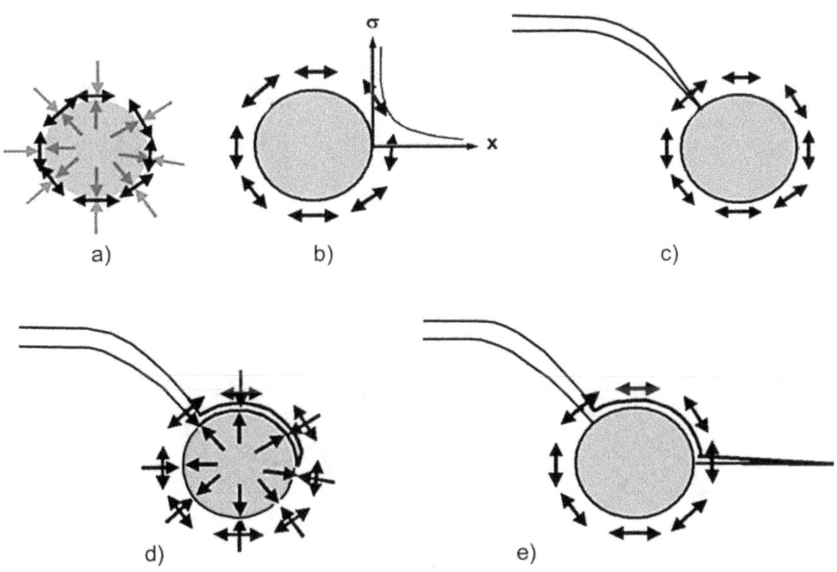

Abb. 2.211: Spannungsverhältnisse und Rissablenkung an der Grenzfläche Matrix-Teilchen nach dem Abkühlen von Sintertemperatur für den Fall $\alpha_m > \alpha_p$. (a)–(c): Riss in Wechselwirkung mit tangentialen Zugspannungen: Risseinfang; (d)–(e): Riss in Wechselwirkung mit tangentialen Zugspannungen, Umgehen des Teilchens.

In Abb. 2.211a–e ist der Fall des Abkühlens von Sintertemperatur veranschaulicht, wenn das Teilchen einen kleineren Wärmeausdehnungskoeffizienten als die Matrix aufweist: $\alpha_m > \alpha_p$, $\Delta\alpha > 0$. Die radialen Matrixspannungen σ_{mr} sind dann positiv, das heißt, es handelt sich um Druckspannungen. Bildlich ausgedrückt schwindet das Teilchen beim weiteren Abkühlen weniger als die Matrix, weshalb diese auf das

Teilchen aufschrumpft und es elastisch komprimiert (Abb. 2.211a). Die Grenzfläche Matrix-Teilchen steht damit unter hydrostatischen Druckspannungen. Entsprechend werden senkrecht dazu tangentiale Zugspannungen generiert, die mit zunehmendem Abstand vom Teilchenmittelpunkt aus gerechnet mit $\sigma_{mt} \propto R^{-3}$ abklingen (Abb. 2.211b). Ein durch äußere Lastspannungen initiierter Riss wird nun dieses Spannungsfeld in der Nähe des Teilchens in Überlagerung mit dem Lastspannungsfeld zur Richtungsänderung nutzen und läuft auf das Teilchen zu. Hier wird er beschleunigt, bis er die Grenzfläche trifft (Abb. 2.211c). Ist die Teilchenfestigkeit größer als die Matrixfestigkeit, so wird der Riss bei Erhöhung der äußeren Last gezwungen, das Partikel in der Grenzfläche zu umgehen. Hierbei wird es durch die herrschenden Druckspannungen behindert (Abb. 2.211d). Am Ende verlässt der Riss die Grenzfläche wieder, wobei er eine Beschleunigung erfährt, da sich Lastspannung und innere Spannungen gleichsinnig überlagern.

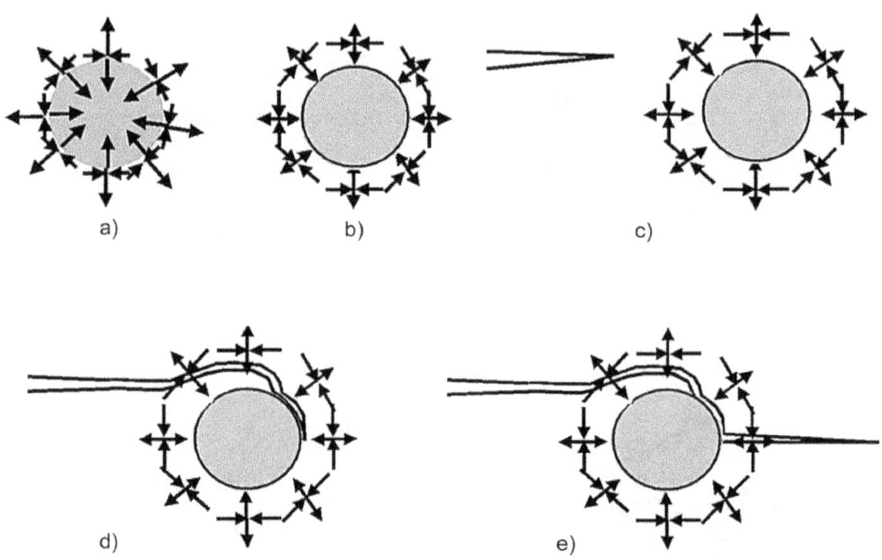

Abb. 2.212: Spannungsverhältnisse und Rissablenkung an der Grenzfläche Matrix-Teilchen nach dem Abkühlen von Sintertemperatur für den Fall $\alpha_m < \alpha_p$. (a)–(c): Riss in Wechselwirkung mit tangentialen Druckspannungen: Risseinfang; (d)–(e): Riss in Wechselwirkung mit tangentialen Druckspannungen, Umgehen und Verlassen des Teilchens gegen die Druckspannungen.

In Abb. 2.212a–e ist der umgekehrte Fall dargestellt, in welchem das Teilchen einen geringeren Wärmeausdehnungskoeffizienten als die Matrix aufweist: $\alpha_m < \alpha_p$, $\Delta\alpha < 0$. Die radialen Matrixspannungen σ_{mr} sind entsprechend negativ, es bauen sich Zugspannungen auf. Anders ausgedrückt, möchte das Teilchen beim weiteren Abkühlen stärker schrumpfen als die Matrix, was es aber nicht kann, weil es an der Grenzfläche festgehalten wird und die Matrix sich nur geringfügig elastisch dehnt (Abb. 2.212a).

Entsprechend werden senkrecht dazu tangentiale Druckspannungen generiert, die ebenfalls mit $\sigma_{mt} \propto R^{-3}$ in die Matrix hinein abklingen (Abb. 2.212b).

Der Riss wird nun dem größten resultierenden Zugspannungsfeld folgen und den Druckspannungen ausweichen. Er trifft entsprechend später auf die Grenzfläche Matrix-Teilchen. Der energiedissipative Schritt besteht hierbei, die Grenzfläche wieder gegen das herrschende Druckspannungsfeld zu verlassen. Sind die Wärmeausdehnungskoeffizienten von Matrix und Partikel identisch, so kommt es nur zu Effekten, die durch die Unterschiede im E-Modul herbeigeführt werden, wie oben erläutert worden ist.

2.12.4 Werkstoffbeispiele

Aus den zuvor beschriebenen Überlegungen folgt, dass Materialkombinationen für eine Rissablenkung günstig sind, die sich bezüglich ihrer thermischen Ausdehnungskoeffizienten deutlich unterscheiden. Voraussetzung ist aber auch, dass die dispergierten Zweitphasen eine höhere Festigkeit aufweisen als die Matrix, damit sie nicht einfach gespalten werden. Alternativ kann die Grenzfläche zwischen Matrix und Teilchen geschwächt werden, um den Rissverlauf um das Teilchen herum zu erleichtern. Dies kann z. B. durch Glasphasen geschehen oder durch eine geeignete Beschichtung der Partikel. So haben sich einige Materialkombinationen sehr bewährt, für die in Tabelle 2.17 die resultierenden radialen Matrixspannungen nach der Selsing-Gleichung (Gl. (2.243)) für eine Temperaturdifferenz ΔT von 1000 K abgeschätzt worden sind. Alle hier genannten Werkstoffvarianten haben technische Bedeutung erlangt, etwa als Schneidwerkstoffe, Implantatmaterial oder für Panzerungen.

Tab. 2.17: Radiale Matrixspannungen in Dispersionskeramik.

Matrix	Zweitphase	radiale Matrix-spannungen [MPa]	erreichbarer K_{Ic}-Wert [$MPam^{1/2}$]
Al_2O_3	SiC	−1210	7–8
	TiC	200	6
	tetrag. ZrO_2	617	8–12
ZrO_2	Al_2O_3	-617	8–10
SiC	TiC	1120	8–10
	TiB_2	1370	10–12
B_4C	SiC	310	6–8
	TiB_2	1170	8–10

Im Gefüge sind die oben schematisch dargestellten Effekte natürlich nicht immer so deutlich zu finden. Die Beispiele der Abb. 2.213–2.214 und 2.216–2.220 sind durch

Vickers-Eindrücke auf polierten Oberflächen entstanden, bei welchen sich der Medianrissfortschritt sehr gut in seiner Wechselwirkung mit den Gefügebestandteilen im Rasterelektronenmikroskop dokumentieren lässt. Abbildung 2.215 zeigt eine Bruchfläche, die im Biegeversuch erzeugt wurde. Besonders deutlich sind die beteiligten Phasen an ihrem Massenkontrast zu unterscheiden. Als Matrix ist oft Borcarbid (B_4C) oder Siliciumcarbid (SiC), beides dunkel, gewählt, als Einlagerungsteilchen die jeweils helleren Phasen TiC, TiB_2 oder W_2B_4. Die Rissablenkung führt im realen Bruch zu einer erheblichen Aufrauhung der Bruchfläche und damit zu einer Erhöhung der Bruchenergie (Abb. 2.214).

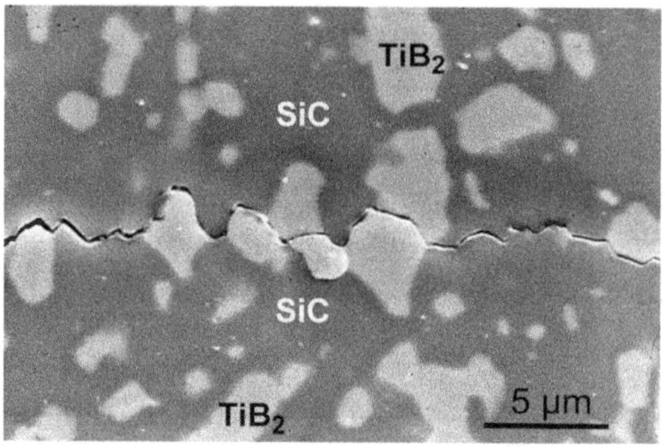

Abb. 2.213: Rissablenkung in SiC–TiB_2-Dispersionskeramik mit Rissflankenreibung [306].

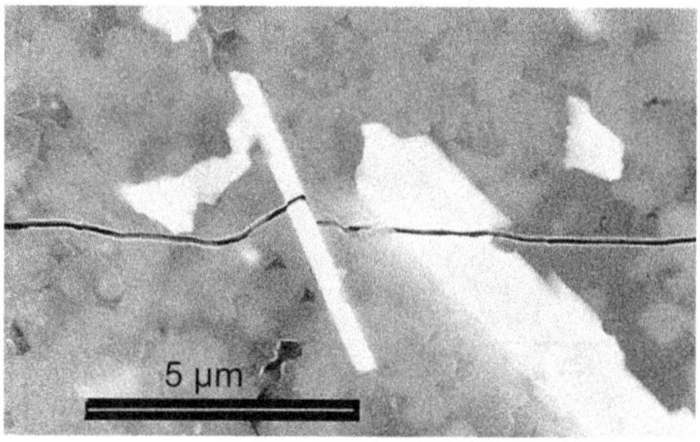

Abb. 2.214: Rissablenkung in SiC–W_2B_4-Dispersionskeramik. Manchmal werden die verstärkenden Partikel auch völlig eben durchschnitten (Quelle: A. Saunders, E. Fendler, R. Telle, MPI Metallforschung, Stuttgart).

Mit einer multiplen Rissablenkung geht meistens auch eine Rissverzeigung einher, insbesondere wenn die inneren Spannungen sehr hoch sind. Bei Auseinanderziehen der Rissflanken verhaken sich zusätzlich die herausstehenden Körner, wenn die Ablenkungswinkel fast 90° erreichen. Dann entstehen unter Reibung parasitäre Risse, die zu einem Herausschälen von Teilchen führen können.

Abb. 2.215: Bruchfläche von B_4C–W_2B_4-Keramik [224].

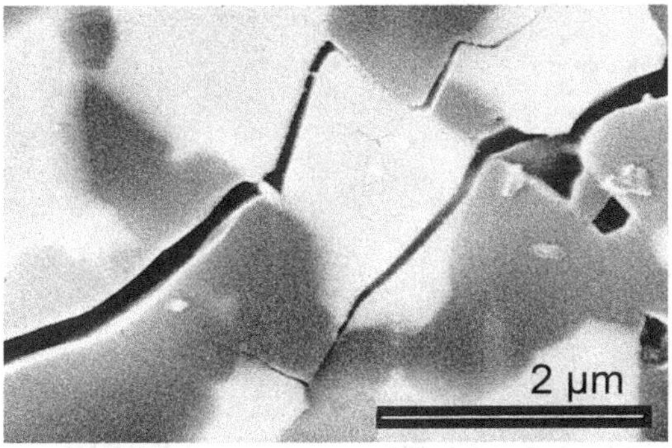

Abb. 2.216: Rissverzweigung in B_4C–TiB_2-Keramik (Quelle: A. Saunders, E. Fendler, R. Telle, MPI Metallforschung, Stuttgart).

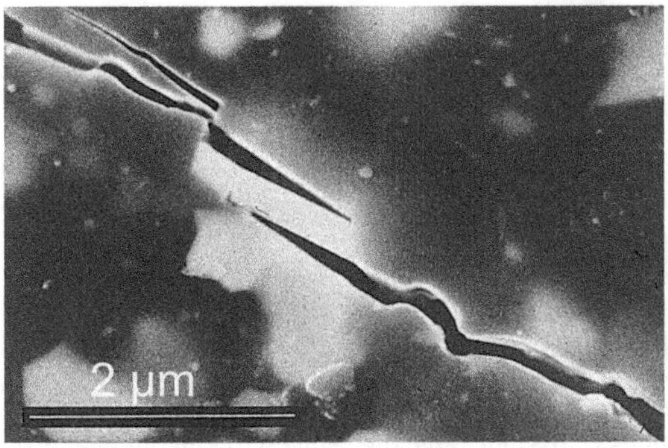

Abb. 2.217: Rissüberbrückung (elastisches Federelement) in Borcarbid durch platten-förmiges W_2B_4-Korn [307].

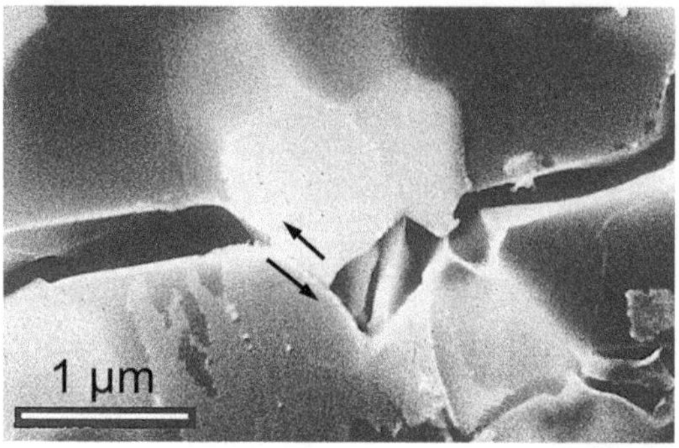

Abb. 2.218: Rissflankenreibung beim Pull-out (rechts) in B_4C–TiB_2-Keramik [307].

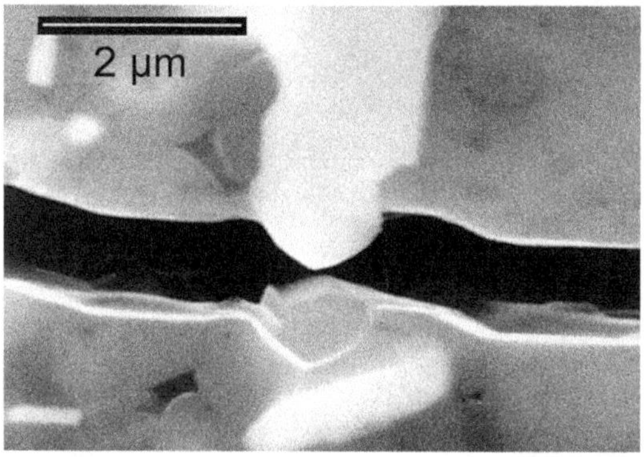

Abb. 2.219: Pull-out in B_4C–TiB_2-Keramik (Quelle: A. Saunders, E. Fendler, R. Telle, MPI Metallforschung, Stuttgart).

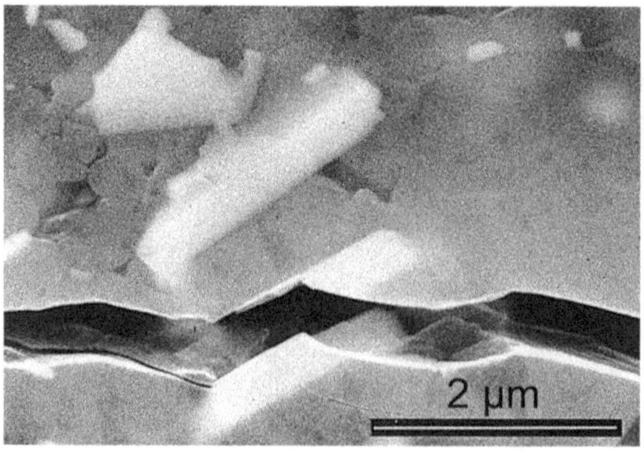

Abb. 2.220: In-situ-Rissablenkung innerhalb eines W_2B_4-Teilchens. Die Schichtstruktur der Phase begünstigt eine Umlenkung des Risses entlang der Spaltebenen.

Abb. 2.221: Bruchoberfläche einer B_4C–W_2B_4-Keramik nach dynamischer Ermüdung [224].

Die Rissablenkung ist auch bei dynamischer Lasteinleitung sehr hilfreich. Sie bewirkt dann, dass sich ein unterkritisch wachsender Riss sehr oft aufspaltet und damit die Hauptrissspitze von Spannungen entlastet wird. Abbildung 2.221 zeigt eine Bruchoberfläche einer B_4C–W_2B_4-Keramik nach einem Multiple-Impact-Versuch, bei welchem eine Biegeprobe mit einem Projektil einige Millionen Mal unterkritisch bis zum Bruch belastet wird. Die verstärkenden Partikel sind regelrecht aus der Matrix geschält worden.

2.12.5 In-situ-Delamination

Als Besonderheit sind Rissablenkungsphänomene zu beobachten, bei denen der Riss zwar in ein Teilchen eintritt, dort aber aufgrund einer ausgeprägten Anisotropie der transkristallinen Bruchenergien abgelenkt wird. Dies ist z. B. bei Phasen mit bevorzugten Richtungen der Spaltbarkeit möglich, siehe hierzu auch das Beispiel Al_2O_3 in Abb. 2.9. Phasen mit Schichtstrukturen neigen zusätzlich zur inneren Delamination und Aufspaltung (Abb. 2.222–2.225). Hierzu gehören die sogenannten MAX-Phasen [308, 309], bestehend aus Übergangsmetallen M, Hauptgruppenelementen A und Nichtmetallen X, wie z. B. Ti_2AlC, Cr_2AlC, Ti_3SiC_2, Ti_4AlN_3 und zahlreiche andere, die zusätzlich noch Versetzungsgleiten nach einem Kinkband-Mechanismus aufweisen, ferner einige Übergangsmetallboride (Abb. 2.225). Unter einer *Kinke* versteht man eine symmetrisch definierte Reaktion von Versetzungen, die zum Knicken oder Springen der Versetzungslinien führt. Laufen solche Mechanismen in größerer Menge koordiniert ab, so spricht man von Kinkbändern, die makroskopisch zu einer Änderung der Kristallorientierung oder zur Zwillingsbildung führen kann. Solche Werkstoffe zeichnen sich durch ein ausgeprägtes R-Kurven-Verhalten aus. Das Kraft-Verschiebungsdiagramm ähnelt dann schon demjenigen eines Metalls. In der Natur ist der Effekt der In-situ-Rissablenkung an Glimmern (Muskovit, Biotit, Phlogopit) zu beobachten.

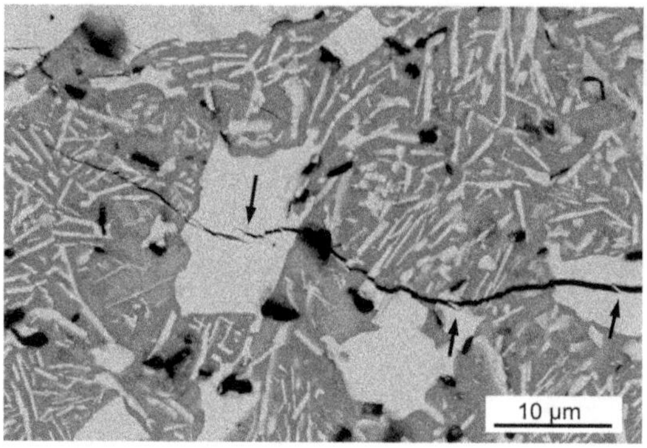

Abb. 2.222: Transkristalline Rissaufspaltung (In-situ-Delamination) in Übergangsmetalldiboriden mit Schichtstruktur (Quelle: A. Momozawa, R. Telle, Aachen).

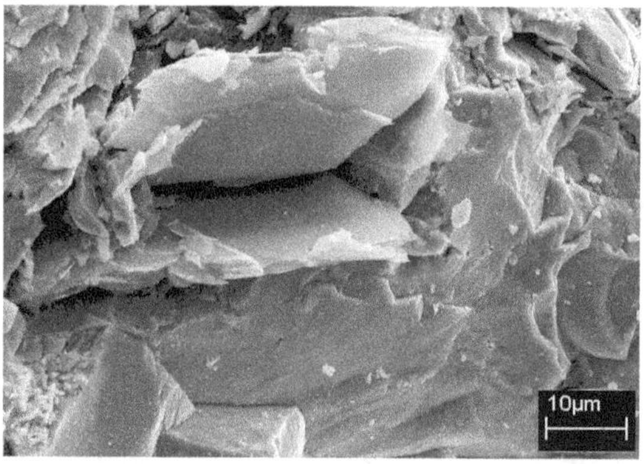

Abb. 2.223: Bruchfläche der Probe von Abb. 2.220 nach Biegeversuch. Das zentrale W_2B_4-Korn versagt durch Delamination.

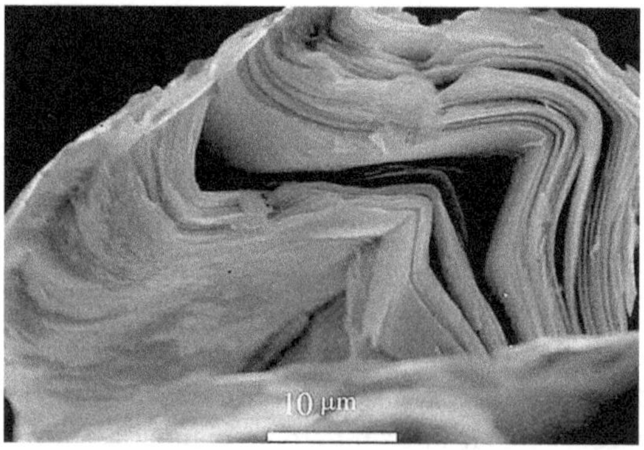

Abb. 2.224: Innere Delamination in gestauchtem Ti_3SiC_2 [308]. Die Schichtstruktur der Phase begünstigt eine Umlenkung des Risses entlang der Spaltebenen. © Elsevier, Abdruck mit freundl. Genehmigung.

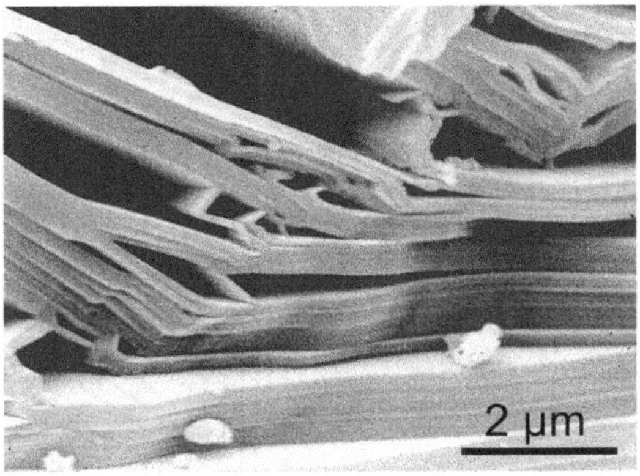

Abb. 2.225: In-situ-Rissablenkung innerhalb eines W_2B_4-Teilchens (Quelle: R. Telle, Aachen).

Da sich mit fortlaufendem Rissfortschritt durch die innere Delamination einzelner Körner die Bruchoberflächen vor allem durch das Springen des Risses in verschiedene Ebenen (dreidimensionale Rissaufspaltung) schnell vergrößern, sind Spannungs-Dehnungskurven mit einem verhinderten katastrophalen Risswachstum gemessen worden. Abbildung 2.226 zeigt ein Beispiel für Ti_3SiC_2 [308]. Es wird bei hohen Lastraten ein sprödes Verhalten beobachtet, bei geringen Lastraten verhält sich das Material quasiduktil. Bei 1200 °C werden Bruchdehnungen bis zu 25 % bestimmt.

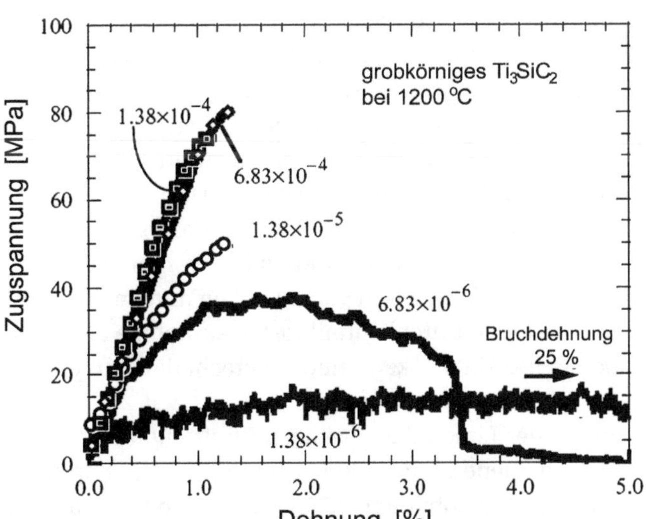

Abb. 2.226: Zugversuch an grobkörnigem Ti_3SiC_2 bei 1200 °C unter verschiedenen Lastraten nach [308]. © Elsevier, Abdruck mit freundl. Genehmigung.

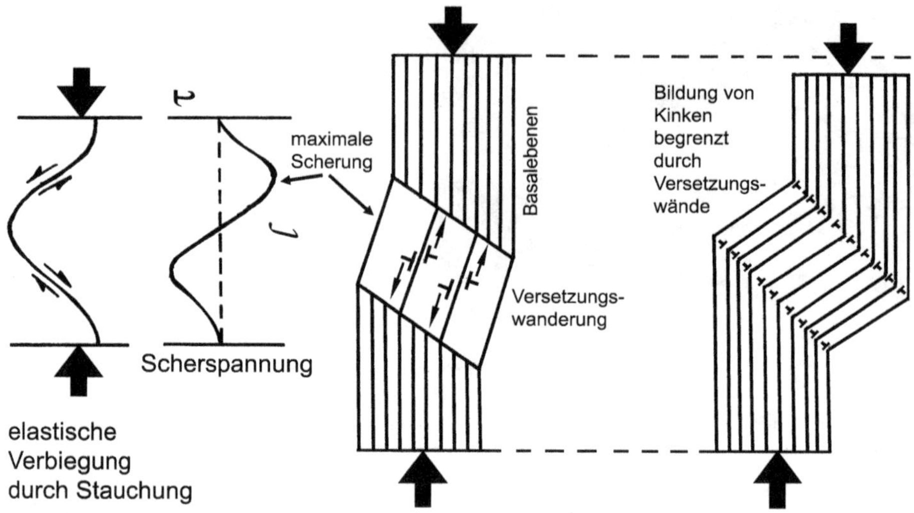

Abb. 2.227: Entstehung von Kinken in gestauchten Kristallgittern. Links: Elastische Verbiegung mit Scherspannungen. Rechts: Bildung von Versetzungen an den Stellen maximaler Schubspannung, koordinierte Auseinanderbewegung und Entstehung von Versetzungswänden. Nach [308]. © Elsevier, Abdruck mit freundl. Genehmigung.

Der atomare Mechanismus, der zu einer solchen Kristall-Delamination führt, ist die Kinkband-Bildung unter einer Schubspannung (Abb. 2.227). Im Stauchungsbereich bilden sich Versetzungsanhäufungen, die auseinandergleiten. Es entstehen am Ende der jeweiligen Netzebenen Versetzungsstapel, die im Kristall einen „Knick“ mit definierten Winkeln erzeugen. Da die koordinierte Versetzungsbewegung begrenzt ist, erfolgt für die benachbarten Netzebenenscharen nur eine Verbiegung, die bei schwachen Grenzflächen zur Delamination führt. Abbildung 2.228 illustriert diesen Effekt für den Fall einer Belastung durch einen Härteprüfkörper (Indenter).

Als Modellwerkstoff für die Untersuchung solcher Delaminationserscheinungen eignen sich Glimmer sehr gut, die in großen tafeligen Kristallen vorkommen, z. B. Muskovit oder Phlogopit. Solche Kristalle lassen sich gut einkerben und im Zugspannungsmodus prüfen. In Abb. 2.229 ist eine Durchlichtmikroskopaufnahme eines Phlogopitkristalls gezeigt, der oben in der Mitte gekerbt und senkrecht dazu unter Zugspannungen gesetzt wurde.

An der Rissspitze sind anhand der Linien die jeweiligen Rissfronten und deren Ablenkung zu erkennen. Sich anscheinend kreuzende Rissfronten sind auf Sprünge in eine andere Kristallebene zu erklären. Abbildung 2.230 illustriert den gedachten Rissverlauf modellhaft.

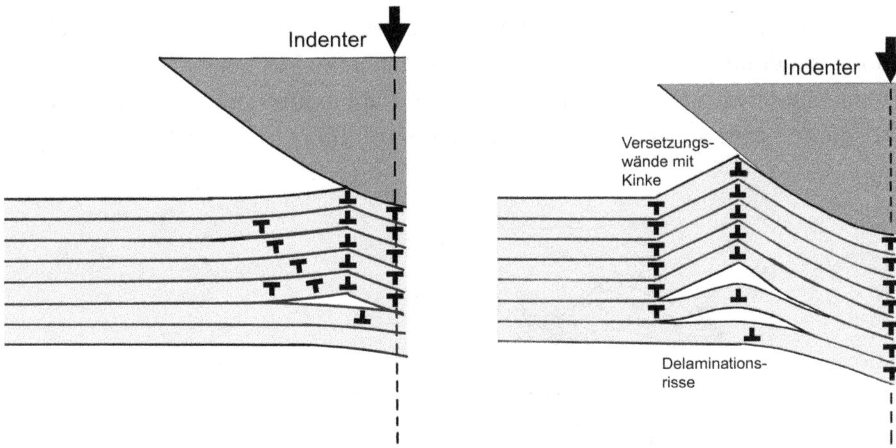

Abb. 2.228: Kinkbandbildung und Delamination eines Kristalls (Netzebenen angedeutet) unter dem Schubspannungsbereich eines Härteprüfkörpers. Nach J. Schneider, Lehrstuhl für Werkstoffchemie, RWTH Aachen.

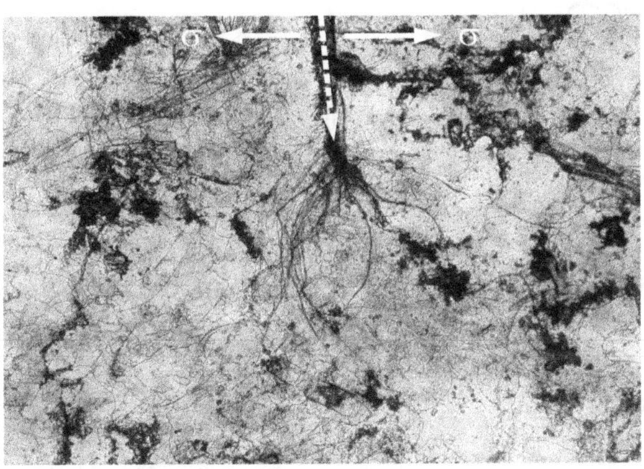

Abb. 2.229: Durchlichtaufnahme eines gekerbten Phlogopit-Kristalls unter Zugspannungen. Der Rissfortschritt ist durch die gestrichelte Linie gekennzeichnet. Die schwarzen Linien repräsentieren Rissfronten in verschiedenen Kristallebenen (Spaltflächen). Schwarze Flecken sind Einschlüsse von Eisenoxiden. (© R. Telle, Aachen).

Zahlreiche Untersuchungen der Volumenabhängigkeit der Bruchwiderstandserhöhung bei Dispersionskeramiken zeigen, dass im Bereich von 20 bis 40 vol.-% ein Maximum der Verstärkung erzielt wird. Dies hängt damit zusammen, dass ab einer – von der Teilchengröße abhängigen – kritischen Konzentration an Zweitphase sich deren Eigenspannungsfelder überlappen und somit nicht mehr individuell auf den Rissfortschritt einwirken können. Druck- und Zugspannungen kompensieren sich teilweise, sodass der Rissweg wieder geradliniger wird. Der Verlauf der Biegefestigkeit folgt gemäß der Griffith-Gleichung demjenigen der Bruchzähigkeit, wobei ihr Maximum in der Regel bei etwas geringeren Volumenanteilen liegt, da das Risiko für Gefügedefekte mit zunehmender Partikelkonzentration aufgrund der schwierigeren Dispersion und dem schlechteren Sinterverhalten zunimmt (Abb. 2.231).

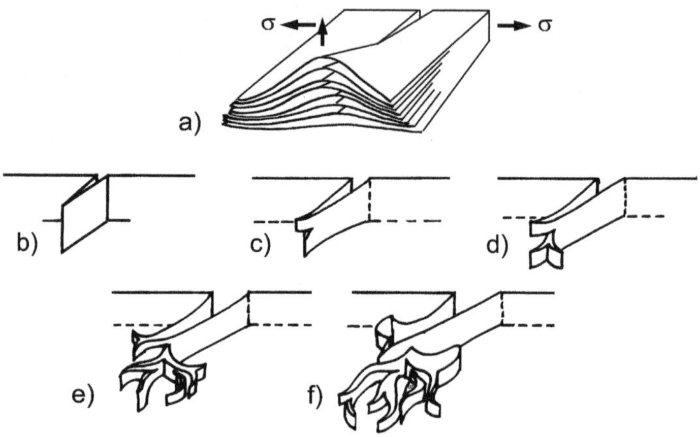

Abb. 2.230: Schematische Darstellung der Rissfortschritts in delaminierenden Kristallen unter Zugspannung. (a) Zugspannungen bewirken Schubspannungen und damit ein Aufwölben der Spaltflächen vor der Rissspitze. (b) Kerb, (c)–(f) Rissfortschritt und horizontale sowie vertikale Rissablenkung und -verzweigung. (© R. Telle, Aachen).

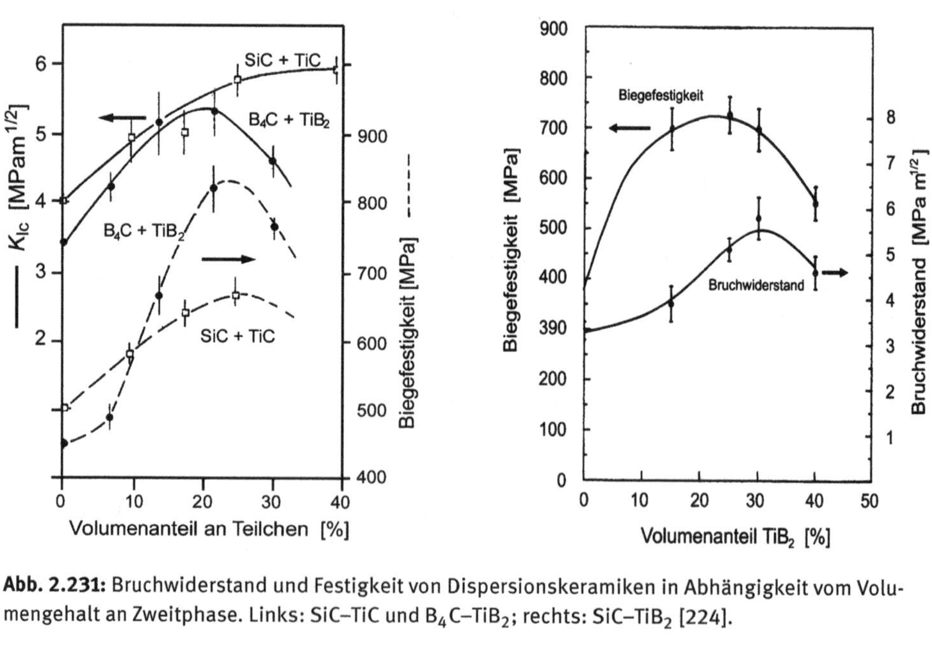

Abb. 2.231: Bruchwiderstand und Festigkeit von Dispersionskeramiken in Abhängigkeit vom Volumengehalt an Zweitphase. Links: SiC–TiC und B_4C–TiB_2; rechts: SiC–TiB_2 [224].

2.12.6 Risiken und Nebenwirkungen der Rissablenkung

Das immer wieder beobachtete Herausschälen von Partikeln aus den Bruchoberflächen führt zu einer Art Abrieb, der in der Rissöffnung liegen bleibt. Dies wird zu einem schädlichen Effekt, wenn die Belastungen schwellend oder zyklisch sind und sich der Riss bei Entlastung bzw. Druckbeaufschlagung nicht mehr schließen kann. Dann wirken diese Abriebspartikel als Gelenklager, sodass Druckspannungen an der Stelle der Rissinitiierung über diesen Hebel zu Zugspannungen an der Rissspitze „umgepolt" werden. Man kann sich dies in Abb. 2.209 gut veranschaulichen, wenn man die Lastrichtung einfach umkehrt. Abbildung 2.232 zeigt einen Fall starker Abriebsbildung bei einer B_4C–TiB_2-Keramik.

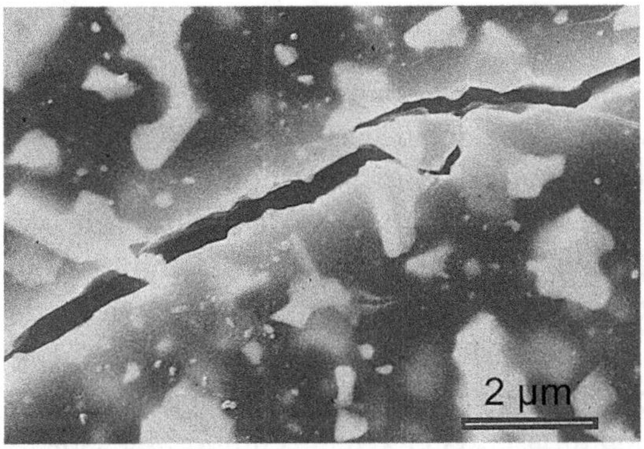

Abb. 2.232: Abschälung und Ausbrüche während der Rissöffnung. B_4C–TiB_2-Keramik.

Auf der Suche nach geeigneten Verstärkungsmechanismen für sehr hohe Temperaturen wurde schnell klar, dass die Rissablenkung aufgrund innerer Spannungen hierfür nicht geeignet ist. Der Effekt beruht ja auf der Fehlpassung der Wärmeausdehnungskoeffizienten zwischen Teilchen und Matrix und ist damit in seiner oberen Wirkgrenze gemäß Gl. (2.243) beschränkt. Wie bereits zuvor angesprochen, hängt die obere Grenze von $\Delta T = T_{\text{Beobachtung}} - T_{\text{Spannungsrelaxation}}$ von den Bedingungen der diffusions- oder kriechbedingten Relaxation der Spannungen ab. Es folgte daraus, dass die Glastransformationstemperatur T_g der Korngrenzenphase für $T_{\text{Spannungsrelaxation}}$ eingesetzt werden kann, bei Oxidkeramiken also ungefähr 800–900 °C und bei Nichtoxidkeramiken 900–1100 °C, je nach Sintermechanismus und Glasphasenzusammensetzung. Messungen an glasphasenfreien Borcarbid-Keramiken mit TiB_2-Zusätzen zeigten, dass auch die „T_g" der Phasengrenze im genannten Bereich von 1000 °C liegt. So wird bei Hochtemperatur-ISB-Versuchen eine lineare K_{Ic}-Abnahme bestimmt, die bis 1000 °C auf den Wert der unverstärkten Matrix abfällt und bei weiterer Erhöhung der Prüftemperatur konstant bleibt. Entsprechend verhält sich die Hochtemperaturbiegefestigkeit (Abb. 2.233).

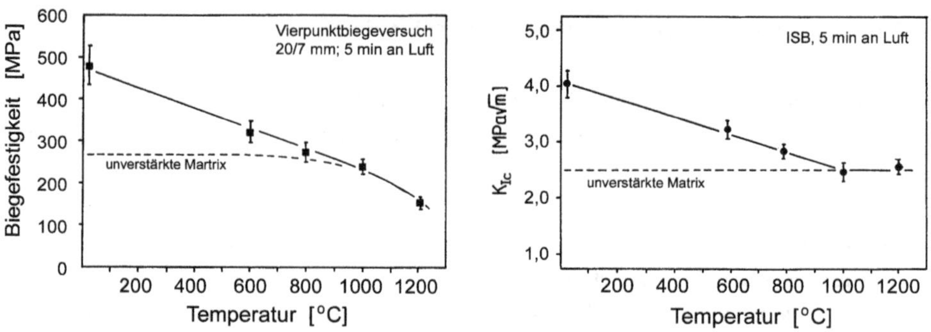

Abb. 2.233: Hochtemperatur-Biegefestigkeit und Bruchwiderstand von B_4C–TiB_2-Keramik [224].

2.12.7 Mikrorisse

Werden die inneren Spannungen durch eine zu große Temperaturdifferenz, durch zu große Differenzen der Wärmeausdehnungskoeffizienten zwischen Teilchen und Matrix, durch eine zu große Anisotropie der Wärmeausdehnung in einphasigem Material oder durch zu große Teilchendurchmesser so hoch, dass sie an der Grenzfläche von Matrix und Teilchen oder in der Matrix selbst Risse generieren, so spricht man von spontaner Mikrorissbildung. Bedingt durch das steil in die Matrix hinein abklingende Spannungsfeld und die Größe der Teilchen erreichen solche Risse mittlere Ausdehnungen in Größenordnung der Korngrößen, also zwischen wenigen Nanometern bis einigen Mikrometern. Erst wenn sich Mikrorisse weiter vereinigen und weiterwachsen, kommt es zum spontanen Bauteilbruch, etwa durch Thermoschock. Der Verlauf der Mikrorisse lässt sich aus den Abb. 2.212 und 2.213 für die beiden Fälle $\alpha_m \gg \alpha_p$ und $\alpha_m \ll \alpha_p$ beim Abkühlen von Sintertemperatur erschließen (Abb. 2.234). So resultieren äquatoriell aus der Grenzfläche Matrix-Teilchen austretende radiale Mikrorisse aus der ersten Situation, während in der Grenzfläche oder in der Matrix liegende umlaufende Mikrorisse Folgen aus der letzten Bedingung darstellen.

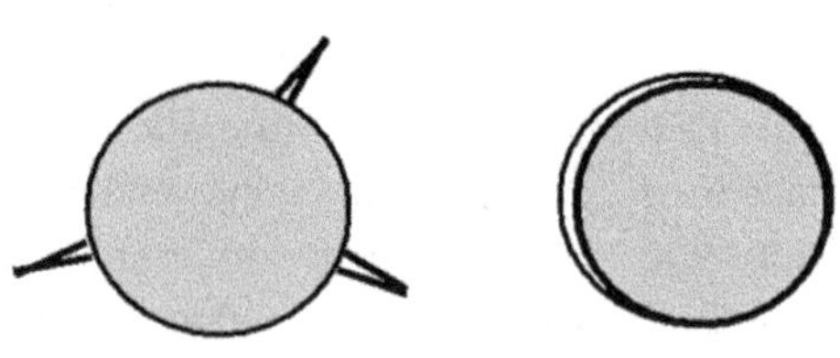

Abb. 2.234: Mikrorissformen für $\alpha_m \gg \alpha_p$ (links) und $\alpha_m \ll \alpha_p$ (rechts).

Unter *spontaner* Mikrorissbildung versteht man das Auslösen von Mikrorissen allein aufgrund der inneren Spannungen, bedingt durch die oben genannten Effekte. *Spannungsinduzierte* Mikrorissbildung tritt ein, wenn die Überlagerung äußerer Lastspannungen und innerer Spannungen zur Mikrorissauslösung Anlass geben.

Davidge und Green entwickelten eine notwendige Bedingung für das Eintreten der *spontanen Mikrorissbildung* [310]. Sie betrachteten die Energie pro Einheitsvolumen, die in einem Teilchen und in der Matrix aufgrund der Spannungen gespeichert ist. Als Kriterium für die Mikrorissbildung wird verlangt, dass diese gespeicherte elastische Energie U^{el} größer oder gleich der benötigten Energie zur Erzeugung einer neuen Oberfläche U^{ob} der Risse ist:

$$U^{\mathrm{el}} = \sigma_{\mathrm{h}}^2 \pi d \left[\frac{(1+\nu_m)}{E_m} + \frac{(1+\nu_p)}{E_p} \right] \geq U^{\mathrm{ob}} \tag{2.245}$$

mit d = Teilchendurchmesser, σ_{h} = hydrostatische Spannung.

Experimentelle Beobachtungen zeigen, dass ein Mikroriss näherungsweise um die halbe Kugeloberfläche herumläuft. Ein Vergleich der beiden Energien führt zu folgender Bedingung:

$$d \geq \frac{12\gamma_o}{\sigma^2 \frac{1+\nu_m}{2E_m} + 2\frac{1-2\nu_p}{E_p}} \tag{2.246}$$

mit d = Teilchendurchmesser, σ = Spannung im Teilchen, γ_o = effektive Oberflächenenergie.

Rice und Pohanka [311] haben diese Bedingung für spontane Mikrorissbildung mit zweidimensionalen Modellen verglichen, die notwendige und ausreichende Bedingungen für die Mikrorissbildung umgrenzten. Trotz der fehlenden Berücksichtigung der Defektgröße im Modell von Davidge und Green kann letzteres wegen seiner Ähnlichkeit zu den anderen Modellen für Berechnungen verwendet werden. Die verschiedenen Modelle für die Bedingungen der spontanen Mikrorissbildung können nach Fett mit der allgemeinen Form beschrieben werden [98]:

$$d_{\mathrm{c}} = nK_{\mathrm{c}}^2 \frac{\frac{1+\nu_m}{2E_m} + \frac{E_m}{E_p}(1-2\nu_p)}{[E_m \cdot (\Delta\alpha\Delta T)]^2} \tag{2.247}$$

mit n = Faktor: 2–8, K_{c} = Bruchwiderstand der Mikrorissfläche, d. h. der Matrix-Teilchen- Grenzfläche.

Davidge und Green haben umgekehrt auch die kritische Spannung für die Auslösung von Mikrorissen an einem Teilchen mit Durchmesser d angegeben, wobei d_{c} die kritische Korngröße für spontane Mikrorissbildung darstellt:

$$\sigma_{\mathrm{c}} = \left(\sqrt{\frac{d_{\mathrm{c}}}{d}} - 1 \right) \cdot \frac{E\Delta\alpha\Delta T}{1+\nu}. \tag{2.248}$$

Für gegebene elastische Konstanten ergibt sich damit eine Grenzkurve als Kriterium für die Korngrößenabhängigkeit der spontanen Mikrorissbildung. Setzt man die Daten für eine dichte Aluminiumoxidkeramik ein, so zeigt sich, dass bei grobkörnigen Gefügen mit $d_{\mathrm{c}} > 120\,\mu\mathrm{m}$ bereits Spannungen von $<500\,\mathrm{MPa}$ ausreichen, um Mikrorisse zu erzeugen (Abb. 2.235). Die ist hier bedingt durch die Anisotropie der Wärmeausdehnungskoeffizienten von etwa 11 %. Dieser Effekt bedingte früher, dass technische Keramik (z. B. Zündkerzensockel) lange Zeit aufgrund spontan wachsender Mikrorisse nur geringe Festigkeitswerte aufwiesen, bis etwa 1970 die Aufbereitungsverfahren soweit verbessert waren, dass Pulverkorngrößen von <10 µm erzielt werden konnten, die erforderlichen Sintertemperaturen sanken und damit Kornwachstum zu Korngrößen >100 µm vermieden werden konnte.

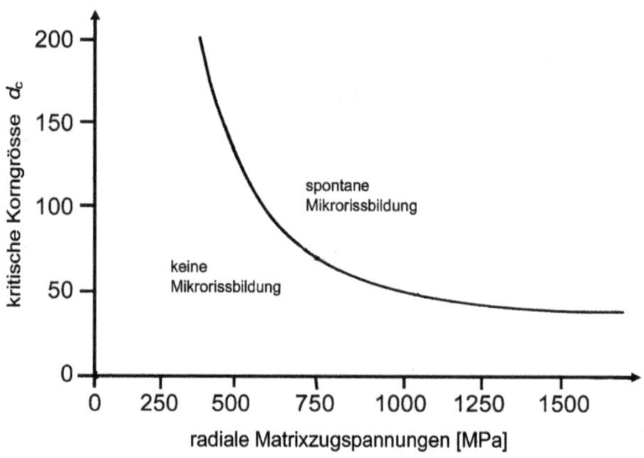

Abb. 2.235: Korrelation der inneren Spannungen und der kritischen Korngröße für spontane Mikrorissbildung bei Aluminiumoxid-Keramik.

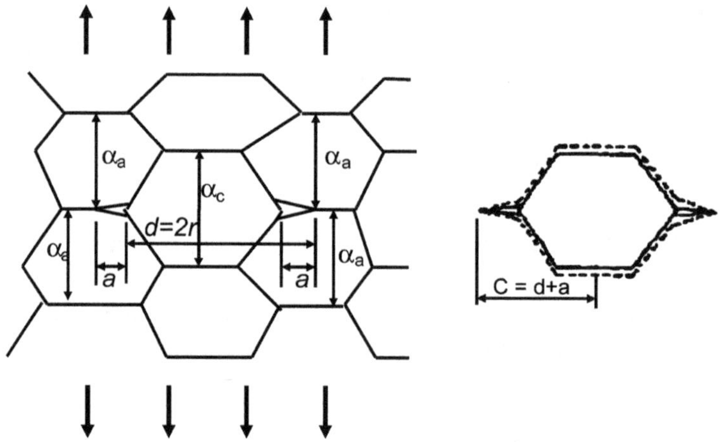

Abb. 2.236: Geometrische Verhältnisse zur Bestimmung der kritischen Korngröße für spontane Mikrorissbildung bei vorhandenen Defekten der Länge *a*, nach V. D. Krstič [312].

Abb. 2.236 illustriert den Sachverhalt für kritische Korngrößen in Zusammenhang mit einem defektbehafteten Gefüge. Krstič konnte zeigen, dass bei Anisotropie-Effekten in einphasigem Material die Mikrorissauslösung entweder an Korngrenzen oder an Gefügedefekten auftrat. Für Fehler der Größe a gilt für die kritische Korngröße d_c zum Mikrorisswachstum [312]:

$$d_c = \left[\frac{(1-\nu^2)K_{Ic}}{\sqrt{\pi}\cdot E\Delta\alpha\Delta T}\right]^2 + \frac{(1-2\nu)^2 K_{Ic}}{\sqrt{\pi}\cdot E\Delta\alpha\Delta T}\cdot\sqrt{\left[\frac{(1-\nu^2)K_{Ic}}{\sqrt{\pi}\cdot E\Delta\alpha\Delta T}\right]^2 + a}. \tag{2.249}$$

Die folgenden Abb. 2.237–2.242 bringen einige Beispiele von spontaner Mikrorissbildung.

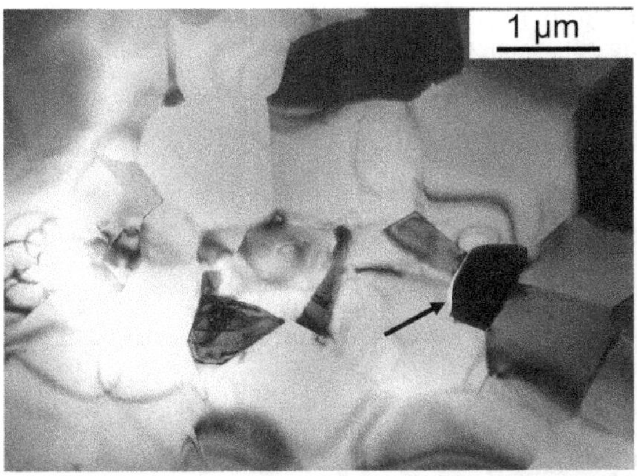

Abb. 2.237: TEM-Aufnahme einer B_4C-(hell)–TiB_2/W_2B_4(dunkel)-Mischkeramik mit Spannungskonturen (sichelförmige, bogenartige Streifen) und Mikroriss (Pfeil) (H. Hofmann, R. Telle, MPI, Stuttgart).

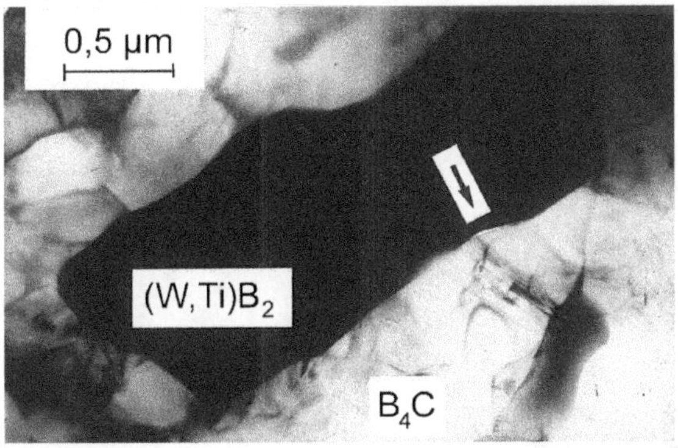

Abb. 2.238: TEM-Aufnahme einer B_4C(hell)–TiB_2/W_2B_4(dunkel)-Mischkeramik mit Spannungskonturen (sichelförmige, bogenartige Streifen) und Mikroriss (Pfeil) (H. Hofmann, R. Telle, MPI, Stuttgart).

Abb. 2.239: REM-Aufnahme einer Nickelborid (hell)–TiB_2(dunkel)-Mischkeramik mit zahlreichen Mikrorissen in der Matrix. Anschliff, geätzt (R. Telle, MPI, Stuttgart).

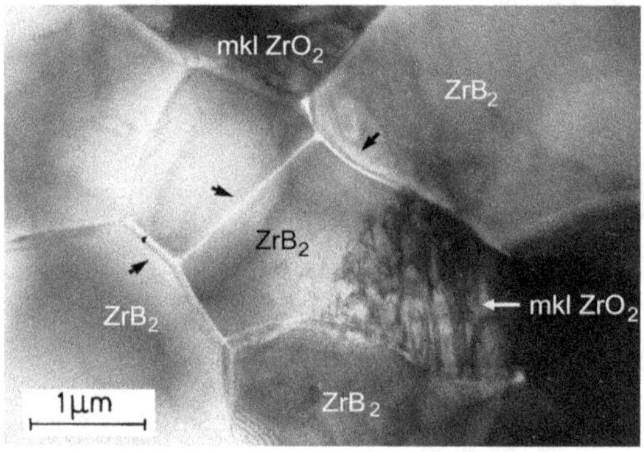

Abb. 2.240: TEM-Aufnahme einer ZrB_2(hell)–ZrO_2(dunkel)-Mischkeramik mit umlaufendenden Mikrorissen an den Korngrenzen (Pfeile) (R. Telle, MPI, Stuttgart).

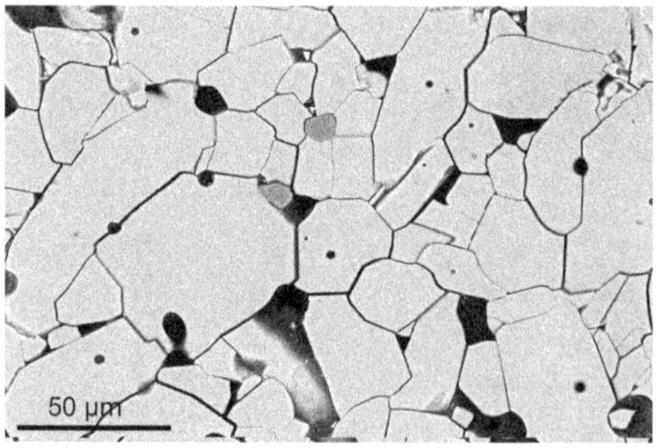

Abb. 2.241: Aluminiumtitanat-Keramik mit gewollter spontaner Mikrorissbildung und Mikrorissvereinigung; dunkel: $MgAl_2O_4$, schwarz: Poren (Quelle: T. Ota, Nagoya).

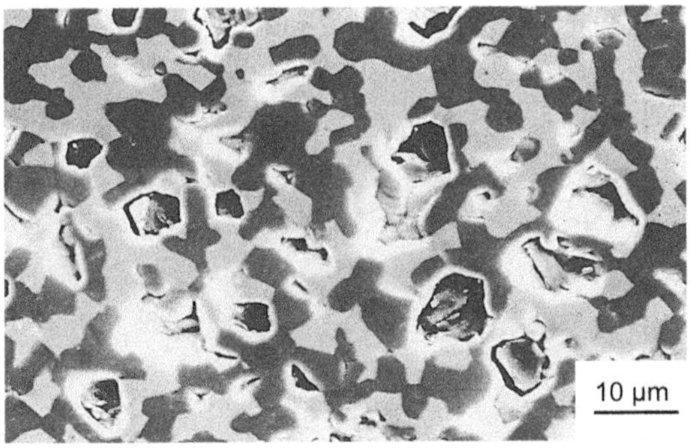

Abb. 2.242: TiB_2–ZrO_2-Mischkeramik. Bei der Anschliffpräparation sind TiB_2-Körner durch Mikrorisswachstum von der Matrix abgeschält worden und teilweise herausgefallen (Quelle: S. Maier, R. Telle, MPI Stuttgart).

Werden die inneren Spannungen von einer äußeren Lastspannung überlagert und somit überkritisch, so kommt es zu einer *spannungsinduzierten* Mikrorissbildung. Die äußere Spannung reduziert die erforderliche kritische Korngröße zur Mikrorissbildung auf einen Betrag unterhalb der Korngröße für die spontane Mikrorissbildung. Green [313] entwickelte dazu ein Modell ausgehend von der Überlegung, dass ein Defekt an der Phasengrenze von Einlagerungsteilchen und Matrix vorliegt, der aufgrund der äußeren Spannung um das Teilchen wächst. Die Reduzierung der kritischen Korngröße wird in Abhängigkeit vom Verhältnis der äußeren zur inneren Spannung für radiale und umlaufende Risse angegeben (Abb. 2.243). Den experimentellen Beweis, dass spannungsinduzierte Mikrorissbildung in Al_2O_3–ZrO_2-Keramiken existiert, erbrachten Rühle u. M. [314, 315]. Bei anderen mehrphasigen Keramiken mit entsprechend unterschiedlichen Wärmeausdehnungskoeffizienten konnte ebenfalls die Mikrorissbildung bestätigt werden [97, 316–320].

Unter Verwendung von Abb. 2.235 wird in Abb. 2.244 gezeigt, wie stark sich eine äußere Lastspannung auf den Anteil an Teilchen in einem Gefüge auswirkt, die zur spannungsinduzierten Mikrorissbildung „aktiviert" werden. Das obere Teildiagramm zeigt schematisch die Ausgangsverhältnisse von Abb. 2.235, nun aber mit vertauschten Achsen. Damit ist ausgesagt, dass jedes Korn in einem Gefüge gemäß seiner Größe eine kritische Spannung besitzt, welche es zur Mikrorissbildung anregen kann und umgekehrt. Kleine Körner werden eigentlich nie aktiviert, da bereits geringere Spannungen durch die Mikrorissbildung größerer Körner abgebaut werden. Korreliert man diese Aussagen mit einer Korngrößenverteilung (unteres Teildiagramm) und lässt überkritische Korngrößen zu, so kann derjenige Kornanteil angegeben werden, der zur spontanen Mikrorissbildung neigt. Wird nun der Eigenspannung σ_{eigen} eine Lastspannung σ_{Last} überlagert, so sind auch kleinere Körner in der Lage, Mikrorisse zu bilden; der Volumenanteil an aktivierten Körnern steigt.

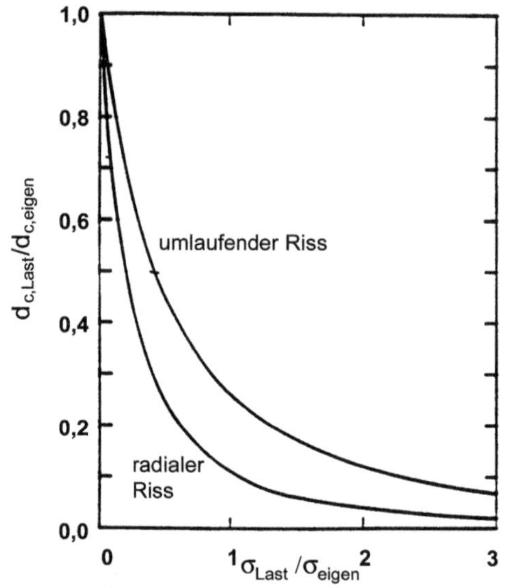

Abb. 2.243: Abhängigkeit der kritischen Korngrößen von den herrschenden Spannungen für umlaufende und radiale Mikrorisse [313].

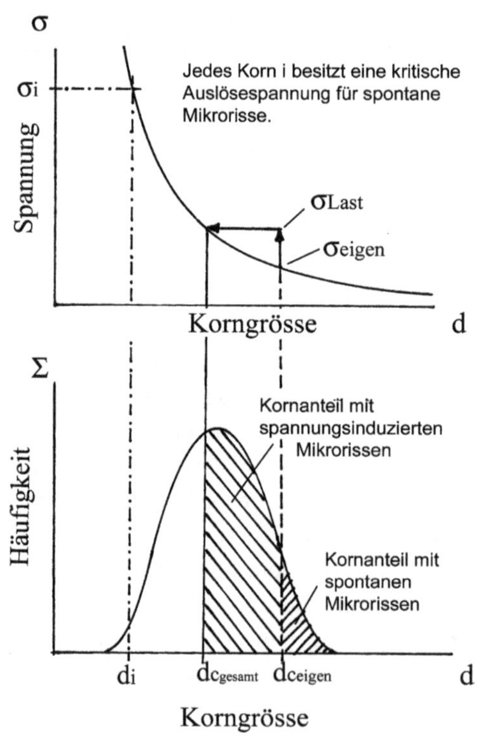

Abb. 2.244: Volumenanteile mikrorissbildender Körner in einem Gefüge, schematisch (© R. Telle, MPI Metallforschung, Stuttgart).

Die Bildung und Verlängerung von Mikrorissen ist ein energiedissipativer Mechanismus. In der Gegenwart eines Makrorisses, der einer äußeren Last unterworfen ist, kann das Spannungsfeld an der Rissspitze die Bildung von Mikrorissen induzieren. Es bildet sich eine *Prozesszone* um die Rissspitze aus (Abb. 2.245 und 2.246). Die Bildung von Mikrorissen in dieser Zone führt zu einer Verringerung des E-Moduls in Abhängigkeit von der Anzahl der Mikrorisse. Letztere ist bei Zweikomponentenwerkstoffen durch die Anzahl der Einlagerungsteilchen, die die kritische Korngröße für Mikrorissbildung erfüllen, begrenzt. Die damit verbundene Zähigkeitssteigerung bei einer Mikrorisssättigung beträgt jedoch nur ungefähr das 1,1-fache der als kritischer Spannungsintensitätsfaktor angegebenen Matrixzähigkeit [321]. Kennzeichnend für die Zähigkeitserhöhung durch Mikrorissbildung ist das *R*-Kurven-Verhalten, was bedeutet, dass der Bruchwiderstand eine monoton steigende Funktion der Risslänge ist. Bei einem fortschreitenden Riss wächst die Prozesszone mit dem Riss mit. Die Höhe der Prozesszone ist ein Parameter, der die Zähigkeitserhöhung bestimmt. Die Zähigkeit ist zudem vom Verhältnis der Korngröße zur kritischen Korngröße für spontane Mikrorissbildung abhängig. Mit zunehmender Korngröße steigt die Zähigkeit auf das Zweifache der Matrixzähigkeit an, bis die kritische Korngröße der spontanen Mikrorissbildung erreicht wird. Bei weiterer Erhöhung der Korngröße nimmt die Zähigkeit wieder ab, da ein Teil der Mikrorisse bereits vor dem Durchgang des Makrorisses vorhanden war und somit nicht mehr zur Zähigkeitssteigerung beitragen kann [321].

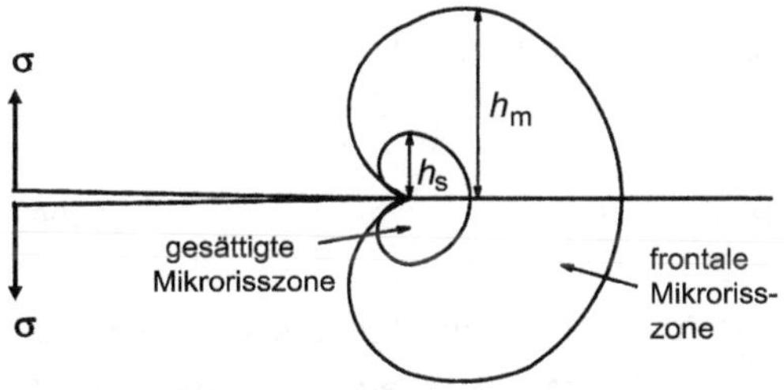

Abb. 2.245: Prozesszone mit Mikrorissen an der Spitze eines laufenden Makrorisses [307].

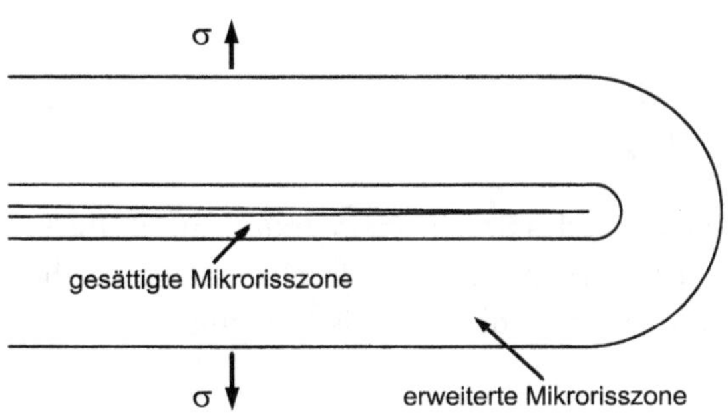

Abb. 2.246: Ausbildung einer durchgängigen Mikrorisszone während des Bruchfortschrittes [307].

Ausgehend von einer zylindrischen Form der Prozesszone mit den Achsen L und αL mit $\alpha < 1$ und unter der Annahme von N tafelförmigen, rissbehafteten Teilchen mit der Kantenlänge l, der Dicke d und der Rissfläche $A = 2l^2$ lässt sich der Volumenanteil V an Partikeln in der Prozesszone berechnen zu:

$$V = \frac{Nl^2 d}{\pi \alpha L^2} \tag{2.250}$$

und damit die von $2N$ Mikrorissen absorbierte Oberflächenenergie γ_{abs} bestimmen:

$$\gamma_{\text{abs}} = 4\gamma_{\text{ss}} N l^2 \tag{2.251}$$

mit γ_{ss} = Grenzflächenenergie fest/fest. Die Energiedifferenz aus der Bildung zweier neuer Oberflächen zulasten der aufgebrochenen Grenzfläche ergibt sich dann zu:

$$\Delta\gamma = \frac{\gamma}{2L} = \frac{2\pi\alpha\gamma_{\text{ss}} VL}{d}. \tag{2.252}$$

Untersucht man die Erhöhung des K_{Ic} als Funktion der Prozesszonen-Dimensionen, so ergibt sich:

$$\Delta K_{\text{I}_\text{c}}^{\text{MR}} = \Omega E_{\text{MR}} \cdot \theta \sqrt{h} \tag{2.253}$$

mit Vorfaktor Ω = 0,34–0,4, dem durch die Risse erniedrigten E-Modul E_{MR}, der Prozesszonenbreite h und der Funktion θ

$$\theta = \frac{8}{27}(1 + \nu) N(R^3) \varepsilon_{\text{ij}} \tag{2.254}$$

mit dem Mikrorissdurchmesser R und der Dehnung ε_{ij} in der Prozesszone. Der Ausdruck $N(R^3)$ gibt die Anzahl der Mikrorisse N mit dem kritischen Durchmesser R an. Ein anderer einfacherer Ansatz geht von der E-Modul-Erniedrigung durch Mikrorissbildung aus, wobei V_{MR} der Anteil an Mikrorissen bei Sättigung darstellt und $\approx$ 0,2–0,3 gesetzt werden kann:

$$\frac{K_{\text{I}_\text{c}}^{\text{MR}}}{K_{\text{I}_\text{c}}} = \sqrt{\frac{E}{E_{\text{MR}}}} \cdot (1 - V_{\text{MR}}). \tag{2.255}$$

Hieraus ergibt sich eine potentielle Steigerung des Bruchwiderstandes von 50–100 %.

Gessing und Bradt [322] verwenden zur Bestimmung der Bruchwiderstandserhöhung die Mikrorissdichte V_{MR} und die Dehnung ε der mikrorissbehafteten Zone mit der Breite h:

$$\Delta K_{\text{I}_\text{c}}^{\text{MR}} = 0{,}25 E \varepsilon V_{\text{MR}} \sqrt{h}. \tag{2.256}$$

Um Daten für die Untermauerung solcher Gleichungen zu gewinnen, muss man die Ausdehnung der Prozesszone und auch die realisierten Dehnungen in ihr experimentell bestimmen. Dies erfordert hochortsauflösende Röntgenbeugungsverfahren, z. B. Feinfokus-Methoden oder Röntgenkleinwinkelstreuung. So kann der Durchmesser der bestimmten Streuzentren bei unbelasteten und belasteten Proben im Umfeld einer Rissspitze verglichen werden, der der Mikrorissöffnung entspricht. Umgekehrt lassen sich auch Gitterverzerrungen ortsauflösend messen, die in der Prozesszone durch Mikrorissöffnung relaxiert sind.

Zusammen mit der Mikrorissbildung lässt sich oft eine Mikrorissverzweigung beobachten, die ebenfalls zum Abbau der an der Rissspitze konzentrierten Spannung führt [323–325]. Diese Sachverhalte sind in Abb. 2.247 als Funktion der inneren Spannung gezeigt.

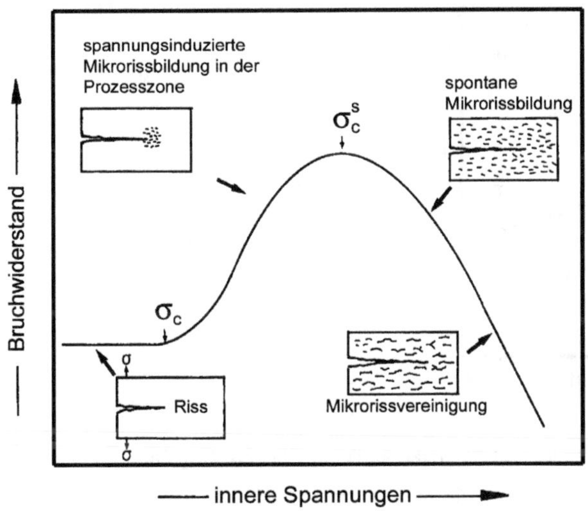

Abb. 2.247: Veränderung des Bruchwiderstandes mit zunehmenden inneren Spannungen nach [321].

Anstelle der Eigenspannung kann nach Abb. 2.243 auch die Korngröße stehen (Abb. 2.248). Die Kurven beginnen mit dem Bruchwiderstandswert eines unbeeinflussten Gefüges unter einer konstanten äußeren risstreibenden Lastspannung. Die Eigenspannungen der Gefügevarianten sollen ansteigen. Ab einer kritischen Eigenspannung σ_c treten spannungsinduzierte Mikrorisse auf, die eine Prozesszone generieren. σ_c^s bezeichnet die kritische Spannung zur Einleitung der spontanen Mikrorissbildung. Ab hier sinkt der erreichbare Bruchwiderstand ab bis durch Mikrorissvereinigung eine Verschlechterung gegenüber dem Ausgangszustand eintritt.

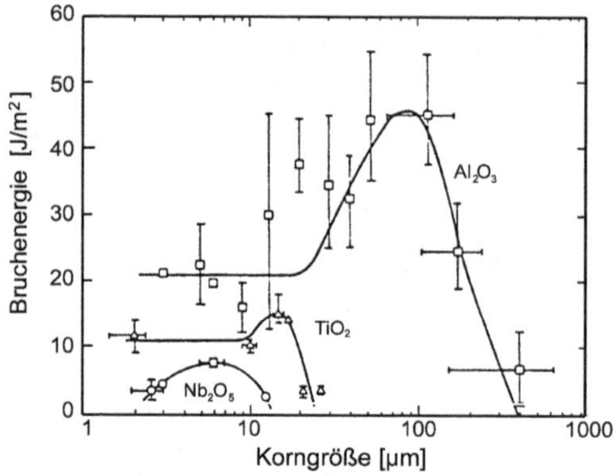

Abb. 2.248: Veränderung der Bruchenergie einiger Oxide mit zunehmender Korngröße, nach Messungen von R. W. Rice.

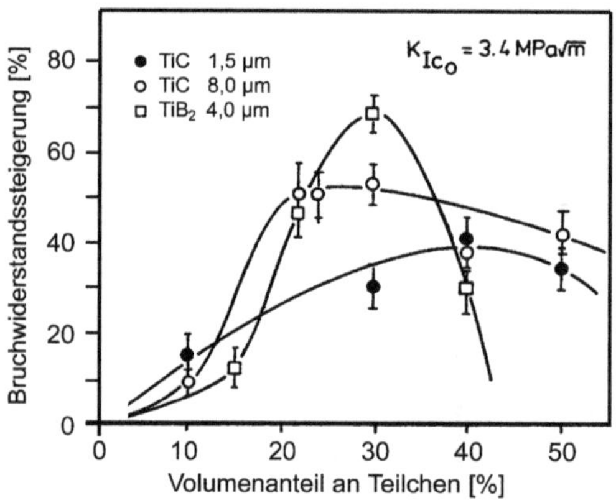

Abb. 2.249: Bruchwiderstandserhöhung einer SiC-Matrixkeramik mit TiC- bzw. TiB_2-Partikeln [224].

Neben dem Volumenanteil an zweiter Phase muss also auch deren Korngröße optimiert werden. Abbildung 2.249 illustriert die mit einem Vergleich der Volumenabhängigkeit der Bruchwiderstandssteigerung einer SiC-Keramik, die mit TiC unterschiedlicher Korngröße bzw. mit TiB_2 verstärkt worden ist. Eine Erhöhung der Korngröße um das 5,3-fache verschiebt das Maximum zu geringeren Volumenanteilen hin; es ist aber effizienter, kleinere Partikel einer Phase zu verwenden, die höhere Eigenspannungen erzeugt (siehe auch Tabelle 2.17).

2.12.8 Faserverstärkung

Der Begriff „Faserverstärkung" wird für alle Verbundwerkstoffe benutzt, bei denen die Einlagerung von Fasern zu einer Verbesserung der mechanischen Eigenschaften führt. Prinzipiell werden dabei zwei unterschiedliche Konzepte verfolgt.

Bei Matrixmaterialien, die als monolithisches, d. h. einphasiges Material nur eine geringe Festigkeit und einen niedrigen Elastizitätsmodul besitzen (z. B. Kohlenstoff, Mullit), kann durch eine *Lastübertragung* (engl.: *load transfer*) auf die Verstärkungsfasern die mechanische Belastbarkeit gesteigert werden. Für eine maximale Lastübertragung müssen die Fasern fest in die Matrix eingebunden sein [325]. Bei Zugbelastung (Abb. 2.250) wird nun die Lastspannung auf die Faser übertragen, da sie die geringere Dehnung aufweist. Es gelten dieselben Prinzipien wie beim stahlarmierten Beton. Im oberen Teilbild ist der unverspannte Ausgangszustand dargestellt mit parallelen Abstandslinien, die im unteren Teilbild, dem Zugspannungszustand, die gegenüber der Faser größere Matrixdehnung verdeutlichen.

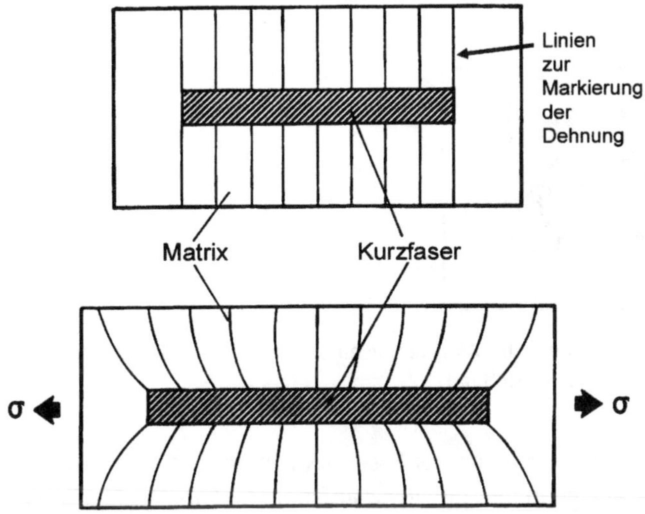

Abb. 2.250: Lastübertragung bei faserverstärkten Verbundwerkstoffen mit guter Matrixanbindung. Oben: Unverspannter Zustand, unten: Verbund unter horizontalen Zugspannungen. Nach P. Greil und M. Hoffmann, MPI Metallforschung, Stuttgart.

Wie beim Spannbeton kann man die inneren Spannungen nach dem Abkühlen von Sintertemperatur nutzen, um die Faser unter Zug und die Matrix unter Druck zu setzen. Hierfür müssen Fasermaterialien mit einer größeren Wärmeausdehnung gewählt werden als die der Matrix. Es gilt für die Vorspannung σ:

$$\sigma = \frac{\Delta\alpha\Delta T E_p v_p}{1 + v \cdot (\frac{E_p}{E_m - 1})}. \tag{2.257}$$

Bei Matrices mit guten mechanischen Eigenschaften können die Festigkeits- und Steifigkeitswerte nur wenig erhöht werden. Bei diesen Verbundwerkstoffen sollen die Fasern in erster Linie das Sprödbruchverhalten der Keramik abmildern. Im Idealfall wird ein schadenstoleranteres Verhalten erreicht, bei dem innere Fehler oder äußere Beschädigungen unter Belastung nicht zu einem katastrophalen Versagen des Bauteils führen [325]. Bei diesem Konzept werden mehrere Mechanismen genutzt (Abb. 2.251). Wichtigste Voraussetzung ist eine ausreichend schwache Grenzfläche, die eine Ablösung der Fasern von der Matrix (engl.: *debonding*) erlaubt. Alle mit einer Faserablösung verbundenen Mechanismen entziehen dem Riss Energie, da neue Oberflächen geschaffen werden müssen. Beim Debonding vor einer laufenden Rissspitze wirken Biegemomente auf die Faser und damit Schubspannungen an der Grenzfläche Faser-Matrix, die durch den Rissöffnungswinkel bedingt sind. Da das Zugspannungsfeld nach Abb. 2.21 mit $\sigma \sim r^{-1/2}$ vor der Rissspitze herläuft, entstehen dort also bereits in einer Prozesszone Mikrorisse, die zu einer Abschirmung der Rissspitze vor Spannungsüberhöhungen führen.

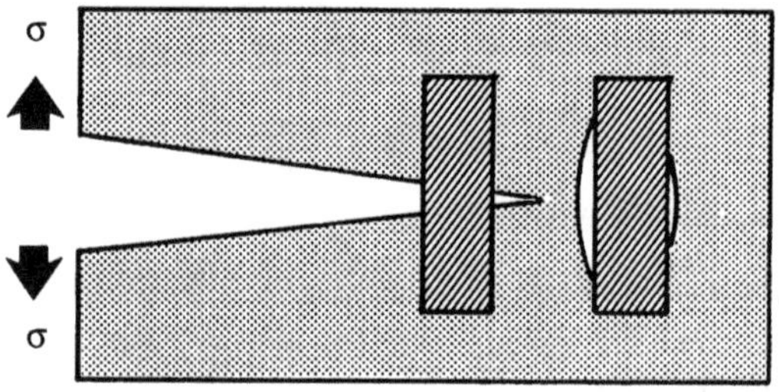

Abb. 2.251: Rissüberbrückung und Debonding bei Annäherung eines Risses an eine Faser. Nach P. Greil und M. Hoffmann, MPI Metallforschung Stuttgart.

Erreicht nun ein Riss die Faser, so wird er an der Faser bzw. an der Grenzfläche abgelenkt und umläuft sie, wobei er sich in mehrere Risse aufspalten kann. Die Mechanismen der *Rissablenkung* und *Rissverzweigung* werden wirksam (Abb. 2.252 und 2.253).

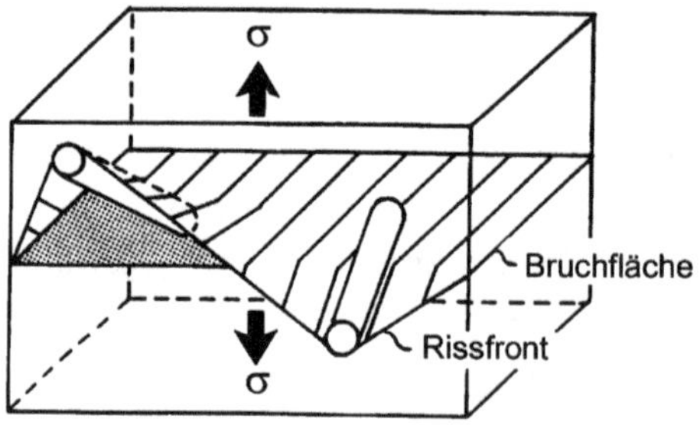

Abb. 2.252: Schematische Darstellung der Rissablenkung und Rissverkippung an zwei Fasern nach P. Greil und M. Hoffman, MPI Metallforschung, Stuttgart.

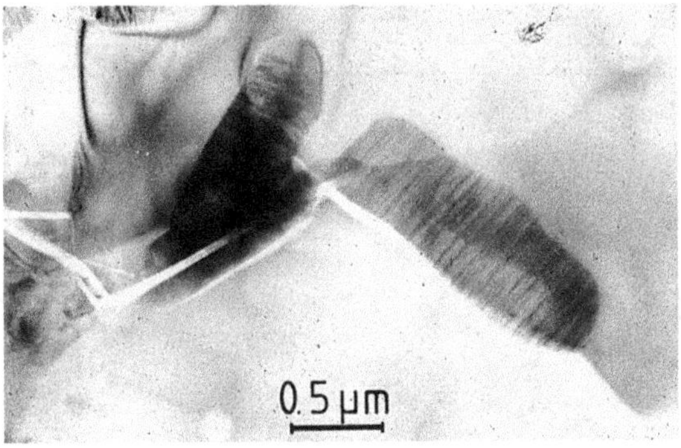

Abb. 2.253: Rissablenkung und Rissverzweigung an SiC-Whiskern (dunkel mit Wachstumstreifen) in Al_2O_3-Matrix, TEM-Aufnahme: MPI Metallforschung, Stuttgart.

Die teilweise abgelöste, aber noch intakte Faser kann den Riss überbrücken und zusätzliche Rissschließkräfte auf die Rissflanken ausüben. Die Rissöffnung und damit auch der Rissfortschritt werden so erschwert. Durch eine partielle Lastübertragung auf die Fasern kann die Matrix auch unmittelbar vor der Rissspitze entlastet werden. Diese sogenannte Rissabschirmung kann die Rissausbreitung weiter verlangsamen. Dieser Mechanismus ist insbesondere wirksam, wenn der Elastizitätsmodul der Fasern wesentlich höher ist als der der Matrix.

Bei stärkerer Rissöffnung kommt es zum Abriss der Fasern von der Matrix bzw. zum Bruch einzelner Fasern selbst, wobei die Bruchstelle aufgrund der Fehlerverteilung in der Faser nicht in der Rissebene liegen muss. Das freie Faser-Ende wird nun aus der Matrix herausgezogen (Abb. 2.254–2.257). Bei diesem *Faser-Pull-Out* wird durch Reibung zusätzlich Energie verbraucht, die dem Riss für eine weitere Ausbreitung nicht mehr zur Verfügung steht. Abbildung 2.258 fasst alle Verstärkungsmechanismen nochmals zusammen.

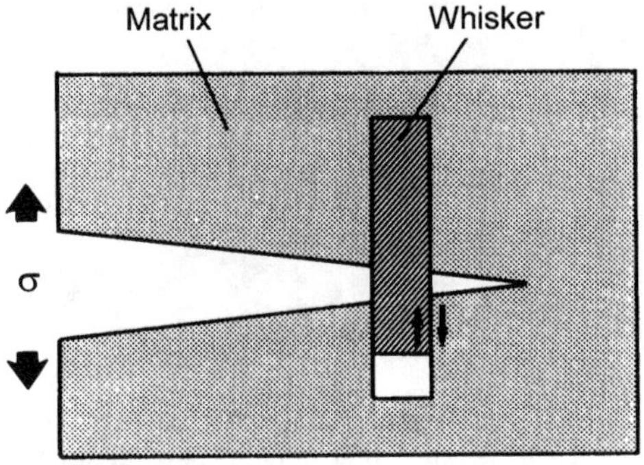

Abb. 2.254: Schematische Darstellung des Pull-out nach P. Greil und M. Hoffmann, MPI Metallforschung Stuttgart.

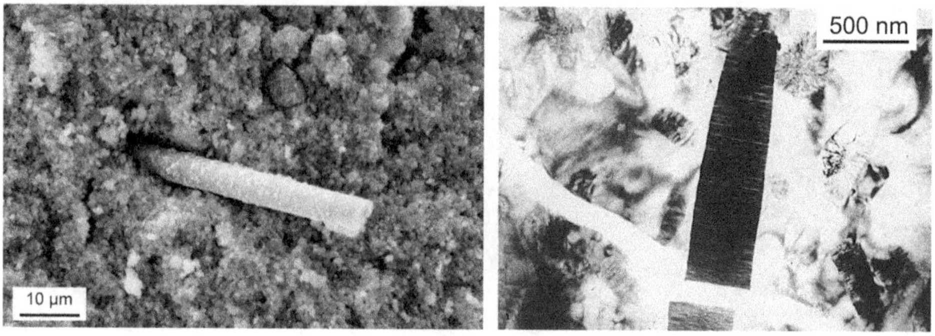

Abb. 2.255: Links: Pull-out von Calciumsilicatfasern (R. Telle, RWTH Aachen); rechts: Bruch eines SiC-Whiskers in Al_2O_3-Matrix nach Pull-out, TEM-Aufnahme: MPI Stuttgart.

Abb. 2.256: Rissablenkung und Pull-out von SiC-Fasern aus einer Cordierit-Matrix (MPI Metallforschung, Stuttgart).

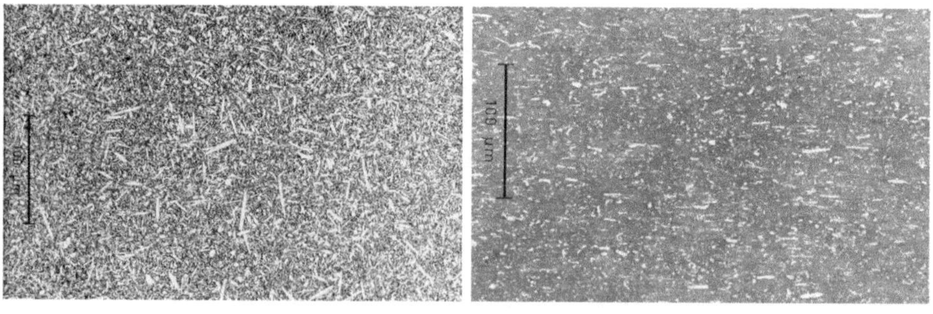

Abb. 2.257: Texturierung von SiC-Fasern in einer Al_2O_3-Matrix: links: zufällige Orientierung; rechts: zweidimensionale Orientierung hergestellt mittels Druckschlickerguss (MPI Metallforschung, Stuttgart).

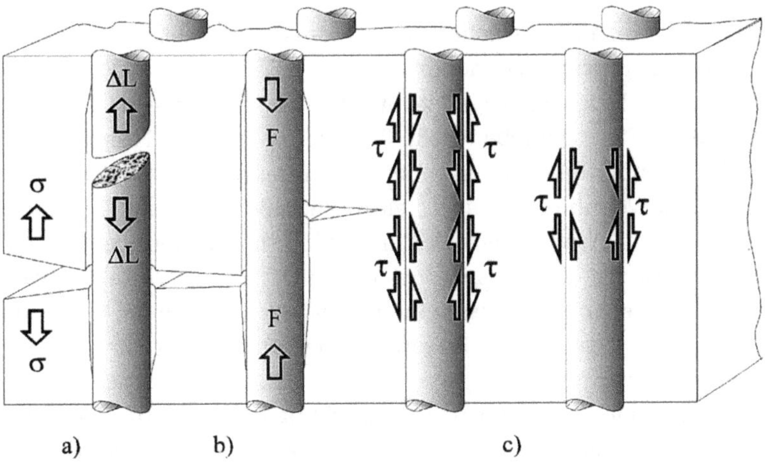

Abb. 2.258: Verstärkungseffekte in langfaserverstärkten Werkstoffen: Debonding und Faser-Pull-Out, Rissüberbrückung, Rissverzweigung und Rissspitzenabschirmung [326].

Das Faser/Matrix-Ablöseverhalten kann anhand der Berechnungen von He und Hutchinson über das Verhältnis der E-Moduli und Bruchenergien von Faser (E_F, γ_F) und Grenzschicht (engl.: *Interface*, E_i, γ_i) abgeschätzt werden (Abb. 2.259). Bei $\gamma_i/\gamma_F \leq 0{,}25$ ist generell ein günstiges Ablöseverhalten zu erwarten. Bei einer höheren Bruchenergie der Grenzschicht ist nicht auszuschließen, dass der Riss direkt in die Faser eingeleitet wird. Bei zahlreichen Faser/Matrix-Systemen sind daher zusätzliche Zwischenschichten erforderlich, um die Anforderungen an die Grenzschichteigenschaften zu erfüllen [327].

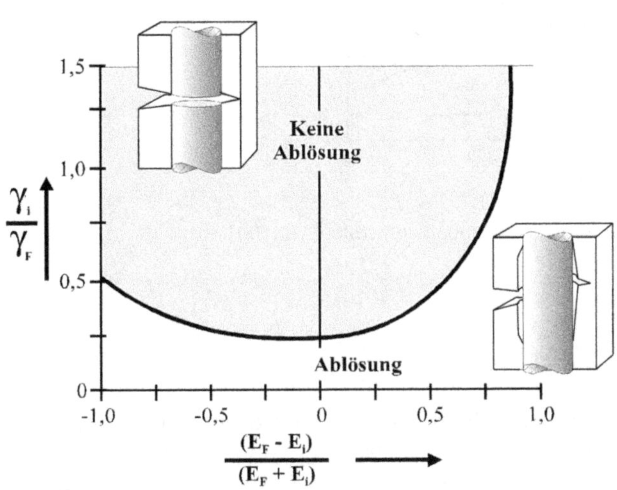

Abb. 2.259: Modell zum Faser/Matrix-Ablöseverhalten keramischer Verbundwerkstoffe [327].

Neben der Bruchenergie kann auch die Scherfestigkeit der Grenzfläche (γ_i) als Kenngröße für das Verbundwerkstoffverhalten herangezogen werden. Damit die Fasern bei einem Pull-Out nicht vorzeitig versagen, sind je nach Werkstoffsystem Grenzflächenfestigkeiten von $\gamma_i \leq 100$ MPa anzustreben [328]. Bei einer optimierten Faser/Matrix-Grenzfläche zeigt der keramische Verbundwerkstoff ein ausgeprägtes quasiplastisches Bruchverhalten. Die Verfahren der linear elastischen Bruchmechanik können dann zur Beschreibung des Versagensverhaltens nur noch sehr begrenzt eingesetzt werden. Besser geeignet ist z. B. die Messung des Risswiderstands als Funktion der Risslänge (*R*-Kurven-Verhalten) oder die Bestimmung der Bruchenergie des Verbundwerkstoffs. Diese kann beispielsweise aus Bruchversuchen anhand der Fläche unter einer Spannungs–Dehnungskurve ermittelt werden [329]. Abbildung 2.260 zeigt Messungen für langfaserverstärktes SiSiC, das nach Einkerbung senkrecht zur Faserausrichtung im Biegemodus belastet worden ist [330, 331]. Es bedeuten: SiSiC: konventionelles SiSiC, SiCSiC(CVI) und CSiC(CVI): im CVI-Verfahren hergestelltes SiC/SiC bzw. C/SiC, CSiC(95) und CSiC(93): im LPI-Verfahren hergestelltes C/SiC, Ox(PP): oxidische Verbundkeramik, CSiC(Si): im LSI-Verfahren hergestelltes C/SiC. Auf die Langfaserverstärkung sowie die Qualitäten der verwendeten Langfasern wird noch im Band 4 eingegangen.

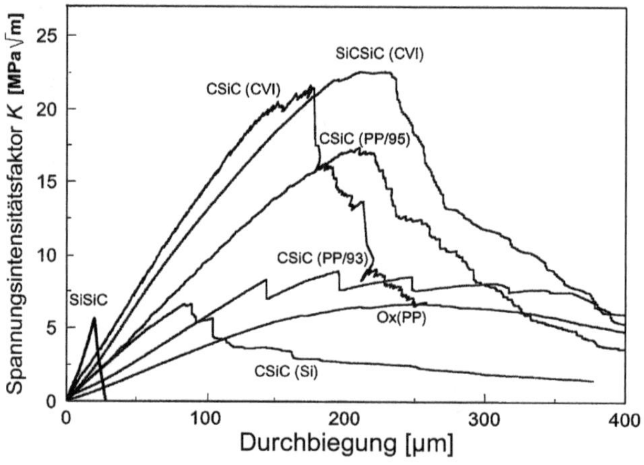

Abb. 2.260: Bruchwiderstandskurven für C–SiC-Verbundwerkstoffe [330, 331].

2.12.9 Weitere Werkstoffentwicklungen

Aus den vorhergehenden Ausführungen folgt, dass sowohl durch die Auswahl an Phasen als auch durch eine Gefügeoptimierung Rissablenkung und Mikrorisseffekte in weiten Bereichen beeinflusst werden können. Dabei gelten folgende Regeln (Abb. 2.261):

- Die Phasengrenzen- bzw. Korngrenzenfestigkeit sollte kleiner sein als die Festigkeit der verstärkenden Phase.
- Volumenanteil und Dispergierungsgrad der Zweitphase müssen optimiert werden, um rissauslösende Gefügedefekte und eine Überlappung der Eigenspannungsfelder zu vermeiden.
- Bei Teilchen mit hohem Aspekt-Verhältnis muss vor der Gefügegestaltung (Wahl der Formgebungsmethode) die erwartete Richtung der Lasteinleitung berücksichtigt werden. So ergeben Strangpressen und Spritzguss eine eindimensionale und (Druck-)Schlickerguss, Folienguss sowie axiales Trockenpressen eine entsprechende zweidimensionale Texturierung von platten- oder faserförmigen Teilchen.
- Mit steigendem Aspekt-Verhältnis (c/a) steigt die verstärkende Wirkung. Plattenförmige Partikel sind besser als äquiaxiale, Fasern wirken besser als Plättchen.

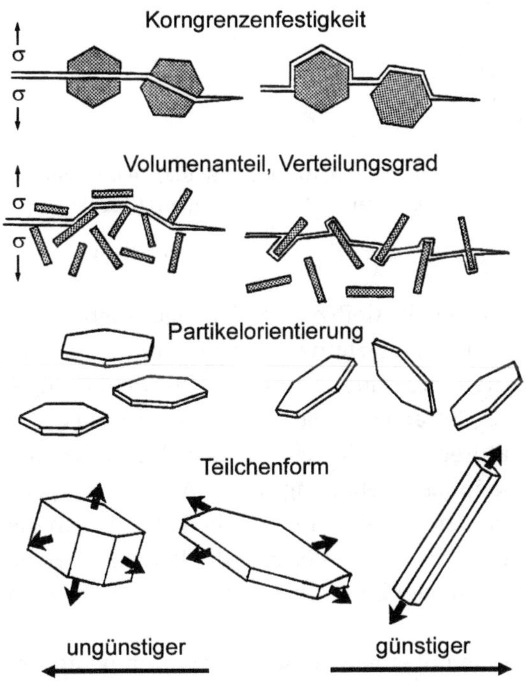

Abb. 2.261: Gefügegestaltung von Dispersionskeramiken zur optimalen Nutzung der Dispersionsverstärkung [224].

Als besonderes Problem erweisen sich immer wieder die homogene Dispersion von Pulverhaufwerken bestehend aus meist submikrometerskaligen Matrixpulvern und elongierten, meist wesentlich gröberen Zweitphasenteilchen sowie deren schlechtes

Sinterverhalten. So entstehen Agglomerate aus Fasern oder Plättchen, deren Zwischenräume nicht mit dem Matrixmaterial gefüllt werden können. Poren sind die Folge. Ebenso wirken die gröberen Zweitphasenteilchen als Hemmnisse für die Verdichtung. Das sinteraktivere Matrixpulver schwindet von den dichten und größeren Einlagerungsteilchen weg; Poren und Risse sind wiederum die Folge. Abbildung 2.262 zeigt eine schlechte Vermengung von Al_2O_3 (grau, Matrix), feinteiligem ZrO_2 (hell, agglomeriert) und plattenförmigen SiC-Teilchen (grau, in Schnitt elongiert). Die ausgeprägte Schichttextur (hier vertikal) stammt vom Heißpressen her.

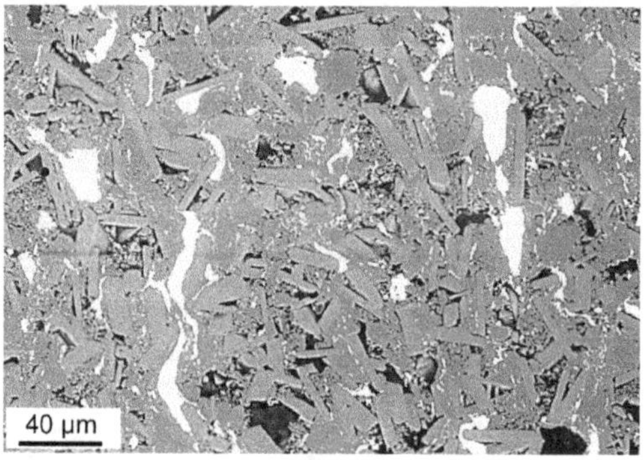

Abb. 2.262: Schlecht dispergierter, heißgepresster Verbund aus Al_2O_3 (grau, Matrix), feinteiligem ZrO_2 (hell, agglomeriert) und plattenförmigen SiC-Teilchen (grau, in Schnitt elongiert) (Quelle: S. Ibrahim, RWTH Aachen).

Bereits früh hat daher Claussen vorgeschlagen, die Gefüge von Dispersionskeramiken unabhängig von der Art der Aufbereitung und Formgebung *in-situ* durch entsprechende Wärmebehandlungsmethoden einzustellen. Abbildung 2.127 zeigte zuvor Gefügevarianten von ZrO_2-dotierten Spinell-Al_2O_3-Keramiken. Die Pulvermischung aus MgO und Al_2O_3 wird bei sehr hohen Temperaturen im Al_2O_3-reichen Mischkristallbereich des Spinells geglüht und danach im Zweiphasengebiet $MgAl_2O_4$+ Al_2O_3 getempert. Die Ausscheidung von Al_2O_3-Kristallen in der Spinell-Matrix ist die Folge. Durch die Prozessführung kann auch gewählt werden, wo weitere Phasen oder Poren im Gefüge zu liegen kommen, z. B. an den Korngrenzen oder innerhalb der weiter gewachsenen Matrixkörner.

In Abb. 2.263 ist eine ähnliche Situation mit einem bei sehr hohen Temperaturen übersättigten Mischkristall gezeigt, aus welchem nach 8-stündigem Lösungsglühen bei 2000–2100 °C plattenförmige Wolframboride durch eine Ausscheidungsglühung bei 1500–1700 °C innerhalb von weiteren 5–12 h gefällt werden können [224]. Vorteil dieses Systems ist, dass Keimbildung und Kornformen beeinflusst werden können. Sowohl durch Dotierungen als auch durch die Temperatur–Zeit-Führung der Glühprozesse lässt sich das Aspekt-Verhältnis der Wolframborid-Platten in weiten Bereichen variieren (Abb. 2.264), was sich auf den Bruchwiderstand positiv auswirkt.

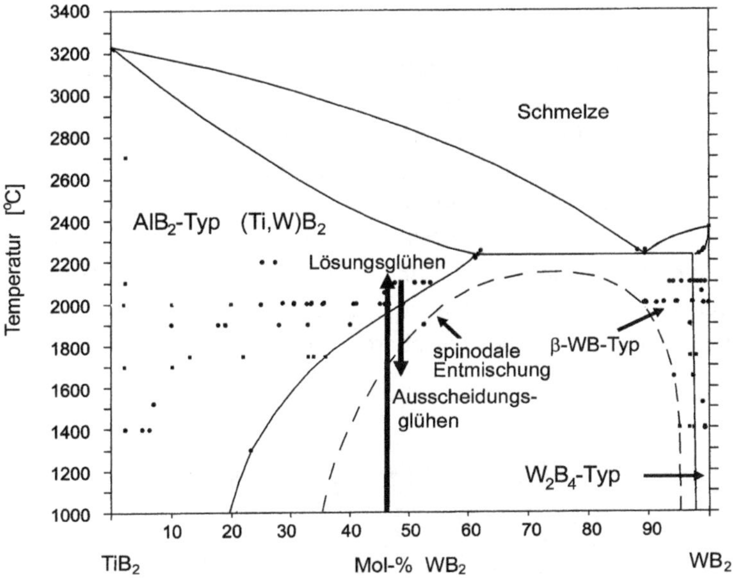

Abb. 2.263: Dispersionskeramiken durch Fällung aus übersättigten Mischkristallen: WB und W_2B_4 aus $(Ti,W)B_2$ (Quelle: R. Telle, RWTH Aachen).

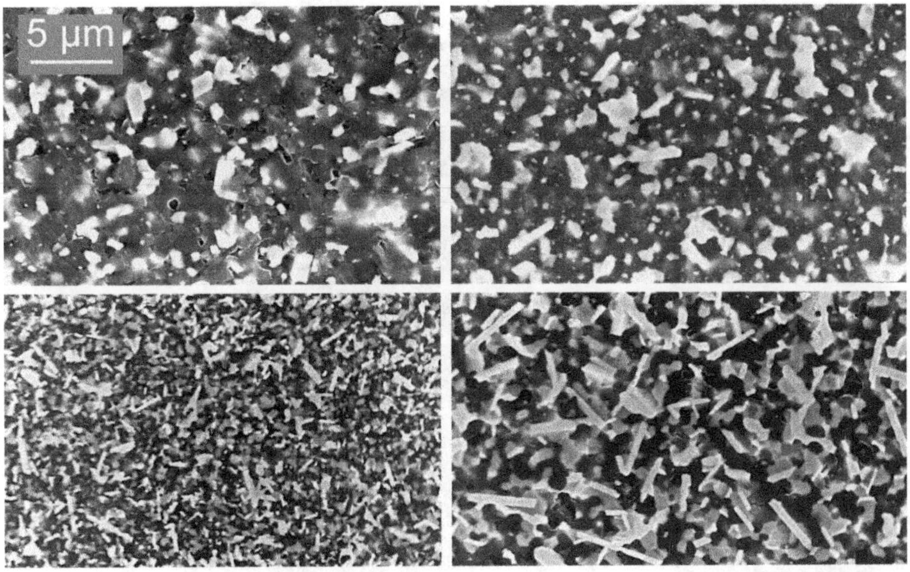

Abb. 2.264: *In-situ*-Wachstum von W_2B_4-Plättchen in Borcarbid-Matrix nach Auslagerung bei verschiedenen Temperaturen und Zeiten [224].

Das *in-situ*-Wachstum elongierter Partikel lässt sich ferner sowohl durch die Temperaturführung beim Sintern als auch durch Flüssigphasensintern gut steuern. Gute Beispiele hierfür sind β-Si_3N_4- und α-SiC-Keramiken. Beide Phasen kristallisieren hexagonal; β-Si_3N_4 bildet bevorzugt einen nadelförmigen Habitus, α-SiC wächst eher plattenförmig. Ziel der Werkstoffoptimierung ist es nun, bei möglichst kleinem Volumenanteil an Flüssigphase, die beim Abkühlen glasig erstarrt, einen hohen Streckungsgrad der Partikel zu erreichen. Abbildung 2.265 zeigt eine Studie an α-SiC, das mit speziellen Additiven und über Heißpressen (S) und nachfolgende drucklose Auslagerung zum Plattenwachstum angeregt worden ist [332]. Das Diagramm in Abb. 2.266 zeigt den direkt mit der Auslagerungszeit korrelierten Anstieg des Bruchwiderstandes.

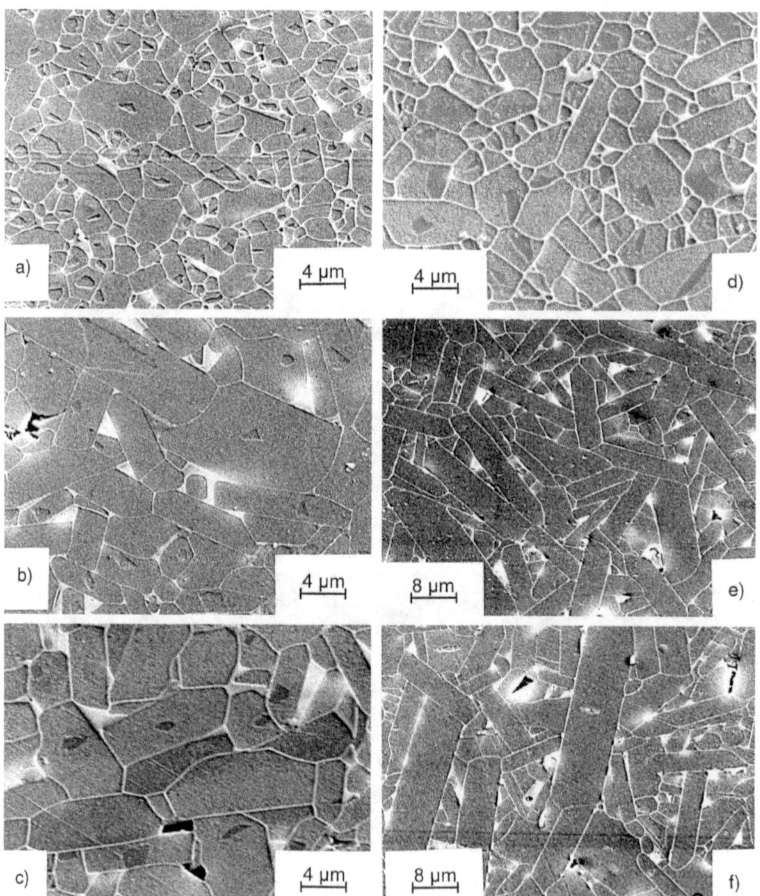

Abb. 2.265: Kornwachstum bei flüssigphasengesintertem SiC, ausgelagert bei 2050 °C in 20 bar Ar und verschiedenen Zeiten; (a)–(c) α-SiC-Sorte „Extra“, jeweils 1 h, 4 h, 8 h; (d)–(f): α-SiC „Grün“, jeweils 1 h, 4 h, 8 h; REM-Aufnahmen, plasmageätzt [332].

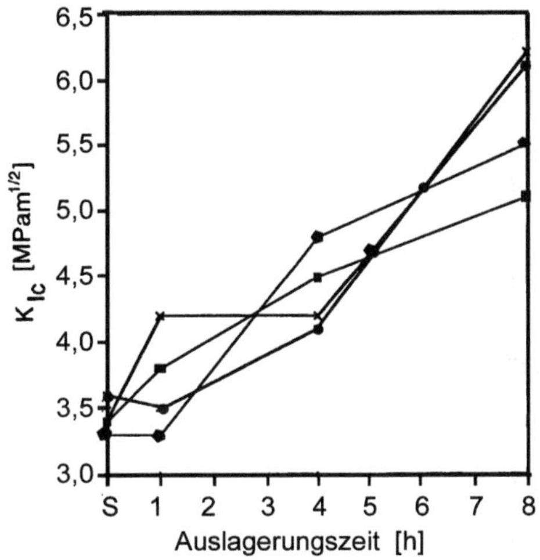

Abb. 2.266: Bruchwiderstandswerte der SiC-Keramik aus Abb. 2.265. S zeigt die Ausgangswerte nach dem Sintern an. Nach [332].

Zur Einstellung geeigneter Gefügespannungen gibt es nur eingeschränkte Möglichkeiten, da die Sintertemperaturen und die zur Spannungsrelaxation führenden atomaren Transportmechanismen vorgegeben sind. Es lohnt sich daher zu überprüfen, ob durch Mischkristallbildung die Wärmeausdehnungskoeffizienten von Matrix oder Zweitphasen verändert werden können. Systeme mit großen Löslichkeitsbereichen im Festen sind in den Abb. 2.127 und 2.263 bereits gezeigt worden. So lassen sich Spinelle, Sesquioxide oder isotype Übergangsmetallboride und -carbide in ihren thermomechanischen Eigenschaften gut anpassen. Ein Beispiel für Übergangsmetallboride in Borcarbid-Matrix ist in Abb. 2.267 dargestellt. Das obere Teilbild zeigt die temperaturabhängigen Verläufe der Wärmeausdehnungskoeffizienten beider Phasen, die sich bei etwa 850 °C schneiden. Die Bandbreite der Werte für die jeweiligen Phasen repräsentiert deren Anisotropie, die eingetragene Linie den gewichteten Mittelwert. Geht man von einer oberen Spannungsrelaxationstemperatur von 1200 °C aus und berechnet die radialen Matrixspannungen, so gelangt man nach Gl. (2.243) zunächst in einen Zugspannungszustand, unterhalb 200 °C dann in einen Druckspannungszustand.

Da sich in die AlB_2-Struktur viele Übergangsmetalle einlagern lassen, ist hier die Gestaltungsvielfalt für die Eigenspannungen sehr groß. So zeigt z. B. CrB_2 die umgekehrte Anisotropie wie TiB_2, die Wärmedehnung ist in Richtung der a-Achse größer als die in Richtung der c-Achse. Durch Mischkristallbildung lassen sich die Wärmeausdehnungskoeffizienten also gut anpassen [224]. Abbildung 2.268 demonstriert dies für $(Ti,Cr)B_2$-Mischkristalle in Borcarbid-Matrix. Hier liegen die Spannungen stets im Zugbereich, variieren jedoch sehr stark im Betrag. In beiden Fällen markieren wie zuvor die schraffierten Bereiche die Grenzen der Anisotropie-Effekte, d. h. die Minimal- und Maximalwerte; die durchgezogene Linie stellt den Mittelwert dar.

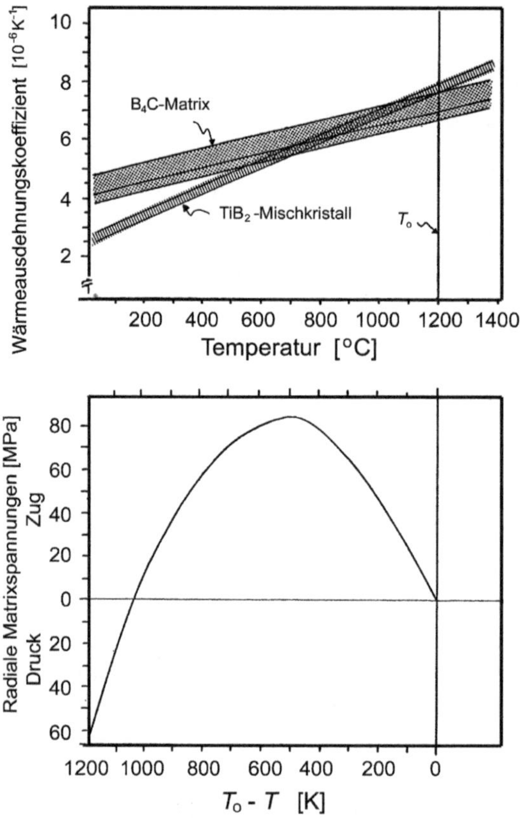

Abb. 2.267: Wärmeausdehnungskoeffizienten und Eigenspannung bei Einlagerung von Übergangsmetallborid-Partikeln in Borcarbid-Matrix als Funktion der Temperatur [224].

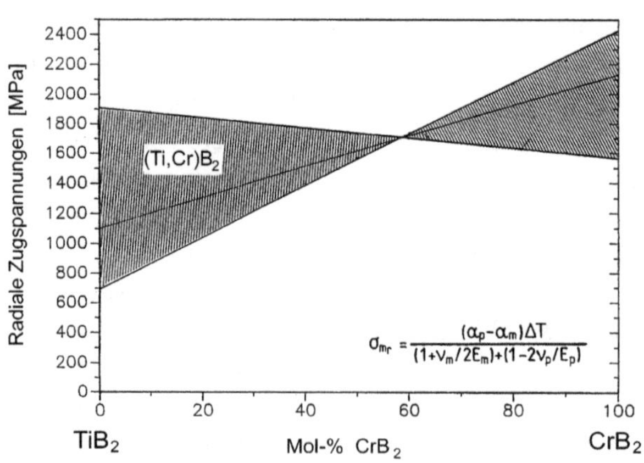

Abb. 2.268: Eigenspannungen bei Einlagerung von $(Ti,Cr)B_2$-Partikeln in Borcarbid [224].

3 Elektrische Eigenschaften

Bearbeitet von R. Waser und R. Telle, Aachen

Mit der Entwicklung der Elektrotechnik zeigte es sich bald, dass für viele Zwecke keramische Werkstoffe mit Vorteil eingesetzt werden können. Während anfänglich dabei empirisch verfahren wurde, sind die neueren Werkstoffe ein Schulbeispiel für die gezielte Entwicklung aufgrund der Kenntnisse über die Abhängigkeit elektrischer und magnetischer Eigenschaften von der Kristallstruktur und dem Gefüge der keramischen Körper. In dem von Schaumburg herausgegebenen Werk [333], in Moulson und Herbert [334] sind die grundlegenden Eigenschaften elektronischer Keramiken und ihre Anwendungen ausführlich dargestellt.

3.1 Elektrische Leitfähigkeit

Ein Körper zeigt dann eine elektrische Leitfähigkeit, wenn Ladungsträger vorhanden und diese über große Distanzen beweglich sind. Die elektrische Leitfähigkeit σ ist umso höher, je größer die Zahl dieser Ladungsträger und deren Beweglichkeit ist. Die hohe Leitfähigkeit der Metalle ($\sigma_{\mathrm{Ag}\,20\,°C} = 6 \cdot 10^7$ S/m $= 6 \cdot 10^5\ \Omega^{-1}\,\mathrm{cm}^{-1}$) ist durch die metallische Bindung bedingt, bei der im Gitter leicht bewegliche Elektronen vorliegen, die als Ladungsträger fungieren. Keramische Stoffe enthalten meist keine freien Elektronen, sodass ihre elektrische Leitfähigkeit um viele Größenordnungen niedriger und beim Porzellan bei Raumtemperatur $\sigma < 10^{-9}$ S/m ist. Für die restliche Leitfähigkeit sind häufig Ionen als Ladungsträger verantwortlich. Deren Beweglichkeit ist durch ihre Masse und durch den Einbau in die Struktur normalerweise erheblich geringer als die Elektronenbeweglichkeit.

Nach der *Nernst–Einstein-Beziehung* (Band 1) ist die ionische Leitfähigkeit proportional dem Selbstdiffusionskoeffizienten. Über die Diffusion ergibt sich die Temperaturabhängigkeit entsprechend Gl. (2.113) zu

$$\sigma = A \cdot \exp\left(\frac{-Q}{RT}\right) \quad \text{oder } \ln \sigma = A' - \frac{Q}{RT}, \tag{3.1}$$

d. h., mit steigender Temperatur nimmt σ zu. Diese Eigenschaft unterscheidet Keramiken von Metallen, die eine negative Temperaturabhängigkeit der Leitfähigkeit aufweisen.

Die Temperaturabhängigkeit lässt Abb. 3.1 deutlich erkennen. Außerdem bestätigt sich in Abb. 3.1, dass σ in Isolatoren umso größer ist, je höher der Gehalt an Alkalien ist, wenn man z. B. Porzellan mit Steatit (Kurven 1 und 3), Schamotte mit Silicastein (Kurven 7 und 8) oder β-$Al_2O_3\beta$- mit α-Al_2O_3-haltigem Stein (Kurven 12 und 11) vergleicht.

https://doi.org/10.1515/9783110742374-004

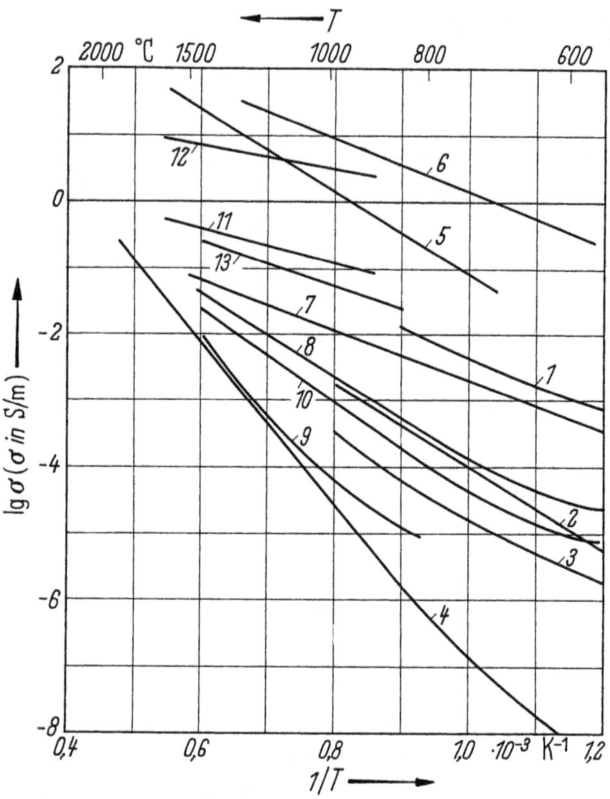

Abb. 3.1: Temperaturabhängigkeit der elektrischen Leitfähigkeit σ (in S/m) einiger keramischer Werkstoffe. *Dichte feinkeramischer Werkstoffe*: Feldspatporzellan: Kurve *l*; Zirkonporzellan: Kurve 2; Sondersteatit: Kurve 3; *Oxidkeramische Werkstoffe*: Sinterkorund: Kurve 4; $Zr_{0,85}Ca_{0,15}O_{1,85}$: Kurve 5; $Zr_{0,85}Y_{0,15}O_{1,85}$: Kurve 6 *Poröse feuerfeste Werkstoffe*: Schamottestein, 40 Gew.-% Al_2O_3, 20 Vol.-% Porosität: Kurve 7; Silicastein, 97 Gew.-% SiO_2, 26 Vol.-% Porosität: Kurve 8; Magnesitstein, 93 Gew.-% MgO, 17 Vol.-% Porosität: Kurve 9; Zirkonsilicatstein, 65 Gew.-% ZrO_2, 30 Vol.-% Porosität: Kurve 10; *Schmelzgegossene feuerfeste Werkstoffe*: Al_2O_3-Stein, 99,4 Gew.-% Al_2O_3, α-Al_2O_3: Kurve 11; Al_2O_3 -Stein, 94,5 Gew.-% Al_2O_3, β-Al_2O_3: Kurve 12; Al_2O_3–ZrO_2-Stein: Kurve 13.

In Abb. 3.1 fällt besonders die hohe Leitfähigkeit des Feuerfeststeins auf β-Al_2O_3-Basis auf (Kurve 12), der zur Gruppe der Kationenleiter gehört. In Band 1 wurde darauf hingewiesen, dass sich β-Al_2O_3 durch einen gewissen Na_2O-Gehalt auszeichnet. Die Na-Ionen sind in diesem Gitter recht leicht beweglich, sodass sich für Einkristalle bei Raumtemperatur eine elektrische Leitfähigkeit von $\sigma = 1{,}4$ S/m ergibt. Die Na-Ionen im β-Al_2O_3 sind auch leicht durch andere Ionen ersetzbar, wie z. B. Li^+ oder K^+. Weitere Gesichtspunkte dieser β-Aluminate hat Kennedy [335] zusammengestellt.

Festkörper mit hoher Ionenleitung haben interessante Anwendungsgebiete, wie z. B. in der Abgassensorik und in Brennstoffzellen [336]. Manchmal bezeichnet man solche Stoffe mit elektrischer Leitfähigkeit von mehr als 1 S/m als *Superionenleiter*.

Das obengenannte β-Al_2O_3 fällt also in diese Klasse von Festkörpern, die vom durch Bradley und Greene [337] aufgefundenen $RbAg_4J_5$ mit $\sigma = 12\,S/m$ bei 20 °C angeführt wird. Diese hohe Leitfähigkeit wird durch eine große Fehlordnung ermöglicht, wofür im AgJ ein besonderes Beispiel vorliegt. Diese Substanz zeigt bei 149 °C eine Tief-Hoch-Umwandlung, bei der die J-Ionen ein neues Gitter bilden, aber die Ag-Ionen sich statistisch dazwischen verteilen. Die Folge davon ist, dass bei der Umwandlungstemperatur die Leitfähigkeit von 0,02 auf 100 S/m ansteigt. Weitere Beiträge zu diesem interessanten Gebiet findet man bei Steele [338] in dem von Mahan und Roth [339] herausgegebenen Buch sowie im Werk von West [340]. Man versucht, die Superionenleitung auf bestimmte strukturelle Merkmale zurückzuführen, z. B. nach Tretyakov [341] auf offene aber starre Strukturen mit leicht beweglichen Ionen.

Die eben angesprochene Fehlordnung ist verantwortlich für die hohe elektrische Leitfähigkeit der beiden Zirconiumdioxide (Kurven 5 und 6 in Abb. 3.1). Dies steht in unmittelbarem Zusammenhang mit der hohen O^{2-}-Ionendiffusion in solchen Werkstoffen (s. Abb. 2.268, Kurve 16), sodass jetzt hier eine *Anionenleitfähigkeit* auftritt. Der Grund dafür liegt in den Sauerstoffleerstellen im ZrO_2-Gitter, die durch CaO-Zugaben erzeugt werden. Im Band 1 ist diese Art der Fehlordnung erwähnt. Abbildung 2.18b zeigt schematisch die Struktur, weitere Angaben über das ZrO_2 und sein Verhalten werden Band 4 erfolgen. Beim Anlegen eines elektrischen Feldes ist durch die Leerstellen eine leichtere Bewegung möglich, wobei beim Wüstit (Abb. 2.18a) die Fe-Ionen zur Kathode und beim ZrO_2 die O-Ionen zur Anode wandern. Gleichzeitig wandern die Leerstellen in entgegengesetzter Richtung, d. h., beim Wüstit verhalten sich die Kationenleerstellen wie negative Ladungsträger und beim ZrO_2 die Sauerstoffleerstellen wie positive Ladungsträger. Solche Erscheinungen treten besonders bei nichtstöchiometrischen Verbindungen oder bei Substitution mit Ionen anderer Wertigkeit auf. Da die Wertigkeitsänderungen bei den nichtstöchiometrischen Verbindungen von der Atmosphäre abhängen, beobachtet man bei hohen Temperaturen eine signifikante Abhängigkeit von σ vom O_2-Partialdruck.

Die den Strom tragenden Ionen verhalten sich wie entsprechende Ionen in Flüssigkeiten, d. h., sie unterliegen den thermodynamischen Gesetzen und können sich an Reaktionen beteiligen. Diese festen Elektrolyte sind ein wichtiger Partner in der Elektrochemie geworden. In der Monographie von Rickert [342] und den von Geller [343] gesammelten Arbeiten werden auch Anwendungen geschildert.

Mit steigender Temperatur wächst die elektrische Leitfähigkeit. Dabei beobachtet man, dass sich neben der Ionenleitfähigkeit eine *elektronische Leitfähigkeit* bemerkbar macht. Das Gitter steht in Wechselwirkung mit dem O_2 der Umgebung, indem bei hohem Sauerstoffpartialdruck O^{2-}-Ionen ins Gitter eintreten können, in dem sie O-Leerstellen $V_O^{\cdot\cdot}$ besetzen, und bei niedrigem Sauerstoffpartialdruck O_2 unter Bildung weiterer Leerstellen in die Gasphase abgegeben wird. An dem Gleichgewicht sind Elektronen beteiligt gemäß $1/2O_O \leftrightarrows 1/2O_2 + V_O^{\cdot\cdot} + 2e^-$ (mit e^- = Elektron). Bezeichnet man die Konzentration der Defektelektronen als p und die der Überschusselektronen als n, dann erhält man

$$k_O = [V_O^{\cdot\cdot}] \cdot n^2 \cdot (p_{O_2})^{1/2}. \tag{3.2}$$

Mit dem Massenwirkungsgesetz für das elektronische Gleichgewicht folgt

$$\begin{aligned} k_e &= n \cdot p \\ k'_O &= [V_O^{\cdot\cdot}] \cdot p^{-2} \cdot (p_{O_2})^{1/2}. \end{aligned} \tag{3.3}$$

Wenn man die Konzentration an Leerstellenplätzen proportional n annimmt, dann wird $n \sim (p[O_2])^{-1/6}$. Das würde für reine Oxide gelten. Sind aber bereits genügend Fehlstellen vorhanden, dann kann $[V_O^{\cdot\cdot}]$ als konstant angenommen werden und es gilt und $n \sim (p[O_2])^{-1/4}$ bzw. $p \sim (p[O_2])^{1/4}$.

Da p und n die Größe der elektronischen Leitfähigkeit bestimmen, wird diese, von reinem O_2 ausgehend, mit sinkendem $p[O_2]$ zunächst abnehmen, da p geringer wird, dann aber wieder ansteigen, wenn n wächst. Dieses Minimum der elektronischen Leitfähigkeit kann jedoch erst bei hohen Temperaturen beobachtet werden, wenn der Sauerstoffaustausch zwischen Oxid und Gasphase rasch genug erfolgt. Dies ist beim Al_2O_3 nach Kitazawa und Coble [344] ab 1450 °C zu beobachten, wo nach Fischer und Ackermann [345] der Anteil der elektronischen Leitfähigkeit etwa 30 % beträgt. Das eben erwähnte Minimum tritt bei 1650 °C deutlich hervor. Die Gesamtleitfähigkeit setzt sich also aus den Anteilen

$$\sigma_{ges} = \sigma_{ion} + \sigma_n + \sigma_p \tag{3.4}$$

zusammen. Das Auftreten der elektronischen Anteile wird auch bei den oben erwähnten O-Festelektrolyten beobachtet, wo es deren Einsatz stören kann [346]. In den undotierten Erdalkalititanaten wie z. B. $SrTiO_3$ und $BaTiO_3$ überwiegt die elektronische Leitfähigkeit bei hohen Temperaturen (etwa $T > 600$ °C), sodass das Minimum die Gesamtleitfähigkeit $\sigma\,(p[O_2])$ prägt (Abb. 3.2).

Die oben genannten Exponenten im Verhältnis zwischen den elektronischen Ladungsträgerkonzentrationen n bzw. p und dem Sauerstoffpartialdruck $p[O_2]$ lassen sich im doppeltlogarithmischen Diagramm (Abb. 3.2) direkt als Steigungen ablesen.

Bei sehr niedrigem Sauerstoffpartialdruck wird die Majoritätsfehlordnung durch $V_O^{\cdot\cdot}$ und Elektronen bestimmt ($n \approx 2\,[V_O^{\cdot\cdot}]$), sodass sich die Steigung −1/6 ergibt. Bei mittleren und höheren $p[O_2]$ bestimmt die Kompensation von akzeptorartigen Eigenfehlstellen (hier Kationenleerstellen) und $V_O^{\cdot\cdot}$ die Majoritätsfehlordnung, sodass sich die Steigung auf −1/4 bzw. +1/4 ändert.

Damit wurde bereits das Gebiet der *Halbleiter* angeschnitten. Die eben beschriebene Leitfähigkeit durch die Überschusselektronen e^- wird auch als Halbleitung vom n-Typ und die durch die Defektelektronen h als solche vom p-Typ bezeichnet.

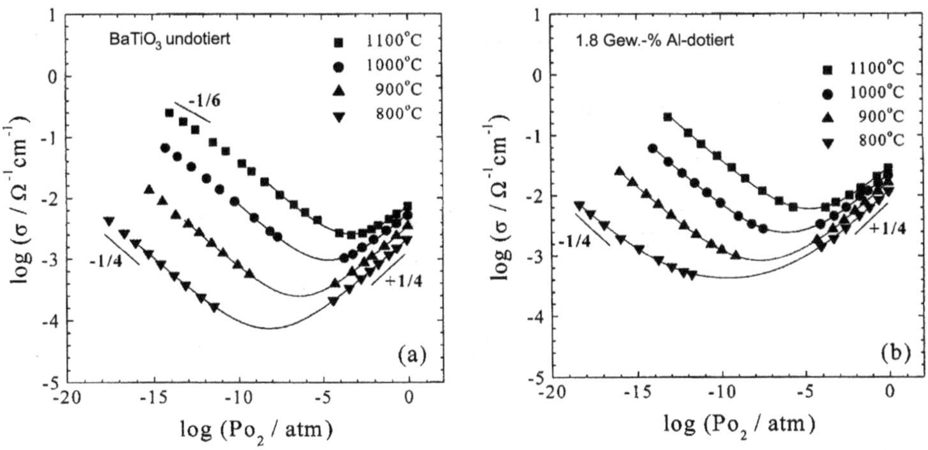

Abb. 3.2: Elektrische Leitfähigkeit σ von $BaTiO_3$-Keramik in Abhängigkeit vom Sauerstoffpartialdruck der umgebenden Atmosphäre und der Temperatur. Links: undotiert, rechts: mit 1,8 Gew.-% Al dotiert [347].

Bei der üblichen Ionen- oder Atombindung sind die Valenzelektronen immer paarweise angeordnet, d. h., die mit zwei Elektronen besetzbaren Elektronenzustände sind voll aufgefüllt. In einem Gitter ist eine gegenseitige Beeinflussung der Elektronenzustände vorhanden, wobei sie sich in ihrer Energie etwas verändern, sodass mehrere, aber immer voll besetzte Elektronenzustände ein Band, das Valenzband ausbilden. Die volle Besetzung erlaubt beim Anlegen eines Feldes keine Bewegung der Elektronen, d. h., man hat es mit einem Isolator zu tun.

Für die Elektronen gibt es auch Zustände höherer Energie, die normalerweise frei sind. Wenn aber ein Elektron in einen solchen Zustand angehoben wird, dann hinterlässt es im Valenzband einen freien Zustand, und Elektronenleitfähigkeit wird möglich. Man bezeichnet die Zustände höherer Energie, die wiederum in Bandform auftreten, als Leitungsband.

Da nur bestimmte Energieniveaus möglich sind, tritt zwischen dem Valenz- und Leitungsband eine Lücke auf, die auch als „verbotene Zone" bezeichnet wird. Damit ergibt sich das Energieschema, welches in Abb. 3.3a gezeigt wird.

Die Anhebung eines Elektrons aus dem Valenz- in das Leitungsband erfordert Energie, die durch die thermische Energie aufgebracht werden kann, d. h., bei hohen Temperaturen in einem Isolator kann Elektronenleitfähigkeit auftreten. Ist die energetische Breite der verbotenen Zone geringer wie in Abb. 3.3b skizziert, kann diese Anhebung schon bei Raumtemperatur erfolgen, und man hat einen Halbleiter vorliegen, wofür PbS ein Beispiel ist.

Das Energieschema von Abb. 3.3a wird beim Einbau von Fremdatomen in ein Gitter beeinflusst. Ersetzt man z. B. in SiC ein Si-Atom durch ein N-Atom, dann ist wegen der höheren Elektronenzahl des N ein Überschusselektron vorhanden, dessen Energieniveau knapp unterhalb des Leitungsbandes liegt (Abb. 3.3c). Es kann leicht in das Leitungsband angehoben werden, weshalb man diese Zustände als *Donatorniveau* bezeichnet; es liegen dann Halbleiter vom n-Typ oder *Überschusshalbleiter* vor.

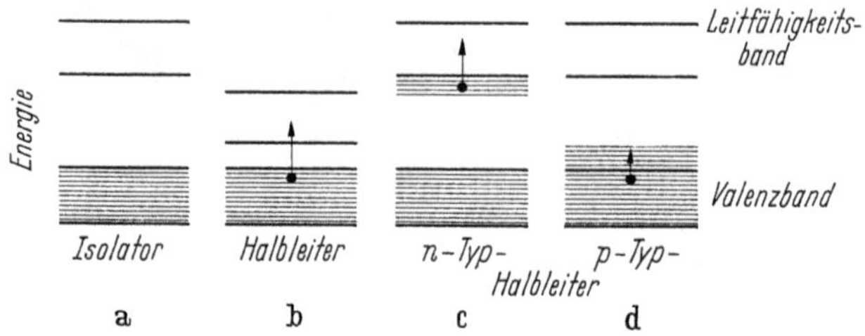

Abb. 3.3: a–d: Schematische Darstellung der Energieniveaus der Elektronen in Festkörpern zur Deutung der Halbleitung.

Beim SiC kann man ein Si-Atom auch durch ein Al-Atom ersetzen. Man hat dann ein Elektron weniger und dadurch neue Zustände knapp oberhalb des Valenzbandes (Abb. 3.3d). Diese können leicht Elektronen aufnehmen und werden deshalb *Akzeptorniveaus* genannt. Im Valenzband hinterbleiben dann freie Plätze, weshalb Elektronenleitung möglich wird. Da sich die freien Plätze hierbei wie positive Ladungsträger verhalten, nennt man solche Stoffe Halbleiter vom p-Typ oder *Defizit-* bzw. *Defekthalbleiter*.

Ähnliche Wirkung wie die Fremdionen haben Leerstellen im Gitter wie oben beschrieben. Es sind z. B. im TiO_2 oft einige Ti^{4+}-Ionen durch Ti^{3+}-Ionen oder im Fe_2O_3 einige Fe^{3+}- durch Fe^{2+}-Ionen ersetzt. Die fehlende Wertigkeit wird durch Sauerstoffleerstellen ausgeglichen. Die Ionen mit geringerer Wertigkeit kann man nach $Ti^{3+} = Ti^{4+} + e^-$ oder $Fe^{2+} = Fe^{3+} + e^-$ als *Donatoren* auffassen, sodass Halbleitung vom n-Typ resultieren. Umgekehrt sind bei Verbindungen, bei denen ein Teil der Kationen höhere Wertigkeiten hat, *Akzeptoren* vorhanden und p-Halbleitung tritt auf. Ein Beispiel ist NiO mit $Ni^{3+} + e^- = Ni^{2+}$.

Die Summenformel dieser Verbindungen weicht von der reinen Stöchiometrie ab, weshalb man von nichtstöchiometrischen Verbindungen spricht. Da das Gleichgewicht zwischen den verschiedenen Wertigkeiten außer von der Temperatur auch vom O_2-Partialdruck abhängt, beobachtet man auch eine Abhängigkeit der Halbleitereigenschaften von der Atmosphäre. Substanzen dieser Art mit genau definierten Eigenschaften erfordern eine präzise $p[O_2]$-Kontrolle bei der Herstellung. Man kann aber die anderen Wertigkeiten durch Zugabe von Ionen mit der entgegengesetzten Wertigkeit stabilisieren, z. B. in der Art $(Fe^{3+}_{1-2x}Fe^{2+}_xTi^{4+}_x)_2O_3$ oder $(Ni^{2+}_{1-2x}Ni^{3+}_xLi^{+}_x)O_3$, worin die Ladungen auch noch relativ frei sind. Ein Grenzfall dieser Art von Verbindungen ist Fe_3O_4, in dem von vornherein Fe^{2+}-neben Fe^{3+}-Ionen vorliegen, die in dieser Spinellstruktur gleichwertige Plätze einnehmen, sodass ein Wertigkeitswechsel leicht möglich ist. Die elektrische Leitfähigkeit beträgt daher bei Raumtemperatur etwa $1{,}5 \cdot 10^4$ S/m.

Zusammenfassend ergibt sich, dass es drei Gründe für das Auftreten der Halbleitung gibt: Anregung durch hohe Temperaturen, Einbau von Fremdionen (oder Verunreinigungen) und Wertigkeitswechsel bei nichtstöchiometrischen Verbindungen.

Die *Elektronenleitfähigkeit* der Metalle ist dadurch bedingt, dass entweder das Valenzband nur teilweise besetzt ist, oder dass sich Valenz- und Leitungsband überlappen. Dies tritt auch bei zahlreichen Übergangsmetalloxiden auf, in denen die Kationen ihre maximale Valenzzahl nicht erreichen. Übersichten geben z. B. Vest Honig in Tallan [348].

Bestimmte Verhältnisse der elektronischen und kristallographischen Struktur von Festkörpern können unterhalb einer kritischen Temperatur T_c zu einem völligen Verschwinden des Gleichstromwiderstandes führen. Dieses Verhalten wird *Supraleitung* genannt. Ist bei der Kühlung und Widerstandsbestimmung gleichzeitig ein magnetisches Feld H am Ort des Materials vorhanden, so sinkt die kritische Temperatur T_c mit steigendem Magnetfeld auf einen Wert

$$T_{c,H} = T_c \cdot \sqrt{1 - H/H_0}. \tag{3.5}$$

Dabei ist H_0 die kritische Feldstärke bei $T = 0$ K. Ursache für das Auftreten der Supraleitung sind spezifische Elektron–Phonon-Wechselwirkungen, die im Falle der klassischen Supraleitung durch sog. *Cooper-Paare* beschrieben werden. Details sind u. a. in den Übersichtswerken von Buckel [349], sowie Kresin und Wolf [350] zu finden. Müller und Bednorz [351] entdeckten im Jahre 1986 Supraleitung in oxidischen Perowskiten mit ungewöhnlich hohen Werten für die kritische Sprungtemperatur T_c von 90–93 K, sodass dieser Werkstoff mit dem gegenüber Helium oder Neon kostengünstigeren flüssigen Stickstoff gekühlt werden kann. Die dadurch ausgelöste Suche nach weiteren, sog. Hochtemperatursupraleitern hat zu einer Vielzahl von Verbindungen auf der Basis schichtartiger, komplexer Perowskite geführt. Gemeinsames Merkmal sind CuO_4-Ebenen, die für die Ausbildung der Supraleitung verantwortlich sind (Abb. 3.4). Der wichtigste Vertreter dieser Materialgruppe ist das Yttrium-Barium-Cuprat $YBa_2Cu_3O_{7-x}$, auch „YBaCu" oder wegen des Kationenverhältnisses „123-Phase" genannt, das seine höchste Sprungtemperatur bei einem geringen Sauerstoffdefizit von $x = 0{,}07$ aufweist.

Die Supraleitung wird durch gezielte Deformation der Elektronenhülle des Kupfer-Ions erzielt, das sich in einer quadratischen Umgebung von Sauerstoffionen befindet. Eingeengt durch die Nachbarschaft der negativen Ladungen verzerrt sich der Aufenthaltsraum der Elektronen ellipsoid parallel zur c-Achse der Struktur und reicht damit in die Ebene der Sauerstoffleerstellen hinein. Dies wird Jahn-Teller-Effekt genannt und erklärt auch die kräftigen Färbungen vieler Kupferverbindungen (siehe Kapitel 5.3). Yttrium dient dabei zur Stabilisierung des Sauerstoffdefizites.

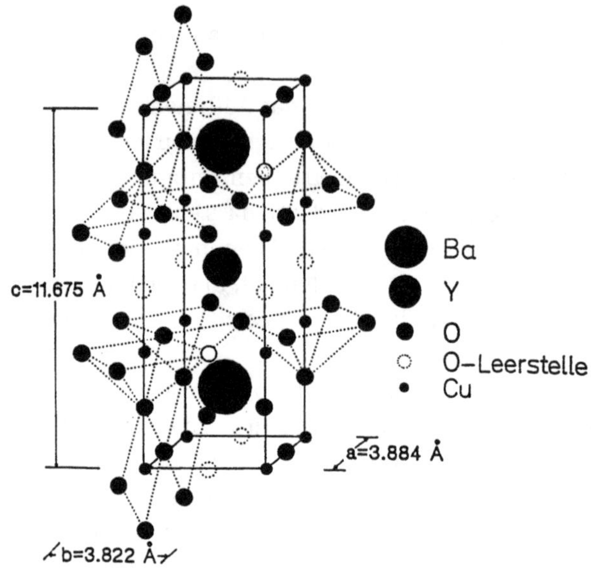

Abb. 3.4: Struktur des Hochtemperatursupraleiters $YBa_2Cu_3O_{7-x}$.

Die weitere Entwicklung keramischer Supraleiter basiert daher auf der Optimierung der elektronischen Eigenschaften der Umgebung des Kupfer-Ions, indem die Distanz zwischen den CuO_4-Quadraten durch Substitution von Ba^{2+} und Y^{3+} durch andere Kationen variiert wird. Auch die Periodizität der Sauerstoffdefektschichten kann somit manipuliert werden, was die Elementarzelle in *c*-Richtung stark streckt und die T_c steigert. Eine detaillierte Übersicht über die elektronischen Phänomene bei den einzelnen Bindungs- und Strukturtypen bietet Marouchkine [352] und leitet daraus Regeln für die Entwicklung von Raumtemperatur-Supraleitern ab. Entsprechende Verbindungen und ihre Sprungtemperaturen in Klammern sind etwa $Bi_2Sr_2Ca_2Cu_3O_{10-x}$ (110 K), $Tl_2Sr_2Ca_2Cu_3O_{10-x}$ (125 K), $Tl_5Ba_4Ca_2Cu_{10}O_{24-x}$ (233 K) oder $(Tl_4Ba)Ba_2Ca_2Cu_7O_{13-x}$ (254 K). Ende 2012 gelang mit der Verbindung $Tl_5Pb_2Ba_2Mg_{2,5}Cu_{8,5}O_{17+x}$ der Sprung über Raumtemperatur (30,5 °C), 2016 wurden mit $CdNbBa_9Cu_{10}O_{20+x}$ ein T_c = 64,4 °C und mit $Sn_5Te_5Ba_2VMg_{11}O_{22+x}$ sogar 110 °C erreicht. 2018 lag der Rekord mit $Sn_{12}SbTe_{11}Ba_2V_2Mg_{24}O_{50+x}$ sogar bei 216 °C. Dies war möglich, indem die quadratische CuO_4-Koordination durch MgO_4 ersetzt wurde und 22 solche Ebenen übereinander gestapelt werden konnten [353]. Der Rekord ist bis zur Herausgabe dieses Bandes trotz zahlreicher Versuche nicht übertroffen worden. Allerdings sind solche Substanzen bislang weder in reiner Form noch in größeren Mengen zu erhalten. Es handelt sich jeweils um einige Milligramm mit weiteren Phasen verunreinigten Materials, dessen Eigenschaften über Magnetisierungstests geprüft werden. Über kristallchemische Einzelheiten und Entwicklungsstrategien informiert Cava [354].

Neben den Perowskiten wurden parallel weitere Verbindungen auf Supraleitung bei höheren Temperaturen untersucht, so das MgB_2, welches wie TiB_2 und andere Übergangsmetallboride in der AlB_2 kristallisiert und ebenfalls eine Schichtstruktur mit alternierenden Metall- und Borschichten aufweist [355] (siehe Band 4), oder das $LuNi_2B_2C$ mit einer quadratischen LuC_4-Koordination. Allerdings besitzen diese Nichtoxide Sprungtemperaturen im Bereich klassischer metallischer Supraleiter.

Die generellen technischen Probleme dieser Werkstoffe liegen in der begrenzten Stromtragfähigkeit in einem Magnetfeld. So sinken sowohl Stromdichte [A/cm^2] mit zunehmender Feldstärke um mehrere Zehnerpotenzen ab, ebenso die Sprungtemperatur. Ferner ist es in der Praxis nicht ganz einfach, die Sauerstoffstöchiometrie richtig einzustellen.

Bei mehrphasigen keramischen Werkstoffen muss man auf den Einfluss des Gefüges achten, da die Menge, Größe und Orientierung der Phasen eine Rolle spielt, nachdem alle diese Schichtstrukturen zweidimensionale Supraleiter sind. Diese Abhängigkeiten sind bei entsprechenden Messungen zu beachten. Näheres über elektrische Messmethoden kann man bei Hecht [356], Blumenthal und Seitz [357] und in DIN 40685 [358] finden. Weitere Hinweise auf eine technologische Umsetzung sind in Band 4 gegeben.

3.2 Dielektrische Eigenschaften

Für das praktische Verhalten von Isolierstoffen sind neben der elektrischen Leitfähigkeit noch die dielektrischen Eigenschaften wichtig.

Die Ladung Q, die auf einem Kondensator gespeichert werden kann, hängt von der Kapazität C des Kondensators und der angelegten Spannung U ab.

$$Q = C \cdot U. \tag{3.6}$$

Für einen Plattenkondensator mit dem Elektrodenabstand d und der Elektrodenfläche A gilt im Vakuum

$$C^{\text{vak}} = \varepsilon_0 \cdot \frac{A}{d}, \tag{3.7}$$

wobei ε_0 die elektrische Feldkonstante darstellt ($\varepsilon_0 = 8{,}854 \cdot 10^{-12}\ \mathrm{C^2/m^2}$). Bringt man einen Stoff als Dielektrikum in einen Kondensator, so erhöht sich dessen Kapazität, was durch die Permittivitäts- oder Dielektrizitätskonstante ε_r gekennzeichnet wird.

$$C = \varepsilon_r \cdot C^{\text{vak}}. \tag{3.8}$$

Die Materialgröße ε_r liegt z. B. für Porzellan bei ca. 6, für Al_2O_3 bei 10 und für TiO_2 bei 100 (Raumtemperatur, 10^6 Hz), kann aber auch Werte >1000 erreichen (s. u.).

Einsetzen der Gl. (3.8) in die Gl. (3.6) und Umstellen ergibt:

$$\frac{Q}{A} = \varepsilon_0 \cdot \varepsilon_r \cdot \frac{U}{d}. \tag{3.9}$$

Die Flächenladungsdichte auf den Kondensatorplatten Q/A lässt sich durch die sog. *dielektrische Verschiebung* $D = Q/A$ ausdrücken und der Quotient U/d repräsentiert das elektr. Feld E

$$D = \varepsilon_0 \cdot \varepsilon_r \cdot E. \tag{3.10}$$

Diese Gleichung enthält keine Geometriegrößen mehr und gilt in ihrer allgemeinen vektoriellen Form

$$\vec{D} = \varepsilon_0 \cdot \varepsilon_r \cdot \vec{E}. \tag{3.11}$$

Die Ursache für die Kapazitätserhöhung durch Einfügen eines Dielektrikums in einen Kondensator liegt in der Verschiebung von Ladungen im Dielektrikum, d. h. einer *dielektrischen Polarisation* begründet. Im Gegensatz zum freien Ladungstransport, der zur elektrischen Leitfähigkeit beiträgt, ist die polarisationsbedingte Ladungsverschiebung lokal begrenzt. Die dielektrische Polarisation kann verschiedene Ursachen haben.

Für Keramiken ist am wichtigsten die *Ionenpolarisation*, bei der sich die Ionen im Feld etwas aus ihrer Gleichgewichtslage bewegen. Dazu kommt eine Deformation der Elektronenhülle gegenüber dem Kern, die *Elektronenpolarisation*. Neben der feldinduzierten, dielektrischen Polarisation kann die Ladungsverschiebung in einigen Materialien auch durch mechanischen Druck bzw. Zug (*piezoelektrisches Verhalten*) oder durch Temperaturänderung (*pyroelektrisches Verhalten*) verursacht werden. Um die Polarisation $\vec{P}$ unabhängig von ihrer Ursache zu berücksichtigen, wird Gl. (3.11) verallgemeinert zu

$$\vec{D} = \varepsilon_0 \cdot \vec{E} + \vec{P}, \tag{3.12}$$

wobei $\varepsilon_0 \cdot \vec{E}$ den Vakuumanteil an der dielektrischen Verschiebung und $\vec{P}$ den Materialfluss beschreibt. Für den hier betrachteten Fall der dielektrischen Polarisation in Kondensatordielektrika ist die Polarisation, wie bereits erwähnt, feldinduziert. Man schreibt

$$\vec{P} = \varepsilon \cdot \chi \cdot \vec{E} \tag{3.13}$$

mit der elektrischen Suszeptibilität $\chi = \varepsilon_r - 1$. Einsetzen der Gl. (3.13) in Gl. (3.12) führt zurück zur Beziehung (3.11).

Im Wechselfeld wird mit steigender Frequenz die Fähigkeit der Ionen geringer, dem Feld zu folgen, sodass mit steigender Frequenz die Permittivitätszahlen abnehmen.

Im Kondensator mit Dielektrikum beobachtet man weiterhin eine gegenüber dem Vakuumkondensator um den sog. Verlustwinkel δ verschobene Phase. Dieser kennzeichnet die durch die Bewegung der Ladungen eintretenden Verluste, die proportional tan δ, dem *dielektrischen Verlustfaktor* sind. Hierfür sind ebenfalls mehrere Erscheinungen verantwortlich. Bei sehr geringen Frequenzen können sie durch Leitungsverluste bei der Bewegung der Ionen durch das Gitter entstehen, was aber bereits bei 100 Hz vernachlässigbar ist. Dann werden die dielektrischen Verluste vor allem durch nur kurze Ionensprünge oder Ionenschwingungen hervorgerufen. Dabei kann es zu höheren Werten kommen, aber im Allgemeinen wird mit steigender Frequenz eine Abnahme von tan δ gefunden. So liegen die Verlustfaktoren für Raumtemperatur von Feldspatporzellan – Tonerdeporzellan – Sondersteatit für 50 Hz bei (in derselben Reihenfolge) 0,02–0,003–0,001 und sinken für 10^6 Hz auf etwa 0,01–0,002–0,0004. Im GHz-Bereich (d. h. >10^9 Hz) steigen die Verluste häufig wieder an (Mikrowellenverluste), da hier die Ausläufer der Resonanz der Ionenschwingungen im Infraroten wirksam werden [333]. Mit steigender Temperatur bringt die Erleichterung der Ionenbeweglichkeit eine Erhöhung von tan δ. Bei Porzellan steigt dabei im Temperaturbereich von 20 bis 100 °C bei 50 Hz der tan δ-Wert um das 5- bis 10-fache. Bei höheren Frequenzen ist der Anstieg geringer.

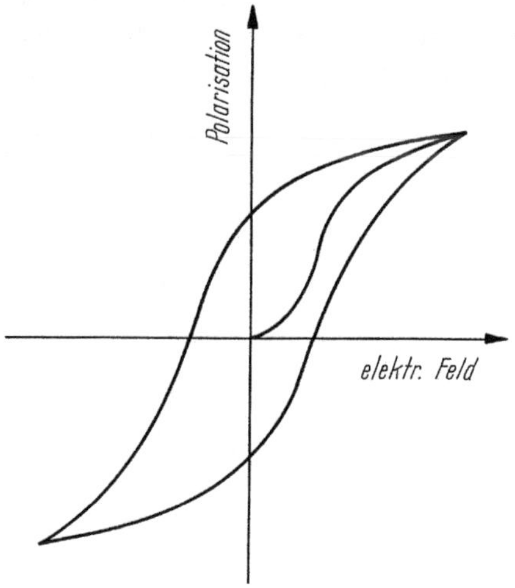

Abb. 3.5: Ferroelektrische Hysterese.

Bei der Untersuchung von Stoffen mit hoher Permittivitätszahl fand man beim (u. a.) $BaTiO_3$, dass die Polarisation mit steigendem Feld zunächst proportional ansteigt, der bald eine weitere spontane Polarisation folgt, die bei höherem Feld wieder abklingt (Abb. 3.5). Nach Abschalten des Feldes bleibt eine Restpolarisation, die sog. *remanen-*

te Polarisation P_r, zurück, die erst bei einem bestimmten Gegenfeld, der *Koerzitivfeldstärke* E_c, verschwindet. So entsteht eine Hysterese, wie sie ähnlich beim Ferromagnetismus beobachtet wird, weshalb man diese Erscheinung als *Ferroelektrizität* bezeichnet. Ferroelektrika sind allg. dadurch gekennzeichnet, dass die Polarisation von der elektrischen Vorgeschichte des Materials abhängt.

Die Ferroelektrizität ist eng mit der Kristallstruktur verbunden und wird besonders oft bei Verbindungen beobachtet, die ein Perowskitgitter (Abb. 2.13) haben. Im Idealfall, wenn die Ionen A und B im Gitter ABO_3 das richtige Größenverhältnis haben, ergibt sich eine kubische Modifikation, z. B. beim $SrTiO_3$ bei Raumtemperatur. $BaTiO_3$ zeigt eine kubische Struktur nur oberhalb 120 °C, während bei tieferen Temperaturen durch das zu große Ba-Ion eine Dehnung hervorgerufen wird, wobei bis 0 °C eine tetragonale, darunter eine orthorhombische und schließlich eine monokline Struktur stabil ist. Dieses Verhalten zeigt Abb. 3.6 nach McQuarrie [359], der die Angaben mehrerer Autoren zusammengefasst hat, was auch für Abb. 3.6 und 3.7 gilt. Eine anschauliche Deutung der Ferroelektrizität kann man von der tetragonalen Struktur ableiten, in der in Richtung der verlängerten *c*-Achse im Ti-Ion zwei gleichwertige Lagen etwas außerhalb des Mittelpunkts zur Verfügung stehen. Durch das Feld findet eine Ausrichtung der Ti-Ionen statt, wobei in bestimmten Bereichen, sog. *Domänen* (Größenordnung 1 µm), durch eine gegenseitige Beeinflussung eine einheitliche Orientierung der induzierten Dipole hervorgerufen wird. Die hohe Polarisation ist die Ursache für die hohen ε-Werte. Sie ist jedoch an die Kristallstruktur gebunden. Beim Übergang in andere Strukturen beobachtet man Extremwerte von ε. Im kubischen $BaTiO_3$-Gitter ist Ferroelektrizität nicht mehr möglich. Wiederum in Analogie zum Magnetismus bezeichnet man die Grenztemperatur als *Curie-Temperatur*. Die Temperaturabhängigkeit der ε-Werte von $BaTiO_3$ bringt Abb. 3.7. Danach gibt es Bereiche, in denen ε mit steigender Temperatur ab- bzw. zunimmt.

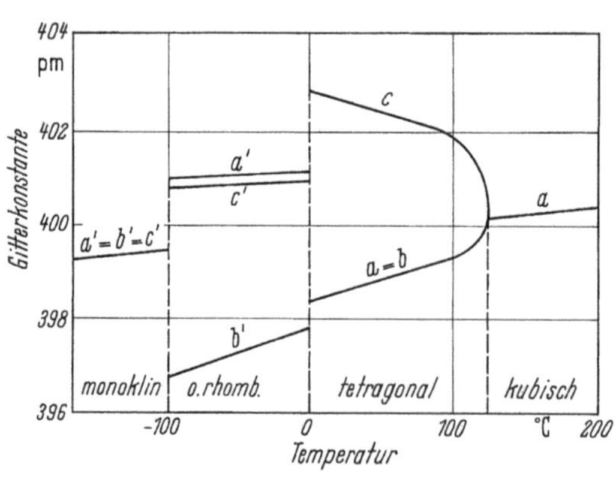

Abb. 3.6: Temperaturabhängigkeit der Gitterkonstanten von $BaTiO_3$.

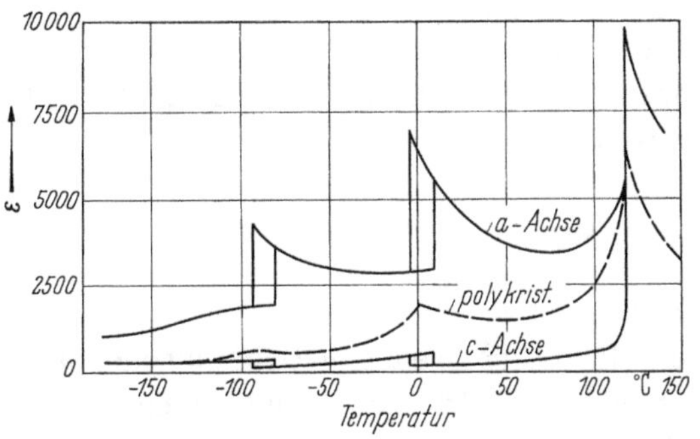

Abb. 3.7: Temperaturabhängigkeit der Permittivitätszahl ε von $BaTiO_3$ als Einkristall (—) und polykristalline Keramik (---).

Ähnliche Erscheinungen hat man auch bei anderen Titanaten und bei den verwandten Zirconaten gefunden. Ebenfalls wurden sie bei Strukturen ABO_3 festgestellt, bei denen A und B andere Wertigkeiten als beim Perowskit haben, z. B. Niobate und Tantalate. Die Werte für ε und die Curie-Temperatur liegen dann anders. Eine weitere Variationsmöglichkeit ergibt sich durch Mischkristallbildung.

Abb. 3.8 zeigt, dass man dadurch bestimmte Curie-Temperaturen einstellen kann. Es gibt aber auch Verbindungen, in denen die Dipolmomente antiparallel ausgerichtet sind, sodass sich ihre Wirkungen aufheben. Dies wird als *Antiferroelektrizität* bezeichnet.

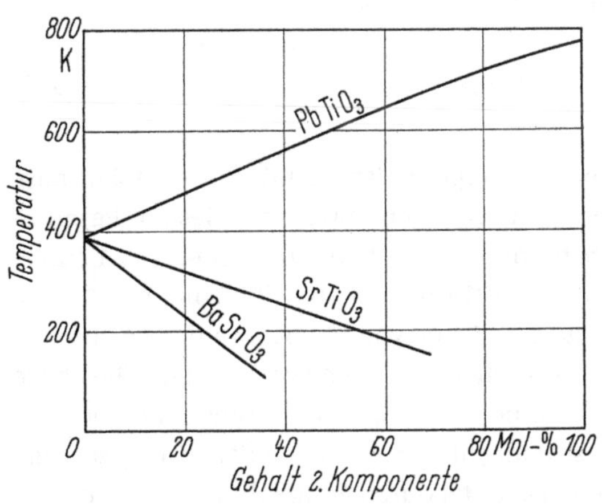

Abb. 3.8: Änderung der ferroelektrischen Curie-Temperatur von $BaTiO_3$-haltigen Mischkristallen.

Eng verknüpft mit den ferroelektrischen Eigenschaften ist das Auftreten der *Piezoelektrizität*, die an Kristalle ohne Symmetriezentrum gebunden ist, z. B. Quarz, aber bei ferroelektrischen Substanzen besonders deutlich wird.

Sie beruht darauf, dass bei mechanischer Spannung σ_M (d. h. bei Druck oder Zug) in Richtung der polaren Achse entgegengesetzte Ladungen an den Enden des Kristalls auftreten. Für die piezoelektrisch bedingte Polarisation gilt

$$\vec{P} = d \cdot \vec{\sigma}_M \tag{3.14}$$

mit der tensoriellen piezoelektrischen Konstanten d.

Umgekehrt stellt man daher in einem elektrischen Feld eine Dehnung oder Stauchung fest. Ausgehend vom $BaTiO_3$ wurden piezoelektrische Keramiken entwickelt. Ein polykristallines Material hat zunächst keine Vorzugsrichtung. Sie kann aber erzeugt werden, wenn man in einem elektrischen Feld unter die Curie-Temperatur abkühlt. Besonders bewährt haben sich $Pb(Ti,Zr)O_3$-Mischkristalle, die auch als *PTZ-Keramik* bezeichnet werden. Durch die vielfältigen Möglichkeiten der Mischkristallbildungen lassen sich die Eigenschaften weit variieren.

Die Eigenschaften ferroelektrischer Werkstoffe sind stark vom *Gefüge* abhängig, wobei vor allem Korngrößen- und Korngrenzeneinflüsse bestehen, worauf u. a. Jonker [360], Heywang [361] und Arlt [362] hingewiesen haben. Dies ist leicht verständlich, wenn man bedenkt, dass die Ferroelektrizität an das Vorhandensein von Domänen gebunden ist. Bei sehr feinkörnigem Material verschwindet diese Eigenschaft während gleichzeitig die Permittivitätszahl ansteigt, z. B. beim $BaTiO_3$ von 1200 beim grobkristallinen Material bis auf über 4000 beim sehr feinkörnigen $BaTiO_3$. Mit abnehmender Korngröße sinkt die remanente Polarisation, die Hysterese (Abb. 3.5) wird flacher.

Bei Berechnung der Permittivitätszahl ε eines Mehrkomponentenkörpers kann in guter Näherung nach der logarithmischen Mischungsregel

$$\lg \varepsilon = \sum_i V_i \lg \varepsilon_i \tag{3.15}$$

erfolgen, in der V_i die Volumenanteile der Komponenten i sind. Daraus folgt, dass schon geringe Anteile einer Komponente mit geringem ε-Wert die Gesamt-Permittivitätszahl stark erniedrigen. Das gilt insbesondere für Poren, bei denen $\varepsilon = 1$ eingesetzt werden kann. Bei einer Substanz mit $\varepsilon = 100$ ruft eine Porosität von 1 Vol.-% eine Erniedrigung auf $\varepsilon = 95{,}5$, von 5 Vol.-% auf $\varepsilon = 89$ und von 10 Vol.-% auf $\varepsilon = 63$ hervor.

Die dielektrischen Verluste werden wesentlich durch eine vorhandene Glasphase bestimmt, deren Alkaliionen sie deutlich erhöhen. Will man Produkte mit geringen dielektrischen Verlusten herstellen, muss man entweder den Gehalt an Glasphase gering halten und/oder die alkalihaltigen Flussmittel durch erdalkalihaltige ersetzen.

In glasphasenfreien keramischen Produkten reichern sich die meist nicht zu vermeidenden Verunreinigungen in den Korngrenzen an. Das kann bei Produkten mit geringer Leitfähigkeit zu deren Erhöhung führen, besonders bei höheren Temperaturen. Ist die Hauptphase ein Halbleiter, kann aber auch der gegenteilige Effekt eintreten. Im Wechselfeld können durch die Fremdsubstanz in den Korngrenzen Polarisationserscheinungen auftreten, die sich besonders bei Halbleitern mit einer Substanz geringerer Leitfähigkeit in den Korngrenzen bemerkbar machen können, indem bei niedrigen Frequenzen eine Erhöhung der Permittivitätszahl auftritt und der Verlustfaktor bei einer bestimmten Frequenz ein Maximum zeigt.

Die Abhängigkeit der Zusammensetzung der nichtstöchiometrischen Verbindungen von der Atmosphäre wurde schon erwähnt. Ähnliches gilt für die Ferrite. Jeder Temperatur entspricht ein bestimmter Gleichgewichtszustand, sodass ebenfalls eine Abhängigkeit der Eigenschaften von der Abkühlgeschwindigkeit besteht. Diese wirkt sich auf die Eigenschaften aus, die von bestimmten Orientierungen oder Ordnungs–Unordnungs-Erscheinungen in der Struktur abhängen.

4 Magnetische Eigenschaften

Bearbeitet von V. A. M. Brabers, Eindhoven

Wie eingangs bei der Erläuterung des Aufbaus der Atome in Band 1 angeführt, kann jedes Elektronenniveau zwei Elektronen aufnehmen, deren Spins entgegengesetzt sind, sodass sich deren magnetische Momente kompensieren. Alle Substanzen, die aus Ionen aufgebaut sind, deren Elektronenzahl gerade ist und die paarig angeordnet sind, sind daher *diamagnetisch*. Dies gilt insbesondere für Ionen mit Edelgasschalen, z. B. Si^{4+}, Al^{3+}, Ca^{2+}, K^{+}, O^{2-}, weshalb die meisten keramischen Produkte diamagnetisch sind.

Ionen mit Elektronenniveaus, die nur von einem Elektron besetzt sind, zeigen in einem magnetischen Feld eine Ausrichtung der freien magnetischen Momente und sind daher *paramagnetisch*. Man findet sie unter den Übergangselementen, die nicht voll besetzte innere Schalen haben. Die Anzahl der ungepaarten Elektronen beträgt z. B. bei Cu^{2+} 1, Ni^{2+} 2, Co^{2+} und Cr^{3+} 3, Fe^{2+} 4 und Fe^{3+} und Mn^{2+} 5. Diese Anzahlen entsprechen also den jeweiligen Anzahlen an magnetischen Momenten bzw. *Bohrschen Magnetons*, wie sie auch genannt werden.

In einem magnetischen Feld ist bei paramagnetischen Stoffen die Magnetisierung M (bzw. magnetische Polarisation J, mit $J = \mu_0 \cdot M$) proportional der angelegten Feldstärke H:

$$\vec{H} = \chi_m \cdot \vec{M} = \mu_0 \cdot \chi_m. \tag{4.1}$$

In Gl. (4.1) ist χ_m die magnetische Suszeptibilität des Materials und μ_0 die magnetische Feldkonstante ($\mu_0 = 1{,}26 \cdot 10^{-6}$ V s/A m). Gl. (4.1) entspricht somit formal Gl. (3.11) in der Beschreibung dielektrischer Materialien.

Man kennt einige Stoffe, Eisen z. B. schon seit Langem, bei denen mit steigender magnetischer Feldstärke eine spontane Magnetisierung erfolgt, die dann mit weiterer Feldstärke in die Sättigungsmagnetisierung übergeht. Beim Abschalten des Feldes verbleibt eine gewisse Restmagnetisierung, die *Remanenz* M_r, zu deren Verschwinden man ein bestimmtes Gegenfeld, die *Koerzitivkraft* H_c, anlegen muss. Die dabei sich ergebende Hysterese entspricht der von Abb. 3.5. Diese Erscheinung wird als *Ferromagnetismus* bezeichnet. Sie ist dadurch bedingt, dass in kleinen Kristallbereichen (Domänen = *Weißsche Bezirke*, Größenordnung 1 µm) durch gegenseitige Beeinflussung eine parallele Ausrichtung der magnetischen Momente erfolgt (sog. Austauschwechselwirkung). Im Feld tritt eine Orientierung dieser Bezirke ein, wobei sich die Übergangsbereiche zwischen den Weißschen Bezirken, die *Blochwände*, verschieben können.

Dieser Orientierung steht die thermische Bewegung entgegen, d. h., mit steigender Temperatur nimmt die Magnetisierung ab, um bei der Curie-Temperatur Null zu werden. Oberhalb ist dann nur noch Paramagnetismus vorhanden.

https://doi.org/10.1515/9783110742374-005

Nach der oben in vereinfachter Form geschilderten Ursache des Ferromagnetismus muss dieser nicht auf Metalle beschränkt bleiben, sondern wird immer dann auftreten, wenn zwischen den für den Magnetismus verantwortlichen Ionen eine Wechselwirkung derart möglich ist, dass eine gegenseitige Beeinflussung der magnetischen Momente erfolgt. Das erfordert eine bestimmte Lage der Ionen im Gitter, d. h., dass sie von der Struktur abhängig sein wird. Direkte Nachbarschaft dieser Ionen ist in keramischen Stoffen nicht möglich. Es besteht aber z. B. über ein O^{2-}-Ion, das den Koordinaten beider Ionen gleichzeitig angehört, eine gewisse Wechselwirkung, d. h., auch bei keramischen Stoffen ist mit Ferromagnetismus zu rechnen. Zusammenfassende Darstellungen haben Smit und Wijn [363], Blasse [364], Brockman [365], Standley [366] und Heimke [367] gegeben, wobei Letzterer auch auf Messmethoden hinweist.

Reiner Ferromagnetismus wird in Nichtmetallen relativ selten beobachtet. Ein Beispiel ist das in der Steinsalzstruktur kristallisierende Europiumoxid EuO. Die Ursache für das seltene Auftreten liegt in dem Wechselwirkungsmechanismus, der bei einfachen Strukturen meist zu einer antiparallelen Orientierung der Spinmomente führt. Diese Erscheinung bezeichnet man als *Antiferromagnetismus*. Sie ist zuerst beim MnO beobachtet worden, das Steinsalzstruktur hat, und tritt auch z. B. beim FeO und NiO mit derselben Struktur und in vielen anderen Strukturen auf. Auch hier gibt es eine Temperatur, oberhalb der nur noch Paramagnetismus vorliegt. Sie wird als *Néel-Temperatur* bezeichnet. Im Gegensatz zum Ferromagnetismus nimmt beim Antiferromagnetismus mit sinkender Temperatur die Magnetisierung ab.

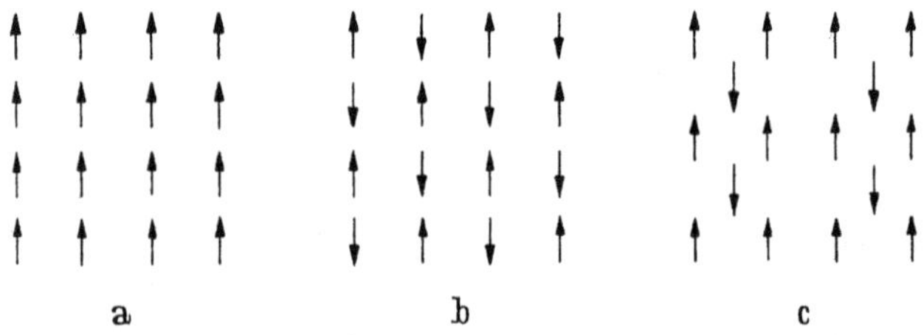

Abb. 4.1: Schematische Darstellung der Orientierung der magnetischen Spinmomente in ferromagnetischen (a), antiferromagnetischen (b) und ferrimagnetischen (c) Strukturen.

Abb. 4.1 zeigt schematisch in (a) und (b) die Spinanordnungen in ferro- und antiferromagnetischen Strukturen. Dazu kommt in (c) eine weitere Möglichkeit, die dann zu beobachten ist, wenn in der Struktur unterschiedliche Lagen für die Kationen vorhanden sind. Für solche Strukturen nimmt man nach Néel [368] an, dass die gegenseitige Wechselwirkung dazu führt, dass die Momente in jeweils gleichen Lagen in einem Untergitter parallel, aber die in verschiedenen Untergittern antiparallel orientiert sind. Wenn die Besetzungszahl der Untergitter unterschiedlich ist, und/oder die Ionen verschiedene magnetische Momente haben, resultiert ein Gesamtmoment. Man bezeichnet diese Erscheinung im Gegensatz zum Ferromagnetismus als *Ferrimagne-*

tismus. Diese Bezeichnung hat keinen Zusammenhang mit der alten Benennung der Fe^{3+}- und Fe^{2+}-Ionen als Ferro- und Ferri-Ionen.

Eine typische Struktur mit unterschiedlichen Atomlagen für die Kationen ist das Spinellgitter AB_2O_4, bei dem auch die magnetischen Eigenschaften keramischer Stoffe am besten untersucht sind. Nach Band 1 enthält die Elementarzelle 32 O^{2-}-Ionen in dichtester Packung. Im normalen Spinell befinden sich die 16 B-Ionen in oktaedrischen und die 8 A-Ionen in tetraedrischen Lücken. Dies gilt z. B. für den klassischen Spinell $MgAl_2O_4$, der aber wegen der Edelgaskonfiguration aller Ionen diamagnetisch ist.

Bei anderen Spinellen beobachtet man einen Austausch eines Teils der dreiwertigen B-Ionen mit den zweiwertigen A-Ionen in ihren Lagen bis zum Grenzfall $B(AB)O_4$, wobei hier und im Folgenden die zuerst stehenden Kationen sich in tetraedrischer, die danach stehenden in oktaedrischer Lage befinden. Diese Austauschspinelle werden auch Inversspinelle genannt. Die Inversionszahl λ ist dann das Verhältnis der B-Ionen in Tetraederkoordination zur Gesamtzahl der B-Ionen. Die Normalspinelle haben $\lambda = 0$, die reinen Austauschspinelle $\lambda = 0{,}5$. Dazwischen findet man alle Übergänge mit der allgemeinen Formel

$$(A_{1-x}B_x)(A_xB_{1-x}), \quad \text{worin } x = 2\lambda.$$

Die Besetzung wird durch die Art der Kationen bestimmt. B = Al oder Cr, also Aluminate oder Chromite ergeben normale Spinelle, während bei B = Fe^{3+}, den Ferriten, eine Abhängigkeit vom Kation A besteht. Da der Ionenradius der betreffenden zweiwertigen Kationen meist größer als der der dreiwertigen Kationen ist, bevorzugen Erstere die größere Oktaederlücke, d. h., die Austauschspinelle sind begünstigt. Man findet sie z. B. mit A = Fe^{2+}, Co^{2+} und Ni^{2+}, während teilweiser Austausch mit A = Mn^{2+} angenommen wird. Mit A = Mg^{2+} und Cu^{2+} hängt A von der Vorbehandlung ab. Normale Spinelle treten mit A = Zn^{2+} oder Cd^{2+} auf.

Wegen der hohen Zahl 5 der magnetischen Momente beim Fe^{3+} sind die Ferrite für die Keramik besonders interessant. Der Begriff „Ferrite“ hat in der Zwischenzeit eine Erweiterung erlebt und wird jetzt allgemein für magnetische Oxide verwandt. Bei den Spinellen ist der Begriff Ferrospinelle klarer.

Die strukturellen Grundlagen erlauben jetzt Aussagen über die Art und Größe des Magnetismus, wenn man zugrunde legt, dass die Momente in den Untergittern jeweils parallel, aber in tetraedrischen und oktaedrischen Untergittern antiparallel orientiert sind. Einige Beispiele enthält Tabelle 4.1, deren erste Zeile den Normalspinell $ZnFe_2O_4$ bringt, in dem die Fe^{3+}-Ionen sich nur in den oktaedrischen Lagen befinden. Die magnetischen Momente orientieren sich dort antiparallel, d. h., es tritt Antiferromagnetismus auf, der allerdings die sehr tiefe Néel-Temperatur von nur 9 K zeigt. Die nächsten drei Zeilen der Tabelle 4.1 zeigen die Werte für vollkommene Austauschspinelle, während in den beiden folgenden Spinellen der Austausch nur teilweise erfolgt ist. Man kann erkennen, dass die Übereinstimmung zwischen berechneten und experimentellen magnetischen Momenten recht gut ist.

Tab. 4.1: Kationenverteilung und magnetische Momente von Ferriten mit Spinellstruktur.

Ferrit	Kationenverteilung (Tetr.)(Okt.$_2$)O$_4$	Inversionszahl λ	Magnetische Momente der		Resultierendes magnetisches Moment	
			tetraedrischen Ionen	oktaedrischen Ionen	theoretisch	beobachtet
$ZnFe_2O_4$	$ZnFe_2O_4$	0	0	0 (antiferro-magnetisch)	0	0
Fe_3O_4	$Fe^{3+}(Fe^{2+}Fe^{3+})O_4$	0,5	5	4+5	4	4,1
$CoFe_2O_4$	$Fe^{3+}(Co^{2+}Fe^{3+})O_4$	0,5	5	3+5	3	3,7
$NiFe_2O_4$	$Fe^{3+}(Ni^{2+}Fe^{3+})O_4$	0,5	5	2+5	2	2,3
$MnFe_2O_4$	$(Mn^{2+}_{0,86}Fe^{3+}_{0,14})(Mn^{2+}_{0,14}Fe^{3+}_{1,86})O_4$	0,07	(0,86+0,14)·5	5	4,6	
$MgFen_2On_4$	$(Mg^{2+}_{0,1}Fe^{3+}_{0,9})(Mg^{2+}_{0,9}Fe^{3+}_{1,1})O_4$	0,45	0,9·5	1,1·5	1	1,1
$Ni_{0,8}Zn_{0,2}Fe_2O_4$	$(Zn^{2+}_{0,2}Fe^{3+}_{0,8})(Ni^{2+}_{0,8}Fe^{3+}_{1,2})O_4$	0,4	0,8·5	0,8·2+1,2·5	3,6	3,8
$Ni_{0,6}Zn_{0,4}Fe_2O_4$	$(Zn^{2+}_{0,4}Fe^{3+}_{0,6})(Ni^{2+}_{0,6}Fe^{3+}_{1,4})O_4$	0,3	0,6·5	0,6·2+1,4·5	5,2	5,1
$Ni_{0,4}Zn_{0,6}Fe_2O_4$	$(Zn^{2+}_{0,6}Fe^{3+}_{0,4})(Ni^{2+}_{0,4}Fe^{3+}_{1,6})O_4$	0,2	0,4·5	0,4·2+1,6·5	6,8	5,2

Neben diesen Spinellen mit nur zwei Kationen besteht eine große Vielfalt in der Bildung von Mischkristallen. Ein besonders interessantes Beispiel sind nach Guillaud [369] die Mischkristalle aus dem ferrimagnetischen $NiFe_2O_4$ mit dem nichtmagnetischen $ZnFe_2O_4$, die in den letzten Zeilen der Tabelle 4.1 angeführt sind. Die Bevorzugung der tetraedrischen Koordination durch das Zn-Ion hat zur Folge, dass die entsprechende Anzahl Fe^{3+}-Ionen in die oktaedrische Lage gedrängt wird, wodurch sich die Inversionszahl erniedrigt und das magnetische Moment erhöht. Die Einführung einer nichtmagnetischen Komponente kann daher die magnetischen Eigenschaften verbessern. Tabelle 4.1 zeigt aber, dass dieser Effekt nicht beliebig weit geht, sondern dass etwa ab dem Molverhältnis 1:1 die experimentellen Werte wieder absinken.

Die Eigenschaften der Spinelle wurden nach vielen Methoden untersucht. Wertvolle Aussagen erhält man aus der Temperaturabhängigkeit der magnetischen Momente. Da auch der Ferrimagnetismus an eine Ordnung in der Struktur gebunden ist und steigende Temperatur dieser entgegenwirkt, beobachtet man bei steigender Temperatur eine Abnahme der magnetischen Momente und kommt schließlich zu einer Temperatur, wo der Ferrimagnetismus verschwindet. Sie wird ebenfalls als Curie-Temperatur bezeichnet und hängt ab von der Wechselwirkung zwischen den Ionen und deren Verteilung. Sie liegt bei den Ferriten zwischen 300 und 700 °C.

Magnetische keramische Stoffe hat man auch bei Verbindungen gefunden, die eine andere als Spinellstruktur haben. In der *Perowskitstruktur* ABO_3 fanden Jonker und van Santen [370] Ferromagnetismus bei den *Manganiten* mit $B = Mn^{3+}$ oder Mn^{4+}, der auf einer parallelen Orientierung der Momente dieser Kationen beruht. Ihre Curie-Temperaturen sind allerdings sehr gering, kommen aber in Bereiche bis zu 100 °C bei Mischkristallen von $La^{3+}Mn^{3+}O_3$ mit Erdalkalimanganiten des Typs $R^{2+}Mn^{4+}O_3$. Ähnliches gilt für die Cobaltite mit Co statt Mn.

In den 90er Jahren haben die *Manganite* eine große Aufmerksamkeit erfahren aufgrund der außerordentlich großen Abhängigkeit des elektrischen Schichtwiderstandes von einem äußeren Magnetfeld (CMR-Effekt, engl.: *CMR = Colossal Magneto Resistance*).

In der kubischen Granatstruktur $A_3^{2+}B_2^{3+}C_3^{4+}O_{12}$(z. B. Grossular $Ca_3Al_2[SiO_4]_3$) sind drei Untergitter vorhanden: A in KZ8, B in KZ6 und C in KZ4. Durch geeignete Substitution ist es möglich, Si-freie Granate herzustellen, von denen sich Yttriumeisengranat $Y_3Fe_5O_{12} = Y_3^{3+}Fe_2^{3+}Fe_3^{3+}O_{12}$ nach Bertaut und Forret [371] als ferrimagnetisch erwies. Während das Y^{3+}-Ion diamagnetisch ist, sind die Momente der Fe^{3+}-Ionen in den tetraedrischen und oktaedrischen Lagen antiparallel ausgerichtet. Das resultierende magnetische Moment ist in Übereinstimmung damit von Geller und Gilleo [372] zu 5 gemessen worden. Durch Substitution der Ionen dieser Verbindung kann man das magnetische Verhalten gezielt beeinflussen.

Eine weitere wichtige Gruppe sind die von Went u. M. [373] und Jonker u. M. [374] beschriebenen Ferrite aus dem System $BaO–MeO–Fe_2O_3$. Die wichtigsten Verbindungen davon werden wie folgt bezeichnet: $BaFe_{12}O_{19} = M$, $BaMe_2Fe_{16}O_{27} = W$,

$Ba_2Me_2Fe_{12}O_{22}$ = Y und $Ba_3Me_2Fe_{24}O_4$ = Z. Ihre Strukturen bestehen aus Spinellschichten, die durch Ba-haltige Schichten getrennt sind. Da sich für M, W und Z eine hexagonale, für Y eine trigonale Struktur ergibt, bezeichnet man die ganze Gruppe auch als hexagonale Ferrite. Manchmal wird auch der Begriff *Magnetoplumbite* gebraucht, da die M-Struktur mit der des Minerals Magnetoplumbit übereinstimmt, das die ideale Formel $PbO{\cdot}6Fe_2O_3$ hat. In der Elementarzelle des Magnetoplumbits befinden sich 24 Fe^{3+}-Ionen, die, wenn sie einheitlich parallel ausgerichtet wären, $24 \cdot 5 = 120$ Bohrsche Magnetons ergeben müssten, während experimentell nur 40 gemessen wurden. Dies lässt sich strukturell erklären, denn die Fe^{3+}-Ionen haben fünf unterschiedliche Lagen, bilden also fünf Untergitter. Drei davon mit 2 + 2 + 12 Fe^{3+}-Ionen sind parallel, die anderen beiden mit 4 + 4 Fe^{3+}-Ionen antiparallel dazu ausgerichtet, sodass die magnetischen Momente von 8 Fe^{3+}-Ionen, also $8 \cdot 5 = 40$, resultieren. Durch geeignete Wahl von Me und weitere Substitutionen hat man ferromagnetische Verbindungen mit sehr hohen Sättigungsmagnetisierungen gefunden, die sich vor allem für Hartmagnete bewährt haben.

Unter *Hart- oder Permanentmagneten* versteht man solche Stoffe, die sich nicht leicht entmagnetisieren lassen, was gleichbedeutend mit einer hohen Koerzitivkraft ist. Weichmagnetische Stoffe lassen sich dagegen schon durch schwache Felder magnetisieren und verlieren beim Abschalten des Feldes ihre Magnetisierung spontan ganz oder weitgehend, d. h., ihre Hystereseschleife ist im Gegensatz zu der der Hartmagnete eng und ihre Magnetisierungsarbeiten sind gering. Für das harte bzw. weiche magnetische Verhalten sind im Wesentlichen die *Kristallanisotropie* des Materials und die *Blochwandbeweglichkeit* maßgeblich. Die Kristallanisotropie beruht auf der Tatsache, dass ohne äußeres Magnetfeld der Magnetisierungsvektor in einem gegebenen Kristall nur bestimmte Gleichgewichtslagen in Bezug auf das Kristallgitter einnehmen kann (sog. *leichte Richtungen*, d. h. Kristallrichtungen der leichten Magnetisierung). Im hexagonalen Kristall ist meist die *c*-Achse die leichte Richtung. Um die Magnetisierung von einer gegebenen Richtung in die entgegengesetzte Richtung zu klappen, ist häufig eine erhebliche, materialspezifische Energie nötig. In kubischen Kristallen gibt es eine größere Anzahl kristallographisch äquivalenter Positionen, die Anisotropieenergien sind meist recht klein.

Die Vergrößerung und Verkleinerung von Weißschen Bezirken ist immer mit einer Verschiebung der Blochwände verbunden. Die Blochwandbeweglichkeit wird durch die Energie bestimmt, mit der Blochwände an Haftstellen (oder Pinningzentren) im Material festgehalten werden.

Weichmagnetisches Verhalten tritt in Keramiken auf, bei denen gleichzeitig die Anisotropieenergie niedrig und die Blochwandbeweglichkeit hoch ist. Dies ist typischerweise bei Ferriten vom kubischen Spinelltyp der Fall. Die Zusammensetzung kann in einigen Fällen dergestalt optimiert werden, dass der Materialkoeffizient der Anisotropie (für eine gegebene Temperatur) einen Nulldurchgang zeigt und demgemäß die Anisotropieenergie verschwindet.

Hartmagnetisches Verhalten findet man in Keramiken mit uniaxialen Kristallstrukturen (wie z. B. den hexagonalen Ferriten), in denen die Anisotropieenergie hoch ist. Die Blochwandbeweglichkeit kann durch die Einführung stabiler Pinningzentren (Ausscheidungen, Versetzungen, u. a.) verringert werden.

Das eben erwähnte Verhalten wird nicht nur von der Kristallstruktur bzw. vom Chemismus bestimmt, sondern auch von den Brennbedingungen und vom Gefüge. Hier sei kurz darauf verwiesen, dass wegen der Wichtigkeit der Wertigkeitsstufen ein Einfluss des Sauerstoffpartialdrucks beim Brennen sofort verständlich ist. Beim Gefügeeinfluss sind vor allem Korngröße, Korngrenzen und Porosität zu beachten, wozu Jonker [375] einige Hinweise gibt. Mit steigender Korngröße wächst die Anfangspermeabilität, was Röss und Hanke [376] und Stuijts [377] im Zusammenhang mit weiteren Gefügeeinflüssen herausstellen. Igarashi und Okazaki [378] zeigen am Beispiel des $Ni_{0,4}Zn_{0,6}Fe_2O_4$, dass gleichzeitig die Koerzitivkraft sinkt, während die Remanenz unverändert bleibt. Dieser Einfluss auf die Koerzitivkraft ist für die Herstellung von Hartmagneten wichtig, die eine hohe Koerzitivkraft, also kleine Korngröße benötigen. Wenn die Einzelkörner sehr klein (um 1 µm) werden, dann bestehen sie nur noch aus einem Weißschen Bezirk, und die leichte Entmagnetisierungsmöglichkeit durch Verschieben der Blochwände ist nicht mehr gegeben. Noch erwähnt sei, dass nach Igarashi und Okazaki [378] steigende Porosität die Anfangspermeabilität und die Remanenz absinken lässt, während die Koerzitivkraft davon unbeeinflusst bleibt.

Während der Magnetisierung tritt meist eine Längenänderung ein, die als *Magnetostriktion* bezeichnet wird und in den piezomagnetischen Stoffen genutzt wird. In der Regel werden die Kristalle etwas kürzer, bis zu etwa $\Delta l/l_0 = 100 \cdot 10^{-6}$, aber auch Dehnungen bis zu $50 \cdot 10^{-6}$ werden beobachtet. Bei letzterer Erscheinung tritt erneut die Verwandtschaft zwischen dielektrischem und magnetischem Verhalten hervor, bedingt durch verwandtes Verhalten der elektrischen und magnetischen Dipole. Es entsprechen damit die elektrische Feldstärke der magnetischen Feldstärke, die elektrische Verschiebung der magnetischen Induktion oder die Permittivitätszahl der Permeabilität. Die Ausrichtung der Momente in den Domänen findet man sowohl bei der Ferroelektrizität wie beim Ferromagnetismus. Es sind jedoch auch Unterschiede zu beachten, denn piezoelektrische Stoffe zeigen Ferroelektrizität, aber piezomagnetische Stoffe Ferrimagnetismus.

5 Optische Eigenschaften

Bearbeitet von R. Telle, Aachen

Die optischen Eigenschaften eines Stoffes beruhen auf seiner Wechselwirkung mit Licht. Diese Wechselwirkungen können sich im ganzen Volumen oder nur an Ober- bzw. Grenzflächen abspielen. Im Einzelnen besteht eine starke Abhängigkeit dieser Eigenschaften von der Wellenlänge des Lichts, was man sowohl für bestimmte technische Effekte nutzen kann als auch zur Identifizierung der Stoffe selbst. Da nichtmetallisch-anorganische Werkstoffe gegenüber den Metallen keine freien Elektronen in ihren Strukturen aufweisen, sind sie je nach Absorptionsvermögen farblos bis gefärbt und transluzent (durchscheinend) bis transparent (durchsichtig). Hieraus ergeben sich zahlreiche Anwendungen in Optik, Mikroskopie und Lasertechnik und gerade in neuerer Zeit für polykristalline Keramiken in der Wehrtechnik und Hochtemperaturtechnik als harte, abrasionsbeständige und feuerfeste Fenstermaterialien.

Die fundamentalen Prinzipien der Wechselwirkung zwischen Lichtwellen und Materie basieren klassischerweise auf der einfachen geometrischen Beschreibung des Weges von Lichtstrahlen durch Materie hindurch und stammen von Snellius (1591–1662), Huygens (1629–1695), Newton (1643–1727), Fresnel (1788–1827), Foucault (1819–1868) und vielen anderen Forschern. Ein vertieftes physikalisches Verständnis der Wechselwirkung elektromagnetischer Wellen mit Materie wurde durch die Theorie der Wellenmechanik (Maxwell, 1831–1879) erreicht und durch die Quantenmechanik (1915–1930: Wien, Planck, Bohr, Schrödinger, Heisenberg, später Quantenelektrodynamik von Feynman) unter Einbeziehung des Dualismus von Wellen- und Teilchencharakters der Photonen auf der Ebene von Atomen und ihrer elektronischen Zustände vervollkommnet.

Abbe, Schott und Zeiss verwirklichten auf der Basis der klassischen Wellentheorie die Herstellung der ersten kommerzialisierbaren Mikroskope mittels spezieller Gläser und Einkristalle von hervorragender Präzision und Oberflächengüte und gezielt eingestellten Brechungsindizes. Ihnen sind auch die Entwicklung und die Serienproduktion der ersten Durchlichtpolarisationsmikroskope mit Zubehör zu verdanken.

Die auf den klassischen Arbeiten von Planck, Wien, Beer, Lambert, Lorentz, Lorenz, Berek u. v. a. basierende Strahlungsphysik sowie das Verständnis der optischen Eigenschaften der Materie sind seither sowohl durch die Quantenmechanik als auch durch die Spektroskopie wesentlich weiterentwickelt worden. Allerdings bedingen solche atomistischen Ansätze eine große Komplexität, wenn Messergebnisse quantitativ verstanden werden sollen. So sind bereits die Beschreibung der Einflüsse des Ligandenfeldes durch färbende Spurenelemente, also der elektronischen Umgebung von Ionen in Kristallen, oder der Übergang vom Lambertschen zum Nicht-Lambertschen Strahler eine Herausforderung. Dabei werden abgesehen von diesen strukturellen Faktoren andere materialtechnische Eigenschaften ideali-

https://doi.org/10.1515/9783110742374-006

siert oder vernachlässigt, die Einfluss auf Größen wie die Absorptionskoeffizienten $k_i(\lambda)$, die Brechungsindizes $n_i(\lambda, T)$, den Reflexionsgrad $R(\lambda, T)$, den Emissionsgrad $\varepsilon(\lambda, T)$ oder die Streuung an Poren, Korngrenzen und anderen optischen Inhomogenitäten nehmen. Erst mit der Entwicklung der Lasertechnik und ihrem erfolgreichen Einsatz bei der Behandlung metallischer und nichtmetallischer Werkstoffe traten Fragestellungen nach der Absorptionsfähigkeit gegebener Laser-Wellenlängen und deren Reflexion wieder in den Vordergrund. Sintern, Schmelzen, Trennen, Schweißen und Hartbearbeitung von Metallen und Keramiken unter Lasereinsatz sind zwar technisch umgesetzt, aber immer noch empirisch geprägt. Die Verfügbarkeit von im sichtbaren Spektralbereich transparenten nanokristallinen Keramiken eröffnet ferner neue Einsatzmöglichkeiten in der Optik, so z. B. als Ersatz von Einkristallen bei der Generierung von Laserstrahlen bzw. als Linsen oder optische Schalter und als schusssichere Fenster in der Wehrtechnik. Eine jüngste Anwendung ist die Synthese von gefärbten transparenten Schmucksteinen aus dotierter Nanokeramik. Eine umfangreiche Übersicht über diese und weitere Einsatzgebiete bringt [379].

In der Hochtemperaturtechnik gewinnen die optischen Eigenschaften keramischer Werkstoffe immer weiter an Bedeutung, wenn es z. B. um optische Prozessüberwachung, um Strahlwände bei der Stahlwiedererwärmung, um Vermeidung von Durchwärmung von feuerfesten Zustellungen von Anlagen der Metallurgie, fossilen Kraftwerkstechnik, der Müllverbrennung oder um die Wärmegewinnung in Absorber-Cups in der Solarthermie geht. Nur wenige Arbeitsgruppen haben sich mit der stoffspezifischen Hochtemperatur-Optik keramischer Werkstoffe und deren Schmelzen befasst, wobei hier aus Gründen der Relevanz für das vorgeschlagene Projekt nur diejenigen zitiert werden sollen, die auf der klassischen Optik basieren. Einen Überblick über die Einteilung mineralischer optischer Werkstoffe zeigt Abb. 5.1.

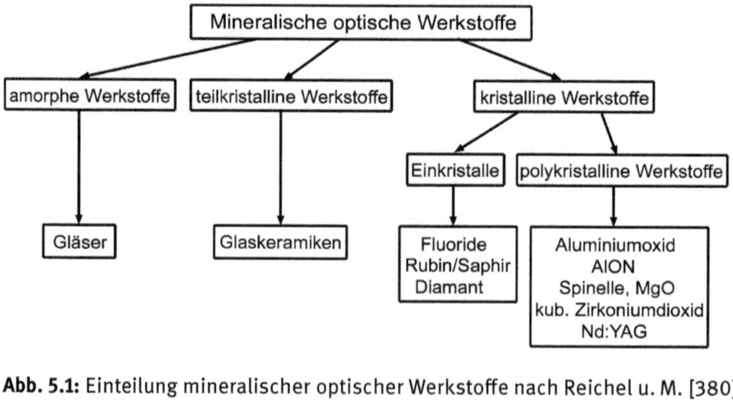

Abb. 5.1: Einteilung mineralischer optischer Werkstoffe nach Reichel u. M. [380].

Im Folgenden soll eine kurze Einführung in die Physik des Lichtes gegeben werden, aus welcher dann die elementaren Wechselwirkungen mit Materie abgeleitet werden. Im Anschluss werden die Eigenschaften technisch wichtiger Keramiken angesprochen. Auf die zahlreichen Lehrbücher der Physik zum Thema Licht und Elektromagnetismus wird hingewiesen [381–383].

5.1 Physik elektromagnetischer Strahlung

Licht ist eine Form von Strahlungsenergie, die absorbiert oder emittiert wird durch spontane Änderungen des Energiezustandes von Bindungselektronen, die zwischen zwei Energieniveaus wechseln (siehe Band 1). In der Theorie des Elektromagnetismus von Maxwell, wird Licht als überlagerte, senkrecht zueinander schwingende elektrische und magnetische Felder aufgefasst, die Energie in Form kontinuierlicher Wellen transportieren. Ihre Eigenschaften sind durch die Maxwellschen Gleichungen vollständig beschrieben. Nach der Quantenmechanik wird die Energie diskontinuierlich in Form individueller Pakete transportiert, die Photonen genannt werden. Im Folgenden baut die Beschreibung der Lichteigenschaften sowie der Wechselwirkungen mit Materie auf der Wellentheorie auf.

Schwingungen und Wellen

Elektromagnetische Wellen sind Transversalwellen, da der elektrische Vektor $\boldsymbol{E}$, auch elektrische Feldstärke genannt, senkrecht zum magnetischen Vektor $\boldsymbol{H}$ (magnetische Feldstärke) sowie senkrecht zur Ausbreitungsrichtung x schwingt (Abb. 5.2). Minima und Maxima beider Vektoren werden jeweils gleichzeitig durchlaufen. Bei „normalem" Licht, also bei Licht von der Sonne, einer Birne oder Kerze, ist die Schwingungsebene nicht festgelegt. Mithilfe von Polarisatoren können die Schwingungen auf eine Ebene gebracht werden. Solches Licht wird dann als linear-polarisiert bezeichnet und besitzt die Wellenlänge λ:

$$\lambda = 2\pi v/\omega \tag{5.1}$$

mit der Phasengeschwindigkeit v und der Kreisfrequenz ω. Die Schwingungsebene von $\boldsymbol{H}$ wird als Polarisationsebene und die $\boldsymbol{E}$ als Schwingungsebene bezeichnet. Zu jedem Zeitpunkt der Wellenfortbewegung sind beide Ebenen durch die Vektoren $\boldsymbol{H}_0$ und $\boldsymbol{k}$ bzw. $\boldsymbol{E}_0$ und $\boldsymbol{k}$ beschrieben, wobei $\boldsymbol{H}_0$ und $\boldsymbol{E}_0$ komplexe Vektoren (Feldamplituden) und $\boldsymbol{k} = \omega/v = 2\pi/\lambda$ die Wellenvektoren bedeuten.

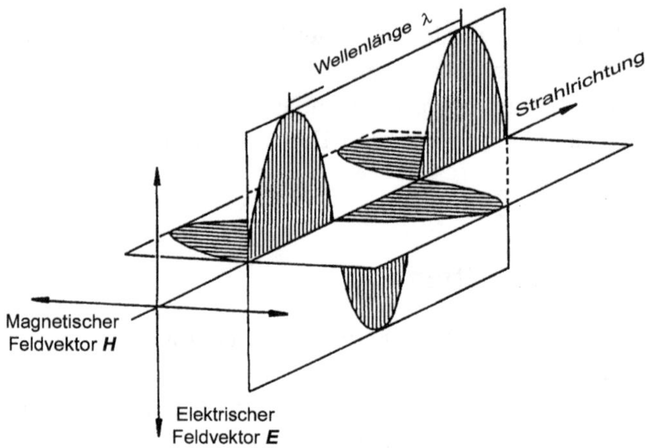

Abb. 5.2: Schwingung und Fortpflanzung von linear-polarisiertem Licht.

Die Lichtquelle kann folglich als harmonischer Oszillator beschrieben werden, der eine zeit- und ortsabhängige periodische sinusförmige Änderung des elektrischen und magnetischen Vektors hervorruft

$$\begin{aligned} \boldsymbol{E} &= \boldsymbol{E}_0 e^{i(kx-\omega t)} = \boldsymbol{E}_0 e^{i\omega(x/v-t)}, \\ \boldsymbol{H} &= \boldsymbol{H}_0 e^{i(kx-\omega t)} \end{aligned} \tag{5.2}$$

mit x als aktueller Ortskoordinate und v als Phasengeschwindigkeit. Der Ausdruck $(x/v - t)$ beschreibt den Zustand der Schwingung an einem gegebenen Ort x zur Zeit t. Das entspricht einer periodischen dielektrischen Verschiebung:

$$\boldsymbol{D}_{(\omega,t)} = \varepsilon_{(\omega,t)} \varepsilon_0 \boldsymbol{E}_{(\omega,t)} \tag{5.3}$$

mit ε als Dielektrizitätskonstante des Mediums und ε_0 als derjenigen des Vakuums.

Aus den Beziehungen

$$\boldsymbol{H} = \varepsilon\varepsilon_0 v \boldsymbol{E} \quad \text{und} \quad \boldsymbol{E} = \mu\mu_0 v \boldsymbol{H}, \tag{5.4}$$

mit μ als magnetischer Permeabilität und der Fortpflanzungsgeschwindigkeit v, d. h. der Geschwindigkeit der Phasenverschiebung, folgt

$$v = (\varepsilon\varepsilon_0\mu\mu_0)^{-1/2}. \tag{5.5}$$

Da im Vakuum ε und μ gleich 1 sind, kann die Vakuumlichtgeschwindigkeit c berechnet werden nach:

$$c = (\varepsilon_0\mu_0)^{-1/2} = 2{,}997925 \pm 0{,}0000011 \cdot 10^8 \text{ m/s}. \tag{5.6}$$

Umgekehrt betrachtet kann aus Gl. (5.5) abgeleitet werden, dass die Geschwindigkeit elektromagnetischer Wellen in Materie kleiner ist als die im Vakuum, da mit $\mu \approx 1$ für nicht-magnetische Stoffe folgende Näherung gilt:

$$v = c/\varepsilon^{-1/2}. \tag{5.7}$$

Diese sogenannte Maxwell-Beziehung zwischen den rein optischen Größen v und c sowie der elektrischen Größe ε beweist, dass optische Effekte mittels der Theorie des Elektromagnetismus beschrieben werden können. Eine Verallgemeinerung dieser Beziehung ist allerdings nicht möglich, da die Phasengeschwindigkeit der Lichtwellen von ihrer Wellenlänge λ abhängt, ε also auch eine Funktion von λ ist. Dieses Verhalten wird als Dispersion bezeichnet, deren Erklärung nur aus einem Kompromiss zwischen der Maxwellschen Kontinuumstheorie und einem atomistischen Ansatz bestehen kann. Der Quotient c/v ist eine charakteristische optische Konstante für jedes Material und wird als Brechungsindex n bezeichnet:

$$n = \frac{c}{v} \quad \text{bzw. genauer:} \quad n_{(\lambda)} = \frac{c}{v_{(\lambda)}}. \tag{5.8}$$

Gleichungen (5.5) und (5.7) beinhalten, dass der Brechungsindex eines Materials eine Funktion seiner elektrischen und magnetischen Eigenschaften und damit seiner chemischen Zusammensetzung ist, aber auch der Frequenz bzw. der Wellenlänge der wechselwirkenden Lichtwelle. Darauf wird in Kapitel 5.2 noch genauer eingegangen.

Geometrie der Lichtfortpflanzung und Interferenz

„Normale" Lichtwellen sind nicht sinusförmig, bestehen nicht aus einer einzigen Wellenlänge, sondern aus einer Mischung, dem sogenannten „weißen" Licht, und sind nicht linear-polarisiert, sondern schwingen zufällig. Daher beruht die Ableitung der Phänomene der Kohärenz, Interferenz und Absorption auf ideal sinusförmigen, linear-polarisierten Wellen mit einer definierten Wellenlänge, also auf monochromatischem Licht (Abb. 5.2). Bei der Diskussion der Geometrie der Wellenfortpflanzung geht man am einfachsten vom Konzept der Wellenfront aus, das daher am meisten zur Beschreibung von Reflexion und Brechung verwendet wird. Da Wellen systematisch und wiederholt schwingen, werden Punkte auf solchen Wellen als „in Phase" bezeichnet, wenn sie sich örtlich wie zeitlich in einer vergleichbaren Position befinden.

Sinusförmige Wellen sind „in Phase", wenn sich zur selben Zeit die Wellenberge und Wellentäler und damit auch ihre Nulldurchgänge in derselben oder einer bestimmten konstanten Relativposition befinden. Eine Wellenfront ist definiert als die einhüllende Oberfläche, die alle Punkte gleicher Phase, d. h. gleichen Zustands berührt. Entsprechend umfassen Wellenfronten den Ursprung der Wellenausbreitung (kugelförmige Wellenfronten). Ist der Wellenursprung punktförmig oder unendlich weit entfernt oder besteht er aus einer linearen Anordnung einzelner Punktquellen, so werden die Wellenfronten zu Ebenen. Denkt man sich zu einer Schar von kugelförmigen Wellenfronten eine Tangentialebene, so wird die Senkrechte zu dieser Ebene als Wellenfront-Normale oder einfach als Wellennormale bezeichnet. Somit schreitet eine Wellenfront in Richtung der Normalen fort, während die Richtung einer einzelnen Welle als Strahl bezeichnet wird, der die Richtung des Energieflusses anzeigt. Die Richtung des Energieflusses und die Fortpflanzungsrichtung der Wellenfront können also unterschiedlich sein.

Die Bestimmung der Lichtenergie liefert eine Intensität I, die die Energiemenge beschreibt, die während einer Zeit t durch eine Einheitsfläche senkrecht zur Strahlrichtung transportiert wird. Die Amplitude A einer einfachen sinusförmigen elektromagnetischen Welle entspricht der maximalen Verschiebung des elektrischen und magnetischen Vektors aus ihrer Gleichgewichtsposition, was wegen der hohen Frequenzen nicht direkt bestimmbar ist. Aus der Energie eines harmonischen Oszillators folgt aber, dass I proportional zu A^2 ist, also zu $\boldsymbol{E}^2$ bzw. $\boldsymbol{H}^2$.

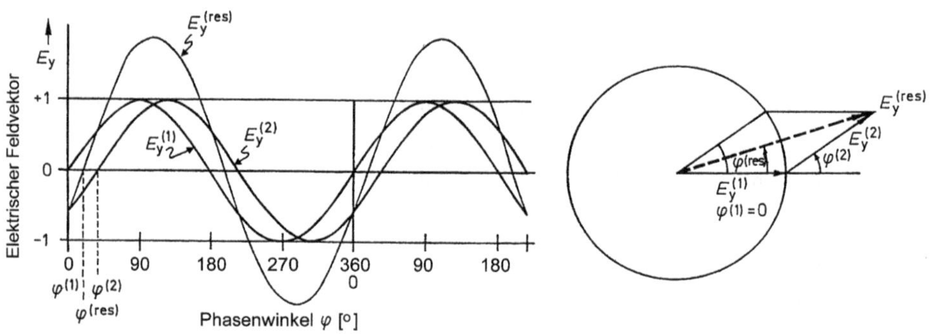

Abb. 5.3: Phasendifferenz zweier kohärenter Wellen und Wellenaddition. Links: Darstellung mittels zweier Sinusfunktionen (1) und (2) für die Amplitude der elektrischen Feldvektoren und (res) für die resultierende Schwingung. Rechts: Kreiskonstruktion mit Ermittlung von $\varphi_{(\text{res})}$ durch Vektoraddition von $\boldsymbol{E}^{(1)}$ und $\boldsymbol{E}^{(2)}$ mit den Winkeln $\varphi^{(1)}$ und $\varphi^{(2)}$.

Die Phasendifferenz ist definiert als die Ortsdifferenz zweier Punkte auf einer Welle zu einer bestimmten Zeit bzw. als die Differenz zwischen den Phasen zweier Wellen zu unterschiedlichen Zeiten, aber in Bezug auf einen bestimmten Referenzpunkt (Abb. 5.3). Nachdem der Ausdruck $(kx - \omega t)$ in Gl. (5.2) den Phasenwinkel φ als Funktion des Ortes und der Zeit festlegt, wobei nur die y-Komponenten von $\boldsymbol{E}_y^{(1)}$ und $\boldsymbol{E}_y^{(2)}$ der beiden Wellen (1) und (2) betrachtet werden, kann Gl. (5.2) wie folgt umformuliert werden:

$$\boldsymbol{E}_y^{(1)} = \boldsymbol{E}_0^{(1)} \cos 2\pi\left(\frac{t}{T} - \frac{x_1}{\lambda} - \delta_1\right), \tag{5.9}$$

$$\boldsymbol{E}_y^{(2)} = \boldsymbol{E}_0^{(2)} \cos 2\pi\left(\frac{t}{T} - \frac{x_2}{\lambda} - \delta_2\right) \tag{5.10}$$

mit $\boldsymbol{E}_y^{(1)}$ und $\boldsymbol{E}_y^{(2)}$ als Amplituden, $T = 1/\nu$ als Schwingungsgeschwindigkeit, λ als Wellenlänge und x_1, x_2 als Abstände vom jeweiligen Wellenursprung und δ_1 und δ_2 als Phasenfaktoren:

$$\delta_1 = (\boldsymbol{k}x_1 - \omega t) \quad \text{und} \quad \delta_2 = (\boldsymbol{k}x_2 - \omega t). \tag{5.11}$$

Die Phasendifferenz δ beträgt dann:

$$\delta = \delta_1 - \delta_2 = (\boldsymbol{k}x_1 - \omega t) - (\boldsymbol{k}x_2 - \omega t) = \boldsymbol{k}x_1 - \boldsymbol{k}x_2 \quad \text{oder} \tag{5.12}$$

$$\delta = \delta_1 - \delta_2 = (\boldsymbol{k}x - \omega t_1) - (\boldsymbol{k}x - \omega t_2) = \omega t_1 - \omega t_2. \tag{5.13}$$

Der Gangunterschied Γ zwischen zwei Wellen, die sich in x-Richtung ausbreiten, ist die Distanz der Bewegung zweier vergleichbarer Punkte auf diesen Wellen in x-Richtung. Die Beziehung zwischen Γ und δ lautet:

$$\Gamma = \frac{\delta}{2\pi}\lambda \quad \delta \text{ in rad.} \tag{5.14}$$

Die Wechselwirkung zweier parallel fortschreitender Wellen wird durch ihre ungestörte Überlagerung beschrieben, d. h. eine einfache Addition der Feldvektoren beider Wellen für alle gemeinsamen Punkte x_i im Raum und t_i in der Zeit. Für die y-Komponente gilt also die Summe der Gl. (5.9) und (5.10):

$$\boldsymbol{E}_y = \boldsymbol{E}_y^{(1)} + \boldsymbol{E}_y^{(2)}. \tag{5.15}$$

Für Wellen mit derselben Geschwindigkeit ν oder Wellenlänge λ beträgt die resultierende Intensität I_{res} dann:

$$I_{res} = \frac{Z}{2}[\boldsymbol{E}_0^{(1)2} + \boldsymbol{E}_0^{(2)2} + 2\boldsymbol{E}_0^{(1)}\boldsymbol{E}_0^{(2)}] \cdot \cos 2\pi\left(\frac{x_2 - x_1}{\lambda} + \delta_2 - \delta_1\right), \tag{5.16}$$

wobei Z den Wellenwiderstand des Mediums mit $Z = \sqrt{\mu/\varepsilon}$ darstellt. Demnach können die Ausgangsintensitäten I_1 und I_2 der ursprünglichen Wellen nicht einfach addiert werden mit Ausnahme des Falles

$$2\boldsymbol{E}_0^{(1)}\boldsymbol{E}_0^{(2)} \cos 2\pi\left(\frac{x_2 - x_1}{\lambda} + \delta_2 - \delta_1\right) = 0. \tag{5.17}$$

Alle anderen Fälle außerhalb dieser Aufsummierbarkeit der Intensitäten nennt man Interferenz. Die Bedingung in Gl. (5.17) nennt man Interferenz-Term. Ein Intensitätsmaximum I_{max} liegt vor bei

$$\left(\frac{x_2 - x_1}{\lambda} + \delta_2 - \delta_1\right) = m \quad \text{mit } m = -2, -1, 0, +1, +2\ldots. \tag{5.18}$$

Da Gl. (5.16) mit $\cos 2\pi\, m = 1$ ergibt

$$I_{\max} = I_1 + I_2 + 2\sqrt{I_1 I_2}, \tag{5.19}$$

folgt, dass entsprechende Wellenmaxima und -minima aufeinander zu liegen kommen, was zu konstruktiven Interferenzen mit $I_{\max} > I_1 + I_2$ führt. Wenn im Falle

$$\left(\frac{x_2 - x_1}{\lambda} + \delta_2 - \delta_1\right) = m + \frac{1}{2} \quad \text{mit } m = 1, 2, 3 \ldots \text{ und } \cos\pi\left(m + \frac{1}{2}\right) = -1 \tag{5.20}$$

ein Wellental auf einem Wellenberg zu liegen kommt, beträgt die resultierende Intensität

$$I_{\min} = I_1 + I_2 - 2\sqrt{I_1 I_2} \tag{5.21}$$

und wird destruktive Interferenz genannt mit $I_{\min} < I_1 + I_2$.

In einem besonderen Fall mit $I_1 = I_2$, d. h. $\boldsymbol{E}_0^{(1)} = \boldsymbol{E}_0^{(2)}$, liefern Gln. (5.20) und (5.21) jeweils $I_{\max} = 4 \cdot I_1$ und $I_{\min} = 0$. Da nach dem Energieerhaltungssatz Intensität nicht einfach verschwinden kann, entspricht jedem Punkt in Raum und Zeit mit $I_{\max} > I_1 + I_2$ ein anderer Punkt, an welchem gilt: $I_{\min} < I_1 + I_2$. Die Erscheinung der Interferenz kann daher als eine Energieverteilung nach Raum und Zeit betrachtet werden.

Natürlich kann eine lokale Intensitätsauslöschung nur beobachtet werden, wenn sie sich während der Beobachtungszeit an einer konstanten Position befindet. Das ist mit der Zeitkonstanz des Ausdrucks $\delta_2 - \delta_1$ gegeben, d. h. wenn das Licht entlang individueller Strahlen in Phase schwingt oder eine konstante Phasenverschiebung aufweist, welche zu einer systematischen, periodischen Interferenz führt. Wellen, die sich so verhalten, nennt man kohärent. Nur kohärente Wellen zeigen Interferenzerscheinungen. Unter allen anderen Bedingungen, die in der Mehrzahl aller Fälle unter normalen Bedingungen zutreffen, muss Gl. (5.16) über alle Werte von $\delta_2 - \delta_1$ gemittelt werden, was zu Gl. (5.17) führt und damit zur Additionsfähigkeit der beteiligten Intensitäten. Quasikohärentes Licht kann z. B. durch Brechung am optischen Gitter, durch Reflexion und Brechung an dünnen Schichten sowie durch Laser oder Maser erzeugt werden. In einem Polarisationsmikroskop wird im oberen Polarisator quasikohärentes Licht erhalten, indem ein Kristall oder eine Folie durchlaufen wird, welche eine definierte Phasendifferenz zwischen zwei Lichtstrahlen hervorruft. Damit werden Auslöschungen ebenso sichtbar wie Interferenzfarben. Weißes Licht ist generell inkohärent, da es aperiodisch und völlig zufällig schwingt, selbst wenn es linearpolarisiert ist. Interferenz kann dann jedoch beobachtet werden, wenn das Licht monochromatisch ist und sich parallel fortpflanzt.

5.2 Brechung

Tritt ein Lichtstrahl aus der Luft, wo er die Geschwindigkeit v_0 besitzt, in einen flüssigen oder festen Stoff ein, so verringert er seine Geschwindigkeit auf v_1 infolge seiner Wechselwirkung mit den Außenelektronen der Atome des Stoffes. Bei senkrechtem Lichteinfall ändert sich der Strahlengang des Lichts dadurch nicht. Wenn aber der Einfall schräg erfolgt, z. B. mit einem Winkel α zur Normalen, dann erfolgt eine Ablenkung in das „optisch dichter“ genannte Medium mit einem kleineren Winkel β (Abb. 5.4). Dieses Verhalten wird nach dem *Brechungsgesetz* von Snellius (1662) durch den Brechungsindex (Brechzahl) n beschrieben, der die Lichtgeschwindigkeit in einem Stoff relativ zu einem Referenzmedium (meist Vakuum bzw. in guter Näherung Luft) angibt, was anhand des Quotienten aus Einfallswinkelα und Brechungswinkel β gemessen werden kann. An Luft gilt:

$$\frac{n_{\text{Stoff}}}{n_{\text{Luft}}} = \frac{v_1}{v_0} = \frac{\lambda_{\text{Luft}}}{\lambda_{\text{Stoff}}} = \frac{\sin\alpha}{\sin\beta}, \tag{5.22}$$

was sich mit $n_{\text{Luft}} = 1{,}000294 \approx 1$ = Vakuum-Lichtgeschwindigkeit vereinfacht zu

$$n_{\text{Stoff}} = \frac{v_1}{c} = \frac{\sin\alpha}{\sin\beta}, \tag{5.23}$$

Gleichung (5.22) zeigt, dass sich beim Übergang eines Lichtstrahls von einem Medium in ein anderes auch die Wellenlänge λ ändert. Ferner gilt Gl. (5.22) auch für den Lichtaustritt aus einem Körper. Erfolgt dieser in Luft, kann α maximal 90° erreichen, wo dann Totalreflexion eintritt. Dafür ergibt sich aus Gl. (5.22) $\sin\beta_{\text{total}} = 1/n$. β wird in diesem Fall als *Brewster-Winkel* bezeichnet. Man verwendet ihn, um Brechungsindizes von Flüssigkeiten (z. B. Zuckergehalt in Traubenmost) oder Edelsteinen genau zu messen.

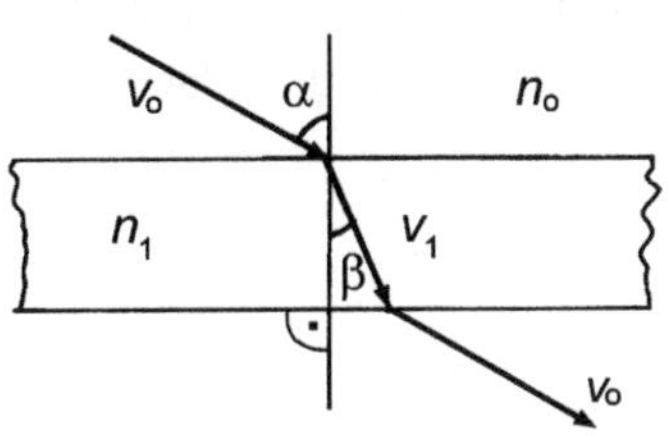

Abb. 5.4: Brechungsgesetz nach Snellius. Ein aus einem Umgebungsmedium (Luft) unter α einfallender Lichtstrahl mit v_0 wird beim Durchlaufen einer optischen Grenzfläche in einem dichteren Medium auf v_1 abgebremst und zum Lot hin gebrochen. Beim Austritt nimmt er die vorherige Richtung und Geschwindigkeit wieder ein, sein Ursprung ist jedoch örtlich gegenüber der geraden Fortpflanzungsrichtung versetzt.

Der Brechungsindex beschreibt damit die Änderung der Strahlausbreitungsrichtung und der Wellenlänge beim Durchlaufen einer optischen Grenzfläche. Er nimmt nicht nur mit steigender Zahl an Ionen pro Volumen zu, sondern auch mit steigender Polarisierbarkeit der Ionen. Daraus ergibt sich auch ein zunehmender Brechungsindex bei größerer Energie des Lichts, d. h. mit steigender Frequenz bzw. sinkender Wellenlänge. Der Brechungsindex ist also selbst wellenlängenabhängig. Damit treten die unterschiedlich gebrochenen Strahlen des Wellenlängenspektrums an verschiedenen Stellen aus dem optisch dichteren Medium aus und erzeugen die bekannten Regenbogenfarben, wenn weißes Licht eingestrahlt wird. Dies wird als Dispersion bezeichnet. Der Brechungsindex ist bei einem optisch isotropen Medium (Luft, eine Flüssigkeit, Gläser, kubische Kristalle) unabhängig von der Strahlrichtung, für optisch anisotrope Kristalle (trigonale, tetragonale, hexagonale, orthorhombische, monokline und trikline Strukturen) richtungsabhängig, was zur Doppelbrechung führt.

Damit wird verständlich, dass anisotrope Kristalle in den unterschiedlichen Achsenrichtungen verschiedene Brechzahlen aufweisen, wie man in Band 1 aus den betreffenden Tabellen (z. B. Tabelle 2.13, 4.1, 5.2 oder 5.3) entnehmen kann. Korund hat nach Tabelle 5.1 im vorliegenden Band Brechungsindizes von 1,760 bzw. 1,768, was nach Gl. (5.43) zu einem Reflexionsvermögen von etwa $R = 0{,}07 = 7\,\%$ führt. Die Totalreflexion tritt bei 34,5° ein.

Für strahlungsdämpfende Stoffe, z. B. elektrische Leiter, ergibt sich ein komplexer Brechungsindex $\tilde{n} = n - i\kappa$, der sich aus dem reellen Brechungsindex n und dem Absorptionsindex κ zusammensetzt. Ausgedrückt durch die dielektrische Polarisation mit der komplexwertigen relativen Permittivität $\tilde{\varepsilon} = \varepsilon_1 - i\varepsilon_2$ mit $\varepsilon_1 = n^2 - \kappa^2$ und $\varepsilon_2 = 2n\kappa$ resultiert der folgende Zusammenhang zwischen der Brechzahl und der elektrischen Permittivität:

$$\tilde{n}(\lambda, T) = \sqrt{\tilde{\varepsilon}(\lambda, T)}. \tag{5.24}$$

Nach Gladstone und Dale (1864) ist n ferner abhängig von der Dichte ρ und der spez. Refraktionsenergie K der an der Verbindung beteiligten Elemente, ausgedrückt in den Molmassen m_i der Oxide i [384] mit verifiziertem Gültigkeitsbereich für Gläser bzw. Mineralien:

$$n = \rho K + 1 \quad \text{mit}\ K = \sum_i K_i m_i. \tag{5.25}$$

Lorentz und Lorenz haben auf der elektromagnetischen Wechselwirkung mit Licht eine Formel entwickelt, die das Dipolmoment von Atomen berücksichtigt. Wenn die Absorption vernachlässigbar ist, gilt:

$$\frac{n^2 - 1}{(n^2 - 2)\rho} = \frac{4\pi}{3} e^2 \xi N = K, \tag{5.26}$$

mit e = Elektronenladung, ξ = frequenzabhängiger Faktor, N = Anzahl der Atome pro Einheitsvolumen. Setzt man das Volumen der Elementarzelle V, die Anzahl der Atome

N_i einer bestimmten Atomsorte in der chemischen Verbindung und die Ionenrefraktivitäten R_i der beteiligten Elemente ein, so ergibt sich:

$$\frac{V}{1{,}6602}\frac{n^2-1}{n^2+2}=\sum N_i R_i. \qquad (5.27)$$

Die Werte für die atomare oder ionische Refraktivität sind in einigen Handbüchern der Physik und Chemie gelistet, z. B. in [385–387]. Die Ligandenfeld- bzw. Kristallfeldtheorie sagen voraus, dass die Wechselwirkung von Ionen mit Licht nicht nur vom chemischen Element abhängt, sondern auch von dessen Ionenumgebung im Kristallgitter, also der räumlichen Anordnung und den Ladungsverhältnissen der Gegenionen, die den Energieinhalt der Außenelektronen beeinflussen.

Die Temperaturabhängigkeit der Brechzahl nach Gl. (5.25) lässt sich in dieser einfacheren Anschauung durch den reziproken Volumen-Wärmeausdehnungskoeffizienten β^{-1} beschreiben, indem man das Ergebnis der Gl. (5.25) mit dem Faktor

$$\beta^{-1}=\left[\frac{1}{V_0}\frac{\partial V}{\partial T}\right]^{-1} \qquad (5.28)$$

korrigiert, wobei für den isotropen Fall $\Delta V/V_0 = 3\cdot\Delta l/l_0 + 3\cdot(\Delta l/l_0)^2 + (\Delta l/l_0)^3$ beträgt und keine Phasenänderungen berücksichtigt sind.

Doppelbrechung

Aus den vorherigen Aussagen folgt, dass man bei Gläsern über ihre chemische Zusammensetzung den Brechungsindex in weiten Bereichen verändern kann, was für die Herstellung von Linsen seit Schott und Abbe intensiv genutzt wird. Ferner kommen für optische Zwecke kubische Kristalle infrage wie etwa CaF_2, LiF, MgO oder Phasen auf der Basis der Granat-Struktur, z. B. Nd-YAG in der Lasertechnik. Anisotrope Kristalle weisen hier das Problem der Doppelbrechung auf, d. h. ein einfallender Lichtstrahl wird beim Durchgang in zwei Strahlen unterschiedlicher Fortpflanzungsrichtung und -geschwindigkeit aufgespalten. Abbildung 5.5 illustriert dies an den Beispielen optisch isotroper und anisotroper Kristalle mithilfe der Huygensschen Konstruktion. Zwei einfallende Lichtstrahlen (a) und (b) erzeugen beim Auftreffen auf einer optischen Grenzfläche an den Punkten B und E zwei Elementarwellen. Zum Zeitpunkt des Eintreffens von Strahl (b) in E hat die Elementarwelle von (a) bereits die Distanz B–C bzw. B–C_1 zurückgelegt. Die Tangente an den Scheitelpunkt C bzw. C_1 dieser Welle und den Auftreffpunkt E von (b) ergibt die Konstruktion der Wellenfront, die in Richtung der Wellennormale fortschreitet. Im Falle des isotropen Mediums gibt es für einen Einfallswinkel φ_i nur diese eine Wellenfront. Schwenkt man die Einfallsrichtung von (a) und (b) von $\varphi_i = 0°$ bis $\varphi_i = 90°$ oder dreidimensional über alle Raumrichtungen, so dreht sich die Richtung der gebrochenen Strahlen entsprechend, wobei Punkt C eine Kreisbahn beschreibt bzw. stets auf einer Kugeloberfläche zu liegen kommt. Bei

Winkeln φ_i = 90–180° vertauscht sich die Rolle von (a) und (b) entsprechend. Diese Kugeloberfläche wird als Oberfläche des Strahlgeschwindigkeitstensors bezeichnet. Die Schwingungsrichtungen der zugehörigen Wellen hängen von der Polarisation des einfallenden Strahles ab, sind also bei weißem Licht zufällig orientiert. Für die dielektrische Verschiebung gilt Gl. (5.3), d. h. sie besitzt die gleiche Richtung wie der elektrische Feldvektor $\boldsymbol{E}$.

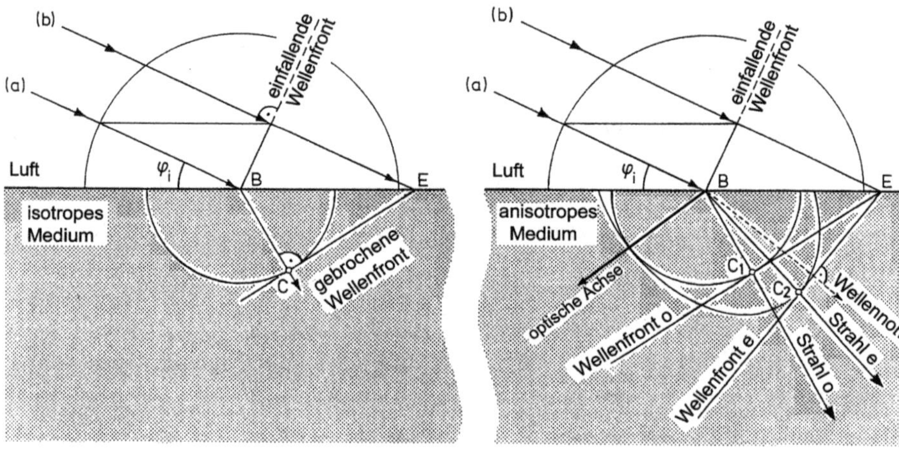

Abb. 5.5: Lichtbrechung in optisch isotropen (links) und anisotropen Medien (rechts). Zwei einfallende Lichtstrahlen (a) und (b) erzeugen beim Auftreffen auf einer optischen Grenzfläche an den Punkten B und E Elementarwellen. In anisotropen Medien kommt es zur Aufspaltung in einen ordentlichen Strahl o und einen außerordentlichen Strahl e, die divergente Strahlrichtungen und Wellenfrontennormalen aufweisen [388].

Bei anisotropen Kristallen existiert diese Art der Lichtfortpflanzung ebenfalls und wird als ordentlicher Strahl o mit der Wellenfront o bezeichnet. Die dielektrische Verschiebung ist nun jedoch richtungsabhängig, d. h. $\boldsymbol{D}$ besitzt nun eine andere Richtung als der elektrische Feldvektor $\boldsymbol{E}$:

$$\boldsymbol{D}_{\boldsymbol{i}(\omega,t)} = \varepsilon_{i,j(\omega,t)}\varepsilon_0 \boldsymbol{E}_{\boldsymbol{j}(\omega,t)}. \tag{5.29}$$

Nach den Maxwellschen Gleichungen muss sich der einfallende Strahl nun aufspalten in den ordentlichen Strahl o und den außerordentlichen Strahl e, dessen Geschwindigkeit, d. h. Brechungsindex, richtungsabhängig ist. Daher beschreibt der Endpunkt C_1 des Strahls bei Schwenkung des einfallenden Lichtes keine Kugelform mehr, sondern bewegt sich als C_2 auf der Oberfläche eines einachsigen oder dreiachsigen Ellipsoids. Die Unterschiede in Richtung und Geschwindigkeit zwischen (o) und (e) beim Eintreffen von (b) auf der optischen Grenzfläche in E lassen sich in Abb. 5.5 an der Lage der Punkte C_1 und C_2 ablesen. Das Brechungsgesetz von Snellius nach Gl. (5.23) gilt also für den außerordentlichen Strahl nicht mehr. Aufgrund des Energieerhaltungssatzes sind zudem die Schwingungsebenen von (o) und (e) miteinander verschränkt, sie müssen senkrecht aufeinander liegen und sind mit Ausnahme bestimmter Richtungen gegenüber der Schwingungsrichtung des einfallenden Strahls verkippt. Dieses Phänomen wird Doppelbrechung genannt und kann mit einem größeren klaren Kalkspatkristall beobachtet werden. Beim Drehen des Kristalls über einem Achsenkreuz sieht man zwei Kreuze, von dem sich eines, der außerordentliche Strahl, mitdreht. Mit einem Polarisationsfilter lassen sich beide einzeln auslöschen, sodass man ihre Schwingungsrichtungen bestimmen kann. Unter dem Aspekt der Gefügebeschreibung und der Lichtmikroskope ist dieser Sachverhalt bereits in Band 1 angesprochen worden.

In Abb. 5.5 ist rechts zu erkennen, dass die Geschwindigkeiten von (o) und (e) bei Schwenkung der Richtung von (a) und (b) um B in einer Richtung identisch sind. Diese Richtung wird optische Achse genannt. In trigonalen, tetragonalen und hexagonalen Kristallsystemen gibt es eine optische Achse, die stets in Richtung der kristallographischen *c*-Achse liegt. Solche Kristalle heißen optisch einachsig. Die Einhüllende der Strahlengeschwindigkeitsfläche ist ein Rotationsellipsoid, genauer ein Rotationsovaloid mit einer sehr geringen Einschnürung. Bei orthorhombischen, monoklinen und triklinen Strukturen liegt ein dreiachsiges Ellipsoid, genauer ein Ovaloid, vor, das nach den Regeln der Geometrie zwei Kreisschnitte aufweisen muss, sodass senkrecht zu diesen zwei optische Achsen (OA) vorliegen, die Kristalle sind optisch zweiachsig. Entlang dieser optischen Achsen sind auch die Regeln für die Schwingungsrichtungen beider Strahlen (o) und (e) aufgehoben. Es gilt dann die Schwingungsrichtung des einfallenden Strahls. Daher sagt man auch, die Kristalle verhielten sich in diesen Richtungen isotrop (Abb. 5.6).

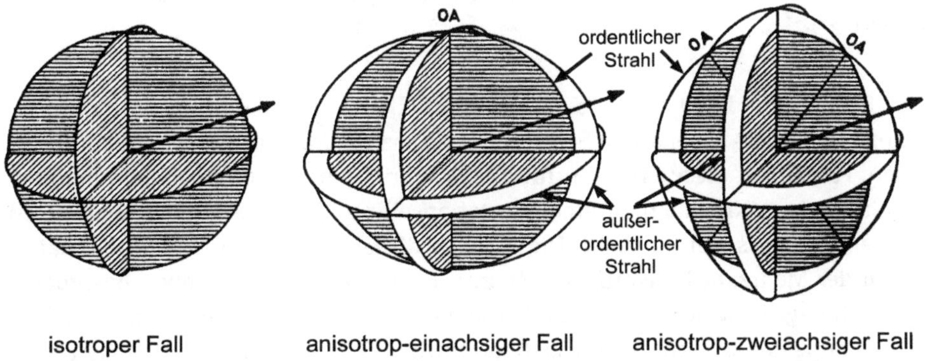

Abb. 5.6: Strahlengeschwindigkeitsauftragung im optisch isotropen (links) und anisotropen Fall (Mitte, rechts). OA bezeichnet die optische Achse, die Vorzugsrichtung mit optischer Isotropie, d. h. ohne definierte Schwingungsebenen.

Die Beschreibung von Kristallen mittels der Strahlengeschwindigkeitsfläche hat sich als sehr kompliziert erwiesen, zumal man in der Praxis die einzelnen Lichtgeschwindigkeiten nicht gut messen kann. Stattdessen lassen sich die Brechungsindizes im Vergleich zu denen eines Referenzmediums, z. B. einer Einbettungsflüssigkeit, sehr genau auch richtungsabhängig bestimmen. Sind die Brechzahlen beider Medien identisch, so „verschwindet" das Probenmaterial im Mikroskop, da keine optische Grenzfläche mehr vorhanden ist.

Es ist daher besser, graphisch die Brechungsindizes abhängig von der Strahlrichtung aufzutragen. Die Idee hierfür stammt von Fresnel (1818) und wurde von Fletcher (1892) in Form der sogenannten Indikatrix in die Optik eingeführt. Hierzu werden die Beträge der Brechungsindizes in Richtung der Schwingungsrichtungen auf der Wellennormalenebene aufgetragen (Abb. 5.7).

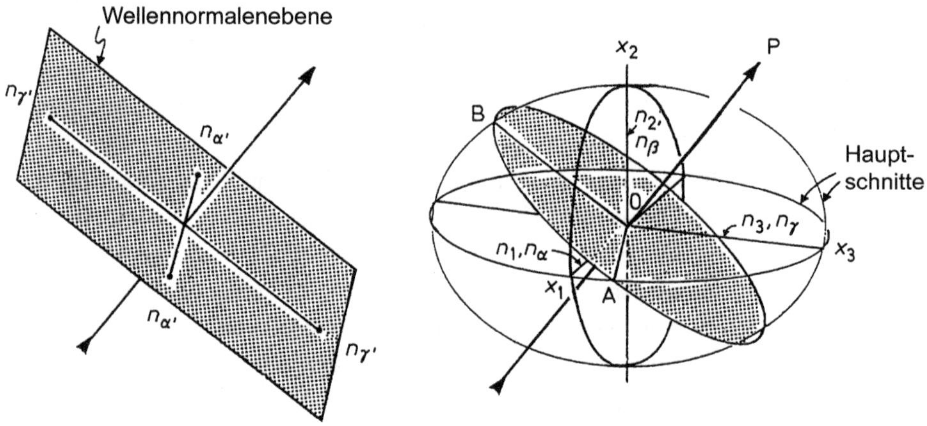

Abb. 5.7: Konstruktion der Indikatrix. Links: Auftragung der Brechungsindizes entlang der Schwingungsrichtungen ihrer Wellen auf der Wellennormalenebene. Rechts Durchführung dieser Operation für alle Raumrichtungen. Der gepunktete Ellipsenschnitt entspricht der Situation links. P = Strahlrichtung [388].

Diese Ebene stellt damit auch einen Schnitt durch den Kristall dar und enthält Informationen über das sogenannte Schwingungskreuz und die dazu gehörenden Brechzahlen. Führt man diese Prozedur für alle Raumrichtungen durch, gelangt man bei den einachsigen Kristallen zu einem Rotationsellipsoid und bei den zweiachsigen zu einem dreiachsigen Ellipsoid. Die Flächen dieser Auftragung werden Indikatrix bzw. in der Mehrzahl Indikatrizen genannt. Relativ zu der weiter oben besprochenen Strahlengeschwindigkeitsfläche betrachtet man deren inverse Form, da sich ja der Brechungsindex reziprok zur Lichtgeschwindigkeit verhält, und projiziert alles auf die Wellenfrontrichtung und nicht auf die Strahlrichtung. Gemäß der mathematischen Definition eines Ellipsoiden ergeben sich in Abb. 5.7 die Hauptachsen mit den Abschnitten x_1, x_2 und x_3, den damit verbundenen Hauptbrechungsindizes n_1,

$n_\alpha < n_2$, $n_\beta < n_3$, n_γ. Diese Brechzahltripel beschreiben die gesamte Indikatrix vollständig nach

$$\frac{x_1^2}{n_1^2} + \frac{x_2^2}{n_2^2} + \frac{x_3^2}{n_3^2} = 1. \tag{5.30}$$

Unter Berücksichtigung, dass $n^2 = \varepsilon$ ist, wird Gl. (5.30) mit G. (5.5), (5.7) und (5.8) zu

$$\frac{x_1^2}{\varepsilon_1} + \frac{x_2^2}{\varepsilon_2} + \frac{x_3^2}{\varepsilon_3} = 1. \tag{5.31}$$

Damit besitzt die Indikatrix eine tiefer gehende physikalische Bedeutung: Sie ist die Oberfläche des reziproken dielektrischen Tensors und damit des Tensors der dielektrischen Impermeabilität. Sie besitzt eine definierte, von der Raumgruppe des Kristalls abhängige Form und Symmetriebeziehung zum Kristall. Nach den geometrischen Regeln lassen sich demnach für alle Kristallquerschnitte die entsprechenden Zwischenbrechungsindizes $n_\alpha < n_{\alpha'} < n_\beta < n_{\gamma'} < n_\gamma$ berechnen. Die Hauptbrechungsindizes sowie die Orientierung der optischen Achsen und viele optische Informationen mehr sind in der Regel für die bekannten Mineralien sowie für viele keramische Phasen in Standardwerken der Mikroskopie aufgelistet, siehe auch Tabelle 5.1. Abbildung 5.8 zeigt die verschiedenen Formen und Bezeichnungen aller möglicher Indikatrizen. Entsprechend zu der Strahlengeschwindigkeitsfläche gehören zum kubischen System eine kugelförmige Indikatrix mit demselben Brechungsindex in allen Raumrichtungen, zu den trigonalen, tetragonalen und hexagonalen Systemen eine rotationssymmetrische Indikatrix mit der *c*-Achse parallel zur optischen Achse und zu den orthorhombischen, monoklinen und triklinen Systemen ein dreiachsiges Ellipsoid mit unterschiedlichen Winkeln der optischen Achsen.

Anhand der optischen Eigenschaften lassen sich viele mineralische Rohstoffe und keramische Phasen sehr gut im Mikroskop identifizieren. Das hängt damit zusammen, dass sich die aufgespaltenen Strahlen bei Austritt aus dem Kristall wieder unter Interferenz – die Kohärenzbedingung ist ja erfüllt – vereinigen und damit bei geeigneter Beobachtung mittels eines weiteren Polarisationsfilters, der Analysator genannt wird (siehe Band 1), typische Interferenzfarben ergeben. Da jeder Strahl beim Durchtritt für den Kristall der Dicke *d* aufgrund der unterschiedlichen Geschwindigkeit eine andere Zeit *t* benötigt, kommt es zu einem Gangunterschied, der sich bei Überlagerung beider Strahlen in einem Analysator zu einer neuen Wellenlänge addiert.

Tab. 5.1: Optische Eigenschaften keramischer Werkstoffe.

Phase, Formel	optischer Achsenwinkel [°]	Brechungsindizes			Reflektivität [%]
		n_α	n_γ	Δn	
Oxide, Silicate					
Al_2O_3 Korund	0	1,759–1,763	1,767–1,772	0,008	5,7–6,7
$Al_6Si_2O_{13}$ Mullit	20–50	1,642–1,653	1,654–1,679	0,012–0,031	6,0–6,2
MgO Periklas	isotrop	1,73		0	6,9–7,2
$MgAl_2O_4$ Spinell	isotrop	1,727*	–	0	6,9
$2MgO{\cdot}2Al_2O_3{\cdot}5SiO_2$ Tief-Cordierit	0–90	1,524	1,574	0,05–0,018	4,2
Hoch-Cordierit	0	1,528	1,539	0,004	4,2
TiO_2 Anatas	0–5	2,56	2,63	0,07	18–19
TiO_2 Brookit	variabel	2,59	2,71	0,12	20–21,5
TiO_2 Rutil	0	2,61	2,90	0,12	21–25
m-ZrO_2	30	2,19	2,20–	0,07	13–14
t-ZrO_2	0	*	*		13–14
Y-TZP	0	<2,20	<2,24		13–14
Mg-PSZ	isotrop	2,11		0	12,75
Y_2O_3	isotrop	1,892		0	9,5
$ZrSiO_4$ Zirkon	0–2	1,92*	1,96*	0,04–0,08	10–11
$CaTiO_3$ Perowskit	isotrop	2,38		0	16–17
$SrTiO_3$	isotrop	2,35		0	17,1
$BaTiO_3$	isotrop	2,34		0	16,5–17,3
$PbTiO_3$	0	2,698			21,1
$(Y,Nd)_3Al_5O_{12}$ Nd:YAG	isotrop	1,808*		0	
Carbide					
Diamant	isotrop	2,417		0	17
Graphit	0	1,1	?	7	5–29
α-SiC	0	2,65	2,69	0,04	19–30
β-SiC	isotrop	2,65		0	19–21
B_4C	0	3,231	>3,23	0,1	28,9
Nitride					
α-Si_3N_4	0	2,05*	2,11*	0,06	11,8–12,7
β-Si_3N_4	0	2,05*	2,11*	0,06	11,8–12,7
AlN		2,03	2,18	0,07	11,5
h-BN		1,71	1,72	0,02	
c-BN	isotrop	2,117		0	
AlON	isotrop	1,789–1,791		0	8,0

*Eigenschaft hängt stark von den eingesetzten Additiven bzw. Verunreinigungen ab.

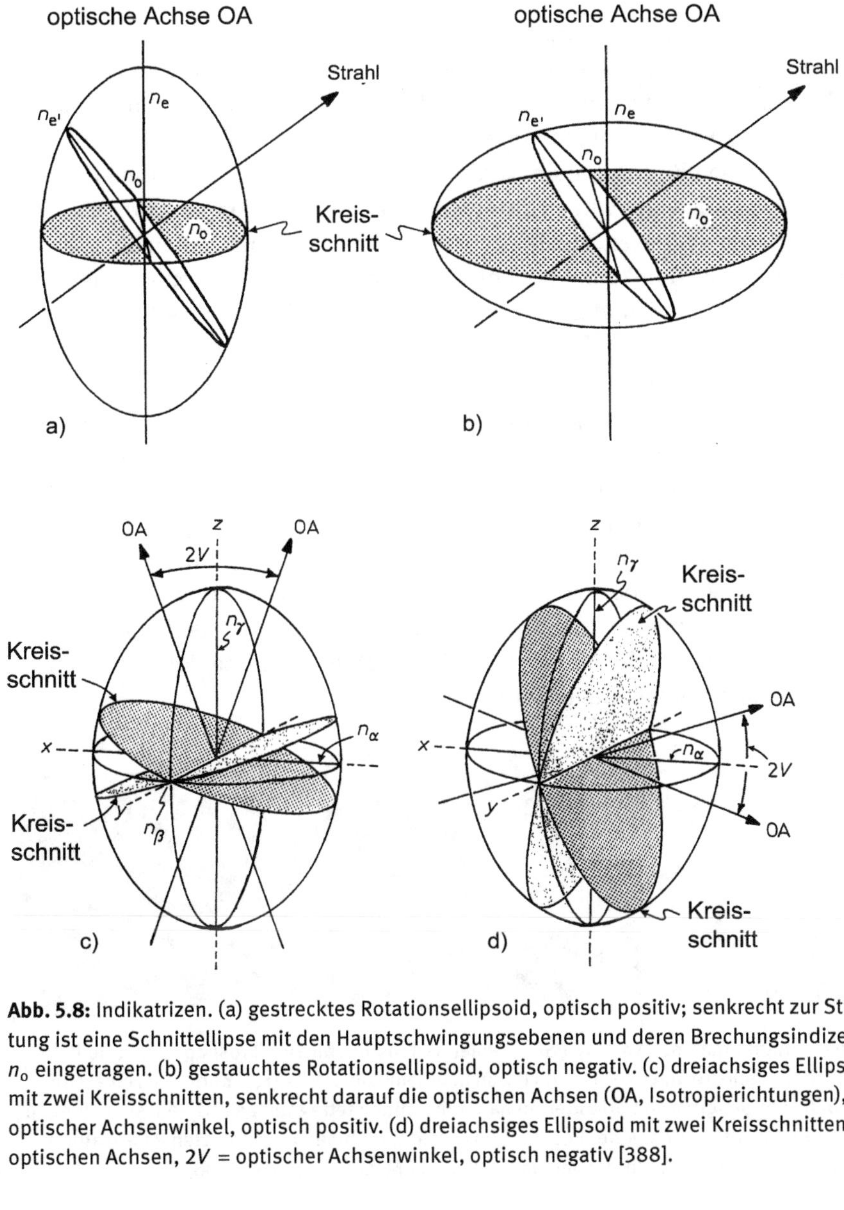

Abb. 5.8: Indikatrizen. (a) gestrecktes Rotationsellipsoid, optisch positiv; senkrecht zur Strahlrichtung ist eine Schnittellipse mit den Hauptschwingungsebenen und deren Brechungsindizes $n_{e'}$ und n_o eingetragen. (b) gestauchtes Rotationsellipsoid, optisch negativ. (c) dreiachsiges Ellipsoid (x, y, z) mit zwei Kreisschnitten, senkrecht darauf die optischen Achsen (OA, Isotropierichtungen), $2V$ = optischer Achsenwinkel, optisch positiv. (d) dreiachsiges Ellipsoid mit zwei Kreisschnitten mit den optischen Achsen, $2V$ = optischer Achsenwinkel, optisch negativ [388].

Spannungsoptische Phänomene

Eingangs dieses Kapitels wurde auf die Beziehung zwischen Brechzahl und Polarisierbarkeit der Ionen hingewiesen. Daraus folgt, dass alle Vorgänge, die den Polarisationszustand beeinflussen, auch zu einer Änderung der Brechzahl führen. Das ist z. B. der Fall bei mechanischen Spannungen, was zu den akusto-optischen Effekten führt, oder beim Einwirken von elektrischen Feldern, die Anlass der elektrooptischen Effekte sind. Diese Effekte werden besonders bei Niobaten und Tantalaten praktisch genutzt.

Es ist dann wichtig, dass solche Körper transparent sind, was man durch Heißpressen erreichen kann [389]. So kann man durch Übertragung mechanischer Schwingungen auf einen Körper dessen Brechungsindizes und damit auch die Doppelbrechung dynamisch verändern. Die Zusammenhänge zwischen elektrischen bzw. magnetischen Feldern und optischen Eigenschaften werden mit dem Kerr-Effekt bzw. dem Pockels-Effekt beschrieben. Auch hier wirken die entsprechenden Felder polarisierend auf die Ionen der keramischen Phasen, sodass sich die optischen Eigenschaften ändern.

Spannungspolarisation kann im Lichtmikroskop unter gekreuzten Polarisatoren gut erkannt werden, insbesondere wenn noch ein doppelbrechendes Hilfspräparat (Kompensator) verwendet wird [388]. Abbildung 5.9 illustriert dies am Beispiel von kubischem MgO-teilstabilisierten ZrO_2, das sich eigentlich optisch isotrop verhalten sollte und damit Auslöschung zeigen müsste. Einschlüsse von nicht aufgelösten MgO-Körnern ergeben aufgrund der unterschiedlichen Wärmeausdehnungskoeffizienten beim Abkühlen von Sintertemperatur mechanische Spannungen, die einige hundert Megapascal erreichen können. Daher ist die Kristallstruktur des ZrO_2 im Bereich dieser Körner verzerrt. Bedingt durch die orientierte Ausscheidung nanoskaliger tetragonaler ZrO_2-Plättchen ergeben sich eine Spannungsdoppelbrechung und damit ein heller Kontrast in Richtung der kristallographischen Hauptachsen der kubischen Modifikation. Spannungsoptische Methoden lassen auch Einschlüsse, Risse oder Formgebungsdefekte an ganzen Bauteilen erkennen.

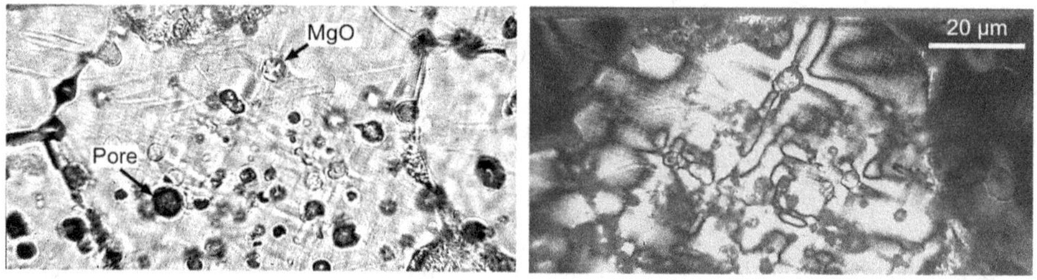

Abb. 5.9: Dünnschliffaufnahmen von Mg-PSZ im Polarisationsdurchlichtmikroskop. Links: Hellfeldaufnahme; nicht aufgelöste MgO-Körner und Poren in einem kubischen ZrO_2-Korn. Die Felderstreifung wird durch Lichtbeugung von orientierten nanokristallinen tetragonalen ZrO_2-Ausscheidungen erzeugt, die selbst nicht sichtbar sind. Rechts: Dunkelfeldaufnahme mit gekreuzten Polarisatoren und deutlicher Spannungsdoppelbrechung im Bereich der MgO-Einschlüsse [388].

5.3 Absorption und Färbung

Die Absorption beschreibt die Umwandlung von Strahlungsenergie in andere Energieformen, insbesondere in Wärme, welche durch phononische, d. h. inelastische Wechselwirkung zwischen Photonen und Kristallgitter, bzw. elektromagnetische Wechselwirkungen an Außenelektronen entsteht. Dabei regen spezifische Wellenlängen diese so genannten optischen Elektronen eines Atoms an und werden damit aus dem Spektrum des einfallenden Strahles absorbiert. Im Ergebnis wird der einfallende Strahl geschwächt und das absorbierende Material erscheint gemäß dem verbleibenden Spektrum gefärbt.

Da die Energieaufnahme bzw. -abgabe eines Elektrons von den Energiedifferenzen der jeweiligen Elektronenzustände der Atome in einer Kristallumgebung abhängen, sind diese nach der Quantentheorie bzw. Ligandenfeld-Theorie, auch Kristallfeld-Theorie genannt, diskontinuierlich. Eine sehr genaue, auf keramische Materialien zugeschnittene Betrachtung der Energieniveaus Farbe gebender Ionen und ihrer Übergänge bringen Goldstein, Krell und Burshtein [379]. Im Folgenden soll jedoch eine eher kinematische Begründung dargestellt werden.

Im Sinne einer atomistischen Beschreibung ist die Absorption ein Resonanzeffekt. Das oszillierende elektrische Feld $\boldsymbol{E} = E_0 \cdot \cos \omega \cdot t$ übt eine Kraft $\boldsymbol{D} = e\,E_0 \cos \omega \cdot t$ auf jede Ladungseinheit eines Atoms aus, die dann eine oszillierende Ladungsverschiebung bewirkt und damit eine dielektrische Polarisation:

$$\boldsymbol{P} = \boldsymbol{D} - \varepsilon_0 \boldsymbol{E} = (\varepsilon - 1)\varepsilon_0 E_0 \cos \omega \cdot t. \tag{5.32}$$

Gleichung (5.32) ist jedoch eine Funktion der Frequenz v, da die gebildeten Dipole nicht immer in Phase mit den Einflussfeld E schwingen.

Nimmt man an, dass die oszillierenden Dipole quasielastisch ausgelenkt werden und mit einer Eigenfrequenz $\omega_0 \approx (D/m)^{1/2}$ (mit D als quasielastische Kraft und m als Masse des Oszillators) schwingen, dann entspricht die Dispersionskurve einer Resonanzkurve. Bei ansteigender Anregungsfrequenz ω nimmt die Phasenverschiebung der Amplitude zu und erreicht den Betrag $\pi/2$ bei der Eigenfrequenz $\omega = \omega_0$. Beim Punkt der Maximalamplitude ist der induzierte Strom in Phase mit dem oszillierenden Feld (Resonanz), was zu einem Maximum an Energieabsorption führt (Abb. 5.10). Folglich zeigen die beiden Kurven für die dielektrische Permittivität ε und den Brechungsindex n zwei scharfe Wendepunkte (abnormale Dispersion), wobei für Teile des Wellenlängenspektrums der Brechungsindex mit der Wellenlänge ansteigt. Da in einem Kristall spezielle Durchlassrichtungen Lichtwellen zu unterschiedlichen Beträgen absorbieren können, d. h. Dispersionskurven für bestimmte Brechungsindizes relativ zueinander eine andere Position der Wendepunkte aufweisen können, beobachtet man manchmal im polarisierten Licht eine richtungsabhängige Färbung. Diese Erscheinung wird Pleochroismus genannt und ist in Tabellenwerken wie z. B. von v. Philipsborn oder Winchell mit z. B. X = schwach, Y = stark, Z = sehr stark oder gleichbedeutend mit $X < Y < Z$ vermerkt, z. B. [390–393].

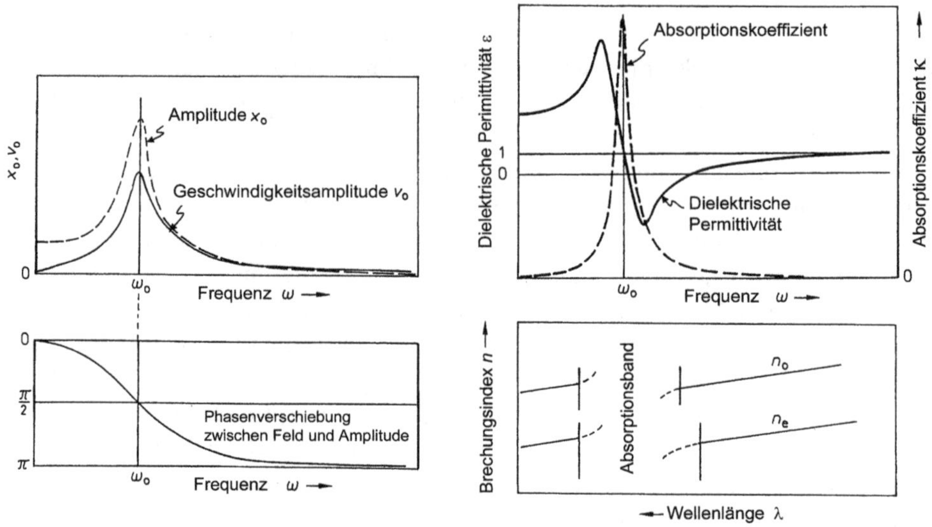

Abb. 5.10: Frequenzabhängigkeit der dielektrischen Permittivität und Wellenlängenabhängigkeit des Brechungsindex in der Nähe eines Absorptionsbandes.

Die resultierende Farbe hängt auf komplexe Weise nicht nur von der Wechselwirkung der absorbierenden chemischen Bestandteile einer Verbindung ab, sondern auch von deren strukturellen Anordnung, der Art der atomaren Bindung, von Verunreinigungen und Kristalldefekten. So können ursprünglich farblose Materialien farbige Einschlüsse, also Pigmente, enthalten und erscheinen dadurch gefärbt. Inhomogenitäten wie Ausscheidungen oder Kavernen als sehr große Kristalldefekte mit mehreren hundert Nanometern Ausdehnung können zu Streueffekten führen, die zu besonderen farbigen Glanzerscheinungen führen, die in Anlehnung an die entsprechenden Mineralien als Opaleszenz und Labradoreszenz bezeichnet werden.

Weiterhin können interstitielle Atome oder Leerstellen lokale Ladungsansammlungen oder Kristallverzerrungen hervorrufen, die mit Licht wechselwirken und dann Farbzentren genannt werden. Der einfachste Punktdefekttyp, der eine Färbung erzeugt, die das sogenannte F-Zentrum, das aus einer Leerstelle eines Anions besteht und daher Elektronen einfängt. Die wichtigste Quelle für eine selektive Absorption ist aber die Ionen-Färbung, eine intrinsische Kristalleigenschaft. Chemische Elemente, die besonders stark färben, sind Kationen der Übergangsmetalle wie Ti, V, Cr, Mn, Fe, Co, Cu und Zn, da sie in verschiedenen Oxidationsstufen auftreten. Der Absorptionseffekt kommt durch unvollständig besetzte d- oder f-Orbitale zustande (d-f-Übergang) und wird Zentralionenfärbung genannt. Die Lage der Absorptionsbande wird von der Art und der symmetrischen Anordnung der Nachbarkationen oder weiterer geladener Komplexe in der Koordinationsumgebung bestimmt, die eine Aufspaltung der Energieniveaus der Außenorbitale und damit der Übergangsenergie zwischen den Niveaus bewirken. Eine genauere Beschreibung findet sich bei [379]. Selbst kleine Veränderungen der interatomaren Abstände, der lokalen Symmetrie oder der Ladungsverhältnisse können daher starke Auswirkungen auf die Farbe eines Kristalls haben. So ist Aluminiumoxid eigentlich farblos, wird aber rubinrot, wenn Cr^{3+} ($3d^3$-Konfiguration) hinzugefügt wird (sogenannte allochromatische Färbung), wobei reines Chromoxid, Cr_2O_3, mit derselben Kristallstruktur tiefgrün erscheint (idiochromatische Färbung). Endl und Hausner [394] haben die Farbwirkung auf Al_2O_3 auch mit anderen Zusätzen verfolgt, wobei der Einfluss der Ofenatmosphäre beim Brennen berücksichtigt wurde.

Sehr starke Farbänderungen aufgrund von Verzerrungen der Koordinationspolyeder um ein zentrales Ion treten in Cu^{2+}-Verbindungen ($3d^9$-Konfiguration) auf, wobei die Farben von grün bis tiefblau variieren, ebenso in Mn^{3+}-Verbindungen ($3d^4$-Konfiguration) mit Rosa- und Rotfärbung. Solche starken Verzerrungen werden Jahn-Teller-Effekt genannt und führen auch zur Supraleitung der bekannten Yttrium-Barium-Kupferoxide und deren verwandten Verbindungen.

Im Vergleich zur Zentralionenfärbung, die Elektronenübergänge innerhalb einer einzelnen Elektronenschale eines Ions umfasst, kann der Elektronenübergang zwischen überlappenden Orbitalen benachbarter Ionen eine tausendfach stärkere Absorption und damit Färbung hervorrufen, die bis zur völligen Opazität reicht. Dieser Effekt wird Charge-Transfer-Färbung genannt (Ladungstransfer) und tritt zwischen zwei Kationen, zwei Anionen oder zwischen Kation und benachbartem Anion auf. Die Absorptionsbande sind sehr breit und reichen von Ultraviolett bis in den sichtbaren Bereich. Der zugrunde liegende Prozess ist ein wiederholter Redox-Vorgang. Beispiele sind benachbarte Paare von Fe^{2+}–Fe^{3+}, Mn^{2+}–Mn^{3+} oder Ti^{3+}–Ti^{4+}. Solche Vorgänge beobachtet man oft bei gekoppelter Substitution von Ionenpositionen in Mischkristallen. Sie dienen dem lokalen Ladungsausgleich und damit der Ladungsneutralität der Kristallstruktur. Sie kommen beispielsweise in Silicatstrukturen vor, die Si^{4+} in tetraedrischer Koordination [IV] aufweisen, d. h. umgeben von vier Sauerstoffionen und Fe^{2+} und Mg^{2+} in einer oktaedrischen Konfiguration [VI], d. h. umgeben von sechs Sauerstoffionen. Wird Si^{4+} durch Al^{3+} ersetzt, muss dies durch die Substitution eines zweiwertigen Kations auf der oktaedrischen Position durch ein dreiwertiges Kation kompensiert werden:

$$\underset{\text{Oktaeder}}{{}^{[VI]}(Fe^{2+}, Mg^{2+})} + \underset{\text{Tetraeder}}{{}^{[IV]}Si^{4+}} \leftrightarrow \underset{\text{Oktaeder}}{{}^{[VI]}(Fe^{3+}, Al^{3+})} + \underset{\text{Tetraeder}}{{}^{[IV]}Al^{3+}}.$$

Wenn Oktaederkonfigurationen mit unterschiedlich geladenen Eisenionen gemeinsame Flächen aufweisen, ermöglicht die Überlappung der d-Orbitale einen oszillierenden Elektronenübergang und somit Charge-Transfer-Färbung. Generell ist ein solcher Ladungstransfer in oktaedrischen Koordinationspolyedern möglich, wenn sie gemeinsame Flächen oder Kanten aufweisen, sodass sich t_{2g}-Orbitale überlappen. Zwischen Tetraeder-Koordinationen kommt eine Überlappung der e_g-Orbitale zustande, wenn sie über gemeinsame Kanten verknüpft sind. Flächenverknüpfungen sind bei

Tetraedern nach den Paulingschen Regeln grundsätzlich nicht möglich (siehe Kapitel 2.2.2). Die Erscheinung des Pleochroismus, d. h. einer richtungsabhängigen selektiven Absorption, wird durch eine periodische unidirektionale Anordnung absorbierender Ionen in Form von Ketten oder Bändern verursacht. Ein Beispiel hierfür ist Cordierit, orthorhombisches $^{VI}Mg_2{}^{IV}Al_3[AlSi_5O_{18}]$, der deshalb auch Dichroit genannt wird. Eisen kann als $^{VI}Fe^{2+}$ für Mg^{2+} und $^{IV}Fe^{3+}$ anstelle von Al^{3+} eingebaut werden, was zu gegenüber liegenden $^{VI}Fe^{2+}$-Oktaedern und $^{IV}Fe^{3+}$-Tetraedern mit gemeinsamen Kanten führt. Da sich t_{2g}-Orbitale und e_g-Orbitale parallel zur kristallographischen a-Achse überlagern, beobachtet man das folgende optische Verhalten: n_α schwingt parallel zu [001] und zeigt schwache Zentralionenfärbung bei Wellenzahlen von 8750 und 10200 cm^{-1}. n_β schwingt parallel zu [100] und absorbiert sehr stark bei 17700 cm^{-1} und schwach bei 10750 cm^{-1}, was eine violette Färbung hervorruft, wobei n_γ parallel zu [010] schwingt und eine mittelstarke Absorption bei 17400 cm^{-1} (hellblau) zeigt. Das entspricht einer Aufspaltung der Energieniveaus in t_{2g}- und e_g-Orbitale mit einer Energiedifferenz von etwa 50 kcal/mol. Ein exzellentes Modell zur Berechnung der Energieniveaus und zur Vorhersage der Lage von Absorptionsbanden und damit der Färbungen stellt die Ligandenfeldtheorie, auch Kristallfeldtheorie genannt, dar, die Bethe im Jahr 1929 entwickelt hat.

Die Stärke einer solchen Absorption wird durch den Absorptionskoeffizienten k gekennzeichnet. Das *Lambert–Beersche Gesetz* sagt aus, welche Intensität I eines Lichtstrahls mit anfänglicher Intensität I_0 durch einen Körper der Dicke d hindurchtritt, wenn die Konzentration der absorbierenden Komponente C beträgt:

$$I = I_0 \cdot e^{-k \cdot C \cdot d} \quad \text{oder} \quad \ln(I_0/I) = k \cdot C \cdot d. \tag{5.33}$$

Mit d in cm und C in mol/l hat k die Einheit l/(mol cm). Das Verhältnis I/I_0 ist die Durchlässigkeit, auch Transmissionsgrad oder Transmissivität genannt und mit dem Symbol τ bezeichnet. Die Durchlässigkeit ist die Differenz von 100 % minus reflektiertem sowie gestreuten bzw. absorbiertem Lichtanteil. Entsprechend ist der Absorptionsgrad α, auch Absorptivität genannt, derjenige Lichtanteil, der die eingestrahlte Lichtintensität prozentual neben der Reflexion und der Streuung schwächt.

Atomistisch betrachtet, beschreibt das Lambert–Beersche Gesetz die Dämpfung einer Schwingungsamplitude A beim Durchgang durch ein Medium der Dicke d mit dem Absorptions- bzw. Extinktionskoeffizienten $k = 2\pi\kappa/\lambda$, das den Absorptionsindex κ enthält:

$$A = A_0 \exp\left\{\frac{-2\pi\kappa}{\lambda} d\right\}. \tag{5.34}$$

Die Abnahme der Strahlungsintensität beim Durchtritt durch ein Medium wird auch Extinktion genannt und enthält neben der Absorption auch die Streuung. Wenn man den Streuanteil vernachlässigt, beträgt bei monochromatischem Licht die resultierende Amplitude A mit der Wellenlänge λ_0 und der Amplitude des einfallenden

Strahls A_0:

$$A = A_0 e^{-2\pi k d/\lambda o}. \tag{5.35}$$

Der Absorptionskoeffizient k ist eine charakteristische Materialeigenschaft und hängt vom Brechungsindex n ab:

$$k = n \cdot \kappa, \quad \text{wobei } n = \frac{\lambda_0}{\lambda} = \frac{k}{\kappa}. \tag{5.36}$$

Mit $I = A^2$ erhält man für die Intensität I:

$$I = A_0^2 e^{-4\pi k d/\lambda_0}. \tag{5.37}$$

Der Ausdruck $4\pi k/\lambda_0$ wird Extinktionsmodul genannt. In transparenten Stoffen ist $k < 1$, kann aber in opaken Substanzen den Wert 3–5 annehmen. Wie n ist k eine komplexe Funktion der Wellenlänge λ. Gleichung (5.37) ergibt für den Lichtvektor $\boldsymbol{E}$ [vergleiche Gln. (5.2) und (5.9)]:

$$E = E_0 e^{2i\pi[t/T - d/\lambda_0(n-ik)]}, \tag{5.38}$$

was im Falle von absorbierenden Medien bedeutet, dass ein komplexer Brechungsindex $\mathfrak{n}$, geschrieben in gotischen Buchstaben, zur Anwendung kommt mit

$$\mathfrak{n} = n - ik = \mathfrak{n} \cdot (1 - ik), \tag{5.39}$$

Damit können bei Absorption die symmetrieabhängigen optischen Eigenschaften nicht länger mit einer verhältnismäßig einfach verständlichen Indikatrix beschrieben werden (Abb. 5.8) abgesehen vom kubischen Fall, in welchem $\mathfrak{n} = nk$ gilt. Die Darstellung der Indikatrix für absorbierende anisotrope Systeme ergibt eine Oberfläche zweiter Ordnung mit komplexen Brechungsindizes als Strahlungsvektoren und ist von Berek 1931–1937 entwickelt worden [395–398]. Gemäß Gl. (5.39) erhält man in gotischer Schreibweise:

$$\frac{\mathfrak{x}^2}{n_1^2} + \frac{\mathfrak{y}^2}{n_2^2} + \frac{\mathfrak{z}^2}{n_3^2} = 1, \tag{5.40}$$

was mit einer Koordinatentransformation in ein reales System mit den Hauptachsen x, y und z überführt werden kann:

$$\frac{x^2}{\mathfrak{n}_{11}^2} + \frac{y^2}{\mathfrak{n}_{22}^2} + \frac{z^2}{\mathfrak{n}_{33}^2} + \frac{2xy}{\mathfrak{n}_{12}^2} + \frac{2yz}{\mathfrak{n}_{23}^2} + \frac{2xz}{\mathfrak{n}_{13}^2} = 1. \tag{5.41}$$

Es würde hier zu weit führen, die komplexe Indikatrix für die einzelnen Kristallsymmetrien und der Wellenlängenabhängigkeit genauer zu diskutieren. Es sei auf einige Literaturstellen verwiesen, z. B. [388, 395–400].

Temperaturabhängigkeit der Absorption

Aus der Theorie des Elektromagnetismus folgt für Dielektrika $\kappa \approx 0$, für Leiter aufgrund der Dämpfung $\kappa > 0$. Leider bleibt bei diesen Betrachtungen unberücksichtigt, dass keramische Werkstoffe bei hohen Temperaturen zu Ionenleitern und weiter zu Elektronenleitern werden und somit die Vereinfachung $\kappa \approx 0$ ihre Gültigkeit verliert. Dies gilt natürlich bei Raumtemperatur auch für elektronisch leitende „Keramiken" und erst recht für die zahlreichen halbleitenden und hoch absorbierenden Nichtoxidkeramiken. Für technisch wichtige Dielektrika wie Perowskit-basierte Keramiken ist die Temperaturabhängigkeit der Dielektrizitätskonstanten bis 200–400 °C sehr gut bekannt. Allerdings stammen temperatur- und wellenlängenabhängige Absorptionsmessungen an Keramiken erst aus jüngerer Zeit. So berichten Mo u. M. [401] über Absorptionsspektren von nanokristallinem Al_2O_3 bis 1200 °C, Zoltoarev [402] über SiO_2- und Y_2O_3-Schichten auf SiC bis 1380 °C, Weber u. M. [403, 404] über Absorptionsverhalten von Al_2O_3-Schmelzen bis zu 2700 °C. Ältere, sehr praxisorientierte empirische Arbeiten zum Absorptionsverhalten von Laserstrahlung beim Trennen oder Schweißen technischer Keramiken stammen z. B. von Tönshoff u. M. [405] oder von von Alvensleben u. M. [406], die diese Größen über Temperaturmessungen und Wärmebilanzrechnungen ermittelten. Weitere Daten finden sich in [379].

Strahlung, die weder reflektiert noch durch inelastische Reaktionen in dem Material absorbiert wird, passiert das Material. Der Durchtritt in die der Strahlquelle entgegengesetzte Hemisphäre erfolgt entweder gerichtet und wird als In-Line-Transmission bezeichnet, oder nach einigen elastischen Streuvorgängen als ungerichtete diffuse Strahlung. Dielektrika wie Gläser und Keramiken transmittieren einen hohen Anteil der nichtreflektierten Strahlung. Arbeiten der letzten Zeit über Raumtemperaturmessungen der Reflexion und Transmission von Al_2O_3 bei Wellenlängen zwischen 700–2500 nm berichten, dass die Sinterdichte der Keramik eine entscheidende Rolle für ihre optischen Eigenschaften darstellt. Eine zehnfache Erhöhung der Transmission wird z. B. erreicht, wenn die theoretische Dichte der untersuchten Al_2O_3-Keramik von 93 % auf 99 % zunimmt [407]. Unter der Voraussetzung, dass die Absorption der Keramik im untersuchten Wellenlängenbereich gleich Null ist, wurde ein Modell zur Darstellung der Porenstruktur entwickelt. Messungen der diffusen Reflexion und Transmission (λ = 500–6000 nm) bei Raumtemperatur zur Charakterisierung der Porenverteilung wurden auch für MgO-Keramikwerkstoffe erfolgreich eingesetzt [408].

5.4 Reflexion

Entsprechend dem fundamentalen Spiegelgesetz sind Einfalls- und Ausfallswinkel von Strahlen in Bezug auf die Senkrechte der reflektierenden Oberfläche gleich und befinden sich in derselben Ebene, auch Einfallsebene genannt (Abb. 5.11). Die einfallenden Lichtwellen besitzen eine gemeinsame Wellenfront und erzeugen punktförmige Quellen für die reflektierten Wellen, die dementsprechend ebenfalls eine gemeinsame Wellenfront aufweisen. Feynman hat bei der Entwicklung der Quantenelektrodynamik jedoch gezeigt, dass bei genauer Betrachtung von den Punktquellen aus Strahlen in alle Raumrichtungen reflektiert werden, von denen aber nur solche konstruktive Interferenzen zeigen, die dem Spiegelgesetz gehorchen. Alle anderen werden ausgelöscht.

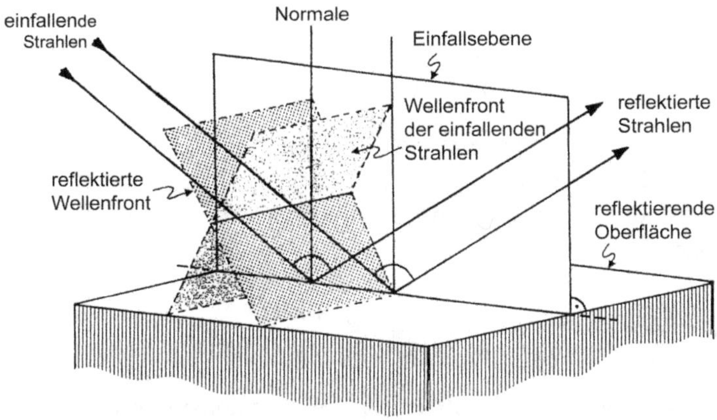

Abb. 5.11: Darstellung des Spiegelgesetzes mit einfallender und reflektierter Wellenfront, Spiegelebenennormale und Einfallsebene.

Im Fall gut polierter Oberflächen wird eine reguläre Reflexion erhalten, wenn die Oberflächenrauheit kleiner als die Wellenlänge ist. Oberflächenrauheiten führen demgegenüber zu einer diffusen Reflexion an Rauheitshügeln und -tälern, die jeweils wie eine eigene Spiegelebene wirken (Oberflächenrauheit > Wellenlänge).

Die Intensität und Wellenlänge des reflektierten Strahls hängt von der Art der Oberfläche und den optischen Eigenschaften des reflektierenden Mediums ab. Besonderheiten treten bei selektiver Absorption bestimmter Wellenlängen auf. Es gibt daher nahezu alle Übergänge zwischen transparenten und völlig undurchsichtigen Materialien mit metallischem oder halbmetallischem Glanz. Grundsätzlich sind Stoffe mit delokalisierten Elektronen, also Leiter und Halbleiter, opak und weisen eine sehr hohe Reflektivität auf wie z. B. Übergangsmetallcarbide, -boride und -nitride. Materialien mit überwiegend ionischem oder kovalentem Bindungscharakter sind üblicherweise nicht opak, zeigen aber mitunter eine Färbung, da sie bestimmte Wellenlängen absorbieren können.

Die Reflexion wird in der Materialwissenschaft bei der lichtmikroskopischen Untersuchung von Anschliffen neben der Polarisationsmikroskopie mittels Durchlicht auch für Keramiken und feuerfeste Werkstoffe noch häufig genutzt. Theorie und Methoden dazu haben überwiegend Berek und Cameron entwickelt [391–400].

Aus der Theorie des Elektromagnetismus lässt sich mit Hilfe der Fresnel-Gleichung der wellenlängenabhängige, normalgerichtete Reflexionsgrad (Reflexionsvermögen,

Reflektivität) R, auch mit ρ bezeichnet, ableiten:

$$R(\lambda) = \frac{(n(\lambda) - 1)^2 + \kappa(\lambda)^2}{(n(\lambda) + 1)^2 + \kappa(\lambda)^2}, \tag{5.42}$$

wobei der Absorptionsindex κ für Nichtleiter vernachlässigt werden kann. Es ergibt sich dann vereinfacht:

$$R(\lambda) = \left(\frac{n(\lambda) - 1}{n(\lambda) + 1}\right)^2. \tag{5.43}$$

Bei schrägem Lichteinfall ist R außerdem vom Einfallswinkel abhängig. Das Verhältnis der Intensitäten von reflektiertem zu einfallendem Strahl I_r/I_0 ist unter Berücksichtigung des Brechungsindex n_0 des Mediums, in welchem sich die reflektierende Oberfläche befindet, gegeben durch:

$$R = \frac{I_r}{I_0} = \frac{(n - n_0)^2 + k^2}{(n + n_0)^2 + k^2} = \frac{(n - n_0)^2 + n^2\kappa^2}{(n + n_0)^2 + n^2\kappa^2}. \tag{5.44}$$

mit n = Brechungsindex, k = Absorptionskoeffizient, κ = Absorptionsindex des untersuchten Stoffes. An Luft ist n_0 = 1,000294 (Na_D-Linie, 1 atm, 20 °C), im Vakuum ist n_0 exakt gleich 1, sodass vereinfacht werden kann:

$$R = \frac{I_r}{I_0} = \frac{(n - 1)^2 + k^2}{(n + 1)^2 + k^2} = \frac{(n - 1)^2 + n^2\kappa^2}{(n + 1)^2 + n^2\kappa^2}. \tag{5.45}$$

Analog gibt es für das Verhältnis der Intensität des einfallenden und des gebrochenen Strahls den Transmissionskoeffizient τ, auch Transmissivität genannt. Für gekoppelte Reflexion und Brechung gilt an den Grenzflächen transparenter Stoffe nach dem Energieerhaltungssatz $R + \tau = 1$.

Wie n oder k ist die Reflektivität R eine Funktion der Wellenlänge (Dispersion der Reflektivität). In anisotropen Stoffen variiert R mit der Orientierung der Polarisationsebene relativ zu den Symmetrieelementen (Reflexionsanisotropie, Bireflexion). Beispiele hierfür sind Graphit, MoS_2 und CuS. Man bestimmt R mittels empfindlicher kalibrierter Photometer bei mindestens drei Wellenlängen. Aus solchen Messungen lassen sich auch die Brechungsindizes opaker oder stark absorbierender Substanzen mittels Gl. (5.45) bestimmen.

Einige Reflexions- und Absorptionsdaten sind in Tabelle 5.2 gelistet, wobei einige Metalle zum Vergleich angegeben sind. Diese besitzen auch einen hohen Brechungsindex. Die generelle Abhängigkeit von n und R gemäß Gl. (5.43) ist in Abb. 5.12 gezeigt und weist ein Minimum für $n = 1$ auf und erreicht den Wert $R = 1$ (100 % Reflexion) für $n = 0$ und $n = \infty$.

Tab. 5.2: Optische Eigenschaften einiger Werkstoffe in reflektiertem Licht (λ = 589 nm).

Phase	Kristallsystem	optischer Charakter	n	$k = n\kappa$	R [%]
Ag	kubisch	isotrop	0,181	3,67	95
Au	kubisch	isotrop	0,366	1,82	85
Pt	kubisch	isotrop	2,06	1,03	12–18
ZnS Zinkblende	kubisch	isotrop	2,38	0,01	17,5
Diamant	kubisch	isotrop	2,417	0,00	17,2
Graphit	hexagonal	stark anisotrop	1,51–2,76	1,53	5–23!
Fe_2O_3 Hämatit	rhomboedr.	anisotrop	2,87–3,34	0,27	29
Al_2O_3	trigonal	anisotrop	1,759–1,773	0,02	5,7–7,5
SiO_2 α-Quarz	trigonal	anisotrop	1,544–1,553	0,00	4,6
$SrTiO_3$	kubisch	isotrop	2,35		16,7
α-SiC	hexagonal	anisotrop	2,65–2,69	0,00 ber.	19–30
B_4C	trigonal	anisotrop	3,231	0,54	28,9
α-Si_3N_4	hexagonal	anisotrop	2,05–2,11	0,00 ber.	11,8–12,7
β-Si_3N_4	hexagonal	anisotrop	2,05–2,11	0,00 ber.	11,8–12,7
AlN	hexagonal	anisotrop	2,03–2,18	$2 \cdot 10^{-5}$	19,5
h-BN	hexagonal	anisotrop	1,71–1,72		7,5
c-BN	kubisch	isotrop	2,5		?

ber. = berechnet.

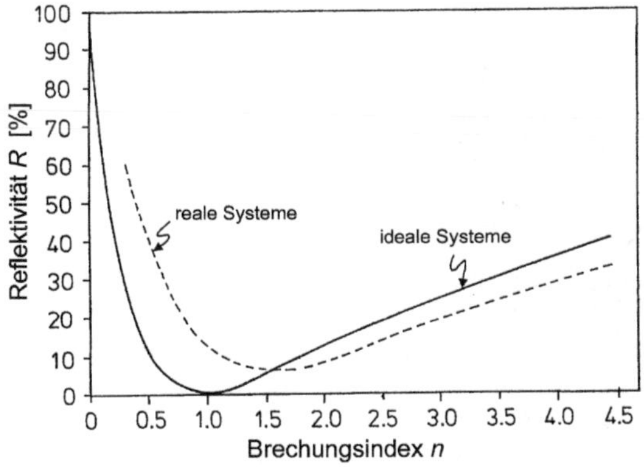

Abb. 5.12: Abhängigkeit der Reflektivität vom Brechungsindex. Durchgezogene Kurve für ideale Systeme, d. h. $k = 0$, Vakuum; gestrichelte Kurve: Reale Systeme mit $k \neq 0$, Messung in Immersionsöl.

Wenn Absorption und Streuung vernachlässigbar sind, kann ein gewisser Glanz auch einem bestimmten Abschnitt auf dieser Kurve zugeordnet werden. Materialien mit n = 1,3–1,9 und $R < 0{,}09$ (z. B. Halogenide, Carbonate, Sulfate, Phosphate, Arsenate, Silicate und einige Oxide) weisen Glasglanz auf. Diamantglanz zeigen Stoffe mit n = 1,9–2,6 und R-Werten zwischen 0,09 und 0,20 (Diamant, SnO_2, TiO_2, ZrO_2, ZnS, Schwefel). Der Glanz für n zwischen 2,6 und 3,0 und R = 0,20–0,25 heißt halbmetallisch (SiC, B_4C, Mo_2S, Ag_2S, HgS, Cu_2O, Fe_2O_3). Stoffe mit $n > 3$ und $R > 0{,}25$ besitzen Metallglanz (MoS_2 sowie andere Sulfide und Arsenide, Metalle, Übergangsmetallcarbide und -boride). Gold und Silber sind Beispiele für einen Metallglanz bei $n < 1$ (Tabelle 5.2).

Zufällig polarisiertes Licht, das von einer polierten Oberfläche reflektiert wird, ist teilweise linear polarisiert. Dieser Anteil hängt vom Einfallswinkel, dem Brechungsindex und der Kristallsymmetrie des reflektierenden Materials ab. Die Korrelation zwischen diesen Größen ist sehr komplex. Grundsätzlich wird der im Winkel φ_i einfallende Lichtstrahl teilweise um φ_{refr} gebrochen und teilweise mit $\varphi_{refl} = -\varphi_i$ (Abb. 5.13) reflektiert. In nichtabsorbierenden isotropen Stoffen gibt es einen kritischen Einfallswinkel φ_{ic}, der als *Brewster-Winkel* oder Polarisationswinkel bezeichnet wird, bei welchem das gesamte einfallende Licht linear polarisiert reflektiert wird. Es gilt:

$$n = \frac{\sin\varphi_i}{\sin\varphi_{refr}} = \frac{\sin\varphi_i}{\sin(90° - \varphi_i)} = \tan\varphi_{ic}. \tag{5.46}$$

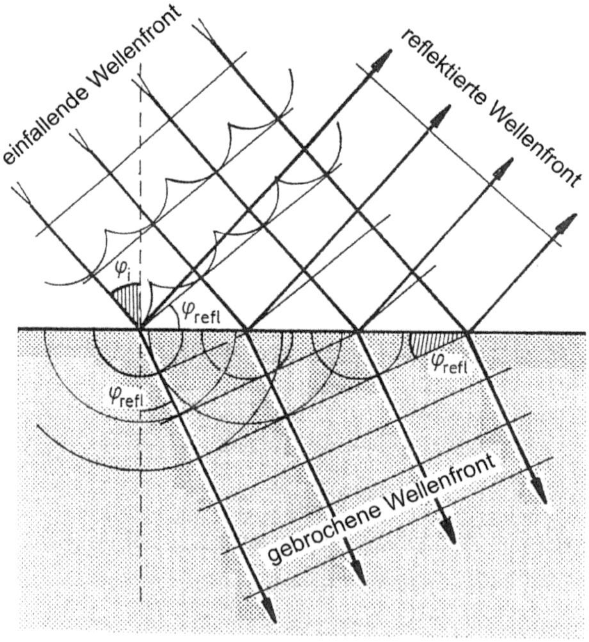

Abb. 5.13: Reflexion an ebenen Oberflächen. Die einfallende Wellenfront wird teilweise in den Stoff mit dem höheren Brechungsindex hinein gebrochen, auch bei Metallen, teilweise reflektiert. Dabei entstehen wieder Wellenfronten, die parallel zur Einfallsebene orientiert sind.

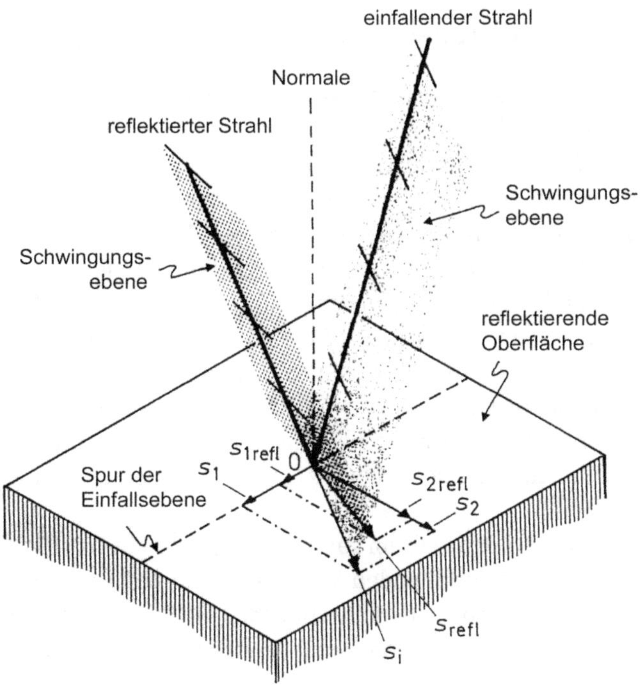

Abb. 5.14: Rotation der Polarisationsebene von linear-polarisiertem Licht bei Reflexion an einer metallischen Oberfläche [392].

Bei nichtabsorbierenden anisotropen Stoffen erfolgt für linear-polarisierte Wellen, die parallel zur Einfallsebene s_i schwingen (Abb. 5.14), eine Aufspaltung in zwei senkrecht zueinander schwingenden Komponenten s_1 und s_2, die typischerweise mit unterschiedlichen Intensitäten reflektiert werden (Anisotropie der Reflexion). Beide Wellenteile interferieren wieder mit einer resultierenden Schwingungsrichtung s_{refl}, die gegenüber dem stärker reflektierten Strahl etwas verdreht ist. Dieser reflektierte Strahl besitzt dann einen anderen Azimut der Schwingung sowie eine geringere Intensität als der einfallende Strahl. In besonderen Fällen, in welchen s_i mit s_1 oder s_2 übereinstimmt, kommt es zur uniradialen Reflexion, d. h. es tritt keine Änderung der Polarisationsrichtung auf und man erhält die maximale Intensität.

Auf metallischen Oberflächen wird senkrecht einfallendes linear-polarisiertes Licht mit einer Phasenverschiebung π reflektiert und liefert eine stationäre Welle mit einem Schwingungsknoten auf der Oberfläche (Wieners Experiment), da $\boldsymbol{E}$ an der Oberfläche gegen Null geht, während $\boldsymbol{H}$ ohne Phasenverschiebung reflektiert wird.

5.5 Streuung, Transluzenz und Transparenz

Strahlung wird nach der klassischen Theorie nicht nur von (ebenen) optischen Grenzflächen nach dem Spiegelgesetz reflektiert, sondern auch diffus an Oberflächenrauheiten und bei nichtmetallischen Werkstoffen auch im Inneren eines polykristallinen Gefüges an optischen Inhomogenitäten wie Phasengrenzen, Korngrenzen und Poren gestreut. Der Begriff der Streuung umfasst also unterschiedliche physikalische Phänomene einschließlich Reflexion, Brechung und Beugung, die eine elektromagnetische Welle von ihrer ursprünglichen Ausbreitungsrichtung ablenken und dabei eventuell ihre Wellenlänge und Phase verändern. Als Streuwinkel ϑ wird derjenige Winkel bezeichnet, um den der Lichtstrahl relativ zu seinem Einfallswinkel abgelenkt wird. Bei kleinen Streuwinkeln spricht man von Vorwärtsstreuung, bei großen von Rückstreuung oder Rückwärtsstreuung. Zur Unterscheidung meint man mit In-Line-Transmission denjenigen Lichtanteil, der ungestreut in Richtung des einfallenden Strahles aus dem Körper austritt.

Die Streuleistung eines Körpers wird analog zum Lambert–Beerschen Gesetz (Gln. (5.33) und (5.34)) mit der Intensität des einfallenden Strahles I_0, der geschwächten Intensität $I(x)$ in der Tiefe x des Körpers sowie dem Streukoeffizient S', der auch als Schwächungskonstante oder scheinbarer Extinktionskoeffizient genannt wird, ausgedrückt:

$$I(x) = I_0 \cdot \mathrm{e}^{-S'x} \quad \text{mit } S' = N \cdot \sigma_S, \tag{5.47}$$

wobei N die Anzahl der Streuursachen (Einschlüsse, Poren) pro Einheitsvolumen und σ_S ihr Wirkungsquerschnitt (Streuquerschnitt) sind. Für den Streukoeffizienten S' gilt

$$S' = Q \cdot N \cdot \pi a^2 = 3Q \cdot V/4a \tag{5.48}$$

mit a = Radius der Streuursache, V = Volumenanteil der Streuursache und Q = Wirkungsfaktor. Q seinerseits hängt ab vom Verhältnis der Brechzahl beider Phasen und vom Verhältnis $\chi = 2\pi a/\lambda = \pi d/\lambda$ mit λ = Wellenlänge.

Finden Veränderungen der Wellenlänge des gestreuten Lichts statt, so ist die Streuung inelastisch, bleibt die Streuung ohne Einfluss, so ist sie elastischer Natur. Bei kohärenter Streuung sind einfallender und gestreuter Strahl in Phase, also kohärent, sonst bezeichnet man die Streuung als inkohärent. Inelastische Streuung findet dann statt, wenn ein Teil der eingestrahlten Energie auf Atome, Moleküle oder nanoskalige Partikel übertragen wird, was in der Spektroskopie von Lösungen oder Suspensionen zur Analytik verwendet wird. Im Folgenden wird daher von elastischer Streuung die Rede sein, die außer von der Wellenlänge auch von der Größe, der Form und der Art der Grenzfläche von streuenden Hindernissen (Rauheiten, Teilchen, Poren, Korngrenzen...) abhängt.

Bei optischen Inhomogenitäten, die kleiner sind als die Lichtwellenlänge, also bei $\chi < 1$, für sichtbares Licht entsprechend etwa 1 nm $< d <$ 60 nm, ist das gesamte in alle Raumrichtungen gestreute Licht kohärent. Die Streuintensität I_S ist dann proportional zum Quadrat der Anzahl der Streuzentren und zur dritten Potenz der Durchmesser d. Da der wirksame Streuquerschnitt σ_S dieser sogenannten *Rayleigh-Streuung* proportional zur vierten Potenz der Frequenz ist, kommt es bei kleinen Wellenlängen zu einer starken Wellenlängenabhängigkeit des Streuquerschnittes, also zu einer Farberscheinung. So ist z. B. die Opaleszenz eines Stoffes auf Lichtstreuung an größeren Gitterdefekten bzw. Dichteunterschieden zurückzuführen. Aus der Maxwellschen Theorie der Wellenmechanik ergibt sich für die Rayleigh-Streuung unpolarisierten Lichtes:

$$\frac{I_S}{I_0} = \frac{8\pi^4 P^2}{r^2\lambda^4} \cdot (1 + \cos^2 \vartheta) \tag{5.49}$$

mit dem Polarisierbarkeitstensor P, dem Abstand vom Streuzentrum r und dem Streuwinkel ϑ.

Bei Wechselwirkung mit optischen Grenzflächen im Bereich 60 nm $< d <$ 200 nm spricht man von *Rayleigh–Gans–Debye-Streuung*. Liegen die Durchmesser der Teilchen, Oberflächenrauheiten oder bei transparenten Stoffen der inneren Inhomogenitäten etwa im Bereich der Wellenlänge der Strahlung, etwa 200 nm $< d <$ 5000 nm, so findet *Mie-Streuung* bzw. *Lorenz–Mie-Streuung* statt. Deren Wellenlängenabhängigkeit ist gegenüber der Rayleigh-Streuung nur schwach. Kohärentes Licht wird nur noch bei der Vorwärtsstreuung beobachtet. Alle anderen Richtungen unterliegen mit der Interferenz einer mehr oder minder starken Schwächung. Die Streuintensität steigt nur noch mit dem Quadrat der Durchmesser der streuenden Bereiche. Bei noch größeren Wechselwirkungsdurchmessern mit $\chi > 1$, entsprechend 5 µm $< d <$ 1000 µm, wird Q konstant. Es erfolgt *Fraunhofer-Streuung*. Die unterschiedlichen Bereiche und der Verlauf der Streuintensität sind in Abb. 5.15 veranschaulicht.

Für die Untersuchung von Korngrößenverteilungen in Suspensionen mittels Laser-Granulometer (siehe Band 1) ist die Mie-Streuung von besonderem Belang, allerdings auch für das Verständnis von Transmission und Streuung transparenter polykristalliner Keramiken oder Glaskeramiken, wobei hier bei nanoskaligen Gefügen auch noch die Rayleigh–Gans–Debye-Streuung zur Anwendung kommt. Während die oben genannten Streutheorien in der Regel für isolierte oder in einer Suspension befindliche Teilchen entwickelt worden sind, kann man umgekehrt auch Poren, Korngrenzen oder Einschlüsse und Ausscheidungen als in einem Korn, d. h. homogenen Kristall, dispergierte optische Inhomogenitäten verstehen (Abb. 5.16). Hieraus lassen sich Erkenntnisse zur Entwicklung entsprechender transluzenter oder transparenter Keramiken ableiten. Weiterführende Literatur enthält [379].

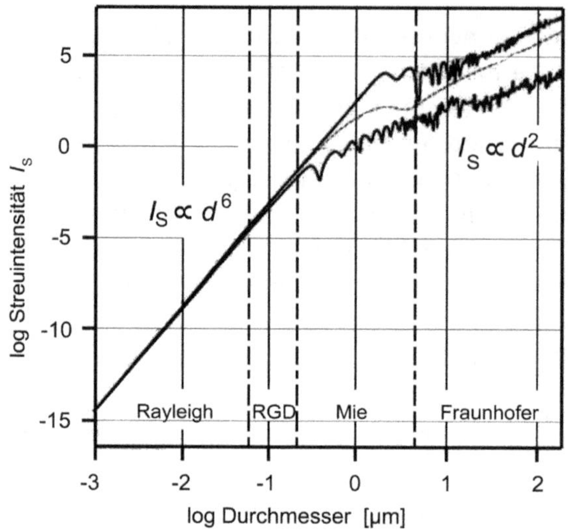

Abb. 5.15: Abhängigkeit der Streuintensität von der Größe der streuenden Inhomogenitäten und die Gültigkeitsbereiche der entsprechenden Streutheorien nach [409].

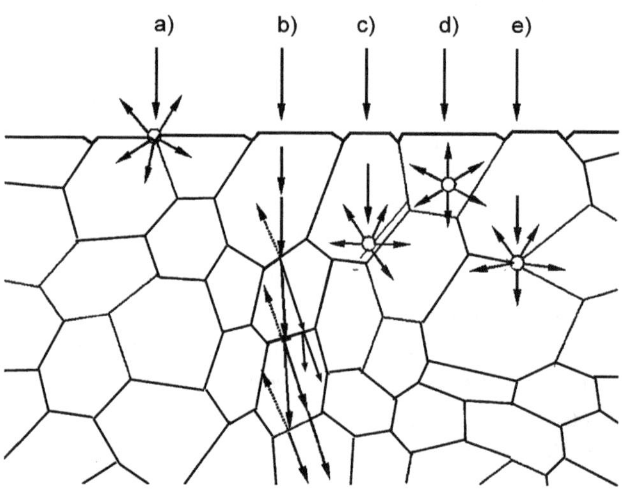

Abb. 5.16: Streuung eines Lichtstrahls beim Durchgang durch ein keramisches Gefüge nach Ikesue u. M. [411]. (a) Streuung und Reflexion an Oberflächenrauheiten, (b) Brechung oder Reflexion an Korngrenzen, (c) Streuung an Zweitphasen, (d) an Einschlüssen oder Poren, (e) an Korngrenzen.

Transluzente Keramik

Generell gilt, dass Einschlüsse mit höherem Brechungsindex konvergent streuen, solche mit geringerem Brechungsindex, also insbesondere Poren, divergent (Abb. 5.17). Für den Brechungsindex von Korngrenzen kann man bei anisotropen Kristallen wie Aluminiumoxid näherungsweise einen Mittelwert zwischen dem minimalen Brechungsindex n_α und dem maximalen Brechungsindex n_γ annehmen, da die Kornorientierungen statistisch verteilt sind. Meist reichern sich aber an den Korngrenzen die Sinterhilfen oder Verunreinigungen an und bilden Glasphasenfilme. Dabei sinken typischerweise die lokalen Brechungsindizes mit steigendem SiO_2-, Na_2O- und K_2O-Gehalt, wodurch Streuerscheinungen eintreten. Man spricht dann von Transluzenz. Damit wird auch ein Einfluss der Korngröße bemerkbar, indem die Streuung mit sinkender Korngröße ansteigt, da mehr Korngrenzen vorhanden sind. Einschlüsse mit hohen Brechungsindizes werden auch als Trübungsmittel für Beleuchtungskörper aus Glas oder Glasuren gezielt eingesetzt. In der Regel wird der chemisch kompatible und durch Fremdionen einfärbbare Zirkon, $ZrSiO_4$, verwendet. Das Durchscheinen ist ein besonderes Merkmal des Porzellans. Diese Eigenschaft wird in der Branche meist fälschlicherweise als „Transparenz" bezeichnet. Sie wird im Band 4 beim Porzellan besprochen werden wie auch die sogenannte „Weiße" des Porzellans, die beeinträchtigt wird durch Verunreinigungen an Eisen- und Titanoxiden. Doerbecker und Oel [410], die solche Messungen durch Bestimmung der Streuindikatrix an Glasuren, also durch winkelabhängige Intensitätsmessungen, durchführten, berücksichtigen noch die Möglichkeit einer orientierten Rauheit, die sie Mattigkeit nannten.

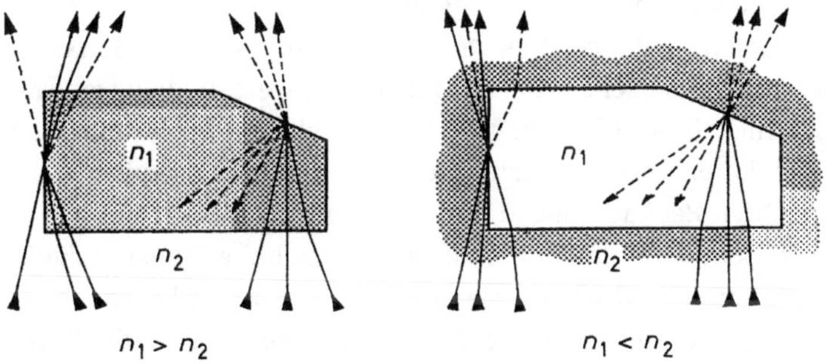

Abb. 5.17: Lichtbrechung an optisch inhomogenem Einschluss mit größerem (links) und kleinerem (rechts) Brechungsindex als umgebende Matrix [388].

Die Gln. (5.47) und (5.48) lassen auch den Einfluss der Porosität P erkennen, wozu man nur $V = P$ zu setzen braucht. Nimmt man außerdem $Q = 2$ an, dann ergibt sich $I/I_0 = \exp(-1{,}5 \cdot P \cdot d/a) = D$. Eine Probe der Dicke 1 mm hat dann bei einer Porosität von 1 % ($P = 0{,}01$) und Porenradien $a = 10\,\mu m$ nur noch eine Durchlässigkeit von $D = \exp(-1{,}5 \cdot 0{,}01 \cdot 1000/10) = 0{,}22 = 22\,\%$. Sinkt die Porosität auf $P = 0{,}001$, erhöht sich D auf 86 %, werden aber bei $P = 0{,}01$ die Poren kleiner, z. B. mit Radien $a = 2\,\mu m$, dann nimmt D auf 0,06 % ab, d. h., die Probe ist praktisch lichtundurchlässig. Diese empfindliche Abhängigkeit von der Porosität ist in Experimenten z. B. von Peelen [412–414] oft bestätigt worden, der sich auch mit der Verwendung der Begriffe durchsichtig und durchscheinend auseinandersetzt.

Neben Leuchtmitteln haben transluzente Keramiken auch im medizinischen Bereich vermehrt Interesse gefunden, wo es um Ästhetik geht, also bei Zahnimplantaten, Überkronungen und Zahnbrücken. Natürlichem Zahnmaterial, insbesondere im durchfeuchteten Zustand, wird eine gewisse Transluzenz zugeschrieben, in neuerer Zeit sogar eine Eigenphosphoreszenz. Bei der Entwicklung von geeigneten keramischen Materialien wird also nicht nur auf sehr gute mechanische Eigenschaften Wert gelegt, sondern auch auf natürliche Färbung und Oberflächenbeschaffenheit, nun auch auf Glanz („Gloss") und Transluzenz. Dies war bei Prothesen aus Dentalporzellan immer schon ein Kaufgrund. Bei Y-stabilisiertem ZrO_2 wird dieser Effekt fast von selbst aufgrund der geringen Korngröße von 0,1–1 µm erzielt, bei Glaskeramiken kann mittels einer Kontrolle von Keimbildung und Keimwachstum eine naturähnliche Lichtstreuung ebenfalls realisiert werden. Schwierig wird die Überlagerung von Färbung und Transluzenz, da die meisten Farbpigmente den „Durchblick" auf das Protheseninnere nicht zulassen. Ein anderes Problem betrifft die Wahl des Materials des Dentalwurzelstiftes. Ist die Überkronung transluzent, so werden ein metallisches Abutment sowie der Dentalwurzelstift, meist aus Titan, sichtbar. Dies führte zu einem anwachsenden Markt an keramischen Dentalwurzelstiften (siehe Band 4 „Biokeramik"). Weitere Anwendungen transluzenter Keramik ergeben sich aus der Entwicklung von Leuchtdioden. Nachdem diese überwiegend monochromatisches Licht im niedrigen Wellenlängenbereich punktuell erzeugen, bedarf es eines streuenden Hüllkörpers mit entsprechender Transluzenz [415]. Zur Erzeugung weißen Lichts ist weiterhin eine Fluoreszenzfähigkeit erforderlich, die im vorgegebenen Spektralbereich induziert wird und im sichtbaren Spektralbereich Licht emittiert (siehe Kapitel 5.7).

Aus den zuvor gemachten Beobachtungen und physikalischen Modellen ist zunächst zu folgern, dass wesentliche Voraussetzungen für eine hohe Transmissivität durch Verringerung der Streuung in der Isotropie des Materials, seiner Porenfreiheit und in einer möglichst großen Korngröße zu suchen sind. Ferner müssen die Korngrenzen frei von Glasphasen oder Verunreinigungen sein. Auf dieser Basis hat Coble bereits in den 1960er Jahren das transluzente MgO-dotierte Al_2O_3 („Lucalox") entwickelt [416], das bei 2000 °C, also nahe am Schmelzpunkt, in Wasserstoffatmosphäre gesintert wird, um einerseits eine reduzierende Atmosphäre einzustellen und andererseits eine schnelle Ausdiffusion der eingeschlossenen Gase aus den Poren über Volumendiffusion zu ermöglichen. In Band 4 wird noch auf das Gefüge dieses Materials eingegangen, aus welchem die Hüllrohre für die Natrium- bzw. Quecksilberdampflampen auch heute noch hergestellt werden. In Abb. 5.18 ist eine Schemazeichnung einer solchen Natriumdampflampe dargestellt [417]. In dem Keramikrohr wird ein Plasma mit einer Temperatur von 3700 °C gezündet; das Hüllrohr erwärmt sich dabei auf 1200 °C. Auch heute werden noch für Laseranwendungen möglichst grobkörnige Nd:YAG-Keramiken hergestellt, um die Streuung an Korngrenzen und Poren zu reduzieren. Abbildung 5.19 illustriert die Zunahme der Transmissivität mit zunehmender Sinterdauer, also Kornwachstum, sowie ein typisches Gefüge.

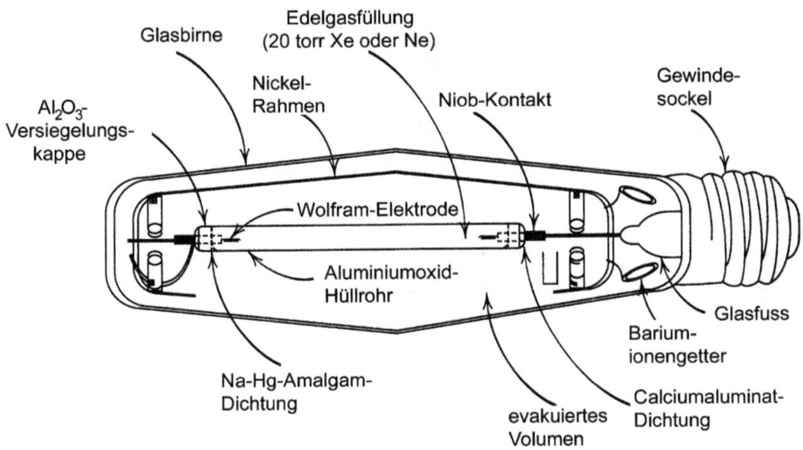

Abb. 5.18: Aufbau einer Natriumdampflampe mit transluzentem Aluminiumoxid-Hüllrohr nach W. H. Rhodes, Osman Sylvania Inc., aus [417].

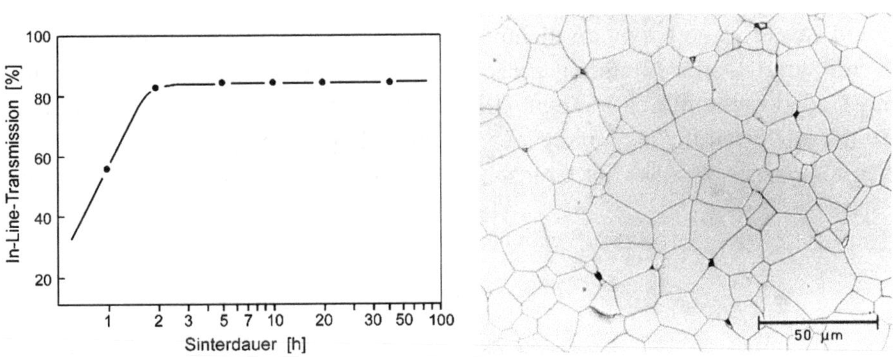

Abb. 5.19: Links: Abhängigkeit der In-Line-Transmission von der Länge der isothermen Haltezeit einer Nd:YAG-Keramik bei 1750 °C [418]. Rechts: Gefüge nach 10 h Haltezeit.

Transparente Nanokeramiken

Im Gegensatz zu den Überlegungen, dass grobe Körner die Streuverluste verringern, wurde aber auch beobachtet, dass die In-Line-Transmission auch bei Korngrößen <1–2 µm bis zur völligen Transparenz zunahm [412, 418–423]. Verschiedene Autoren argumentierten einerseits mit der Abwesenheit von Poren, andererseits mit deren geringer Größe unterhalb der Wellenlänge der jeweils untersuchten Strahlung, was insbesondere für nanokristalline Gefüge gilt. Weiterhin wurde für poröse ZrO_2-Keramiken festgestellt, dass die Streuung im Werkstoff durch Poren mit einem mittleren Durchmesser von 1 µm entscheidend beeinflusst wird [424]. Eine umfassende Darstellung der transparenten Keramiken ist bei Goldstein, Krell und Burshtein zu finden [379].

Apetz und van Bruggen [425] präsentieren eine Erweiterung der Rayleigh–Gans–Debye-Theorie der Streuung von grobkörnigen transparenten Werkstoffen auf feinkristalline unter Berücksichtigung der Anisotropie und der verschiedenen Brechungsindizes der Korngrenzenphasen bzw. Poren (Abb. 5.16). Damit kann nach den oben gegebenen Einteilungen eine unterschiedliche In-Line-Transmission entsprechend der Rayleigh–Gans–Debye-Streuung und der Mie-Streuung in Abhängigkeit von der Poren- bzw. Korngröße festgestellt werden, wie Abb. 5.20 veranschaulicht.

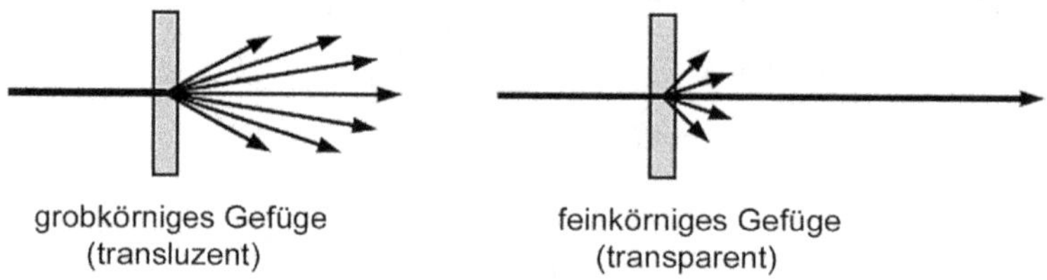

Abb. 5.20: Anteil an Vorwärtsstreuung und In-Line-Transmission eines Lichtstrahls beim Durchgang durch ein grobkörniges (links) und ein feinkörniges Gefüge nach Apetz und van Bruggen [425]. © John Wiley & Sons, Abdruck mit freundl. Genehmigung.

Apetz und van Bruggen haben an dichten Al_2O_3-Keramiken unterschiedlicher Korngröße eine gute Übereinstimmung zwischen experimentell bestimmtem Streuwinkel und Modell herbeiführen können. Hierzu simulierten sie das Gefüge nach dem Prinzip der Mie-Streuung als homogenes Dispergat kugelförmiger Teilchen (Körner) in einer homogenen Matrix (Korngrenzen) mit unterschiedlichen Brechungsindizes (Abb. 5.21).

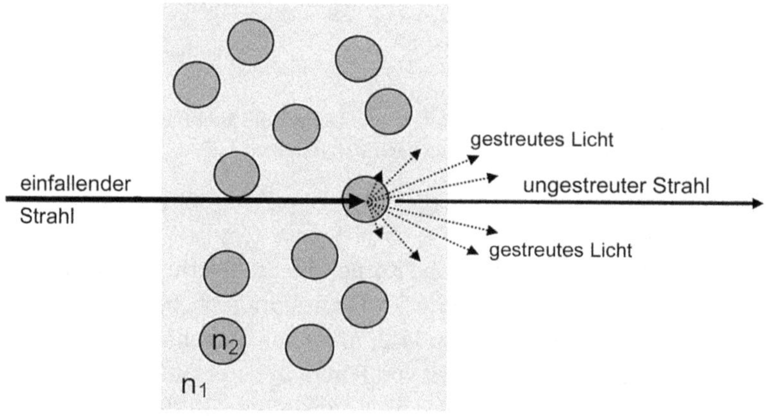

Abb. 5.21: Modell zur Beschreibung der Streuung an Korngrenzen und Poren analog zur Streuung an Feststoffpartikeln in einer Suspension [425]. © John Wiley & Sons, Abdruck mit freundl. Genehmigung.

Wird die Phasenverschiebung aufgrund der Streuung vernachlässigt, so steht mit dem Übergang zur Rayleigh–Gans–Debye-Streuung [426] eine analytische Lösung zur Verfügung. Der Korngrenzen-Streukoeffizient S'_{KG} lässt sich beschreiben durch:

$$S'_{KG} = N\sigma_S \tag{5.50}$$

mit σ_S: Streuquerschnitt der Kugeln, N: Verteilungsdichte der Kugeln mit $N = (1/2) \cdot 1/(4/3\pi r^3)$. Es ergibt sich für σ_S mit der eingestrahlten Wellenlänge λ_0 und der Wellenlänge λ_m im Medium:

$$\sigma_S = \frac{8\pi^3 r^4}{\lambda_m^2}\left(\frac{\Delta n}{n}\right)^2, \tag{5.51}$$

wenn $2r\Delta n \ll 2\pi\lambda_m$ mit $\lambda_m = \lambda_0/n$. Diese Bedingung ist bei Al_2O_3 mit Korngrößen <10 µm im sichtbaren Spektralbereich erfüllt, so dass sich der Korngrenzenstreukoeffizient ergibt zu

$$S'_{KG} = 3\frac{\pi^2 r}{\lambda_o^2}\Delta n^2, \tag{5.52}$$

und die In-Line-Transmissivität τ zu

$$\tau = (1 - R)\mathrm{e}^{-\left(\frac{3\pi^3 r \Delta n^2 d}{\lambda_o^2}\right)} \tag{5.53}$$

wird. Die Übereinstimmung zwischen Modell und Experiment ist überzeugend und zeigt, dass die eigentlich einfachen Ansätze gerechtfertigt sind (Abb. 5.22).

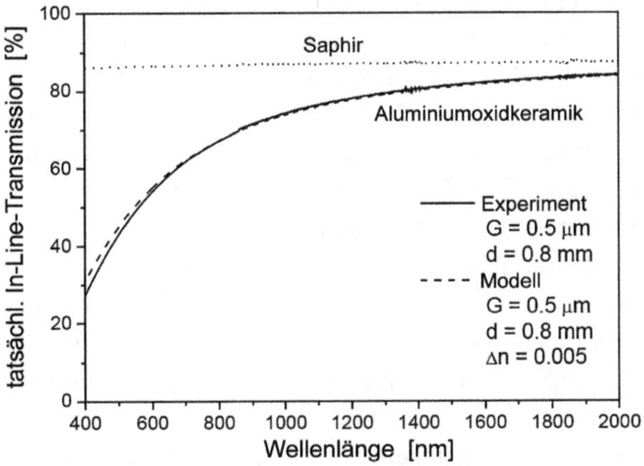

Abb. 5.22: Berechnete und gemessene Wellenlängenabhängigkeit der In-Line-Transmission nanoskaliger Aluminiumoxid-Keramik im Vergleich zum Einkristall [426]. © John Wiley & Sons, Abdruck mit freundl. Genehmigung.

Bezüglich der Korngrößenabhängigkeit der Transmission liefern die experimentellen Untersuchungen und die Modellierungen die Aussage, dass auf jeden Fall Korngrößen unterhalb von 500 nm erforderlich sind, um >80 % Transmission zu erreichen (Abb. 5.23).

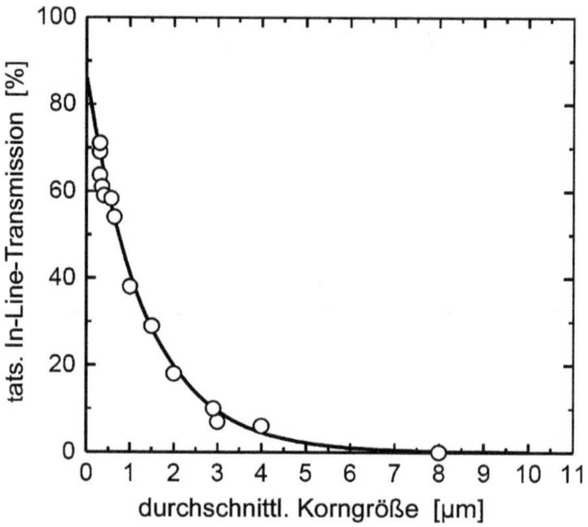

Abb. 5.23: Gemessene In-Line-Transmission nanoskaliger Aluminiumoxid-Keramiken in Abhängigkeit von der Korngröße [426]. © John Wiley & Sons, Abdruck mit freundl. Genehmigung.

Leider kann die Mie-Streuung an Poren nur numerisch berechnet werden [426]. Im Ergebnis liegt die maximale Transmissivität von 80–86 % bei Porengrößen <10 nm und das Verhältnis von Rück- zu Gesamtstreuung weist ein Minimum bei 100–500 nm und einen erneuten Anstieg auf 80 % bei größeren Porendurchmessern auf (Abb. 5.24). Bezüglich des Volumenanteils an Poren konnten Apetz und van Bruggen zeigen, dass ein Verlust der Transparenz bereits bei >0,1 Vol.-% gegeben ist [424]. Auch transparentes MgO lässt sich nach dieser Methode herstellen, wobei Smethurst u. M. sowie Ikegami u. M. [427, 428] aber einen Korngrößeneinfluss feststellen, der auf eine Streuung an den Verunreinigungen in den Korngrenzen zurückgeführt wird.

Erst durch die Synthesemöglichkeiten nanokristalliner Pulver wurde also transparente Keramik herstellbar. Damit konnte auch der Einfluss der Doppelbrechung auf die Lichtstreuung reduziert werden, da der Weg des ordentlichen und des außerordentlichen Strahles durch das einzelne Korn hindurch kleiner wird als die Wellenlänge und damit auch der Gangunterschied sowie der daraus resultierende Interferenzeffekt. Zusammen mit der hohen Härte und der gegenüber Gläsern deutlich höheren Bruchzähigkeit wurden schnell transparente Keramikscheiben für militärische Zwecke entwickelt. Hierzu wurde neben Al_2O_3 und Spinell bevorzugt an AlON-Keramik geforscht [429, 430]. Solche Werkstoffe werden auch bereits bei hochwertigen Uhren anstelle von kratzfesten Rubin-Einkristallen als „Gläser“ eingesetzt. Klimke und Krell [431] haben die wellenlängenabhängige In-Line-Transmission für einige nanokristalline Keramiken im Infrarot-Bereich (Abb. 5.25) sowie für Spinell-Keramik in Abhängigkeit von der Porengröße (Abb. 5.26) bestimmt.

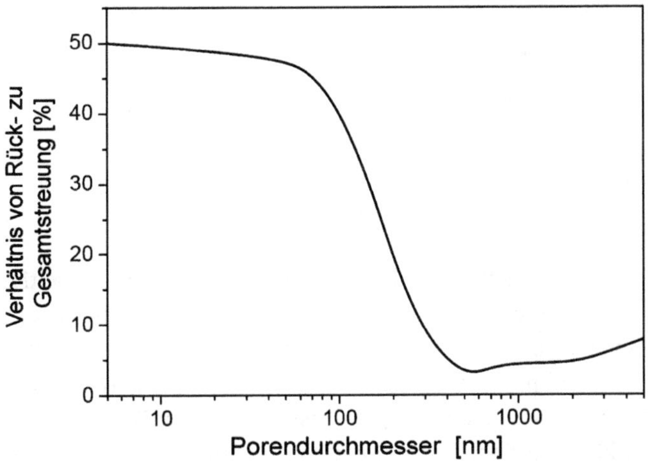

Abb. 5.24: Rückstreuung und Gesamtstreuung nanoskaliger Aluminiumoxid-Keramiken in Abhängigkeit von der Porengröße [424]. © Elsevier, Abdruck mit freundl. Genehmigung.

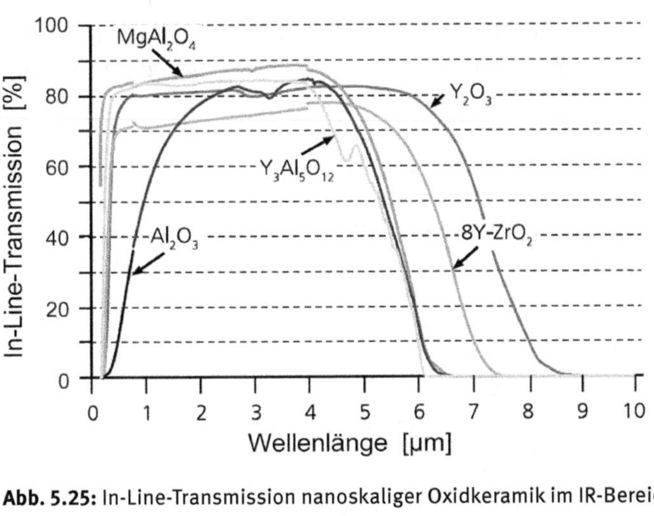

Abb. 5.25: In-Line-Transmission nanoskaliger Oxidkeramik im IR-Bereich nach Klimke und Krell [431]. Abdruck mit freundl. Genehmigung der Autoren.

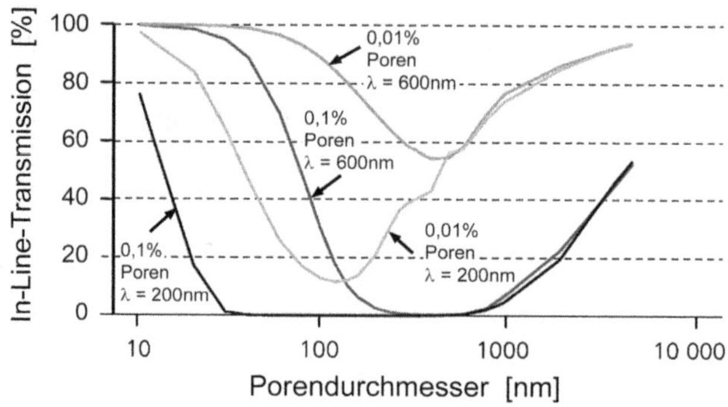

Abb. 5.26: In-Line-Transmission nanoskaliger Spinell-Keramik in Abhängigkeit von der Porengröße nach Klimke und Krell [431]. Abdruck mit freundl. Genehmigung der Autoren.

Wie zuvor in Kapitel 5.3 erläutert, lassen sich durch Dotierungselemente selektiv Wellenlängenbereiche durch Absorption aus dem Transmissionsspektrum herausfiltern, was einerseits zu Farberscheinungen führt, andererseits in der Lasertechnik, für Filter, Szintillatoren in der Lichttechnik oder in der Medizintechnik genutzt werden kann. Durch Schleifen lassen sich auch facettierte polykristalline Keramiken als synthetische „Edelsteine" vermarkten, da sie neben der perfekten Transparenz auch auffällige Farben aufweisen. So gelang es Klimke und Krell, Spinell-Keramik mit Kobalt-Dotierung intensiv blau bzw. mit Chrom-Dotierung rot zu färben. Cerium-stabilisiertes ZrO_2 kann orange gefärbt sein [431, 432]. Die technische Nutzung erfordert jedoch eine strikte Fehlerkontrolle. So muss die Anzahl der sichtbaren Fehler >20 µm bei Fenstern unter $100/cm^3$ liegen und bei Linsen $<10/cm^3$, während Laseroptiken keine Fehler aufweisen dürfen. Abbildung 5.27 präsentiert die Transmissionsspektren für solchermaßen dotierte Keramikvarianten.

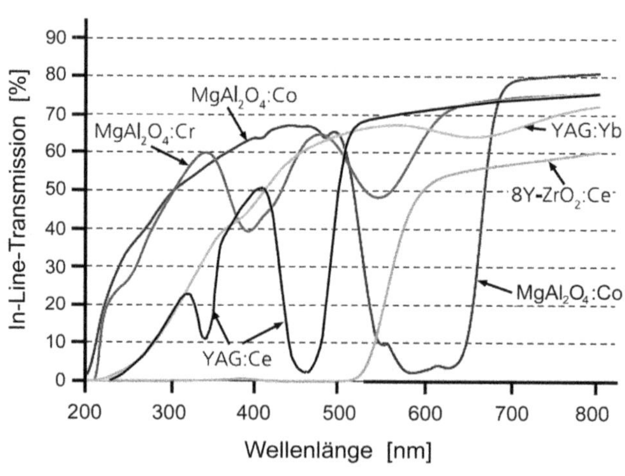

Abb. 5.27: In-Line-Transmission farbdotierter Oxidkeramiken in Abhängigkeit von der Wellenlänge nach Klimke und Krell [431, 432]. Abdruck mit freundl. Genehmigung der Autoren.

5.6 Emission

Mit zunehmender Temperatur beginnen Stoffe elektromagnetische Wellen zu emittieren. Das Kirchhoffsche Strahlungsgesetz bringt den engen Zusammenhang zwischen dem Emissionsvermögen und dem Absorptionsvermögen eines Körpers zum Ausdruck. Je größer der Absorptionsgrad α und damit das Absorptionsvermögen eines Körpers für Temperaturstrahlung sind, desto größer ist auch die von ihm ausgehende Strahlungsleistung. Bei einem Körper mit hinreichender Dicke kann angenommen werden, dass der Anteil transmittierter Strahlung vernachlässigbar ist. Dann kann nach dem Kirchhoffschen Gesetz

$$\varepsilon(\lambda, T) = \alpha(\lambda, T) \tag{5.54}$$

über die Absorptivität $\alpha(\lambda, T)$ des Materials auf seine Emissivität $\varepsilon(\lambda, T)$ geschlossen werden und umgekehrt [433]. Diese Größe, auch als Emissionsgrad bezeichnet, beschreibt den Anteil der emittierten im Verhältnis zur aufgewendeten Energie. Die Beschreibung der Strahlleistung P erfolgt durch das Stefan–Boltzmann-Gesetz:

$$P = \sigma \cdot \varepsilon(T) \cdot A \cdot T^4 \tag{5.55}$$

mit σ = Stefan–Boltzmann-Konstante, A, T = Fläche und absolute Temperatur des emittierenden Körpers. Ein konstanter Emissionsgrad von 1 ist spezifisch für den Planckschen Schwarzen Strahler, für reale Materialien ist er temperaturabhängig und liegt zwischen 0 und 1. Hier lassen sich zwei Spezialfälle unterscheiden: Der Graue Strahler besitzt eine Emissivität, die über den gesamten Wellenlängenbereich konstant bleibt, wohingegen die Emissivität des diffusen bzw. Lambert-Strahlers über das ganze Spektrum unterschiedliche Werte annehmen kann, jedoch bei einer Wellenlänge von der Betrachtungsrichtung unabhängig ist. Der zweite Fall trifft für die meisten Dielektrika zu, also auch für Oxidkeramiken und Gläser.

Der Emissionsgrad der Strahlung von einem Körper der Temperatur T in Richtung der Flächennormalen ist gegeben durch

$$\varepsilon_{(\lambda,T)} = \frac{4n(\lambda, T)}{(n(\lambda, T) + 1)^2 + \kappa(\lambda, T)^2}, \tag{5.56}$$

wobei κ je nach Wechselwirkung $\approx$ 0 oder >0 gesetzt wird. Für die spektrale spezifische Ausstrahlung M des Schwarzen Strahlers gilt im thermischen Gleichgewicht das Plancksche Strahlungsgesetz:

$$M(\lambda) = \frac{c_1}{\lambda^5} \cdot \frac{1}{e^{\left(\frac{c_2}{\lambda \cdot T}\right)} - 1}, \tag{5.57}$$

wobei $c_1 = 2 \cdot \pi \cdot \mathrm{h} \cdot c^2$ die erste Strahlungskonstante und $c_2 = \mathrm{h} \cdot c/\mathrm{k_B}$ die zweite Strahlungskonstante sind mit T = absoluter Temperatur, h = Plancksches Wirkungsquantum, c = Lichtgeschwindigkeit im Vakuum, k_B: Boltzmann-Konstante. Für kleine Termprodukte „λT" (kleine Wellenlänge und/oder niedrige Temperatur) geht die Plancksche Formel in das Wiensche Strahlungsgesetz über. Der spektrale Verlauf der spezifischen Ausstrahlung weist im Kurvenverlauf ein Maximum in Abhängigkeit von der Temperatur auf, das zu kleineren Wellenlängen verschoben wird. Dieser Zusammenhang ist als Wiensches Verschiebungsgesetz bekannt. Diesem Gesetz zufolge ist das Produkt der Wellenlänge am Maximum und der Temperatur des Schwarzen Strahlers konstant:

$$\lambda_{\max} \cdot T \equiv 2897{,}8 \cdot 10^{-6}\ \mathrm{m{\cdot}K}. \tag{5.58}$$

Die Emission erfolgt in Abhängigkeit vom Polarwinkel β bei Isolatoren so, dass diese näherungsweise als Lambertsche Strahler mit einem maximalen Emissionsgrad senkrecht zur Oberfläche beschrieben werden können. Aufgrund der Reflexion zeigen leitende Materialien einen minimalen Emissionsgrad senkrecht zur Oberfläche und einen maximalen im Bereich von 80–90° relativ zur Flächennormalen. Dies muss berücksichtigt werden, wenn Emissionsgrade von Werkstoffen bei hohen Temperaturen bestimmt werden, bei welchen sich der Absorptionskoeffizient ändert. Die Bestimmung des Emissionsgrades ε erfolgt im allgemeinen unter Anwendung des Kirchhoffschen Gesetzes $R(\lambda, T) + \varepsilon(\lambda, T) = 1$ nach

$$\varepsilon = 1 - R = 1 - \frac{(n-1)^2 + k^2}{(n+1)^2 + k^2}. \tag{5.59}$$

Möglichkeiten zur Bestimmung der Absorption, Reflexion und Transmission

Die Messung optischer Eigenschaften von Keramiken beschäftigt Wissenschaftler weltweit. Dafür wurden spezielle Messvorrichtungen entwickelt, die den Zweck der Messung oder die Charakteristika untersuchter Werkstoffe konstruktiv berücksichtigten. Häufig werden dazu durch direkte Messungen die optischen Größen Reflexion und Transmission experimentell bestimmt und daraus ergebend der Anteil der Absorption rechnerisch als Differenz zu 100 % ermittelt.

Ein wichtiges Messinstrument hierfür ist die Ulbricht-Kugel. Sie besteht aus zwei Hohlkugelhälften, die im Inneren mit dem sehr diffus reflektierenden Material Bariumsulfat, $BaSO_4$, beschichtet ist. An einer Seite befindet sich die Eintrittsöffnung einer Lichtquelle bzw. eines Lasers zur Erwärmung der Probe, die im Kugelmittelpunkt platziert ist. Senkrecht zur Achse Eintrittsöffnung-Probe befindet sich eine Beobachtungsöffnung, die mit einer Blende von der direkten Einstrahlung der Lichtquelle abgeschirmt wird (Abb. 5.28). Diese Öffnung kann zur Bestimmung der gestreuten Strahlleistung verwendet werden. Eine weitere Öffnung wird gegenüber der Eintrittsöffnung eingebracht; hier können Transmission und Eigenstrahlung des Probekörpers bestimmt werden. In einer anderen Anordnung wird die Probe an die Strahleintrittsöffnung gesetzt, von hinten beleuchtet oder erwärmt, sodass ebenfalls Transmission und Eigenstrahlung gemessen werden können. So haben Zhang und Modest [434] grundsätzliche Unterschiede zwischen den optischen Eigenschaften von Oxid- und Nichtoxidkeramiken festgestellt. Bei dieser Versuchsanordnung konnte die Summe der Reflexion, der Transmission und der Streuung der Keramik unter Laserbestrahlung gemessen werden. Eine Sonderanfertigung dieses optischen Gerätes bestehend aus zwei senkrecht übereinander angeordneten Ulbricht-Kugeln ist eine weitere mögliche Variante zur synchronen Bestimmung der Reflexion und Transmission von Keramiken [435]. Zwischen den Kugeln befindet sich die Probenhalterung in Form einer Lochblende, worauf die zu messende Probe um 8–10° zur Waagerechten geneigt positioniert wird. Durch die gezielt gewählte Neigung wurde die Möglichkeit geschaffen, auch die Anteile der direkten und der diffusen Reflexion bzw. Transmission getrennt voneinander zu ermitteln. Damit können dynamische Messungen bis zu hohen Temperaturen erfolgen. Zur Erwärmung der Probe wird ein CO_2-Laser verwendet (Abb. 5.29).

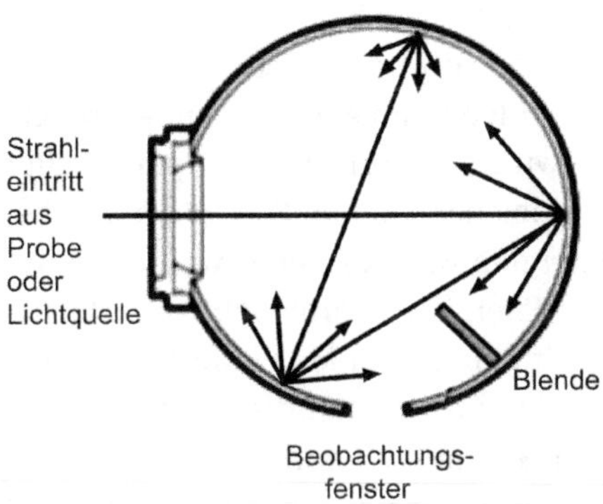

Abb. 5.28: Ulbricht-Kugel zur Ermittlung von Transmissivität und Emissivität.

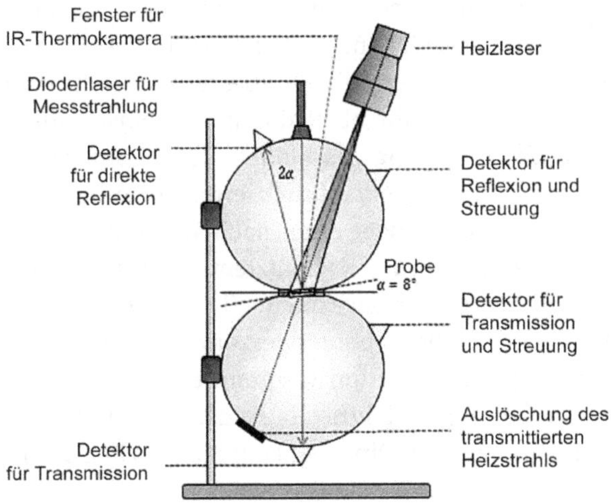

Abb. 5.29: Doppel-Ulbricht-Kugel zur Ermittlung von Reflektivität, Transmissivität und Emissivität von festen Stoffen bei hohen Temperaturen (Quelle: F. F. Börner, TU Dresden).

Tsarkova u. M. [436] verwenden zur Bestimmung der Reflektivität ebenfalls eine Ulbricht-Kugel, worin die Probe in der unteren Hälfte auf Wolfram-Drähten positioniert ist. Unmittelbar unterhalb der Probe wird eine angepasste Messeinheit zur Ermittlung der Transmission der zu prüfenden Keramik eingebaut. Die Aufheizung der Probe erfolgt mit einem Nd:YAG-Laser. Die auf der Oberfläche der Keramik herrschende Temperatur wird dabei mit einem Pyrometer gemessen.

Für Silicatkeramiken mit hohen Streuungsanteilen und geringen Absorptionen präsentieren Moisev u. M. [437] eine weitere Messmöglichkeit zur Transmissionsbestimmung, die von der Berechnung des Diffusions- (D) und des effektiven Absorptionskoeffizienten (k) ausgeht. Dabei fand auch hier eine Ulbricht-Kugel Anwendung, in der alternativ die Transmission bzw. die Reflexion einer Probe unter Einsatz eines ausgewählten Standards bestimmt wird.

5.7 Lumineszenz, Phosphoreszenz, Fluoreszenz, Tribolumineszenz

Unter Lumineszenz versteht man eine durch Energiezufuhr verursachte Lichtemission, bei der die vom lumineszenzfähigen Stoff aufgenommene erregende Energie nicht dem Wärmevorrat des Körpers zugeführt wird, sondern in Form potentieller Energie festgehalten wird. Diese Energie wird gespeichert, indem Elektronen der beteiligten Atome oder Ionen auf ein höheres Energieniveau gebracht werden. Beim Wiederherstellen des Grundzustands wird diese Energie in Form sichtbaren Lichts wieder frei, ohne einen Umweg über Wärmeschwingungen der Moleküle bzw. Atome zu nehmen. Bei längerer Bestrahlung wird ein Sättigungszustand erreicht. Bei der Phosphoreszenz erfolgt die Anregung der Elektronen durch Photonen im UV-Bereich, die Emission erfolgt dagegen im langwelligen sichtbaren Bereich. Dieser Effekt ist reversibel. Im Gegensatz zur Fluoreszenz ist die Rückkehr in den Grundzustand jedoch zeitlich verzögert, der Luminophor leuchtet also nach. Natürlich vorkommende, im Dunkeln nachleuchtende Mineralien sind seit langem bekannt (Calcit, $CaCO_3$; Scheelit, $CaWO_4$; Wernerit, $3NaAlSi_3O_8{\cdot}NaCl$). Unter Tribolumineszenz versteht man Leuchterscheinungen, bei denen die Energiezufuhr nicht durch Lichteinstrahlung erfolgt, sondern durch eine mechanische Belastung des Stoffes. Diese kann durch Reibung, Hartbearbeitung, Druckbeaufschlagung oder Bruch erfolgen, ohne dass dadurch Wärmestrahlung induziert wird. Man spricht dann nach Wiedemann und Schmidt von kalter Emission [438]. Mit der Einführung des Blitztemperaturkonzeptes in die Tribologie (siehe Kapitel 7.6) wird heute allerdings auch teilweise eine thermische Emission einbezogen [439]. Ursachen für die Tribolumineszenz werden in einer Ladungstrennung oder einer starken Dipol-Polarisation während eines Reib- oder Trennprozesses gesehen, wo für kurze Zeit hohe elektrische Feldstärken auftreten, die die Außenelektronen der beteiligten Ionen oder Dipole auf ein höheres Energieniveau bringen. Wichtigste tribolumineszierende Stoffe sind neben vielen Kunststoffen

Alkalihalogenide und ZnS [440, 441] sowie die in Tabelle 5.3 genannten Luminophore. So kann man mit Strontiumaluminat-dotierten Keramiken Bruchvorgänge mittels der Leuchterscheinung sichtbar machen. Bei der Hartbearbeitung bzw. einer tribologischen Belastung ist Tribolumineszenz auch bei Al_2O_3, ZrO_2, SiC und Si_3N_4 beobachtet worden. Nakayama und Hashimoto führten dies auf eine Gasentladung in der Umgebungsatmosphäre des Reibungskontaktes der ionisierten Spezies zurück und konnten Zusammenhänge mit den mechanischen Eigenschaften und der Art der Atmosphäre herstellen [442]. Allerdings kann beim Schleifen von 3Y-TZP-Keramik eine kalte Lichtemission auch bei reichlichem Gebrauch von Kühlwasser eintreten.

Tab. 5.3: Emissionsfarben keramischer Luminophore.

Klasse	Formel	Dotierung	Farbe
Aluminate	$SrAl_2O_4$	Eu^{2+}, Dy^{3+}, B^{3+}	grün
	$SrAl_4O_7$	Eu^{2+}, Dy^{3+}	blau
	$Sr_4Al_{14}O_{25}$	Eu^{2+}, Dy^{3+}, B^{3+}	blau
	$CaAl_2O_4$	Eu^{2+}, Nd^{3+}, B^{3+}	blau
		Ce^{3+}, Mn^{2+}	grün
		Ce^{3+}	violett
		Tb^{3+}	grün
		Ce^{3+}, Tb^{3+}	grün
	$CaYAl_3O_7$	Ce^{3+}	blau
	$Ca_{12}Al_{14}O_{33}$	Eu^{2+}, Nd^{3+}	indigo
	$BaAl_2O_4$	Eu^{2+}, Dy^{3+}	grün
		Ce^{3+}, Dy^{3+}	blau
	$MgAl_2O_4$	Tb^{3+}	grün
Silicate	$M_3MgSi_2O_8$	Eu^{2+}, Dy^{3+}	blau
	$M_2MgSi_2O_7$	Eu^{2+}, Dy^{3+}	blaugrün
	$CaMgSi_2O_6$	Eu^{2+}, Dy^{3+}	blau
	$Sr_2ZnSi_2O_7$	Eu^{2+}, Dy^{3+}	blau
	$MgSiO_3$	Eu^{2+}, Dy^{3+}, Mn^{2+}	rot
	$CdSiO_3$	Mn^{2+}	orange
		Sm^{3+}	rosa
Alumosilicate	$Ca_2Al_2SiO_7$	Eu^{2+}, Dy^{3+}	blau
		Ce^{3+}	violett
		Ce^{3+}, Mn^{2+}	gelb
	$Ca_2Al_2Si_2O_8$	Eu^{2+}, Dy^{3+}	blau
	$Sr_2Al_2SiO_7$	Eu^{2+}, Dy^{3+}	grün
Oxide	$(Zn,Mg)Ga_2O_4$	Mn^{2+}	grün
	Y_2O_3	Eu^{3+}, Mg^{2+}, Ti^{4+}	rot
	$Zn_3(PO_4)_2$	Mn^{2+}, Ga^{3+}	rot
	$MgGeO_3$	Mn^{2+}, Yb^{3+}	rot

Für technische Anwendungen kommen vorzugsweise künstlich hergestellte phosphoreszierende Pigmente zum Einsatz. Diese lassen sich durch sehr geringe Zugabe von allovalenten Ionen, vor allem von Seltenen Erden, durch Veränderungen des Ligandenfeldes um die angeregten Ionen in ihrem Emissionsspektrum stark beeinflussen. Verwendet werden im Wesentlichen zwei Typen: Pigmente auf der Basis von Sulfiden, meist Zinksulfide mit Cu-Dotierung, und Pigmente auf der Basis von Erdalkalialuminaten mit deutlich längerem Nachleuchten. Die Dotierungsstoffe (Aktivatoren) werden bei der Angabe der chemischen Formel meistens nach einem Doppelpunkt aufgelistet. Erdalkalialuminate besitzen die Zusammensetzung MAl_2O_4:Eu, Nd, Dy mit M = Sr, Ca. Phosphoreszierende Verbindungen dieses Typs sind chemisch sehr stabil.

In der Gruppe der Aluminate werden die wichtigsten Vertreter mit der effizientesten Lumineszenz bei den Strontiumaluminaten gefunden [443–446]. Die Entwicklung dieser Werkstoffe geht auf Matsuzawa (1996) zurück [443]. Phosphore sind ferner $MgAl_2O_4$, $CaAl_2O_4$ und $BaAl_2O_4$ [447]. Weitere Stoffe sind bei [448, 449] und in Tabelle 5.3 genannt.

Dotierung von Strontiumaluminaten

Die physikalischen Ursachen der Phosphoreszenz dieser Stoffe mit Selten-Erd-Dotierungen ist gut untersucht. Es erfolgt die Anhebung eines Außenelektrons eines Ions durch äußere Energieeinwirkung (meistens UV-Strahlung, auch durch tribologische Belastung [450]) auf ein höheres Energieniveau und die Emission eines niederenergetischen Photons bei Rückkehr des Elektrons in seinen Grundzustand, wobei die Rückkehr verzögert ist, da sie typischerweise quantenmechanisch verboten ist (Spinpaarung, Hundsche Regel) und nur thermisch aktiviert eintreten kann. Im Falle der am längsten phosphoreszierenden Aluminate handelt es sich um die Anregung eines Elektrons in $4f^6 5d^1 (^2E_g)$-Zustand und seinen Rückfall in den $4f^7 (^8S_{7/2})$-Zustand von Eu^{2+} [447, 448]. Folgende Strontiumaluminate sind bekannt:

	$Sr_4Al_2O_7$	$Sr_3Al_2O_6$	$SrAl_2O_4$	$Sr_2Al_6O_{11}$	$Sr_4Al_{14}O_{25}$	$SrAl_{12}O_{19}$
Sr/Al-Verhältnis:	2,0	1,50	0,5	0,333	0,286	0,083

Das wichtigste Strontiumaluminat, $SrAl_2O_4$, durchläuft eine Phasenumwandlung von einer monoklinen Tieftemperaturmodifikation (α) in die hexagonale Hochtemperaturmodifikation (β). Der Schmelzpunkt liegt nach [447] bei 1960 °C, gemäß dem Phasendiagramm von Massazza [451] jedoch bei 1790 °C.

Wie zuvor bereits gezeigt, werden als Dotierungselemente in der Regel Oxide der Seltenen Erden zugesetzt, deren Wirkungsweise kontrovers diskutiert wird. Übereinstimmung herrscht darin, dass Europiumoxid, Eu_2O_3, die Phosphoreszenz hervorruft. Es hat sich als hilfreich erwiesen, zusätzlich mit Dysprosiumoxid, Dy_2O_3, zu dotieren, um Intensität und Nachhaltigkeit der Lichtemission zu erhöhen. Dysprosium beeinflusst die Veränderung des Energieniveaus der Photoelektronen wahrscheinlich nicht, sondern erleichtert eher den Einbau des Europiums in das Kristallgitter, indem es Al^{3+}-Plätze besetzt. Diese Dotierungsmittel werden in Konzentrationen von 1–6 Mol% eingesetzt; typisch ist die Ko-Dotierung mit 0,1 Mol% Eu und 2 Mol% Dy [452]. Nur bei [453] werden 5–6 Mol% und bei [454] 3 Mol% Eu angegeben. Untersuchungen mit $SrAl_{1,7}B_{0,3}O_4$ mit 1 Mol% Eu, 1 Mol% Nd und 2 Mol% Dy führten [455] durch. Die Zugabe von H_3BO_3 bewirkt einerseits eine Erleichterung des Eu-Einbaus in das Kristallgitter (Ersatz von Al^{3+} durch B^{3+}, Ionenradieneffekt), andererseits eine verbesserte Versinterung durch die Flussmittelwirkung. Ebenso wurde erfolgreich mit 0,1–1 Mol% Cr^{3+} dotiert [446]. Eine Dotierung mit Eu und Dy wird auch bei $CaAl_2O_4$ eingesetzt.

Die thermodynamische Umwandlungstemperatur von α-$SrAl_2O_4$ in β-$SrAl_2O_4$ ist aus den publizierten Phasendiagrammen nicht ersichtlich, ist in der Praxis jedoch stark abhängig von der Art und Vorbehandlung der Rohstoffe sowie von den Dotierungsmitteln. Sie liegt nach [455] bei 650 °C; allerdings wird in dieser Arbeit auch behauptet, nur die monokline Phase würde phosphoreszieren. Ausgehend von Strontiumcarbonat und Aluminiumhydroxid wird zuerst die orthorhombische Phase $Sr_4Al_{14}O_{25}$ gebildet, die bei 920 °C in die hexagonale β-Phase umwandelt [443]. Im Verbund mit $SrCo_{0,8}Fe_{0,2}O_3$ als Dotierungsmittel (Sauerstoffionenleiter) wird die monoklin-hexagonal-Umwandlung bei >670 °C beobachtet [456, 457], eine weitere Erwärmung führt bei <780 °C zur Brownmillerit-Bildung. Mit zunehmendem Eu-Gehalt wird nach [458] die hexagonale β-Phase stabiler.

Emissionseigenschaften

Die Anregung der Phosphoreszenz erfolgt mit UV-Strahlung mit 200–450 nm (Abb. 5.30). Bei einer Zusammensetzung $Sr_{97}Eu_3$ wird die grüne Emission (530 nm) beobachtet [459], ferner eine blaugrüne bei 505 nm und eine blaue bei 490 nm. $SrAl_2O_4$:Cr^{3+} (0–1 Mol%) emittiert bei 690 nm [446].

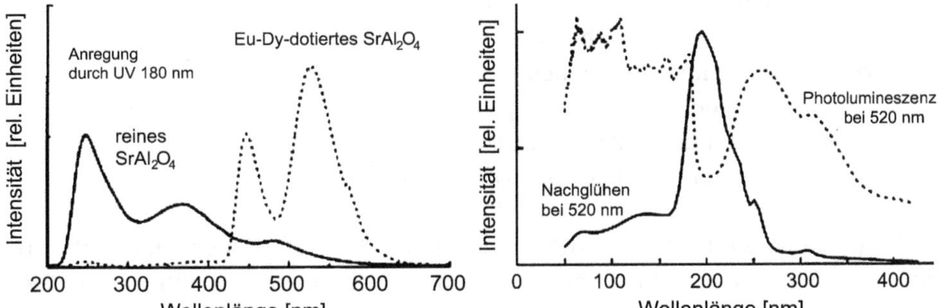

Abb. 5.30: Anregungs- und Emissionsspektren von $SrAl_2O_4$ bei 15 K (links) und Raumtemperatur (rechts) nach Kamada [460].

Die β-Phase ergibt eine hellere Phosphoreszenz [447], ebenso gröbere Körner. β emittiert nach Vergleichsmessungen um 30 % besser als α. Ko-Dotierung mit Eu, Nd und Dy geben beste Resultate [455]. Emissionsuntersuchungen nach Abschrecken von 6 Mol% Eu-dotiertem bzw. von 3–5 Mol% Dy-dotiertem Material ergaben, dass mit höherem Dy-Gehalt die Phosphoreszenz schwächer ist, aber länger anhält [453].

Synthesewege für dotierte Luminophore sind meistens Festkörperreaktionen aus den Oxiden oder metallorganischen Precursoren wie Acetate und Nitrate, Spraypyrolyse [453, 461, 462], Zersetzung von Carbonaten, Sol–Gel-Fällung aus wässerigen Lösungen über *p*H-Wert-Veränderungen (Pechini-Methode) [463], Verbrennungsroute [464] und Kopräzipitation aus Oxychlorid-Lösungen.

Anwendungen keramischer Luminophore

Die Erscheinungen und Effekte der Lumineszenz bzw. der Phosphoreszenz werden vielfach technisch genutzt. Die Hauptanwendungen von phosphoreszierenden Strontiumaluminaten und anderer in Tabelle 5.3 genannter keramischer Phasen bestehen in der Erzeugung von Signalmustern oder dekorativen Elementen auf Fliesen, Sanitärerzeugnissen und Beschilderungen. Ferner gibt es Anwendungen im Bereich Schmuck, Lacke und Farben, Beschilderungen, vorzugsweise in der Fluchtwegemarkierung. Emaille-Beschichtungen mit phosphoreszierenden Pigmenten sind herstellbar und können als stabil bezeichnet werden, da während des Emaille-Prozesses die Pigmente nur relativ kurz auf Temperaturen <1000 erwärmt werden müssen. Klassische Glasuren oder und Keramiken sind dagegen wegen der geringen thermischen Stabilität der Leuchtpigmente wenig bekannt. Bedingt durch ihre Gitterstruktur ist zwar kurzes Erwärmen auf bis zu 1000 °C für viele nachleuchtende Pigmente zunächst kein Problem, jedoch erfolgt in Verbindung mit Glasuren bei Temperaturen ab ca. 500 °C sehr schnell eine thermische Zersetzung durch Schmelzphasenbildung. Sind solche Pigmente z. B. in eine transparente Fritte eingebettet, lösen sie sich beim Brand in der Schmelze. Einflussgrößen sind u. a.:
- Konzentration der Luminophore,
- Korngrößenverteilung der Pigmente,
- aufgetragene Schichtdicke,
- chemische Zusammensetzung der Glasur,
- Brenntemperatur, Brenndauer und Ofenatmosphäre.

Ist das Kristallgitter defekt oder die Wertigkeit der Dotierungsionen verändert (z. B. $Eu^{2+} \rightarrow Eu^{3+}$), wird der Effekt des Nachleuchtens gemindert oder aufgehoben. Dieser Prozess ist irreversibel. Die Pigmente beginnen sich unter Phasenumwandlung in aluminiumreichere Spezies aufzulösen (Abb. 5.31 und 5.32).

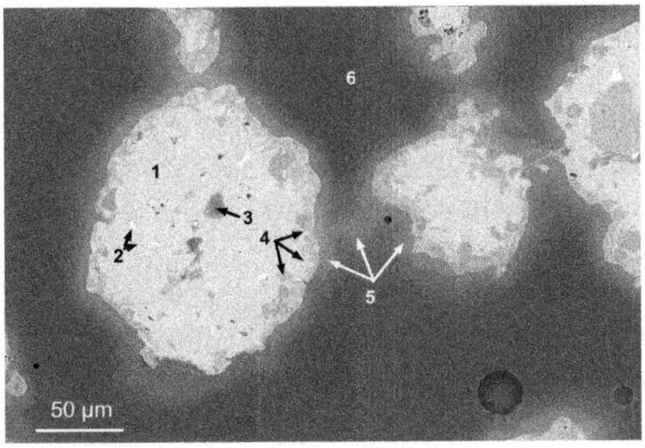

Abb. 5.31: $SrAl_2O_4$-Aggregate in Glasur. 1) $SrAl_2O_4$; 2) ungelöstes Dy_2O_3; 3) Einschlüsse von $Sr_4Al_{14}O_{25}$ mit Saum aus $SrAl_4O_7$; 4) $SrAl_4O_7$-Kristalle aufgrund von SrO-Verlust; 5) Schlieren aus SrO-Anreicherungen im Glas; 6) Glasurmatrix (Quelle: R. Telle, Aachen).

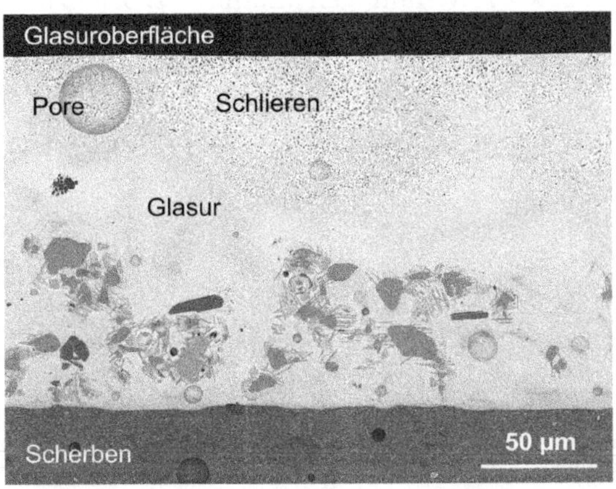

Abb. 5.32: Querschliff durch glasierte Keramik mit Luminophor-Aggregaten. Unten: Scherben. Randlicher Saum: Zerfall von $SrAl_2O_4$ in $Sr_2Al_6O_{11}$, $Sr_4Al_{14}O_{25}$ und $SrAl_{12}O_{19}$ durch SrO-Anreicherung im Glas (helle Schlieren unten und oben) (Quelle: R. Telle, Aachen).

Bei den meisten niedrigpreisigen, vor allem aus der Volksrepublik China angebotenen Leuchtfliesen handelt es sich aber um Hinterklebungen von Luminophor-Pulvern auf Glasplatten, die mit einer textilen Beschichtung rückwärtig verstärkt sind und selten um keramische oder Glasurprodukte. Wie die Abb. 5.31 und 5.32 zeigen, besteht das Problem der Einbettung in einer Glasmatrix in der starken Ausdiffusion von SrO in das Glas, wo es leicht löslich ist. Es bleiben Al_2O_3-angereicherte Sr-Aluminate zurück, die nur eingeschränktes bzw. kein Lumineszenzvermögen aufweisen. Daher ist es erforderlich, die Pigment-Struktur zu schützen, ein Auflösen in der Schmelze hinauszuzögern oder zu verhindern, was durch eine SiO_2-Beschichtung gelingt, die über Sol–Gel-Verfahren auf den Aggregaten ausgefällt wird. Auch sind nicht alle Glaszusammensetzungen transparent gegenüber UV-Strahlen, sodass die Anregungsintensität stark herabgesetzt wird. Ferner kann beobachtet werden, dass meistens mit unnötig hohen Pigment-Konzentrationen gearbeitet wird und sich die Teilchen gegenseitig abschatten. Letztendlich weisen die meisten kommerziellen Luminophorpulver eine Überdotierung an Europium oder Dysprosium auf, sodass in den Korngefügen nicht aufgelöste Oxide der Seltenen Erden zu finden sind.

Ein etabliertes Abwendungsfeld fluoreszierender keramischer Pigmente liegt in den transluzenten Gehäusen von Quecksilberdampflampen, die die Aufgabe haben, das emittierte UV-Licht in sichtbares Licht umzuwandeln und die Lichtemission zu streuen. Neben den oben diskutierten Strontiumaluminaten gehören hierzu Innenbeschichtungen von ZnO auf Glaskörpern, in Glas dispergierte Pigmente aus Willemit (Zn_2SiO_4), $Sr_2MgSi_2O_7$:Eu^{2+}, Phosphate wie $Zn_3(PO_4)_2$:Mn^{2+} oder $Sr_3(PO_4)_2$:Eu^{2+}, Cereate wie Sr_2CeO_4:Eu^{3+} [465] oder Vanadate wie YVO_4 [466]. Nichtoxidische Phosphore sind neben Arseniden GaN und SiC. Über physikalische Hintergründe, weitere Verbindungen, deren Herstellungswege sowie Anwendungen informiert z. B. [467].

6 Chemische Eigenschaften

Bearbeitet von P. Quirmbach, Koblenz, und R. Telle, Aachen

Die hervorragende chemische Beständigkeit keramischer Werkstoffe ist nicht zuletzt ein Grund für ihre vielfältigen Einsatzmöglichkeiten bis hin zu höchsten Temperaturen. Dies ist bedingt durch die große thermodynamische Stabilität der wichtigsten keramischen Phasenbestandteile. Man kann anhand der thermodynamischen Daten, wie sie für einige Komponenten in Band 1 angeführt sind, die verschiedenen Reaktionsmöglichkeiten berechnen. Dabei muss man jedoch berücksichtigen, dass man durch diese Rechnungen nur erkennen kann, in welcher Richtung eine Reaktion ablaufen wird, nicht aber, wie schnell oder auf welchem Wege das erfolgt. Es ist ein weiterer günstiger Umstand, dass meist auch die Reaktionsgeschwindigkeiten keramischer Werkstoffe in aggressiven Medien gering sind. Zu beachten ist aber ein oft vorhandener Gefügeeinfluss, indem ein angreifendes flüssiges oder gasförmiges Medium entlang der Poren oder der Korngrenzen in den Körper eindringt. Letzteres wird durch dort angereicherte Verunreinigungen oder Glasphase begünstigt. Zur Beschreibung dieser Vorgänge hat sich in Analogie zu den Metallen der Begriff der Korrosion durchgesetzt. Poirier und Rigaud haben speziell für feuerfeste Werkstoffe ein umfassendes Werk herausgegeben, das sich den Grundlagen [468], den besonderen Prüf- und Charakterisierungsmethoden [469] und industriellen Fallbeispielen und Problemlösungen [470] widmet.

6.1 Grundlagen

Unter *Korrosion* versteht man die Überlagerung von zeitlich variablen, aber voneinander abhängig verlaufenden chemischen Reaktionen und Diffusionsprozessen, die von äußeren Faktoren beeinflusst werden und mit einer irreversiblen Änderung des chemischen als auch kristallinen Aufbaus einer Bauteiloberfläche und nachfolgend des Gefüges unter Bildung fester, gas- oder schmelzförmiger Reaktionsprodukte verbunden ist. Als äußere Faktoren gelten Systemvariablen der Umgebungsmedien, die entweder aus einer Atmosphäre, oder Festkörper(n), oder Schmelze(n) oder Flüssigkeit(en) oder einer Mischung derselben bestehen können. Die Systemvariablen sind Druck, Temperatur, Strömungsgeschwindigkeit, Konzentration, chemisches Potenzial, usw. sowie deren zeit- und ortsabhängige Veränderung. Der Korrosionsverlauf wird durch Reaktionsraten bestimmt, deren Größe immer als „Resultierende", d. h. als Summe sämtlicher Teilreaktionen definiert ist, die bis zur Erreichung eines endgültigen (stabilen) oder temporären (metastabilen) thermodynamischen Gleichgewichts ablaufen. Der Verlauf der Startreaktionen bei Korrosionsprozessen, die immer auf der Bauteiloberfläche beginnen, korrespondiert sehr stark mit den charakteristischen Oberflächeneigenschaften wie Planarität und Porosität. Folgende physikalisch-chemischen Grö-

https://doi.org/10.1515/9783110742374-007

ßen oder Vorgänge beeinflussen im Weiteren den Korrosionsverlauf: Oberflächenenergie, Benetzung, Löslichkeit, Absorption, Adsorption, Verdampfung und Kondensation. Als Folgeerscheinungen des Korrosionsreaktionsverlaufs stellen sich eine Änderung der Kornformen, die stoffliche und strukturelle Veränderung von Korngrenzenphasen, Phasenumwandlungen und Phasenneubildungen auch in Form von Reaktionsschichten ein. Die Reaktionsprodukte können während oder nach erfolgter Reaktion am Reaktionsort verbleiben, z. B. bei der Ausbildung von Oxidationsschutzschichten oder entfernt werden, wie z. B. bei einer Verdampfung der Reaktionsprodukte.

Die Beeinträchtigung der Funktionstüchtigkeit keramischer Produkte durch Korrosion ist insbesondere im Bereich der Hochleistungskeramik, der technischen Keramik oder feuerfester Werkstoffe kritisch, da hier Bauteile unter höchsten Belastungen thermischer, chemischer und mechanischer Art eingesetzt werden.

Aufgrund der Vielzahl der unterschiedlichen Prozesse bei der Korrosion und der Varianten keramischer Werkstoffe existiert kein umfassendes Modell, welches die Arten der Korrosion eindeutig charakterisiert und abgrenzt. Darüber hinaus bestimmen die Einflüsse der Werkstoffherstellung (Aufbereitung, Formgebung) das Eigenschaftsprofil keramischer Bauteile, so auch die Korrosionsbeständigkeit.

Die treibende Kraft bei der Korrosion ist die Verringerung der freien Enthalpie des gesamten Systems. Aus der Sicht der Thermodynamik ist der Reaktionsweg weniger entscheidend als Anfangs- und Endpunkt der Reaktionsabfolge. Bei praktischen Untersuchungen werden allerdings oftmals Zwischenprodukte oder metastabile Phasen identifiziert, die zeigen, dass sich das Gleichgewicht noch nicht eingestellt hat, z. B. bei einer zu langsamen Reaktionskinetik. Für den Fall der Gleichgewichtseinstellung sind Vorausberechnungen der Stabilität eines Werkstoffs auf Basis der Thermodynamik sowie die Modellierung der Reaktionsprodukte grundlegende Instrumente zur Beschreibung von Korrosionsverläufen.

Als Maß für die „Reaktionsfreudigkeit" von Stoffen gilt die freie Enthalpie, die die Enthalpie und die Entropie miteinander verknüpft. Die Änderung der freien Enthalpie bei einer isothermen Reaktion bei konstantem Druck lautet:

$$\Delta G = \Delta H - T \cdot \Delta S, \tag{6.1}$$

wobei gilt, dass das System freiwillig in den Zustand minimaler freier Enthalpie übergeht, wenn ΔG negativ ist, d. h., die Reaktion läuft spontan ab. Tabellenwerke [471, 472] geben Zahlenwerte der temperaturabhängigen Größen ΔH und ΔS wieder, woraus sich dann unter der Berücksichtigung von

$$\Delta H_{\text{Reaktion}} = \Sigma \Delta H_{\text{Produkte}} - \Delta H_{\text{Edukte}} \tag{6.2}$$

und

$$\Delta S_{\text{Reaktion}} = \Sigma \Delta S_{\text{Produkte}} - \Delta S_{\text{Edukte}} \tag{6.3}$$

die Werte für ΔG_T bei der Temperatur T berechnen lassen. Unter der vereinfachenden Annahme, dass sowohl Festkörper als auch Schmelzen bei mäßigen Drücken die Aktivität $a = 1$ besitzen, lässt sich jede beliebige chemische Reaktion in Abhängigkeit existenter Partialdrücke idealer Gasmischungen und einer Reaktionskonstante k ausdrücken, z. B. bei:

$$4 \cdot \mathrm{A}_{\mathrm{fest}} + \mathrm{B}_{\mathrm{gas}} \longrightarrow 2 \cdot \mathrm{C}_{\mathrm{fest}}, \tag{6.4}$$

$$k = \frac{a_{\mathrm{C}}^2}{a_{\mathrm{A}}^4 \cdot p_{\mathrm{B}}} \Rightarrow k = \frac{1}{p_{\mathrm{B}}}. \tag{6.5}$$

Bei Betrachtung reiner Phasen im Gleichgewichtszustand $\Delta G = 0$ bei T wird aus:

$$\Delta G_{\mathrm{T}} = \Delta G_{\mathrm{T}}^0 + \mathrm{R}T \cdot \ln k \tag{6.6}$$

in diesem Fall:

$$\Delta G_{\mathrm{T}}^0 = -\mathrm{R}T \cdot \ln k. \tag{6.7}$$

Unter Berücksichtigung von Gl. (6.5) ergibt sich hieraus:

$$p_{\mathrm{B}} = \exp \frac{\Delta G_{\mathrm{T}}^0}{\mathrm{R}T}. \tag{6.8}$$

Diese Gleichung gibt den Zusammenhang zwischen den Größen p, T und ΔG_{T}^0 wieder, was zeichnerisch in der Form von sogenannten *Jeffes–Richardson-Diagrammen* (Abb. 6.1) dargestellt wird. Aus diesen Graphiken lässt sich direkt z. B. die thermodynamische Stabilität von Oxiden sowie die Triebkraft zu ihrer Entstehung, auch gegenüber anderen Oxiden, ablesen.

Für die Darstellung von Reaktionen zwischen keramischen Werkstoffen und Umgebungsmedien (fest, flüssig, gasförmig) eignen sich Stabilitätsdiagramme. Die bekannteste Form wäre ein Zustandsdiagramm, welches z. B. die thermodynamische Stabilität der unterschiedlichen Phasen (fest ↔ flüssig ↔ gasförmig) zweier Stoffe in Abhängigkeit von der Temperatur und des Mischungsverhältnisses wiedergibt (siehe Band 1). Hierbei stellt die Soliduslinie im Hinblick auf Korrosionseinflüsse den Übergang zwischen einem „intakten“ und einem sich infolge Aufschmelzung „zersetzenden“ Werkstoff dar.

Der Übergang zwischen Festphasen in Abhängigkeit von Umgebungspartialdrücken wurde zuerst für die Darstellung von Oxiden aus ihren Metallen in Abhängigkeit von T und $p[O_2]$ beschrieben. Durch eine Modifizierung des Diagrammtyps (Abb. 6.1) wird die Oxidstabilität auch in Abhängigkeit von H_2/H_2O- bzw. CO/CO_2-Verhältnissen einfach wiedergegeben, was speziell für die Verwendung von oxidkeramischen Werkstoffen innerhalb der anwendungsrelevanten Umgebungsatmosphären (Ofenatmosphären beim Sintern oder Einsatz innerhalb von Verbrennungsräumen) wichtige Hinweise bei der Bewertung der Stabilität gibt.

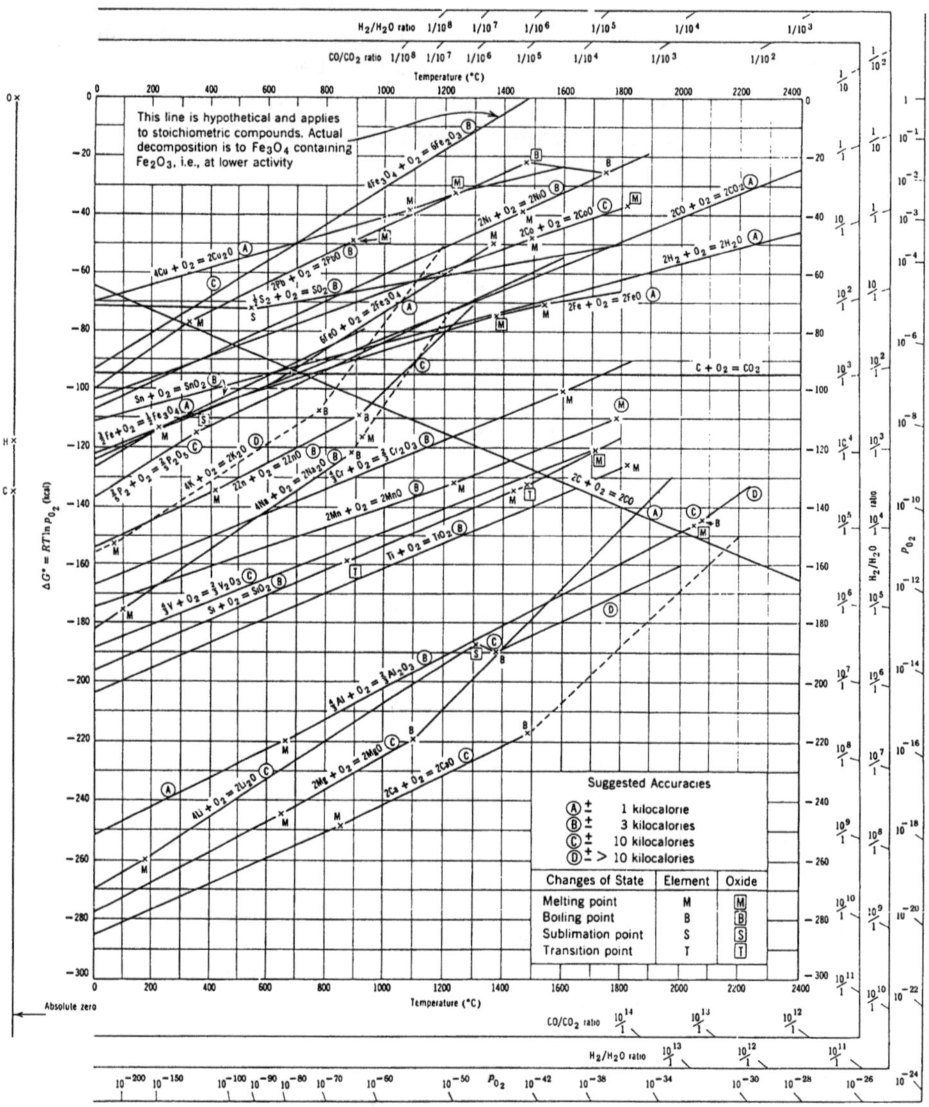

Abb. 6.1: Jeffes–Richardson-Diagramm.

Ergeben sich z. B. bei einer Gaskorrosion gasförmige Reaktionsprodukte, so wird durch das *Kellogg-Diagramm* die Stabilität fester Phasen in Abhängigkeit der an der Reaktion beteiligten Gasphasen mittels einer $T - p$-Darstellung wiedergegeben (Abb. 6.2). Hierdurch können die Einsatzgrenzen z. B. oxidkeramischer Feuerfestwerkstoffe in stark reduzierenden Umgebungen gut verdeutlicht werden.

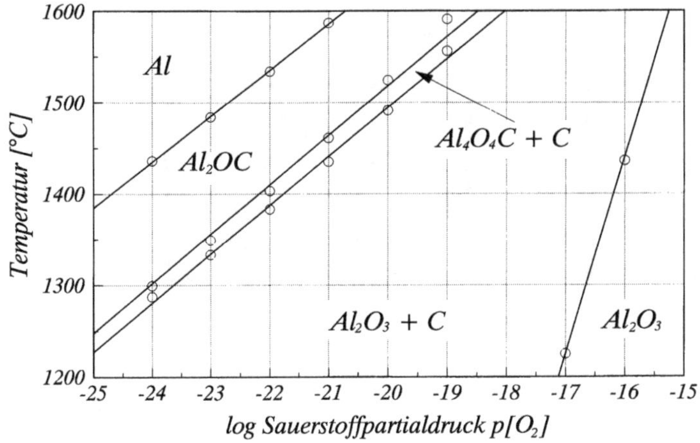

Abb. 6.2: Berechnetes Stabilitätsdiagramm der festen Phasen im System Al_2O_3–Al_4C_3 nach [473].

Darüber hinaus werden andere Diagrammvarianten (*Pourbaix-Diagramm* für die Darstellung des Redox-Potenzials gegenüber dem *p*H-Wert) bzw. Kombinationen oder Modifikationen der oben beschriebenen Typen zur Beschreibung komplexer korrosiver Reaktionen verwendet, z. B. die stufenweise Reduktion von Al_2O_3 durch Kohlenstoff (Abb. 6.2).

Die Einbeziehung der Kinetik in die Beschreibung von Korrosionsreaktionen basiert auf der Forderung von Anwendern keramischer Werkstoffe, die Lebensdauer von Bauteilen zuverlässig vorauszuberechnen. Die Schwierigkeit hierbei besteht darin, Beeinträchtigungen der Kinetik durch z. B. die Ausbildung von Diffusionsbarrieren, metastabilen Phasen, Änderungen im kristallinen Aufbau des Materials u.ä. so zu erfassen, dass Voraussagen zum Langzeitverhalten möglich werden. Durch die Ermittlung von Reaktionsraten bzw. -konstanten soll der zeitliche Verlauf der Korrosionsreaktionen in Abhängigkeit von der Temperatur und der Aktivierungsenergie nach der Gleichung

$$k = A \cdot \exp^{-Q/RT} \tag{6.9}$$

beschrieben werden.

Oftmals wird bei der graphischen Wiedergabe von Gl. (6.9) eine *Arrhenius-Darstellung* der Form ln $k/\ln 1/T$ gewählt. Darüber hinaus ist unabhängig von der Art der Korrosion zu unterscheiden, ob es sich um ein geschlossenes, zyklisches oder offenes System handelt (Abb. 6.3).

Die Zeitabhängigkeit bei Reaktionsabfolgen wird bestimmt durch den langsamsten aller Teilschritte. Mit Hilfe von Zeitgesetzen ist es möglich, Korrosionsvorgänge, die sowohl von chemischen Oberflächenreaktionen als auch von Transportvorgängen bestimmt werden, kinetisch zu beschreiben.

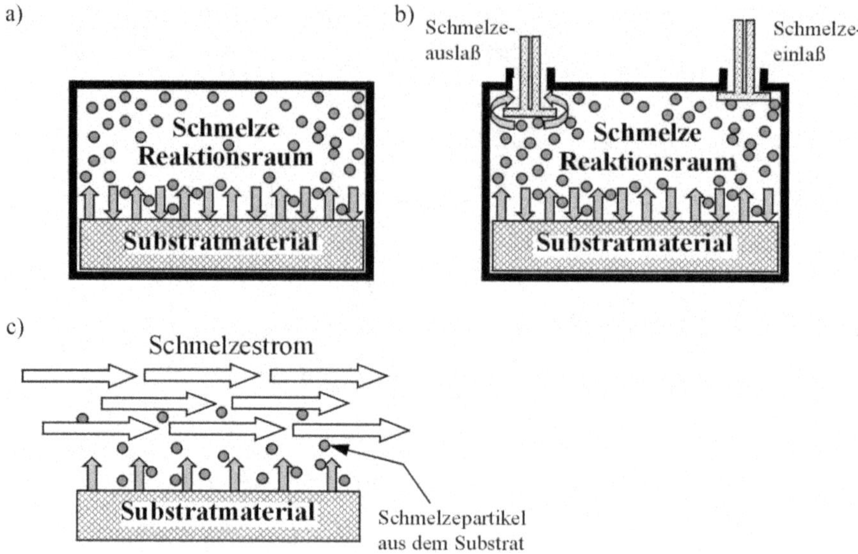

Abb. 6.3: Prinzipskizze eines geschlossenen (a), zyklischen (b) und offenen Systems (c).

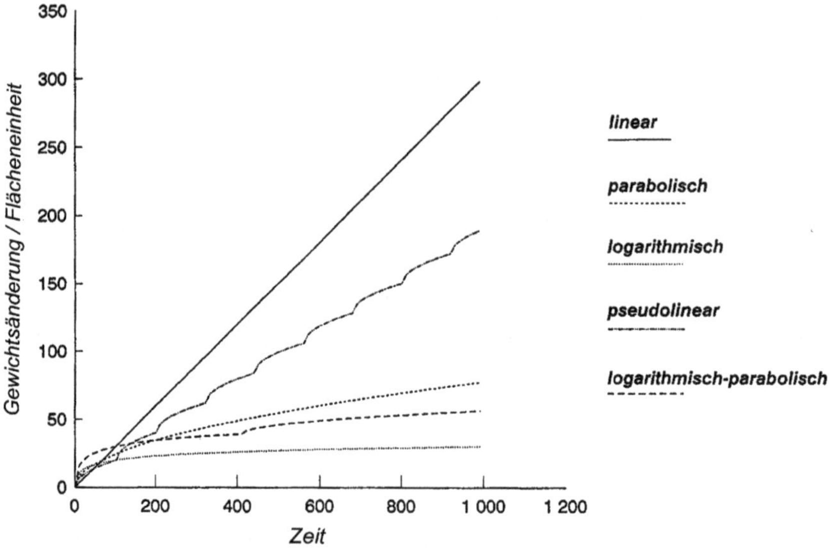

Abb. 6.4: Schematische Darstellung einiger Zeitgesetze [474].

Zwischen den in Abb. 6.4 dokumentierten einfachen Fällen einer Abhängigkeit der Massenänderung von der Zeit können bei komplizierten, zeitlich veränderlichen Systemen gekoppelte Verläufe bzw. Überlagerungen nachgewiesen werden. Dies ist u. a. der Fall, wenn oberflächlich gewachsene Oxidschutzschichten Risse bekommen und somit ihre passivierende, d. h. diffusionshemmende Wirkung verlieren. Die Umgebungsatmosphäre kann nun direkt, d. h. rein reaktionsgesteuert mit der Bauteiloberfläche reagieren, bis sich nach einer definierten Zeit die Schicht aufgrund der Entstehung neuer fester Reaktionsprodukte wieder regeneriert hat. Ein weiterer Aspekt ist das zeitlich indifferente Kristallisationsverhalten innerhalb der Oxidschicht, da sich entweder, bedingt durch entgegengerichtete Diffusionsströme, kristalline Substanzen bilden oder sich Teilbereiche in der Oxidschicht zu Gläsern umwandeln. In den Fällen solchen Materialverhaltens können Zeitgesetze nur auf der Basis intensiver experimenteller Arbeiten erfasst und verifiziert werden.

Da die Korrosion keramischer Werkstoffe ihren Anfang immer auf der Bauteiloberfläche nimmt, hängt ihre Intensität von der spezifischen Oberfläche ab. Porosität und Dichte sowie die Rauhigkeit oder Krümmung der Oberfläche bestimmen die Ausprägung und Art der Korrosion. Hiermit verbunden ist der Einfluss der Oberflächenenergie, die ihrerseits in Abhängigkeit von der Porosität Benetzungs- oder Infiltrationsprozesse wie z. B. bei der Schmelzkorrosion von Metallen oder Schlacken gegenüber feuerfesten Keramiken entscheidend bestimmt. Nach der *Young–Dupré-Gleichung* (Band 1) gilt für den Benetzungswinkel ϕ mit den Indizes s für solid = feste Phase, l für liquid = flüssige Phase und v für vapor = Gasphase:

$$\cos\phi = (\gamma_{sv} - \gamma_{sl})/(\gamma_{lv}). \quad (6.10)$$

Bei Unterschreiten des Grenzwerts $\phi = 90°$ tritt eine Infiltration von Poren oder Kapillaren ein, indem z. B. die Schmelze unter Austausch des in den Poren vorhandenen Gases ohne die Einwirkung äußerer Kräfte in die Kavitäten infiltriert. Im Bereich $\phi \geq 90°$ ist eine, dem Porenradius äquivalente äußere Kraft erforderlich, um eine Infiltration zu ermöglichen. Darüber hinaus besitzt die bereits erwähnte Benetzung, speziell in der Wechselwirkung zwischen Korngrenzen und korrosiven Schmelzen, eine Schlüsselrolle. Bei $\gamma_{ss} \geq 2\gamma_{sl}$ tritt eine Infiltration der Korngrenzen ein. Der Benetzungswinkel ϕ nimmt ebenso wie die Viskosität mit steigender Temperatur ab, vorausgesetzt, es treten keine stofflichen Änderungen ein. Weitere Einzelheiten sind Band 1 zu entnehmen.

6.2 Medienkorrosion

In Abhängigkeit des korrosiven Mediums ergeben sich unterschiedliche Erscheinungs- und Verlaufsformen der Korrosion. Dies sind die Gas-, Flüssigkeits-, Schmelz-, Salzschmelzen- als auch Festkörperkorrosion. In den jeweils unterschiedlichen technologischen Anwendungsfällen können diese Typen entweder alleine oder in Überlagerungen auftreten.

6.2.1 Gaskorrosion

Die Korrosion hierbei wird durch die Reaktion des keramischen Materials mit mindestens einem gasförmigen Reaktionspartner hervorgerufen. Diese Vorgänge laufen ab in Aggregaten, in denen reaktive bzw. aggressive Gase transportiert bzw. gelagert werden oder in denen solche Gase infolge vorangegangener Prozesse (z. B. Verbrennungen) entstanden sind. Als häufige Vertreter solcher Gasspezies treten einzeln oder als Mischung auf: $CO–CO_2$, $H_2–H_2O$, $SO_3–SO_2$ oder H_2SO_4, Halogene (F-oder Cl-Verbindungen, z. B. HF, HCl), gasförmige Säuren und Laugen sowie Alkalimetalle (aus einer vorangegangenen Verdampfung von Salzen, z. B. NaCl).

Speziell bei Anwendungen im Bereich der technischen Keramiken werden nichtoxidische Materialien aus den Gruppen der Nitride, Carbide, Boride und Silicide eingesetzt. Bei der Korrosion solcher Nichtoxide stellt die Oxidation einen „Zwischenschritt" beim Zerstörungsprozess dar. Hierbei wird unter dem Begriff der Oxidation nicht, wie z. B. in der Chemie, der Wertigkeitswechsel von Ionen zu höheren Stufen hin verstanden, sondern die reine Überführung eines Nichtoxids in ein Oxid. Dies bedeutet, dass der Sauerstoffpartialdruck $p[O_2]$ am Reaktionsort entscheidend den Verlauf der Oxidation bestimmt.

Es existieren zwei unterschiedliche Stadien der Oxidation, die passive und die aktive Form. Der Übergang zwischen beiden Formen ist festgelegt durch die Ausbildung der Reaktionsprodukte. Bei der *passiven Oxidation* bilden sich vorzugsweise feste oder flüssige oxidische Reaktionsprodukte im Unterschied zur *aktiven Oxidation*, bei der die Entstehung gasförmiger Reaktionsprodukte dominiert und damit immer neue Angriffsflächen für die weitere Oxidation zur Verfügung steht. Reaktionen, bei denen ein keramischer Werkstoff kongruent in die Gasphase überführt wird, werden als *Sublimation* bezeichnet. Inkongruentes Verhalten resultiert bei einer teilweisen Verdampfung und gleichzeitiger Entstehung einer neuartigen kondensierten Phase. In multikomponentigen Materialzusammensetzungen kommt es oftmals zu einer selektiven Verdampfung, entsprechend den unterschiedlichen Verdampfungswärmen der einzelnen Komponenten.

Beispiele für passive Oxidation (z. B. bei 1000 °C, Index g = Gasphase) sind:

$$SiC_{(s)} + 2O_{2(g)} \rightarrow SiO_{2(s)} + CO_{2(g)}, \tag{6.11}$$

$$4AlN_{(s)} + 3O_{2(g)} \rightarrow 2Al_2O_{3(s)} + 2N_{2(g)}, \tag{6.12}$$

$$2ZrB_{2(s)} + 5O_{2(g)} \rightarrow 2ZrO_{2(s)} + 2B_2O_{3(s)}, \tag{6.13}$$

$$MoSi_{2(s)} + 2O_{2(g)} \rightarrow 2SiO_{2(s)} + Mo_{(s)}. \tag{6.14}$$

Aktive Oxidation tritt jedoch bei sehr hohen Temperaturen $T > 2000$ °C und geringen Sauerstoffpartialdrücken ein:

$$SiC_{(s)} + O_{2(g)} \rightarrow SiO_{(g)} + CO_{(g)}, \tag{6.15}$$

$$4AlN_{(s)} + O_{2(g)} \rightarrow 2Al_2O_{(g)} + 2N_{2(g)}, \quad (6.16)$$

$$ZrB_{2(s)} + 1{,}5O_{2(g)} \rightarrow ZrO_{(g)} + 2BO_{(g)}, \quad (6.17)$$

$$MoSi_{2(s)} + O_{2(g)} \rightarrow 2SiO_{(g)} + Mo_{(g)}. \quad (6.18)$$

Der den Reaktionsverlauf bestimmende Sauerstoffpartialdruck $p[O_2]$ ist festgelegt durch die Umgebungsatmosphäre, in der das keramische Bauteil unter den jeweiligen technologischen Bedingungen eingesetzt wird, z. B. innerhalb von Ofenatmosphären, bei Sekundärlufteinspeisungen oder bei Zersetzungsreaktionen anderer Reaktionspartner. Verbrennungs- oder Schmelzvorgänge und deren begleitende Prozesse können oftmals nur bei einem definierten $p[O_2]$ ablaufen. Hieraus ergeben sich direkt die Einsatzbereiche keramischer Bauteile.

Der komplexe Zusammenhang zwischen der Einwirkung gasförmiger Korrosionsmedien und Bauteiloberflächen wurde modellhaft für den Fall rein passiver Oxidation [475], rein aktiver Oxidation [476] und dem Übergang zwischen beiden Formen [477] durch verschiedene Autoren grundlegend beschrieben, sowie im nachfolgenden durch eine Vielzahl von Untersuchungen experimentell überprüft und ggf. modifiziert [478–484].

Die eigentliche Gaskorrosion verläuft in den meisten Fällen nach folgendem Schema:
1. Transport gasförmiger Reaktanden aus der Umgebung hin zur Bauteiloberfläche;
2. Adsorption dieser Reaktionspartner;
3. Chemische Reaktion zwischen den ggf. aggressiven Gasen und den Komponenten des keramischen Gefüges (Körner, Korngrenzen- oder Sekundärphasen, Poren) unter Bildung entweder gas-, schmelzförmiger oder fester Reaktionsprodukte;
4. Desorption eines Teils der Reaktionsprodukte;
5. Voranschreitende Diffusion eines weiteren Teils der korrosiven Gase hinein ins keramische Gefüge.

Sämtliche dieser Schritte besitzen eine eigene Reaktionsgeschwindigkeit und tragen ihren Teil zur Gesamtkinetik des Korrosionsvorgangs bei. Nach einer kurzen Anfangsperiode laufen sämtliche Schritte nebeneinander ab, wobei der langsamste dieser Teilschritte geschwindigkeitsbestimmend ist.

6.2.2 Flüssigkeitskorrosion

Bei dieser Form der Korrosion kommt es zu einem direkten Kontakt zwischen einer umhüllenden Flüssigkeit und einer keramischen Bauteiloberfläche. Typische technologische Anwendungen sind: Lagerungsgefäße, Pumpenkomponenten wie z. B. Gehäuse, Lager oder Laufräder, Ventile, Dichtungen, Armaturen oder auch Laborausstattungen wie z. B. Waschtische, Abdeckflächen oder Tiegel. Als Flüssigkeiten kommen in Betracht: Wasser (normal oder hydrothermal, chemisch rein oder mineralisch verunreinigt), Säuren oder Laugen. Die am häufigsten in diesen Anwendungsfeldern verwendeten Werkstoffe sind chemisch-technisches Porzellan, Steinzeug, Al_2O_3, ZrO_2, Si_3N_4, SiC, usw.

Das Verhalten silicatkeramischer Werkstoffe ist gekennzeichnet durch die Hydrolyse von Si–O-Bindungen. Berechnungen haben ergeben, dass die Adsorption des Wassers an Si–OH- (Silanol-) Endgruppen stabiler ist als an Si–O...H-Brückengruppen. Bei einer thermischen Behandlung wandeln sich diese Wasserstoffbrückengruppen um in Si–O–Si-(Siloxan-)Gruppen, was zu einer Hydrophobierung der Bauteiloberfläche führt. Das Auslaugungsverhalten eines silicatkeramischen Bauteils wird ferner bestimmt durch den Anteil weiterer Oxide wie die der Alkali- oder Erdalkalimetalle (z. B. Na_2O, MgO) oder die der Übergangsmetalle. Hierbei ist entscheidend, wie die Metallionen über die Anzahl und Art der Bindungen im Si–O-Tetraedernetzwerk verankert sind. Schwach gebundene Kationen werden schnell aus dem Verbund herausgelöst, während sich Kationen mit einem hohen Vernetzungsgrad stabiler verhalten. Bei einer Mischung mehrerer Oxidtypen kommt es zu einer selektiven Korrosion, d. h., die bestimmten Ionen gehen bevorzugt in Lösung.

Innerhalb der amorphen Phase des silicatkeramischen Gefüges, welche besonders korrosionsanfällig ist, verhält sich diese bei der Korrosion entsprechend wie ein Glas in Abhängigkeit des Vernetzungsgrads der SiO_4-Tetraeder. Bei einem Säureangriff dominiert der Ionenaustausch, d. h. H_3O^+- bzw. H^+-Ionen tauschen sich mit den mobilsten Kationen des Silicatglases aus (Abb. 6.5).

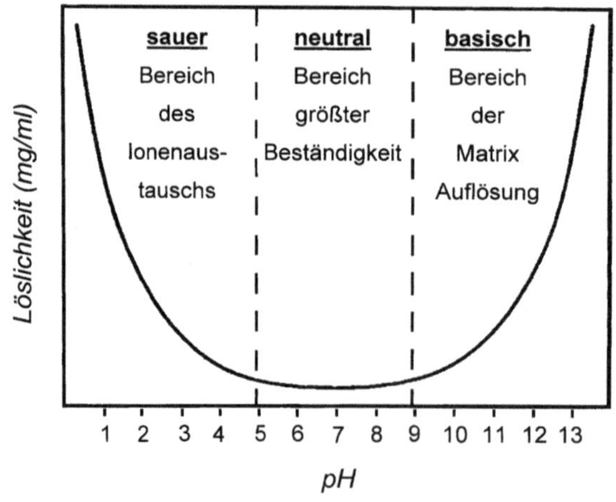

Abb. 6.5: Einfluss des *p*H-Werts auf die Löslichkeit der amorphen Sekundärphase im keramischen Gefüge [485].

Dies sind hauptsächlich die als Netzwerkwandler fungierenden Na^+-Ionen. Dieser Prozess verläuft nach den Gesetzmäßigkeiten der Diffusion, d. h., die Kinetik entspricht einem Wurzel-Zeitgesetz. Bei einem Laugenangriff spalten OH^--Ionen direkt die Struktureinheiten der Silicatgläser. Hierdurch werden die Siloxanbrücken zerstört und in der Folge das gesamte Glasnetzwerk, wobei die Kinetik reaktionsbedingt nach einem linearen Zeitgesetz verläuft:

$$\text{Si–O–Si} + \text{OH}^- \rightarrow \text{Si–O}^- + \text{HO–Si}. \tag{6.19}$$

Der Wasserangriff verläuft nach einem kombinierten Mechanismus, wobei zunächst der Ionenaustausch mit dem Netzwerk eintritt, was zu einer Erhöhung der OH^--Ionenkonzentration im Wasser führt. Hierdurch wird im Folgenden der Laugenangriff verstärkt eingeleitet, sodass die Kinetik des Wasserangriffs eine Kombination aus beiden oben erwähnten Fällen darstellt.

Der Einbau höherwertiger Ionen in ein Si–O-Netzwerk, z. B. von dreibindigem Stickstoff, führt zu einer „Verfestigung" des Netzwerks und somit zu einer Steigerung der Hydrolysebeständigkeit.

Das Verhalten oxidkeramischer Werkstoffe unter Flüssigkeitskorrosion wird beeinträchtigt durch die für die Herstellung technischer Keramiken notwendige Dotierung mit weiteren Oxiden oder durch die ungewollte Verunreinigung bei der Produktion. Ein sehr kritisches Oxid ist hierbei das SiO_2, welches schon in geringsten Mengen (ca. 500 ppm) z. B. auf Al_2O_3-Körnern einen Korngrenzenphasenfilm bildet, in dem sich die übrigen Verunreinigungsanteile des Gefüges sammeln. Das SiO_2 alleine ist bereits um einige Größenordnungen korrosionsanfälliger als Al_2O_3. Hat es aber mit z. B. in geringen Mengen an Na_2O aus dem Bayer-Prozess eine Mischoxidphase gebildet, so ist diese noch unbeständiger, was einer durch Korngrenzentransport voranschreitenden Korrosion Vorschub leistet und bei einem Laugenangriff zum Herauslösen ganzer Kornbereiche und nachfolgend zu einer starken Porositätssteigerung führt.

Beim Einsatz von ZrO_2-Bauteilen kann bei Temperaturen zwischen 100 und 300 °C speziell beim TZP durch einen Wasserangriff die metastabile tetragonale Phase in die monokline umgewandelt werden, was zu einer katastrophalen Bauteilzerstörung führt.

Bei Nichtoxidkeramiken ruft die Einbringung in Wasser bzw. Wasserdampf bei hohen Temperaturen eine eigene Form der Korrosion hervor, die *hydrothermale Korrosion*. Es entstehen hierbei speziell bei den Nitriden (MN) und Carbiden (MC) im Gegensatz zur Oxidation in Sauerstoff Ammoniak und Methan (Indizes s = feste Phase, g = Gasphase):

$$\text{MN}_{x(\text{s})} + y \cdot \text{H}_2\text{O}_{(\text{g})} \rightarrow \text{MO}_{y(\text{s})} + x \cdot \text{NH}_{3(\text{g})} + (y - 3/2x) \cdot \text{H}_{2(\text{g})}, \tag{6.20}$$

$$\text{MC}_{x(\text{s})} + y \cdot \text{H}_2\text{O}_{(\text{g})} \rightarrow \text{MO}_{y(\text{s})} + x \cdot \text{CH}_{4(\text{g})} + (y - 2x) \cdot \text{H}_{2(\text{g})}. \tag{6.21}$$

Das Korrosionsschema bei den technischen Werkstoffen, die speziell im Falle des Si_3N_4 (und dort je nach Produktionsweg) mit mehr oder weniger großen Anteilen an Sinteradditiven (Oxiden) versetzt sind, wird durch das Korrosionsverhalten der Sekundär- oder Glasphase bestimmt. Hier ist entscheidend, welche Oxide, sei es in kristalliner oder amorpher Form vorliegen. Über Hydrolyse und der damit verbundenen Aufweitung bzw. Zerstörung des Sekundärphasennetzwerks kommt es zum reaktionsgesteuerten Fortschreiten der Korrosionsfront ins Gefüge. Bei der Anwendung von Si_3N_4-Werkstoffen in Säuren wurde experimentell bestimmt, dass sich in Abhängigkeit vom Kristallisationsgrad der Korngrenzenphase eine selektive Korrosion unterschiedlicher Metallionen ergibt.

6.2.3 Schmelzkorrosion und Salzschmelzkorrosion („Hot-Corrosion")

Diese Art der Korrosion findet zwischen keramischen Materialien und schmelzförmigen Medien, vorzugsweise Metall- oder Glasschmelzen statt, z. B. bei feuerfesten Auskleidungen von Schmelzaggregaten. Neuerdings spielt auch die Belastung schmelzförmiger Partikel sowie deren Schlackenbildung bei der thermischen Abfallentsorgung eine immer größere Rolle. Eine spezielle Art der Schmelzkorrosion stellt die Salzschmelzkorrosion oder die im internationalen Sprachgebrauch sogenannte „Hot-Corrosion" dar, bei der z. B. infolge einer Verbrennung entstandene gasförmige Reaktionsprodukte in kälteren Bereichen eines Aggregats als schmelzförmiges Salz kondensieren und äußerst korrosiv auf die keramische Bauteiloberfläche einwirken.

Bei der Schmelzkorrosion laufen die Transportvorgänge bei den Lösungs- und Infiltrationsprozessen diffusionsgesteuert bei gleichzeitiger Überlagerung eines Strömungsfeldes ab. Die Kinetik der Korrosion wird bestimmt durch die Wechselwirkung zwischen Diffusion und Konvektion (darin enthalten die Strömungsfeldgeschwindigkeit), die ihrerseits den Konzentrationsverlauf der Reaktionspartner in der Grenzschicht Schmelze-Keramikoberfläche bedingt. Es bilden sich charakteristische Grenzschichtphänomene aus wie z. B. die Nernstsche Diffusionsgrenzschicht, die den örtlichen Konzentrationsgradienten der beteiligten Reaktionspartner beschreibt genauso wie die Prandtlsche Strömungsgrenzschicht, die das örtliche Geschwindigkeitsgefälle wiedergibt (Abb. 6.6).

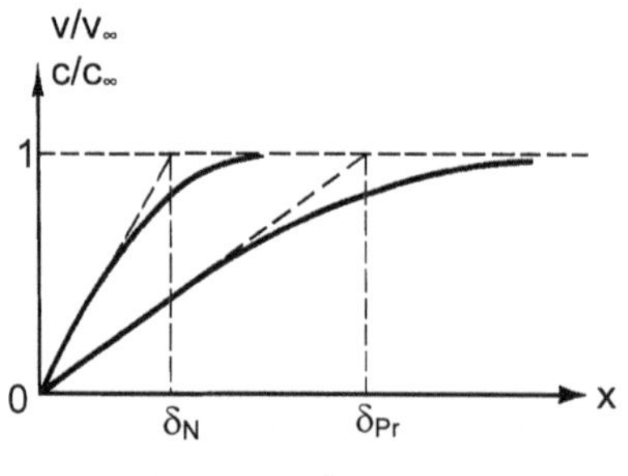

Abb. 6.6: Verlauf der Nernstschen Diffusionsgrenzschicht und Definition von δ_N, Verlauf der Prandtlschen Strömungsgrenzschicht und Definition von δ_{Pr} durch lineare Extrapolation. x = Abstand von Festkörperoberfläche [484].

Hierbei spielt die Viskosität der Schmelze eine entscheidende Rolle. Die Phänomene der Grenzflächenkonvektion (Marangoni-Konvektion) treten immer dann auf, wenn drei Phasen aufeinandertreffen und an den Kontaktflächen die Grenzflächenenergien minimieren wollen. Hierbei werden sowohl in vertikaler (Lochfraß, Lochbohren) als auch horizontaler Richtung (Spülkantenbildung) charakteristische Schadensbilder aufgrund der unterschiedlichen Oberflächenspannungen ausgeprägt.

In Abb. 6.7 nach [486] ist dieser Vorgang verdeutlicht. Die Oberfläche der Schmelze S_1 benetzt zunächst den Festkörper F (hier z. B. eine feuerfeste Ausmauerung einer Glaswanne) und bildet dann eine Dreiphasengrenze fest-flüssig-gasförmig mit der Atmosphäre G (Bilder links). Dabei löst die Schmelze Bestandteile aus dem Feststoff und verändert ihre chemische Zusammensetzung zu S_2. Die verschiedenen Schmelzezusammensetzungen führen zu unterschiedlichen Oberflächenspannungen σ_1 und σ_2 mit $\sigma_1 > \sigma_2$.

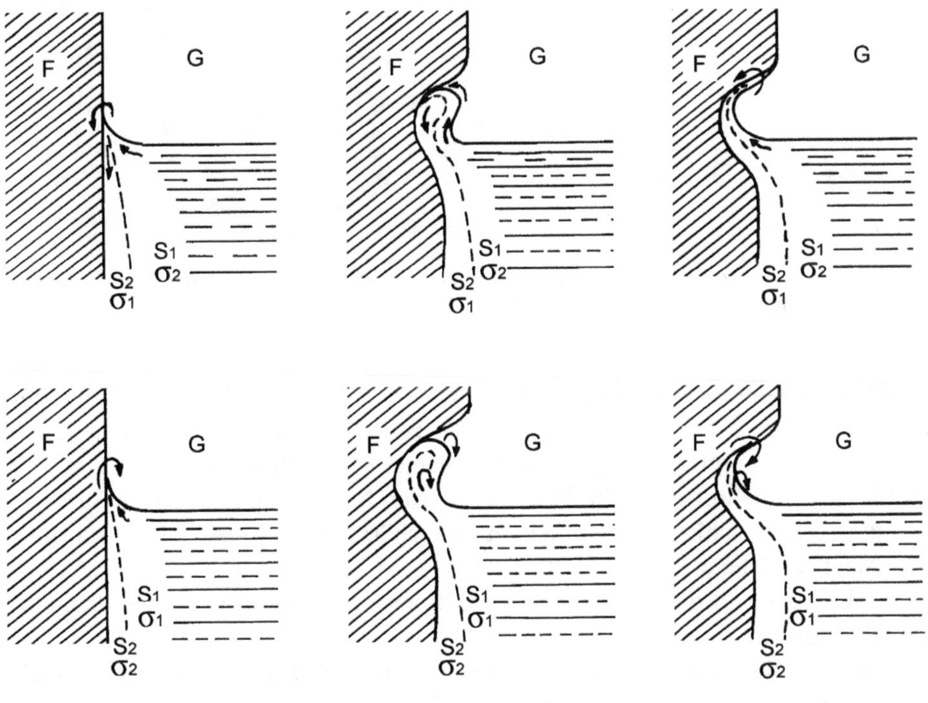

Abb. 6.7: Schematische Darstellung der bevorzugten Korrosion durch Grenzflächenkonvektion in horizontaler Richtung in drei von links nach rechts zunehmenden Zeitstadien; nach [486].

Die Bildreihen oben und unten unterscheiden sich durch die umgekehrte Zuordnung der Oberflächenspannungen zu den Schmelzen. Sind die Differenz und der Gradient der Grenzflächenspannung genügend groß, kommt es an der Dreistoffgrenze zur Grenzflächenkonvektion (Bilder Mitte). Dadurch wird die Nernstsche Diffusionsschicht (gestrichelt) dünner und die Auflösungsgeschwindigkeit schneller. Durch die veränderte Dichte der Lösung S_2 sinkt diese ab, neue Schmelze S_1 wird herangeführt und der Vorgang beginnt erneut (Bilder rechts). In der oberen Bildfolge ergibt sich aufgrund der Oberflächenspannungsverhältnisse ein Wirbel mit negativem Drehsinn, unten mit positivem. Entsprechendes gilt für das sog. Blasenbohren bzw. Tropfenbohren (Abb. 6.8 unten), das ebenfalls in Glaswannen an den randlichen Palisadensteinen oder in den Böden beobachtet wird.

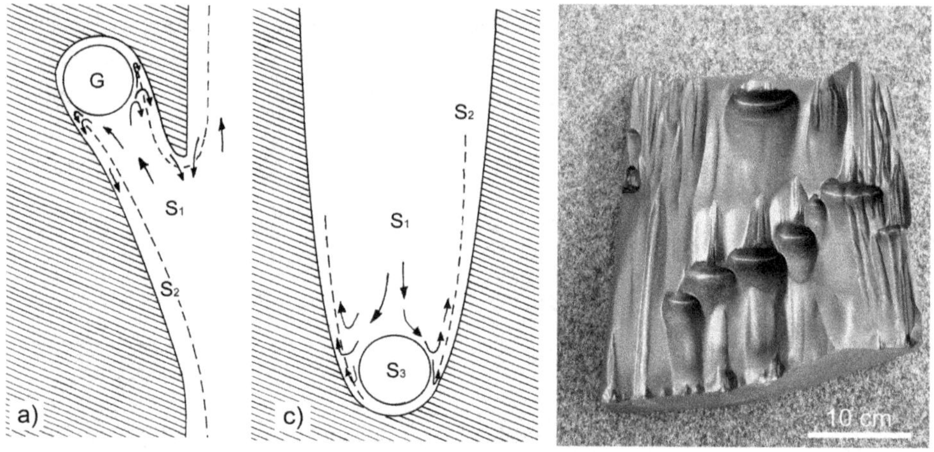

Abb. 6.8: Korrosionserscheinungen an Glaswannen. (a) Blasenbohren; (b) Tropfenbohren. Rechts: Chromitstein mit Blasenbohrmulden (R. Telle, Aachen).

Abb. 6.9 zeigt eine REM-Aufnahme eines Anschliffes aus dem Bodenbereich einer Rubinglaswanne. Der durch Koagulation von kolloidalem Gold entstandene Goldtropfen bohrt sich unter Schlierenbildung (rechts: EDX-Analysen für Na, Al, Au, Pb und K) in einen Mullitstein. Für Al_2O_3-Feuerbeton in Stahl-Kontakt sowie für Glas-Kontakt geben Pötschke u. M. Formeln zur Abschätzung des Verschleißfortschrittes durch Marangoni-Konvektion an [487, 488].

In Abb. 6.10 sind die vorherrschenden Strömungen als Funktion des Wandabstands dargestellt.

Im Bereich der Salzschmelzenkorrosion oder „Hot Corrosion" kommt es nach folgendem Schema zu z. T. überlagerten Prozessabläufen:

1. Ablagerung einer Salzschmelze zwischen dem Schmelzpunkt und dem Taupunkt
2. Reaktion zwischen der Salzablagerung und der Keramikoberfläche;
3. Diffusionsvorgänge durch die korrosive Salzschmelzenablagerung;
4. Reaktionen zwischen der Umgebungsatmosphäre und der Salzschmelze.

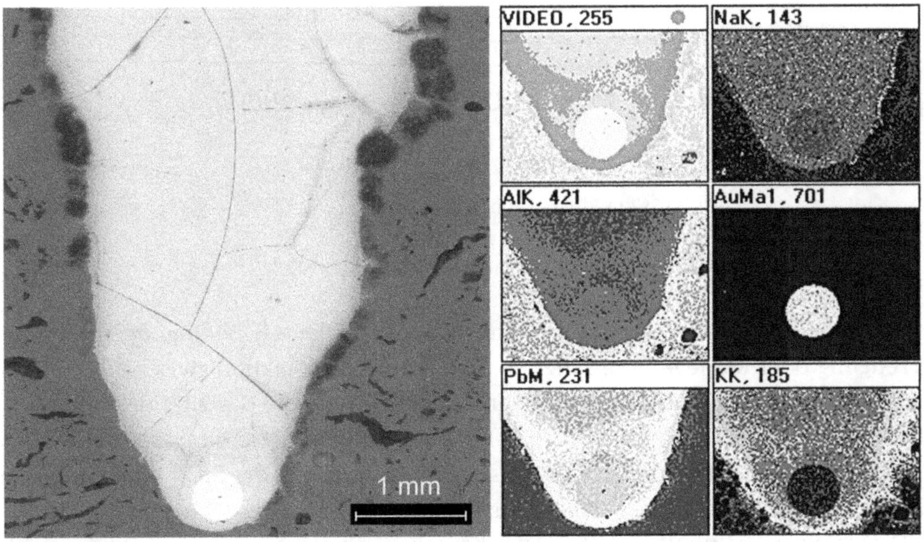

Abb. 6.9: REM-Aufnahme und EDX-Flächenanalysen der Umgebung eines Goldtropfens am Kontakt zwischen Rubinglas und Mullitstein [489].

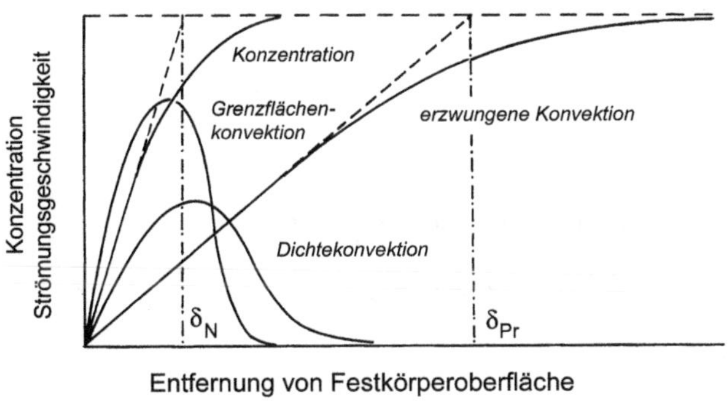

Abb. 6.10: Wirkungsweise der einzelnen Teilprozesse bei der Schmelzkorrosion [484].

Exemplarisch sei hier die Reaktionsabfolge zwischen einem Sulfat

$$SO_{2(g)} + 1/2O_{2(g)} \rightarrow SO_{3(g)} \tag{6.22}$$

und der SiO_2-Oxidschicht auf der Oberfläche einer SiC-Keramik dargestellt. Anstelle des Sulfats als Rückstand der Verbrennung eines fossilen Brennstoffs könnten hier gleichermaßen Carbonate, Vanadate o.ä. eingesetzt werden. Andererseits könnten sämtliche anderen keramischen Materialien ebenfalls als Grundwerkstoff verwendet werden. Das Kochsalz NaCl kommt als Verunreinigung in der Luft immer vor, in

Meeresnähe besonders stark:

$$2NaCl_{(g)} + SO_{3(g)} + H_2O_{(g)} \rightarrow Na_2SO_{4(l)} + 2HCl_{(g)}, \tag{6.23}$$

$$Na_2SO_{4(l)} \rightarrow Na_2O_{(s)} + SO_{3(g)}, \tag{6.24}$$

$$SiC_{(s)} + 1{,}5O_{2(g)} \rightarrow SiO_{2(s)} + CO_{(g)}, \tag{6.25}$$

$$2SiO_{2(s)} + Na_2O_{(s)} \rightarrow Na_2O \cdot 2SiO_{2(l)}. \tag{6.26}$$

Entscheidend für diesen korrosiven Vorgang (Abb. 6.11, hier z. B. Bedingungen der Glaserzeugung oder Kohleverbrennung) ist die Säure/Base-Reaktion zwischen dem basischen $Na_2SO_{4(l)}$ bzw. $Na_2CO_{3(l)}$ und dem sauren $SiO_{2(s)}$. Die Basizität des $Na_2SO_{4(l)}$ ist als Aktivität des $Na_2O_{(s)}$ aus Gl. (6.24) definiert, wobei diese direkt mit dem SO_3-Partialdruck $p[SO_3]$ im Zusammenhang steht. Die Auflösung des $SiO_{2(s)}$ aus Gl. (6.25) tritt bei Überschreitung eines temperaturabhängigen Grenzwerts für $a[Na_2O_{(s)}]$ bzw. $p[SO_3]$ ein. Somit beinhaltet Gl. (6.26) das Kriterium, ob die stabile $SiO_{2(s)}$-Oxidschicht weiter existiert oder in ein schmelzförmiges Na-Silicat überführt wird. Dabei entstehen zunächst kleine Grübchen (sog. Pits) auf den Keramikoberflächen, später regelrechte Auswaschungen z. B. an Fugen feuerfester Steine (Abb. 6.12).

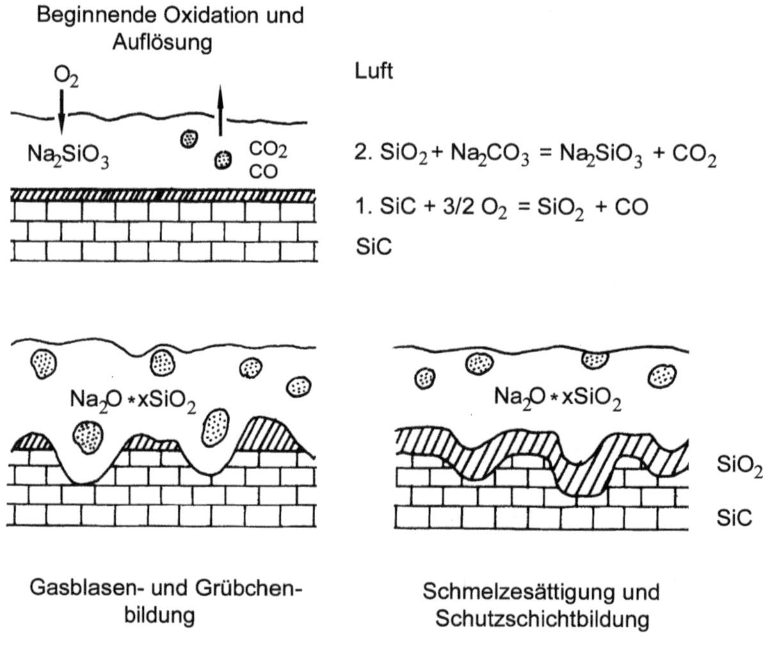

Abb. 6.11: Mechanismus bei der SiC-Pit-Bildung [490].

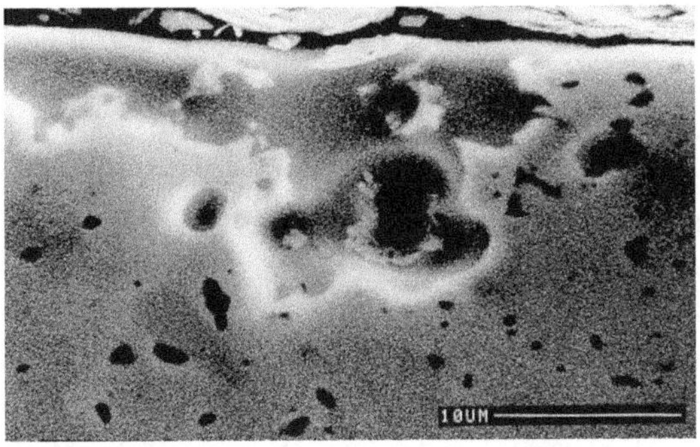

Abb. 6.12: Pit-Bildung auf der Oberfläche eines SiC-Bauteils infolge der Einwirkung einer H_2/O_2-Atmosphäre bei $T = 1950\,°C$ [491].

6.2.4 Korrosion durch Festkörperkontakt

Diese Art der Korrosion ist bestimmt durch den direkten physikalischen Kontakt zweier Festkörper. Auch hier wird durch die chemische Reaktion beider Partner und die Bildung fester, gas- oder schmelzförmiger Reaktionsprodukte eine Zerstörung technischer Keramiken bewirkt. Die zeitliche und örtliche Veränderung der Reaktionspartner wird je nach Form durch Diffusionsgleichungen der Selbst- oder Interdiffusion beschrieben.

Hier treten alle bereits beschriebenen Formen der Volumen-, Korngrenzen- und Oberflächendiffusion auf, wenn die Temperaturen hoch genug sind. Bei der Beteiligung flüssiger und/oder gasförmiger Phasen verlaufen die Reaktionen z. T. um Größenordnungen schneller, da hier ein beschleunigter Materialfluss stattfindet.

Als Beispiel für die Korrosion durch einen Festkörper kann die Zersetzung von $SiO_{2(s)}$ durch anwesenden Kohlenstoff angeführt werden, wobei im Reaktionsablauf zwischenzeitlich SiC als intermediäre Phase gebildet wird:

$$SiO_{2(s)} + 3C_{(s)} \longrightarrow SiC_{(s)} + 2CO_{(g)}, \tag{6.27}$$

$$2SiO_{2(s)} + SiC_{(s)} \longrightarrow 3SiO_{(g)} + CO_{(g)}. \tag{6.28}$$

Dieses Fallbeispiel ist typisch für Anwendungen von feuerfesten Steinen in Bereiche der Verbrennung fossiler Brennstoffe und läuft vorzugsweise im Temperaturbereich $T \approx 1000\,°C$ ab.

6.3 Einfluss der Korrosion auf mechanische Eigenschaften

Da der Verlauf der Korrosion zeitabhängig vonstattengeht, rufen sämtliche Stadien gleichermaßen eine charakteristische Verschlechterung der mechanischen Eigenschaften hervor. Hierbei ist entscheidend, dass die Korrosion eine Prozessabfolge ist, die ursprünglich auf der Oberfläche des Bauteils beginnt und dort die größten Schadensbilder hervorruft. Da bei Zug- oder Biegebeanspruchungen die maximale Belastung des Bauteils ebenfalls auf der Oberfläche wirkt, ist ein direkter Zusammenhang zwischen den beiden Belastungsformen gegeben. Zwei „Schadensbilder" der Korrosion sind in diesem Zusammenhang besonders zu erwähnen [491].

Die Grübchen- oder Pit-Bildung bewirkt auf der Bauteiloberfläche flächig tiefere, bis zu einigen Kornabständen ins Gefüge hineingehende Krater und ist somit Ausgangspunkt für eine Rissbildung unter mechanischer Belastung. Zum Zweiten ist die Schädigung der Korngrenzenphase eine wesentliche Erscheinungsform, da in ihr die Transportprozesse zwischen Hineindiffusion des korrosiven Mediums und der Herausdiffusion der Reaktionsprodukte stattfindet. Dies bedeutet, dass die strukturelle Festigkeit eines Werkstoffes durch die über die Korrosion hervorgerufene Veränderung der Korngrenzenphase (Bildung von Poren bzw. Gasblasen, Bildung schmelzförmiger Reaktionsprodukte, Amorphisierung kristalliner Phasen, Lösungs- und Wiederausscheidungsprozesse) entscheidend verringert wird. Ein extremes Beispiel ist eine Al_2O_3-Keramik, die makroskopisch nach einem längeren Säureangriff keine Veränderung aufzeigte (augenscheinlich intakte Bauteiloberfläche, keine sichtbaren Anomalien), nach Biegebruchtests allerdings nur noch 10 % der ursprünglichen Biegefestigkeit aufwies. Die Korngrenzenphase des Bauteils war durch selektive Korrosion derart minimiert, dass ein Rissfortschritt durch das Bauteilgefüge problemlos möglich war.

6.4 Experimentelle Untersuchungsmöglichkeiten

In Feldversuchen können verschiedene potenzielle Materialalternativen, deren Eignung in vorausgegangenen Auswahltests bestätigt wurde, innerhalb von aggressiven Umgebungen getestet werden, die dem später dauerhaften technologischen Einsatz entsprechen. Hierbei ist entscheidend, dass die gesamten Parameter, die auf ein Bauteil einwirken, als Datenbasis erfasst werden, um negative Faktoren genau festzulegen.

Der Einfluss dieser Faktoren kann einzeln in parallelen Labortests erprobt, ausgewertet und dokumentiert werden. Dies ist z. T. möglich durch den Einsatz konventioneller Prüfapparaturen wie z. B. der Differenzialthermoanalyse mit regelbaren Gasflüssen und eventueller Kopplung mit einem Massenspektrometer, von Autoklaven oder Schmelzöfen mit einer Einrichtung für Fingertests. Darüber hinaus empfiehlt es sich bei speziellen Anforderungen eine eigene Testeinrichtung wie z. B. einen Brennerstand aufzubauen.

Nach solchen Feldversuchen oder Labortests können eine Vielzahl analytischer, röntgenographischer sowie optischer Untersuchungen durchgeführt werden mit dem Hauptziel, chemische und kristallographische Veränderungen des Keramikgefüges zu identifizieren.

Im Bereich der Analytik werden physikalische Untersuchungen zur Dichte und Oberflächenbeschaffenheit der Bauteile bzw. deren Veränderungen genauso wie chemische Untersuchungen zur Charakterisierung der Ausgangszusammensetzungen von Bauteilen (gesamt oder selektiv) und Korrosionsmedien als auch deren Veränderungen durchgeführt.

Die Auswertung experimenteller Untersuchung wird neuerdings mithilfe computerunterstützter Modellierungen erweitert, indem z. B. thermochemische Abläufe während der Korrosionsvorgänge vorausberechnet [473] und graphisch dargestellt werden können, siehe auch Band 1.

7 Tribologische Eigenschaften

Bearbeitet von R. Telle, Aachen

7.1 Einführung und Definition

Der Begriff „*Tribologie*" stammt aus dem Griechischen und bedeutet Reibungslehre (griechisch: *τρίβω*, tribo; ich reibe). Die Definition der Tribologie umfasst die Existenz zweier relativ zu einander bewegter, in Kontakt stehender Medien und deren Wechselwirkungen: „Tribologie ist die Wissenschaft und Technik von *aufeinander einwirkenden Oberflächen in Relativbewegung*. Sie umfasst das Gesamtgebiet von Reibung und Verschleiß einschließlich Schmierung und schließt entsprechende *Grenzflächenwechselwirkungen* sowohl zwischen Festkörpern als auch zwischen Festkörpern und Flüssigkeiten oder Gasen ein." (DIN 50 323).

Die Tribologie ist eine relativ junge Wissenschaft, die sich im Zuge der Mechanisierung entwickelt und später zu einem Forschungsgebiet des Maschinenbaus wird. Erste Überlegungen zur Reibung gehen jedoch auf Galilei zurück, der zur Untersuchung der Gravitation schräg gestellte hölzerne Rollbahnen verwendete und die Zeit bestimmte, die Kugeln benötigten, um einen Höhenunterschied hinunterzurollen. Hieraus ergaben sich Diskrepanzen zu den Fallversuchen von Türmen, die auf Reibung zurückzuführen sind.

Verschleiß ist die Folge einer tribologischen Beanspruchung. Im Allgemeinen wird der Begriff aufgrund seiner Auswirkungen auf die beteiligten Reibpartner negativ verstanden: Ungewollter Materialverlust, Veränderung der Oberflächen (Reibflächen) sowie spontanes Bauteilversagen nach einiger Zeit sind die Folgen. Nach DIN 50 320 ist „Verschleiß ... der fortschreitende Materialverlust aus der Oberfläche eines festen Körpers, hervorgerufen durch mechanische Ursachen, d. h. Kontakt und Relativbewegung eines festen, flüssigen oder gasförmigen Gegenkörpers." Daraus folgt, dass Verschleiß keine singuläre Werkstoffeigenschaft, sondern eine Bauteilpaarungseigenschaft unter den jeweiligen Umgebungs- und Schmierungsbedingungen der Reibpartner darstellt. Verschleiß ist also eine *Systemeigenschaft*, d. h. eine Eigenschaft eines komplexen Beanspruchungsfalles, auch *Beanspruchungskollektiv* genannt. Aus diesen Überlegungen folgt weiter, dass es keinen reinen chemischen Verschleiß gibt. Rein chemische Wechselwirkungen werden als „Korrosion" bezeichnet und in Kapitel 6 abgehandelt.

Das durch die einzelnen technischen Randbedingungen gegebene Beanspruchungskollektiv lässt sich vereinfacht als *Tribologisches System* darstellen.

Abb. 7.1 verdeutlicht, dass das Tribologische System als wichtigste Voraussetzung aus einem Grund- und einem Gegenkörper aufgebaut sein muss, die über eine Normalkraft zum Kontakt und über eine Tangentialkraft zu einer Relativbewegung gezwungen werden. Aus der Definition von Czichos [493, 494] geht hervor, dass ein Körper durch ein Fluid ersetzt werden kann, welches aber ebenfalls mit dem Grund-

https://doi.org/10.1515/9783110742374-008

körper über eine kräftemäßige Wechselwirkung verknüpft ist. Ohne diese kräftemäßige Wechselwirkung gibt es keinen Tribokontakt. In Abb. 7.1 wird auch bereits zwischen dieser kräftemäßigen Wechselwirkung und einer stofflichen Wechselwirkung unterschieden, die durch das Umgebungsmedium („Umwelteinflüsse" wie Atmosphäre, Luftfeuchtigkeit, Schmierung, Abriebspartikel usw.) gegeben ist. Alle Tribokontakte werden grundsätzlich nach diesem Schema beschrieben.

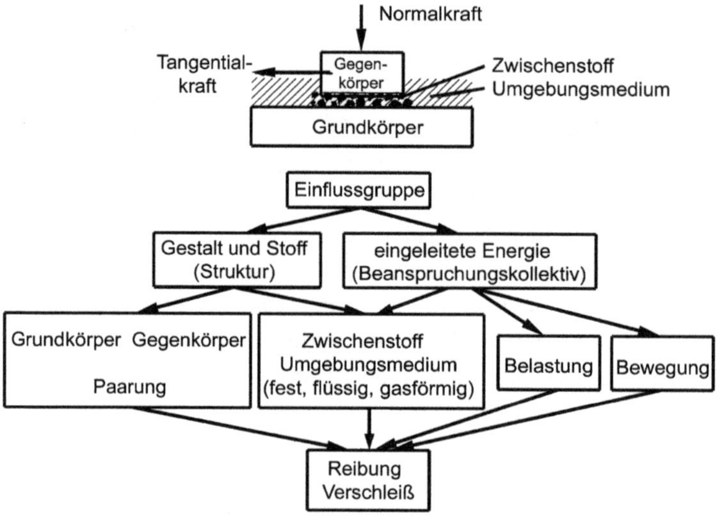

Abb. 7.1: Das Tribologische System mit Grundkörper, Gegenkörper und Zwischenmedium nach Föhl [492].

Noch klarer ist die übliche Aufteilung zwischen kräftemäßigen und stofflichen Interaktionen (Abb. 7.2). Hier sind die beobachtbaren Verschleißerscheinungen auf elementare Materialabtragsmechanismen bezogen, die von links nach rechts (Oberflächenzerrüttung – Abrasion – Adhäsion – tribochemische Reaktion) von rein kräftemäßigen zu überwiegend chemischen Wechselwirkungen übergehen.

Die Begriffe, die die beobachtbaren Verschleißerscheinungen beschreiben, sind rein phänomenologisch, d. h. sie lassen sich nicht mit einfachen physikalischen oder chemischen Gesetzen quantifizieren. Darüber hinaus treten diese Effekte selten in reiner Form auf, sondern überlagern sich meistens. So geht einer Delamination eventuell eine Adhäsion mit Verschweißung voraus oder die Bildung einer Reaktionsschicht und deren Verschweißen mit dem Grundkörper. In diesem Fall ist also die erste Triboreaktion chemischer Art und führt über Anhaftung der Reaktionsprodukte zu einer versagensauslösenden kräftemäßigen Wechselwirkung, die wiederum Rissbildung und Delamination zur Folge hat. Leider ist es immer schwierig, die Historie eines Verschleißvorganges nachzuvollziehen, da die Abriebspartikel (oder Späne) in den meisten Fällen verlorengehen.

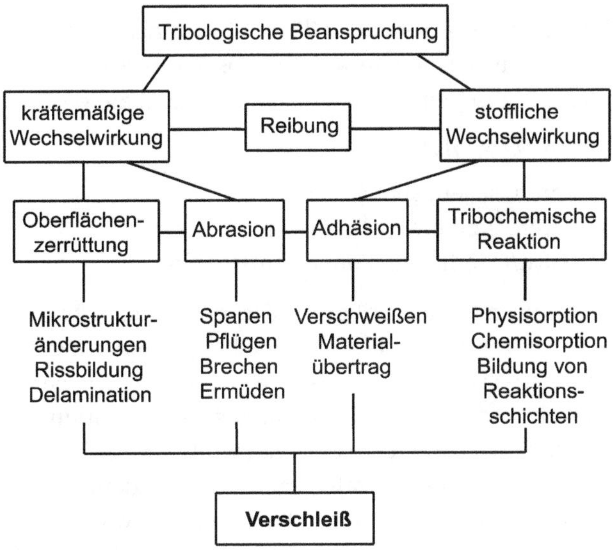

Abb. 7.2: Das Tribologische System aufgeschlüsselt nach kräftemäßigen und stofflichen Wechselwirkungen nach [493].

Prinzipiell lassen sich also alle tribologischen Problemstellungen auf die gezeigten Schemata herunterbrechen. Diese lassen aber auch bereits die zu erwartende Komplexität der Wechselwirkungen erkennen und erahnen, wie schwierig es in der Praxis ist, die einzelnen Einflussfaktoren zu identifizieren und zu quantifizieren, zumal die Randbedingungen in großen Bandbreiten variieren, wenn noch zwischen statischen und dynamischen Belastungen unterschieden werden muss.

Jeder Werkstoff verhält sich demnach unterschiedlich je nach Umgebungseinfluss. Es gibt daher keine prinzipiell „verschleißfesten" Werkstoffe. Es gibt aber für jede Werkstoffpaarung Anwendungsbedingungen, unter denen sie sich beständig verhält, und solche, unter denen sie schnell versagen.

Unter *tribotechnischen Systemen* versteht man typische, in der technischen Anwendung oftmals konstruktionsbedingt auftretende Bauteilpaarungen. Negativbeispiele mit ungewolltem Materialverlust sind hier mit ihren Begriffen und Beispielen unter „passivem Verschleiß" aufgelistet.

Passiver Verschleiß mit ungewolltem Materialverlust

abbrechen, abplatzen, abstumpfen, erodieren, abradieren, abspanen, oxidieren, auskolken, korrodieren...
Rad/Schiene, Bremsbacke/Bremsscheibe, Nocken/Kipphebel, Ventil/Ventilsitz, Lager/Welle, Faden/Fadenführer...

Daneben gibt es, was oftmals vergessen bzw. unter dem Stichwort „Fertigungstechnik" abgelegt wird, auch den „gewollten" Verschleiß, d. h. den angestrebten Materialabtrag aus einem Körper. Dies ist z. B. Forschungsgegenstand der Span erzeugenden Fertigungstechnik. Es ist im Maschinenbau nicht üblich, für das Verständnis aber unbedingt erforderlich, auch diese Werkzeug-Werkstück-Wechselwirkungen unter tribologischen Aspekten zu beschreiben, insbesondere was keramische Werkzeuge wie Wendeschneidplatten, Fräsköpfe, Schleifscheiben, Scheren, Messer usw. anbetrifft:

Aktiver Verschleiß mit gewolltem Materialabtrag

schneiden, drehen, fräsen, bohren, sägen, spanen, abkratzen...
schleifen, honen, läppen, polieren, erodieren, abradieren...
Werkzeug/Werkstück, Schleifkorn/Oberfläche, Polierkorn/Oberfläche

Quantitative Verschleißangaben erfolgen je nach tribotechnischem System bzw. Laborversuch durch den Massenverlust, Volumenverlust oder die Längenänderung des Gegenkörpers bezogen auf die Gleitstrecke, die Dauer des Versuches bei gegebener Gleitgeschwindigkeit oder die Anzahl von Schwingungen mit gegebener Amplitude, also etwa mit [m^3/km], [g/h] oder [mm$\cdot 10^{-6}$]. Der reziproke Wert wird als *Verschleißwiderstand* bezeichnet und kann noch mit der Normalkraft F_N gewichtet werden. Für ungeschmierten Gleitverschleiß gilt die Archard-Gleichung [495], die ebenso wie das früher datierte Reye-Modell [496] vom Kontaktverhalten von Rauheitshügeln des Grund- und des Gegenkörpers ausgeht:

$$W = (KF_N l)/H \tag{7.1}$$

mit W = Volumenverlust, F_N = Normallast, l = Gleitweg, H = Härte des weicheren Reibpartners; K ist ein dimensionsloser Proportionalitätsfaktor, der als *Verschleißkoeffizient* bezeichnet wird [497]:

$$K = \frac{W \cdot H}{F_N \cdot l}. \tag{7.2}$$

Das Produkt $W \cdot H$ ist damit proportional zur geleisteten Reibarbeit. In vielen Fällen wird unter dem Verschleißkoeffizienten aber auch der auf die Normalkraft und den Gleitweg bezogene Materialverlust k verstanden, also ohne Einbeziehung der Einebnung von Rauheitshügeln, die durch die Härteangabe charakterisiert wird [498]. k besitzt dann die Dimension [mm^3/N m] oder [kg/N m]:

$$k = \frac{W}{F_N \cdot l}. \tag{7.3}$$

7.2 Methoden der Verschleißforschung

Die beste Methode zum quantitativen Verständnis von Verschleißvorgängen besteht in der Elementaranalyse des Realsystems und seines Beanspruchungskollektivs durch Separation der Einflussfaktoren:

- *Beschreibung* tribologischer Effekte durch *Zerlegung* von realen Systemen in:
  - kräftemäßige und
  - stoffliche Wechselwirkungen;

- *Substitution des Beanspruchungskollektivs* durch:
  - Ersatzsysteme, d. h. durch Modellsysteme bzw. Makromodelle mit parametrierbaren kräftemäßigen Wechselwirkungen, meist unter Ausklammerung chemischer Wechselwirkungen,
  - elementare Systemstrukturen, d. h. durch Mikromodelle mit parametrierbarer Wechselwirkung zwischen mechanischer Beanspruchung und mechanischen Werkstoffeigenschaften;
- *Interpretation der Effekte* mit Hilfe elementarer Materialabtragsmechanismen;
- *Überprüfung der Übertragbarkeit* der Modelle auf das reale System.

Die experimentelle Vorgehensweise besteht daher in einem Bauteilversuch mit nachfolgender Schadensanalyse, einer Systemanalyse, einem Ersatzsystemversuch z. B. im Labor- oder Technikumsmaßstab, dessen Schadensanalyse sowie einer Korrelation beider Ergebnisse in Form einer Korrelationsmatrix mit entsprechenden Übertragungskoeffizienten. Abbildung 7.3 veranschaulicht die Vorgehensweise. Bei der erforderlichen Vereinfachung gehen natürlich zunehmend Informationen über das Beanspruchungskollektiv verloren, z. B. über Erschütterungen, Staub, dynamische Fahrweise, Schmierungszustand etc. Später werden auch Informationen zur Materialpaarung vereinfacht oder vernachlässigt wie z. B. Werkstoffzusammensetzung, Gefügezustand, Härtungs- und Ermüdungszustand.

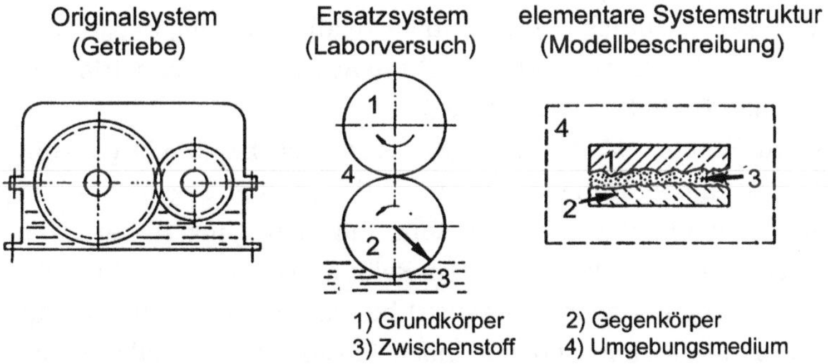

Abb. 7.3: Stufenweise Vereinfachung des Problemfalls „Getriebe“ über Prüfstandversuch, zahlreiche Laborvarianten und Ersatzsysteme zur elementaren Systemstruktur. Nach [493] und DIN 50 322.

Nach Analyse der elementaren Mechanismen im tribologischen System ist eine Rückführung der Erkenntnisse auf den Realfall nicht immer einfach. Entsprechend komplex sind die Prüfstände, die zur Untersuchung von Schädigungen erforderlich sind. So müssen z. B. die Kontaktgeometrien zwischen Grund- und Gegenkörper ebenso berücksichtigt werden wie die Art der mechanischen Belastung. Es wird zwischen konformen und kontraformen Punkt-, Linien- und Flächenkontakten unterschieden, die entsprechend unterschiedliche Drücke übertragen.

7.3 Reibung und Reibungskoeffizient

Reibung (engl.: *friction*) allgemein ist eine Art der Energiedissipation, meist in Form von Wärme, Verformungs- und Bruchenergie. In der Physik wird unterschieden zwischen Innerer und Äußerer Reibung. Hier spielt nur die Äußere Reibung eine Rolle. Die Innere Reibung betrifft atomare Prozesse in Festkörpern unter einer dynamischen mechanischen Last, z. B. in einem Torsionspendel, durch welche als Funktion der Frequenz, Temperatur, Last etc. atomare Platzwechsel hervorgerufen werden. Die Bestimmung solcher Vorgänge durch Dämpfungsmessung z. B. kann verwendet werden, um Kristallgitterdefekte zu identifizieren und zu quantifizieren.

Erste Arbeiten zur Reibung stammen von M. Varro (Genf 1584, De motu), F. Buonamici (Florenz 1591, De motu), G. Galileo (1638, Opere VIII 243; Discorsi), G. Amontons (1699, De la résistance causée dans les machines...), L. Euler (1765, De motu corporum rigidorum a fractione perturbato), M. Metternich (1789, Von dem Widerstande der Reibung) oder B. Thompson Graf Rumford (1797, Untersuchungen über den Ursprung der bei Friction bewirkten Wärme). Graf Rumford bestimmte die beim Ausbohren von bronzenen Kanonenrohlingen generierte Wärmemenge, indem er mit einem durch Reibung erhitzten Teil der Bohranlage Wasser zum Kochen brachte. Er war nahe daran, das mechanische Wärmeäquivalent zu erkennen und quantitativ festzulegen [499].

Nach der Definition von Hornbogen [500] ist die äußere Reibung ein energiedissipativer Prozess hervorgerufen durch die tangentiale Relativbewegung zweier Oberflächen oder eines Fluides über einer Oberfläche. Diese Aussage muss zum tribologischen System (Abb. 7.1 und 7.2) in Beziehung gesetzt werden.

Die Tangentialkraft F_T, auch als Reibkraft F_R bezeichnet, beschreibt diejenige Kraft, die erforderlich ist, um ein ruhendes Paar aus Grund- und Gegenkörper unter der Anpresskraft (Normalkraft F_N) in eine konstante Bewegung zu versetzen, also „gleiten" zu lassen (Coulomb-Reibung). Der Reibungskoeffizient μ (in vielen Fällen auch mit den Symbolen ν oder f versehen) beschreibt den Quotienten aus Tangentialkraft und Normalkraft und ist damit dimensionslos. Die Normalkraft muss definitionsgemäß immer >0 sein. Darüber hinaus gibt es für hochviskose Medien die Stokes-Reibung und für niederviskose Medien (Gasströmungen) die Newton-Reibung. Es gelten folgende Begriffe:

$$\begin{aligned} &\textit{Gleitreibung} \text{ für kleine } F_N: && F_R = \mu F_N, \\ &\textit{Haftreibung} \text{ für große } F_N: && F_R = \mu F_N \end{aligned} \tag{7.4}$$

Stokes-Reibung für langsam strömende Flüssigkeiten/Gase:

$$F_R = 6\pi\eta r v \tag{7.5}$$

mit η = Viskosität, r = Kugelradius, v = Relativgeschwindigkeit. *Newton-Reibung* für schnell umströmte Körper:

$$F_R = 1/2 c_w \rho A v^2 \tag{7.6}$$

mit c_w = Widerstandskoeffizient, ρ = Dichte des strömenden Mediums, A = Fläche senkrecht zur Strömung, v = Relativgeschwindigkeit.

In Umformung von Gl. (7.4) ergibt sich für den dimensionslosen Reibungskoeffizienten:

$$\mu = F_R/F_N \quad \text{mit } F_N > 0, [\mu] = [-]. \tag{7.7}$$

Bei genauer Betrachtung muss jedoch der Reibungskoeffizient über den Reibwert R und die Flächenpressung (Druck, P, Kontaktfläche A) bestimmt werden:

$$R = \mu P = \mu F_N/A \quad [\text{N/m}^2]. \tag{7.8}$$

In technischen Systemen wird die scheinbare Flächenpressung $P_{geom} = F_N/A_{geom}$ verwendet, die aus den Abmessungen der geometrischen Kontaktfläche ermittelt wird. Ein thermophysikalisches Verständnis der Kontaktvorgänge wird erzielt, wenn die tatsächlichen, durch Rauheitshügel der Oberflächen bestimmten effektiven Kontaktflächen A_{eff} betrachtet werden, die zur effektiven Flächenpressung $P_{eff} = F_N/A_{eff}$ führen. Diese kann um den Faktor 100–10.000 mal größer sein als die scheinbare Flächenpressung (Abb. 7.4).

Die Arten der Reibung werden in der Systematik des Maschinenbaus hinsichtlich der Kontaktgeometrie zwischen Grund- und Gegenkörper eingeteilt in *Gleitreibung*, die auf eine Kontaktfläche zurückzuführen ist, in *Rollreibung*, bedingt durch linienhafte Kontaktbildung sowie in *Spitzenreibung* durch Punktkontakte. Aufgrund der elastischen Deformation beider Körper unter der Normalkraft sind aber in der Praxis ohnehin nur eingeformte Flächenkontakte zu finden, so dass sich die effektiven Flächenpressungen im Laufe eines tribologischen Prozesses verändern können.

Die Ursachen der Reibung liegen in einer (temporären) Kraftübertragung zwischen Grundkörper und Gegenkörper. Abbildung 7.5 veranschaulicht die vier elementaren Möglichkeiten zur Lastübertragung bzw. stofflichen Verhakung. Beim Gleiten muss also davon ausgegangen werden, dass sich solche Verhakungen zyklisch immer wieder neu bilden und getrennt werden.

Hohe Reibwerte haben meistens einen hohen Materialabtrag (geringen Verschleißwiderstand) zur Folge. Flüssige Lubrikante (Wasser, Öl…) beeinflussen Reibungskoeffizient und Verschleißwiderstand günstig. Generell gelten Reibungskoeffizienten <1 als unkritisch, Systeme mit $\mu < 0{,}2$ sind gute Gleitpaarungen, $\mu > 1$ sollte vermieden werden oder bedarf einer Schmierung.

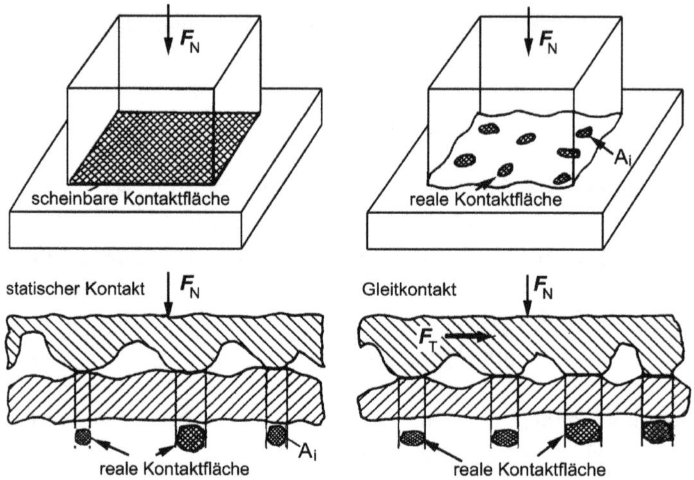

Abb. 7.4: Unterschied zwischen scheinbarer Kontaktfläche und realer, effektiver Kontaktfläche. Die scheinbare Kontaktfläche ergibt sich aus der Geometrie von Grund- und Gegenkörper. Die effektive Kontaktfläche erfasst den Kontakt von Rauheitshügeln beider Körper unter Berücksichtigung von elastischer und plastischer Verformung unter Anpresskraft und Relativbewegung. Nach [501]. Abdruck mit freundl. Genehmigung des Autors.

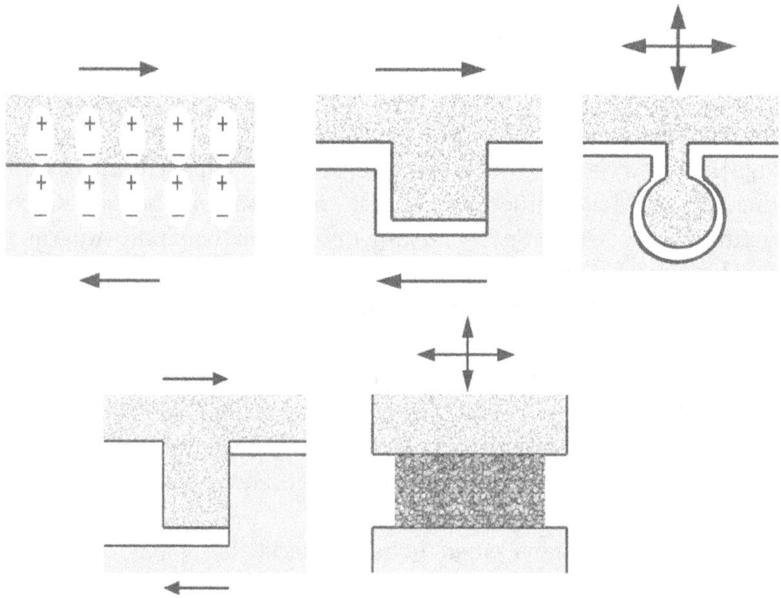

Abb. 7.5: Möglichkeiten der Kraftübertragung zwischen Grund- und Gegenkörper. Von links nach rechts: Adhäsion (Dipol-Wechselwirkung); Formschluss (Mikroverzahnung durch Oberflächenrauheit); Kraftschluss (Zapfen); Stoffschluss (Lötstelle, Verschweißung, tribochemische Reaktionsschicht).

Allerdings kann sich der Reibungskoeffizient bei Variation von Normalkraft, Gleitgeschwindigkeit, Luftfeuchtigkeit, Temperatur usw. sprunghaft ändern. Es ist für das Verständnis also erforderlich, das Tribosystem genau zu beschreiben. Das Beispiel einer Cordierit-Keramik, $Mg_2Al_4Si_5O_{18}$ (Abb. 7.6), die auch als Glas mit identischer Zusammensetzung hergestellt werden kann, belegt den Einfluss der relativen Luftfeuchtigkeit auf das Verschleißverhalten [502, 503]. Nach einer Einlaufphase kommt es zu einem parabolischen bis konstanten Materialabtrag. Überraschend ist der geringe Unterschied zwischen kristallinem und glasigem Material. Beachtenswert ist ferner, dass die Reibungskoeffizienten bei Hartmetall als Gegenkörper nur wenig niedriger sind als die für Al_2O_3, der Verschleißbetrag jedoch deutlich geringer ausfällt.

Werden kinematische Parameter oder Umgebungsparameter wie Temperatur verändert, kann es zu einem stufenartigen Übergang von einer vergleichsweise milden Verschleißsituation zu einer kritischen Situation mit schnellem Bauteilversagen kommen. Man spricht dann von *Tieflage* (geringe Reibung, geringer Materialverlust) und *Hochlage* (hohe Reibung, großer Materialverlust). Der Verschleiß kann dabei innerhalb eines sehr kleinen Variationsintervalls eines der zahlreichen Lastfallparameter – wie in den Abb. 7.7 und 7.10–7.12 gezeigt die Gleitgeschwindigkeit – um 3–4 Zehnerpotenzen zunehmen [504–508]. Ursachen sind Änderungen im Mechanismus des Materialabtrags (z. B. Übergang von abrasivem Gleitverschleiß in Bruch) bzw. eine Zunahme dynamischer Effekte (z. B. Zunahme der Schwingungsamplitude bis zum Ermüdungsbruch). In realen Systemen ergeben sich Hoch- und Tieflagen auch für die Normalkräfte, die Luftfeuchtigkeit, die Umgebungstemperatur etc. In Abb. 7.7 wird der anfangs geringe Reibungskoeffizient auf die Schmierwirkung absorbierter Wassermoleküle zurückgeführt, die mit zunehmender Temperaturerhöhung desorbiert werden [504].

Eine weitere schmierende Wirkung ist der Aluminiumhydroxidbildung beim Gleitverschleiß von Al_2O_3-Keramik zugeschrieben worden. Die Phasen Gibbsit (γ-Al[OH]$_3$), Bayerit (α-Al[OH]$_3$) und Böhmit (γ-AlOOH) sind sehr weich. Böhmit, der sich bei höheren Temperaturen unter Wasserabspaltung aus Gibbsit und Bayerit bildet, besitzt eine Schichtstruktur und kann sich unter der Scherwirkung im Tribokontakt zusammenrollen und wie ein Wälzlager wirken. Dabei sinkt der Reibungskoeffizient erneut stark ab [509]. Bei weiterer Temperaturerhöhung zerfällt der Böhmit unter Wasserabspaltung, die Reibungskräfte steigen wieder an (in Abb. 7.7 nicht zu erkennen). Allerdings sind diese Beobachtungen nicht gut reproduzierbar; so findet M. G. Gee, dass zwar die Verschleißrate von Aluminiumoxidkeramik bei Raumtemperatur mit zunehmender Luftfeuchtigkeit abfällt (Abb. 7.8), der Reibungskoeffizient jedoch gleich bleibt [510, 511].

Sein Verschleißmodell geht davon aus, dass zunächst Rauheitshügel eingeebnet werden und der Abrieb die Rauheitstäler auffüllt. Danach kommt es zur oberflächlichen Reaktion mit Luftfeuchtigkeit zu Böhmit.

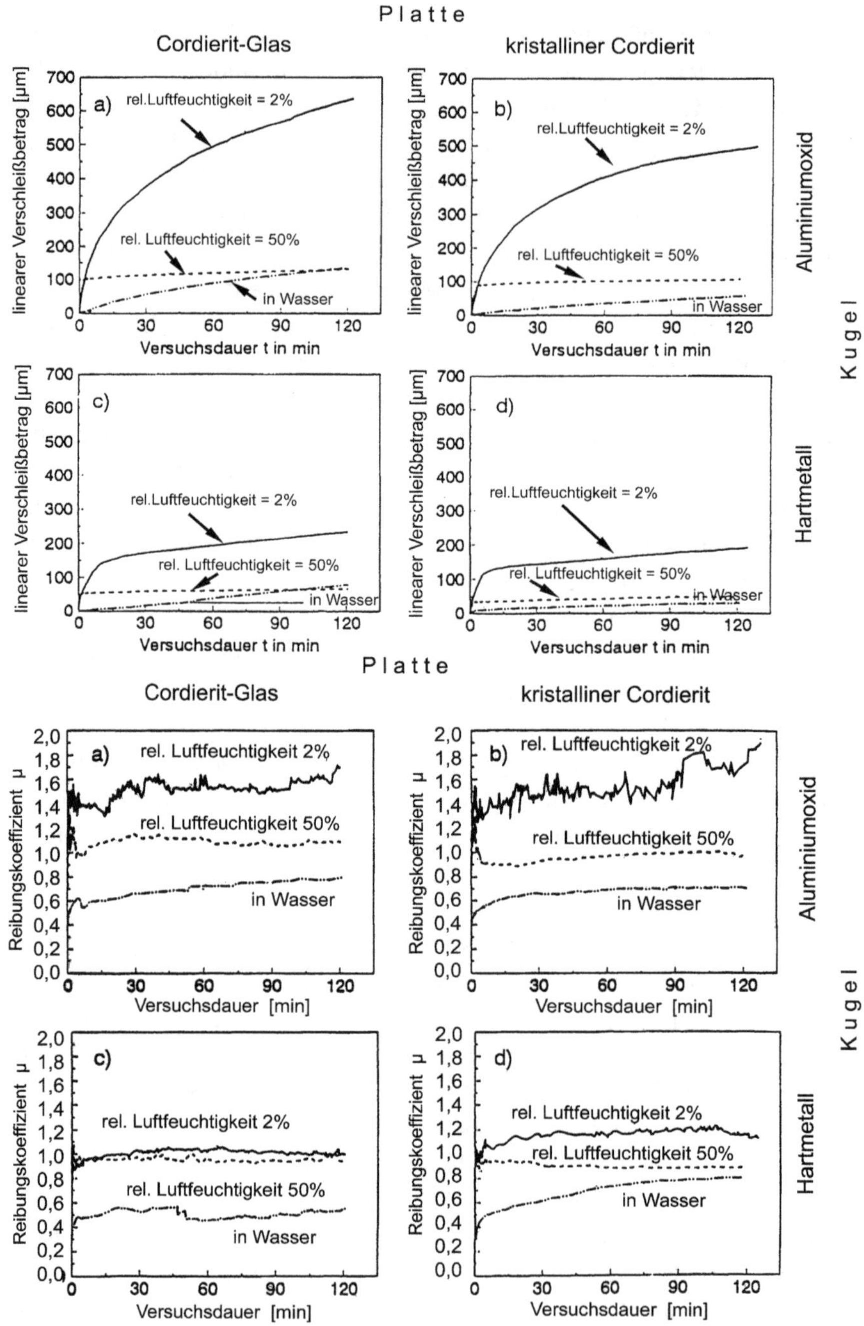

Abb. 7.6: Verlauf des Reibungskoeffizienten im Kugel–Platte–Tribometer für Platten aus kristallinem und amorphem Cordierit und Kugeln aus Aluminiumoxid bzw. WC-Co-Hartmetall. Reibungskoeffizienten und Verschleißbeträge sind als Funktion der Versuchsdauer unter verschiedenen Umgebungsbedingungen gegenüber gestellt. Nach [502, 503].

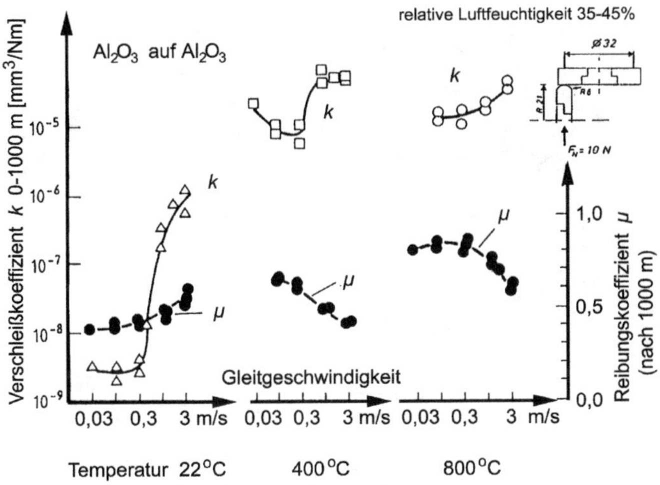

Abb. 7.7: Verschleiß- und Reibungskoeffizient von Al_2O_3 gegen Al_2O_3 im Stift–Scheibe-Versuch [504]. © Wiley-VCH Weinheim, Abdruck mit freundl. Genehmigung.

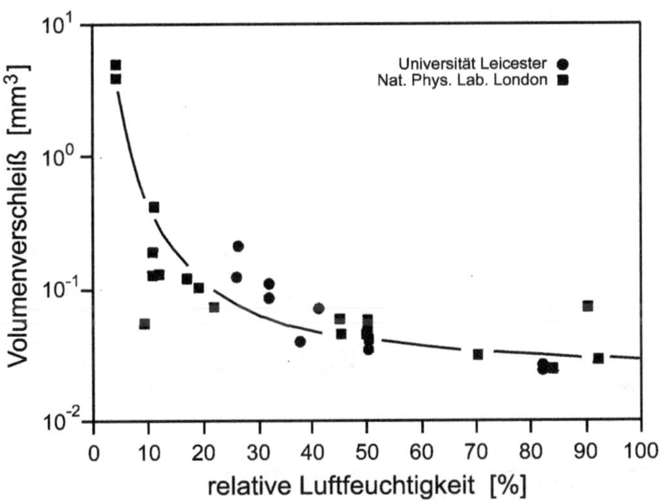

Abb. 7.8: Volumenverschleiß von Aluminiumoxidkeramik in feuchter Umgebung, nach Gee [510].

Olofsson u. M. haben Querschliffe durch Al_2O_3-Proben nach tribologischer Belastung bei relativen Luftfeuchtigkeiten zwischen 0 und 90 % mittels SIMS und XPS untersucht, konnten jedoch keine Hydroxidbildung feststellen [512]. In Abb. 7.9 sind ihre mittels FIB-Methode (focussed ion beam) präparierten Querschnitte neben dem Schema von Gee zu sehen.

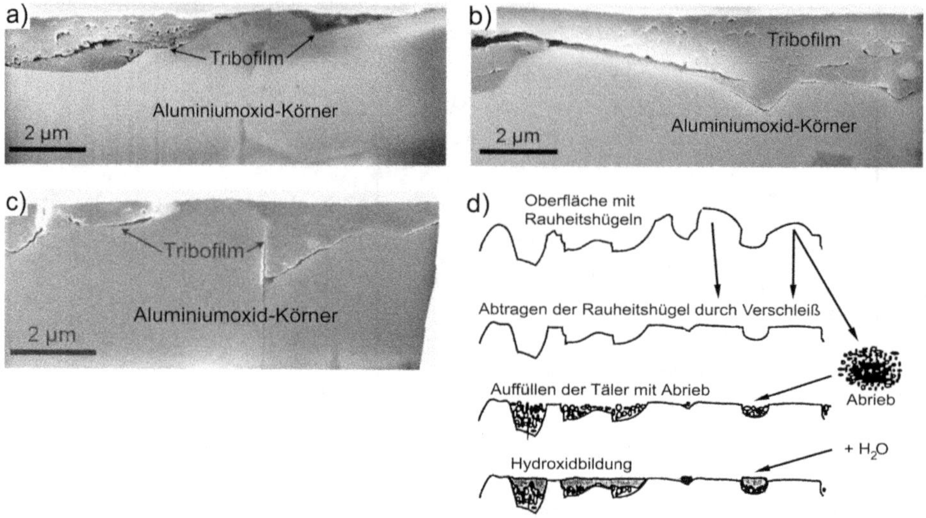

Abb. 7.9: Beobachtungen zur Abriebsanhaftung auf Al_2O_3 bei verschiedenen Luftfeuchtigkeiten (a) 3 %, (b) 30 %, (c) 90 % nach Olofsson u. M. [512] und (d) Modellvorstellung der Oberflächenbildung durch Abrasion und Reaktion des Abriebs mit Luftfeuchtigkeit zu Böhmit nach Gee [511]. Alle Bilder © Elsevier, Abdruck mit freundlicher Genehmigung.

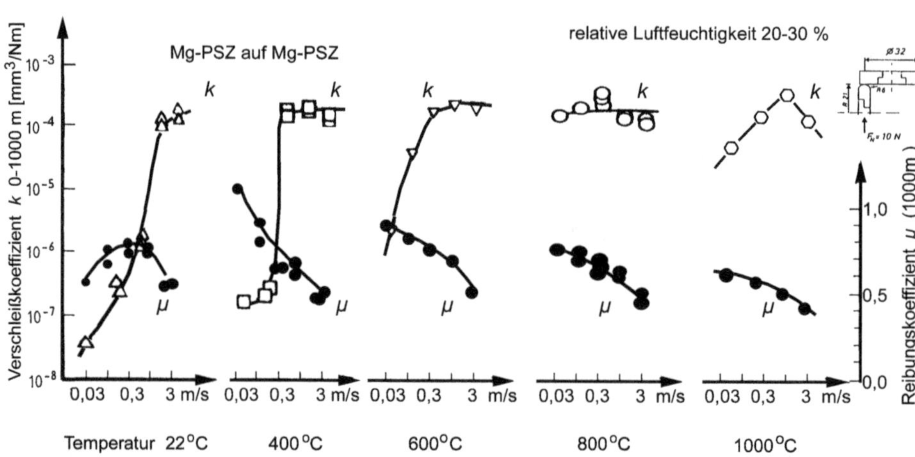

Abb. 7.10: Verschleiß- und Reibungskoeffizient von MgO-stabilisiertem kubischem ZrO_2 im Stift–Scheibe-Versuch [504]. © Wiley-VCH Weinheim, Abdruck mit freundl. Genehmigung.

Abb. 7.10 zeigt die Messwerte von Woydt u. M. für Mg-PSZ-Keramik mit etwa 51 % tetragonalem, 42 % kubischem und 7 % monoklinem Phasenanteil [504]. Mit zunehmender Temperatur verlässt man den Übergangsbereich zwischen Tieflage und Hochlage und befindet sich auch bei kleinen Gleitgeschwindigkeiten in der Verschleißhochlage. Woydt argumentiert, dass auch bei niedriger Umgebungstemperatur lokale Temperaturen oberhalb 2000 °C auftreten können [513], was durch Simulationen [514] und durch Messungen [515] belegt sei. Als verschleißmindernd benennt Woydt die Bildung von ZrO_2-Suboxid bzw. von hexagonalen oder orthorhombischen Modifikationen. Aus den Hochlagefällen entnommene Verschleißpartikel bestanden demgegenüber nur aus kubischem ZrO_2, was Woydt [513] und andere Autoren auf die hohen Reibungstemperaturen zurückführten, auf die in Kapitel 7.6 noch gesondert eingegangen wird. Verschleißfördernd wirken sich dann die Phasenumwandlungen des ZrO_2 beim Abkühlen aus [516]. Bundschuh und Zum Gahr führen den relativ hohen Verschleiß von tetragonaler ZrO_2-Keramik beim reversierenden Gleiten ebenfalls auf die Volumendehnung bei der Phasenumwandlung zurück [517]. Durch Abplatzen einzelner Partikel erhöht sich die Oberflächenrauheit. Ferner konnten sie eine deutliche Zunahme des Reibungskoeffizienten und des Verschleißes bei Anwesenheit von Wasser nachweisen.

Bei den in Abb. 7.11 und 7.12 gezeigten Nichtoxidkeramiken SiC und Si_3N_4 können sich Oxidschichten (amorphes oder kristallines SiO_2) bilden, wobei Kieselglas bei höheren Temperaturen schmierend wirken und damit einen Übergang in eine Tieflage zur Folge haben kann. Reißen solche Schichten ab, z. B. durch vorübergehende Erstarrung oder durch Verschweißung mit dem Grundkörper, kommt es wieder zur Hochlage. Der Reibungskoeffizient solcher Keramiken soll nach zahlreichen Arbeiten auch von der SiO_2-Schichtdicke abhängig sein. Während dünne Schichten, die bei geringeren Temperaturen stabil sind, schmierend wirken, sollen dicke Schichten im Hochtemperaturbereich zu einer Reibungserhöhung führen [516, 518].

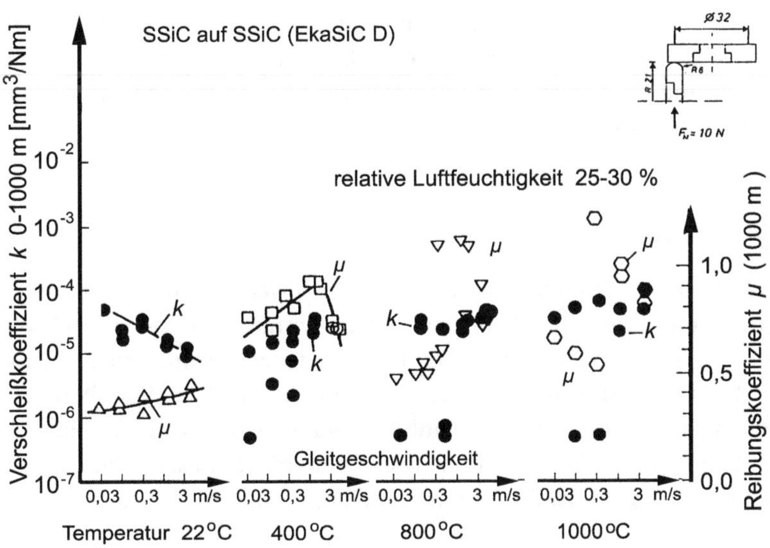

Abb. 7.11: Verschleiß- und Reibungskoeffizient von gesintertem SiC gegen SiC im Stift–Scheibe-Versuch [505]. © ASME, Abdruck mit freundl. Genehmigung.

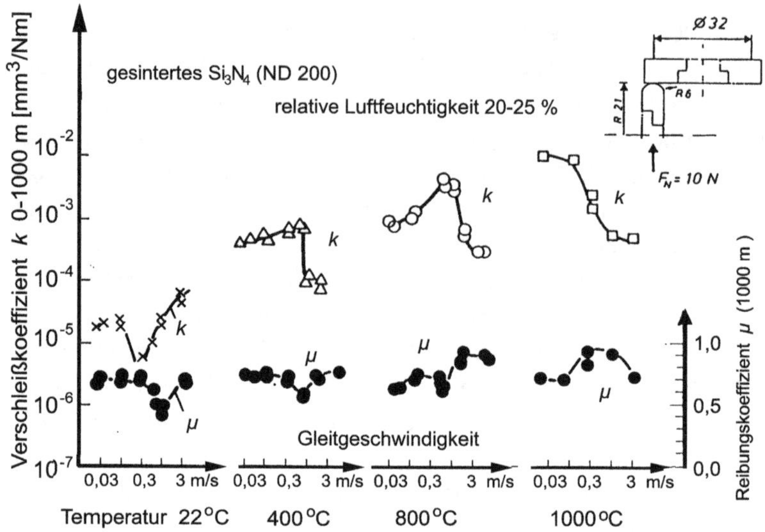

Abb. 7.12: Verschleiß- und Reibungskoeffizient von Siliciumnitrid im Stift–Scheibe-Versuch [506]. © Wiley-VCH Weinheim, Abdruck mit freundl. Genehmigung.

Versuche im Vakuum bei 1000–1400 °C zeigten eine oberflächliche Graphitisierung des SiC, was wiederum zu Reibungsverminderung führt, indem der Graphit als Festschmierstoff dient [519]. Für SiSiC-Gleitpaarungen führt eine Untersuchung von Skopp und Woydt [516] neben der Tribooxidation auch die Ermüdung der Grenzfläche Si/β-SiC als Erklärung an.

Die Abb. 7.10–7.12 präsentieren übrigens in der rechten oberen Ecke genau die verwendete Prüfmethode, hier der Stift–Scheibe-Versuch, die auftretenden Geometrien und die Kräfte. Aufgrund der zahlreichen Prüfverfahren sind solche schematischen Darstellungen üblich geworden.

7.4 Kontaktvorgänge

Gemäß der Beschreibung des Tribologischen Systems nach Wechselwirkungen lassen sich eher mechanische (kräftemäßige) Wechselwirkungen und chemische Wechselwirkungen unterscheiden (Abb. 7.2). Von links (Oberflächenzerrüttung) nach rechts (Tribochemische Reaktion) nehmen die chemischen Einflüsse zu. Die typischen Materialabtragsmechanismen sind unter den Kontaktvorgängen aufgelistet. Sie lassen sich gut durch mikroskopische Verfahren nachweisen. Bei ihrer Beschreibung wird mit dem einfachsten Mechanismus, der reinen Abrasion, begonnen.

7.4.1 Abrasion und Erosion

Unter Abrasion bzw. Erosion versteht man eine mechanische (form- oder kraftschlüssige) Wechselwirkung zwischen Festkörpern oder Festkörpern und fluiden Medien, die ohne stoffliche Veränderungen zur Verformung und/oder zu einem Materialabtrag führt (Abb. 7.13). Von *Zwei-Körper-Abrasion* ist die Rede, wenn Rauheitshügel (analog Schneidkanten) eines harten Materials in ein weicheres eindringen und dort die Verschleißvorgänge verursachen. Zwei-Körper-Abrasion ist der wichtigste Mechanismus, der bei der Zerspanung von Metallen genutzt wird. Als Gegenkörper ist der Schneidwerkstoff mit seiner Schneidkante zu sehen (Bearbeiten mit geometrisch bestimmter Schneide), beim Schleifen der Eingriff des gebundenen Schleifkornes in die Werkstückoberfläche (Bearbeitung mit geometrisch unbestimmter Schneide).

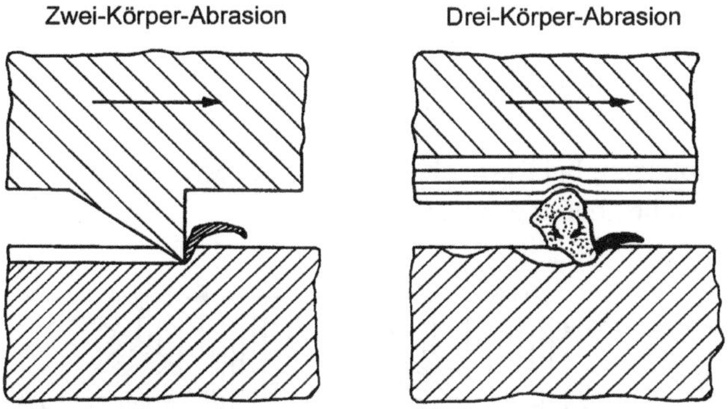

Abb. 7.13: Prinzip der Zwei-Körper-Abrasion mit Spanbildung und der Drei-Körper-Abrasion mit Spanbildung durch Zwischenstoff (z. B. Schleifkorn) [493].

Bei der *Drei-Körper-Abrasion* werden Zwischenkörper einbezogen, etwa Abriebspartikel von Grund- oder Gegenkörper oder gewollte, lose rollende Schleifkörnungen (beim Läppen und Polieren). Abbildung 7.13 deutet schon an, dass bei der Drei-Körper-Abrasion sowohl Grundkörper als auch Gegenkörper einem Verschleiß unterliegen, da die Rollbewegung des Zwischenkörpers auch in den Gegenkörper eingreift.

Die Art des Kontaktvorgangs hängt von den Kräften, Relativgeschwindigkeiten und – insbesondere – vom Bruch- oder Verformungsverhalten des Grundkörpers ab. Nach Zum Gahr wird ein Übergang vom Mikropflügen mit rein plastischer Verformung ohne Materialabtrag über die Mikroermüdung (Einsatzhärtung mit Versprödung und Bruch) zum idealen Mikrobrechen (Sprödbruch ohne vorhergehende Verformung) beobachtet (Abb. 7.14).

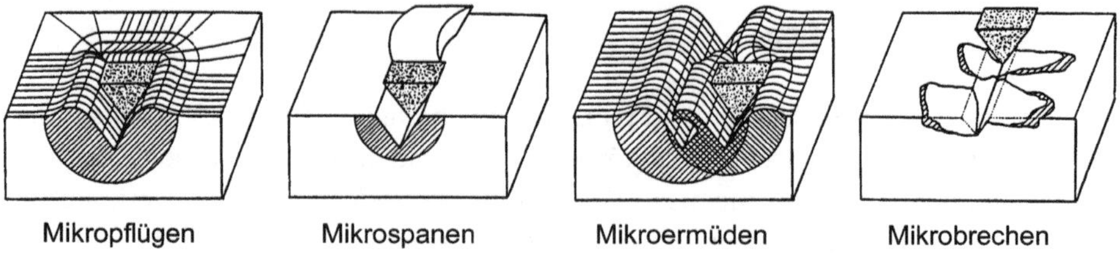

Abb. 7.14: Arten des Furchungsverschleißes bei Abrasion nach Föhl [492].

Eine quantitative Analyse der Übergänge zwischen idealem Mikropflügen und Mikrospanen ist möglich, wenn die bewegten Volumina (oder im Querschnitt: Flächen) ermittelt werden. So ergibt der Anteil des am Rande der Verschleißspur aufgehäuften Materials (Pflüganteil, $A_1 + A_2$) bezogen auf den durch Furchung entfernten Anteil A_V einen Abrasionskoeffizienten $0 < f_{ab} < 1$ (Abb. 7.15).

$$f_{ab} = \frac{A_V - (A_1 + A_2)}{A_V}. \tag{7.9}$$

Aus $f_{ab} = 0$ folgt ideales Mikropflügen, bei $f_{ab} = 1$ herrscht ideales Mikrospanen, da das gesamte Material aus der Furche abgetragen wird.

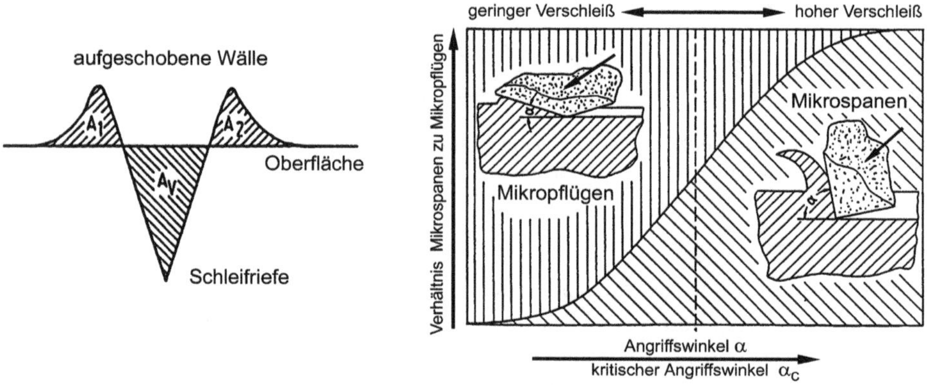

Abb. 7.15: Quantifizierung von Mikropflüg- und Mikrospananteil [520]. Abdruck mit freundl. Genehmigung des Autors.

Diese Betrachtungen haben technische Bedeutung für die Entwicklung von Schneidwerkzeugen oder Schleifkörnungen. Schließlich soll die eingebrachte Energie nicht zur Verformung des Werkstücks genutzt werden, sondern zum Materialabtrag. Aus dem rechten Teil des Abb. 7.15 wird ersichtlich, dass der Übergang vom Mikropflügen zum Mikrospanen z. B. durch den Kontaktwinkel eines Schneidkorns bestimmt ist. So führen kleine *Spanwinkel α*, in Abb. 7.15 „Angriffswinkel" genannt, zum Quetschen und Pflügen, hohe Druck- und Scherspannungen und damit hohe Reibung sind die

Folge. Kleine Spanwinkel führen zu Schubspannungen und zur Spanbildung. Ideal wären Spanwinkel >90°, da somit Zugspannungen in das Werkstück eingebracht und der Span wie beim Hobeln herausgezogen würde. Allerdings sind hier die Belastungen der Schneidkante sehr hoch und können Bruch auslösen. Auch wird die Schneidkante in das Werkstück hineingezogen, so dass die Furchentiefe zunimmt und die Kräfte wieder steigen (Übergang zur Hochlage). Insbesondere bei der Entwicklung von Wendeschneidplatten und deren Schneidkantengeometrien spielen solche Überlegungen eine große Rolle und machen etwa 50 % der Entwicklungskosten aus.

Das typische Merkmal der Abrasion, die Furchenbildung, ist in den Abb. 7.16 und 7.17 dokumentiert. In Abb. 7.16 unterliegt ein Korundschleifkorn als Gegenkörper der Abrasion, verbunden mit randlichem Ausbruch der Kante; in Abb. 7.17 wurde eine feinkörnige Al_2O_3-Keramik als Grundkörper mit Diamantkörnung geschliffen. Neben der Furchung sind auch Mikropflügen ohne Spanabtrag sowie Mikrobrechen als Materialabtragsmechanismen wirksam.

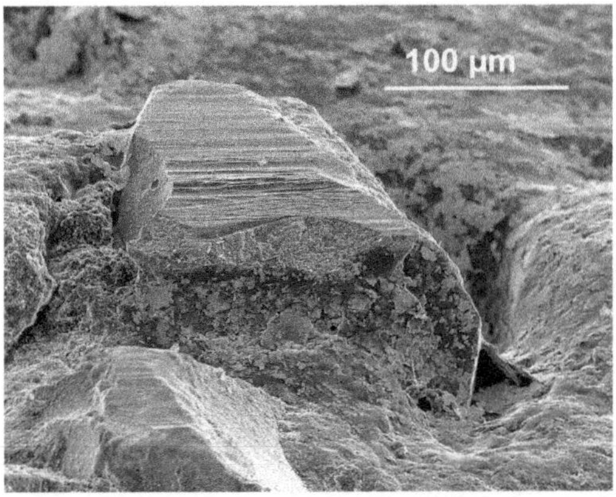

Abb. 7.16: Abrasionsverschleiß bei einem Korundkorn beim Schleifen von Stahl (Quelle: C. A. R. R. D. Gmbh).

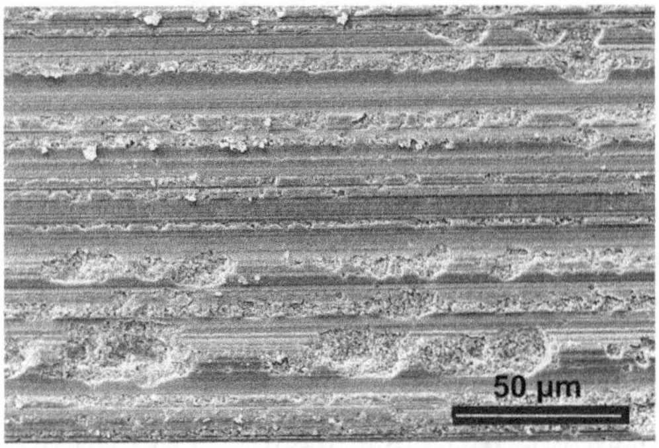

Abb. 7.17: Mit Diamantkörnung geschliffene Oberfläche von Al_2O_3-Keramik mit Materialabtrag durch Abrasion, Mikropflügen und Mikrobrechen [521].

Erosion und Kavitation

Ein Sonderfall der Abrasion ist die *Erosion* beim Kontakt von Fluiden mit Festkörpern. Insbesondere wenn das Fluid mit Feststoffpartikeln beladen ist (Sandsturm, Suspensionsströmung), kommt es bei turbulenter Strömung zur Wirbelbildung, die zur Bildung von Mulden und Kavitäten führt. Rauheiten der Kontaktfläche begünstigen dabei die Wirbelbildung (Abb. 7.18).

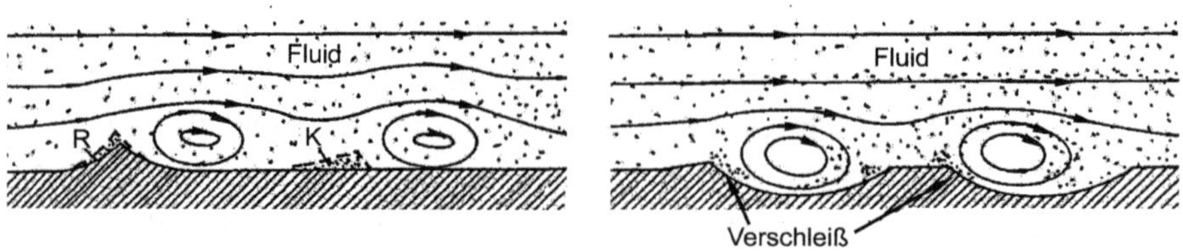

Abb. 7.18: Wirkungsweise der Erosion nach Föhl [492]. R bezeichnet Rauheitshügel der Oberfläche, K Kornanhäufungen in Bereichen geringerer Strömungsgeschwindigkeit.

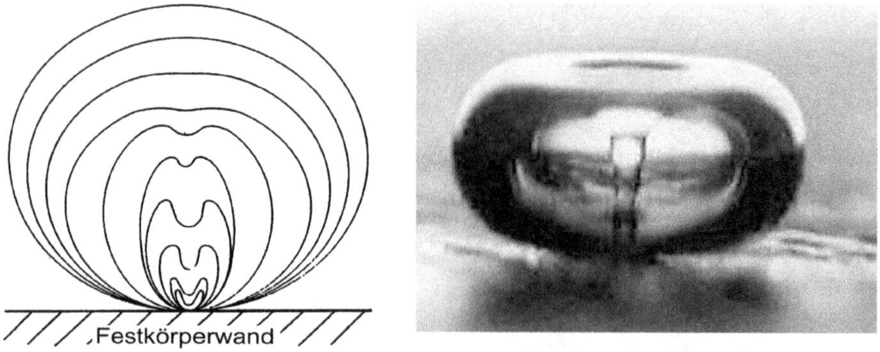

Abb. 7.19: Kavitation: Kollabierende Dampfblase (rechts), Prinzip der Jet-Bildung (links) nach Plesset und Chapman 1971, zitiert aus [493].

Eine besonders bösartige Verschleißart ist die *Kavitation*. Sie führt zu einer iterativen lokalen Schlagbeanspruchung durch kollabierende Dampfblasen in Unterdruckbereichen fluider Medien. So neigt strömendes Wasser in Rohrkrümmungen oder hinter Querschnittserweiterungen aufgrund des lokal stark absinkenden Druckes zur spontanen Verdampfung. Solche Dampfblasen werden durch die Strömung weitertransportiert, bis sie instabil werden und kollabieren. Der Kollaps erfolgt jedoch nicht radialsymmetrisch zum Mittelpunkt der Blase hin, sondern ist stets zur nächsten Wandseite hin gerichtet. Dabei entsteht ein Wasserjet, der teilweise mit Überschallgeschwindigkeit auf diese Wand einhämmert (Abb. 7.19). Akustisch führt dies zu hörbaren Schwingungen (Schlagen oder Singen von Wasserleitungen). Da der Ort des Auftreffens des Jets in etwa immer gleich bleibt (abhängig von Strömungsgeschwindigkeit) und die Frequenz des Aufschlags im Kilohertzbereich liegt, kommt es dort zu fortschreitender Materialermüdung bis hin zur Mulden- und Rissbildung. Kavitationsverschleiß tritt auf bei Schiffsschrauben, Düsen aller Art, Pumpen, Rohrkrümmern usw. und ist daher auch für keramische Erzeugnisse wichtig, die im Bereich der Chemietechnik, Nahrungsmittelindustrie oder Medizintechnik zur Anwendung kommen.

7.4.2 Adhäsion

Unter Adhäsion versteht man eine bindungsmäßige Wechselwirkung zwischen Festkörpern. „Verschweißung" und „Fressen" sind technische Begriffe, die die praktischen Auswirkungen der Adhäsion beschreiben. Es gibt allerdings keine universelle Vorstellung von den auftretenden Grenzflächenphänomenen. Sicher ist nur, dass über lokale mechanische (formschlüssige) oder chemische (stoffschlüssige) Verhakung die Relativbewegung von Grund- und Gegenkörper an Rauheitshügeln kurzzeitig zum Stillstand kommt und durch die fortschreitend angreifende Tangentialkraft Zug- bzw. Scherkräfte auftreten, die nach elastischer Verformung des „Verbundes" zum Abriss der Brücke und damit zum *Materialübertrag* führen. Iterative Verhakung und Materialübertrag sind also die Charakteristika der Adhäsion.

Die in Betracht kommenden Modelle hierzu sind in Abb. 7.20 illustriert. Die *mechanische Verhakung* über Formschluss ist Folge einer lokalen Schmelzebildung und des Eindringens der Flüssigphase in Kavitäten (Poren, Risse, Rauheitsmulden, Furchungstäler) des Grundkörpers. Beim Bruch der Verhakungsstellen verbleiben diese erstarrten Schmelzreste im Grundkörper. Die *Diffusionstheorie* geht davon aus, dass Atome oder Ionen von Grund- und Gegenkörper über die Kontaktfläche in den gegenüberliegenden Körper übertreten und dort Anlass zur Verbindungs- oder Legierungsbildung geben (Stoffschluss). Auch hier gibt es temporär bindungsmäßige Wechselwirkungen sowie Materialübertrag. Im Falle des *Elektronentransfers* werden die Oberflächen elektrostatisch aufgeladen, was zu anziehenden Kräften führt. Der Elektronenübertrag kann aber auch thermisch durch die Reibungswärme aktiviert sein. Materialübertrag findet dann statt, wenn die lokalen Ladungskonzentrationen sehr hoch sind und parallel zu den Scherflächen bzw. senkrecht zu den Zugspannungen Spaltebenen günstig orientierter Ionenkristalle vorliegen. Ferner machen sich auf den jeweiligen Oberflächen unterschiedliche Oxidationszustände der chemischen Elemente durch Oxidbildung (zusammen mit Umgebungssauerstoff und OH-Gruppen aus der Luftfeuchtigkeit oder dem Kühl-/Schmiermittel) bzw. Phasenneubildung durch Reduktion bemerkbar. So kommt es zum Aufbau von Oxidfilmen auf z. B. Metalloberflächen nach Elektronenabgabe, ferner zur Bildung von Säurefilmen, z. B. am Schmiermittelkontakt. Hierbei können Gefügebestandteile des Grundkörpers freigelegt bzw. Bindungen im Untergrund durch randliche Absättigung der Oberflächenatome geschwächt werden. Dies führt zu einer Erhöhung der Versetzungsmobilität, damit zu einer erleichterten Verformung durch Schub, gefolgt von Versetzungsaufstauung und Bruch.

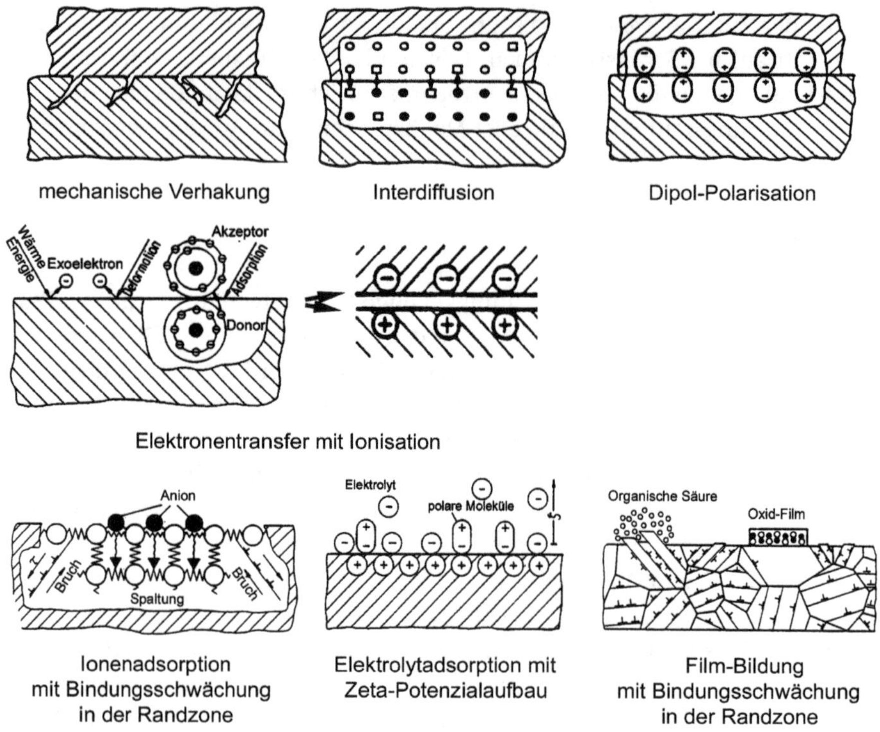

Abb. 7.20: Modelle zur Erklärung der Adhäsion nach Föhl [492].

Die *Adsorptionstheorie* geht von Dipol–Dipol-Wechselwirkungen aus, die durch Polarisation der oberflächennahen Strukturen oder Ausrichtung von Molekülen ebenfalls attraktive elektrostatische Kräfte zur Folge haben, was zur Materialanhaftung führen kann. Dipol- oder Ionenanlagerung kann den Aufbau eines Zeta-Potenzials bewirken, das aus der Wechselwirkung von Ionenkristalloberflächen mit wässerigen Umgebungsmedien bekannt ist und bei der Verflüssigung keramischer Schlicker gezielt genutzt wird (siehe hierzu Band 3). Wie noch unter dem Begriff des „*Rehbinder-Effektes*" zu zeigen ist, werden auch hier durch die Polarisation der Oberfläche bzw. durch die Aufkonzentration gleichsinniger Ladungen die Bindungen unterhalb der Oberflächen geschwächt, sodass Delamination und Bruch eintreten kann. Alle diese Modelle haben die Schwierigkeit, dass sie schlecht nachweisbar sind. Andererseits gibt es Effekte, die wie der Rehbinder- oder Joffe-Effekt nur über solche Ansätze erklärt werden können.

Adhäsionsarbeit

Aus den beschriebenen Modellen folgt, dass Werkstoffe oft stoffschlüssig reagieren, wenn die Art der chemischen Bindung ähnlich ist. Dies zeigt auch die praktische Erfahrung, z. B. beim Fressen von überlasteten Kolben in der Zylinderlaufbuchse oder beim Kleben von Bruchflächen mit organischen Bindemitteln. Daher lassen sich die Adhäsionsarbeit bzw. die Trennarbeit zum Lösen adhäsiver Verbunde aus einfachen Bilanzen der Oberflächen- bzw. Grenzflächenenergien der beteiligten Materialien abschätzen.

Zur Ableitung soll von einem Stoff A mit der Oberflächenenergie γ_{svA} und der Grenzflächenenergie γ_{gbAA} sowie einem Stoff B mit Oberflächenenergie γ_{svB} (Index sv von engl. *solid–vapor*) und Grenzflächenenergie γ_{gbBB} (Index gb von engl. *grain boundary*) ausgegangen werden, die miteinander in Kontakt stehen. Es tritt ein Energiegewinn für Stoffschluss A–A ein, wenn $2\,\gamma_{\mathrm{svA}} > \gamma_{\mathrm{gbAA}}$, ferner Energiegewinn für Stoffschluss A–B, wenn $\gamma_{\mathrm{svA}} + \gamma_{\mathrm{svB}} > \gamma_{\mathrm{gbAB}}$. Die Adhäsionsarbeit W für die Werkstoffpaarung A–B ergibt sich demnach zu

$$W = \gamma_{\mathrm{svA}} + \gamma_{\mathrm{svB}} - \gamma_{\mathrm{gbAB}}. \tag{7.10}$$

Da die Bildung temporärer Kontakte zwischen A und B zur Lastübertragung zwischen Grund- und Gegenkörper und damit zu einer Erhöhung der Reibung führt, kommt es zu einer maximalen Reibung, wenn die Summe aller Oberflächenenergien $\Sigma\gamma_{\mathrm{sv}}$ groß und γ_{gb} klein sind, und zu einer minimalen Reibung, wenn $\Sigma\gamma_{\mathrm{sv}}$ klein und γ_{gb} groß sind. Daher sollten möglichst ungleichartige Werkstoffpaarungen A–B mit unterschiedlichem chemischem Bindungscharakter gewählt werden, um die Reibung zu minimieren, z. B. Bronze/Stahl, Korund/Stahl, Polymer/Stahl. So zeigen insbesondere Polymer–Polymer-Paarungen erhöhte Adhäsion (Abb. 7.21).

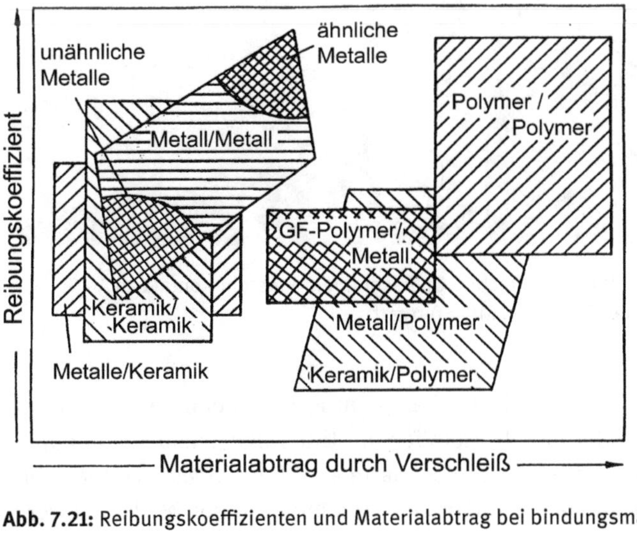

Abb. 7.21: Reibungskoeffizienten und Materialabtrag bei bindungsmäßig ähnlichen und unähnlichen Reibpartnern. [492, 522].

Bei der Verwendung keramischer Reibpartner gegen Metalle ist zu beachten, dass einige keramische Werkstoffe sehr gute Sauerstoff-Ionenleiter sind, z. B. ZrO_2. Ist die Möglichkeit eines Elektronenflusses gegeben, so kann ZrO_2 als „Sauerstoffpumpe" wirken und das Metall an der Grenzfläche aufoxidieren (innere Oxidation). Umgekehrt kann es zur Metallionendiffusion in das ZrO_2 kommen.

Ein technisch interessantes Beispiel für Adhäsionseffekte sind die so genannten „Aufsetzer", also pickelähnliche Materialanhaftungen auf Reibflächen, die durch Materialübertrag entstehen und durch weitere Materialanlagerung anwachsen. Sie treten insbesondere bei Schneidwerkstoffen oder Schleifwerkstoffen auf, wobei die Schneidkanten „zuschmieren" und stumpf werden.

Erst nachdem solche Aufsetzer abgebrochen sind, ist das Werkzeug wieder „schnittig" und der Prozess beginnt von neuem. Abbildung 7.22 zeigt links eine Draufsicht auf einen Honstein aus kunstharzgebundenen SiC-Körnungen nach der Bearbeitung einer Zylinderlaufbuchse aus der Al–Si-Legierung AlSi7. Die Oberfläche ist mit mehr oder minder großen Pickeln aus dieser Legierung besetzt. Eine Schnittpräparation senkrecht zur Honsteinoberfläche, etwa entlang der gestrichelten Linie, zeigt den innigen Kontakt der Legierung (Abb. 7.22, rechts oben) mit den abwechselnden Anhaftungen aus Al(Si) und Si (helle Teilchen) am porösen SiC-Gefüge (unten). Die Entstehung solcher Aufsetzer kann durch die sehr gute Benetzung von Silicium-Schmelze auf SiC (Benetzungswinkel $\varphi \approx 2°$) erklärt werden. Eine Anschweißung von Silicium bei höheren Temperaturen ist also wahrscheinlich. Danach haftet Al auf Si und so weiter. Aus Abb. 7.22 rechts lässt sich sogar die Bewegungsrichtung des Honsteins von links nach rechts nachvollziehen.

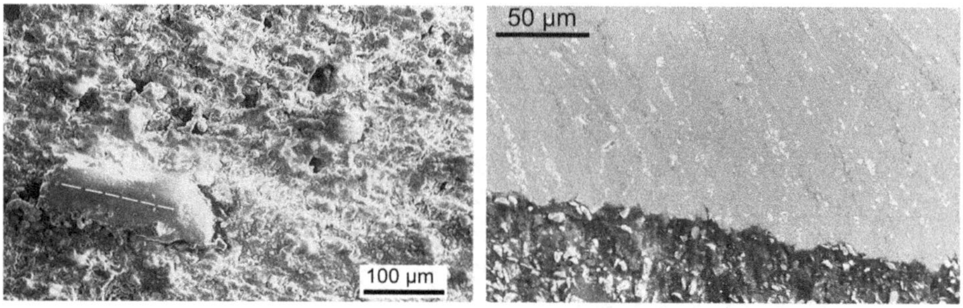

Abb. 7.22: Links: SiC-Honstein mit Aufsetzer. Rechts: Querschliff mit Honstein-Kontakt zu Al–Si, etwa entlang der gestrichelten Linie. © R. Telle, MPI Stuttgart.

Weitere Adhäsionsphänomene sind mit der Zerspanung von Metallen mit keramischen Wendeschneidplatten oder mit „Hartstoffen auf Unterlage", also Schleifpapieren verbunden, wo sich an der Schneidkante sogenannte *Aufbauschneiden* bilden können. Die erste Adhäsion erfolgt meistens über eine Aufoxidation des Werkstückwerkstoffs, in der Regel also einem Metall. Das Metalloxid haftet dann an der Oxidkeramik,

Anhaftungen des Metalls am Metalloxid führen im weiteren Verlauf des Prozesses zum Anwachsen einer Metallschicht. Abbildung 7.23 zeigt, dass sich die Metallschicht (helle Schuppen) hinter der Schneidkante ansetzt (rechts), welche noch schnittig ist. In den Abb. 7.23a und b wird die Schneidkante (jeweils rechts) vollständig zugesetzt. In Abb. 7.23a ist das Korundkorn darüber hinaus stark abrasiv abgetragen, die Furchen sind teilweise mit Materialübertrag aufgefüllt. In Abb. 7.23c reibt nur noch Metall gegen Metall, was den Reibungskoeffizienten stark ansteigen lässt. In Abb. 7.23d ist die Schneidkante links mit Eisen zugesetzt. Die abradierte Fläche des Korundkornes ist darüber hinaus durch Delamination, also schuppenförmigen Verformungen und Abplatzungen gekennzeichnet, ein Zeichen für Oberflächenzerrüttung.

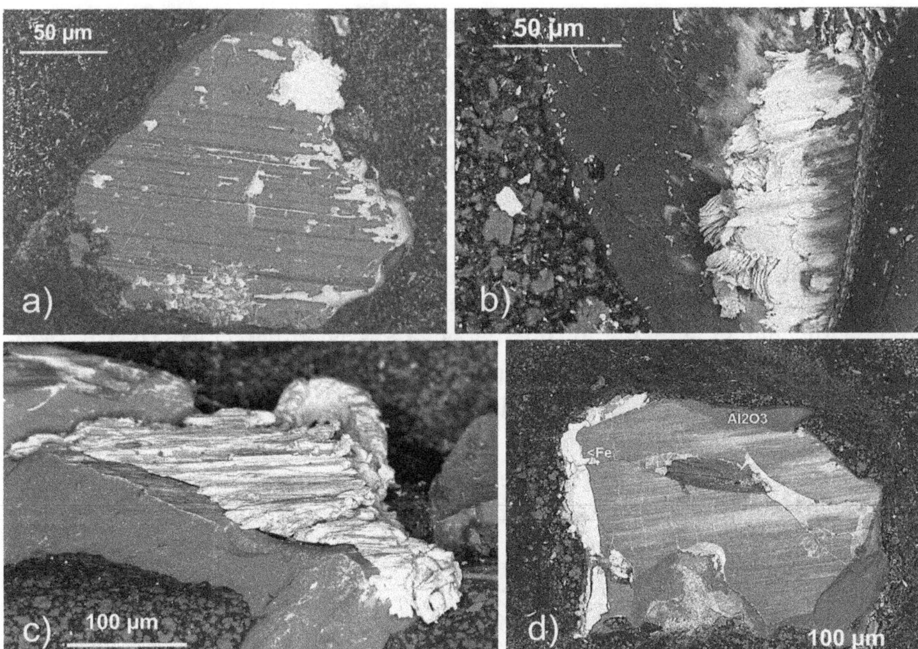

Abb. 7.23: Korund-Schleifkörner nach Stahlbearbeitung. (a) Adhäsion von Eisen; (b) Abrasion und Adhäsion, Auffüllen von Furchen; (c) Aufbauschneide; (d) Aufbauschneide und Delamination (Quelle: C. A. R. R. D. Gmbh).

Reibschweißen

Die Phänomene der Reibungswärme und der Bindungsbildung durch Adhäsion lassen sich technisch für das sogenannte Reibschweißen nutzen. Hierbei werden typischerweise Bauteile aus schwierig zu fügenden Werkstoffen unter axialem Druck in eine Relativbewegung versetzt, wobei an den Gleitflächen Wärme entsteht, die Materialübertrag, Diffusion usw. ermöglicht. Wird die Relativbewegung gestoppt, so kommt es zur Haftung des Verbundes nach den oben geschilderten Effekten. Insbesondere ist Interdiffusion, teilweise unter Phasenneubildung, und mechanische Verhakung nach lokalem Aufschmelzen zu beobachten. So lassen sich Titan- und Wolframlegierungen, aber auch Keramiken mit nahezu jedem anderen Metall oder keramischen Werkstoff fügen. Zu beachten ist dabei noch, dass keine spröden Zwischenphasen entstehen.

7.4.3 Tribochemische Reaktion

Im Falle der tribochemischen Reaktion sind kräftemäßige Wechselwirkungen zwischen Grund- und Gegenkörper kaum noch von Bedeutung, höchstens als Ursache der Reibungswärme und des Aufbrechens neu gebildeter Schichten. Es treten also überwiegend *stoffliche Wechselwirkungen* zwischen Grundkörper und Gegenkörper, Grundkörper und Umgebungsmedium sowie Grund- bzw. Gegenkörper und Zwischenstoff auf, sodass neue chemische Verbindungen entstehen. Hohe Temperaturen und ggf. hohe Drücke am Reibungskontakt führen dabei zur Bildung neuer Gleichgewichtsphasen, metastabiler Phasen, amorpher Phasen oder Hochdruckmodifikationen.

Abb. 7.24 zeigt einen zeitlichen Ablauf synergistischer Effekte zwischen Grund- und Gegenkörper in Anwesenheit einer reaktiven Zwischenphase. Neben der Bildung adhäsiver Kontakte (a) kommt es zur chemischen Reaktion des Fluids mit den Festkörperoberflächen in Form der Ausbildung einer Passivierungsschicht (b, z. B. Oxidschicht auf Metall oder einer Nitrid-Keramik). Durch Trennen der Adhäsivkontakte bei Scherkrafterhöhung entstehen Späne aus Abrieb (c), die durch Erosion die Passivierungsschicht aufbrechen und abtragen (d). Der Prozess beginnt von neuem. Dabei entstehen zwischen Rauheitshügeln, die immer wieder adhäsive Kontakte generieren, tiefe Mulden, in denen Erosion und Korrosion iterativ zur Wirkung kommen.

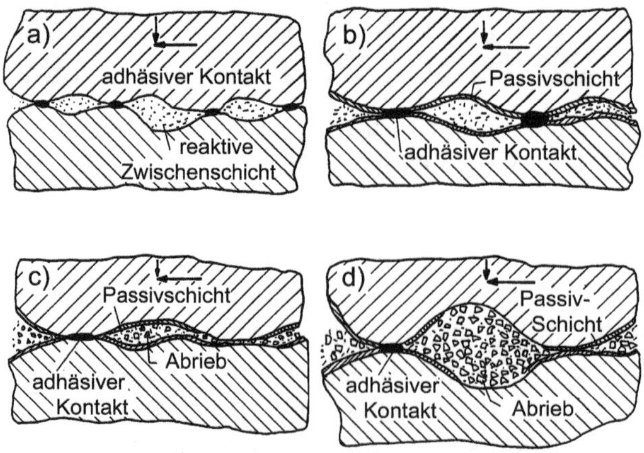

Abb. 7.24: Fortschreitender Verschleiß durch tribochemische Reaktion nach Föhl [492].

Ein praktisch wichtiges Beispiel ist die Wechselwirkung zwischen Beton und Diamant-Werkzeugen (Trennscheiben, Bohrer...), wobei als tribochemisch reaktive Komponente des Betons die Eisenarmierung zu nennen ist. Aus dem Dreistoffsystem B–C–Fe im festen Bereich ist jedoch bekannt, dass C (Diamant) sich im Fe (Stahl) lösen muss und dann zu Cementit Fe_3C regiert. Aufkohlung und Cementit-Bildung sind in der Praxis kaum nachzuweisen, da die dünnen Schichten sofort abplatzen und durch Kühlschmiermittel ausgetragen bzw. in Hydroxide umgewandelt werden. Beim Diamantkorn lässt sich der tribochemische Verschleiß an der Verrundung der Oberfläche nachweisen, die völlig atypisch für einen abrasiven Verschleißprozess dieses superharten Materials wäre (Abb. 7.25).

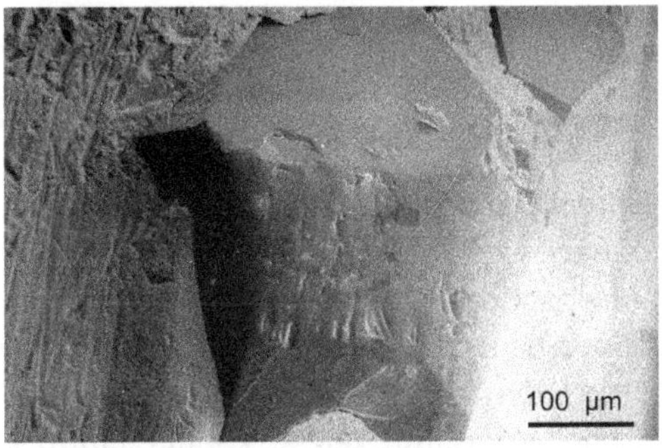

Abb. 7.25: Diamantkorn nach tribochemischem Verschleiß an Armierungseisen. Die Schneidkanten (Übergang der {100}- zur {111}-Flächen des kuboktaedrischen Kristalls) sind stark verrundet. Unten im Bild ist ein Rest des Stützrückens der Kobalt-Matrix zu sehen. Im Hintergrund rechts oben ein intakter Kristall. Werksversuch der Hilti-AG, Schaan; REM-Aufnahme: © MPI-Metallforschung Stuttgart.

Das vorangegangene Beispiel aus dem Dreistoffsystem B–C–Fe ist ausgesucht worden, weil harte und superharte Boride, insbesondere Borcarbid B_4C, ebenfalls interessante Hartstoffe für die Betonbearbeitung darstellen. Am Kontakt mit Armierungseisen ist jedoch die Reaktion zu FeB, Fe_2B, C und Fe_3C zu erwarten. Erschwerend ist für geschmierte oder wassergekühlte Beanspruchungssituationen bzw. unter Wasserdampf zu erwarten, dass Boride zu Boraten und letztendlich zu Borsäure (H_3BO_3) und Metalloxiden reagieren. Tatsächlich erscheinen Oberflächen aus extrem harten und bruchzähen B_4C–TiB_2-Verbundwerkstoffen nach der Betonbearbeitung völlig wie poliert, was also als Indiz für tribochemischen Materialabtrag gewertet werden kann (Abb. 7.26).

Bei Korundwerkzeugen finden sich am Stahlkontakt oft einige Mikrometer dicke Reaktionsschichten aus Mischkristallen wie $(Al,Fe)_2O_3$ und $(Al,Cr)_2O_3$ oder bei Anwesenheit zweiwertiger Kationen (z. B. Mg^{2+} aus der Korund-Dotierung oder Fe^{2+} aus der partiellen Oxidation des Stahls) auch aus Spinell-Schichten ($MgAl_2O_4$ bzw. $FeAl_2O_4$ und deren Mischkristalle).

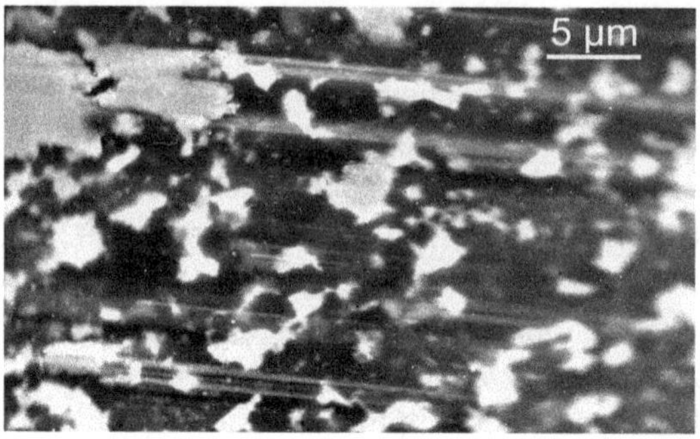

Abb. 7.26: Durchgängige Furchung, sehr kleine Oberflächenrauheit, keine Unterschiede im Verhalten der Borcarbidmatrix (dunkel) und der TiB_2-Einlagerungen (hell): Hinweise auf tribochemisches Versagen eines B_4C–TiB_2-Verbundwerkstoffs beim Bohren von armiertem Beton [523].

7.4.4 Oberflächenzerrüttung

Unter Oberflächenzerrüttung versteht man eine *Werkstoffermüdung durch iterative dynamische Lasteinleitung*, die eine wiederholte elastische und plastische Verformung zur Folge hat. Die Mechanismen sind Versetzungsbildung, -wanderung, Versetzungsaufstauung, Verfestigung und Bruch, ferner Netzebenengleiten durch Aktivierung von Gleitbändern und Korngrenzengleiten. Bei spröden Werkstoffen, die unter solchen Lastbedingungen durchaus ebenfalls plastische Verformung zeigen, kommt multiple (Mikro-)Rissbildung im transkristallinen und interkristallinen Modus hinzu.

Auslöser für Oberflächenzerrüttung sind zyklische Adhäsion (z. B. bei Überrollung im Wälzlager), Abrasion (z. B. Schleifbeanspruchung durch Werkzeuge mit geometrisch unbestimmter Schneide, also z. B. mit Diamantkörnungen bestückt), Gleiten (Stick-Slip-Gleiten, vgl. Kapitel 7.5.2) und iterativer Schlag wie z. B. bei der Kavitation.

Vielfach ist von den Effekten der Oberflächenzerrüttung anfangs nichts zu bemerken. Die Vorgänge der Verformung und des Mikrobruches treten im Untergrund unter der Oberfläche, in der so genannten Randzone auf. Die Oberflächen selbst werden zunächst durch die plastische Verformung unter Spanbildung eingeebnet (Abb. 7.27a,b), adhäsives Material wird schuppig über die Oberfläche „geschmiert“, es entsteht ein Glättungseffekt. Die Enden der herausgezogenen Schuppen sind in Folge der randlichen Delamination zu erkennen und erstrecken sich senkrecht zur Gleitrichtung. Dies gilt auch für sprödes Verhalten mit schuppenförmigen Ausbrüchen. Insofern ist der Materialverlust zu Beginn der Oberflächenzerrüttung sehr gering. Teil Abb. 7.27c verdeutlicht die beginnende Rissbildung nach Überschreiten der Streckgrenze des Grundkörpermaterials. Erst später nimmt der Materialverlust dramatisch zu, wenn ganze Randzonenbereiche bzw. Schichtpakete abplatzen. Bei spröden Werkstoffen geschieht dies auch durch Aufreißen der Korngrenzen, Kornfragmentierung und Kornausbruch (Abb. 7.27d). Abbildung 7.28 zeigt die Oberfläche eines ideal spröden Materials, eines Diamanten, mit treppenförmigem Bruchverlauf, Abb. 7.29 Delaminationseffekte bei Titandiborid.

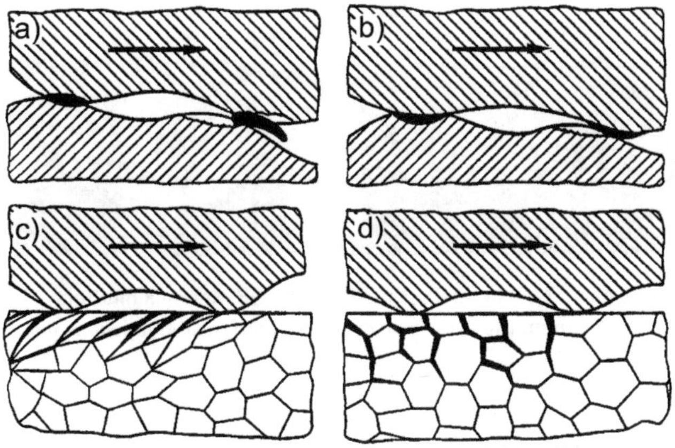

Abb. 7.27: Mechanismen der Oberflächenzerrüttung nach Föhl [492].

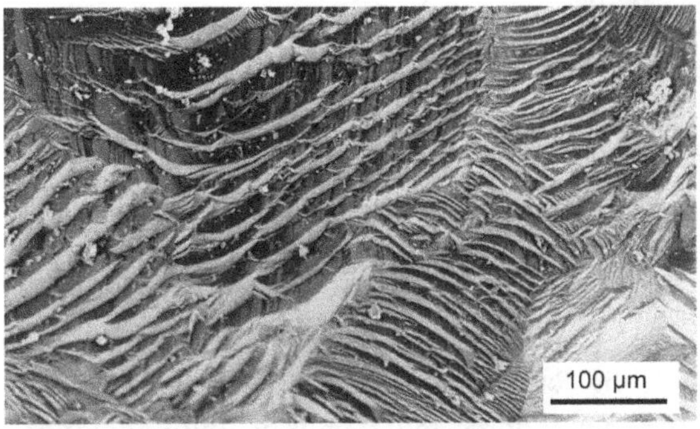

Abb. 7.28: Oberflächenzerrüttung bei Diamant durch Schlagverschleiß. Werksversuch der Hilti-AG, Schaan; REM-Auf-nahme: © MPI-Metallforschung Stuttgart.

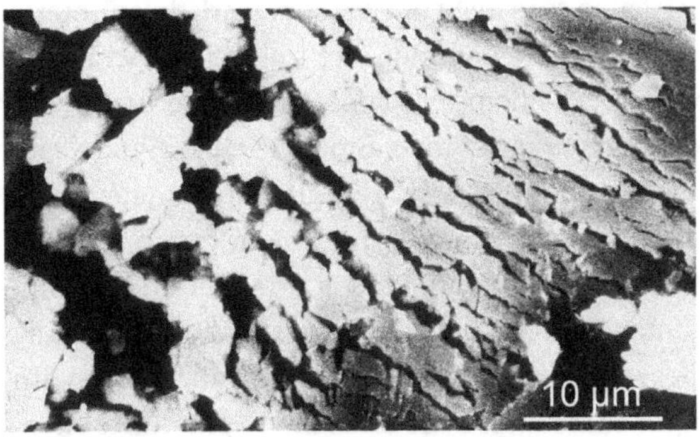

Abb. 7.29: Oberflächenzerrüttung durch Abgleiten eines Vickers-Indenters in Titandiborid-Keramik. Quelle: R. Telle, Aachen.

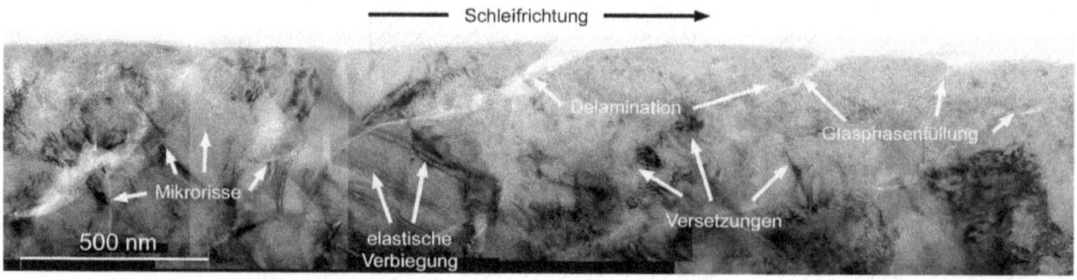

Abb. 7.30: TEM-Bild eines Querschnitts durch eine pendelgeschliffene LPS-SiC-Keramik mit Delamination stark verformter Oberflächenschuppen. Die Risse zwischen den Platten sind teilweise mit viskoser Glasphase gefüllt [194].

Abb. 7.31: SiC-Schleifkorn in Bindematrix mit randlicher Oberflächenzerrüttung. Quelle: K. Süzük, R. Telle, Aachen.

In Abb. 7.30 ist ein Querschnitt durch die Randzone einer geschliffenen Aluminiumoxidkeramik als Serie von TEM-Aufnahmen dargestellt. Schuppenbildung, Einebnung der Oberfläche und Versetzungen im Untergrund sind erkennbar. Im Abb. 7.31 ist schließlich ein SiC-Korn dargestellt, das aufgrund seiner exponierten Stellung in der Bindung ebenfalls eine randliche Schädigung durch Oberflächenzerrüttung aufweist.

Folge der Oberflächenzerrüttung ist also eine recht ebene, aber stark delaminierte Oberfläche. Im Untergrund unter der Oberfläche befinden sich zahlreiche Scherrisssysteme, die bei Vereinigung schlagartig zu einem extremen Materialverlust durch Ausbruch führen. Bei spröden Werkstoffen wirkt iterativer Stoß wie eine „Sonde" auf größere Gefügedefekte. Divergente Druckspannungen, die in die Randzone eindringen, bewirken Zugspannungen, die sich in den Untergrund hinein fortsetzen und gemäß der Griffith-Gleichung zur Mikrorissbildung an günstig orientierten und hinreichend großen Gefügeinhomogenitäten führen. Zur Lösung der Griffith-Gleichung müssen hierbei allerdings auch die kritischen Spannungsintensitätsfaktoren für Schub und Scherung zur Anwendung kommen, also die kritischen Spannungsintensitätsfaktoren K_{IIc} und K_{IIIc}. Das katastrophale Versagen des Bauteils meist parallel zur Randzone kommt dann durch Mikrorissvereinigung zustande, die durch innere Spannungen oder Thermoschock (z. B. durch Kühlmittel) beschleunigt wird.

7.4.5 Rehbinder-Effekt

Manchmal lassen sich tribologische Phänomene nicht sofort und eindeutig auf die fundamentalen Materialabtragsmechanismen zurückführen. Insbesondere irritiert das gemeinschaftliche Auftreten von plastischer Verformung und Bruch bzw. die Umkehrung der erwarteten Verhaltensweisen: Spröde Stoffe verhalten sich duktil, duktile Materialien werden spröde und brechen anstatt sich zu verformen. Bereits Reynolds hat sich 1874 mit solchen Effekten befasst, 1924 Joffé [524] und 1931 Rehbinder [525–529]. Rehbinder hat wohl am umfassendsten den Einfluss der Umgebungsmedien auf die tribomechanischen Eigenschaften der Werkstoffe in die Diskussion gebracht, weshalb solche – nicht einheitlich benennbaren – Phänomene mit dem Ausdruck „Rehbinder-Effekt“ oder „Joffé-Effekt“ belegt sind.

Typische Beispiele hierfür sind spröde Salze, die verformbar werden, ebenso einige Mineralien, die an sich hohe Härte und Sprödigkeit aufweisen. Andersherum können Metalle verspröden. In Abb. 7.20 wurden bereits einige der grundlegenden Phänomene gezeigt. Folgende Mechanismen sind diskutiert worden:

Spannungsrisskorrosion – Wasserstoffversprödung

Darunter versteht man eine oberflächliche Kerb- oder Rissbildung bzw. Rissfortschritt bei unter inneren oder äußeren Spannungen stehenden Materialien unter Einwirkung anodischer oder kathodischer Korrosion oder von Oxidationsmitteln. Typisches Beispiel für Keramiken ist das unterkritische Risswachstum in feuchter Atmosphäre, wobei Metall-Sauerstoff-Metall-Bindungen gespalten und durch zwei OH^--Gruppen an den Metallionen ersetzt werden (siehe Kapitel „2.7 Unterkritisches Risswachstum“). Hierbei wird zusätzlich die Oberflächenenergie erniedrigt. Bei den Metallen ist eine Versprödung von Ti6Al4V in verdünnter HNO_3 beobachtet worden, die ebenfalls auf Spannungsrisskorrosion zurückgeführt wird. Möglicherweise gehört die Wasserstoff-Versprödung von z. B. Wolfram und Niob ebenfalls zu diesem Typ von Verhalten.

Versprödung in Metallschmelzen

Bei metallischen Bauteilen, die von einer – sonst nicht reaktiven – Metallschmelze umgeben sind, wird eine Verringerung der interatomaren Bindungsstärken durch Chemisorption vermutet. Ein Beispiel hierfür ist Aluminium im Kontakt mit flüssigem Gallium.

Komplexionen-Versprödung

Oberflächenrisse können ausgelöst werden oder fortschreiten, wenn sich an Defekten wie Versetzungen oder Korngrenzen Ionenkomplexe aus der Umgebung anlagern und Ionen oder Moleküle des Festkörpers polarisieren oder in ihren Bindungsstärken schwächen. Beispiel ist AgCl in einer gesättigten NaCl–AgCl-Lösung, in der es zur Bildung eines $AgCl_4^{3-}$-Komplexes kommt. Dieser hochgeladene Komplex wirkt elektrostatisch auf die Randzone des AgCl-Kristalls ein.

Duktilisierung durch Lösung und Wiederausscheidung

Wie aus der Theorie und Praxis des Flüssigphasensinterns bekannt ist, herrscht zwischen Festkörperoberfläche und Lösung ein dynamisches Gleichgewicht von Lösung und Kristallisation, das durch die Form der Grenzfläche fest-flüssig, durch Spannungen oder Mischkristallbildung beeinflusst werden kann. Hierüber informiert Band 1 über Flüssigphasensintern. So ist an NaCl- und KCl-Kristallen in Wasser ein „Verheilen“ von Oberflächenrissen beobachtet worden, das zu einer Festigkeitssteigerung führt bzw. zu langsamen Verformungsprozessen durch Risswachstum und Rissverheilung [524].

Randzonenschwächung durch Zeta-Potenzial

Die Zeta-Potenzial-Theorie ist die wohl überzeugendste Erklärung für den Rehbindereffekt bei nichtmetallischen Werkstoffen. Im Allgemeinen wird in diese Theorie bei der Behandlung keramischer Suspensionen eingeführt (Band 3).

Keramische Pulver besitzen üblicherweise eine große spezifische Oberfläche und weisen an dieser in wässrigen Suspensionen elektrische Ladungen auf. Die Entstehung elektrischer Ladungen lassen sich folgendermaßen erklären: Oxide besitzen an ihrer Oberfläche nicht abgesättigte Bindungen, weil die Atome keine vollständige Koordination ihrer nächsten Nachbarn, wie im Innern eines Kristallgitters, aufweisen. In wässeriger Umgebung kommt es dann zu einer Anlagerung von Protonen oder OH^--Gruppen und somit zur Absättigung, aber auch zu einer Ladung des Partikels sowie einer *p*H-Wert-Veränderung des Suspensionsmittels. Das Zeta-Potenzial beschreibt den Spannungsabfall zwischen der Dipol-Umgebung der Teilchenoberfläche und der Ladung des weiter entfernten Suspensionsmittels.

Im Falle des Rehbinder-Effektes wird nun nicht nur das Zeta-Potenzial in der umgebenden Lösung betrachtet, sondern auch dessen Effekt auf die Polarisation des Festkörpers. An der Grenzfläche fest-flüssig herrschen starke attraktive Dipolkräfte, siehe Band 3. Dies führt zur Schwächung der Bindungskräfte innerhalb der Randzone. Weiterhin kann eine gerichtete Ionendiffusion aus dem Inneren des Festkörpers in Richtung auf die geladene Oberfläche einsetzen, so dass der Effekt tiefergehende Wirkung zeigt.

Steht die Randzone aufgrund äußerer oder innerer Spannungen unter Zugspannung, so kann in Analogie zur Spannungsrisskorrosion eine elektrostatische oder durch Dipolmomente geförderte Rissbildung einsetzen. Durch Einwirken des Umgebungsmediums in solche Oberflächendefekte wird die beeinträchtigte Zone entlang von Rissen oder Korngrenzen in das Innere des Festkörpers ausgestülpt, der Prozess schreitet fort und das Material wird verschleißanfälliger.

Insgesamt ist jedoch der Nachweis des Rehbinder-Effektes schwierig, da er atomar aufgelöste Charakterisierungsverfahren, insbesondere chemische Analytik, erfordert. Dies wird erschwert durch die Beschaffenheit der technischen Oberflächen, z. B. durch Rauheit und Ablagerungen von Abrieb oder Schmiermitteln.

Beim Gleiten von Stahl auf Stahl fanden bereits Uetz und Föhl eine Verringerung des Reibungskoeffizienten und des linearen Verschleißbetrages auf ein Siebentel, wenn die Umgebungsatmosphäre aus Cyclohexandampf statt aus Wasserdampf bestand [530]. Direkte Abhängigkeiten von der stofflichen Zusammensetzung dieses Films im Schnittbereich und der Zerspanbarkeit der Werkstoffoberfläche wurden für das Zerspanen mit geometrisch bestimmter Schneide nachgewiesen und dem Rehbinder-Effekt zugeordnet.

Weitere Beobachtungen eines auffälligen tribologischen Verhaltens von Stählen werden aus der Bremsscheibentechnik berichtet. So ist gelegentlich Materialübertrag von der Bremsscheibe zum Bremssattel (lokale und temporäre Verschweißung) festzustellen, was in grundlegenden Untersuchungen von Lange und Ostermeyer [531] sowie von Kamada und Inada [532] auf eine Reduktion der oberflächlichen Eisenoxidschichten der Scheibe durch die meist organisch gefüllten Bremsbackenmaterialien zurückgeführt wird. In statu nascendi sollen hochreaktive Eisenoberflächen an der Backe festhaften und sich allmählich zu versagensrelevanten Schichtpaketen aufbauen.

Nach Ertl [533] unterscheiden sich Adsorptionsvorgänge insbesondere bei Stählen auf realen, d. h. rauen und von verformten Randzonen geprägten Oberflächen erheblich von denen auf idealen, d. h. polierten Oberflächen. Unter den ermittelten Randbedingungen werden die Höhe der Temperatur und das ständige Auftreten naszierender und damit sehr reaktionsfreudiger Oberflächen während der Schleifbearbeitung als die wichtigsten angesehen. Mori [534, 535] konnte in zahlreichen Arbeiten den Einfluss mechanischer Bearbeitung auf die chemische Aktivität metallischer Oberflächen nachweisen.

Auch für die Feinstzerkleinerung von mineralischen Rohstoffen sind solche Überlegungen immer wieder Gegenstand aktueller Forschungsarbeiten. So sind in der Trockenaufbereitungstechnik so genannte Mahlsalze im Einsatz, die im Wesentlichen aus NaCl oder verwandten Halogeniden bestehen und erstaunliche Effizienz zeigen [536] und als Mahlsalze bezeichnet werden. Hasegawa et al. berichten über die verbesserte Mahlwirkung von Quarz [537] und Kalkstein [538] durch Zugabe von Alkoholen unterschiedlicher Kettenlängen. Im Ergebnis wird die in der Technik bekannte parabolische Zunahme der spezifischen Oberfläche mit der Mahldauer als Parameter für fortschreitende Zerkleinerung steiler, wenn geringe Mengen an Methanol, Butanol oder Hexanol zugesetzt werden (Abb. 7.32).

Bleibt man bei Methanol, so ergibt die Zugabe von 12 ml Methanol eine Verdreifachung der Mahlwirkung gegenüber der reinen Trockenaufbereitung. Dieser Effekt wird durch die Bildung von Silanol-Gruppen an den Quarzoberflächen begründet. Bei Kalkstein sind die Effekte ebenso ausgeprägt. Hasegawa et al. folgern hieraus, dass sich der mechanische Zusammenbruch der Kristallstruktur des Calcits durch organische Additive beeinflussen lässt.

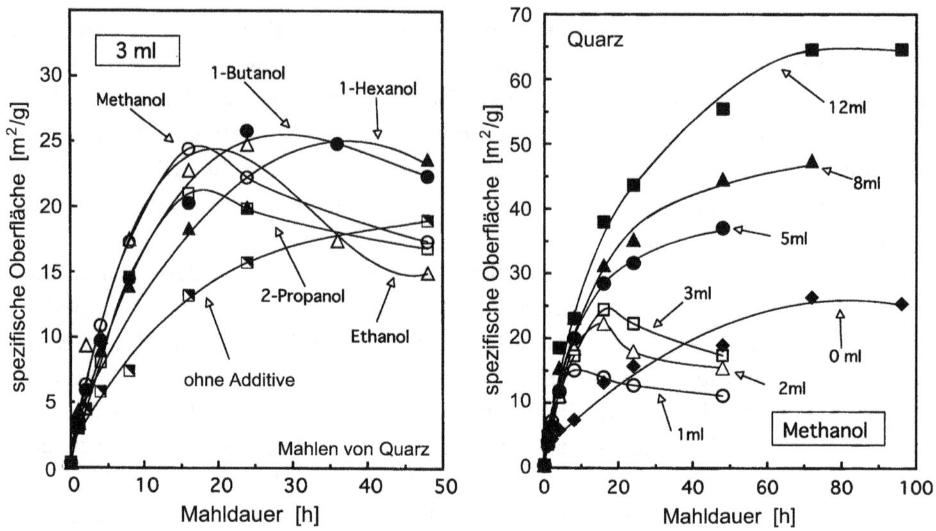

Abb. 7.32: Erhöhung der spezifischen Oberfläche von Quarz beim Mahlen mit Alkoholen unterschiedlicher Kettenlänge (links) bzw. bei verschiedenen Methanol-Konzentrationen (rechts) [537]. © Elsevier, Abdruck mit freundl. Genehmigung.

7.5 Besonderheiten der Gleitreibung

7.5.1 Synergetische Effekte

Die verschiedenen Kontaktvorgänge und Verschleißarten kommen meist überlagernd vor. Sie können dann nach unterschiedlich langer „Inkubationszeit“ nacheinander massiv den Materialverlust bis hin zum Bauteilversagen bestimmen.

Wenn der resultierende integrale Materialverlust in Abhängigkeit von der Zeit oder der Beanspruchungsdauer aufgetragen wird, erinnert die Kurve an eine Kriechkurve, die typischerweise in drei Abschnitte eingeteilt werden kann, (I) den Anfangsbereich (Einlaufphase), (II) den stationären Bereich mit konstanter Materialverlustrate und (III) einem exponentiellen Bereich, der in das Bauteilversagen überleitet (Abb. 7.33). Separiert man aus dieser Funktion den Beitrag der einzelnen Grundverschleißmechanismen, so spiegelt der Einlaufbereich die sofort einsetzende Adhäsion und tribochemische Reaktion wider, während die Abrasion ein linear von der Zeit abhängiger Mechanismus ist und die Oberflächenzerrüttung zunächst keinen Materialverlust, sondern nur Umformung bewirkt. Das stationäre Stadium kommt dadurch zustande, dass nun auch Adhäsion und tribochemische Reaktion konstanten Materialverlust zur Folge haben, etwa die iterative Bildung und Abplatzung von Reaktionsschichten oder des Materialübertrags. Im dritten Stadium trägt die Oberflächenzerrüttung mit dem drastisch ansteigenden Abplatzen ganzer Randzonenschuppen zum Verschleiß bei.

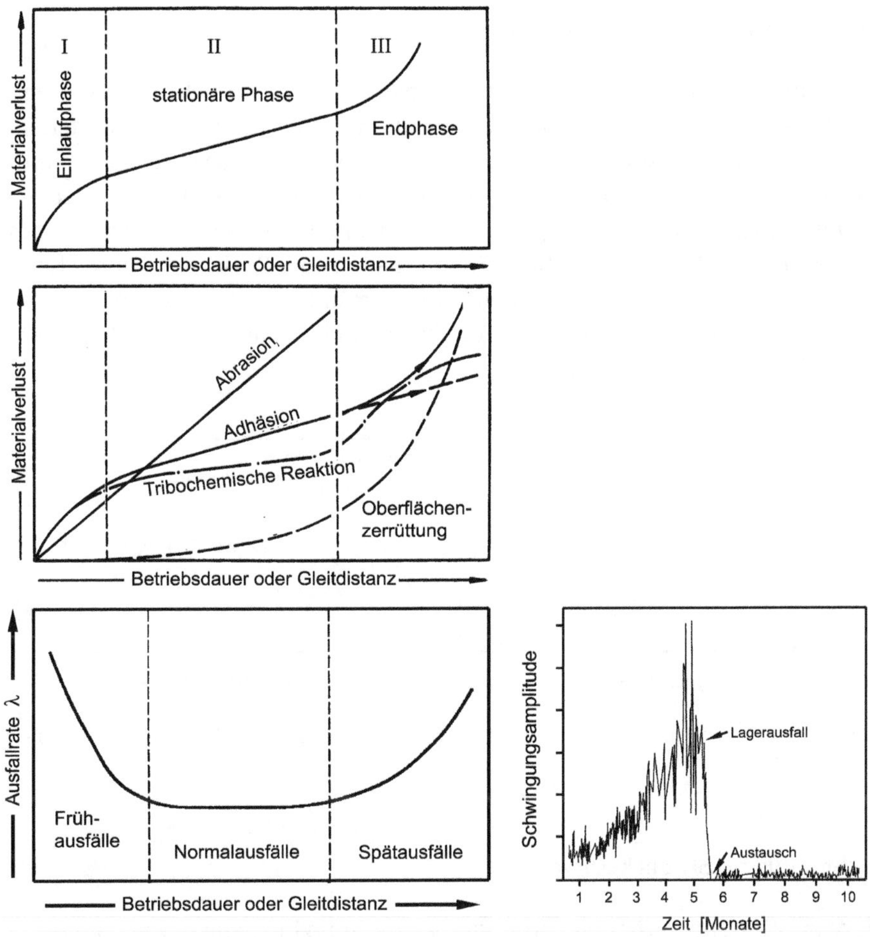

Abb. 7.33: Beitrag der Hauptverschleißmechanismen zum Materialverlust als Funktion der Laufzeit einer Gleitpaarung. Oben: Kumulative Kurve, Mitte: zeitlicher Verschleißbeitrag der Einzelmechanismen, umgezeichnet nach [493]. Unten links: Ausfallrate als Funktion der Betriebsdauer von Reibpaaren nach [493], unten rechts: Anstieg der Schwingungsamplitude und Versagen eines Wälzlagers am Lebensdauerende.

Das zeitabhängige Verschleißverhalten korreliert sehr gut mit der beobachteten mittleren Bauteil-Ausfallrate $\lambda(t)_{\mathrm{m}}$, der so genannten „Badewannenkurve“ (untere Kurve in Abb. 7.33). Die Frühausfälle sind bedingt durch fehlgeschlagenes Einlaufverhalten. Hier spielt die Überlagerung tribologisch bedingter Lastspannungen mit inneren Spannungen bzw. ihre Wechselwirkung mit oberflächennahen kritischen Gefügedefekten eine Rolle. Danach sinkt die Ausfallrate auf einen stationären Wert ab, der einem „natürlichen“ zeitabhängigen Versagen nach Abb. 7.33 entspricht. Durch Fortschreiten der Oberflächenzerrüttung bzw. der tribochemischen Reaktionen kommt es dann wieder zu einem raschen Anstieg der Ausfälle.

7.5.2 Stick-Slip-Verhalten (Ruckgleiten)

Betrachtet man Adhäsion und Gleiten mikromechanisch, so ergibt sich durch den temporären adhäsiven Kontakt eine elastische Verformung eines Rauheitshügels, gefolgt vom Abriss des Kontaktes und dem „Zurückfedern" des verformten Bereiches. Dieser Vorgang wiederholt sich und gibt Anlass zu akustischen Emissionen bzw. elastischen Schwingungen im Bauteil, deren Amplituden exponentiell anwachsen können. Dieses Verhalten wird in der Tribologie als Stick-Slip-Verhalten oder Ruckgleiten bezeichnet. In Abb. 7.34 ist dies schematisch dargestellt, wobei im linken Teil das Verhalten einer rauen Oberfläche und im rechten Teil einer physikalisch-chemisch behandelten weniger rauen Oberfläche gezeigt ist.

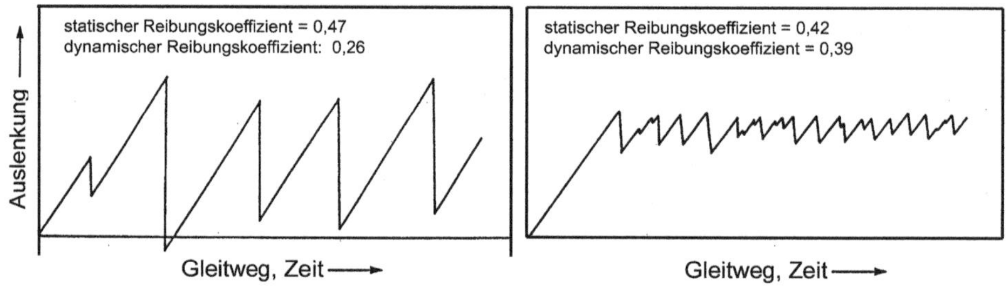

Abb. 7.34: Stick-slip-Verhalten durch wiederholte elastische Auslenkung und Trennung von Adhäsionskontakten [493].

7.5.3 Schmierung – Stribeck-Kurve

Eng mit dem Stick-Slip-Verhalten verbunden sind die Phänomene der Schmierung, die im Maschinenbau üblicherweise unter dem Aspekt der Reibungsminimierung betrachtet werden. Wichtige Parameter sind dabei die Dicke des Schmierfilms h (Spaltbreite zwischen Grund- und Gegenkörper) und die Viskosität des Schmiermittels η. Die Spaltweite h ist dabei eine Funktion der Normalkraft (Presskraft) F_N. Das Ergebnis wird in der so genannten Stribeck-Kurve veranschaulicht (Abb. 7.35), in der die Dicke des Schmierfilms oder der Reibungskoeffizient gegen $\eta \cdot v/F_N$ aufgetragen sind.

Es ergeben sich vier Bereiche der Kurven: Liegt die Spaltbreite unterhalb der Oberflächenrauheit, so liegt *Grenzreibung* vor, d. h. der Kontakt zwischen Grund- und Gegenkörper ist ein Festkörperkontakt mit den zuvor genannten Kontaktmechanismen. Schmierstoffe haben nur im Bereich von Rauheitstälern Zugang. Liegt die Spaltbreite im Bereich der Oberflächenrauheit, so kann sich vorübergehend ein Schmierfilm ausbilden. Es herrscht *Mischreibung*. Bei geringfügig erhöhten Spaltbreiten beherrscht die Viskosität und die Kompressibilität des Schmiermittels das Verhalten; das System arbeitet im *elasto-hydrodynamischen Bereich*. Bei sehr großen Spaltweiten bestimmt nur noch das Fließverhalten des Schmiermittels die kräftemäßigen Wechselwirkungen, es liegt der *hydrodynamische Bereich* vor.

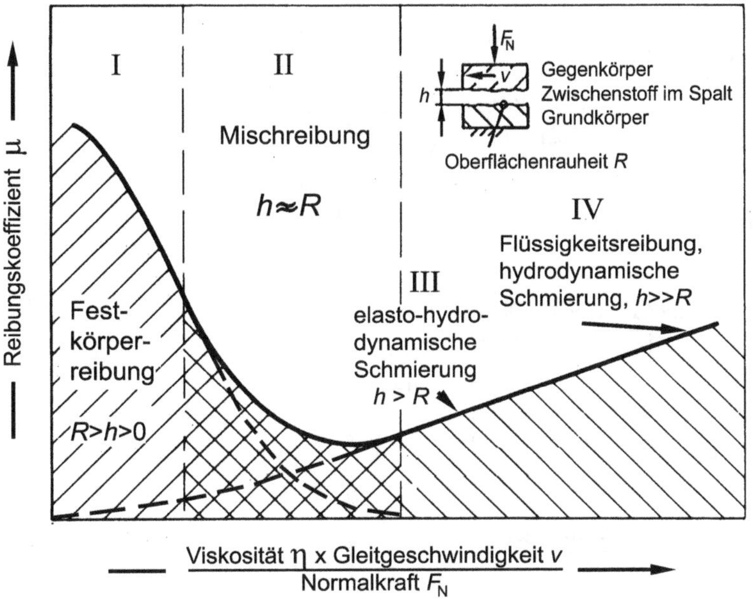

Abb. 7.35: Stribeck-Kurve (schematisch); die gestrichelten Linien zeigen die Extrapolation der reinen Festkörperreibung und der reinen Flüssigkeitsreibung; nach [539].

Bemerkenswerterweise liegt das Minimum des Reibungskoeffizienten an der Grenze der Mischreibung zur elasto-hydrodynamischen Reibung. Man könnte also annehmen, dies sei der reibungsmäßig günstigste Bereich. Simulationen zeigen allerdings, dass hier instabile Stick-slip-Phänomene auftreten, die zu einem Aufschaukeln der Schwingungsamplituden führen können, während der Betrieb im hydrodynamischen Bereich ein konvergentes Verhalten mit abnehmender Schwingungsamplitude aufweist. Daher ist es sinnvoller, erhöhte Reibwerte in Kauf zu nehmen. Gemäß diesen Überlegungen gibt es sinnvolle Arbeitsbereiche für verschiedene Lastfälle, die in der Konstruktion von Verschleißkomponenten berücksichtigt werden müssen (Abb. 7.36).

Im Keramikbereich bestehen viele Lagerkomponenten, die wartungsfrei arbeiten sollen, aus Siliciumcarbid, SiC. Hierzu verwendet man Graphit als Trockenschmiermittel, der sich in Rauheitstälern befindet, sogenannte Schmiertaschen bildet und eine stabile Mischreibungscharakteristik zeigt (Abb. 7.37). Mittels Beschichtungsverfahren, PVD oder CVD, lassen sich lokal flächenhafte Bereiche aus Graphit oder hexagonalem Bornitrid in Hartstoffschichten einlagern, die durch Abrasion freigelegt und somit als Festschmierstoffe dienen können. Abbildung 7.38 verdeutlicht, dass Graphit gegenüber hexagonalem Bornitrid bei Temperaturen bis 600 °C an Luft einen geringeren Reibungskoeffizienten aufweist, bei höheren Temperaturen jedoch durch Oxidation versagt [540, 541].

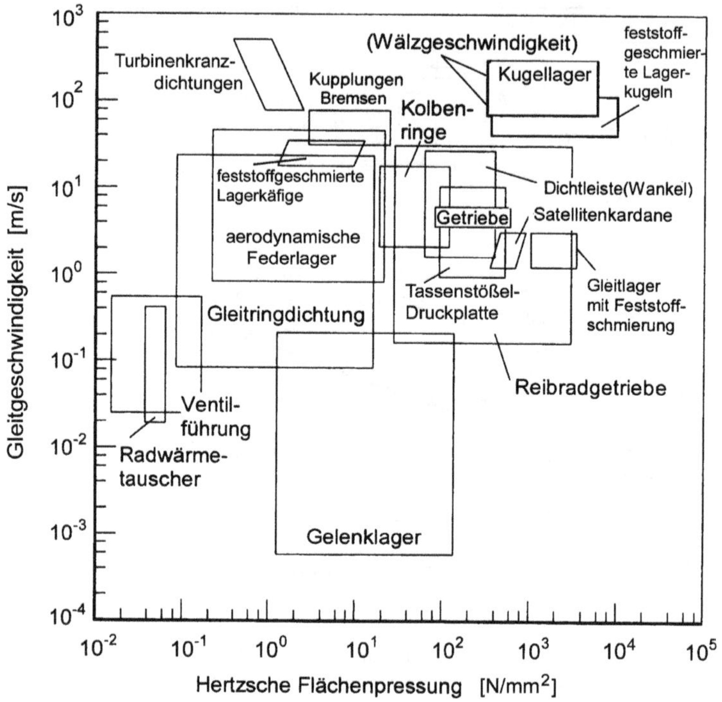

Abb. 7.36: Optimale Arbeitsbereiche konstruktiver Lösungen in Abhängigkeit von Last und Relativgeschwindigkeit. Quelle: Hoffmeister in [498] bzw. [493].

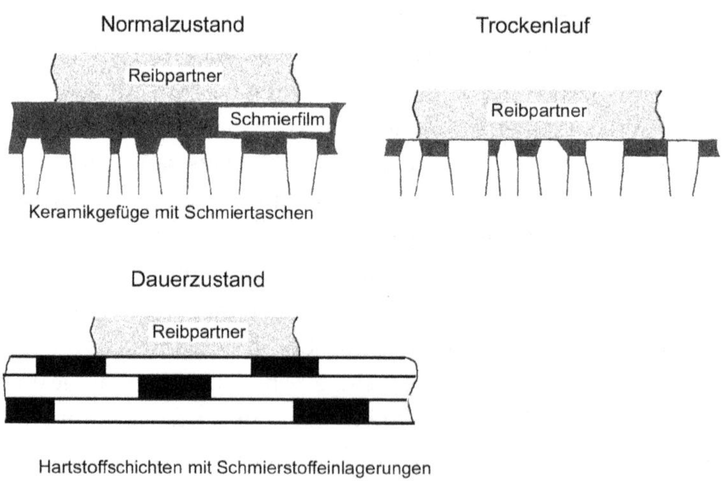

Abb. 7.37: Schematische Darstellung des Trockenlaufs von SiC-Keramik mit Graphit (schwarz), oben nach Knoch in [539] bzw. Hoffmeister in [498]; unten: Abscheidung von Schmierschichten in Hartstoffschichten.

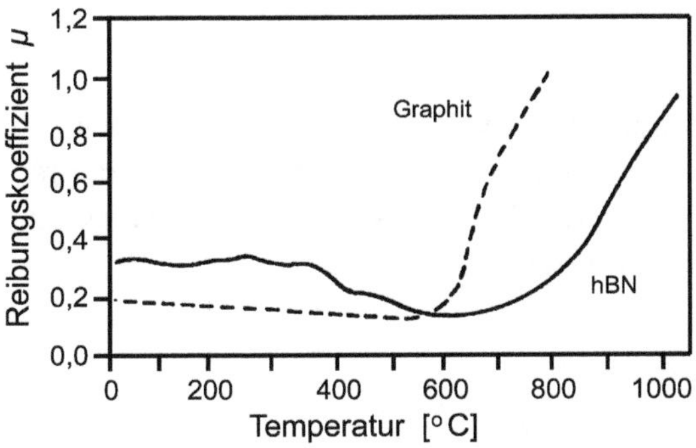

Abb. 7.38: Vergleich der Reibungskoeffizienten von Graphit und hexagonalem Bornitrid (hBN) mit zunehmender Temperatur nach [540, 541]. © Taylor & Francis, Abdruck mit freundl. Genehmigung.

7.6 Thermische Vorgänge

Reibung ist mit der Erzeugung von Wärme verbunden. Die *Reibenergie* E_R als Produkt aus Reibkraft und Gleitweg ergibt sich zu:

$$E_R = F_R \cdot s \quad \text{und} \quad E_R = \mu \cdot F_N \cdot s. \tag{7.11}$$

Die *Reibleistung* P_R ist dann:

$$P_R = E_R/t = \mu \cdot F_N \cdot v. \tag{7.12}$$

Vorausgesetzt, die gesamte Reibungsenergie wird in Wärme umgesetzt, ergibt sich eine *Wärmedichte* Q_R

$$Q_R = (\mu F_N v)/A. \tag{7.13}$$

Diese Wärme fließt über die Masse des Grundkörpers, des Gegenkörpers und über das Umgebungsmedium je nach deren Wärmeleitfähigkeit und Dauer und Fläche des Kontaktes unterschiedlich schnell ab. Nicht berücksichtigt ist hierbei die Energiedissipation durch Verformung, Bruch, Schallemission und Lichtemission (Tribolumineszenz). Sind die Kontaktflächen sehr klein, z. B. bei Rauheitshügeln, so fließt die Wärme nur über kleine Flächen ab, die Temperaturen steigen rasch an und überschreiten schnell einige 1000 K. Nachdem solche Kontakte nur extrem kurzzeitig zustande kommen, hat sich der Fachbegriff der *Blitztemperaturen* (engl.: *flash temperature*) eingebürgert.

Unter diesen vereinfachenden Randbedingungen haben Blok (1937), Jaeger (1942) und Holm (1948) erste Modelle zur Abschätzung der Erwärmung der Reibpartner für technische Kontaktsituationen erstellt [542–544]. Archard hat diese 1958 für die Bedingungen des Stift–Scheibe-Versuchs analytisch umformuliert [545].

7.6.1 Blok-Modell

Das Blok-Modell geht von einer Situation in einem Wälzlager bzw. Walzwerk aus. Ein Rollenpaar soll mit einer Relativgeschwindigkeit und Linienkontakt aneinander reiben, wobei die elastische Verbreiterung des Linienkontaktes durch die Andruckkräfte zu einem Flächenkontakt berücksichtigt wird (Abb. 7.39).

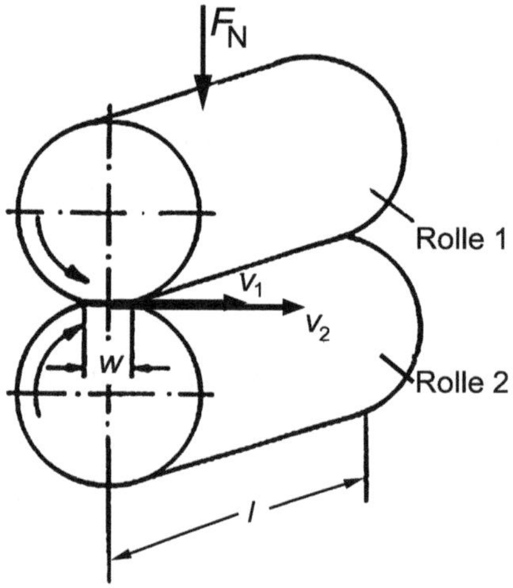

Abb. 7.39: Blok-Modell mit Linienkontakt analog zum Walzenstuhl [493].

Hintergrund des Modells ist die Überlegung, dass die Reibleistung vollständig in Wärme überführt wird, die entsprechend den thermischen Eigenschaften beider Rollenmaterialien in die Rollen abgeführt wird. Die lokale Temperaturerhöhung ΔT_R am Reibkontakt in [K] ergibt sich mit l = Kontaktlänge, w = Kontaktbreite und $b = \sqrt{\lambda \rho c_p}$ zu:

$$\Delta T_R = 1{,}11 \frac{\mu F_N v}{b_1\sqrt{v_1} + b_2\sqrt{v_2}} \cdot \frac{1}{l\sqrt{w}}. \tag{7.14}$$

Ist die Verbreiterung des Linienkontaktes nicht messbar, kann die elastische Verformung in die Berechnung einbezogen werden. Für artgleiche Rollen der Radien $R_{1,2}$ ergibt sich dann:

$$\Delta T_R = 0{,}62 \cdot \left(\frac{\mu F_N v}{l}\right)^{3/4} \cdot |\sqrt{v_1} - \sqrt{v_2}| \cdot \left[\frac{E}{(1-\nu^2)} \cdot \frac{1}{1/R_1 + 1/R_2}\right]^{1/4} \cdot \frac{1}{b}. \tag{7.15}$$

7.6.2 Archard-Modell

Das Archard-Modell verwendet einfache analytische Ansätze unter Voraussetzung des Stift-Scheibe-Kontaktes (Abb. 7.40) und kann daher auch für die Abschätzung von Temperaturen beim Schleifen von Werkstoffen bzw. für die Kontaktverhältnisse zwischen Rauheitshügeln eingesetzt werden, wobei hier die Verhältnisse beim Eingriff eines Schleifkorns gemeint sind. Das Modell berücksichtigt dabei, dass sich in Abhängigkeit von der Relativgeschwindigkeit der im Grundkörper erwärmte Oberflächenbereich ebenfalls mehr oder minder schnell mitbewegen kann. Bei kleinen Relativgeschwindigkeiten wird der heiße Bereich mithalten, die eingebrachte Wärme fließt gleichmäßig in Grund- und Gegenkörper ab. Bei sehr großen Relativgeschwindigkeiten trifft der Gegenkörper dagegen stets auf kalte Grundkörperoberflächen und wird dadurch gekühlt.

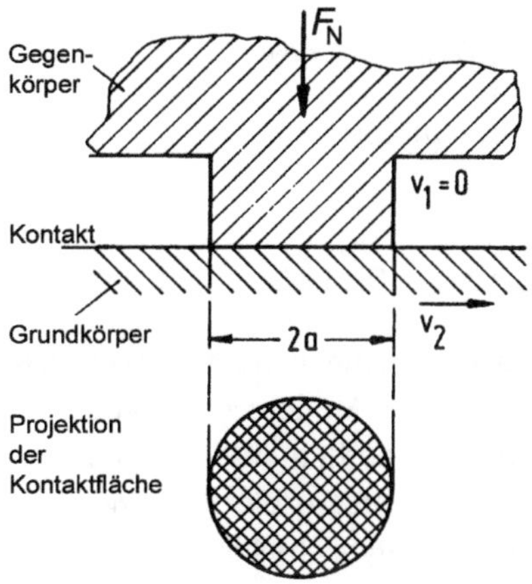

Abb. 7.40: Archard-Modell mit Flächenkontakt analog zum Stift–Scheibe-Versuch [493].

Archard hat die Materialeigenschaften zu einem dimensionslosen Faktor N zusammengefasst, wobei HV die Vickershärte des weicheren Reibpartners darstellt und somit ein Maß für die Verbreiterung der effektiven Kontaktfläche darstellt.

$$\text{Archard-Zahl } N \quad N = \mu \frac{\pi \mathrm{HV}}{\rho c_p}. \tag{7.16}$$

Archard betrachtet den lokalen Temperaturanstieg aufgrund der Reibungswärme als dreistufige Funktion der Relativgeschwindigkeit Δv und der Geschwindigkeit der Wärmeableitung. Hieraus resultiert eine dimensionslose Kennzahl, die in der Thermodynamik als Péclet-Zahl Pe bzw. in der Tribologie als Archard-Zahl L bekannt ist. Sie beschreibt das Verhältnis von advektiven zu diffusiven Flüssen innerhalb einer charakteristischen Länge l, kombiniert also beispielsweise Stofftransport mit Wärmetransport.

Strömungsdynamisch ergibt sich $\mathrm{Pe} = \mathrm{Re} \cdot \mathrm{Pr}$, also das Produkt aus Reynolds-Zahl und Prandtl-Zahl mit:

$$\text{Péclet-Zahl} \quad \mathrm{Pe} = \frac{l \cdot \rho \cdot c_p}{\lambda} \Delta v. \tag{7.17}$$

Archard drückt die charakteristische Kontaktlänge mittels der unter der Normalkraft erfolgenden plastischen Verformung, gegeben durch die Vickershärte, aus. Man erhält die

$$\text{Archard-Zahl } L \quad L = \frac{\rho c_p}{2\lambda\sqrt{\pi \mathrm{HV}}}\sqrt{F_\mathrm{N}}\Delta v. \tag{7.18}$$

Die lokale Temperaturerhöhung ΔT_R ergibt sich dann aus dem Produkt von N und L, das je nach betrachtetem Relativgeschwindigkeitsbereich mit angepassten Proportionalitätsfaktoren korrigiert werden muss.

Für kleine Gleitgeschwindigkeiten $L < 0{,}1$ gilt: $\Delta T_\mathrm{R} = 0{,}25NL$,
für mittlere Gleitgeschwindigkeiten $0{,}1 < L < 5$ gilt: $\Delta T_\mathrm{R} = 0{,}25\beta NL$,

wobei $\beta(L)$ die Wärmeaufnahme des Grundkörpers beschreibt:

$\beta = 0{,}95$ für $L = 0{,}1$ und $\beta = 0{,}5$ für $L = 5$,
Für hohe Gleitgeschwindigkeiten $5 < L < 100$ gilt: $\Delta T_\mathrm{R} = 0{,}435NL^{1/2}$.

Das Archard-Modell erfuhr in den späteren Jahren zahlreiche Verfeinerungen z. B. durch Kuhlmann-Wilsdorf (1987), die in einem analytischen Modell zeigen konnten, dass keine drei diskreten Geschwindigkeitsbereiche erforderlich sind, sondern die Temperaturerhöhung monoton mit der Relativgeschwindigkeit ansteigt [514, 546, 547]. Tian und Kennedy unterbreiteten 1994 eine vollständig analytische Lösung unter Berücksichtigung verschiedener Kontaktflächen- bzw. Rauheitshügelgeometrien [548].

$$\Delta T_\mathrm{max} = \frac{2\cdot l\cdot q_0\cdot\sigma}{K_1\sqrt{\pi(1+\mathrm{Pe}_1)}} = \frac{2\cdot l\cdot q_0\cdot(1-\sigma)}{K_2\sqrt{\pi(1+\mathrm{Pe}_2)}} \tag{7.19}$$

mit q_0 = maximaler Wärmefluss im Zentrum einer kreisförmigen Kontaktfläche und l = Radius der Kontaktfläche. $K_{1,2}$ beschreibt die thermischen Eigenschaften der Körper 1 und 2 mit $K = \kappa\cdot\rho\cdot c_p$ mit κ = Wärmediffusivität, ρ = Dichte und c_p = spez. Wärme. σ ist der Bruchteil des Gesamtwärmeflusses Q in Richtung auf Körper 1, $(1-\sigma)$ ist entsprechend Bruchteil des Gesamtwärmeflusses in Richtung auf Körper 2. σ kann ausgedrückt werden durch:

$$\sigma = \frac{1}{1+\frac{K_2}{K_1}\sqrt{\frac{1+\mathrm{Pe}_2}{1+\mathrm{Pe}_1}}}. \tag{7.20}$$

Die normierte durchschnittliche Temperaturerhöhung ist in Abb. 7.41 gegen die Péclet-Zahl aufgetragen.

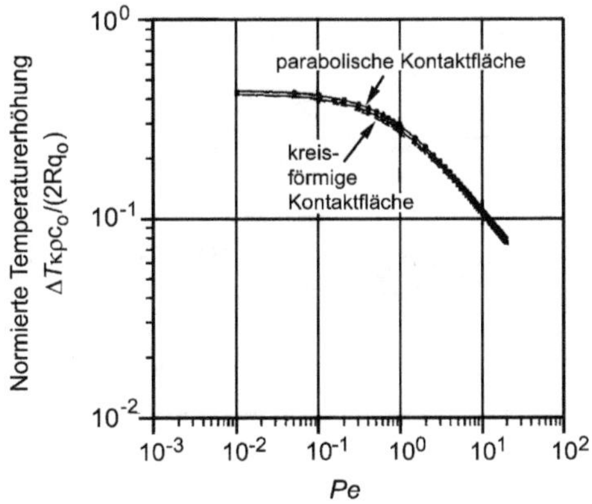

Abb. 7.41: Temperaturerhöhung normiert auf die thermophysikalischen Eigenschaften der Reibpartner gegen Péclet-Zahl nach analytischen Berechnungen von [548]. Gegenüber dem Archard-Modell ist die Funktion nicht mehr abschnittsweise für diskrete Pe- bzw. *L*-Zahlen definiert, sondern über den gesamten technisch sinnvollen Geschwindigkeitsbereich. © ASME, Abdruck mit freundl. Genehmigung.

Da die physikalischen Eigenschaften der Reibpartner von der Temperatur abhängen, muss die Abschätzung iterativ vorgenommen werden und die Eigenschaftsdaten, soweit verfügbar, müssen schrittweise angepasst werden. Bei Halbmetallen oder keramischen Werkstoffen kann dabei die kritische Temperatur des Übergangs vom elastischen zum plastischen Verhalten erreicht oder überschritten werden, sodass die Anzahl der Mikrokontakte sowie die Kontaktflächen anwachsen. Solche Randbedingungen sind in Simulationsmodellen programmiert und verfügbar. Eine übersichtliche Zusammenstellung und Analyse der wichtigsten Arbeiten zum Blitztemperaturkonzept haben jüngst Kloß und Woydt [549] veröffentlicht, die neben den Hochtemperatureigenschaften keramischer Werkstoffe noch den Druckeinfluss berücksichtigen und Beispiele aus der Gasturbinentechnik einbringen.

Für eine Gleitpaarung ZrO_2/ZrO_2 (Mg-PSZ) berechnete Woydt [508] die Temperaturerhöhung als Funktion der Umgebungstemperatur und der Anzahl der Mikrokontakte für eine kleine Relativgeschwindigkeit von 3 cm/s und kleine Kontaktflächen ($\approx 0{,}1\,mm^2$) sowie für eine hohe Relativgeschwindigkeit von 300 cm/s und große Kontaktflächen ($10\,mm^2$) bei konstanter Normalkraft und Reibungskoeffizient. Im ersten Fall betrug die maximale Temperaturerhöhung etwa 140 °C, bei hohen Relativgeschwindigkeiten wurden Blitztemperaturen >1000 °C ermittelt.

Messungen der Blitztemperaturen gelangen Griffioen, Bair & Winer [515] an ZrO_2 im Stift–Scheibe-Versuch. Abbildung 7.42 zeigt, dass die lokalen Temperaturen bis zu 2400 °C erreichen können. Die Diagramme belegen ferner die Verformung der Mikrokontakte bzw. des Temperaturfeldes in Richtung der Relativbewegung.

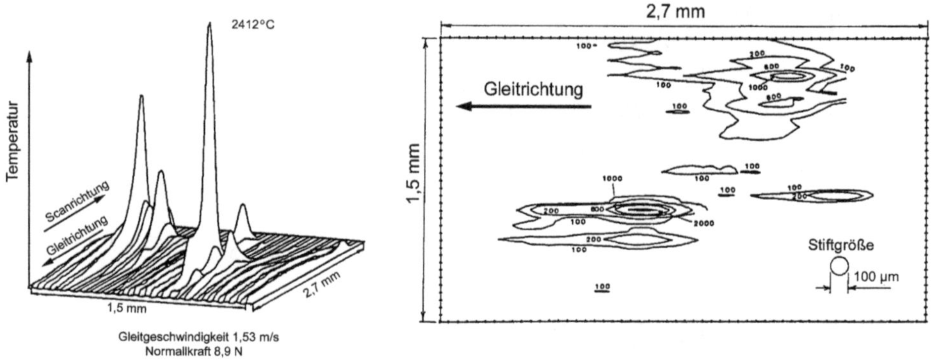

Abb. 7.42: Kontakttemperaturen beim Stift–Scheibe-Versuch mit ZrO_2. Links: Temperaturprofile, rechts: Isothermenkarte des Messfeldes. Nach Griffioen, Bair & Winer [515].

Die experimentelle Bestimmung der Blitztemperaturen erfolgt entweder über Infrarot- bzw. Pyrometermessungen durch den transparenten (z. B. einkristallinen) Grundkörper (z. B. bei Saphir oder vollstabilisiertem ZrO_2) hindurch oder durch in den Gegenkörper eingebrachte Thermoelemente und Extrapolation von der Messstelle zur Kontaktstelle. So konnten Suzuki und Kennedy [550] an der Stift-Scheibe-Paarung Saphir/Hartmagnet mit Ni–P-Beschichtung (v = 5–25 m/s, F_N = 67 mN) eine Pulsdauer zwischen 1,5 und 25 µs sowie typische schmale bzw. breite Intensitätsverteilungen bestimmen und mit Tiefenprofilen über die Verschleißspuren korrelieren (Abb. 7.43). Die kürzeren Pulse ergaben Temperaturen oberhalb 1100 °C und basierten auf einer gleichmäßigen, schmaleren und eher abrasiven Kraterbildung, während die längeren Pulse Temperaturen bis 900 °C erreichten und auf eine tiefe, von Bruchvorgängen gekennzeichnete Kraterbildung zurückzuführen waren.

Curry u. M. untersuchten die Temperaturen am Schleifkontakt zwischen Diamant- und SiC-Schleifscheiben und Mg-PSZ-Keramik mittels IR-Spektroskopie experimentell und mittels Simulation [551]. Sie fanden, dass bei gleichbleibender Schnittgeschwindigkeit (3500 min^{-1}) und zunehmender Zustellung, d. h. zunehmender Materialabtragsrate die Temperaturen systematisch abnahmen. Dabei schnitt die SiC-Schleifscheibe mit 2816 °C bei 0,0025 mm Zustellung und einer Abtragsrate von 0,375 mm^3/s·mm „kühler“ als die Diamant-Schleifscheibe mit 3133 °C. Gerade bei ZrO_2 wird jedoch auch der Effekt der *Triboluminseszenz* beobachtet, einer „kalten“ Lichtemission bedingt durch die Bildung und Rekombination von Gitterdefekten, die oftmals fälschlich mit tatsächlicher Joulescher Erwärmung in Verbindung gebracht wird.

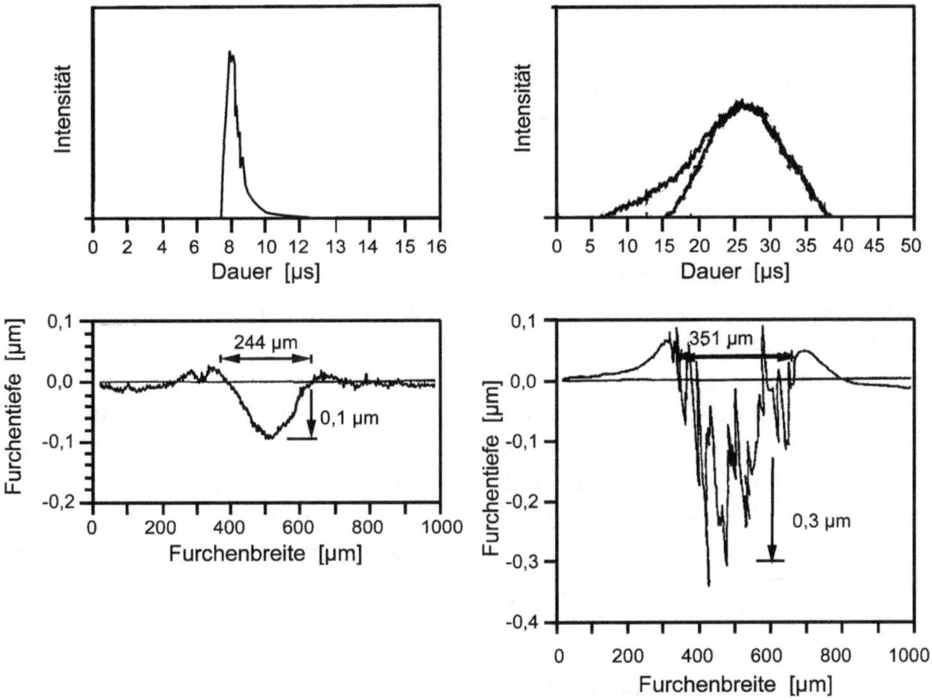

Abb. 7.43: Pulsdauern von Blitztemperaturereignissen und Oberflächenprofile von Saphir–Hartmagnet-Paarungen im Stift–Scheibe-Versuch, nach Daten von [550].

7.7 Bewertungs- und Charakterisierungsverfahren

7.7.1 Messgrößen

Masse- und Kraftänderungen

Verschleiß wird meist nach Volumen- und Kraftänderungen bestimmt und bewertet, die direkt oder indirekt experimentell zugänglich sind. Die Untersuchung einer Verschleißkinetik wird aber dadurch erschwert, dass ein Probekörper aus dem Prüfstand, eventuell sogar aus seinem Halter ausgebaut und gewogen oder in der Länge vermessen werden muss. So sind die Messfehler nicht nur sehr groß, sondern der Wiedereinbau in den Prüfstand gefährdet die Fortführung der Versuche unter identischen Bedingungen, da kaum dieselbe Position und Anpressung zwischen Grund- und Gegenkörper erzielt werden kann. Die Folge ist eine neue Einlaufphase. Besser sind da kontinuierliche Messungen der auftretenden Kräfte oder Emissionen, die mit modernen instrumentierten Prüfständen und einer schnellen Datenerfassung möglich sind. Folgende Größen lassen sich bestimmen:

Materialabtrag:	Längenänderung, Volumenverlust, Massenverlust.
Kräfte/Kinematik:	Reibkraft, Normalkraft, Geschwindigkeit (Beschleunigung).
Emissionen:	Temperatur, Schallemission, Lichtemission (Triboluminescenz).
Gefügeveränderungen:	Oberflächentopographie, Randzonen-Gefüge, Oberflächenchemie, Randzonenchemie.

Oberflächentopographie und Oberflächenrauheit

Gefügeveränderungen werden in erster Näherung über die Oberflächentopographie und Oberflächenchemie dokumentiert. Hierfür stehen die üblichen rasterelektronenmikroskopischen Verfahren bis hin zur Rastertunnelmikroskopie zur Verfügung. Schwieriger wird die Charakterisierung der Randzone, da hierfür sorgfältig Querschnitte präpariert werden müssen, ohne die Verschleißeinflüsse zu überdecken. Dann erschließen sich allerdings mittels Transmissionselektronenmikroskopie auch Verformungen über Versetzungsmechanismen, Zwillingsbildung, Phasenumwandlungen etc., z. B. [194, 516, 552, 553]. Zur Charakterisierung der Oberfläche stehen folgende Verfahren zur Verfügung:

- mechanische Verfahren (Abtastverfahren),
- lichtoptische Verfahren (konfokale 3D-Mikroskopie, Laserinterferometrie),
- elektronenoptische Verfahren (konfokale REM),
- Röntgenmethoden (Spannungszustände).

Die Untersuchung der chemischen Zusammensetzung der Kontaktoberflächen zweier Reibpartner liefert wichtige Hinweise auf Materialübertrag oder Korrosion bzw. tribochemische Verschleißvorgänge. Hierzu müssen gelegentlich sehr aufwendige Analysemethoden herangezogen werden wie Mikrosonde, Auger-Elektronenspektroskopie, ESCA, SIMS, Rutherford-Rückstreuspektroskopie etc.

Die Bestimmung der Oberflächenrauheit ist in der DIN EN ISO 4287:2010 bzw. der ASME 46.1 normiert. Die Messung selbst erfolgt über eine Abtastung oder mit Interferometer. Technisch sind der Mittenrauwert R_a und die gemittelte Rautiefe R_z von Bedeutung:

Der *Mittenrauwert* R_a wird bestimmt durch eine statistische Behandlung des gemessenen Rauheitsprofils. Hierzu wird eine Mittellinie berechnet, die Rauheitshügel mit der Fläche A_o und Rauheitstäler mit der Fläche A_u über eine Messlänge L flächengleich teilt ($\Sigma A_o = \Sigma A_u$, senkrechte Schraffur in Abb. 7.44 oben). Danach werden die Flächen der Rauheiten virtuell eingeebnet (schräge Schraffur), sodass $A_g = \Sigma A_o + \Sigma A_u$ beträgt.

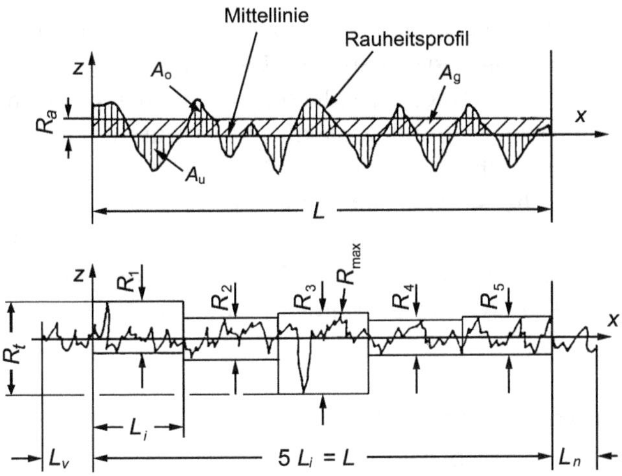

Abb. 7.44: Bestimmung von Mittenrauwert und gemittelter Rautiefe nach Versteeg in [493] oder [498].

Die resultierende Höhe dieser Schicht bezogen auf die Mittellinie ist R_a und damit das arithmetische Mittel der absoluten Profilabweichungen oberhalb sowie unterhalb der Mittellinie:

$$R_a = \frac{1}{L} \int_0^L |z(x)| \mathrm{d}x. \tag{7.21}$$

Der quadratische Mittenrauwert R_q ergibt sich nach

$$R_q = \sqrt{\frac{1}{L} \int_0^L z(x)^2 \mathrm{d}x}. \tag{7.22}$$

Weitere Größen sind die Rautiefe R_t (Abstand zwischen tiefstem und höchstem Profilpunkt), R_p (p = peak, Abstand zwischen Mittellinie und höchstem Profilpunkt), R_v (v = valley, Abstand zwischen Mittellinie und tiefstem Profilpunkt), R_{zi} (Abstand zwischen tiefstem und höchstem Profilpunkt innerhalb eines Messintervalls i) und R_{max} (maximaler Profilpunkt innerhalb eines Messintervalls i).

Bei der *gemittelten Rautiefe* R_z wird die Prüflinienlänge L aus einer Messtrecke nach Abschneiden eines Vorlaufs L_v und eines Nachlaufs L_n in fünf gleichgroße Abschnitte (Messintervalle i) unterteilt, über die gemittelt wird (Abb. 7.44 unten):

$$R_z = \frac{1}{5}(R_1 + R_2 + R_3 + R_4 + R_5). \tag{7.23}$$

Danach wird das arithmetische Mittel dieser Messstreckenergebnisse gebildet. Ein Vergleich von Angaben der Oberflächenrauheit als R_a- und R_z-Werte zeigt, dass sie zahlenmäßig um den Faktor 3 und 15 divergieren können.

Technisch gesehen sind Rauheitstäler nur interessant als Speicherräume für Kühlschmiermittel bzw. für die Aufnahme von Abriebspartikeln. Die Rauheitshügel ihrerseits werden im Zuge des Einlaufprozesses eines Verschleißpaares soweit abgetragen, dass ein Gleichgewicht zwischen Normallast und Kontaktfläche eintritt und die verbleibende Kontaktfläche nicht mehr durch Verformung oder Bruch weiter eingeebnet wird. Die resultierende effektive Fläche ist der so genannte *Traganteil* der geometrischen Kontaktfläche (siehe Kapitel 7.3). Bezogen auf das gemessene zweidimensionale Rauheitsprofil wird dieser Traganteil aus der Profiltraganteilskurve, der *Abbott-Kurve*, ermittelt. Wichtige Größen, die in Abb. 7.45 erläutert werden, sind hierbei:

$$
\begin{aligned}
R_\mathrm{K} &= \text{Kernrautiefe,}\\
R_\mathrm{PK} &= \text{reduzierte Spitzenhöhe,}\\
R_\mathrm{VK} &= \text{reduzierte Riefentiefe,}\\
F_{\mathrm{R}_1} &= \text{Profilspitzenfläche,}\\
F_{\mathrm{R}_2} &= \text{Profilriefenfläche,}\\
M_{\mathrm{R}_1} &= \text{Materialanteil der Spitzen,}\\
M_{\mathrm{R}_2} &= \text{Materialanteil der Riefen.}
\end{aligned}
$$

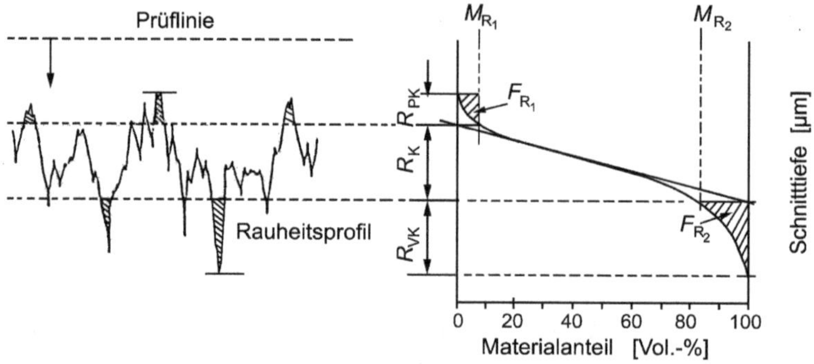

Abb. 7.45: Erstellung der Abbott-Kurve und Ableitung der Kernrautiefe nach [493].

Mit der Ermittlung der Kernrautiefe werden Rauheitsspitzen und besonders tiefe Täler aus dem Rauheitsprofil eliminiert. Dies geschieht durch Aufsuchen und Quantifizieren von Höhenlinien, indem entlang einer Prüflinie die Schnittstrecke mit dem Profil bestimmt und in ein Summenhäufigkeitsdiagramm eingetragen wird. Danach wird die Prüflinie um einen Betrag Δz abgesenkt und erneut gemessen (Pfeil in Abb. 7.45). Sobald die Prüflinie alle Rauheitstäler unterwandert hat, liegt sie nur noch im Vollmaterial, d. h. 100 % Materialanteil ist entlang der Linie getroffen worden. Das Diagramm rechts in Abb. 7.45 stellt also eine um 90° im Uhrzeigersinn gedrehte Summenkurve dar. Typischerweise besitzt diese Kurve nur einen Wendepunkt, so dass hier eine Tangente angelegt und in Richtung auf Materialanteil 0 % bzw. 100 % extrapoliert werden kann. Die Abstände dieser Endpunkte auf der Ordinate ergeben die Kernrautiefe R_K. Die Materialanteile M_{R_1} und $100 - M_{R_2}$ kennzeichnen den zu den unberücksichtigten Spitzen bzw. Riefen gehörenden Materialanteil. Abbildung 7.46 gibt eine Übersicht über die gängigen Bearbeitungsverfahren keramischer Bauteile und die jeweils erreichbaren Oberflächenrauheiten.

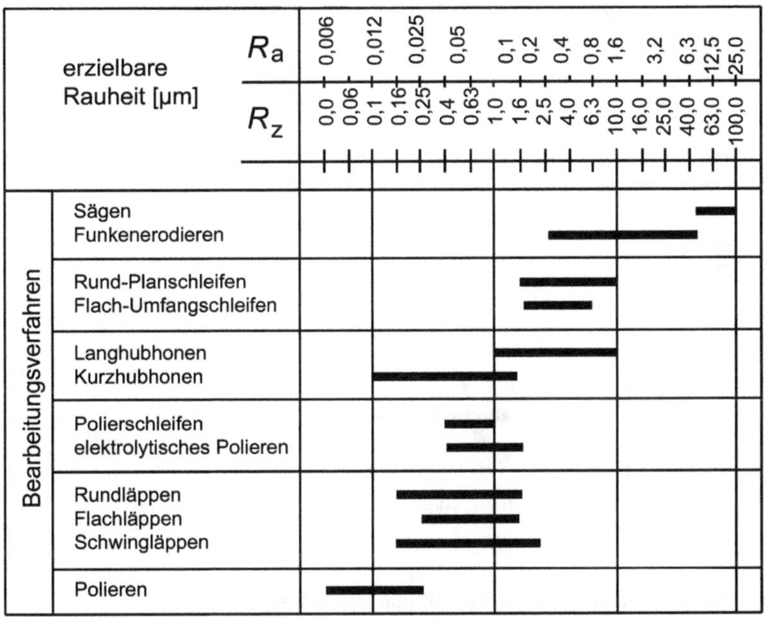

Abb. 7.46: Oberflächenrauheiten in Abhängigkeit von der Bearbeitungsmethode [493].

7.7.2 Laborprüfmethoden

Einige tribologische Laborprüfmethoden wurden bereits angesprochen. Bei der Durchführung der Experimente müssen dabei die Systemeigenschaften des Realfalls beachtet und möglichst ideal nachgestellt werden. Für Relativvergleiche mehrerer Werkstoffe reicht es meistens aus, die jeweiligen Laborbedingungen konstant zu halten. Hierzu gehören auch Luftfeuchtigkeit, Temperatur und Umgebungsmedien. Im Folgenden sollen – ohne Anspruch auf Vollständigkeit – die wichtigsten Labormethoden dargestellt werden.

Stift–Scheibe-Versuch (Pin-on-Disk)

Der Stift–Scheibe-Versuch ist sehr beliebt, da er relativ unkompliziert aufzubauen ist. Das Prinzip ist das des Plattenspielers. Die Probe wird in Form eines Stiftes, einer Kugel etc. auf den rotierenden Grundkörper unter Normallast F_N angepresst. Die Tangentialkräfte werden über Dehnmessstreifen statisch oder dynamisch aufgenommen. Die Reibenergie kann aus der Motorleistung bei gleicher Rotationsgeschwindigkeit oder durch Messung der Rotationsgeschwindigkeit bei konstanter Antriebsleistung ermittelt werden. In Geräten mit dichten Gehäusen lassen sich Kühlmittel, Schmiermittel, Atmosphäre, Luftfeuchtigkeit etc. variieren. In den Stift können Thermoelemente integriert sein, die bis zum Versagen abgeschliffen werden (Abb. 7.47).

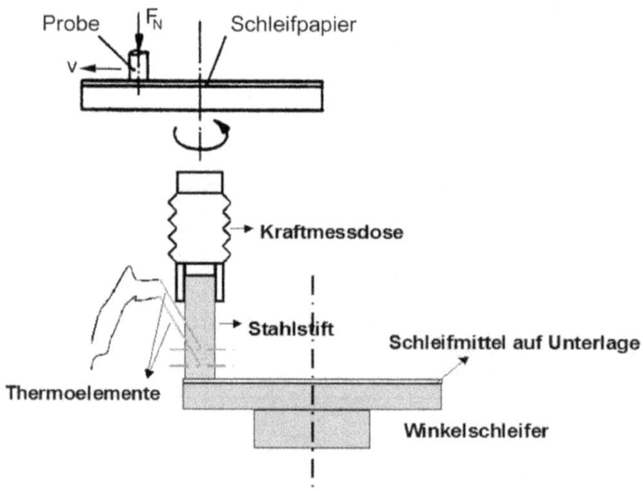

Abb. 7.47: Prinzip der Stift-Scheibe-Methode, rechts mit Temperaturmessung.

Als Grundkörper können neben Vollmaterialien auch Schleifpapiere oder zur Simulation einer Werkstoffbearbeitung auch Segmente von Säge- oder Flexscheiben verwendet werden. Abbildung 7.48 zeigt einen Aufbau mit Federauflast und Lubrikantzuführung, Abb. 7.49 das Detail des Kugel–Platte-Kontaktes. Ebenso lassen sich die Funktion des Stiftes und der Scheibe als Gegen- und Grundkörper vertauschen. In Abb. 7.50 wird ein Schleifpapier gegen einen Normstahl-Stift geprüft, in Abb. 7.51 das Segment einer Trennscheibe gegen eine Scheibe aus Normstahl. Durch eine Spiralbewegung, angetrieben über eine radiale Welle, die den Messkopf mit dem Stift verfährt, lassen sich immer „frische" Spuren generieren. Bei leistungsstarken Antrieben können schwere Grundkörperplatten z. B. aus Beton, Klinker, Ziegelstein, Fliesen, Stahl, Aluminium, aber auch Holz, Spanplatten, Gipsplatten, Gesteine etc. zur Untersuchung der Bearbeitbarkeit durch Schneidwerkstoffe etc. verwendet werden.

Abb. 7.52 gibt ein Beispiel für ein Messergebnis mit einem Borcarbid-TiB_2-Verbundwerkstoff als Stift und massiver Al17Si- bzw. C15-Scheiben als zu bearbeitende Grundkörper. In beiden Fällen der (gewollt) hohe Reibwert zu Beginn des Bearbeitungsprozesses zu erkennen. Danach erfolgt Einlaufen und ein Wechselspiel zwischen Gleiten auf Schichten aus Materialübertrag und Einsatzhärtung der Metalle gefolgt von Bruch, auch beim Stift.

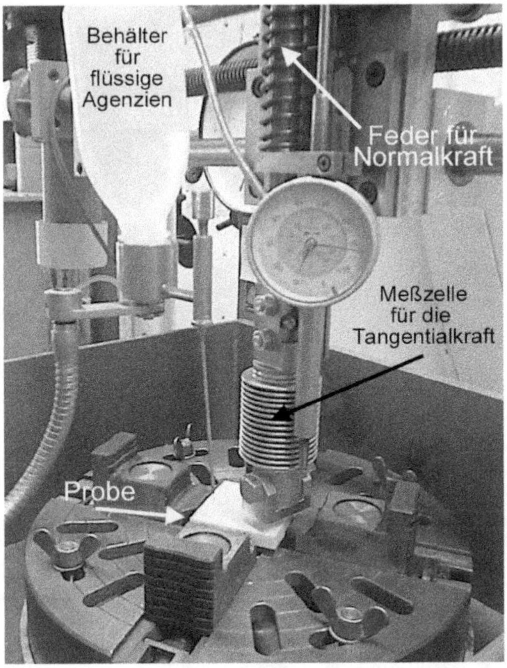

Abb. 7.48: Stift-Scheibe-Prüfstand.

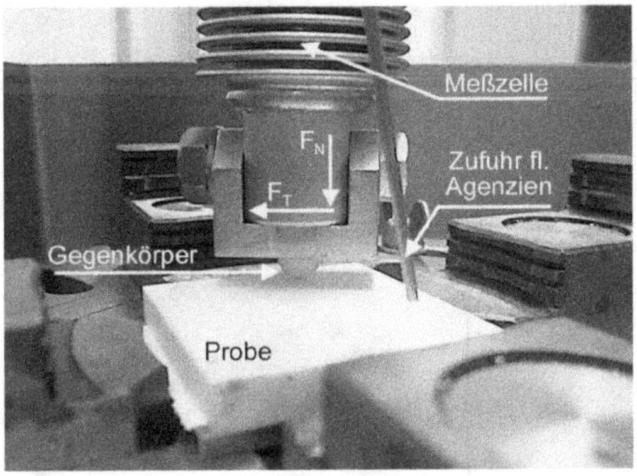

Abb. 7.49: Kugel–Platte-Versuch; beide Bilder © Inst. Gesteinshüttenkunde, RWTH Aachen.

Die Probenaufnahmen mancher Stift-Scheibe-Prüfstände können auch bis 400–600 °C beheizt werden, was die Simulation von Hochtemperatureigenschaften ermöglicht. Das Verfahren lässt sich auch miniaturisieren für den Einbau in ein Rasterelektronenmikroskop zur direkten Beobachtung der Spanbildungsmechanismen.

Abb. 7.50: Prüfung von Schleifpapier.

Abb. 7.51: Prüfung eines Flex-Segmentes; beide Bilder: Inst. Gesteinshüttenkunde, RWTH Aachen.

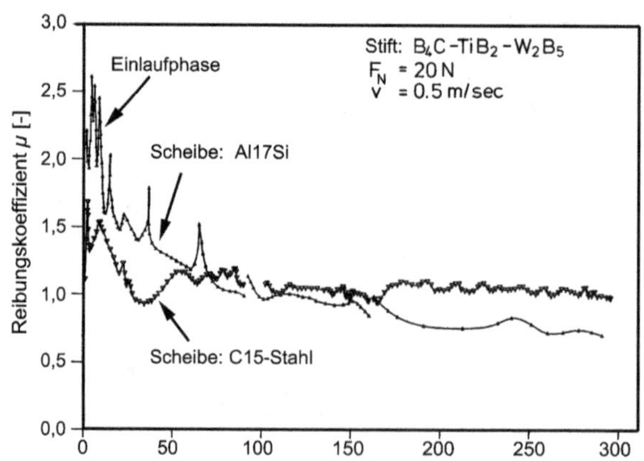

Abb. 7.52: Reibungskoeffizient gegen Laufzeit für die Paarung Borcarbid–TiB_2 und Aluminium bzw. Stahl [523].

Schwingungsverschleiß-Versuch (Fretting)

Das Verhalten von Werkstoffen unter reversierenden Reibbedingungen lässt sich im Schwingverschleißprüfstand gut untersuchen. Abbildung 7.53 zeigt eine Anordnung, in welcher eine Kugel über einen Hebelarm kontrolliert auf eine Platte gedrückt wird, die mit einem Exzentertrieb horizontal oszillierend verschoben wird. Die Frequenzen liegen dabei zwischen 1 Hz und einigen MHz, die Amplituden reichen von einigen hundert Mikrometern bis Zentimetern. Die nach einer vorgegebenen Versuchsdauer oder Schwingzahl erzeugte Furche kann interferometrisch vermessen werden. Auch solche Prüfstände lassen sich bis 900 °C heizen.

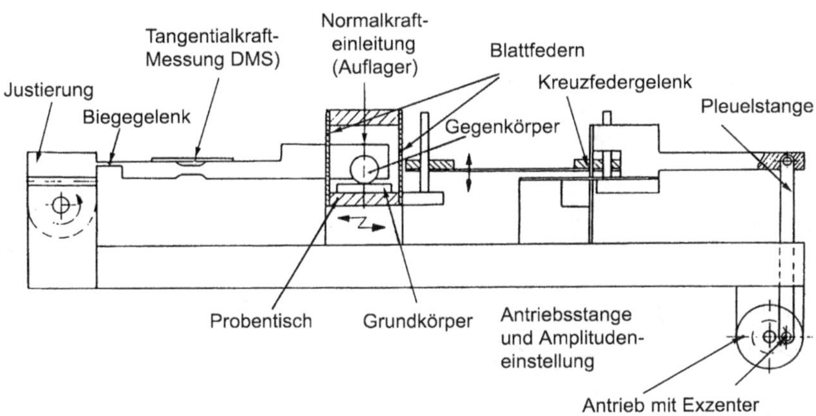

Abb. 7.53: Schwingungsverschleißbestimmung nach Klaffke [554–556].

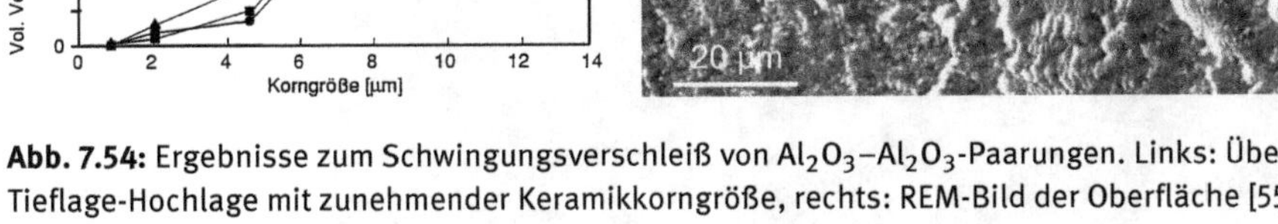

Abb. 7.54: Ergebnisse zum Schwingungsverschleiß von Al_2O_3–Al_2O_3-Paarungen. Links: Übergang Tieflage-Hochlage mit zunehmender Keramikkorngröße, rechts: REM-Bild der Oberfläche [557].

Die Versagensmechanismen beim Schwingungsverschleiß beruhen meistens auf Oberflächenzerrüttung gefolgt von Ausbrüchen und plastischer Einformung des Abriebs. Abbildung 7.54 bringt Messungen von Al_2O_3–Al_2O_3-Paarungen nach der Probenanordnung Ring auf Platte (Linienkontakt) für Keramiken unterschiedlicher durchschnittlicher Korngröße. Der Übergang von Tieflage zu Hochlage des Materialverlustes ist offenkundig und bei einer Korngröße zwischen 5 und 8 µm wahrscheinlich durch Eigenspannungen unterstützt.

Axial-Gelenklager-Prüfstand

Sehr anwendungsnah ist ein Reibversuch zur Simulation von Werkstoffen für wartungsarme Lager, bei denen mehrachsige Rotations- und Kippbewegungen unter hohen Auflasten auftreten. Insbesondere die Gelenklager der Greifarme von Produktionsrobotern sind aufgrund der oft ruckartigen Bewegungen sehr von Verschleiß betroffen. Neben der Werkstoffqualifizierung ist hier aber auch die Geometrieoptimierung wichtig.

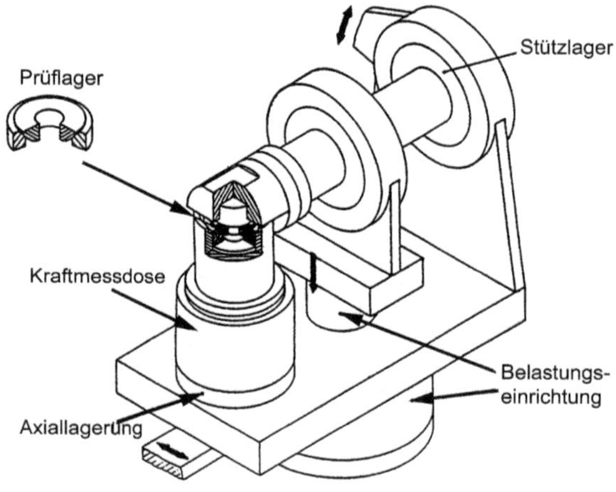

Abb. 7.55: Aufbau eines Axial-Gelenklager-Prüfstandes. Quelle: IKM, Universität Karlsruhe.

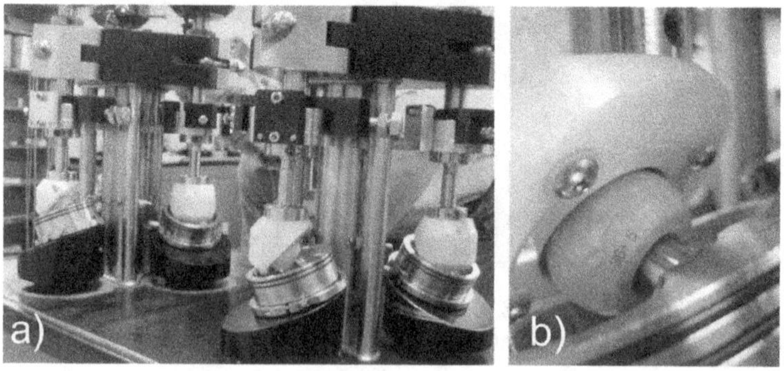

Abb. 7.56: Gehsimulatoren zur Lebensdauerbestimmung von Biowerkstoffen [558]. © John Wiley & Sons, Abdruck mit freundl. Genehmigung.

Abbildungen 7.55 und 7.56 zeigen einen schematischen Versuchsstand für solche komplexe Bauteile sowie Gehsimulatoren, die die Bewegung von Hüftgelenken über einen langen Zeitraum nachstellen und Informationen über das Langzeitverhalten der keramischen Biowerkstoffe liefern.

Prüfung mittels abrasiver Körnungen

Neben den Prüfständen mit Reibkontakten aus geometrisch definierten Grund- und Gegenkörpern sind auch Methoden weit verbreitet, die den abrasiven oder erosiven Verschleiß durch Anströmung mit Hartstoff-Körnungen, den sogenannten *Partikelerosionsverschleiß* testen. Hierbei ist wichtig, die Strömungsverhältnisse des Partikelflusses und den Zustand der Abrasivteilchen gut zu kennen. Abbildung 7.57 zeigt das Prinzip und Messergebnisse eines *Reibrad-Prüfstandes*. Ein Probekörper wird unter einer Kraft *F* gegen ein rotierendes Gummi- oder Stahlrad gepresst, das in ein Ölbad mit Abrasivpartikeln, z. B. SiC-Körnungen, eintaucht. Die Partikel haften dabei auf dem Rad und führen zur Drei-Körper-Abrasion im Kontaktspalt Probe/Rad.

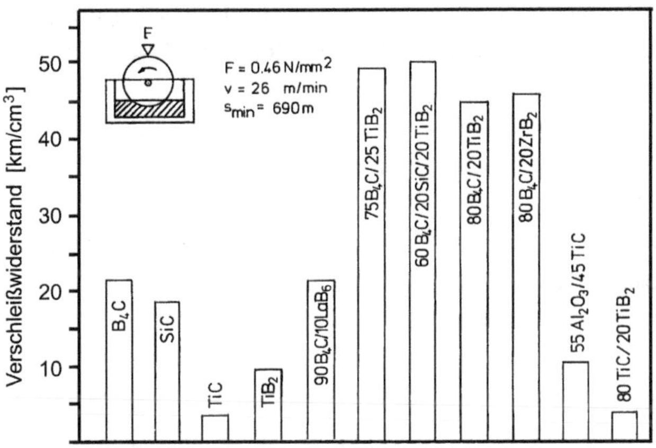

Abb. 7.57: Ergebnisse von Hartstoff-Untersuchungen mit einer Reibradmaschine [559].

Beim *Klotz–Rinne-Versuch*, auch *Avery-Methode* genannt, wird ein Probeklötzchen in einer Rinne auf einer Kreisbahn geführt, die eine Partikelsuspension enthält. Bei der *Schleiftopf-Methode* rotieren Proben und Referenzproben an Exzenterstiften in einem Behälter, der ebenfalls eine Schleifmittelsuspension enthält.

Ein weiterer Versuch, den Partikelerosionsverschleiß zu prüfen, wird in einem Sandstrahl-Prüfstand durchgeführt und umgangssprachlich *Strahlverschleiß-Methode* genannt. Hierbei wird das Strahlgut (Quarzsand, Glaskugeln, Flintstein, Stahlkugeln, Hartmetall...) unter einem bestimmten Winkel α und mit einer definierten Geschwindigkeit auf eine ebene Probe geschleudert. Abbildung 7.58 zeigt den Aufbau einer Strahlkabine und den Injektor, wie er auch zum Entrosten oder Aufrauen von Metalloberflächen verwendet wird [560]. Der Sand wird in diesem Beispiel mit Pressluft beschleunigt.

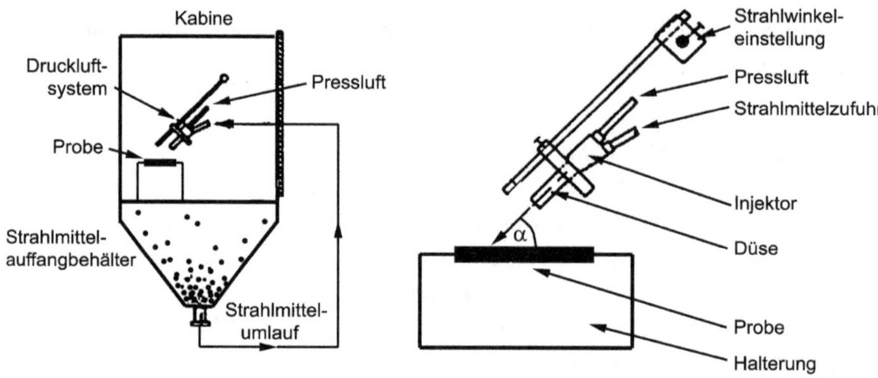

Abb. 7.58: Aufbau einer Anlage zum Sandstrahlen von Prüfplatten [560].

Eine andere Beschleunigungsmethode (Abb. 7.59) für den Abrasivstoff nutzt die Zentrifugalkraft eines Mehrkammer-Schleuderrades. Mit der Umdrehungsgeschwindigkeit und der genauen Füllmenge der Kammern lassen sich die Menge an Strahlgut und dessen Energie sehr gut bestimmen.

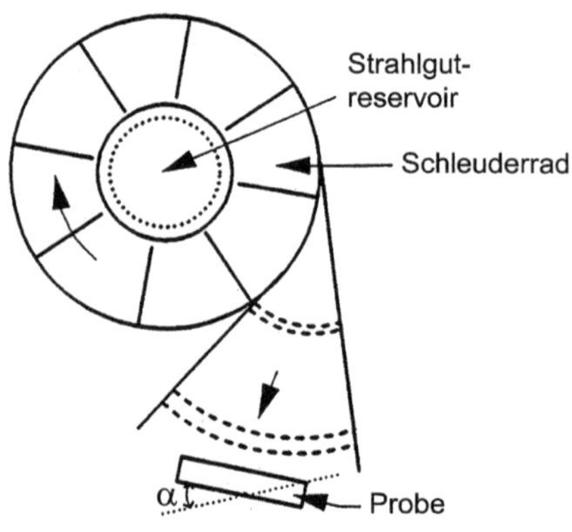

Abb. 7.59: Schleuderrad-Versuch nach J. Föhl, Materialprüfungsanstalt Stuttgart.

Gemessen werden nach einer vorgegebenen Belastungsdauer bzw. einer bestimmten Anzahl von Aufprallereignissen die Tiefe und Breite der Verschleißmarke auf der bestrahlten Platte. Da je nach Zustand des Strahlgutes und dessen kinetischer Energie die Ergebnisse unterschiedlich ausfallen können, sind diese Prüfungen hauptsächlich für Relativmessungen in Gebrauch. Überraschend ist, dass sich die wehrtechnische Industrie auf solche Prüfmethoden zur Qualifizierung von Panzerungen für den Personenschutz verlässt.

Die folgenden Abb. 7.60 und 7.61 zeigen das Verhalten hochreiner Al_2O_3-Keramik unterschiedlicher Gefügekorngröße bei gleicher Dichte und nahezu identischen mechanischen Eigenschaften im Vergleich zu einer kommerziellen Keramik und einem

100Cr6-Stahl. Die Korngröße ist dabei durch Sinterung bei 1300–1700 °C, je 3 h, eingestellt worden. Die Auswahl der Versuchsparameter erfasst gerade den Übergang einer Verschleißtieflage (geringe Strahlmittelgeschwindigkeit) in eine Hochlage (hohe Strahlmittelgeschwindigkeit).

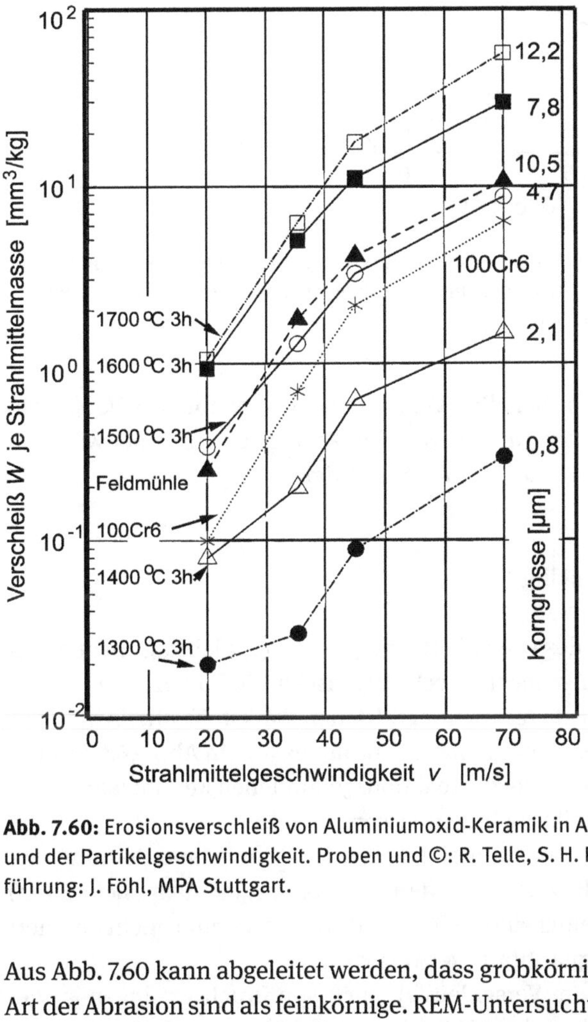

Abb. 7.60: Erosionsverschleiß von Aluminiumoxid-Keramik in Abhängigkeit von Gefügekorngröße und der Partikelgeschwindigkeit. Proben und ©: R. Telle, S. H. Park, MPI Stuttgart; Versuchsdurchführung: J. Föhl, MPA Stuttgart.

Aus Abb. 7.60 kann abgeleitet werden, dass grobkörnige Gefüge anfälliger gegen diese Art der Abrasion sind als feinkörnige. REM-Untersuchungen bestätigen, dass Kornausbruch für einen hohen Materialverlust verantwortlich ist, während feinkörnige Keramiken eher gefurcht werden. Abbildung 7.61 beweist, dass rein abrasiver Verschleiß linear von der Belastungsdauer bzw. Einschlagszahl abhängt. Die Ursachen für die plastische Verformung beim Partikelerosionsverschleiß unter streifendem Einfall werden in den hohen Temperaturen gesehen, die entlang der Aufprallfurche entstehen. Nach dem Blitztemperatur-Konzept kann ein Plasma entstehen. Treffen die Teilchen bei Winkeln unter 90° auf, wird eher Oberflächenzerrüttung beobachtet.

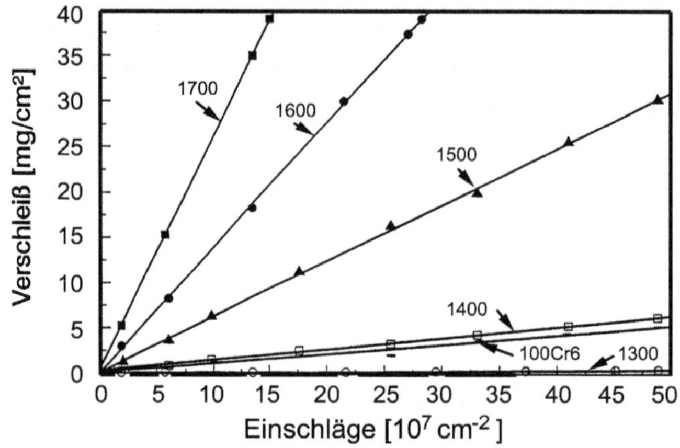

Abb. 7.61: Erosionsverschleiß von Aluminiumoxid-Keramik aus Abb. 7.60 in Abhängigkeit von Gefügekorngröße und der Anzahl der Einschläge pro cm^2. Die Zahlen an den Geraden bedeuten die Sintertemperaturen. Quelle: siehe Abb. 7.60.

Wie bereits oben angedeutet, muss bei allen Versuchen auch der abrasive Verschleiß am Strahlmittel selbst berücksichtigt werden. So erleiden auch Quarzkörner während der Versuche Schädigungen und verlieren ihre „Schnittigkeit".

7.7.3 Verschleißformeln und Ranking

Bei einer quantitativen Deutung des verschleißbedingten Materialabtrags liegt es zunächst nahe, die Härte als diejenige mechanische Eigenschaft heranzuziehen, die einer Abrasion entgegenwirkt. Messungen an mineralischen Werkstoffe aller Art, inklusive Gesteinen, zeigen ungefähr eine parabolische Abhängigkeit. In Abb. 7.62 sind Daten nach Moore [561] eingetragen, wobei die reaktionsgebundenen Keramiksorten porös sind und daher nicht in die Reihung hineinpassen.

Auch die Härteskala nach Mohs (Kapitel 2.8.1) ist im Prinzip eine Reihung von Materialien nach den relativen Ritzeigenschaften und somit nach dem (sichtbaren) relativen Furchungsverschleiß; leider sind die Abstände dieser Reihung nicht definiert und daher diese Angaben nicht quantitativ verwertbar.

Da bei spröden Werkstoffen im Verschleißfall auch von Bruchvorgängen ausgegangen werden muss, haben sich in den 1980er Jahren verschiedene Autoren mit einer quantitativen Korrelation von mechanischen Eigenschaften und Verschleißeigenschaften befasst. Ein wichtiger Ansatzpunkt hierfür war die dynamische Deutung der von Vickers-, Knoop- oder Brinell-Eindrücken ausgehenden Risssysteme, der Medianrisse und der Lateralrisse.

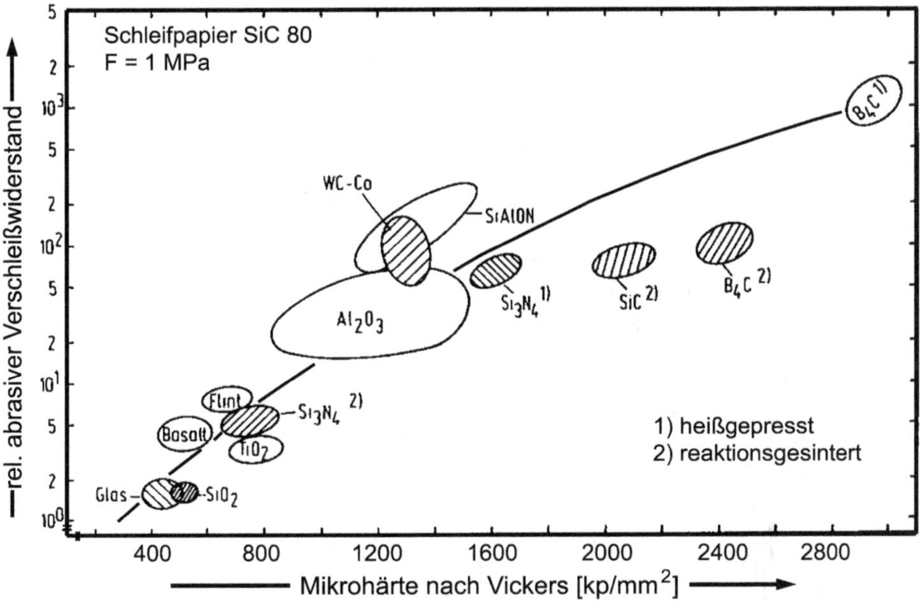

Abb. 7.62: Korrelation von Abrasionswiderstand und Vickershärte nach [561].

Da gerade die Härteprüfung eine Mischbelastung (Kompression, Scherung, Zug) darstellt und Keramiken sowohl plastisch (bleibender Eindruck) als auch spröde (Risse) reagieren, lag es nahe, eine Kombination aus Bruchzähigkeit und Härte als korrelierende Größe zu verwenden. Abbildung 7.63 stellt eine solche Korrelation nach Versuchen von Dimond, Kirk und Briggs [562] dar, die aus Brinell-Tests resultiert. Hierin bedeuten $2a$ den Durchmesser des Eindrucks (plastische Verformung) und $2c$ die Gesamtlänge der an der Oberfläche sichtbaren Palmquist-Risse und P die Auflast. Der Volumenverlust wurde mit Stift–Scheibe-Versuchen bestimmt. Es gelingt durch Auftragung des Verschleißbetrages gegen die Funktion $K_{\mathrm{Ic}}^{3/4} \cdot H^{1/2}$, einen linearen Zusammenhang herzustellen. Bemerkenswert sind die Ausreißer Nr. 7 und 8, also Nichtoxide, die an Luft geprüft einen höheren Verschleiß zeigen, aber unter Stickstoff auf der Geraden zu liegen kommen. Ursache hierfür ist die Bildung von weicheren Oxidschichten während der Reibbelastung.

Das Produkt $K_{\mathrm{Ic}}^{3/4} \cdot H^{1/2}$ ist von der Arbeitsgruppe um A. G. Evans auch theoretisch aus der linear-elastischen Bruchmechanik abgeleitet worden [563]. Die recht gute Korrelation von $K_{\mathrm{Ic}}^{3/4} \cdot H^{1/2}$ und Abrasionsverschleiß erlaubt einen theoretischen Vergleich unterschiedlicher Keramiksorten ohne tribologische Prüfung, also ein „Ranking“. Tabelle 7.1 listet Werte für einige Hartstoffe auf. Kubisches Bornitrid (cBN) und Diamant schneiden nicht nur wegen ihrer hohen Härte sehr gut ab, sondern auch weil man diesen Werkstoffen einen sehr hohen Bruchwiderstand von 8–10 $\mathrm{MPam}^{1/2}$ zuschreibt, der jedoch nicht mit Standard-Methoden gemessen werden kann.

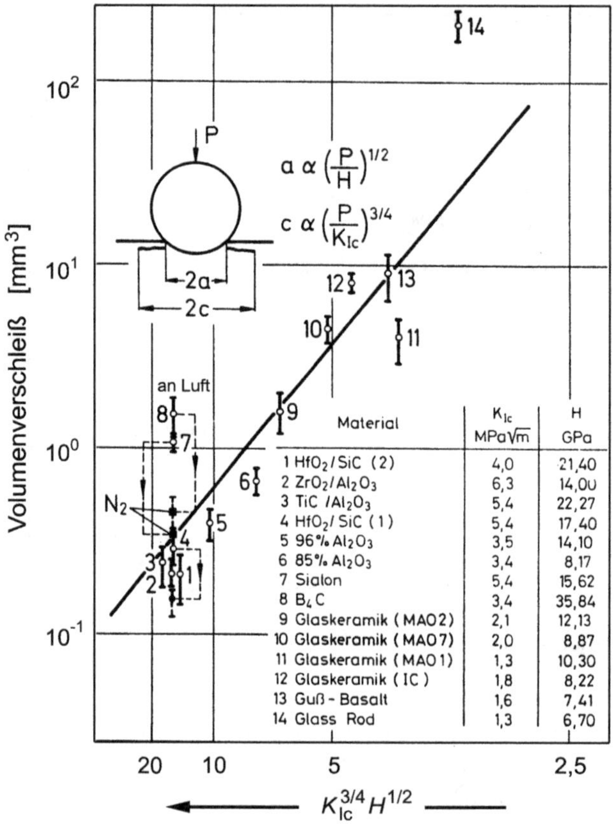

Abb. 7.63: Korrelation von Abrasionsverschleiß, K_{Ic} und Brinellhärte nach [562].

Tab. 7.1: Ranking verschiedener Hartstoffe nach abrasivem Verschleißwiderstand.

Werkstoff	$K_{Ic}^{3/4}H^{1/2}$	Bemerkungen
kubisches Bornitrid cBN	59	hoher K_{Ic}-Wert zugeschrieben
Diamant	52	hoher K_{Ic}-Wert zugeschrieben
Wolframcarbid WC	24	
Borcarbid B_4C	25–28	hohe Härte, aber geringer K_{Ic}
Si_3N_4 + TiC	21	hoher K_{Ic} durch Rissablenkung
Al_2O_3 + TiC	17	klassischer Hartstoff für die Zerspanung
TiC	15	hohe Härte, mittlerer K_{Ic}
SiC + HfO_2	15	hoher K_{Ic} durch Rissablenkung
Al_2O_3 + ZrO_2	15	Härteverminderung durch ZrO_2-Zugabe, aber K_{Ic}-Erhöhung durch Umwandlungsverstärkung
SiAlON	14	mittlere Härte und K_{Ic}
SiC	14	hohe Härte, geringer K_{Ic}
Si_3N_4	12	mittlere Härte und K_{Ic}
Al_2O_3	9	hohe Härte

Neben dem Ansatz von Dimond, Briggs und Kirk gibt es eine Vielzahl weiterer Korrelationsfunktionen, sogenannter „Verschleißformeln“, die teilweise für spezielle Materialabtragsmechanismen und Prüfmethoden, aber auch bestimmte Werkstoffpaarungen entwickelt worden sind, z. B.:

Hornbogen	$W_V = \text{const} \cdot \dfrac{m^2 P^{3/2} E\sigma_s}{H^{3/2} \cdot K_c^2}$	bruchdominiert
Evans und Wilshaw	$W_V = \text{const} \cdot \dfrac{1}{H^{1/2} \cdot K_c^{3/4}}$	bruchdominiert
Dawihl und Dwořak	$W_V = \text{const} \cdot \dfrac{\mu P \sqrt{\pi a}}{K_c}$	defektdominiert
Lawn	$W_V = \text{const} \cdot \dfrac{P^{5/4} d^{1/2}}{H^{3/4} \cdot K_c^{1/2}}$	bruchdominiert
Evans und Marshall	$W_V = \text{const} \cdot \dfrac{P^{9/8} E\sigma_s}{H^{5/8} \cdot K_c^{1/2}} \cdot \left(\dfrac{E}{H}\right)^{4/5} \cdot s$	Verformung
Zum Gahr	$W_V = \text{const} \cdot \dfrac{H^{1/2}}{K_c^2}$	bruchdominiert
Woydt und Habig	$W_V = \dfrac{2P^{5/4} s \cdot \sin\vartheta}{H^{1/2} \cdot K_c^{3/4}}$	prozessdominiert
Ruff und Wiederhorn	$W_V = \text{const} \cdot \dfrac{H^{1/9}}{K_c^{4/3}}$	bruchdominiert

mit: W_V = Verschleißvolumen; H = Härte; K_c = Bruchwiderstand; E = E-Modul; P = Normalkraft, Last; σ_s = Streckgrenze; μ = Reibungskoeffizient; a = Risslänge, Defektgröße; d = Korngröße; m = Weibull-Modul; s = Gleitweg; ϑ = halber Kontaktwinkel des Abrasivkorns.

Eine weitere Unterscheidung des Werkstoffverhaltens kann nach den Thermoschockparametern erfolgen, die Hasselman vorgeschlagen hat (Kapitel 2.9.4, Tabelle 2.11). Sie beinhalten die thermischen Eigenschaften der Werkstoffe wie den Wärmeausdehnungskoeffizient α und die Wärmeleitfähigkeit λ, da innere Spannungen durch das Produkt aus Temperaturgradient ΔT und α bedingt sind und über eine gute Wärmeleitfähigkeit abgebaut werden können. Die im Festkörper aufzunehmende elastische Energie hängt vom $U_{el} = 1/2 \cdot \sigma^2/E$ (Kapitel 2.2, Gl. 2.220) ab, das Versagensverhalten von der Festigkeit σ_b und dem Bruchwiderstand K_c.

Eine weitere Reihung kann nach tribochemischen Gesichtspunkten erfolgen. Dies erfordert genaue Kenntnis der Stoffsysteme und Bildungsenthalpien der beteiligten Phasen, auch eventueller Reaktionsprodukte, bei den entsprechenden Temperaturen.

Aufgrund der hohen Kontakttemperaturen reicht eine Werkstoffqualifizierung anhand der zuvor geschilderten Methoden nicht aus, solange nicht die entsprechenden Hochtemperatureigenschaften ermittelt und in den Gleichungen verwendet werden. Insgesamt gesehen ist also der reale Bauteilversuch, soweit möglich, zu bevorzugen, während reduzierte Modellversuche höchstens eine Vorauswahl geeigneter Werkstoffkandidaten liefern können.

Anhang

1 Internationales Einheitensystem (SI)

SI-Basiseinheiten

Physikalische Größe		Einheit	
Name	**Symbol**	**Name**	**Symbol**
Länge	l	Meter	m
Masse	m	Kilogramm	kg
Zeit	t	Sekunde	s
Elektrische Stromstärke	I	Ampere	A
Thermodynamische Temperatur	T	Kelvin	K
Lichtstärke	I_v	Candela	cd
Stoffmenge	n	Mol	mol

Gebräuchliche abgeleitete Einheiten

Physikalische Größe		Einheit		
Name	**Symbol**	**Name**	**Symbol**	**Definition**
Frequenz	v	Hertz	Hz	s^{-1}
Kraft	F	Newton	N	$kg\,m\,s^{-2} = J\,m^{-1}$
Druck, mechanische Spannung	p	Pascal	Pa	$kg\,m^{-1}\,s^{-2} = N\,m^{-2}$
Energie	E	Joule	J	$kg\,m^2 s^{-2}$
Leistung	P	Watt	W	$kg\,m^2\,s^{-3} = J\,s^{-1}$
Elektrische Ladung	Q	Coulomb	C	A s
Elektrische Potenzialdifferenz	U	Volt	V	$kg\,m^2\,s^{-3}\,A^{-1} = J\,A^{-1}\,s^{-1}$
Elektrischer Widerstand	R	Ohm	Ω	$kg\,m^2\,s^{-3}\,A^{-2} = V\,A^{-1}$
Elektrischer Leitwert	G	Siemens	S	$kg^{-1}\,m^{-2}\,s^3\,A^2 = \Omega^{-1}$
Elektrische Kapazität	C	Farad	F	$kg^{-1}\,m^{-2}\,s^4\,A^2 = C\,V^{-1}$
Magnetischer Fluss	Φ	Weber	Wb	$kg\,m^2\,s^{-2}\,A^{-1} = V\,s$
Induktivität	L	Henry	H	$kg\,m^2\,s^{-2}\,A^{-2} = V\,A^{-1}\,s$
Magnetische Flussdichte	B	Tesla	T	$kg\,s^{-2}\,A^{-1} = V\,s\,m^{-2}$
Lichtstrom	F	Lumen	lm	Cd sr
Beleuchtungsstärke	E	Lux	lx	$Lm\,m^{-2} = cd\,rs\,m^{-2}$
Radioaktivität		Becquerel	Bq	s^{-1}
Absorbierte Dosis		Gray	Gy	$J\,kg^{-1} = m^2\,s^{-2}$

Definitionen der SI-Basiseinheiten

(mit dem Jahr der letzten Revision).

Meter: Ein Meter ist die Länge der Strecke, die Licht im Vakuum in der Zeitspanne von 1/299.792.458 Sekunden zurücklegt (1983).

Kilogramm: Das Kilogramm ist die Einheit der Masse; sie ist gleich der Masse des internationalen Kilogramm-Prototyps (1901).

https://doi.org/10.1515/9783110742374-009

Eine Neudefinition über eine perfekte Kugel aus von 99,994 Masse-% ^{28}Si mit einem Durchmesser von ca. 93,7 mm bei einer Genauigkeit von 30 nm wird angestrebt (2010). Der Einsatz einer kalibrierten Watt-Waage könnte zu einer kräftemäßigen Definition des Kilogramms führen. Ein weiterer Normvorschlag leitet das Kilogramm vom Planckschen Wirkungsquantum h ab (evtl. ab 2019).

Sekunden: Eine Sekunde ist das 9.192.631.770fache der Periodendauer der Strahlung, die beim Übergang zwischen den zwei Hyperfeinstruktur-Niveaus des Grundzustands des Caesium^{133}-Atoms emittiert wird (1967).

Ampere: Ein Ampere ist die Stärke des konstanten Stroms, der durch zwei im Vakuum im Abstand 1 m parallel angeordnete, geradlinige unendlich lange Leiter von vernachlässigbarem Querschnitt fließt und zwischen diesen Leitern je 1 m Leiterlänge eine Kraft von 2×10^{-7} Newton hervorruft. (1948). Eine Neufassung sieht die Ableitung aus der Elementarladung e vor (2019).

Kelvin: Das Kelvin ist die Einheit der thermodynamischen Temperaturen; dies ist (1/273,16) der thermodynamischen Temperatur des Tripelpunkts des Wassers. (1967). Der Schmelzpunkt von Wasser liegt bei 273,15 K. Eine neue Definition soll über Boltzmann-Konstante k erfolgen (2019).

Candela: Ein Candela ist – in einer gegebenen Richtung – die Lichtstärke einer Lichtquelle, die monochromatische Strahlung mit der Frequenz 540×10^{12} Hertz emittiert und in dieser Richtung eine Strahlungsintensität von (1/683) Watt pro Radiant hat (1979).

Mol: Ein Mol ist die Stoffmenge eines Systems, das sich aus ebenso vielen Elementar-Individuen zusammensetzt, wie in 0,012 kg des Kohlenstoff-Nuklids C^{12} an Atomen enthalten sind. Die Elementar-Individuen müssen bezeichnet werden und können Atome, Moleküle, Ionen, Elektronen, andere Teilchen oder Gruppierungen solcher Teilchen sein. Ein Mol eines Stoffes enthält entsprechend $6{,}02214078 \times 10^{23}$ Teilchen (1971).

Dezimale Teile und Vielfache

Zehnerpotenz	Präfix	Symbol	Abkürz.	Zehnerpotenz	Präfix	Symbol
10^{-1}	dezi	d		10^{1}	deka	da
10^{-2}	zenti	c	%	10^{2}	hekto	h
10^{-3}	milli	m	‰	10^{3}	kilo	k
10^{-6}	mikro	μ	ppm[a]	10^{6}	mega	M
10^{-9}	nano	n	ppb[b]	10^{9}	giga	G
10^{-12}	piko	p	ppt[c]	10^{12}	tera	T
10^{-15}	femto	f	ppq[d]	10^{15}	peta	P
10^{-18}	atto	a		10^{18}	exa	E
10^{-21}	zepto	z		10^{21}	zetta	Z
10^{-24}	yocto	y		10^{24}	yotta	Y

[a]parts per million, [b]billion, [c]trillion, [d]quadrillion: Abkürzungen für Mengenangaben.

Numerische Präfixe

	Griechisch	Lateinisch	IUPAC-Name des Elements*	IUPAC-Symbol des Elements*
0			nil	n
$\frac{1}{2}$	hemi	semi		
1	mono	uni	un	u
$1\frac{1}{2}$		sesqui		
2	di	bi	bi	b
3	tri	ter	tri	t
4	tetra	quadri, quater	quad	q
5	penta	quinque, quin	pent	p
6	hexa	sexi	hex	h
7	hepta	septi	sept	s
8	octa	octa	oct	o
9	ennea	nona	emn	e
10	deca	deci		
viel	poly	multi		

*Für Elemente mit Ordnungszahlen über 100, z. B. Unnilennium (Une) für Element 109.

2 Grundlegende Konstanten (Revision 1986)

Die Zahlen in Klammern sind die Unsicherheiten der letzten Stellen und beziehen sich auf die einfache Standardabweichung.

Name	Symbol	Wert
Avogadro-Konstante: Anzahl der Teilchen je Mol eines reinen Stoffes	N_A	$6{,}0221367(36) \times 10^{23}$ mol^{-1} $6{,}02214078(18) \times 10^{23}$ mol^{-1} (2010)
Faraday-Konstante	F	$96485{,}309(29)$ C mol^{-1}
Elementarladung	e	$1{,}60217733(49) \times 10^{-19}$ C
Ruhemasse des Elektrons	m_e	$9{,}1093897(54) \times 10^{-31}$ kg
Ruhemasse des Protons	m_p	$1{,}6726231(10) \times 10^{-27}$ kg
Ruhemasse des Neutrons	m_n	$1{,}6749286(10) \times 10^{-27}$ kg
Atomare Masseneinheit (1/12 der Masse eines C^{12}-Atoms)	$M_u = 1$ u	$1{,}6605402(10) \times 10^{-27}$ kg
Planck-Konstante	h	$6{,}6260755(40) \times 10^{-34}$ J s
	$\hbar = h/2\pi$	$1{,}05457266(63) \times 10^{-34}$ J s
Lichtgeschwindigkeit im Vakuum	c_0	$2{,}99792458 \times 10^8$ m s^{-1}
Magnetische Feldkonstante im Vakuum	μ_0	$4\pi \times 10^{-7}$ kg m s^{-2} A^{-2}
Elektrische Feldkonstante im Vakuum	$\varepsilon_0 = \mu_0^{-1} c_0^{-2}$	$8{,}854187816 \times 10^{-12}$ kg^{-1} m^{-3} s^4 A^2
Bohr-Radius	$a_0 = \varepsilon_0 h_2/\pi m_e e^2$	$5{,}29177249(24) \times 10^{-11}$ m

Name	Symbol	Wert
Hartree-Energie	$E_h = h^2/m_e a_0^2$	$4{,}3597482(26) \times 10^{-18}$ J
Rydberg-Konstante	$R_\infty = m_e e^4/8\varepsilon_0^2 h^3 c_0$	$1{,}0973731534(13) \times 10^7$ m^{-1}
Rydberg-Konstante (Wasserstoff)	$R_H = R_\infty/(1 + m_e/m_p)$	$1{,}0967758307(13) \times 10^7$ m^{-1}
Bohr-Magneton	$\mu_B = eh/4\pi m_e$	$9{,}2740154(31) \times 10^{-24}$ A m^2
Gaskonstante	R	8,314510(70) J K^{-1} mol^{-1}
		0,08205783(70) L atm K^{-1} mol^{-1}
		82,05783(70) cm^3 atm K^{-1} mol^{-1}
		1,987216(17) cal K^{-1} mol^{-1}
Boltzmann-Konstante	k	$1{,}380658(12) \times 10^{-23}$ J K^{-1}
Volumen von 1 mol eines idealen Gases bei 1 atm, 0 °C	V_m	22,41410(19) L mol^{-1}
bei 1 bar, 0 °C		22,71108(19) L mol^{-1}
bei 1 atm, 25 °C		24,46554(21) L mol^{-1}
Loschmidt-Konstante: Anzahl der Moleküle pro Volumen eines Gases unter Normalbedingungen	N_L	$2{,}6867811(15) \times 10^{25}$ m^{-3}
		$2{,}6867805(24) \times 10^{19}$ cm^{-3}
Standard-Gravitationsbeschleunigung auf der Erde	g_n	9,80665 m s^{-2}
Basis des natürlichen Logarithmus	e	2,718282
	$\ln x$	$2{,}30259 \log x$
	π	3,141592653

3 Wichtige Umrechnungsfaktoren

Energie

	J	cal	erg	cm^3 atm	eV
1 J	1	0,2390	10^7	9,869	$6{,}242 \times 10^{18}$
1 cal	4,184	1	$4{,}184 \times 10^{-7}$	41,29	$2{,}612 \times 10^{19}$
1 erg	10^{-7}	$2{,}390 \times 10^{-8}$	1	$9{,}869 \times 10^{-7}$	$6{,}242 \times 10^{11}$
1 cm^3 atm	0,1013	$2{,}422 \times 10^{-2}$	$1{,}013 \times 10^6$	1	$6{,}325 \times 10^{17}$
1 eV	$1{,}602 \times 10^{-19}$	$3{,}829 \times 10^{-20}$	$1{,}602 \times 10^{-12}$	$1{,}581 \times 10^{-18}$	1

Energieäquivalente

	J mol^{-1}	cal mol^{-1}	erg Molekül^{-1}
Wellenzahl von 1 cm^{-1}	11,96	2,859	$1{,}986 \times 10^{-16}$
1 Elektronenvolt (eV) pro Molekül	$9{,}649 \times 10^4$	$2{,}306 \times 10^4$	$1{,}602 \times 10^{-12}$

Druck

	Pa	atm	mm Hg (Torr)	bar	dyn cm^{-2}	lbf in^{-2} (psi)
1 Pa	1	$9{,}869 \times 10^{-6}$	$7{,}501 \times 10^{-3}$	10^{-5}	10	$1{,}450 \times 10^{-4}$
1 atm	$1{,}013 \times 10^{5}$	1	760,0	1,013	$1{,}013 \times 10^{6}$	14,70
1 mm Hg (Torr)	133,3	$1{,}316 \times 10^{-3}$	1	$1{,}333 \times 10^{6}$	1333	$1{,}934 \times 10^{-2}$
1 bar	10^{5}	0,9869	750,1	1	10^{6}	14,50
1 dyn cm^{-2}	10^{-1}	$9{,}869 \times 10^{-7}$	$7{,}501 \times 10^{-4}$	10^{-6}	1	$1{,}450 \times 10^{-5}$
1 lbf in^{-2} (psi)	$6{,}895 \times 10^{3}$	$6{,}805 \times 10^{-2}$	51,71	$6{,}895 \times 10^{-2}$	$6{,}895 \times 10^{4}$	1

Umrechnung in andere Maßsysteme

Größe	Umrechnungsfaktor	
Länge	1 m	= 100 cm = 10^{10} Å= 39,75 inch = 3,281 feet = 1,0936 yards = $0{,}6214 \times 10^{-3}$ miles
Fläche	1 m^{2}	= 1.550 sq inch = 10,764 sq feet = 1.196 sq yards
Volumen	1 m^{3}	= 1.000 l = 61.023 cu inch = 35,314 cu feet = 2.114 US pints = 1.760 UK pints = 264,2 US gallons = 8,386 US barrels = 6,11 UK barrels = 28,37 US bushels = 27,51 UK bushels = 4,13 US quarters = 3,44 UK quarters = 0,3532 reg tons
Masse	1 kg	= 1.000 g = 15.432 grains (gr) = 35,273 ounces = 2,2046 pounds (lbs) = $1{,}102 \times 10^{-3}$ US short tons = $0{,}9842 \times 10^{-3}$ UK tons (US long tons) = 0,0220 US cwt = 0,197 UK cwt
Dichte	1 kg/m^{3}	= 0,001 g/cm^{3} = 0,10197 kp s^{2}/m^{4} = 0,6242 lbs/cu ft. = 0,01002 lbs/UK gallon = 0,08344 lbs/US gallon = 436,994 gr/cu ft
Kraft	1 N	= 1 kg m/s^{2} = 10^{5} g cm/s^{2} (dyn) = 0,10197 kp = 7,233 poundal (pdl) = 0,2248 poundweight (lb wt, lbf)
Druck	1 Pa (N/m^{2})	= 1 kg/(m s^{2}) = 10^{-5} bar = 0,10197 kp/m^{2} (mm WS) = 10 g/(cm s^{2}) (dyn/cm^{2}) = $0{,}10197 \times 10^{-4}$ at (techn.) = $0{,}09694 \times 10^{-4}$ atm (phys.) = $750{,}1 \times 10^{-5}$ Torr (mm QS) = $1{,}4504 \times 10^{-4}$ lbf/sq inch (psi)
	1 at	= 10.000 kp/m^{2} (mm WS) = 735,6 Torr = 14,22 lbf/sq inch = 28,96 inch Hg
Arbeit, Energie	1 J	= 1 Nm = 1 Ws = 1 kg m^{2}/s^{2} = 107 g cm^{2}/s^{2} (erg) = 0,10197 kp m = $2{,}3844 \times 10^{-4}$ kcal = $0{,}27778 \times 10^{-6}$ kWh = $9{,}4782 \times 10^{-4}$ BTU = $0{,}37767 \times 10^{-6}$ PSh = $34{,}12 \times 10^{-12}$ t SKE (Steinkohleneinheiten)
	1 kcal	= 4.186,8 J = 426,94 kpm = 3,968 BTU
	1 kWh	= 859,85 kcal = 1,3596 PSh = 3,411 BTU
	1 SKE	= 29,3 MJ = 7.000 kcal

Größe	Umrechnungsfaktor	
Leistung	1 W	$= 1\,J/s = Nm/s = 1\,kg\,m^2/s^3 = 10^7\,erg/s = 0{,}10197\,kp \times m/s$
		$= 1{,}3596 \times 10^{-3}\,PS = 1{,}3775 \times 10^{-3}\,HP$
	1 PS	$= 735{,}5\,W = 75\,kp\,m/s = 632{,}3\,kcal/h = 0{,}987\,HP$
Dynamische Viskosität	$1\,Ns/m^2$	$= 1\,Pa\,s = 1\,kg/m\,s = 10\,g/cm\,s$ (Poise) $= 0{,}10197\,kp \times s/m^2$
		= 0,6721 lbs/ft. s = 0,020885 lbf/sq. ft
	1 m Pa s	= 1 cP (Centipoise)
Kinematische Viskosität	$1\,m^2/s$	$= 10^4\,cm^2/s$ (Stokes) = 10,764 sq. ft/s
Heizwert, Umwandlungswärme	1 J/kg	$= 1\,Ws/kg = 1\,m^2/s^2 = 2{,}3884 \times 10^{-4}\,kcal/kg$
		$= 4{,}30 \times 10^{-4}$ BTU/lb
Spezifische Wärme	1 J/kg K	$= 1\,m^2/s^2\,K = 2{,}3884 \times 10^{-4}$ kcal/kg grd
		$= 2{,}3884 \times 10^{-4}$ BTU lb. °F
Wärmeleitzahl	1 W/mK	$= 1\,kg\,m/s^3\,K = 0{,}859824$ kcal/m h grd
		= 6,934 BTU inch/sq. ft. hr. °F
Wärmeübergangszahl	$1\,W/m^2\,K$	$= 1\,kg/s^3\,K = 0{,}859824\,kcal/m^2\,h\,K = 0{,}1754$ BTU/sq ft hr °F
Temperatur	X [K]	= 273,15 + X [°C]
	X [°F]	= 32 + 1,8 X [°C]

4 Das griechische Alphabet

Buchstabe		Name	Transkription	Buchstabe		Name	Transkription
Α	α	Alpha	a	Ν	ν	Ny	n
Β	β	Beta	b	Ξ	ξ	Xi	x
Γ	γ	Gamma	g	Ο	ο	Omikron	o
Δ	δ	Delta	d	Π	π	Pi	p
Ε	ε	Epsilon	e	Ρ	ρ	Rho	r
Ζ	ζ	Zeta	z	Σ	σ	Sigma	s
Η	η	Eta	e	Τ	τ	Tau	t
Θ	θ	Theta	th	Υ	υ	Ypsilon	u
Ι	ι	Iota	i	Φ	ϕ	Phi	ph, f
Κ	κ	Kappa	k	Χ	χ	Chi	ch
Λ	λ	Lambda	l	Ψ	ψ	Psi	ps
Μ	μ	My	m	Ω	ω	Omega	o

5 DIN-EN-Normen zur Prüfung keramischer Erzeugnisse

5.1 Allgemeine Definitionen

DIN 40680-1 (08.83)	Keramische Werkstücke für die Elektrotechnik; Allgemeintoleranzen für Maße
DIN 40680-2 (08.83)	Keramische Werkstücke für die Elektrotechnik; Allgemeintoleranzen für Form
DIN 40686-1 (08.83)	Oberflächen dichter keramischer Werkstücke für die Elektrotechnik; Allgemeines

DIN 40686 Beiblatt 1 (08.83)	Oberflächen dichter keramischer Werkstücke für die Elektrotechnik; Angabe in Zeichnungen
DIN 40686 Beiblatt 2 (08.83)	Oberflächen dichter keramischer Werkstücke für die Elektrotechnik; Messungen der Rauheit
DIN 40686-4 (08.83)	Oberflächen dichter keramischer Werkstücke für die Elektrotechnik; Prüfung von weichlötbaren Metallbelägen
DIN 40686-5 (08.83)	Oberflächen dichter keramischer Werkstücke für die Elektrotechnik; Prüfung von hartlötbaren Metallbelägen
DIN 40686-6 (08.83)	Oberflächen dichter keramischer Werkstücke für die Elektrotechnik; Hoch- und Niederspannungs-Isolatoren
DIN 40686-7 (08.83)	Oberflächen dichter keramischer Werkstücke für die Elektrotechnik; Isolierteile
DIN EN 12212 (12.02)	Hochleistungskeramik – Einheitliches Verfahren zur Klassifizierung
DIN V ENV 14232 (05.02)	Hochleistungskeramik – Begriffe, Definitionen und Abkürzungen
DIN EN ISO 4287 (2010)	Geometrische Produktspezifikationen – Oberflächenbeschaffenheit: Tastschnittverfahren – Benennungen, Definitionen und Kenngrößen der Oberflächenbeschaffenheit.
DIN EN ISO 13565-1 (04.98)	Geometrische Produktspezifikationen (GPS) – Oberflächenbeschaffenheit: Tastschnittverfahren – Oberflächen mit plateauartigen funktionsrelevanten Eigenschaften – Teil 1: Filterung und allgemeine Messbedingungen
DIN EN ISO 13565-2 (04.98)	Geometrische Produktspezifikationen (GPS) – Oberflächenbeschaffenheit: Tastschnittverfahren – Oberflächen mit plateauartigen funktionsrelevanten Eigenschaften – Teil 2: Beschreibung der Höhe mittels linearer Darstellung der Materialanteilkurve
DIN EN ISO 13565-3 (08.98)	Geometrische Produktspezifikationen (GPS) – Oberflächenbeschaffenheit: Tastenschnittverfahren – Oberflächen mit plateauartigen funktionsrelevanten Eigenschaften – Teil 3: Beschreibung der Höhe von Oberflächen mit der Wahrscheinlichkeitsdichtekurve
DIN EN 60672-1 (05.96)	Keramik- und Glasisolierstoffe – Teil 1: Begriffe und Gruppeneinteilung, identisch mit IEC 60672-1
DIN EN 60672-2 (10.00)	Keramik- und Glasisolierstoffe – Teil 2: Prüfverfahren, identisch mit IEC 60672-2
DIN EN 60672-3 (02.99)	Keramik- und Glasisolierstoffe – Teil: Anforderungen für einzelne Werkstoffe – identisch mit IEC 60672-3
DIN ISO 1101 (08.95)	Technische Zeichnungen; Form- und Lagetolerierung; Form-, Richtungs-, Orts- und Lauftoleranzen; Allgemeines, Definitionen, Symbole, Zeichnungseintragungen
DIN ISO 2768-1 (06.91)	Allgemeintoleranzen; Toleranzen für Längen- und Winkelmaße ohne einzelne Toleranzeintragung
DIN ISO 2768-2 (04.91)	Allgemeintoleranzen; Toleranzen für Form und Lage ohne einzelne Toleranzeintragung
DIN ISO 286-1 (11.90)	ISO-System für Grenzmaße und Passungen; Grundlagen für Toleranzen, Abmaße und Passungen
DIN ISO 286-2 (11.90)	ISO-System für Grenzmaße und Passungen; Tabellen der Grundtoleranzgrade und Grenzabmaße für Bohrungen und Wellen
DIN EN ISO 1302 (06.02)	Geometrische Produktspezifikation (GPS) – Angabe der Oberflächenbeschaffenheit in der technischen Produktdokumentation

ISO 9000 (05.90)	Qualitätsmanagement und Qualitätssicherungsnormen; Leitfaden zur Auswahl und Anwendung
ISO 15165 (10.01)	Hochleistungskeramik; Klassifizierungssystem
DVS 3102 (02.93)	Herstellen von Keramik-Keramik- und Keramik-Metall-Verbindungen durch Aktivlöten
VDI/VDE 2603 (09.90)	Oberflächen-Messverfahren; Messung des Flächentraganteils
VDI/VDE 2604 (06.71)	Oberflächen-Messverfahren; Rauheitsuntersuchung mittels Interferenzmikroskopie

5.2 Prüfverfahren für Pulver

DIN EN 725-1 (06.97)	Bestimmung von Verunreinigungen in Aluminiumoxidpulver
DIN EN 725-2 (03.94)	Bestimmung des Gehalts von Verunreinigungen in Bariumtitanat
DIN EN 725-3 (06.97)	Bestimmung des Sauerstoffgehalts in Nichtoxidpulvern mittels Trägergasheißextraktion
DIN EN 725-5 (03.96)	Bestimmung der Teilchengrößenverteilung
DIN EN 725-6 (06.97)	Bestimmung der spezifischen Oberfläche
DIN EN 725-7 (01.96)	Bestimmung der absoluten Dichte
DIN EN 725-8 (05.97)	Bestimmung der Klopfdichte
DIN EN 725-9 (05.97)	Bestimmung der Schüttdichte
DIN EN 725-10 (04.97)	Bestimmung der Verdichtungseigenschaften
DIN V ENV 725-11 (11.93)	Bestimmung des Verdichtungsverhaltens bei natürlichem Sinterbrand
DIN EN 725-12 (06.01)	Chemische Analyse von Zirkoniumoxid
DIN V ENV 14226 (07.02)	Bestimmung von Calcium, Magnesium, Eisen und Aluminium in Siliciumnitrid mittels Flammen-Atomabsorptionsspektroskopie (FAAS) oder Atomemissionsspektroskopie mit induktiv gekoppeltem Plasma (ICP-AES)
DIN V ENV 14273 (09.02)	Bestimmung der kristallinen Phase in Zirkoniumoxid
DIN 51079-1 (04.91)	Chemische Analyse von Siliciumcarbid als Rohstoff und als Bestandteil von Werkstoffen; Soda–Borsäure-Aufschluss
DIN 51079-2 (03.98)	Chemische Analyse von Siliciumcarbid als Rohstoff und als Bestandteil von Werkstoffen; Säure-Druck-Aufschluss
DIN V 51079-3 (03.98)	Chemische Analyse von Siliciumcarbid als Rohstoff und als Bestandteil von Werkstoffen; Aufschluss des freien Kohlenstoffs durch nasschemische Oxidation
Pr DIN 51082 (06.01)	Bestimmung des *p*H-Werts von Suspensionen nichtwasserlöslicher Pulver
ISO 14703 (03.00)	Probenvorbereitung zur Bestimmung der Teilchengrößenverteilung von keramischen Pulvern

5.3 Prüfverfahren für monolithische Keramik

DIN EN 623-1 (04.95)	Allgemeine und strukturelle Eigenschaften; Prüfung auf Anwesenheit von Oberflächenfehlern durch Farbstoffeindringtests
DIN EN 623-2 (11.93)	Allgemeine und strukturelle Eigenschaften; Bestimmung von Dichte und Porosität
DIN EN 623-3 (04.93)	Allgemeine und strukturelle Eigenschaften; Bestimmung der Korngröße

DIN EN 623-4 (11.93)	Allgemeine und strukturelle Eigenschaften; Bestimmung der Oberflächenrauheit
DIN EN 623-5 (10.02)	Allgemeine und strukturelle Eigenschaften; Bestimmung des Volumenanteils von Phasen durch Auswertung von Mikrogefügeaufnahmen
DIN V ENV 820-1 (02.94)	Thermomechanische Eigenschaften; Bestimmung der Biegefestigkeit bei erhöhten Temperaturen
DIN EN 820-2 (11.92)	Thermomechanische Eigenschaften; Bestimmung der Verformung unter Eigengewicht
DIN V ENV 820-3 (02.94)	Thermomechanische Eigenschaften; Bestimmung der Thermoschockbeständigkeit mit dem Wasserabschreckversuch
DIN V ENV 820-4 (12.01)	Thermomechanische Eigenschaften; Bestimmung der Kriechverformung unter Biegebeanspruchung bei erhöhten Temperaturen
DIN EN 821-1 (04.95)	Thermophysikalische Eigenschaften; Bestimmung der thermischen Längenänderung
DIN EN 821-2 (08.97)	Thermophysikalische Eigenschaften; Messung der Temperaturleitfähigkeit mit dem Laserflash- (oder Wärmeimpuls-) Verfahren
DIN V ENV 821-3 (11.93)	Thermophysikalische Eigenschaften; Bestimmung der spezifischen Wärme
DIN EN 843-1 (04.95)	Mechanische Eigenschaften bei Raumtemperatur; Bestimmung der Biegefestigkeit
DIN V ENV 843-2 (02.96)	Mechanische Eigenschaften bei Raumtemperatur; Bestimmung des E-Moduls
DIN V ENV 843-3 (11.96)	Mechanische Eigenschaften bei Raumtemperatur; Bestimmung der Parameter des unterkritischen Risswachstums aus Biegefestigkeitsprüfungen mit konstanter Spannungsrate
DIN V ENV 843-4 (10.94)	Mechanische Eigenschaften bei Raumtemperatur; Härteprüfung nach Vickers, Knoop und Rockwell
DIN V ENV 843-5 (01.97)	Mechanische Prüfung bei Raumtemperatur; statistische Auswertung
DIN V ENV 1006 (04.93)	Richtlinien zur Probenahme und Entnahme von Proben
DIN V ENV 12923-1 (02.98)	Monolithische Keramik; Allgemeines zur Durchführung von Korrosionsprüfungen
DIN V ENV 12923-2 (05.02)	Monolithische Keramik; Oxidationsprüfung
DIN EN 50324-1 (12.02)	Piezoelektrische Eigenschaften von keramischen Werkstoffen und Komponenten; Begriffe
DIN EN 50324-2 (12.02)	Piezoelektrische Eigenschaften von keramischen Werkstoffen und Komponenten; Messverfahren – Kleinsignal
DIN EN 50324-3 (04.01)	Piezoelektrische Eigenschaften von keramischen Werkstoffen und Komponenten; Messverfahren – Großsignal
DIN prEN 50359-1-1 (07.01)	Hochleistungskeramik; elektrische Eigenschaften; Verfahren zur Prüfung der Durchschlagfestigkeit, Kurzzeitverhalten
DIN prEN 50359-1-2 (07.01)	Hochleistungskeramik; elektrische Eigenschaften; Verfahren zur Bestimmung des spezifischen Oberflächen- und Durchgangswiderstands im Temperaturbereich 20 °C bis 800 °C
DIN 51069-2 (11.72)	Prüfung keramischer Roh- und Werkstoffe; vergleichende Prüfung des Verhaltens feuerfester Werkstoffe gegen den Angriff fester und flüssiger Stoffe bei hoher Temperatur, Tiegelverfahren
DIN 51110-3 (09.93)	Prüfung von keramischen Hochleistungswerkstoffen; Vier-Punkt-Biegeversuch; statistische Auswertung; Ermittlung der Weibull-Parameter

DIN IEC 60483 (04.88)	Leitfaden zur Bestimmung der dynamischen Eigenschaften von piezoelektrischer Keramik mit hohem elektromechanischen Koppelfaktor
DIN IEC 60642 (04.88)	Piezoelektrische Vibratoren und Resonatoren für Frequenzstabilisierung und -selektion; Normwerte und Bedingungen; Mess- und Prüfverfahren
DIN 51045-2 (10.76)	Bestimmung der Längenänderung fester Körper unter Wärmeeinwirkung; Prüfung gebrannter feinkeramischer Werkstoffe
DIN 51045-3 (10.76)	Bestimmung der Längenänderung fester Körper unter Wärmeeinwirkung; Prüfung ungebrannter feinkeramischer Werkstoffe
ISO 14704 (08.00)	Bestimmung der Biegefestigkeit von monolithischer Keramik bei Raumtemperatur
ISO 14705 (03.00)	Test method for hardness of monolithic ceramics at room temperature
ISO 15490 (07.00)	Prüfverfahren zur Bestimmung der Zugfestigkeit von monolithischer Keramik bei Raumtemperatur
prISO/DIS 15732 (06.99)	Prüfverfahren zur Bestimmung der Bruchzähigkeit von monolithischer Keramik bei Raumtemperatur an einseitig gekerbten Biegeproben (SEPB-Verfahren)
ISO 17532 (10.01)	Prüfverfahren zur Bestimmung der linearen Wärmedehnung von monolithischer Keramik bei Raumtemperatur mittels Schubstangentechnik
prISO 17565 (10.01)	Prüfverfahren zur Bestimmung der Biegefestigkeit von monolithischer Keramik bei erhöhten Temperaturen
prISO/DIS 18756 (05.02)	Determination of fracture toughness of monolithic ceramics at room temperature by the surface-crack-inflexure-method (SCF)
prISO/DIS 20509 (05.02)	Determination of oxidation resistance of nonoxide monolithic ceramics
ASTM C 768 (1999)	Bestimmung der Beständigkeit von feuerfesten Steinen gegen schmelzflüssige Schlacke
ASTM C 874 (1999)	Prüfung der Verschlackungsbeständigkeit von feuerfesten Stoffen

5.4 Prüfverfahren für Verbundwerkstoffe

DIN EN 658-1 (01.99)	Eigenschaften von keramischen Verbundwerkstoffen bei Raumtemperatur – Teil 1: Bestimmung der Eigenschaften unter Zug
DIN V ENV 658-2 (05.93)	Eigenschaften von keramischen Verbundwerkstoffen bei Raumtemperatur – Teil 2: Bestimmung der Druckfestigkeit
DIN V ENV 658-3 (02.93)	Eigenschaften von keramischen Verbundstoffen bei Raumtemperatur – Teil 3: Bestimmung der Biegefestigkeit
DIN V ENV 658-4 (02.93)	Eigenschaften von keramischen Verbundwerkstoffen bei Raumtemperatur – Teil 4: Bestimmung der Scherfestigkeit unter Druckbelastung von gekerbten Proben
DIN V ENV 658-5 (02.93)	Eigenschaften von keramischen Verbundwerkstoffen bei Raumtemperatur – Teil 5: Bestimmung der Scherfestigkeit im 3-Punkt-Biegeversuch mit kurzem Auflagerabstand
DIN V ENV 658-6 (02.93)	Eigenschaften von keramischen Verbundwerkstoffen bei Raumtemperatur – Teil 6: Bestimmung der Scherfestigkeit im Doppelscherdurchstoßversuch
DIN V ENV 1007-1 (04.93)	Keramikfasern für keramische Verbundwerkstoffe – Teil 1: Bestimmung des Schlichtegehaltes;

DIN V ENV 1007-2 (04.93)	Keramikfasern für keramische Verbundwerkstoffe – Teil 2: Bestimmung der Feinheit
DIN V ENV 1007-3 (11.93)	Verfahren zur Prüfung der Faserverstärkungen – Teil 3: Bestimmung des Faserdurchmessers
DIN V ENV 1007-4 (05.94)	Verfahren zur Prüfung der Faserverstärkungen – Teil 4: Bestimmung der Zugeigenschaften von Fasern bei Raumtemperatur
DIN EN 1007-5 (05.02)	Verfahren zur Prüfung der Faserverstärkungen – Teil 5: Bestimmung der Verteilung von Zugfestigkeit und Zugdehnung von Fasern im Faserbündel bei Raumtemperatur
DIN V ENV 1159-1 (11.93)	Thermophysikalische Eigenschaften; Bestimmung der thermischen Ausdehnung
DIN V ENV 1159-2 (11.93)	Thermophysikalische Eigenschaften; Bestimmung der Temperaturleitfähigkeit
DIN V ENV 1159-3 (11.93)	Thermophysikalische Eigenschaften; Bestimmung der spezifischen Wärmekapazität
DIN V ENV 1389 (06.94)	Physikalische Eigenschaften; Bestimmung der Dichte und Porosität
DIN V ENV 1892 (07.96)	Mechanische Eigenschaften von keramischen Verbundwerkstoffen bei hoher Temperatur in inerter Atmosphäre; Bestimmung der Eigenschaften unter Zug
DIN V ENV 1893 (07.96)	Mechanische Eigenschaften von keramischen Verbundwerkstoffen bei hoher Temperatur in Luft bei Atmosphärendruck; Bestimmung der Eigenschaften unter Zug
DIN V ENV 1894 (07.96)	Mechanische Eigenschaften von keramischen Verbundwerkstoffen bei hoher Temperatur in inerter Atmosphäre; Bestimmung der Scherfestigkeit durch Druckbeanspruchung von gekerbten Proben
DIN V ENV 12289 (10.96)	Mechanische Eigenschaften von keramischen Verbundwerkstoffen bei Raumtemperatur; Bestimmung der Schereigenschaften in der Ebene
DIN V ENV 12290 (10.96)	Mechanische Eigenschaften von keramischen Verbundwerkstoffen bei hoher Temperatur in inerter Atmosphäre; Bestimmung der Eigenschaften unter Druck
DIN V ENV 12291 (10.96)	Mechanische Eigenschaften von keramischen Verbundwerkstoffen bei hoher Temperatur an Luft bei Atmosphärendruck; Bestimmung der Eigenschaften unter Druck

5.5 Prüfverfahren für Schichten

DIN EN 1071-2 (12.02)	Verfahren zur Prüfung keramischer Schichten; Bestimmung der Schichtdicke mit dem Kalottenschleifverfahren
DIN V ENV 1071-3 (06.94)	Verfahren zur Prüfung keramischer Schichten; Bestimmung der Haftung mit dem Ritztest
DIN V ENV 1071-4 (06.95)	Verfahren zur Prüfung keramischer Schichten; Bestimmung der chemischen Zusammensetzung
DIN V ENV 1071-5 (04.95)	Verfahren zur Prüfung keramischer Schichten; Bestimmung der Porosität
IN V ENV 1071-6 (09.02)	Verfahren zur Prüfung keramischer Schichten; Bestimmung des Abriebwiderstands von Schichten durch eine Mikroabriebprüfung
DIN EN 1071-12 (12.02)	Verfahren zur Prüfung keramischer Schichten; Bestimmung der Schichtdicke mit einem Kontaktprofilometer

DVS 2301 (06.01)	Thermische Spritzverfahren für metallische und nichtmetallische Werkstoffe
DVS 2307-4 (01.97)	Arbeitsschutz beim Plasmaspritzen

5.6 Anwendungsrelevante Normen

DIN 43724 (02.79)	Messen, Steuern, Regeln; elektrische Thermometer, keramische Schutzrohre und Halteringe für Thermoelemente
DIN 48108-1 (08.83)	Keramische Werkstücke für die Elektrotechnik; Fassungsstellen für Isolierkörper; Riffelung
DIN 48108-2 (08.83)	Keramische Werkstücke für die Elektrotechnik; Fassungsstellen für Isolierkörper; Splitterung
DIN 48108-3 (08.83)	Keramische Werkstücke für die Elektrotechnik; Fassungsstellen für Isolierkörper; Wellenprofil
DIN 58835-1 (07.79)	Chirurgische Implantate; Keramische Werkstoffe, Aluminiumoxid
DIN VDE 0466-2 (03.71)	Bestimmungen für Isolatoren für Freileitungen, Fahrleitungen und Fernmeldeleitungen; Teil 2: Bestimmungen für Isolatoren für Starkstrom-Freileitungen und Fahrleitungen bei 1.000 V sowie Fernmelde-Freileitungen
VDI/VDE 3717 Blatt (07.93)	Technische Liefervorschriften; Aluminiumoxidsubstrate für Dickschichtschaltungen

5.7 Produktionstechnik, Fügetechnik, Korrosion und Verschleiß

DIN 8589 (09.03)	Fertigungsverfahren Spanen (13 Teile)
DIN 8505-1 (05.79)	Löten; Allgemeines, Begriffe
DIN 8505-2 (05.79)	Löten; Einteilung der Verfahren, Begriffe
DIN 8505-3 (01-83)	Löten; Einteilung der Verfahren nach Energieträgern, Verfahrensbeschreibungen
DIN 50900-2 (06.02)	Korrosion der Metalle – Begriffe – Teil 2: elektrochemische Begriffe
DIN 50320 (1979)	Verschleiß; Begriffe, Systemanalyse von Verschleißvorgängen, Gliederung des Verschleißgebiets
DIN 50321 (1979)	Verschleißmessgrößen
DIN 50322	Verschleiß: Kategorien der Verschleißprüfung
DIN 50323-1 (1988)	Tribologie; Begriffe
DIN 50323-3 (1993)	Tribologie; Reibung; Begriffe, Arten, Zustände, Kenngrößen

6 Tabelle wichtiger Akronyme für die Materialcharakterisierung

Abkürzung	Verfahrensbezeichnung	Erläuterung	Anwendungen
AAL	Aeroakustische Levitation	Tiegelfreies Schmelz- und Analyseverfahren; Probekörper wird durch eine Bernoulli-Düse in einem laminaren Gasstrom zum Schweben gebracht, mittels Laser über den Schmelzpunkt erhitzt und durch photographische oder spektroskopische Methoden isotherm oder beim Heizen bzw. Kühlen charakterisiert	Bestimmung von Phasenübergängen und deren Temperaturen, Keimbildungs- und Kristallwachstumskinetik; Bestimmung der Erstarrungs- bzw. Schmelzenthalpie, Untersuchung von molekularen Nahordnungen im flüssigen oder teil erstarrten Zustand und Entmischungen
AAS	Atomabsorptionsspektroskopie	Verdampfen von Lösungen in einer Flamme und Bestimmung von Elementen anhand ihrer spezifischen Licht-Absorptionsbanden	Quantitative chemische Analyse von Elementen, auch im Spurenbereich, Rohstoff-, Werkstoff- und Umweltanalytik
AEAPS	Auger Electron Appearance Potential Spectroscopy	siehe Auger-Elektronenspektroskopie (AES)	siehe Auger-Elektronenspektroskopie (AES)
AEM	Analytisches Elektronenmikroskop (Analytical Electron Microscopy)	Bei der Beugung monochromatischer Elektronen an den Atomen eines Kristalls entsteht ein Beugungsbild, das die fouriertransformierte Kristallstruktur darstellt. Bei Rücktransformation des Beugungsdiagramms aus dem reziproken Raum in den Ortsraum erhält man Informationen über die Kristallstruktur. Mittels spektroskopischer Methoden kann die inclastische Streuung eines Teils der Elektronen zur chemischen Analyse benutzt werden	Ermittlung der Kristallstruktur selbst kleinster Bereiche und der Elektronenverteilung. Bestimmung der vorliegenden Elemente oft gekoppelt mit EDX, WDX
AEM	Augerelektronenmikroskopie	siehe Augerelektronenspektroskopie (AES)	siehe Augerelektronenspektroskopie (AES)
AES	Atomemissionsspektroskopie	Anregung der Lichtemission von Elementen durch Erhitzen, Bestimmung der Emissionsbanden	Quantitative chemische Analyse von Elementen, auch im Spurenbereich, Rohstoff-, Werkstoff- und Umweltanalytik, oft gekoppelt mit AAS

Abkürzung	Verfahrensbezeichnung	Erläuterung	Anwendungen
AES	Augerelektronenspektroskopie (Auger Electron Spectroscopy)	Bestimmung der kinetischen Energie von abgestrahlten Auger-Elektronen nach der Anregung der Probe durch einen 1–10 keV-Elektronenstrahl; Ultrahochvakuum erforderlich (10^{-10} mbar), Kalibrierung schwierig; Informationstiefe 0,5–5 nm	Mikroanalyse von Oberflächen; Analyse der Elemente und ihrer Bindungsverhältnisse, Tiefenprofilanalyse durch Oberflächenabtrag; Bruchflächenanalyse durch In-Situ-Biegeeinrichtungen; Ortsauflösung ca. 100–200 nm
AFM	Rasterkraftmikroskopie (Atomic Force Microscopy)	Abbildung einer Oberfläche durch Messung der elektrostatischen Wechselwirkung zwischen den Oberflächenatomen und denen einer atomar spitzen Abtastnadel; Lateralauflösung: atomar; Tiefeninformation: eine Atomlage.	Aufnahme der Oberflächentopographie von Einkristallen, Gläsern, Flüssigkeiten, Molekülen, auch von isolierenden Werkstoffen; Erkennung von Nahordnungen und Strukturen.
AFS	Atomfluoreszenzspektroskopie	siehe RFA	siehe RFA
AMS	Beschleuniger-Massenspektroskopie (Accelerator Mass Spectroscopy)	siehe MS	siehe MS
APF1M	Atom Probe Field Ion Microscopy)	siehe FIM	siehe FIM
APMS	Atomsonden-Massenspektroskopie (Atom Probe Mass Spectroscopy)	siehe MS	siehe MS
ARRM	Akustische Reflexionsrastermikroskopie	Auf Schallreflexion basierende Mikroskopiermethode, bei der über einen Radiofrequenzimpuls ein akustischer Impuls in der akustischen Linse (fehlerfreier Saphireinkristall) erzeugt wird, mit dessen Hilfe die Probenoberfläche abgerastert wird	Abbildung von Oberflächenstrukturen
ARUPS	Winkelaufgelöste Ultraviolett-Photoelektronenspektroskopie (Angle-Resolved Ultraviolet Photoelectron Spectroscopy)	siehe UPS, Empfindlichkeit des Verfahrens wird durch Polarisationseffekte erhöht.	siehe UPS

Abkürzung	Verfahrensbezeichnung	Erläuterung	Anwendungen
ASM (SAM)	Akustische Rastermikroskopie (Scanning Acoustic Microscopy)	Mit Schallschwingem (Sonotroden) eingebrachte akustische Wellen werden an Inhomogenitäten (Poren, Risse, Einschlüsse; Auflösung ≥ 50 µm) einer festen Probe gestreut. Auswertung erfolgt über Laufzeitmessungen; eine Ortsauflösung ist über Interferenzeffekte mit seitlich oder vom Probenboden eingestrahlten Wellen möglich	Abbildung von Oberflächenstrukturen und inneren Inhomogenitäten
ASW	Acoustic Surface-Wave Measurements	siehe ASM	siehe ASM
ATM	Atomic Tunneling Microscopy (Rastertunnelmikroskopie)	siehe RTM	siehe RTM
ATR	Attenuated Total Reflexion	siehe FTIR	siehe FTIR
ATR FTIR	Gedämpfte Totalreflexions-FTIR (Attenuated Total Reflectance FTIR)	siehe FTIR, Reflexion von IR-Wellen	siehe FTIR, Bei Benutzung von polarisiertem Licht Informationen über die Orientierung von Oberflächen oder Absorbaten
ATR-IR-S	Attenuated Total Reflexion Infrared Spectroscopy	siehe FT1R, Reflexion von IR-Wellen	siehe FT1R, Bei Benutzung von polarisiertem Licht Informationen über die Orientierung von Oberflächen oder Absorbaten
BA	Bildanalyse	Messverfahren für die Datenbeschaffung zur Kennzeichnung der Gefügegeometrie, unterteilt in Flächen-, Linear- und Punktanalyse; halbautomatisches (interaktives) und vollautomatisches Bildanalysesystem; digitale Bildverarbeitung vom Lichtmikroskop, REM und TEM; direkte Gefügeauswertung von Lichtmikroskop und REM; statistische Auswertung (z. B. Histogramm oder Verteilungskurven)	Quantitative Gefügeanalyse; Ermittlung der quantitativen Phasenzusammensetzung, der Phasenverteilung und der Orientierung von Körnern. (Texturen)

Abkürzung	Verfahrensbezeichnung	Erläuterung	Anwendungen
BSE	Rückstreuelektronen (Back Scattered Electrons)	Nach Elektroneneinstrahlung von einer Oberfläche rückgestreute Elektronen; liefern Informationen über Oberflächentopographie; siehe REM	siehe REM
CARS	Coherent Anti-Stokes Spectroscopy	siehe RS	siehe RS
CDS	Corona Discharge Spectroscopy	Spektroskopische Betrachtung von Plasmen; Bestimmung von Ladungsdifferenzen im Plasma	Betrachtung des Energie- und Partikeltransports in einem Plasma
CE	Kapillarelektrophorese (Capillary Electrophoresis)	siehe HPLC; Elektrophoretische Trennmethode aufgrund ihrer verschiedenen elektrophoretischen Mobilitäten. Diese resultieren aus dem Masse-Ladungsverhältnis. Je kleiner die Masse und je größer die Ladung, desto größer ist die Beschleunigung durch das elektrische Feld	siehe HPLC; Insbesondere qualitative und quantitative Bestimmung von Aminosäuren, kleineren Peptiden bis hin zu Proteinen und Biopolymeren
CL	Cathodo Luminescence (Kathodenlumineszenzspektroskopie)	Probenoberflächen werden durch Elektroneneinstrahlung aus Kathodenentladungen zur charakteristischen Lichtemission angeregt. Die Wellenlängen sind phasenstabil und reagieren sehr empfindlich auf Verunreinigungen	Gefüge- und Phasenanalyse in Geowissenschaften meist gekoppelt an ein Auflichtmikroskop. Nachweis von Spurenelementen und Kristalldefekten; auch zur Altersbestimmung antiker Keramiken
CM	Conductance Measurement	Messung der Potentialdifferenz zwischen zwei in einem Elektrolyten eingetauchten Elektroden	Bestimmung der spezifischen Ionenleitfähigkeit von in Wasser gelösten Stoffen (z. B. NaCl)

Abkürzung	Verfahrensbezeichnung	Erläuterung	Anwendungen
DC	Dünnschicht-Chromatographie	Mikromethode der Adsorptionschromatographie (Flachbettmethode); Trennverfahren basierend auf unterschiedlicher Adsorption von Molekülen an kondensierter Phase. Trennschicht allg. Kieselgel oder Aluminiumoxid aber auch Schicht- und Lösungsmittelgradienten; Schichtdicke: 250–300 µm; Substratmenge 1–3 g; Trennzeiten 30–60 min	Trennung von flüssigen Substanzen
DL	Dilatometer	Bestimmung der Längenänderung eines Körpers in Abhängigkeit von der Temperatur oder Zeit. Als Vergleichskörper wird ein Material bekannter Wärmedehnung (z. B. Saphir) verwendet, das im vorgegebenen Temperaturbereich keine Phasenumwandlung durchläuft. Die Längenmessung erfolgt mit einem Stempel oder optisch	Bestimmung der absoluten und relativen Längenänderung eines Materials, Bestimmung des Sinterverhaltens, des Wärmeausdehnungskoeffizienten oder elastischen/plastischen Verformungen
DLTS	Deep Level Transient Spectroscopy	Nach elektrischer Aufladung der tieferen Ebenen eines Halbleiters emittieren diese Elektronen. Die Emissionsrate ist temperaturabhängig und charakteristisch für den vorliegenden Defekttyp	Bestimmung von Defektstellen in den tieferen Ebenen von Halbleitern
DSC	Differential Scanning Calorimetry	Mittels Thermospannungsdifferenzen zwischen zwei Messpunkten (Probe/Referenz) werden Energieaufnahme bzw. -abgabe bei ablaufenden Reaktionen als Temperaturänderung registriert. Die DSC ist empfindlicher als die DTA	In Abhängigkeit von der Temperatur und Zeit werden exotherme und endotherme Reaktionen registriert. Die Messkurve zeigt Reaktionsbeginn bzw. -ende. Die Reaktionswärme kann quantitativ bestimmt werden ebenso die Wärmekapazität
DT A	Differential-Thermoanalyse	Mittels Thermospannungsdifferenzen zwischen zwei Messpunkten (Probe/Referenz) werden Energieaufnahme bzw. -abgabe bei ablaufenden Reaktionen als Temperaturänderung registriert	In Abhängigkeit von der Temperatur und Zeit werden exotherme und endotherme Reaktionen registriert. Die Messkurve zeigt Reaktionsbeginn bzw. -ende

Abkürzung	Verfahrensbezeichnung	Erläuterung	Anwendungen
DTG	Differential-Thermogravimetrie	Mit einer Waage wird die Massenänderung einer Substanz in Abhängigkeit von der Temperatur und Zeit registriert	Die Massenänderung deutet auf Reaktionen bei der jeweiligen Temperatur hin, bei der eine Gewichtsabnahme (z. B. Verdampfung) oder Gewichtszunahme (z. B. Oxidation) registriert wird
EA	Elementaranalyse	Gesamtheit der Verfahren zur Ermittlung der Bruttoformel einer organischen Verbindung	Ermittlung der Bruttoformel einer organischen Verbindung
EBIC	Electron-Beam-Induced Current Measurement	Bestimmung des vom Elektronenstrahl angeregten Stroms durch die Probe. Methode zur Ermittlung der lokalen elektrischen Leitfähigkeit im Raster-oder Transmissionselektronenmikroskop	Phasenanalyse, Bestimmung von elektrischen Leitfähigkeit der einzelnen Körner sowie der Korn- und Phasengrenzen
EBSD	Electron Backscattering Diffraction	Beugung an Rückstreuelektronen, durchführbar in REM mit zusätzlicher Probenkippung und speziellem Detektor, ferner am TEM. Nähere Erläuterung siehe Band 1	Gleichzeitige Analyse von chemischer Zusammensetzung (EDX) und Kornorientierung anhand von Kikuchi-Linien und deren Pole. Sehr gut geeignet für Texturanalysen bestimmter Phasen im Rastermodus. Bestimmung von Subkorn- und Zwillingsorientierungen; mit geringer Genauigkeit sind auch Gitterkonstanten messbar
ED	Electron Diffraction (Elektronenbeugung)	Beugung von monochromatischen Elektronen bei Durchstrahlung eines Kristallgitters (ähnl. Röntgenbeugung). Erhalten wird eine Abbildung des reziproken Gitters	Strukturanalyse; oft gekoppelt an TEM

Abkürzung	Verfahrensbezeichnung	Erläuterung	Anwendungen
EDX (EDS)	Energiedispersive Röntgenspektroskopie (Energy Dispersive X-Ray Spectroscopy)	Die Anhebung eines Innenelektrons auf die äußere Schale durch einen Elektronenstoß und das anschließende Wiederzurückspringen erzeugt Röntgenstrahlung mit einer charakteristischen Wellenlänge. Die Summe der Röntgenquanten verschiedener Energie aus einer Probe wird mit einem Zählrohr gemessen und nach Energie sortiert. Anhand der charakteristischen Wellenlänge der Röntgenstrahlung wird ermittelt, welche Elemente an der untersuchten Stelle vorliegen	Qualitative und quantitative chemische Analyse von Randschichten (Nachweisgrenze 1000 ppm, laterales Tiefenauflösungsvermögen 1 µm); Untersuchung der Phasentrennung an inneren Grenzflächen. Durch Fokussierung und Auslenkung des Elektronenstrahls lassen sich Linienanalysen durchführen
EELS	Elektronenenergieverlustspektroskopie (Electron Energy Loss Spectroscopy)	Zusatzeinrichtung am TEM: Spektroskopie des Energieverlustes der Elektronen nach elastischer Streuung am Dünnschliff; sehr gute Analyse leichter Elemente; mit selektiver Filterung bestimmter Energiebereiche ist eine Elementverteilungsabbildung zusammen mit Hochauflösung möglich; Lateralauflösung, atomar bis nm; Nachweisgrenze: Atomsäule	Charakterisierung von Ausscheidungen, Einschlüssen, Gitterdefekten, Korngrenzen, Oxidationszustand von Elementen, insbesondere von leichten Elementen
EL	Electro Luminescence	spezielles Verfahren der Photolumineszenz (PL): Lumineszenzanregung mit elektrischem Strom (z. B. PIN-Dioden)	siehe PL
ELEED	Elastic LEED	siehe LEED	siehe LEED
ELNES	Electron Energy Loss Near Edge Structure – Elektronenenergieverlust-Kantenspektroskopie	siehe EELS, gekoppelt an TEM; siehe auch EXAFS	Identifizierung von Polytypen, Zwillingen, Stapelfehlern; Untersuchung von dünnen Schichten und Korngrenzen; Charakterisierung von ultraverdünnten Dotierungsmitteln oder Mischkristallen. Atomare Auflösung

Abkürzung	Verfahrensbezeichnung	Erläuterung	Anwendungen
ELL (ELLI)	Ellipsometrie	Bestimmung des Verhältnisses der Reflexionskoeffizienten eines Festkörpers für zwei orthogonale lineare Polarisationsrichtungen in Abhängigkeit des Einfallwinkels und der Lichtwellenlänge	Bestimmung des Polarisationszustandes von reflektiertem Licht. Bestimmung der Dicke, der Brechungsindizes, der Absorptionsindizes und der optischen Leitfähigkeit dünner Schichten
EM	Elektronenmikroskopie	siehe REM, TEM, AEM	siehe REM, TEM, AEM
EMA	Electron Microprobe Analysis (Elektronenmikrosondenanalyse)	siehe ESMA	siehe ESMA
ENDOR	Electron Nuclear Double Resonance Spectroscopy	siehe ESR	siehe ESR
EPMA	Elektronenstrahlmikrosonde (Electron Probe Micro-Analysis)	siehe ESMA	siehe ESMA
EPR	Electron Paramagnetic Resonance Spectroscopy	siehe ESR	siehe ESR
EPXMA	Elektronenstrahlmikrosonde (Electron Probe X-ray Micro-Analysis)	siehe ESMA	siehe ESMA
ERD (ERDA)	Elastische Rückstoßanalyse (Elastic Recoil Detection Analysis)	Analyse leichter Elemente durch Detektion des vorwärts gestreuten Lichtes einer mit hochenergetischen Ionen ($^{4}He^{+}$ mit 3–30 MeV) bestrahlten Probe. Lateralauflösung: mm, Tiefenauflösung: Monolage bis µm	Tiefenprofile für H, C, N, O

Abkürzung	Verfahrensbezeichnung	Erläuterung	Anwendungen
ESCA/XPS	Elektronenspektroskopie für die chemische Analyse/Röntgen-Photoelektronen-Spektroskopie (Electron Spectroscopy for Chemical Analysis/X-ray Photoelectron Spectroscopy)	Herausschlagen von Elektronen kernnaher Schalen mittels Röntgenstrahlung und Bestimmung ihrer kinetischen Energie, woraus sich Element und Bindungszustand ableiten lassen; detektiert werden Elemente ab $Z > 2$; Nachweisgrenze: $<0{,}1$ Atom-%; Informationstiefe: 10 nm (oberflächensensitive Messtechnik)	Nachweis von Änderungen in der chemischen Zusammensetzung und Bindungszuständen in den äußersten Atomlagen; Oberflächenmodifizierungsverfahren; Korrosionsuntersuchungen; Mikrostrukturtechnik und Mikroelektronik; Beschichtungsverfahren; spezielle Verfahren; Adhäsionsuntersuchungen; spezielle Verfahren; Restgasanalyse zum Nachweis flüchtiger Desorptionsprodukte parallel zur XPS; Tiefenprofilaufnahmen durch Kombination von XPS mit gleichmäßiger Abtragsmethode (z. B. Ionensputtern)
ESEM	Environmental Scanning Electron Microscopy (Atmosphärisches REM)	Spezielles REM bei dem Proben bei relativ hohen Drücken von 10^3 MPa untersucht werden können, in der Regel findet die Untersuchung in einer Wasserdampfatmosphäre statt und dient zur Charakterisierung feuchter Proben. Das Wasser wird dabei an der Probenoberfläche kondensiert	Gefüge- und Oberflächencharakterisierung feuchter bzw. wasserhaltiger Proben
ESMA	Elektronenstrahlmikrosonde	Anregung charakteristischer Röntgenfluoreszenzstrahlung mittels Elektronenstrahl (5–50 keV, 1–100 nm Durchmesser), Detektion mit EDX und WDX; Laterale Auflösung: 1–5 µm, Tiefeninformation: 1–8 µm; Nachweisgrenzen 1 % rel. bei 10^{-3} bis 10^{-5}	Quantitative Elementanalyse von Oberflächen und Bruchflächen; Elementverteilungskarten (Dot-Mapping), Linienprofile (Line-Scans); Routineverfahren für die Werkstoffcharakterisierung, meist zusammen mit REM
ESR	Elektronenspinresonanz (Electron Spin Resonance) Spectroscopy	siehe NMR; Unterschied: 1000mal höhere Resonanzfrequenz (kleinere Masse, größeres Magnetron, paramagnetische Elektronenresonanz)	siehe NMR; ESR tritt nur bei Stoffen mit Elektronen-Paramagnetismus auf (Atome mit ungerader Elektronenzahl oder nicht aufgefüllten inneren Schalen (Übergangsmetalle), freien Radikalen, Metallen, Halbleitern, Gitterdefekten)

Abkürzung	Verfahrensbezeichnung	Erläuterung	Anwendungen
EXAFS	Röntgenabsorptionskanten-Feinstrukturspektrometrie (Extended X-Ray Absorption Fine Structure Spectroscopy)	Absorption von monochromatischen Röntgenstrahlen aus Synchrotronquellen; Analyse der Feinstruktur der Absorptionskanten auf Nahordnungsstrukturen. Laterale Auflösung: 10–20 µm; Tiefenauflösung: 1–10 µm. Siehe auch [3180]	Bestimmung der lokalen Nahordnung (Kristallstruktur oder Glasstruktur), Bindungslängen und -winkel, strukturelle Verteilung der Elemente; Mischkristalle, Entmischungen, Überstrukturen, Domänen
EXELFS	Extended Electron Energy-Loss Fine Structure Analysis – Erweiterte Elektronenenergieverlustspektroskopie	siehe EELS, gekoppelt mit TEM, siehe auch ELNES	
FE-SEM (FEM, FES)	Field Emission SEM	Rasterelektronenmikroskopie mit Feldemissionskathode (siehe FIM); Verfahren wie REM; Auflösung 10 nm	siehe REM
FIAP	Field Ionization Atom Probe	siehe FIM	siehe FIM
FIB	Focused Ion Beam (Method) Fokussiertes Ionenätzen	Probenpräparationsmethode, bei welcher mittels beschleunigter Gallium-Ionen Material von einer Probenoberfläche abgetragen bzw. ausgegraben werden kann. Hierdurch lassen sich z. B. dünne Folien oder dreidimensionale nanoskalige Probekörper herstellen. Siehe Band 1	Wird das Verfahren mit einem REM gekoppelt, können nach einem schichtweisen Materialabtrag Gefüge oder chemische Zusammensetzung hochauflösend dreidimensional untersucht werden. Wichtig zur quantitativen Gefügebeschreibung, zur Herstellung von Proben für das TEM sowie für mechanische Untersuchung sehr kleiner Körner
FIM (APFIM)	Feldionenmikroskopie (Atom Probe Field Ion Microscopy)	Ionisierung eines „Abbildungsgases“ dicht über der Probenoberfläche und sofortige Radialbeschleunigung der positiven Ionen durch ein elektrisches Hochspannungsfeld. Wandlung des Ionenstrahls in verstärkte Sekundärelektronenkaskaden, die eine vergrößerte Abbildung auf einem Fluoreszenzschirm erzeugen	Strukturuntersuchung von höherschmelzenden Metallen und Ermittlung der Kinetik des Kristallaufbaus (Auflösung einzelner Atome/Punktdefekte, atomare Korngrenzenstruktur)

Abkürzung	Verfahrensbezeichnung	Erläuterung	Anwendungen
FIMS	Feldionen Massenspektrometrie	siehe FIM; Identifizierung des Spezies durch Massenspektroskopie	siehe FIM
FT	Fourier-Transformation	Überführung periodischer Funktionen in trigonometrische Reihen (Fourierreihen)	Quantitative Interpretation von Spektren aller Art
FT-IRM	Fourier-Transformierte Infrarotmikroskopie	IR-Absorption mit interferometrischer Spektrenaufnahme; Laterale Auflösung: 10 µm; Tiefenauflösung: 1–10 µm	Molekulare und strukturelle Mikroanalyse; Untersuchung von Schwingungsbanden in Molekülen
FT-IRS (FT-IR)	Fourier-Transformierte Infrarotspektroskopie (Fourier-Transformed Infraredspectroscopy)	siehe FT-IRM	siehe FT-IRM
FT-Raman	Fourier-Transformationsraman-spektroskopie	siehe NIR	siehe NIR
GC	Gas-Chromatographie	Chromatographische Methode mit gasförmiger mobiler Träger-Phase. Nachweis getrennter Komponenten durch diverse Detektoren, die sich je nach physikalischem Messprinzip in Empfindlichkeit und Selektivität unterscheiden. Messwertanzeige: Zeitdifferential; Probenmenge: 1–10 µl (Flüssigkeiten), 1–10 ml (Gase); Nachweisgrenze: 10^{-15} g Substanz	Analyse gasförmiger oder unzersetzt bzw. reproduzierbar zersetzt verdampfbarer Stoffgemische; Charakterisierung organischer Moleküle nach Molmasse oder funktionellen Gruppen. Erkennung von Zersetzungsreaktionen
GSC	Gas–Solid-Chromatography (Gas-Adsorptions-Chromatographie/Gas–Fest-Chromatographie)	siehe GC; stationäre Phase ist ein aktiver fester Stoff, der auf inertem festem Trägermaterial fixiert ist (Unterschied GLC). Stationäre Phasen: Kieselgel, Aluminiumoxid, Aktivkohle, Molekularsiebe oder poröse Polymere; Körnung: 0,1–0,2 mm bzw. 0,2–0,3 mm	siehe GC

Abkürzung	Verfahrensbezeichnung	Erläuterung	Anwendungen
GLC	Gas–Liquid-Chromatography (Gas-Verteilungs-Chromatographie/Gas–Flüssig-Chromatographie)	siehe GC; stationäre Phase ist eine Flüssigkeit, die auf inertem festem Trägermaterial fixiert ist (Unterschied GSC). Trägermaterial: gekörnt auf Kieselgur- bzw. Tonerdebasis; Stationäre Phasen: Trennflüssigkeiten abgestufter Polarität, unterschiedlicher Selektivität und verschiedener thermischer Stabilität	siehe GC
GDMS	Lichtbogen-Massenspektroskopie; Glimmentladungsmassenspektroskopie (Glow Discharge Mass Spectroscopy)	Oberflächenabtrag durch Ar-Plasma aus einem Lichtbogen; Ionisation von Oberflächenatomen und nachfolgende Massenspektroskopie; Laterale Auflösung: mm; Tiefenauflösung: 10–100 nm; Nachweisgrenze im ppt- bis ppb-Bereich	Extrem empfindliche chemische Analyse von bevorzugt nadelförmigen Proben
GDNS	Glimmentladungsneutralteilchen-Spektroskopie (Glow Discharge Neutral Spectrometry)	Funktionsweise wie GDMS; die entsprechenden Teilchen sind jedoch ungeladen	siehe GDMS
GDOES (GDOS)	Optische Emissionsspektroskopie im Lichtbogen, Optische Glimmentladungs Spektroskopie (Glow Discharge Optical Emission Spectroscopy)	Elementanalyse wie GDMS, jedoch im UV- und sichtbaren Wellenlängenbereich; gehört zu der Gruppe der atomspektroskopischen Verfahren für die Bestimmung der ehem. Analyse kompakter Materialien und Schichten einer Dicke zwischen 100 nm und 50 µm; grundsätzlich alle Elemente im Ordnungszahlbereich von I (H) und 92(U) bestimmbar; Konzentrationsbereich: einige ppm bis einige %; Tiefenauflösung: 0,1–1 µm; Tiefenprofilanalyse elektrisch leitfähiger Schichten: bis 10 nm Tiefenauflösung	Routineverfahren für die Charakterisierung von Oberflächen in der Metallurgie; Bestimmung ehem. Zusammensetzung kompakter metallischer Werkstoffe (besonders bezüglich Neben- und Spurenbestandteile; Bestimmung der Zusammensetzung pulverförmiger keramischer Materialien; qualitative (quantitative) Tiefenprofilanalyse elektr. leitfähiger Schichten; spezielle Verfahren: Glimmentladungsmassenspektroskopie (verbesserte Nachweisgrenze 2–3 Größenordnungen im Vgl. zu OES)

Abkürzung	Verfahrensbezeichnung	Erläuterung	Anwendungen
HEED	High Energy Electron Diffraction	Elektronenbeugung mit Energien >1 MeV; als Strahlungsquellen dienen Hochleistungs-TEMs oder Teilchenbeschleuniger	Durchstrahlung dicker oder stark absorbierender Proben; Strukturanalyse mit sehr hoher Auflösung; Elementaranalyse (siehe EELS) mit besserer Genauigkeit
HEIS (RBS)	Hochenergie-Ionenstreuungs-spektroskopie (High-Energy Ion Scattering Spectroscopy)	siehe RBS; Charakterisierung von Oberflächen (ehem. Zusammensetzung und Struktur) durch winkelabhängig eingestrahlte Ionen	siehe RBS; Analyse der ersten Monolagen von Oberflächen; Klärung der Atomnachbarschaften
HPLC	Hochdruckflüssigkeitschromato-graphie	siehe DC; Verwendung von Adsorbenzien mit kleinerem Korngrößenbereich ⇒ wesentliche Verringerung der Trennstufenhöhe; Auftrennung der flüssigen Phasen unter Hochdruck	Analyse gasförmiger oder unzersetzt bzw. reproduzierbar zersetzt verdampfbarer Stoffgemische; Charakterisierung organischer Moleküle nach Molmasse oder funktionellen Gruppen. Erkennung von Zersetzungsreaktionen; Trennung von Substanzen
HPTLC	Hochleistungsdünnschichtchro-matographie (High Performance Thinlayer Chromatography)	siehe DC; Verkleinerung der chromatographischen Parameter (Trennstufenhöhe, Analysezeit) µm rund eine Zehnerpotenz	Analyse gasförmiger oder unzersetzt bzw. reproduzierbar zersetzt verdampfbarer Stoffgemische; Charakterisierung organischer Moleküle nach Molmasse oder funktionellen Gruppen. Erkennung von Zersetzungsreaktionen; Trennung von Substanzen
HRBS	Hochauflösende Ionenrückstreu Spektroskopie (High Resolution Rutherford Backscattering Spectroscopy)	siehe RBS	siehe RBS
HREELS	Hochauflösende EELS (High Resolution EELS)	siehe EELS; atomar ortsauflösende ehem. Analyse im TEM	siehe EELS; Abbildung elementspezifischer Atomsäulen oder einzelner Oberflächenatome; Defektaufklärung in Kristallstrukturen
HR-SEM	High Resolution SEM	siehe HREM	siehe HREM

Abkürzung	Verfahrensbezeichnung	Erläuterung	Anwendungen
HRTEM	Hochaufgelöste Transmissions-elektronenmikroskopie	Direkte Abbildung von Kristallnetzebenen bzw. Atomsäulen im TEM; Auflösung $\leq$0,1 nm	Struktur- und Phasenanalytik, Aufklärung von Defekten und Korngrenzenstrukturen. Zusammen mit EELS und EDX ehem. Analytik möglich
HTXRD	Hochtemperatur-Röntgenbeugung	siehe RBA; die Probe wird während der Messung geheizt	Informationen über die Kristallstruktur und die Gitterparameter; Insbesondere Ermittlung von Hochtemperaturphasen, Phasenübergängen und Wärmedehnung
HVEM	Hochspannungs-Elektronen-mikroskopie (High Voltage Electron Microscopy)	siehe TEM, AEM; Abgrenzung weil mit Be-schleunigungsspannungen $\geq$500 kV gearbeitet wird	Wegen der hohen Energien ist die Durchstrahlung dickerer Proben möglich als beim konventionellen TEM
IC	Ionenchromatographie	Variante der Ionenaustauschchromatographie, bei der der störende Elektrolytuntergrund der mobilen Phase durch eine Nachsäulenderevatisierung zurückgedrängt wird. Es wird zwischen An- und Kationenchromatographie unterschieden	Nasschemische Routineanalytik, Ionen/Ionenkonzentrationsbestimmungen in Wasser über Abwasser bis hin zu organischen Matrizes (Blut, Urin) im % bis mg/t Bereich möglich. Messung der Leitfähigkeit oder der UV-Absorption gegen Zeit
ICP	Induktiv gekoppeltes Plasma (Inductively coupled plasma)	Plasmaunterstützte AAS bzw. AES; Drei konzentrisch angeordnete Quarzglasrohre, innerstes Rohr mit aerosolbeladenem Gasstrom (Analysenprobe), mittleres mit Plasmagas (meist Ar), äußeres mit Kühlstrom umgeben, Brennermündung, bei Energieübertragung von Frequenzgenerator (27 MHz) bildet flammenförmiges Plasma aus (Kerntemperatur bis 10.000 K)	Plasmaerzeugung (kontaminationsfrei, lange Probenverweilzeiten im Plasma); ehem. Analyse von wässrigen Lösungen im ppm-Bereich; auch Verdampfung von Festkörpern

Abkürzung	Verfahrensbezeichnung	Erläuterung	Anwendungen
ICP-MS	Massenspektrometrie mit induktiv gekoppelter Plasmaionisation	Versprühen der Probenlösung im Nebulizer und Transport des entstandenen Aerosols (mit Argon) in die Plasmaionenquelle, wo es verdampft und ionisiert wird; die aus Plasma extrahierten Ionen werden im Massenspektrometer nach Masse-/Ladungsverhältnis aufgetrennt und registriert	Spuren-/Ultraspurenanalyse wässriger Lösungen; simultane Multielementanalyse (wenige Minuten/Probe); semiquantitative Übersichtsanalyse von Probenlösungen (rel. Standardabweichung: 20 %); Isotopenverhältnisbestimmung; Isotopenverdünnungsanalyse
ICP-OES	Plasma angeregte Optische Spektralanalyse	siehe ICP; ICP-MS; Auswertung von optischen Emissionsspektren	siehe ICP; ICP-MS
IMS (IMS-MS)	Ionendrift-Spektrometrie (Massenspektometrie)	Gas-Elektrophorese; Messung der Driftzeit organischer Ionen in einem elektrischen Feld, Massenspektrometrie	Spurenanalyse organischer Verbindungen in Gasen, Flüssigkeiten und Feststoffen
IR-S	Infrarot-Spektroskopie	Mit Hilfe von Nernst-Stiften werden die Atome zur Schwingung angeregt. Gemessen werden die infraroten Schwingungsbanden der Atomrümpfe und Atomgruppen gegeneinander, die Valenz- und Deformationsschwingungen. Die gemessenen Absorptionsspektren werden mit Standards verglichen	Einsatz in der organischen Chemie zur Bestimmung von Anionenkomplexen; Quantitative Analytik von Wasser oder OH'-Gruppen enthaltenden organischen Stoffen (z. B. Tone, Hydroxylapatit)
IRAS (IRRAS)	Infrarot-Reflexions-Absorptions-Spektroskopie (Infrared Reflectance Absorption Spectroscopy)	siehe IR-S	siehe IR-S
ISS (LEIS)	Ionenrückstreuspektroskopie (Ion Scattering Spectroscopy)	Elementanalyse und Tiefenprofilanalyse mit Ionenstrahlen geringer Energie (z. B. a oder $^{4}He^{+}$ mit 0,2–0,6 keV); gemessen wird die Energieverteilung rückgestreuter Teilchen; siehe RBS	siehe RBS, nur Monolagen

Abkürzung	Verfahrensbezeichnung	Erläuterung	Anwendungen
LAMMA	Laser-Ablation-Mikrosonden-Massenanalyse (Laser Ablation Microprobe Mass Analysis)	Verdampfung von Oberflächenatomen mit Laserstrahlung; Identifizierung des Spezies durch Massenspektroskopie; siehe LIMS jedoch geringere Ortsauflösung (> 1000 μm^2)	Empfindliche Oberflächenanalyse (ppm, ppb) mit hoher Ortsauflösung; siehe LIMS
LAMMS (LAS)	Laser-Ablation-Mikrosonden-Massen-Spektroskopie (Laser Ablation Spectroscopy)	siehe LAMMA	siehe LAMMA
LC	Flüssigkeitschromatographie (Liquid Chromatography)	siehe DC und HPLC; nach dem Aggregatzustand sind im allg. folgende Trennphasenkombinationen möglich: Flüssig–Fest-Chromatographie (LSC), Flüssig–Flüssig-Chromatographie (LLC), Gas–Fest-Chromatographie (GSC), Gas–Flüssig-Chromatographie (GLC). Entsprechend der geometrischen Gestaltung der Trennstrecke unterscheidet man Säulen-, Schicht- und Flachbettchromatographie	siehe DC
LEED	Niederenergie-Elektronenbeugung (Low Energy Electron Diffraction)	Elektronenbeugung im Reflektionsmodus unter streifendem Strahleinfall; Elektronenenergie < 1–5 keV; Tiefenauflösung: Monolagen	Oberflächenuntersuchungen, Analyse der geometrischen Anordnung der Oberflächenatome; z. B. Oxidschichten auf Metallen; Bestimmung von Gitterkonstanten; Überstrukturen bei Absorptionsexperimenten
LEIS (ISS)	Niedrigenergie-Ionenrückstreuspektroskopie (Low Energy Ion Scattering Spectroscopy)	Elementanalyse und Tiefenprofilanalyse mit Ionenstrahlen geringer Energie (z. B. a oder $^4He^+$ mit 0,2–0,6 keV); gemessen wird die Energieverteilung rückgestreuter Teilchen; siehe ISS, RBS	siehe ISS; RBS, nur Monolagen
LIMI	Lichtmikroskopie	siehe LM	siehe LM

Abkürzung	Verfahrensbezeichnung	Erläuterung	Anwendungen
LIMS	Laserionisationsmassenspektrometrie (Laser Ionization Mass Spectroscopy)	Probenmaterial wird per fokussierter Laserstrahlung im Laserplasma verdampft und ionisiert; gebildete positiv geladene Ionen werden in doppelfokussierendem Massenspektrometer beschleunigt und nach Energie-/Ladungsverhältnis getrennt und über eine ionenempfindliche Fotoplatte detektiert; siehe LAMMA	Simultane Konzentrationsbestimmung (außer Edelgase) im Bereich 100 % bis 1 ppb; Bulk-, Spuren- und Ultraspurenanalyse (Metalle, Legierungen, Halbleiter, vorzugsweise: Keramik, Isolatoren; Nachweisgrenze 10–100 ppb; Isotopenanalyse; Isotopenverdünnungsanalyse (stabiler Tracer); Elementaranalyse dicker Schichten (>1 µm); Mikrobereichsanalyse
LLC	Flüssig-Flüssig-Chromatographie (Liquid–Liquid Chromatographie)	siehe LC; DC	siehe LC; DC
LM	Lichtmikroskopie	Eine Objektiv genannte Linse (bzw. Linsensystem) entwirft ein reelles, vergrößertes Bild des Objekts, das mittels einer zweiten Linse weitervergrößert dargestellt wird. Unterschieden wird zwischen Auflichtmikroskopie, bei der der Lichtstrahl auf einer undurchstrahlbaren Probenoberfläche reflektiert wird und Durchlichtmikroskopie bei der der Lichtstrahl eine etwa 30 µm dicke Probe durchstrahlt. Eine Polarisierung des Lichtes ist bei der Betrachtung der Probe hilfreich	Auflicht: Gefügecharakterisierung, Betrachtung von Phasengrenzen, Korngrenzen. Durchlicht: Gefügecharakterisierung, Betrachtung von Phasengrenzen, Korngrenzen, Mineralbestimmung, Bestimmung der optischen Eigenschaften wie Doppelbrechung, Brechungsindex, Spannungsanalytik, Texturbestimmung
LMA (LSM)	Laser Raster Microscopy (Laser Microbe Analysis)	siehe REM; LSM	Abbildung von Oberflächenstrukturen
LNRI-SIMS	Laser Non-Resonance Ionisation SIMS	siehe SIMS; Multiphotonen Ionisation mit einem UV-Laserstrahl ($\geq 10^9$ W cm^{-2}) einer Atomwolke; Lateralauflösung 1000 nm	siehe SIMS; Detektion im µg/g Bereich

Abkürzung	Verfahrensbezeichnung	Erläuterung	Anwendungen
LRI-SIMS	Laser Resonance Ionisation SIMS	siehe SIMS; Selektive Ionisation einer Atomsorte in einer Atom Wolke durch doppelte oder dreifache Photonenabsorption; Komplexer Messaufbau; Lateralauflösung 1000 nm	siehe SIMS; Spurenanalyse im ppb Bereich
LSC	Flüssig–Fest-Chromatographie (Liquid–Solid Chromatography)	siehe LC, DC	siehe LC, DC
LRMA	Laser-Raman-Mikroanalyse (Laser Raman Microanalysis)	Inelastische Photonenstreuung; Laterale Auflösung: 1 (rm; Tiefenauflösung: 0,1 µm	Molekulare und strukturelle Mikroanalyse
LSM	Laser-Raster-Mikroskopie (Laser Scanning Microscopy)	siehe REM; LMA	siehe REM; LMA
MEIS	Mittelenergie-Ionen-rückstreuspektroskopie (Medium Energie Ion Scattering Microscopy)	Elementanalyse und Tiefenprofilanalyse mit Ionenstrahlen mittlerer Energie (z. B. 200–600 keV α oder $^4He^+$; gemessen wird die Energieverteilung rückgestreuter Teilchen; siehe RBS	siehe RBS
MIP	Mikrowelleninduzierte Plasmaemissionsspektroskopie	Spektroskopie des durch Mikrowellen erzeugten Plasmas; Mikrowellenplasmen: gewöhnlich 2,45 GHz: mit induktiver Ankopplung	
MO	Magnetooptische Spektroskopie	Änderung des Polarisationszustands linear polarisierten Lichtes, das auf einen magnetisierten Probekörper fällt; wird wellenlängenabhängig entweder in Reflexion (Kerr-Effekt) oder Transmission (Faraday-Effekt) analysiert; (Kerr- bzw. Faraday-Rotation)	Hysteresekurven hoher Auflösung bei konstanter Wellenlänge; Magnetisierungsbestimmung dünner Schichten in situ mit Monolagenempfindlichkeit; Untersuchung spinpolarisierter elektronischer Übergänge in Festkörpern

Abkürzung	Verfahrensbezeichnung	Erläuterung	Anwendungen
MS	Massenspektrometrie (Mass Spectroscopy)	Ionisierte Teilchen werden durch ein elektrisches Feld geschossen. Am Grad der Ablenkung der Teilchen in dem elektrischen Feld kann bestimmt werden, um welches Element es sich handelt. Die Intensitäten der getrennten Teilchen werden auf einer photographischen Platte oder in einem Vielkanalspektrometer registriert	Bestimmung der qualitativen Elementzusammensetzung einer gasförmigen Probe in Verbindung mit DTA, TGA, DSC, LAS
NEXAF S	Kantennahe Röntgenabsorptionskanten-Feinstrukturspektrometrie (Near Edge EXAFS)	Absorption von monochromatischen Röntgenstrahlen aus Synchrotronquellen; Analyse der Feinstruktur der Absorptionskanten auf Nahordnungsstrukturen. Laterale Auflösung: 10–20 µm; Tiefenauflösung: µm	Bestimmung der lokalen Nahordnung von winzigsten Ausscheidungen; Untersuchung der Keimbildung und des Keimwachstums, Bildung von Korngrenzen
NIR-(S)	(Spektroskopie des) nahen Infrarotbereiches	siehe N1R-FTRS	siehe NIR-FTRS
NIR-FT-RS	Fouriertransformierte Raman-Spektroskopie im nahen Infrarot (Near Infrared Fourier Transform Raman Spectroscopy)	Inelastische Photonenstreuung im IR-Bereich; Laterale Auflösung: 1 µm; Tiefenauflösung: 0,1 µm; 10^6 mal empfindlicher als LRMA, siehe auch RS	Molekulare und strukturelle Mikroanalyse
NIS	Neutron Inelastic Scattering	Inelastische Neutronenstreuung an Festkörpern	Strukturbestimmung, insbesondere zur Untersuchung der Nahordnung
NMR	Kernresonanz-Spektroskopie (Nuclear Magnetic Resonance)	Verfahren der Hochfrequenz-Spektroskopie. Senkrechte Einbringung eines HF-Magnetfeldes zu einem konstanten starken Magnetfeld, in dem sich die Atomkerne der Probe ausgerichtet haben. Bewirkt Umklappen der magnetischen Momente. Auch Untersuchung auf Impulsbasis (Spin-Echo-Verfahren) möglich	Ermittlung von Resonanzkurven; präzise Daten über magnetische Momente, Bestimmung der inneren Struktur von Molekülen, Festkörpern und Flüssigkeiten; Art des Teilcheneinbaus; Bindungszustand

Abkürzung	Verfahrensbezeichnung	Erläuterung	Anwendungen
NQR	Nuclear Quadrupole Resonance	siehe NMR	siehe NMR
NRA	Kernreaktions-Analyse (Nuclear Reaction Analysis)	siehe NMR	siehe NMR
OBIC	Optical-Beam-Induced-Current	Bestimmung des von einem Lichtstrahl angeregten Stroms in der Probe. Methode zur Ermittlung der lokalen Halbleitereigenschaften bzw. der Phosphoreszenz- oder Fluoreszenzaktivität	Phasenanalyse, Bestimmung von optischen Eigenschaften einzelner Körner
OES	Optische Emissionsspektroskopie	siehe GDOES	siehe GDOES
PARUPS	Polarisation and Angle Resolved UPS	siehe UPS	siehe UPS
PEEM	Photoemissionselektronenmikroskopie (Photo Emission Electron Microscopy)	Bestimmung der spektralen Lichtemission von Materialien unter Elektronenstrahlen. Dabei werden Bindungselektronen oder Sekundärelektronen angeregt und fallen unter Photonenemission wieder in den Grundzustand zurück	Bestimmung unterschiedlicher Elektronenaustrittsarbeiten aus den Oberflächen unterschiedlich orientierter Körner
PES	Photoelektronenspektroskopie (Photo Emission Spectroscopy)	Spin und winkelaufgelöste Photoelektronenspektroskopie zur Untersuchung von Materialien mit spinpolarisierter elektronischer Struktur (z. B. Ferro-, Antiferro- und Ferrimagnete)	Untersuchung ultradünner, ferromagnetischer Einzelschichten und Schichtsysteme, bestehend aus ferro- und paramagnetischen Schichten, deren elektronische Struktur im wesentlichen zweidimensional ist

Abkürzung	Verfahrensbezeichnung	Erläuterung	Anwendungen
PL	Photolumineszenz (Photoluminescence)	Beobachtung der Lumineszenzanregung durch Einstrahlung kurzwelligen Lichts ($h\nu$ < Bandlückenenergie) in Halbleiterprobe; erzeugte Elektron-Loch-Paare relaxieren bis an die Bandkanten und können von Störstellen gebunden werden; Rekombination unter Lichtaussendung mit Hilfe von Rekombinationszentren	Rekombination gebundener Ladungsträger (Art des Bindungszentrums, Lichtintensität, rel. Konz, von Bindungszentren); Gesamtintensität (rel. Dichte der Rekombinationszentren); Halbleiterheterostrukturen: Bandlücken von Legierungshalbleitem, Quantisierungsenergie niederdimensionaler Heterostruktur-Systeme (Quantentöpfe, -drähte, -punkte), Grenzflächenrauheit von Heteroübergängen in Quantentopfstrukturen; spezielles Verfahren: Elektrolumineszenz (EL)
PM	Porosimetrie	Summe der Verfahren zur Untersuchung von Porenstrukturkennwerten, z. B. Quecksilberdruck-porosimetrie (Poreneingangsgradienten-verteilungen, offene Porosität, innere Oberfläche (erfasster Radienbereich: je nach Gerätetyp: 2–250 nm)), Gasdurchlässigkeitsprüfungen (Äquivalenzradien, Tortuosität), Sorptions-Methoden (BET-Oberflächen, Porenradienverteilungen <100 nm)	Porositätskennwerte; Messung von Porengrößen und Porengrößenverteilungen; Bestimmung von inneren spezifischen Porenoberflächen, Äquivalenzradien, Vernetzungsparametern
ProMet	Profilometrie	Mikroraster wird während der Messung mit konstanter Geschwindigkeit über Probenoberfläche geführt; vertikal bewegliche Diamantspitze tastet Oberflächenprofil ab; Wandlung der Auslenkung in elektrische Signale	Ermittlung von Mittenrauheitswert, gemittelter Rauheitstiefe, max. Rauheitstiefe, gemittelter Glättungstiefe; spezielle Verfahren: Messung mit angepasster Grenzwellenlänge

Abkürzung	Verfahrensbezeichnung	Erläuterung	Anwendungen
RBA	Röntgenbeugungsanalyse	Durch Beugung eines Röntgenstrahls an den Atomen einer Netzebene treten Reflexe gemäß des Braggschen Beugungsgesetzes bei bestimmten Winkeln auf. Die Reflexe sind charakteristisch für ein bestimmtes Kristallgitter. Die Messung erfolgt an Pulvern <63 µm oder an Oberflächen; Informationstiefe 10 nm–10 µm; geringste nachweisbare Menge: 10^{-1} g; geringste nachweisbare Konzentration: 0,1–5 Massen%	Liefert Informationen über die Kristallstruktur und die Gitterparameter. Die ermittelten Reflexe können mit Hilfe der JCPDS-Kartei (ASTM-Standard) einer Phase mit bestimmter Kristallstruktur zugeordnet werden. Durch Drehen und Kippen von Festkörperproben können im Reflexionsfall Spannungen gemessen werden
RBS (HEIS)	Rutherford-Rückstreu-elektronenspektroskopie (Rutherford Backscattering Spectroscopy; High Energy Ion Scattering Spectroscopy)	Elementanalyse und Tiefenprofilanalyse mit hochenergetischen Ionenstrahlen (z. B. $^{4}He^{+}$ mit 1–2 MeV); gemessen wird die Energieverteilung rückgestreuter Teilchen; Proben sind bevorzugt Einkristalle; Gitterrichtungen und Gitterfehler sind bestimmbar, Verunreinigungen im ppm-Bereich. Laterale Auflösung: mm, Tiefenauflösung: 10 nm–1 µm	Grundlagenuntersuchungen an Einkristallen; Gitterdefekte, Erkennung von Strahlenschäden, Dotierungen (Halbleiterherstellung), Oxidschichten, Monolagen; zerstörungsfreie Tiefenprofilanalyse
RD	Röntgen-Diffraktometrie	siehe RBA	siehe RBA
REELS	Reflection EELS	siehe EELS	siehe EELS
REM (SEM)	Rasterelektronenmikroskopie (Scanning Electron Microscopy)	Aufzeichnung und digitale bildhafte Darstellung von Rückstreu- und Sekundärelektronen aus Oberflächen während Elektronenstrahleinwirkung; Laterale Auflösung: 50 nm, Tiefenwirkung: 3–7 µm. Siehe Band 1	Routinewerkzeug zur Oberflächencharakterisierung (Topographie, chemische Zusammensetzung); Phasen-identifizierung; evtl. mit Heiz- oder Kryohalter

Abkürzung	Verfahrensbezeichnung	Erläuterung	Anwendungen
RFA (RFS)	Röntgenfluoreszenzanalyse (Röntgenfluoreszenzspektroskopie)	Mit einem Röntgenstrahl werden die Elemente einer Probe zur Emission ihrer charakteristischen Strahlung angeregt. Das so entstandene Spektrum wird an einem Analysatorkristall gebeugt, wobei der von der Wellenlänge abhängige Beugungswinkel gemessen wird; geringste nachweisbare Konzentration für $Z \geq 11$ ist 10 ppm; geringste nachweisbare Masse ist 10^{-8} g	Qualitative Ermittlung von Elementen mit $Z > 5$
RHEED (RED)	Reflektions-Hochenergie-Elektronenbeugung (Reflection High Energy Electron Diffraction)	Elektronenbeugung im Reflektionsmodus; Elektronenenergie > 10 keV; Tiefenauflösung: mehrere Monolagen	Oberflächenuntersuchungen, Analyse von Oberflächenstrukturen; z. B. Einkristalle, Adsorptions- und Segregationsschichten
RKM	Rasterkraftmikroskopie (Scanning Force Microscopy)	Abbildung einer Oberfläche durch Messung der elektrostatischen Wechselwirkung zwischen den Oberflächenatomen und denen einer atomar spitzen Abtastnadel; Lateralauflösung: atomar; Tiefeninformation: eine Atomlage; Nachweisgrenze je nach Verfahren: atomar	Aufnahme der Oberflächentopographie von Einkristallen, Gläsern, Flüssigkeiten, Molekülen, auch von isolierenden Werkstoffen; Erkennung von Nahordnungen und Strukturen
RS	Raman Spektroskopie	Detektion von inelastisch gestreutem Licht; neben elastisch gestreutem Rayleigh Licht; auch Seitenbanden beobachtbar, deren energetische Lage um die Energie der Elementanregungen verschoben ist; Frequenzlage, Signalintensität, Polarisationsabhängigkeit und Linienform des Signals lassen Aussagen über verschiedene Materialeigenschaften zu	Bestimmung von Verspannungen, Kristallstörungen, Dotierungen; Identifizierung von Materialien anhand der Eigenfrequenz; Analyse bei binären und ternären Verbindungshalbleitern; Kristallachsenbestimmung, spezielle Verfahren: Mikro-Ramanspektroskopie; Messungen unter Ultra Hochvakuum (bis 700 °C)

Abkürzung	Verfahrensbezeichnung	Erläuterung	Anwendungen
RTM (STM)	Raster-Tunnelmikroskopie (Scanning Tunneling Microscopy)	Abbildung einer Oberfläche durch Messung der Dichteverteilung elektrischer Oberflächenzustände mittels einer atomar spitzen Abtastnadel; Lateralauflösung: mm; Tiefeninformation: eine Atomlage; Nachweisgrenze je nach Verfahren: atomar	Aufnahme der Oberflächentopographie von Einkristallen, Gläsern, Molekülen, bevorzugt von elektrisch leitenden Werkstoffen; Erkennung von Nahordnungen und Strukturen
SAD	Feinbereichsbeugung (Selected Area Diffraction)	Arbeitsmodus im TEM: Durch Blenden wird ein Probenteil eingegrenzt und mit feinfokussierendem Elektronenstrahl im Beugungsbild betrachtet	Phasen- und Strukturanalytik kleinerer Körner und Einschlüsse, Phasen- und Korngrenzen
SAM	Raster AES (Scanning Auger Microscopy)	siehe AES	siehe AES
SAM	Scanning Acoustic Microscopy	siehe ASM	siehe ASM
SE(S) (SEE)	Sekundärelektronen-Spektroskopie (Secondary Electron Emission)	nach Elektroneneinstrahlung von einem Volumen unter einer Oberfläche emittierte Elektronen; liefern Informationen über die Elementzusammensetzung (Massenkontrast); siehe REM	siehe REM; Phasen- und Gefügeanalytik; die Informationen stammen aus einem Volumen von 2–3 µm Breite und bis zu 7 µm Tiefe
SEM	Rasterelektronenmikroskopie (Scanning Electron Microscopy)	Siehe REM	siehe REM
SERS	Oberflächen-Raman-Spektroskopie (Surface Enhanced Raman Spectroscopy)	Inelastische Photonenstreuung; Laterale Auflösung: 1 µm; Tiefenauflösung: 0,1 µm; 10^6 mal empfindlicher als LRMA, optimiert für die Elemente Cu, Ag, Au als Substrate	Molekulare und strukturelle Mikroanalyse
SEXAFS	Oberflächen-Röntgenabsorptionskanten-Feinstrukturspektrometrie (Surface-EXAFS)	Absorption von monochromatischen Röntgenstrahlen aus Synchrotronquellen an Oberflächen; Analyse der Feinstruktur der Absorptionskanten auf Nahordnungsstrukturen. Laterale Auflösung: 10–20 µm; Tiefenauflösung: 1–10 nm	Bestimmung der lokalen Nahordnung an Oberflächen (Kristallstruktur oder Glasstruktur), Bindungslängen und -winkel, strukturelle Verteilung der Elemente

Abkürzung	Verfahrensbezeichnung	Erläuterung	Anwendungen
SFM	Scanning Force Microscopy	siehe RKM	siehe RKM
SIMS	Sekundärionenmassenspektroskopie (Secondary Ion Mass Spectroscopy)	Materialabtrag von Oberflächenatomen mittels Ionenbestrahlung (Absputtern) mit N^+, Ar^+, O_2^+, O^- u. a. und nachfolgender massenspektroskopischen Untersuchung der verdampften und ionisierten Atome; Lateralauflösung: mm (statisch), 100–1000 nm (dynamisch); Tiefenauflösung: Monolage bis nm	Oberflächenuntersuchungen an Katalysatoren, Oxidationsschichten, Segregationen, Verunreinigungen; Aufnahme von Diffusionsprofilen mit radioaktiven Isotopen (Bestimmung von Diffusionskoeffizienten); Tiefenprofilanalyse; laterale Elementverteilungen; Mikrobereichsanalyse; Isotopenhäufigkeitsanalyse; Bulk-/Spurenelementanalyse im ppb Bereich
SNOM	Optische Rasternahfeldmikroskopie (Scanning Near-Field Microscopy)	Beleuchtung des Festkörpers über Apertur, die viel kleiner als die Wellenlänge des Lichtes ist; Rasterung der Apertur über die Oberfläche im optischen Nahfeldbereich (wenige nm); Ergebnis: simultan optisches Bild des Festkörpers als auch Topographieinformationen (Abstandssignal); Lateralauflösung 1000 nm	Optische Mikroskopie im nm-Bereich an organischen und anorganischen Materialien; Korrelation von strukturellen und optischen Eigenschaften im nm-Bereich; Abbildung magnetischer Strukturen im nm-Bereich
SNMS	Neutralteilchenmassenspektroskopie (Sputtered Neutral Mass Spectroscopy)	Massenspektroskopie sekundär ionisierter, ursprünglich neutraler Teilchen im HF-Plasma oberhalb der Probenoberfläche; Laterale Auflösung: µm, Tiefenauflösung: 1–5 Atomlagen; Nachweisgrenze: 10^{-6}	wie SIMS
SPA-LEED	Spot Profile Analysis-LEED	siehe LEED	siehe LEED
SP-LEED	Spin Polarized-LEED	siehe LEED	siehe LEED
SPM	Rastersonden-Mikroskopie (Scanning Probe Microscopy)	siehe REM und ESMA	Quantitative 3-dimensionale Bild- und Oberflächenmessung

Abkürzung	Verfahrensbezeichnung	Erläuterung	Anwendungen
SSMS	Funkenquellenmassenspektrometrie (Spark Source Mass Spectrometry)	Probenmaterial wird im Plasma einer Vakuumentladung (meist hochfrequente Wechselspannung: 10^4 bis 10^5 V) verdampft und ionisiert; im Funkenplasma gebildete positive Ionen werden in einem doppelfokussierenden Massenspektrometer beschleunigt und nach Energie-/Ladungs- bzw. Masse-/Ladungsverhältnis getrennt und mit einer ionenempfindlichen Fotoplatte detektiert	Simultane Konzentrationsbestimmung (außer Edelgase); Konzentrationsbereich 100 % bis lppb; Bulk-, Spuren- und Ultraspurenanalyse leitender Probenmaterialien (Nachweisgrenze 1–100 ppb); Isotopenanalyse; Isotopenverdünnungsanalyse
STEM	Raster-Transmissions-elektronenmikroskop (Scanning Transmission Electron Microscopy)	Digitale Darstellung von Elektronenwellen über eine Kamera unter der Probe (Durchstrahlungsmodus im Rasterbetrieb); Elektronenenergie: 100–600 keV, Lateralauflösung: nm; Tiefeninformation: einige Atomlagen; Nachweisgrenze je nach Verfahren: atomar bis %	siehe TEM
STM	Raster-Tunnelmikroskopie (Scannung Tunneling Microscopy)	Abbildung einer Oberfläche durch Messung der Dichteverteilung elektronischer Oberflächenzustände mittels einer atomar spitzen Abtastnadel; Lateralauflösung: atomar; Tiefeninformation: eine Atomlage; Nachweisgrenze je nach Verfahren: atomar	Aufnahme der Oberflächentopographie von Einkristallen, Gläsern, Molekülen, bevorzugt von elektrisch leitenden Werkstoffen; Erkennung von Nahordnungen und Strukturen
STS	Scanning Tunneling Spectroscopy	siehe STM	siehe STM
TEM	Transmissionselektronenmikroskopie (Transmission Electron Microscopy)	Flächenhafte Darstellung von Elektronenwellen auf einem Leuchtschirm unter der Probe (Durchstrahlungsmodus); Elektronenenergie: 100–2000 keV, Lateralauflösung: atomar; Tiefeninformation: einige Atomlagen; Nachweisgrenze je nach Verfahren: atomar bis %. Siehe Band 1	Gefüge- und Phasenanalytik von durchstrahlbaren Präparaten; Hochauflösung mit atomarer Analytik in Verbindung mit EELS; Strukturanalytik mit Beugung, Spannungsanalytik; Gitterfehler, Phasengrenzen, Korngrenzen

Abkürzung	Verfahrensbezeichnung	Erläuterung	Anwendungen
TG	Thermogravimetrie	siehe DTG	siehe DTG
THEED	Transmissions-Hochenergie-Elektronenbeugung (Transmission High Energy Electron Diffraction)	Elektronenbeugung im Durchstrahlungsmodus, siehe TEM; Elektronenenergie > 150 keV	Abbildung des Reziproken Gitters, Kristallstrukturbestimmung, kristallographische Untersuchungen, Ortsauflösung 20 nm
TOF-MS	Time Of Flight Mass Spectrometer	siehe LR1-SIMS	siehe LRI-SIMS
UPS	Ultraviolett-Photoelektronen-spektroskopie (Ultraviolet Photo Electron Spectroscopy)	Spektroskopie der kinetischen Energie von emittierten Photo-(Bindungs-)elektronen aus der Probe nach Absorption von monochromatischen UV-Strahlen; Anregung über Edelgasentladungslampe oder Synchrotronstrahlung; Laterale Auflösung: mm, Tiefenauflösung: 5–10 Atomlagen; Informationen über Bindungszustand; Tiefenprofile in Verbindung mit Sputtereinheit zum Oberflächenabtrag	Untersuchung der Bindungszustände in Molekülen (Gase und Festkörper); Unterscheidung von Schwingungsanregungen; Chemisoroptionseffekte an Oberflächen, Adsorption an Katalysatoren; Ultrahochvakuum erforderlich
UV UV-VIS	Spektroskopie im ultravioletten und sichtbaren Bereich	Als Strahlungsquelle werden zur Anregung der Atome für das UV-Gebiet und für den sichtbaren Bereich Gasentladungslampen mit H_2, D_2, Xe in besonderen Fällen auch mit Na oder Hg verwendet	Nachweis von Elementen
WDX (WDS)	Wellenlängendispersive Röntgenspektroskopie (Wavelength Dispersive X-ray Spectroscopy)	Die Anhebung eines Innenelektrons auf die äußere Schale durch einen Elektronenstoß und das anschließende Wiederzurückspringen erzeugt Röntgenstrahlung mit einer charakteristischen Wellenlänge. Die Summe der Röntgenquanten verschiedener Energie aus einer Probe wird mit einem Zählrohr gemessen und nach Energie sortiert. Anhand der charakteristischen Wellenlänge der Röntgenstrahlung wird ermittelt, welche Elemente an der untersuchten Stelle vorliegen	Anhand der charakteristischen Wellenlänge der Röntgenstrahlung wird ermittelt, welche Elemente an der untersuchten Stelle vorliegen. Quantitative Elementanalyse

Abkürzung	Verfahrensbezeichnung	Erläuterung	Anwendungen
XAES	X-ray Induced AES	siehe AES	siehe AES
XANES	X-ray Absorption Near-Edge Structure	siehe EXAFS	siehe EXAFS
XAS	Röntgenabsorptionsspektroskopie (X-ray Absorption Spectroscopy)	Teil der Röntgenspektroskopie; misst die beim Durchgang von Röntgenstrahlung durch eine Probe auftretende Intensitätsabnahme	Qualitativer und quantitativer Nachweis von chemischen Elementen
XMA	Röntgenstrahl-Mikrobereichs-analyse (X-ray Microarea Analysis)	Hochauflösende EDX-Elementanalyse mit 1 µm Ortsauflösung und Nachweisgrenze um 10^{-20} g; nicht für leichte Elemente geeignet:	Identifizierung von Ausscheidungen
XNA	Röntgen-Nanoanalyse (X-ray Nano-Analysis)	Hochauflösende EDX-Elementanalyse mit 1 nm Ortsauflösung und Nachweisgrenze um 10^{-20} g; nicht für leichte Elemente geeignet:	Identifizierung von Ausscheidungen und Segregationen an Korngrenzen
XPS	Röntgenstrahleninduzierte Photoelektronenspektroskopie (X-ray Photo Electron Spectroscopy)	Spektroskopie der kinetischen Energie von emittierten Photo-(Bindungs-)elektronen aus der Probe nach Absorption von monochromatischen Röntgenstrahlen; Laterale Auflösung: <100 µm, Tiefenauflösung: 5–10 Atomlagen; Nachweisgrenze ca. 0,1 Gew.-%; Informationen über Bindungszustand; Tiefenprofile in Verbindung mit Sputtereinheit zum Oberflächenabtrag:	Quantitative Elementanalytik an Oberflächen, Oxidations- und Korrosionsschichten, Adsorptions- und Segregationsschichten; Phasenidentifizierung über die Bindungszustände der Elemente; gut geeignet für leichte Elemente (OH-Gruppen, Si-O-Bindungen etc.); in Verbindung mit In-Situ-Biegevorrichtung, REM und AES:
XRD	Röntgenbeugungsanalyse (X-ray Diffraction)	siehe RBA	siehe RBA
XRF	Röntgenfluoreszenzanalyse (X-ray Fluorescence Analysis)	siehe RFA	siehe RFA
VA	Voltamperometrie	Aufnahme der Strom-Spannungskurve, dabei Reduktion der Elemente an einer Quecksilberelektrode	Bestimmung der Metallkationen in Flüssigkeiten oder bei gelösten Feststoffen

Literatur

[1] DIN 51045: Bestimmung der Längenänderung fester Körper unter Wärmeeinwirkung (Okt. 1976).

[2] Bayer, G.: Thermal expansion anisotropy of oxide compounds. Proc. Br. Ceram. Soc. 22 (1973) 39–53.

[3] Kingery, W. D., Bowen, H. K., Uhlmann, D. R.: Introduction to Ceramics, 3. Aufl. New York, Chichester: John Wiley & Sons (1976).

[4] Taylor, D.: The thermal expansion behaviour of the framework silicates. Mineral. Mag. 38 (1972) 593–604.

[5] Lundin, S. T.: Studies on Triaxial Whiteware Bodies. Stockholm: Diss. Royal Inst. Techn. (1959), 197 S.

[6] Kingery, W. D.: The thermal conductivity of ceramic dielectrics. In: Burke, J. E. (Hrsg.) Progress in Ceramic Science, Bd. 2. Oxford, London: Pergamon Press (1962), 182–235.

[7] Flynn, D. R.: Thermal conductivity of ceramics. In: Wachtman, J. B. (Hrsg.) Mechanical and Thermal Properties of Ceramics. Spec. Publ., Bd. 303. Washington: National Bureau of Standards (1969) 63–123.

[8] DIN 51046: Bestimmung der Wärmeleitfähigkeit bei Temperaturen bis 1600 °C nach dem Heizdraht-Verfahren. Aug. 1976.

[9] DeBoer, J. H., Butter, J., Großkopf, B., Jeschke, P.: Hot wire technique for determining high thermal conductivities. Refract. J. 5 (1980) 22–28.

[10] Parker, W. J., Jenkins, R. J., Butler, C. P., Abbott, G. L.: Flash method of determinig thermal diffusivity, heat capacity, and thermal conductivity. J. Appl. Phys. 32 (1961) 1679–1684.

[11] Provost, G.: Conductivité thermique: rappel de donnees theoriques resume d'essais comparatifs, conclusions pratiques. Bull. Soc. Fr. Ceram. 99 (1973) 17–23. Nr.

[12] Lee, D. W., Kingery, W. D.: Radiation energy transfer and thermal conductivity of ceramic oxides. J. Am. Ceram. Soc. 43 (1960) 594–607.

[13] Eucken, A.: Die Wärmeleitfähigkeit kermischer feuerfester Stoffe: Ihre Berechnung aus der Wärmeleitfähigkeit der Bestandteile, Forschungsh Nr. 353: Ausg. B. Berlin: VDI-Verlag (1932).

[14] Schwiete, H. E., Granitzki, K. E., Karsch, K. H.: Wärmeleitfähigkeit feuerfester Materialien des Systems Al_2O_3-SiO_2 zwischen 200 und 1600 °C. Ber. Dtsch. Keram. Ges. 38 (1961) 529, 534.

[15] Le Doussal, H., Bisson, G.: Influence de la micro et de la macrostructure sur les caracteristiques intrinseques d'isolation thermique des matériaux refractaires isolants. Bull. Soc. Fr. Ceram. 127 (1980) 3–29.

[16] Ashby, M. F., Jones, D. R. H.: Werkstoffe 1: Eigenschaften, Mechanismen und Anwendungen. Dtsch. Ausgabe: M. Heinzelmann (Hrsg.), 4. Aufl. Spektrum Akademischer Verlag (2006). Original-Werk: Engineering Materials 1: An Introduction to Properties, Applications and Design. Butterworth–Heine–Elsevier, 4. Aufl. (2012).

[17] Anderson, O. L., Isaak, D. G., Ahrens, T. J.: Elastic constants of mantle materials at high temperatures. In: Ahrens, T. J. (Hrsg.) Handbook of Physical Constants. Amer. Geochem. Soc. (1995).

[18] Quinn, G. D.: Fractography of Ceramics and Glasses. Washington, DC: National Bureau of Standard and Technology (NIST) (2007). Special Publication 960-17, 546 Seiten. Bildquelle ferner: Quinn, G.D. Jens Eichler, Eisele, U.: Fracture Mirrors in Nanoscale 3Y-TZP. J. Amer. Ceram. Soc. 87 (3) (2008).

[19] Hildmann, B., Ledbetter, H., Kim, S., Schneider, H.: Structural control of elastic constants of mullite in comparison to sillimanite. J. Am. Ceram. Soc. 84(20) (2001) 2409–2414.

[20] Kamitani, K., Grimsditch, M., Nipko, J. C., Loong, C.: The elastic constants of silicon carbide: a Brillouin-scattering study of 4H and 6H SiC single crystals. J. Appl. Phys. 6 (1997).

https://doi.org/10.1515/9783110742374-010

[21] Vogelsang, R., Grimsditch, M., Wallace, J. S.: The elastic constants of single crystal beta-Si_3N_4. Appl. Phys. Lett. 76 (2000) 982–984.

[22] Yeganeh-Haeri, A., Weidner, D. J., Parise, J. B.: Elasticity of α-cristobalite: a silicon dioxide with a negative Poisson's ratio. Science 257 (1992) 650–651.

[23] Evans, K. E., Caddock, B. D.: Microporous materials with negative Poisson's ratios. I. Microstructure and mechanical properties, II. Mechanisms and interpretation. J. Phys. D, Appl. Phys. 22(12) (1989) 1877–1882, 1883–1887.

[24] Grima, J. N., Gatt, R.: Perforated sheets exhibiting negative Poisson's ratios. Adv. Eng. Mater. 12(6) (2010) 460–464.

[25] Hashin, Z.: Elasticity of ceramic systems. In: Fulrath, R. M., Pask, J. A. (Hrsg.) Ceramic Microstructures: Their Analysis, Significance, and Production. New York: Wiley (1968) 313–341.

[26] Paley, M., Aboudi, J.: Viscoplastic buckling of plates. J. Comput. Sci. Technol. 41 (1991) 411–429.

[27] Bao, G., Hutchinson, J. W., McMeeking, R. M.: Particle reinforcement of ductile matrices against plastic flow and creep. Acta Metall. 39 (1991) 1871–1882.

[28] Hashin, Z., Shtrikman, S.: A variational approach to the theory of elastic behaviour of multi-phase materials. J. Mech. Phys. Solids 11 (1963) 127–140.

[29] Sun, C., Saffari, P., Ranade, R., Sadeghipour, K., Baran, G.: Finite element analysis of elastic property bounds of a composite with randomly distributed particles. Composites, Part A, Appl. Sci. Manuf. 38(1) (2007) 80–86.

[30] Wachtman, J. B.: Elastic deformation of ceramics and other refractory materials. In: Wachtman, J. B. (Hrsg.) Mechanical and Thermal Properties of Ceramics. Spec. Publ., Bd. 303. Washington: National Bureau of Standards (1969) 139–168.

[31] Munz, D., Fett, T.: Ceramics: Materials Properties, Failure Behaviour, Materials Selection. Springer Series in Material Science. Hull, R., u.a.M. (Hrsg.) (1999) 298 S. 216 Abb., deutsch: Mechanisches Verhalten keramischer Werkstoffe. Berlin, Heidelberg: Springer (1990).

[32] Rice, R. W., Donahue, T. J.: Effect of inhomogeneous porosity distribution on elastic moduli of ceramics. J. Am. Ceram. Soc. 62 (1979) 306–307.

[33] Zivcova, Z., Gregorová, E., Pabst, W., Smith, D. S.: Elastic properties of porous oxide ceramics. J. Eur. Ceram. Soc. 29(3) (2009) 347–353.

[34] Rösler, J., Harders, H., Bäker, M.: Mechanisches Verhalten der Werkstoffe, 2. Aufl. Wiesbaden: Teubner Verlag (2003).

[35] Mordfin, L., Kerper, M. J.: Strength testing of ceramics: a survey. In: Wachtman, J. B. (Hrsg.) Mechanical and Thermal Properties of Ceramics. Spec. Publ., Bd. 303. Washington: National Bureau of Standards (1969) 243–262.

[36] Pabst, R. F.: Neuere Methoden der Festigkeitsprüfung keramischer Werkstoffe. Z. Werkstofftechnik 6 (1975) 17–29.

[37] Pabst, R. F.: Konventionelle Festigkeitsbetrachtungen bei keramischen Werkstoffen und deren Fehlermöglichkeiten. Ber. Dtsch. Keram. Ges. 54 (1977) 392–395.

[38] Passmore, E. M., Spriggs, R. M., Vasilos, T.: Strength-grain size-porosity relations in alumina. J. Am. Ceram. Soc. 48 (1965) 1–7.

[39] Skarbye, H.: Influence of glaze on strength of high tension porcelain. Abh. X. Int. Keram. Kongr. Stockholm 167 (1966) 188.

[40] Kirchner, H. P., Gruver, R. M., Walker, R. E.: Chemically strengthened, leached alumina and spinel. J. Am. Ceram. Soc. 50 (1967) 169–173.

[41] Davidge, R. W.: Mechanical Behaviour of Ceramics. Cambridge: Cambridge Univ. Press (1979).

[42] Batdorf, S. B., Sines, G.: Combining data for improved Weibull parameter estimation. J. Am. Ceram. Soc. 63 (1980) 214–218.

[43] Lange, F. F.: Origin and use of fracture mechanics. In: Bradt, R. C., Hasselmann, D. P. H., Lange, F. F. (Hrsg.) Fracture Mechanics of Ceramics. Vol 1: Concepts, Flaws, and Fractography. New York: Plenum Press (1974) 3–15.

[44] Hennicke, H. W.: Grundelemente der Festigkeit und des Bruchverhaltens keramischer Werkstoffe. In: Handbuch der Keramik. Freiburg i.Br.: Schmid (1974) Gruppe III Kl, 1–14.

[45] Wachtman, J. B. (Hrsg.): Highlights of progress in the science of fracture of ceramics and glass. J. Am. Ceram. Soc. (1974) 509–519.

[46] Inglis, C. E.: Stresses in a plate due to the presence of cracks and sharp corners. London: Inst. Naval Architecture 55 (1913) 219–230.

[47] Griffith, A. A.: The phenomena in rupture and flow in solids. Philos. Trans. R. Soc. Lond. A 221 (1920) 163–198. Ferner: The Theory of Rupture. 1st Int. Conf. Appl. Mechanics, Delft (1924) 55–63.

[48] Irwin, G. R.: Analysis of stresses and strains near the end of a cracktraversing a plate. J. Appl. Mech. 24 (1957) 361–364.

[49] Irwin, G. R.: Relation of stresses near a crack to the crack extension force. In: IXth Int. Conf. Appl. Mech., Brüssel, Vortrag 101(11). Universität Brüssel (Hrsg.) (1957) 245–251.

[50] Knott, J. F.: Fundamentals of Fracture Mechanics. London: Butterworths (1973).

[51] Irwin, G. R.: In: Handbuch der Physik 6, Függe, S. (Hrsg.) Berlin: Springer (1958) 551–590.

[52] Irwin, G. R.: Crack extension force, for a part-through crack in a plate. J. Appl. Mech. 29 (1962) 651–654.

[53] Evans, A. G.: Fracture mechanics determinations. In: Bradt, R. C., Hasselmann, D. P. H., Lange, F. F. (Hrsg.) Fracture Mechanics of Ceramics. Vol 1: Concepts, Flaws, and Fractography. New York: Plenum Press (1974) 17–48.

[54] Kirchner, H. P., Ragosta, J. M.: Crack growth from small flaws in larger grains in alumina. J. Am. Ceram. Soc. 63 (1980) 490–495.

[55] Srawley, J. E.: Wide range stress intensity factor expressions for E 399 standard fracture toughness specimens. Int. J. Fract. 12 (1976) 475.

[56] Wolf, M.: Untersuchungen zum Einfluss künstlicher Defektverteilungen auf das Festigkeitsverhalten und die Bruchstatistik von Zugproben aus einem hochreinen Aluminiumoxid. Dissertation, MPI-Metallforschung, Universität Stuttgart, 1992.

[57] SESA, A critical evaluation of numerical solutions to the Benchmark surface-flaw problem. Exp. Mech. 20 (1980) 253–264.

[58] Rosenfelder, O.: Fraktographische und bruchmechanische Untersuchungen zur Beschreibung des Versagensverhaltens von Si_3N_4 und SiC bei Raumtemperatur. Dissertation, Universität Karlsruhe, 1986.

[59] Raju, I. S., Newman, J. C.: Stress-intensity factors for a wide range of semi-elliptical cracks in finite-thickness plates. Eng. Fract. Mech. 11 (1979) 817–829.

[60] Baratta, F. I.: Stress intensity factor estimates for a peripherally cracked spherical void and a hemispherical surface pit. J. Am. Ceram. Soc. 61 (1978) 490–493.

[61] Baratta, F. I.: Refinement of stress intensity factor estimates for a peripherally cracked spherical void and a hemispherical surface pit. Com. Am. Ceram. Soc. 64 (1981) C3.

[62] Baratta, F. I., Parker, A. P.: Mode I stress intensity factor estimates for various configurations involving single and multiple spherical voids. Frac. Mech. Ceram. 5 (1983) 543–567.

[63] Green, D. J.: Stress intensity factor estimates for annular cracks at spherical voids. J. Am. Ceram. Soc. 63 (1980) 342–344.

[64] Trantina, G. G., Barishpolsky, M.: Elastic-plastic analysis of small defects – voids and inclusions. Eng. Fract. Mech. 20 (1984) 1–10.

[65] Evans, A. G., Biswas, D. R., Fulrath, R. M.: Some effects on the fracture of ceramics: I, cylindrical cavities. J. Am. Ceram. Soc. 62 (1979) 95–100.

[66] Evans, A. G., Biswas, D. R., Fulrath, R. M.: Some effects on the racture of ceramics: II, spherical cavities. J. Am. Ceram. Soc. 62 (1979) 101–106.
[67] Selsing, J.: Internal stresses in ceramics. J. Am. Ceram. Soc. 44(8) (1961) 419–420.
[68] Duckworth, W.: Discussion of Ryshkewitch paper. J. Am. Ceram. Soc. 36 (1953) 68.
[69] Kröckel, O.: Beitrag zum Festigkeitsverhalten keramischer Werkstoffe. Hermsd. Tech. Mitt. 12 (1972) 1039–1052.
[70] Knudsen, F. P.: Dependence of mechanical strength of brittle polycrystalline specimens on porosity and grain size. J. Am. Ceram. Soc. 42 (1959) 376–387.
[71] Rice, R. W.: Strength grain-size effects in ceramics. Proc. Br. Ceram. Soc. 20 (1972) 205–257.
[72] Singh, J. P., Virkar, A. V., Shetty, D. K., Gordon, R. S.: Strength-grain size relations in polycrystalline ceramics. J. Am. Ceram. Soc. 62 (1979) 179–183.
[73] Issler, L., Ruoß, H., Häfele, P.: Festigkeitslehre – Grundlagen, 3. Aufl. Berlin, Heidelberg: Springer (2003).
[74] Morrell, R.: Fractography of Brittle Materials. Measurement Good Practice Guide No 15, Teddington, Middlesex: National Physics Laboratories (1999).
[75] Kirchner, H. P., Conway, J. C.: Criteria for crack branching in cylindrical rods. I. Tension, II. Flexure. J. Am. Ceram. Soc. 70(6) (1987) 413–418, 419–425.
[76] Mecholsky, J. J., Freiman, S. W., Rice, R. W.: Fracture surface analysis of ceramics. J. Mater. Sci. 11 (1976) 1310–1319.
[77] Bansal, G. K., Duckworth, W. H.: Fracture stress as related to origin and fracture mirror sizes. J. Am. Ceram. Soc. 60(7–8) (1977) 304–311.
[78] Abdel-Latif, A. I. A., Bradt, R. C., Tressler, R. E.: Dynamics of fracture boundary formation in glass. Int. J. Fract. 13(3) (1977) 349–359.
[79] Quinn, G. D., Eichler, J., Eisele, U., Rödel, J.: Fracture mirrors in a nanoscale 3Y-TZP. J. Am. Ceram. Soc. 87(3) (2004) 513–516.
[80] Greil, P.: In: Proc. Symp. Materialforschung 1988, Jülich, (1988) 37–56.
[81] Dörre, E., Hübner, H.: Alumina. Heidelberg: Springer (1987).
[82] Weibull, W.: A Statistical Theory of Strength of Materials, Proc. Ingeniors Vatenskaps Akademiens Handlingar Nr. 151. Stockholm: Generalstabens Litografiska Anstalts Förlag (1939).
[83] Weibull, W.: A statistical distribution function of wide applicability. J. Appl. Mech. 18 (1951) 293–297.
[84] Danzer, R.: Lebensdauerprognose hochfester metallischer Werkstoffe im Bereich hoher Temperaturen. Berlin: Gebr. Borntraeger Verlag (1988).
[85] de Jayatilaka, S., Trustrum, A. K.: Statistical approach to brittle fracture. J. Mater. Sci. 12 (1977) 1426–1430.
[86] Rauchle, W., Stuttgart: Daimler Benz AG, Interner Bericht (1974).
[87] Poloniecki, J. D., Wilshaw, T. R.: Determination of surface crack size densities in glass. Nat. Phys. Sci. 229 (1971) 226.
[88] Poloniecki, J. D.: PhD Thesis, Univ. of Sussex, UK (1974).
[89] Almond, E. A., Gee, M. G., McCartney, L. N.: Proc. Conf. Tool Materials, NPL Teddington, UK (1981) 183 ff.
[90] Hempel, H., Wiest, H.: Structural Analysis and Life Prediction for Ceramic Gas Turbine Components for the Mercedes-Benz Research Car 2000. ASME paper No. 86-GT-199 (1986), Proc. Int. Gas Turbine Conf. & Exhib., Düsseldorf, 8.–12. Juni (1986), 9 S.
[91] Soma, T., Ishida, Y., Matsui, M., Oda, I.: Ceramic component design for assuring long-term durability. Adv. Ceram. Mater. 2 (1987) 809–812.
[92] Petzow, G., Telle, R., Danzer, R.: Microstructural defects and mechanical properties of high-performance ceramics. Mater. Charact. 26 (1991) 289–302.

[93] Cappi, B., Ebert, J., Özkol, E., Telle, R.: Mikrostruktur gedruckter Si_3N_4-Bauteile. In: Kriegesmann, J. (Hrsg.) Technische keramische Werkstoffe, Handbuch der Dtsch. Keram. Ges. Köln: Dtsch. Wirtschaftsdienst Köln, 112. Ergänzungslieferung September 2009, Kap. 3.4.2.6 (2009) 15 S.

[94] Schubert, H.: Pulveraufbereitung. In: Schlussbericht zum MATFO-Verbundprojekt 03 M 2012 8 "Entwicklung von thermisch und mechanisch hochbeanspruchten Keramikwerkstoffen mit hoher Zuverlässigkeit als Grundlage für leistungsfähige Bauteile für den Motoren- und Anlagenbau." – Wissenschaftlicher Teil. Stuttgart: Max-Planck-Institut für Metallforschung, im Eigenverlag (1993) 11–19.

[95] Thomson, R., Hsieh, C., Rana, V.: Lattice trapping of fracture cracks. J. Appl. Phys. 42(8) (1971) 3154–3160.

[96] Hsieh, C., Thomson, R.: Lattice theory of fracture and crack creep. J. Appl. Phys. 44(5) (1973) 2051–2063.

[97] Fuller, E. R., Thomson, E. M.: Fracture Mechanics of Ceramics, Vol. 4. New York: Plenum Press (1978) 504–548.

[98] Fett, Th.: Lebensdauervorhersage an keramischen Werkstoffen mit den Mitteln der Bruchmechanik bei elastischem und viskoelastischem Materialverhalten. Dissertation, Universität Karlsruhe, 1983.

[99] Jakus, K., Coylle, D. C., Ritter, J. E.: Analysis of fatigue data for life time predictions for ceramic materials. J. Mater. Sci. 13 (1978) 2071–2080.

[100] Wiederhorn, S. M.: Subcritical crack growth in ceramics. In: Bradt, R. C., Hasselmann, D. P. H., Lange, F. F. (Hrsg.) Fracture Mechanics of Ceramics. Vol 2: Microstructure, Materials, and Applications. New York: Plenum Press (1974) 613–646.

[101] Evans, A. G., Lange, F. F.: Crack propagation and fracture in silicon carbide. J. Mater. Sci. 10 (1975) 1659–1664.

[102] Michalske, T., Stephen, A., Freimann, W.: A molecular interpretation of stress corrosion in silica. Nature 295 (1982) 511–512.

[103] Hillig, W. B., Charles, R. J.: Surfaces, stress-dependent surface reactions and strength. In: Zackay, V. F. (Hrsg.) High Strength Materials. New York: John Wiley & Sons (1965) 682–705.

[104] Pabst, R. F.: Möglichkeiten zur Charakterisierung der langsamen Rißausbreitung bei keramischen Werkstoffen. Ber. Dtsch. Keram. Ges. 57 (1980) 1–5.

[105] Wiederhorn, S.M., Fuller, E.R., Thomson, R.M.: Micromechanisms of Crack Growth in Ceramics and Glasses in Corrosive Environments. Interim Report NBSIR 80-202, Office of Naval Research Department of the Navy, Arlington, VA (1980) 42 S.

[106] Richter, H.: Unterkritische Rißausbreitung in keramischen Werkstoffen. Ber. Dtsch. Keram. Ges 54 (1977) 405–409.

[107] Pabst, R. F., Bognar, I., Zwissler, J. B.: Ergebnisse zur statischen, dynamischen und zyklischen Ermüdung bei keramischen Werkstoffen. Ber. Dtsch. Keram. Ges. 57 (1980) 13–16.

[108] Richter, H.: Langsame Rißausbreitung und Lebensdauerbestimmung. Vergleich zwischen Rechnung und Experiment. Ber. Dtsch. Keram. Ges. 5 (1980) 10–12.

[109] Ritter, J. E., Oates, P. B., Fuller, E. R., Wiederhorn, S. M.: Proof testing of ceramics. J. Mater. Sci. 15 (1980) 2275–2295.

[110] Evans, A. G., Wiederhorn, S. M.: Proof testing of ceramic materials – an analytical basis for failure prediction. Int. J. Fract. 10 (1974) 379–392.

[111] Evans, A. G., Fuller, E. R.: Proof testing – the effects of slow crack growth. Mater. Sci. Eng. 19 (1975) 69–77.

[112] Ritter, J. E., Jakus, K., Shi, P.: Effect of contact residual stress on proof testing. J. Am. Ceram. Soc. 71 (1988) 426–429.

[113] Nickel, E.: Grundwissen in Mineralogie. Vol. 1. Thun: Ott-Verlag (1971).

[114] Lawn, B. R., Evans, A. G., Marshall, D. B.: Elastic/plastic indentation damage in ceramics: the median/radial crack system. J. Am. Ceram. Soc. 63(9–10) (1980) 574–581.

[115] Li, H., Bradt, R. C.: The microhardness (ISE) in hard ceramic materials. J. Hard Mater. 3(3–4) (1992) 403–419.

[116] Bouchacourt, M., Thévenot, F., Ruste, J.: Études sur la carbure de bore, I. Métallographie et microdurité knoop du carbure de bore. J. Less-Common Met. 59(2) (1978) 119.

[117] Cohen, M. L.: Theory of bulk moduli of hard solids. Mater. Sci. Eng. A 105/106 (1988) 11–18.

[118] Roberts, S. G., Warren, P. D., Hirsch, P. B.: Hardness anisotropies: a new approach. Mater. Sci. Eng. A 105/106 (1988) 19–28.

[119] Cohen, M. L.: Atomic theory of hard crystals. J. Hard Mater. 2(1–2) (1991) 13–27.

[120] Doi, Y., Sato, S., Sumiya, H., Yazu, S.: Hardness of synthesized diamond crystal. In: Almond, E. A., Brookes, C. A., Warren, R. (Hrsg.) Science of Hard Materials, Proc. 2nd Int. Conf. Science Hard Materials, Rhodos, Greece, 23.–28. Sept. 1984. Inst. Phys. Conf. Series, Bd. 75, Chpt. 5, Bristol, Boston: Adam Hilger (1986) 233–237.

[121] Rice, R. W.: Machining of ceramics. In: Burke, J. J., Gorum, A. E., Katz, R. N. (Hrsg.) Ceramics for High-Performance Applications. Columbus, Ohio: Metals & Ceramics Information Center (1974) 287–343.

[122] Skrovanek, S. D., Bradt, R. C.: Microhardness of a fine-graine-size Al_2O_3. J. Am. Ceram. Soc. 62 (1979) 215–216.

[123] Telle, R., Park, S.-H.: Spanbildungsmechanismen und Randzonenschädigung bei der Hartbearbeitung von Al_2O_3-Keramiken mit variierter Korngröße. In: Petzow, G., Tobolski, J., Telle, R. (Hrsg.) Hochleistungskeramiken – Herstellung, Aufbau, Eigenschaften. Weinheim: Verlag Chemie im Auftrag der Dtsch. Forschungsgemeinschaft (1996) 574–588.

[124] Krell, A., Bakun, O. V.: High-temperature hardness of Al_2O_3-base ceramics. Acta Metall. 34(7) (1986) 1315–1319.

[125] Alpert, Ch. P., Chan, H. M., Bennison, St. J., Lawn, B. R.: Temperature dependence of hardness of alumina-based ceramics. J. Am. Ceram. Soc. 71 (1988) C371–C373.

[126] Kollenberg, W.: Plastic deformation of Al_2O_3 single crystals by indentation at temperatures up to 750 °C. J. Mater. Sci. 23 (1988) 3321–3325.

[127] Marshall, D. B., Lawn, B. R., Evans, A. G.: Elastic/plastic indentation damage in ceramics: the lateral crack system. J. Am. Ceram. Soc. (1982) 561–566.

[128] Anstis, G. R., Chantikul, P., Lawn, B., Marshall, D. B.: A critical evaluation of indentation techniques for measuring fracture toughness: I. Direct crack measurements. / II. Strength method. J. Am. Ceram. Soc. 64(9) (1981) 533–543.

[129] Guillou, M.-O., Henshall, J. L., Hooper, R. M., Carter, G. M.: Indentation fracture analysis, and its application to zirconia, silicon carbide and silicon nitride ceramics. J. Hard Mater. 3(3–4) (1992) 421–434.

[130] Lawn, B. R., Wilshaw, R.: Indentation fracture, principles and applications. J. Mater. Sci. 10 (1975) 1049–1081.

[131] Lawn, B. R., Swain, M., Phillips, K.: On the mode of chipping fracture in brittle solids. J. Mater. Sci. Lett. 10 (1975) 1236–1239.

[132] Burghard, Z., Zimmermann, A., Rödel, J., Aldinger, F., Lawn, B. R.: Crack opening profiles of indentation cracks in normal and anomalous glasses. Acta Mater. 52 (2004) 293–297.

[133] Ziegler, G., Munz, D.: Bruchwiderstandsmessungen an Al_2O_3 und Si_3N_4 mit der Knoop-Härteeindruck-Technik. Ber. Dtsch. Keram. Ges. 56 (1979) 128–131.

[134] Wachtman, J. B., Lam, D. G. (Hrsg.): Young's modulus of various refractory materials as a function of temperature. J. Am. Ceram. Soc. 42 (1959) 254–260.

[135] Garai, J.: Temperature dependence of the isothermal bulk modulus. J. Appl. Phys. (2007) 023514.

[136] Telle, R., Münstermann, S., Beyer, Chr.: Design, construction and performance of silicon nitride tool parts in steel thixoforming. In: Kang, C. G., Kim, S. K., Lee, S. Y. (Hrsg.) Semi-Solid Processing of Alloys and Composites. Solid State Phenomena, Bd. 116–117. Zürich: TransTech Publ. (2006) 690–695.

[137] Tsuge, A., Nishida, K., Komatsu, M.: High-strength hot-pressed Si_3N_4 with concurrent Y_2O_3 and Al_2O_3 addition. Am. Ceram. Soc. Bull. 57(4) (1978) 424–426.

[138] Tsuge, A., Komeya, K., Inoue, H., Hashimoto, H., Komatsu, M.: Microstructural development and densification during sintering of Si_3N_4. In: Somiya, S., Sato, S. (Hrsg.) Proc. Int. Symp. Factors in Densification and Sintering of Oxide and Non-Oxide Ceramics, Hakone, Japan, 1978. Tokyo, Japan: Gakujutsu Bunker Fukyu-kai (1979).

[139] Esfehanian, M., Günster, J., Heinrich, J. G., Horvath, J., Koch, D., Grathwohl, G.: High temperature mechanical properties of carbon–silicide–carbide composites developed by melt infiltration. J. Mater. Sci. 42 (2007) 7721–7728.

[140] Williams, W. S.: Dispersion hardening of titanium carbide by boron doping. Trans. AIME 236 (1966) 211–216.

[141] Williams, W. S.: Physics of transition metal carbides. J. Mater. Sci. Eng. A 105/106 (1988) 1–10.

[142] DIN 51068: Bestimmung des Widerstandes gegen schroffen Temperaturwechsels, Wasser- bzw. Luftabschreckungsverfahren für feuerfeste Steine. Mai 1976 (Teil 1), Mai 1980 (Teil 2).

[143] Hennicke, H. W., Kersting, R.: Temperaturwechselbeständigkeit keramischer Werkstoffe. In: Handbuch der Keramik. Freiburg i.Br.: Schmid (1970) Gruppe IV B2i, 1–8.

[144] Nakayama, J.: Thermal shock resistance of ceramic materials. In: Bradt, R. C., Hasselmann, D. P. H., Lange, F. F. (Hrsg.) Fracture Mechanics of Ceramics. Vol 2: Microstructure, Materials, and Applications. New York: Plenum Press (1974) 759–778.

[145] Hasselman, D. P. H.: Rolle der Bruchzähigkeit bei der Tenperaturwechselbeständigkeit feuerfester Erzeugnisse. Ber. Dtsch. Keram. Ges. 54 (1954) 195–201.

[146] Hasselman, D. P. H.: Thermal shock resistance parameters for brittle refractory ceramics: a compendium. Ceram. Bull. 49(12) (1970) 1033–1037.

[147] Schneider, G. A.: Thermal shock criteria for ceramics. In: Vincenzini, P. (Hrsg.) Ceramics Today – Tomorrow's Ceramics. Amsterdam: Elsevier Science Publ. (1991) 2851–2866, auch identisch in: Ceramics Int. 17 (1991) 325–333.

[148] Schneider, A. G., Petzow, G. (Hrsg.): Thermal Shock and Thermal Fatigue Behavior of Advanced Ceramics. NATO ASI Series, Series E – Applied Sciences, Bd. 241. Dordrecht: Springer Science + Business Media, (1993) früher: Kluwer Academic Publishers Dordrecht (1993).

[149] Bradt, R. C., Munz, D., Sakai, M., White, K. W. (Hrsg.) Fracture Mechanics of. Vol. 1–14. New York: Springer Science & Business Media (2005).

[150] Schneider, A. G., Petzow, G. (Hrsg.) Thermal Shock and Thermal Fatigue Behavior of Advanced Ceramics. NATO ASI Series, Series E – Applied Sciences, Bd. 241. Dordrecht: Springer Science & Business Media (1993).

[151] Gogotsi, G. A.: Thermal shock resistance of heterogeneous ceramics and refractories. Refractories 34(11) (1993) 538–547.

[152] Chikh, H., Si-Ahmed, F., Afir, A., Pialoux, A.: In-situ X-ray diffraction study of alumina α-Al_2O_3 thermal behavior. Int. J. Recent Dev. Eng.Technol. 3(2) (2014) 137143.

[153] Macherauch, E., Wohlfahrt, H., Wolfstieg, U.: Zur zweckmäßigen Definition von Eigenspannungen. J. Heat Treatm. Mat. (HTM) 28(3) (1973) 201–211.

[154] Heyn, E.: Eine Theorie der "Verfestigung" von metallischen Stoffen infolge Kaltreckens. In: Festschrift der Kaiser-Wilhelm-Ges. Berlin: Springer (1921). 121–131.

[155] Masing, G.: Eigenspannungen in kaltgereckten Metallen. Z. Techn. Phys. 6 (1925) 569–573.

[156] Kingery, W. D.: Factors affecting thermal stress resistance of ceramic materials. J. Am. Ceram. Soc. 38 (1955) 3–15.
[157] Buessem, W. R.: Die Ternperaturwechselbeständigkeit keramischer Massen. Sprechsaal 93 (1960) 137–141.
[158] Hasselman, D. P. H.: Figures-of-merit for the thermal stress resistance of high-temperature brittle materials: a review. Ceram. Int. 4 (1978) 147–150.
[159] Coble, R. L., Kingery, W. D.: Effect of porosity on thermal stress fracture. J. Am. Ceram. Soc. 38 (1955) 33–37.
[160] Hasselman, D. P. H.: Approximate theory of thermal stress resistance of brittle ceramics involving creep. J. Am. Ceram. Soc. 50 (1967) 454–457.
[161] Hashin, Z.: Unified theory of thermal shock fracture initiation and crack propagation in brittle ceramics. J. Am. Ceram. Soc. 52 (1969) 600–604.
[162] Hashin, Z., Badaliance, R., McKinney, K. R., Kim, C. H.: Failure prediction of the thermal fatigue resistance of a glass. J. Mater. Sci. 11 (1976) 458–464.
[163] Kamiya, N., Kamigaito, O.: Prediction of thermal fatigue life of ceramics. Mater. Sci. 14 (1979) 573–582.
[164] Gupta, T. K.: Microstructural dependence of fracture in alumina subjected to thermal shock. Sci. Ceram. 7 (1973) 71–86.
[165] Gupta, T. K.: Strength degradation and crack propagation in thermally shocked Al_2O_3. J. Am. Ceram. Soc. 55 (1972) 249–253.
[166] Salvinia, V. R., Pandolfelli, V. C., Bradt, R. C.: Extension of Hasselman's thermal shock theory for crack/microstructure interactions in refractories. Ceram. Int. 38(7) (2012) 5369–5375.
[167] Vedula, V. R., Green, D. J., Hellmann, J. R., Segall, A. E.: Test methodology for the thermal shock characterization of ceramics. J. Mater. Sci. 33 (1998) 5427–5432.
[168] Bock, P. P.: Temperaturwechselbeanspruchung keramischer Werkstoffe durch Luftabschreckung. Ber. Dtsch. Keram. 51 (1974) 252–255.
[169] Singh, J. P., Thomas, J. R., Hasselmann, D. P. H.: Analysis of effect of heat-transfer on thermal stress resistance of brittle ceramics measured by quenching experiments. J. Am. Ceram. Soc. 63 (1980) 140–144.
[170] Ziegler, G., Hasselmann, D. P. H.: Effect of data scatter on apparent thermal stress failure mode of brittle ceramics. Ceram. Int. 5 (1979) 126–128.
[171] Schillalies, H., Storch, W., Scholze, H.: Bestimmung der Temperaturwechselbeständigkeit von Sinterkorund mit der Schallemissionsanalyse. cfi/Ber. Dtsch. Keram. Ges. 58 (1981) 25–30.
[172] Singh, J. P., Tree, Y., Hasselman, D. P. H.: Effect of bath and specimen temperature on the thermal stress resistance of brittle ceramics subjected to thermal quenching. J. Mater. Sci. 16 (1981) 2109–2118.
[173] Schneider, A. G., Petzow, G.: Thermal shock testing of ceramics – a new testing method. J. Am. Ceram. Soc. 74(1) (1991) 98–102.
[174] Schneider, A. G., Magerl, F., Hahn, I., Petzow, G.: In-situ obervations of stable and unstable crack propagation and R-curve behavior in thermally loaded discs. In: Schneider, A. G., Petzow, G. (Hrsg.) Thermal Shock and Thermal Fatigue Behavior of Advanced Ceramics. NATO ASI Series, Series E – Applied Sciences, Bd. 241. Dordrecht: Springer Science & Business Media (1993) 229–244.
[175] Schneider, G. A.: Thermoschockverhalten von Hochleistungskeramik. In: Eigenschaften und Lebensdauer, Anlage zu Abschlussbericht des Verbundvorhabens „Hochbeanspruchte Keramikwerkstoffe für den Motoren- und Turbinenbau“. Stuttgart (1993) 2–169.
[176] Badaliance, R., Krohn, D. A., Hasselman, D. P. H.: Effect of slow crack growth on the thermal-stress resistance of a $Na_2O–CaO–SiO_2$ glass. J. Am. Ceram. Soc. 57 (1974) 432–436.

[177] Schickle, B., Telle, R., Tonnesen, Th., Traon, N.: Impact of thermal shock on mechanical, elastic, and structural properties of high-alumina castables with ZrO_2 additions. In: Refractories for Industrials, Proc. 52nd Int. Coll. Refr., Aachen, 23.-24. Sept. 2009. Bonn: Forschungsgemeinschaft Feuerfest e.V. (2009) 13–16.

[178] Traon, N., Tonnesen, Th., Telle, R.: The understanding of the microstructural changes of refractory castables after thermal shocks trough damping measurements. Refractories Worldforum 4(2) (2012) 121–126.

[179] Traon, N., Telle, R., Rahmouni, A., Tonnesen, Th.: Influence of the pore shape on the internal friction properties of refractory castables submitted to thermal shocks. In: Refractories for Industrials, Proc. 56th Int. Colloq. Refr., Aachen, 25.-26. Sept. 2013. Höhr-Grenzhausen: ECREF Europ. Centre Refr. GmbH (2013) 145–148.

[180] Telle, R., Tonnesen, Th., Traon, N., Lirenman, R., Hussainkheil, S., Sothyratnam, V.: Microstructural damage cartography of a high alumina refractory castable after progres-sive thermal shocks through damping measurements. In: Proc. 57th Int. Coll. Refr., Aachen, 24.–25. Sept. 2014. Höhr-Grenzhausen: ECREF European Centre for Refractories (2014) 188–192.

[181] Traon, N., Tonnesen, T., Piccolo, P., Telle, R.: Investigations of the elastic properties of dense ceramics of the binary system Al_2O_3–ZrO_2 after thermal shocks. Refractories Worldforum 7(3) (2015) 119–126.

[182] Gorum, A. E., Parker, E. R., Pask, J. A.: Effect of surface conditions on room-temperature ductility of ionic crystals. J. Am. Ceram. Soc. 41 (1958) 161–164.

[183] Stokes, R. J., Li, C. H.: Dislocations and the tensile strength of magnesium oxide. J. Am. Ceram. Soc. 46 (1963) 423–434.

[184] Kronberg, M. L.: Dynamical flow properties of single crystals of sapphire, I. J. Am. Ceram. Soc. 45(6) (1962) 274–279 (Teil II nicht erschienen).

[185] Kronberg, M. L.: Plastic deformation of single crystals of sapphire: basal slip and twinning. Acta Metall. 5 (1957) 507–525.

[186] Wachtman, J. R., Maxwell, L. H.: Plastic deformation of ceramic oxide single crystals II. J. Am. Ceram. Soc. 40(11) (1957) 377–385.

[187] Wachtman, J. R., Maxwell, L. H.: Strength of synthetic single crystal sapphire and ruby as a function of temperature and orientation. J. Am. Ceram. Soc. 42(9) (1959) 432–433.

[188] Gottstein, G.: Physical Foundations of Materials Science. Berlin, Heidelberg: Springer-Verlag (2005).

[189] Samuels, J., Roberts, S. G., Hirsch, P. B.: The brittle-to-ductile transition in silicon. Mat. Sci. Eng. A 105/106 (1988) 39–46.

[190] Pugh, S. F.: Relations between the elastic moduli and the plastic properties of polycrystalline pure metals. Philos. Mag. Ser. 7 45 (1954) 823–843. No. 367, Chpt. XCII.

[191] Music, D., Schneider, J. M.: Elastic properties of MFe_3N (M=Ni, Pd, Pt) studied by ab initio calculations. Appl. Phys. Lett. 88 (2006) 031914.

[192] Weisskopf, K. L., Petzow, G.: ZrO_2-toughening and Al_2O_3-precipitation hardening in Al–Mg-spinel ceramics. In: Zirconia '86 Extended Abstracts. Toyko: The Ceram. Soc. Japan. (1986) 320–321.

[193] Lankford, J.: The compressive strength of strong ceramics: microplasticity versus microfracture. J. Hard Mater. 2 (1991) 55–77, bzw. Proc. 4th Int. Conf. Sci. Hard Materials 1991, ICSHM4, Madeira, 11.–15. Nov. 1991, Brookes, C.A., Warren, R. (Hrsg.), Bristol, Philadelphia: Inst. Physics Publ. (1994) 341–363.

[194] Schunck, B.: Transmissionselektronenmikroskopische Untersuchungen über die Wechselwirkung von Hartbearbeitungsverfahren und tribologischen Beanspruchungen mit der Randzone keramischer Werkstoffe. Dissertation RWTH Aachen, Institut für Gesteinshüttenkunde, 2000, 113 S.

[195] Wilshire, B., Watkins, B.: Factors affecting the stress dependence of creep of polycrystalline ceramics. J. Mater. Sci. 12 (1977) 2135–2138.
[196] Terwilliger, G. R., Radford, K. C.: High temperature deformation of ceramics. Am. Ceram. Soc. Bull. 53 (1974) 172–179, 465–472.
[197] Greil, P.: Einfluss der intergranularen Glasphase auf die Hochtemperatureigenschaften von β-SiAlONen. Dissertation, MPI-Metallforschung, Universität Stuttgart, 1982.
[198] Richter, G., Molzahn, D., Oberacker, R., Grathwohl, G.: Zugkriechuntersuchungen Siliciumnitrid-Werkstoffen. IKM-Jahresbericht, Universität Karlsruhe, Karlsruhe (1994) 63–66.
[199] Korinek, S. L., Castaing, J.: Slip and twinning in polycrystalline alumina (α-Al_2O_3) deformed unter hydrostatic pressure between 600 °C and 1000 °C. J. Am. Ceram. Soc. 86 (2003) 566–573.
[200] Ashby, M. F.: A first report on deformation mechanism maps. Acta Metall. 20 (1972) 887–896.
[201] Langdon, T. G.: Deformation mechanism maps for applications at high temperatures. Ceram. Int. 6 (1980) 11–18.
[202] Cannon, R. M., Rhodes, W. H., Heuer, A. H., Tighe, N. J.: Plastic deformation of fine-grained alumina (Al_2O_3). J. Am. Ceram. Soc. 63 (1980) 46–58.
[203] Coble, R. L., Kingery, W. D.: Effect of porosity on physical properties of sintered alumina. J. Am. Ceram. Soc. 39 (1956) 377–385.
[204] Vishnewskii, I. I.: Dependence of creep on porosity in ceramic products. Inorg. Mater. 15 (1979) 998–1000.
[205] Routschka, G., Hagemann, L., Majdič, A.: Die Heißfestigkeit von feuerfesten Tonerdesilikatsteinen in Abhängigkeit vom Mineralaufbau und der thermischen Vorgeschichte. Sprechsaal 109 (l976) 211–223.
[206] Harrer, W.: Oberflächenzustand und Festigkeit von kommerziellem Siliziumnitrid. Dissertation, Institut für Struktur- und Funktionskeramik, Montanuniversität Leoben, 2013.
[207] Becher, P. F.: Deformation substructure in polycrystalline alumina. J. Mater. Sci. 6 (1971) 275–280.
[208] Becher, P. F.: Surface hardening of sapphire and rutile associated with machining. J. Am. Ceram. Soc. 57 (1974) 107–108.
[209] Sorby, H. C.: On the direct correlation of mechanical and chemical forces. Proc. R. Soc. Lond. 12 (1863) 538–550.
[210] Raj, R., Chyung, C. K.: Solution–precipitation creep in glass ceramics. Acta Metall. 29 (1981) 159–166.
[211] Raj, R.: Creep in polycrystalline aggregates by matter transport through a liquid phase. J. Geophys. Res. 87 (1982) 4731–4739.
[212] Tsai, R. L., Raj, R.: A theoretical estimate of solution-precipoitation creep in MgO-fluxed Si_3N_4. J. Am. Ceram. Soc. Commun. (1982), C80–C90.
[213] Greil, P.: High-temperature strengthening of silicon nitride ceramics. In: Taylor, D. (Hrsg.) Science of Ceramics 14. Stoke-on-Trend (1987) 645.
[214] Nieh, T. G., Wadsworth, J., Sherby, O. D.: Superplasticity in Metals and Ceramics. Cambridge: Cambridge University Press (1997).
[215] Higashi, K.: unveröffentlichte Arbeit, zitiert in [2424].
[216] Ashby, M. F., Verrall, R. A.: Diffusion-accommodated flow and superplasticity. Acta Metall. 21 (1973) 149–163.
[217] Gifkins, R. C.: Grain rearrangements during superplastic deformation. J. Mater. Sci. 13 (1978) 1926–1936.
[218] Kuznetsova, R. I., Zhukov, N. N., Kaibyshev, O. A., Valiev, R. Z.: Mechanism of superplastic deformation of coarse–grained materials. Phys. Status Solidi 70 (1982) 371–378.
[219] Gifkins, R. C.: Grain-boundary sliding and its accommodation during creep and superplasticity. Metall. Trans. A 7A (1976) 1225–1232.

[220] Schatt, W.: Sintervorgänge – Grundlagen. Düsseldorf: VDI-Verlag (1992).

[221] SEPR-SaintGobain, Limoges: Projektbericht, Eur. Conc. Action COST 503 Material Science: Powder Metallurgy – Powder Based Materials (1989).

[222] Hoo, Ch., Men, D., Taherabadi, L., Mecartney, M. L.: Grain-boundary sliding in a superplastic three-phase alumina–zirconia–mullite ceramic composite. J. Am. Ceram. Soc. 94(7) (2011) 2171–2180.

[223] Baierl, R. G. A.: Langsames Risswachstum in Aluminiumoxid. Diplomarbeit, Montanuniversität Leoben (1999), zitiert nach: Danzer, R., Lube, T.: Werkstoffprüfung keramischer Werkstoffe – ein Überblick. Manuskript Montan-Universität Leoben.

[224] Telle, R.: Ceramics for high-tech applications, material science. Valente, T. (Hrsg.) In: European Concerted Action COST 503 Powder Metallurgy – Powder Based Materials, Vol. V, Brüssel: European Community, Directorate-General, Science, Research and Development (1997), 296 S.

[225] Börger, A., Supančic, P., Danzer, R.: The ball on three balls test for strength testing of brittle discs. Part I: Stress distribution in the disc. J. Eur. Ceram. Soc. 22 (2002) 1425–1436.

[226] Börger, A., Supančic, P., Danzer, R.: The ball on three balls test for strength testing of brittle discs. Part II: Stress distribution in the disc. J. Eur. Ceram. Soc. 24 (2004) 2917–2928.

[227] Danzer, R., Harrer, W., Supančic, P., Lube, T., Wang, Z., Börger, A.: The ball on three balls test – strength and failure analysis of different materials. J. Eur. Ceram. Soc. 27 (2007) 1481–1485.

[228] Wagner, R., Harrer, W., Danzer, R.: Application of the ball on three balls test in the development of a high strength partially stabilised zirconia ceramic. cfi/Ber. Dtsch. Keram. Ges. 86(5) (2009) E50–E53.

[229] Salem, J., Quinn, G., Jenkins, M.: Measuring the real fracture toughness of ceramics: ASTM C 1421. In: Bradt, R. C., Munz, D., Sakai, M., White, K. W. (Hrsg.) Fracture Mechanics of Ceramics, Bd. 14. New York: Springer (2005) 531–553.

[230] Broek, D.: Elementary Engineering Fracture Mechanics. Leyden: Sijthoff & Noordhoff (1974). 408 S.

[231] ASTM STP 381, Philadelphia (1965), ASTM STP 410, Philadelphia (1966), ASTM STP 463, Philadelphia (1970).

[232] Munz, D.: In: Bruchverhalten keramischer Werkstoffe, Methoden und Ergebnisse, Reihe 18, Nr. 11. Schwalbe, K.-H. (Hrsg.) Düsseldorf: VDI-Verlag (1981) 1–31.

[233] Dawihl, W., Altmeyer, G. A.: Spannungskonzentrationsfaktor, Spannungsintensitätsfaktor und Verschleißverhalten von Hartmetallen. Arch. Eisenhüttenwesen 4 (1977) 461–463.

[234] Bertolotti, R. L.: Fracture toughness of polycrystalline Al_2O_3. J. Am. Ceram. Soc. 56(2) (1973) 107.

[235] Hübner, H., Strobl, W.: Anwendbarkeit bruchmechanischer Verfahren auf keramische Werkstoffe. Ber. Dtsch. Keram. Ges. 54 (1977) 401–404.

[236] Kleinlein, F. W., Hübner, H.: The evaluation of crack resistance and crack velocity from controlled fracture experiments of ceramic bend specimens. In: Fracture 1977, Proc. Int. Conf. Fracture 4, Vol. 3 (1977) 883–891.

[237] Steinbrech, R., Knehans, R., Schaarwächter, W.: Increase of crack resistance during slow crack growth in Al_2O_3 bend specimens. J. Mater. Sci. 18 (1983) 265–270.

[238] Buresch, F. E.: In: Freiman, S. W. (Hrsg.) Fracture Mechanis Applied to Brittle Materials. ASTM STP Bd. 678. Philadelphia: Amer. Soc. Testing Mat. (1979) 151–165.

[239] Hübner, H., Jillek, W.: Subcritical crack extension and crack resistance in polycrystalline alumina. J. Mater. Sci. 12 (1977) 117–125.

[240] Popp, G.: Untersuchungen zum Rissausbreitungsverhalten von Siliziumcarbid und Aluminiumoxid an Luft und im Vakuum bei hohen Temperaturen, Dissertation, Universität Stuttgart, 1981.

[241] Damani, R., Gstrein, R., Danzer, R.: Critical notch-root radius effect in SENB-S fracture toughness testing. J. Eur. Ceram. Soc. 16 (1996) 695–702.
[242] Damani, R., Schuster, Ch., Danzer, R.: Polished notch odification of SENB-S fracture toughness testing. J. Eur. Ceram. Soc. 17(14) (1997) 1685–1689.
[243] Kübler, J.: Fracture toughness of ceramics using the SEVNB-method: from a preliminary study to a standard test method. In: Salem, J. A., Jenkins, M. G., Quinn, G. D. (Hrsg.) Fracture Resistance Testing of Monolithic and Composite Brittle Materials. ASTM STP Bd. 1409. West Conshohocken: Amer. Soc. Testing Mat. (2002) 93–106.
[244] Choi, S. R., Gyekenyesi, J. P.: Assessment of Fracture Toughness of Monolithic Ceramics – SEPB Versus SEVNB Methods, NASA/TM-2006-214090. 11th Int. Conf. Fracture, Turin, 20.–25. März 2005, NASA Glenn Research Center (2006) 10 S.
[245] Fischer, H., Waindich, A., Telle, R.: Influence of preparation of ceramic SEVNB specimens on fracture toughness testing results. J. Dent. Mater. 24 (2008) 618–622.
[246] Brown, W. F., Srawley, J. E.: Plain Strain Crack Toughhness Testing of High Strength Metallic Materials. ASTM STP Bd. 410. Philadelphia: Amer. Soc. Testing Mat. (1966).
[247] Munz, D., Shannon, J. L., Bubsey, R. T.: Fracture toughness calculation from maximum load in four point bend tests of chevron notch specimens. Int. J. Fract. 16 (1980) R137–R141.
[248] Wilson, W. K.: Stress intensity factors for deep cracks in bending and compact tension specimens. Eng. Fract. Mech. 9 (1970) 168–171.
[249] Shannon, J. L., Bubsey, R. T., Pierce, W. S., Munz, D.: Extended range stress intensity factor expressions for chevron-notched short bar and short rod fracture toughness specimens. Int. J. Fract. 19 (1982) R55–R58.
[250] Outwater, J. O., Gerry, D. J.: On the fracture energy of glass. NRL Interim Contract Report, AD 640848, Burlington, Vermont: University of Vermont, 1966.
[251] Evans, A. G., Wiederhorn, S. M.: Crack propagation and failure prediction in silicon nitride at elevated temperatures. J. Mater. Sci. 1 (1974) 270–278.
[252] Kříž, K., Ilschner, B.: Elastische Kenngrößen, Bruchwiderstand und Rissausbreitungsverhalten von Heißgepresstem Siliziumnitrid zwischen 20° und 1500 °C. In: Bunk, W., Böhmer, M., Kißler, H. (Hrsg.) Keramische Komponenten für Fahrzeug-Gasturbinen III, BMFT-Status Seminar. Berlin: Springer (1984) 559–585.
[253] McHenry, K. D., Tressler, R. W.: Fracture toughness and high-temperature slow crack growth in SiC. J. Am. Ceram. Soc. 63 (1980) 152–156.
[254] Fett, T., Martin, G., Munz, D., Thun, G.: Determination of da/dN-ΔK1-curves for small cracks in alumina in alternating bending tests. J. Mater. Sci. 26 (1991) 3320–3328.
[255] Freimann, S. W., Murville, D. J., Mast, P. W.: Crack propagation studies in brittle materials. J. Mater. Sci. 8 (1973) 1527–1533.
[256] Amer. Soc. for Testing and Materials, Norm ASTM E-399 – 90: Standard Test Method for Plane-Strain Fracture Toughness of Metallic Materials, 1990.
[257] Amer. Soc. Testing and Materials, Norm ASTM E-1820 – 99a: Standard Test Method for Measurement of Fracture Toughness, 1999.
[258] Lawn, B. R., Swain, M.: Microfracture beneath point indentations in brittle solids. J. Mater. Sci. 10 (1975) 113–122.
[259] Lawn, B. R., Fuller, E. R.: Equilibrium penny-like cracks in indentation fracture. J. Mater. Sci. 10 (1975) 2016–2024.
[260] Evans, A. G., Wilshaw, T. R.: Quasi-static solid particle damage in brittle solids, Part I: observations, analysis and implications. Acta Metall. 24 (1976) 939–956.
[261] Evans, A. G., Charles, E. A.: Fracture toughness determination by indentation. J. Am. Ceram. Soc. 59 (1976) 371–372.
[262] Petrovič, J. J., Mendiratta, M. G.: Prediction of fracture-surface energy from microhardness indentation in structural ceramics. J. Mater. Sci. 11 (1976) 973–976.

[263] Petrovič, J. J., Mendiratta, M. G.: Fracture from controlled surface flaws. In: Freiman, S. W. (Hrsg.) Fracture Mechanics Applied to Brittle Materials. ASTM STP Bd. 678 (1979) 83–102.
[264] Petrovič, J. J.: Effect of indenter geometry on controlled-surface-flaw fracture toughness. J. Am. Ceram. Soc. 66 (1983) 277–283.
[265] Palmquist, S.: Rissbildungsarbeit bei Vickers-Eindrücken als Maß für die Zähigkeit von Hartmetallen. Arch. Eisenhüttenwesen 33 (1962) 629–634.
[266] Dawihl, W., Altmeyer, G. A.: On the determination of the resistance to working on heat-resistant materials, in particular of hard metal, using the work of crack initiation. Z. Metallkde. 55(5) (1964) 231–237.
[267] Miranzo, P., Moya, J. S.: Elastic-plastic indentation in ceramics: a fracture toughness determination method. Ceram. Int. 10 (1984) 147–152.
[268] Binner, J. G. P., Stevens, R.: The measurement of toughness by indentation. Trans. Brit. Ceram. Soc. 84 (1985) 168–172.
[269] Niihara, K., Morena, R., Hasselman, D. P. H.: Evaluation of Klc of brittle solids by the indentation method with low crack-to-indent ratios. J. Mater. Sci. Lett. 1 (1982) 13–16.
[270] Govila, R. K.: Cleavage fracture of VC monocrystals. Acta Metall. 20(2) (1972) 447–457.
[271] Petrovič, J. J., Jacobson, L. A.: The strength of silicon nitride after exposure to different environments. In: Burke, J. J., Gorum, A. E., Katz, R. N. (Hrsg.) Ceramics of High Performance Applications. Chestnut Hill, Mass.: Brook Hill Publ. (1974) 397–414.
[272] Chantikul, P., Anstis, G. R., Lawn, B. R., Marshall, D. B.: A critical evaluation of indentation techniques for measuring fracture toughness, II: strength method. J. Am. Ceram. Soc. 64 (1981) 539–543.
[273] Marshall, D. B., Lawn, B. R.: Residual stress effects in sharp contact cracking, Part 1: indentation fracture mechanics. J. Mater. Sci. 14 (1979) 2001–2012.
[274] Marshall, D. B., Lawn, B. R., Chantikul, P.: Residual stress effects in sharp contact cracking: II. J. Mater. Sci. 14 (1979) 2225–2235.
[275] Warren, R., Johannesson, B.: Creation of stable cracks in hard metals using 'bridge' indentation. Powder Metall. 27 (1984) 25–29.
[276] Nose, T., Fujii, T.: Evaluation of fracture toughness for ceramic materials by a single-edge-precracked-beam method. J. Am. Ceram. Soc. 71 (1988) 328–333.
[277] Quinn, J. B., Sundar, V., Lloyd, I. K.: Influence of microstructure and chemistry on the fracture toughness of dental ceramics. Dent. Mater. 19 (2003) 603–611.
[278] Tschegg, E. K.: New equipments for fracture tests on concrete. Materialprüfung 33 (1991) 338–342.
[279] Teschegg, E. K.: Test method for the determination of fracture mechanic properties. Österreichisches Patent Nr. A233/86 390 328 (1986).
[280] Harmuth, H.: Stability of crack propagation associated with fracture energy determined by wedge splitting specimen. Theor. Appl. Fract. Mech. 23 (1995) 103–108.
[281] Harmuth, H., Rieder, K. A., Krobath, M., Tschegg, E. K.: Investigation of the nonlinear fracture behaviour of ordinary ceramic refractory materials. Mat. Sci. Eng. A 214(1–2) (1996) 53–61.
[282] Rieder, K. A., Tschegg, E. K., Harmuth, H.: Notch sensitivity of ordinary ceramic refractory materials. J. Mater. Sci. Lett. 17 (1998) 675–678.
[283] Swain, M. V.: R-curve-behaviour in ceramic materials. In: Sõmiya, S. (Hrsg.) Adv. Ceramics II. Barkin, Essex: Elsevier Appl. Science (1988) 45–67.
[284] Grathwohl, G., Liu, T.: Crack resistance and fatigue of transforming ceramics II, CeO_2-stabilized tetragonal ZrO_2. J. Am. Ceram. Soc. 74 (1991) 3028–3034.
[285] Kendall, K., Alford, M..McN., Tan, R. S., Birchall, J. D.: Influence of toughness on Weibull modulus of ceramic bending strength. J. Mater. Res. 1(1) (1986) 120–123.
[286] Cook, R. F., Clarke, D. R.: Fracture stability, R-curves and strength variability. Acta Metall. 36(3) (1988) 555–562.

[287] Proß, J.: Unterkritisches Risswachstum in gefügeverstärkten Keramiken. Dissertation, MPI-Metallforschung, Universität Stuttgart, 1992.
[288] Kleinlein, F. W.: Langsame Rissausbreitung in spröden Werkstoffen im Biegeversuch. Dissertation, Friedr.-Alexander-Universität Erlangen-Nürnberg, 1980.
[289] Anderson, R. M., Braun, L. M.: Technique for the R-curve determination of Y-TZP using indentation-produced flaws. J. Am. Ceram. Soc. 73(10) (1990) 3059–3062.
[290] Krause, R. F. Jr.: Rising fracture toughness from the bending strength of indented alumina beams. J. Am. Ceram. Soc. 71(5) (1988) 338–343.
[291] Becher, P. F., Rose, L. R. F.: Toughening mechanisms in ceramic systems. In: Swain, M. (Hrsg.) Materials Science and Technology, Vol. 11. Weinheim: Wiley-VCH (1994) 568–627.
[292] Swain, M.: Strategies for strengthening and toughening very hard materials. J. Hard Mater. 2(1–2) (1991) 139–154.
[293] Faber, K. T., Evans, A. G.: Crack deflection processes – I. Theory. Acta Metall. 31(4) (1983) 565–576, II. Experiment. Acta Metall. 31(4) (1983) 577–584.
[294] Lange, F. F.: The interaction of a crack front with a second-phase dispersion. Philos. Mag. 22(179) (1979) 983–992.
[295] Sack, R. A.: Extension of Griffith's theory of rupture to three dimensions. Proc. Phys. Soc. 58 (1946) 729–736.
[296] Green, D. J., Nicholson, P. S., Embury, J. D.: Fracture of a brittle particulate composite, II. Theory. J. Mat, Sci. 14(7) (1979) 1657–1661.
[297] Bansal, P. P., Ardell, A. J.: Average nearest-neighbor distances in uniformly distributed finite particles. Metallography 5 (1972) 97–111.
[298] Paris, R. C., Sih, G. C.: Stress analysis of cracks. ASTM Spec. Tech. Publ. 381 (1965) 30–81.
[299] Evans, A. G.: The strength of brittle materials containig second phase dispersions. Philos. Mag. 16 (1972) 1327–1334.
[300] Weiss, V.: Notch analysis of fracture. In: Kiebowitz, H. (Hrsg.) Fracture – An Advanced Treatise. New York: Academic Press 111 (1971) 227. Siehe auch: Weiss, V.: Recent Advances in Notch Analysis of Fracture and Fatigue. Ingenieurarchiv 45 (1976) 281–298.
[301] Becher, P. F.: Microstructural design of toughened ceramics. J. Am. Ceram. Soc. 74(2) (1991) 255–269.
[302] Eshelby, J. D.: The determination of the elastic field of an ellipsoidal inclusion, and related problems. Proc. R. Soc. London A 241 (1957) 376–396.
[303] Eshelby, J. D.: Elastic Inclusions and Inhomogeneities. Progress in Solid Mechanics 2. New York: Sneddon & Hill (1961) 89–139.
[304] Weyl, D. L.: Influence of internal strains on the texture and mechanical strength of porcelains. Ber. Dtsch. Keram. Ges. 36 (1959) 319–324.
[305] Mori, T., Tanaka, K.: Average stress in matrix and average elastic energy of materials with misfitting inclusions. Acta Metall. 21 (1973) 571–573.
[306] LyNgoc, D.: Gefügeverstärkung von SiC-Keramiken, Dissertation, MPI-Metallforschung, Universität Stuttgart, 1988.
[307] Fendler, E.: Gefügeverstärkung von Borkarbid, Dissertation, MPI-Metallforschung, Universität Stuttgart, 1993.
[308] Barsoum, M. W.: The MN+1AXN-phases: a new class of solids. Thermodynamically stable nanolaminates. Prog. Solid State Chem. 28 (2000) 201–281.
[309] Barsoum, M. W., Radovič, M.: Mechanical properties of the MAX-phases. In: Encyclopedia of Materials: Science and Technology. Amsterdam: Elsevier (2004) 1–16.
[310] Davidge, R. W., Green, T. J.: The strength of two phase ceramic/glass materials. J. Mater. Sci. 3 (1968) 629–634.
[311] Rice, W. R., Pohanca, R. C.: Grain-size dependence of spontaneous cracking in ceramics. J. Am. Ceram. Soc. 62 (1979) 11–12.

[312] Krstič, V. D.: Grain-size dependence of fracture stress in anisotropic brittle solids. J. Mater. Sci. Technol. 23 (1988) 259–266.
[313] Green, D. J.: Stress-induced microcracking at second-phase inclusions. J. Am. Ceram. Soc. 64(3) (1981) 138–141.
[314] Rühle, M., Claussen, N., Heuer, A. H.: Transformation and microcrack toughening as complementary process in ZrO_2-toughened Al_2O_3. J. Am. Ceram. Soc. 69 (1986) 195–197.
[315] Rühle, M., Evans, A. G., McMeeking, R. M., Charalambides, P. G., Hutchinson, J. W.: Microcrack toughening in alumina/zirconia. Acta Metall. 35(11) (1987) 2701–2710.
[316] Cai, H., Moran, B., Faber, K. T.: Analysis of a microcrack prototype and its implication for microcrack toughening. J. Am. Ceram. Soc. 74(7) (1991) 1689–1695.
[317] Cai, H., Cu, W. H., Faber, K. T.: Microcrack toughening in a SiC–TiB_2 composite. In: Proc. Am. Soc. Compos. Lancaster, Pennsylv.: Technomic Publishing Co. (1990) 892–901.
[318] Case, E. D., Smyth, J. R., Hunter, O.: Microcracking in large-grain Al_2O_3. J. Mat. Sci. Eng. 51(2) (1981) 175–179.
[319] Claussen, N., Steeb, J., Pabst, R. F.: Effect of induced microcracking on the fracture toughness of ceramics. Am. Ceram. Soc. Bull. 56 (1977) 559–562.
[320] Sigl, L. S., Kleebe, H.-J.: Microcracking in B_4C–TiB_2 composites. J. Am. Ceram. Soc. 78(9) (1995) 2374–2380.
[321] Evans, A. G., Fu, Y.: Some effects of microcracks in the mechanical properties of brittle solids – II. Microcrack toughening. Acta Metall. 33(8) (1985) 1525–1531.
[322] Gessing, G. C., Bradt, R. C.: A microcracking model for the effect of grain size on slow crack growth in polycrystalline Al_2O_3. In: Bradt, R. C. (Hrsg.) Fracture Mechanics of Ceramics, Vol. 5. New York: Plenum Press (1973) 569.
[323] Petzow, G., Claussen, N.: Zähigkeitsverbesserung von Sonderkeramiken. Radex-Rundschau (1977) 110–116.
[324] Claussen, N.: Erhöhung des Rißwiderstandes von Keramiken durch gezielt eingebrachte Mikrorisse. Ber. Dtsch. Keram. Ges. 4 (1977) 420–423.
[325] Evans, A. G., Zok, F. W.: The physics and mechanics of fibre-reinforced brittle matrix composites. Review. J. Mat. Sci. 29 (1994) 3857–3896.
[326] Evans, A. G., Zok, F. W.: Review: The physics and mechanics of fibre-reinforced brittle matrix composites. J. Mater. Sci. 29 (1994) 3857–3896.
[327] He, M. Y., Hutchinson, J. W.: Crack deflection at an interface between dissimilar elastic materials. Int. Solids Struct. 25 (1989) 1053–1067.
[328] Davis, J. B., Löfvander, J. P. A., Evans, A. G.: Fiber coating concepts for brittle–matrix composites. J. Am. Ceram. Soc. 76 (1993) 1249–1257.
[329] Sakai, M., Ichikawa, H.: Work-of-fracture of brittle materials with microcracking and crack bridging. Int. J. Fract. 55 (1992) 65–69.
[330] Kunz, M.: Ceramic matrix composites. cfi/Ber. Dtsch. Keram. Ges. 49(1) (1992) 18–22.
[331] Kunz, M.: Keramische Faserverbundwerkstoffe. cfi/Ber. Dtsch. Keram. Ges. 76(7) (1999) D8–D9.
[332] Schwetz, K. A., Schäfer, E., Telle, R.: Einfluß der Pulvereigenschaften auf die In-situ-Plateletverstärkung von LPS-SiC. cfi/Ber. Dtsch. Keram. Ges. 80(3) (2003) E40–E45.
[333] Schaumburg, H.: Keramik. Reihe: Werkstoffe und Bauelemente der Elektrotechnik. Bd. 5. Stuttgart: B.G. Teubner (1994).
[334] Moulson, A. J., Herbert, J. M.: Electroceramics. London: Chapman & Hall (1990).
[335] Kennedy, J. H.: The b-aluminas. In: Geller, S. (Hrsg.) Solid Electrolytes. Berlin, Heidelberg, New York: Springer (1977) 105–141.
[336] Rickert, H.: Feste Ionenleiter: Grundlagen und Anwendung. Angew. Chem. 90 (1978) 38–48.
[337] Bradley, J. N., Greene, P. D.: Solids with high ionic conductivity in group 1 halide systems. Trans. Faraday Soc. 63 (1967) 424–430.

[338] Steele, B. C. H.: Ion conducting ceramics. Sci. Ceram. 10 (1980) 655–668.
[339] Mahan, G. D., Roth, W. (Hrsg.): Superionic Conductors. New York: Plenum Press (1976).
[340] West, A. R.: Basic Solid State Chemistry, 2. Aufl. John Wiley & Sons (1999). 480 S.
[341] Tretyakov, Y. D.: Chemistry of solid phase materials with high ionic conductivity. Inorg. Mater. 15 (l979) 798–801.
[342] Rickert, H.: Einführung in die Elektrochemie fester Stoffe. Berlin, Heidelberg, New York: Springer (1973).
[343] Geller, S.: Solid Electrolytes. Berlin, Heidelberg, New York: Springer (1977).
[344] Kitazawa, K., Coble, R. L.: Electrical conduction in single-crystal and polycrystalline Al_2O_3 at high temperatures. J. Am. Ceram. Soc. 57 (1974) 245–250.
[345] Fischer, W. A., Ackermann, W.: Der Leitungsmechanismus im Aluminiumoxyd bei hohen Temperaturen. Arch. Eisenhüttenwes. 39 (1968) 273–276.
[346] Janke, D., Fischer, W. A.: Elektrische Eigenschaften oxidkeramischer Festelektrolyte bei Stahlschmelztemperaturen. Arch. Eisenhüttenwes. 48 (1977) 311–318.
[347] Yoo, H-I., Song, Ch-R.: Thermoelectricity of $BaTiO_{3+d}$. J. Electroceram. 6(1) (2001) 61–71.
[348] Tallan, N. M. (Hrsg.): Electrical Conductivity in Ceramics and Glass. Teile A, B. New York: Marcel Dekker (1974).
[349] Buckel, W., Kleiner, R.: Supraleitung. 6. Aufl. Weinheim: Wiley-VCH (2004) 479 S.
[350] Kresin, V. Z., Wolf, S. A.: Fundamentals of Superconductivity. New York: Plenum Press (1990).
[351] Bednorz, J. G., Müller, K. A.: Possible high T_c superconductivity in the barium-lanthanum-copper-oxygen system. Z. Phys. B, Condens. Matter 64(2) (1986) 189–193.
[352] Marouchkine, A.: Room-Temperature Superconductivity. Cambridge, GB: Cambridge Intern. Sci. Publ. (2004) 327 S.
[353] www.superconductors.org, Joe Eck, E. (Hrsg.), entnommen am 7.9.2017, noch aktuell am 29.08.2021 (Redaktionsschluss). Leider sind außer dieser Quelle keine Originalreferenzen recherchierbar.
[354] Cava, R. J.: Oxide superconductors. J. Am. Ceram. Soc. 83(1) (2000) 5–28.
[355] Nagamatsu, J., Nakagawa, N., Muranaka, T., Zenitani, Y., Akimitsu, J.: Superconductivity at 39 K in magnesium diboride. Nature 410(1) (2001) 63–64.
[356] Hecht, A.: Elektrokeramik, 2. Aufl. Berlin, Heidelberg, New York: Springer (1976).
[357] Blumenthal, R. N., Seitz, M. A.: Experimental techniques. In: Tallan, N. M. (Hrsg.) Electrical Conductivity in Ceramics and Glass. New York: Marcel Dekker (1974) Teil A, 35–178.
[358] DIN 40685: VDE-Bestimmung für keramische Isolierstoffe. Einteilung, Anforderungen, Typen, Prüfverfahren. Sept. 1974.
[359] McQuarrie, M.: Barium titanate and other ceramic ferroelectrics. J. Am. Ceram. Soc. 34 (1955) 169–172, 225–230, 256–260, 295–297, 328–331.
[360] Jonker, G. H.: Optimale keramische Struktur für verschiedene Anwendungen von Bariumtitanat. Ber. Dtsch. Keram. Ges. 44 (1967) 265–266.
[361] Heywangg, W.: Zusammenhänge zwischen Gefüge und elektrischen Eigenschaften ferroelektrischer Werkstoffe. Ber. Dtsch. Keram. Ges. 47 (1970) 674–679.
[362] Arlt, G., Hennings, D., de With, G.: Dielectric properties of fine-grained barium titanate ceramics. J. Appl. Phys. 58 (1985) 1619–1625.
[363] Smit, J., Wijn, H. P. J.: Ferrite. Eindhoven: Philips, (1962).
[364] Blasse, G.: Properties of magnetic compounds in connection with their crystal chemistry. In: Burke, J. E. (Hrsg.) Progress in Ceramic Science. Bd. 4. Oxford, London: Pergamon Press (1966) 134–193.
[365] Brockmann, F. G.: Magnetic ceramics: a review and status report. Am. Ceram. Soc. Bull. 47 (1968) 186–194.
[366] Standley, K. J.: Oxide Magnetic Materials, 2. Aufl. London: Oxford Univ. Press (1972).
[367] Heimke, G.: Keramische Magnete. Wien, New York: Springer (1976).

[368] Neel, L.: Propriétés magnétiques des ferrites: ferrimagnétisme et antiferromagnétisme. Ann. Phys. 3 (1948) 137–198.
[369] Guillaud, C.: Propriétés magnétiques des ferrites. J. Phys. Radium 12 (1951) 239–284.
[370] Jonker, G. H., van Santen, J. H.: Ferromagnetic compounds of manganese with perovskite structure. Physica 16 (1950) 337–349.
[371] Bertraud, F., Forret, F.: Structure des ferrites ferrimagnétiques des terres rares. C. R. Hebd. Séances Acad. Sci. 242 (1956) 382–384.
[372] Geller, S., Gilleo, M. A. (Hrsg.): Crystal structure and ferrimagnetism of yttrium–iron garnet, $Y_3Fe_2(FeO_4)_3$. J. Phys. Chem. Solids 3 (1957) 30–36.
[373] Went, J. J., Rathenau, G. W., Gorter, E. W., van Oosterhout, G. W.: Ferroxdure, eine Gruppe neuer Werkstoffe für Dauermagnete. Philips Tech. Rundsch. 13 (1951/52) 361–376.
[374] Jonker, G. H., Wijn, H. P. J., Braun, P. B.: Ferroxplana, hexagonale ferromagnetische Eisenoxidverbindungen für sehr hohe Frequenzen. Phillips Techn. Rundsch. 18 (1956/57) 249–258.
[375] Jonker, G. H.: Microstructure and physical properties of electro- and magneto-ceramic materials. Ber. Bunsenges 82 (1978) 321–323.
[376] Röss, E., Hanke, I.: Die Mikrostruktur hochpermeabler Ferrite und ihr Einfluß auf die magnetischen Eigenschaften. Z. Angew. Phys. 29 (1970) 225–234.
[377] Stuijts, A. L.: Microstructural considerations in ferromagnetic ceramics. In: Fulrath, R. M., Pask, J. A. (Hrsg.) Ceramic Microstructures: Their Analysis, Significance, and Production. New York: Wiley (1968) 443–474.
[378] Igarashi, H., Okazaki, K.: Effects of porosity and grain size on the magnetic properties of NiZn ferrite. J. Am. Ceram. Soc. 60 (1977) 51–54.
[379] Goldstein, A., Krell, A., Burshtein, Z.: Transparent Ceramics – Materials, Engineering and Application. Hoboken NJ: John Wiley & Sons (2020).
[380] Reichel, U., Notni, G., Duparée, A., Herold, V.: Advantages for optical applications with transparent polycrystalline ceramic materials. In: Wythers, M. C. (Hrsg.) Adv. Mat. Sci. Res. Hauppauge, New York: Nova Science Publ. (2016).
[381] Lipson, S. G., Lipson, H. S., Tannhauser, D. S.: Optik. Berlin: Springer (1997).
[382] Burri, C.: Das Polarisationsmikroskop. Basel: Springer (1950).
[383] Wahlstrom, E. E.: Optical Crystallography, 5. Aufl. New York: John Wiley & Sons (1979).
[384] Mandarino, J. A.: The Gladstone–Dale compatibility of minerals and its use in selecting mineral species for further study. Can. Mineral. 45 (2007) 1307–1324.
[385] Allen, R. D.: A new equation relating index of refraction and specific gravity. Am. Mineral. 41 (1956) 245–257.
[386] Batsanov, S. S.: Refractometry and Crystal Structure. New York: Consultants Bureau (1961).
[387] McConnell, D.: Crystal chemical calculations. Geochim. Cosmochim. Acta 39 (1967) 1479–1487.
[388] Telle, R., Petzow, G.: Light microscopy. In: Cahn, R. W., Haasen, P., Kramer, E. J. (Hrsg.) Materials Science and Technology, Band 2A, Kapitel 5. Weinheim: Verlag Chemie (1992) 357–422.
[389] Haertling, G. H., Land, C. E.: Hot-pressed (Pb, La) $(Zr, Ti)O_3$ ferroelectric ceramics for electrooptic applications. J. Am. Ceram. Soc. 54 (1971) 1–11.
[390] von Philipsborn, H.: Tafeln zum Bestimmen der Minerale nach äußeren Kennzeichen. Stuttgart: E. Schweitzerbart'sche Verlagsbuchhandlung Nägele und Obermiller (1967).
[391] Winchell, A. N.: Elements of Optical Mineralogy. Part I: Principles and Methods, 5. Aufl. New York, London: John Wiley & Sons (1961).
[392] Winchell, A. N.: Elements of Optical Mineralogy. Part III: Determinative Tables, 2. Aufl. New York, London: John Wiley & Sons (1962).

[393] Winchell, A. N., Winchell, H.: The Microscopical Characters of Artificial Inorganic Solid Substances. New York, London: Academic Press (1964).
[394] Endl, H., Hausner, H.: Optical properties of pure and doped aluminium oxide. Sci. Ceram. 10 (1980) 697–702.
[395] Berek, M.: Centralblatt für Mineralogie, Abteilung A 6 (1931) 198–209.
[396] Berek, M.: Neues Jahrbuch für Mineralogie, Abhandlungen, Beil. 64, Abteilung A (1931) 123–136.
[397] Berek, M.: Optical measuring methods under polarized illumination especially for the determination of ore minerals with a theory of the optics of absorbing crystals. I. Microscopic methods at normal incidence. Fortschr. Mineral. 22 (1937) 1–104.
[398] Berek, M., Claussen, C. H., Driesen, A., Rösch, S.: Anleitung zu optischen Untersuchungen mit dem Polarisationsmikroskop, 2. Aufl. Stuttgart: Schweizerbart'sche Verlagsbuchhandlung Erwin Nägele (1953).
[399] Cameron, E. N.: Ore Microscopy. New York: John Wiley and Sons (1961).
[400] Berek, M.: Die singulären optischen Richtungen (Windungsachsen) in belienig stark absorbierenden Kristalen rhombischer Symmetrie. Z. Kristallogr. 80(1–6) (1931) 18.
[401] Mo, C. M., Zhang, L., Yuan, Z.: Optical absorption of nanostructured alumina. Nanostruct. Mater. 5(1) (1995) 95–99.
[402] Zoltoarev, V. M.: High-temperature emissivity of SiC in the IR range. Opt. Spectrosc. 103(4) (2007) 592–602.
[403] Weber, J. K. R., Krishnan, S., Anderson, C. D., Nordine, P. C.: Spectral absorption coefficient from molten aluminum oxide from 0.385–0.780 µm. J. Am. Ceram. Soc. 78(3) (1995) 583–587.
[404] Weber, J. K. R., Nordine, P. C., Krishnan, S.: Effect of melt chemistry on spectral absorption coefficient of molten aluminum oxide. J. Am. Ceram. Soc. 78(11), (1995) 3067–3071.
[405] Tönshoff, K. H., Emmelmann, C., Byun, C. W.: Laserschweißen von technischer Keramik. Laser Optoelektron. 22 (1990) 3.
[406] von Alvensleben, F., Byun, C. W., Dannat, C.: Absorptionsmessung keramischer Werkstoffe in Abhängigkeit von der Temperatur. Keram. Z. 44(7) (1992) 446.
[407] Manara, J., Caps, R., Raether, F., Fricke, J.: Charakterisation of the pore structure of alumina ceramics by diffuse radiation propagation in the near infrared. Opt. Commun. 168 (1999) 237–250.
[408] Manara, J., Caps, R., Fricke, J.: Characterisation of the pore structure of ceramics via propagation of light and infrared radiation. Int. J. Thermophys. 26 (2005) 531–542.
[409] Lehrmanuskript der Universität Siegen, Inst. Chemie und Biologie.
[410] Doerbecker, K., Oel, H. J.: Optische Eigenschaften keramischer Glasuren. Ber. Dtsch. Keram. Ges. 45 (1968) 116–121, 478–482.
[411] Ikesue, A., Aung, Y. L., Taira, T., Kamimura, T., Yoshida, K., Messing, G. L.: Progress in ceramic lasers. Annu. Rev. Mater. Res. 36 (2006) 397–429.
[412] Peelen, J. G. J., Metselaar, R.: Light scattering by pores in polycrystalline materials: transmission properties of alumina. J. Appl. Phys. 45 (1974) 216–220.
[413] Peelen, J. G. J.: Relation between microstructure and optical properties of polycrystalline alumina. Sci. Ceram. 6(17) (1973) 1–13.
[414] Peelen, J. G. J.: Transparent hot pressed alumina. Ceram. Int. 5 (1979) 70–75, 115–119.
[415] Lutskaya, I. K.: Fluoreszenz von Zahnhartsubstanz und Füllungsmaterialien. ZMK, Zahnheilkd. Manag. Kult. 27(12) (2011) 808–812.
[416] Coble, R. L.: Transparent Alumina and Method of Preparation. US Patent 3.026.210, 20. März 1962.
[417] Chiang, Y.-M., Birnie, D. III., Kingery, W. D.: Physical Ceramics. Wiley–MIT Series in Materials Science & Engineering. New York (1997).

[418] Ikesue, A., Aung, Y.L., Lupei, V.: Ceramic Lasers. Cambridge University Press, Cambridge (2013)

[419] Hayashi, K., Kobayashi, O., Toyoda, S., Morinaga, K.: Transmission optical properties of polycrystalline alumina with submicron grains. Mater. Trans., JIM 32 (1991) 1024–1029.

[420] Krell, A., Blank, P., Ma, H., Hutzler, T., van Bruggen, M. P. B., Apetz, R.: Transparent sintered corundum with high hardness and strength. J. Am. Ceram. Soc. 86 (2003) 12–18.

[421] Krell, A., Blank, P., Ma, H., Hutzler, T., Nebelung, M.: Processing of high-density submicrometer Al_2O_3 for new applications. Am. Ceram. Soc. 86 (2003) 546–553.

[422] Noda, H., Kim, H. J.: Dependence of optical properties on annealing process of transparent nano-structured γ-Al_2O_3 ceramics. J. Ceram. Soc. Jpn. 110 (2002) 1062–1066.

[423] Krell, A., Hutzler, T., Klimke, Potthoff A, J.: Fine-grained transparent spinel windows by the processing of different nanopowders. J. Am. Ceram. Soc. 93 (2010) 2656–2666.

[424] Dombrowsky, L. A., Tagne, H. K., Bailis, D., Gremillard, L.: Near-infrared radiative properties of porous zirconis ceramics. Infrared Phys. Technol. 51 (2007) 44–53.

[425] Apetz, R., van Bruggen, M. P. B.: Transparent alumina: a light-scattering model. J. Am. Ceram. Soc. 86(3) (2003) 480–486.

[426] van Hulst, H. C.: Light Scattering by Small Particles. New York: Wiley & Sons, London: Chapman & Hall (1957) 470 S., New York: Dover, 1982.

[427] Smethurst, E., Banerjee, M., Budworth, D. W.: The preparation of transparent magnesia bodies. Trans. J. Brit. Ceram. Soc. 71 (1972) 45–53.

[428] Ikegami, T., Matsuda, S., Suzuki, H.: Effect of halide dopants on fabrication of transparent polycrystalline MgO. J. Am. Ceram. Soc. 57 (1974) 507.

[429] Ramisetty, M., Sastri, S., Kashalikar, U., Goldmann, L. M., Nag, N.: Transparent cubic spinells protect and defend. Am. Ceram. Soc. Bull. 92(2) (2013) 20–25.

[430] Chen, S., Wu, Y.: New opportunities for transparent ceramics. Am. Ceram. Soc. Bull. 92(2) (2013) 32–37.

[431] Klimke, J., Krell, A.: Optische Keramiken mit spezifisch eingestellter spektraler Transmission. Jahresbericht 2014/2015, Dresden: Fraunhofer-Institut für Keramische Technologien und Sinterwerkstoffe (2014) 90–91.

[432] Krell, A., Hutzler, Th., Klimke, J.: Transmission physics and consequences for materials selection, manufacturing, and applications. J. Eur. Ceram. Soc. 29(1) (2009) 207–221.

[433] Ready, J. F.: Laser–material-interactions. In: Handbook of Laser Materials Processing, 15. Aufl. Berlin: Springer (2001).

[434] Zhang, Z., Modest, M. F.: Temperature-dependent absorptances of ceramics for Nd: YAG and CO_2 laser processing applications. J. Heat Transf. 120(82) (1998) 322–327.

[435] Börner, F.-D., Lippmann, W., Hurtado, A.: Laser-joined Al_2O_3 and ZrO_2 ceramics for high-temperature applications. J. Nucl. Mater. 405 (2010) 1–8.

[436] Tsarkova, O. G., Garnov, S. V., Konov, V. I., Lubnin, E. N., Dausinger, F.: Thermal and optical properties of semitransparent ceramics: laser induced high temperature modifications. In: Proc. Laser Applications in Microelectronic and Optoelectronic Manufacturing, SPIE 3618 (1999) 198–207.

[437] Moiseev, S. S., Petrov, V. A., Stepanov, S. V.: Measurement of optical properties of highly scattering ceramic materials. Int. J. Thermophys. 11(3) (1990) 587–596.

[438] Wiedemann, G., Schmidt, F.: Über Lichtemission organischer Substanzen im gasförmigen, flüssigen und festen Zustand. Wiedemanns. Ann. Phys. 54 (1895) 604–612 bzw. Ann. Phys. 292 (1895) 18–26.

[439] Meyer, K., Obrikat, D., Rossberg, M.: Progress in triboluminescence of alkali halides and doped zinc sulfides. Z. Krist. Tech. 5(2) (1970) 181–205.

[440] Walton, A. J.: Triboluminescence. Adv. Phys. 26(6) (1977) 887–948.

[441] Thiessen, P. A., Meyer, K.: Tribolumineszenz bei Verformungsvorgängen fester Körper. Naturwiss. 57(9) (1970) 423–427.

[442] Nakayama, K., Hashimoto, H.: Triboemission of charged particles and photons from wearing ceramic surfaces in various gases. Tribol. Trans. 35(4) (1992) 643–650.

[443] Matsuzawa, T., Aoki, Y., Takeuchi, N., Murayama, Y.: A new long phosphorescent phosphor with high brightness: $SrAl_2O_4:Eu^{2+}$. J. Electrochem. Soc. 143 (1996) 2670.

[444] Chen, G., Niu, D., Liu, X.: Preparation of $SrAl_2O_4$ from an oxide mixture via a high-energy ball milling. J. Alloys Compd. 399(1–2) (2005) 280–283.

[445] Choi, S., Kim, N., Yun, Y., Choi, S.-C.: Photoluminescence properties of $SrAl_2O_4$ and $CaAl_2O_4$ long phosphorescent phosphors synthesized by an oxalate coprecipitation method. J. Ceram. Res. 7(1) (2006) 62–65.

[446] López, A., da Silva, M. G., Baggio-Saitovitch, E.: Luminescence of $SrAl_2O_4:Cr^{3+}$. J. Mater. Sci. 43 (2008) 464–468.

[447] Jia, D., Wu, B., Zhu, J.: Phase dependence of luminescent emission of Eu^{2+} doped $SrAl_2O_4$. Chin. Phys. Soc. 9(1) (2000) 69–74.

[448] Clabau, F., Rocquefelte, X., Jobic, S. u.a.M.: Mechanism of phosphorescence appropriate for the long-lasting phosphors Eu^{2+}-doped $SrAl_2O_4$ with codopants Dy^{3+} and B^{3+}. Chem. Mater. 17 (2005) 3904–3912.

[449] Eur. Patent EP 0 525 211 B1, DE 692 29 377 T2, „Lichtelement“ Dtsch. Patent- und Markenamt, 9.6.1999.

[450] Kim, J. S., Kibble, K., Kwon, Y. N., u.a.M.: Rate-equation model for the loading-rate-dependent mechanoluminescence of $SrAl_2O_4:Eu^{2+},Dy^{3+}$. Opt. Lett. 34(13) (2009) 1915–1917.

[451] Massazza, F.: The system $SrO–Al_2O_3$. Chim. Ind. 41 (1959) 108–115.

[452] Chander, H., Haranath, D., Shanker, V.: u.a.M.: Synthesis of nanocrystals of long persisting phosphor by modified combustion technique. J. Cryst. Growth 271(1–2) (2004) 307–312.

[453] Faridnia, B., Kashani Motlagh, M. M., Maghsoudipour, A.: Optimising synthesis conditions for long lasting $SrAl_2O_4$ phosphor. J. Pigment Resin Technol. 36(4) (2007) 216–223.

[454] Hasezaki, K., Kaneko, G., Yoshida, C., u.a.M.: Sintering and phosphorescent properties of strontium aluminate ($SrAl_2O_4$) phosphors by spark plasma sintering. J. Jpn. Soc. Powder Powder Metall. 53(6) (2006) 507–509.

[455] Sánchez-Benítez, J., de Andrés, A., Marchal, M., u.a.M.: Optical study of $SrAl_{1.7}B_{0.3}O_4$:Eu, R (R=Nd, Dy) pigments with long-lasting phosphorescence for industrial uses. J. Solid State Chem. 171 (2003) 273–277.

[456] Yaremehenko, A. A., Kharton, V. V., Avdeev, M., u.a.M.: Oxygen permeability, thermal expansion and stability of $SrCo_{0.8}Fe_{0.2}O_{3-\delta}$-$SrAl_2O_4$ composites. Solid State Ion. 178(19-20) (2007) 1205–1217.

[457] Yaremchenko, A. A., Kharton, V. V., Valente, A. A., u.a.M.: Methane oxidation over mixed-conducting $SrFe(Al)O_3–\delta$-$SrAl_2O_4$ composite. Phys. Chem. Chem. Phys. 9(21) (2007) 2744–2752.

[458] Chang, Y., Hsiang, H.: Phase evolution during formation of $SrAl_2O_4$ from $SrCO_3$ and α-Al_2O_3/AlOOH. J. Am. Ceram. Soc. 90(9) (2007) 2759–2765.

[459] Kostova, M., Zollfrank, C., Batentschuk, M., u.a.M.: Bioinspired design of $SrAl_2O_4:Eu^{2+}$ phosphor. Adv. Funct. Mater. 19(4) (2008) 599–603.

[460] Kamada, M., Murakami, J., Ohno, N.: Excitation spectra of a long-persistent phosphor $SrAl_2O_4$: Eu, Dy in vacuum ultraviolet region. J. Lumin. 87–89 (2000) 1042–1048.

[461] Douy, A., Capron, M.: Crystallisation of spray-dried amorphous precursors in the $SrO–Al_2O_3$ system: a DSC study. J. Eur. Ceram. Soc. 23(12) (2003) 2075–2081.

[462] Shi, W. S., Yamada, H., Nishikubo, K., u.a.M.: Stabilization of β-$SrAl_2O_4$ with Eu prepared by spray pyrolysis. Mater. Res. Soc. Symp. Proc. 755 (2003) 401–406.

[463] Shimao, K., Hosaka, N., Shim, K. B., u.a.M.: Preparation of $SrAl_2O_4$ system fluorescent ceramics using hydroxide as a starting material. J. Ceram. Soc. Jpn. 114(1329) (2006) 395–398.
[464] Nguyen, M. S., Le Thi, T. V., Le Van, K. B., Nguyen, N. T.: Synthesis of $SrAl_2O_4$:Eu^{2+}·Dy^{3+} phosphorescence nanosized powder by combustion method and its optical properties. J. Phys. Conf. Ser. 187 (2009) 012017.
[465] Sankara, R., Rao, G. V.: Eu^{3+} luminescence, Ce^{4+}-Eu^{3+} energy transfer, and white-red light generation in Sr_2CeO_4. J. Electrochem. Soc. 147(7) (2000) 2773–2779.
[466] Palilla, F. C., Levine, A. K.: YVO_4:Eu: a highly efficient, red-emitting phosphor for high-pressure mercury lamps. Appl. Opt. 5(9) (1966) 1467.
[467] Yen, W. M., Shionoga, S., Yamamoto, H. (Hrsg.): Phosphor Handbook, 2. Aufl. Boca Raton, Florida: CRC Press Taylor & Francis Group (2006) 1052.
[468] Poirier, J., Rigaud, M. (Hrsg.): Corrosion of Refractories Vol. 2A – The Fundamentals. Fire Compendium Series. Baden-Baden: Göller-Verlag (2019) 454 S.
[469] Poirier, J., Rigaud, M. (Hrsg.): Corrosion of Refractories Vol. 2B – Testing and Characterization Methods. Fire Compendium Series Baden-Baden: Göller-Verlag (2020) 280 S.
[470] Poirier, J., Gaubil, M., Rigaud, M. (Hrsg.): Corrosion of Refractories Vol. 2C – The Fundamentals. Fire Compendium Series. Baden-Baden: Göller-Verlag (2020) 440 S.
[471] Chase, M. W., Davies, C. A., Downey, J. R., Frurip, D. J., McDonald, R. A., Syverud, A. N.: JANAF thermochemical tables. J. Phys. Chem. Ref. Data. New York (1985).
[472] Knacke, O., Kubaschewski, O., Hesselmann, K.: Thermochemical Properties of Inorganic Substances, 2. Aufl. Berlin, Heidelberg u.a.O.: Springer (1991).
[473] Eriksson, G., Hack, K.: ChemSage – a computer program for the calculation of complex chemical equilibria. Metall. Trans. B 21B (1990) 1013–1023.
[474] Nickel, K. G., Quirmbach, P.: Gaskorrosion nichtoxidischer keramischer Werkstoffe. In: Technische Keramische Werkstoffe. Köln: Verlag Dtsch. Wirtschaftsdienst (1991), Kap. 5.4.1.1.
[475] Deal, B. E., Grove, A. S.: General relationship for the thermal oxidation of silicon. J. Appl. Phys. 36(12) (1965) 3770–3778.
[476] Turkdogan, E. T., Grieveson, P., Darken, L. S.: Enhancement of diffusion limited rates of vaporization of metals. J. Phys. Chem. 67(8) (1963) 1647–1654.
[477] Wagner, C.: Passivity during the oxidation of silicon at elevated temperatures. J. Appl. Phys. 29(9) (1958) 1295–1297.
[478] Tressler, R. E., McNallan, M.: Corrosion and Corrosive Degradation of Ceramics. Westerville, Ohio: The Amer. Ceram. Soc. (1990).
[479] Fehlner, F. P.: Low-Temperature Oxidation – The Role of Vitreous Oxides. New York, Chichester, Brisbane, Toronto, Singapore: John Wiley & Sons (1986).
[480] Blachere, J. R., Pettit, F. S.: High Temperature Corrosion of Ceramics. Park Ridge, NJ: Noyes Data Corp. (1989).
[481] Gogotsi, Y. G., Lavrenko, V. A.: Corrosion of High-Performance Ceramics. Berlin, Heidelberg, New York: Springer (1992).
[482] Cark, D. E., Zoitos, B. K.: Corrosion of Glass, Ceramics and Ceramic Superconductors – Principles, Testing, Characterization and Applications. Park Ridge, NJ: Noyes Data Corp. (1992).
[483] Telle, R., Quirmbach, P. (Hrsg.): Korrosion und Verschleiß von keramischen Werkstoffen, Kombinierte Belastungsfälle als Anwendungsgrenze. Köln: Dtsch. Keram. Ges. (1994).
[484] Frischat, G. H.: Korrosion. In: Handbuch der Keramik. Freiburg i. Br.: Verlag Schmid (1974), III P, 1–8.
[485] McCauley, R. A.: Corrosion of Ceramics. New York, Basel, Hong Kong: Marcel Dekker (1995).
[486] Brückner, R.: Die zu Erosionen an Modellsubstanzen und feuerfesten Stoffen führenden Grundmechanismen der Grenzfächenkonvektion. Glastech. Ber. 40(12) (1967) 451–462.

[487] Pötschke, J., Deinert, T.: The corrosion of refractory castables. Interceram, Refractories Manual (2005) 6–10.
[488] Pötschke, J., Simmat, R.: The wear of refractories by glass melts due to marangoni convection. Stahl und Eisen special. In: Proc. 49th Int. Coll. Refr., Sept. 2005 Düsseldorf: Verlag Stahleisen, (2005) 113–117.
[489] Thönnißen, M., Telle, R.: Wie Goldtropfen Löcher bohren – Korrosionserscheinungen an feuerfesten Steinen in Glaswannen. In: Petzow, G. (Hrsg.) Fortschritte in der Metallographie. Sonderbände der Prakt. Metallogr., Bd. 38. Frankfurt: Werkstoffinformationsges (2006) 495–502.
[490] Nickel, K. G.: Corrosion of Advanced Ceramics – Measurement and Modelling. Dordrecht, Boston, London: Kluwer Academic Publishers (1994).
[491] Quirmbach, P., Schäfer, U., Nickel, K. G., Petzow, G.: Destruktionsmechanismen bei der Hochtemperaturgaskorrosion von SSiC. In: Sonderbände der Praktischen Metallographie 25. München: Carl Hanser (1994).
[492] Föhl, J.: Grundvorstellungen über Reibungs- und Verschleißprozesse. In: Zum Gahr, K. H. (Hrsg.) Reibung und Verschleiß bei metallischen und nichtmetallischen Werkstoffen. Oberursel: DGM-Informationsges (1986) 21–63.
[493] Czichos, H., Habig, K.-H.: Tribologie-Handbuch – Reibung und Verschleiß, 2. Aufl. Wiesbaden: Friedrich Vieweg & Sohn (2003) 666 S.
[494] Czichos, H., Habig, K. H., Celis, J.-P., u.w.M.: Tribologie-Handbuch: Tribometrie, Tribomaterialien, Tribotechnik, 3. Aufl. Wiesbaden: Springer (2010) 759 S.
[495] Archard, J. F.: Contact and rubbing of flat surface. J. Appl. Phys. 24(8) (1953) 981–988.
[496] Reye, Th.: Zur Theorie der Zapfenreibung. Z. Der Civilingenieur 4 (1860) 235–255.
[497] Harris, C. K., Broussard, J. P., Keska, J. K.: Determination of Wear in a Tribo-System. ASEE Gulf-Southwestern Annual Conf. Lafayette: The Amer. Soc. Eng. Education (2002).
[498] Woydt, M.: Tribologie keramischer Werkstoffe – Grundlagen – Werkstoffentwicklungen - Industrielle Anwendungsbeispiele, Kontakt & Studium, Band 605 Bartz, W.J. (Hrsg.) Ehningen: Expert-Verlag (2001) 218 S.
[499] Teichmann, J., Schreier, W., Segre, M.: Experimente die Geschichte machten. München: Bayerischer Schulbuch-Verlag (1995) 221 S.
[500] Hornbogen, E.: Werkstoffe – Aufbau und Eigenschaften von Keramik, Metallen, Polymer- und Verbundwerkstoffe, 9. Aufl. Berlin, Heidelberg: Springer (1973) 2006.
[501] Zum Gahr, K. H.: Metallische und keramische Werkstoffe. In: Zum Gahr, K. H. (Hrsg.) Reibung und Verschleiß bei metallischen und nichtmetallischen Werkstoffen. Oberursel: DGM-Informationsges (1986).
[502] Neumann, P.: Tribologische Eigenschaften anorganischer Gläser und Glaskeramiken auf Cordieritbasis, Dissertation, Universität Karlsruhe, 1966.
[503] Neumann, P., Zum Gahr, K. H.: Influence of liquid media on oscillating sliding wear of cordierite glass and cordierite ceramics. cfi/Ber. Deut. Keram. Ges. 73 (1996) 229–235.
[504] Habig, K.-H., Woydt, M.: High temperature sliding friction and wear of silicon infiltrated silicon carbide. In: Ludema, K. C. (Hrsg.): Wear of Materials. New York: Amer. Soc. Mechan. Eng. (1989).
[505] Habig, K.-H., Woydt, M.: Sliding friction and wear of Al_2O_3, ZrO_2, SiC, and Si_3N_4. In: Holmberg, K., Nieminen, I. (Hrsg.) Proc. 5th Int. Congr. Tribology, Bd. 3, Espoo, Finland, (1989).
[506] Habig, K.-H.: Tribologisches Verhalten von Ingenieur-Keramik. Ingenieur-Werkstoffe 1(11–12) (1987) 78–83.
[507] Woydt, M., Habig, K.-H.: High temperature tribology of ceramics. Tribol. Int. 22(2) (1989) 75–88.

[508] Woydt, M.: Reibung und Verschleiß von Zirkonoxidgleitpaarungen in Abhängigkeit von Temperatur und Geschwindigkeit, Dissertation, TU Berlin, 1989.
[509] Gates, R. S., Hsu, M., Klaus, E. E.: Tribochemical mechanisms of alumina with water. Tribol. Trans. 32(3) (1989) 357–363.
[510] Gee, M. G.: The formation of aluminium hydroxide in the sliding wear of alumina. Wear 153(1) (1992) 201–227.
[511] Gee, M. G., Jennett, N. M.: High-resolution characterisation of tribochemical films on alumina. Wear 193(2) (1995) 133–145.
[512] Olofsson, J., Bexel, U., Jacobson, S.: Tribofilm formation of lightly loaded self-mated alumina contacts. Wear 289 (2012) 39–45.
[513] Woydt, M., Kadooro, J., Habig, K. H., Hausner, H.: Unlubricated sliding behavior of various zirconia-based ceramics. J. Eur. Ceram. Soc. 7(3) (1991) 135–145.
[514] Kuhlmann-Wilsdorf, D.: Temperatures at interfacial contact spots: dependence on velocity and on role reversal of two materials in sliding contact. J. Tribol. 109 (1987) 321–329.
[515] Griffioen, J. A., Bair, S., Winer, W. O.: Infrared surface temperature measurements in a sliding ceramic–ceramic contact. In: Dowson, D., Taylor, C. M., Godet, M., Berthé, D. (Hrsg.) Mechanisms and Surface Distress. Proc. 12th Leeds-Lyon Symp. 1985. Guildford: Butterworth (1985) 238–251.
[516] Skopp, A., Woydt, M.: Charakterisierung des tribologischen Verhaltens von keramischen Gleitpaarungen mit moderner Oberflächentechnik. Z. Materialwiss. U. Werkstofftechnik 22 (1991) 289–300.
[517] Bundschuh, W., Zum Gahr, K. H.: Influence of porosity on friction and sliding wear of tetragonal zirconia polycrystals. Wear 151 (1991) 175–191.
[518] Skopp, A., Woydt, M., Habig, K.-H.: Unlubricated sliding friction and wear of various Si_3N_4-pairs between 22°C and 1000°C. Tribol. Int. 23(3) (1990) 189–199.
[519] Miyoshi, K., Buckley, D. H.: Friction and wear behavior of single-crystal silicon carbide in sliding contact with various metals. ASLE Trans. 22(3) (1980) 245–256.
[520] Zum Gahr, K. H.: Microstructure and Wear of Materials, Tribology Series 10, Amsterdam: Elsevier (1987).
[521] Telle, R., Op de Hipt, M.: Bruch und plastische Verformung bei der Hartbearbeitung von Sonderkeramiken. In: Telle, R., Quirmbach, P. (Hrsg.) Korrosion und Verschleiß von keramischen Werkstoffen, Kombinierte Belastungsfälle als Anwendungsgrenze. Köln: Dtsch. Keram. Ges (1994) 298–313.
[522] Zum Gahr, K. H.: Tribologie: Reibung–Verschleiß–Schmierung. Naturwissenschaften 72 (1985) 260–267.
[523] Lörcher, R., Telle, R., Petzow, G.: Influence of mechanical and tribochemical properties on the wear behaviour of advanced ceramics. In: Proc.3rd Int. Conf. Sci. Hard Mat., Nassau (Bahamas) 1987, Mat. Sci. Eng. A 105/196 (1988) 117–123.
[524] Joffé, A., Kirpitschewa, M. W., Lewitsky, M. A.: Deformation und Festigkeit der Kristalle. Z. Phys. 22 (1924) 286–302.
[525] Rehbinder, P. A.: Verminderung der Ritzhärte bei Adsorption grenzflächenaktiver Stoffe. Sklerometrie und Physik disperser Systeme. Z. Phys. 72 (1931) 191–205.
[526] von Engelhardt, W.: Schleiffestigkeit und Grenzflächenenergie fester Stoffe. Naturwissenschaften (1946) 195–203.
[527] Rehbinder, P. A., Shchukin, E. D.: Surface phenomena in solids during deformation and fracture processes. Prog. Surf. Sci. 3(2) (1972) 97–104.
[528] Andrade, E. N. C., Randall, R. F. Y., Makin, M. J.: The Rehbinder effect. Proc. Phys. Soc. B 63(12) (1950) 990–995.
[529] Malkin, A.: Regularities and mechanisms of the Rehbinder's effect. Colloid J. 74(2) (2012) 223–238.

[530] Uetz, H., Föhl, J.: Einfluss grenzflächenaktiver Dämpfe auf das Verhalten von Stahl bei Gleitreibung. Schmiertech. Tribol. 5 (1971) 183–188.
[531] Lange, J., Ostermeyer, G.: The Effect of Metal Pickup to the Friction Interfaces. SAE Technical Paper 2011-01-2348 (2011), 11 Seiten.
[532] Kamada, Sh., Inada, K.: Effect of titanates in low steel formulation: prevention of metal pickup growth. SAE Int. (2012) 221.
[533] Ertl, G.: Kinetics of chemical processes on well-defined surfaces. In: Anderson, J. R., Boudard, M. (Hrsg.) Catalysis. Berlin, Heidelberg: Springer (1983) 209–282.
[534] Mori, S.: Adsorption of benzene on the fresh steel surface formed by cutting und high-vacuum. Appl. Surf. Sci. 27 (1987) 401–410.
[535] Mori, S., Kaewada, T., Xu, W. C.: Tribochemical decomposition of fomic acid on the nascent surfaces of steel formed by scratching. Appl. Suf. Sci. 108 (1997) 391–397.
[536] El-Shall, H., Somasudaran, P.: Physico-chemical aspects of grinding: a review of use of additives. Powder Technol. 38 (1984) 275–293.
[537] Hasegawa, M., Kimata, M., Shimane, M., Shoji, T., Tsuruta, M.: The effect of liquid additives on dry ultrafine grinding of quartz. Powder Technol. 114(1–3) (2001) 145–151.
[538] Hasegawa, M., Kimata, M., Yaguchi, M.: Effect and behavior of liquid additive molecules in ultrafine dry grinding of limestone. J. Soc. Powder Technol. Jpn. 42(3) (2005). 178–184.
[539] Habig, K.-H.: In: Bartz, W. J. (Hrsg.) Tribologisches Verhalten keramischer Werkstoffe – Grundlagen und Anwendungen. Kontakt & Studium, Bd. 431. Ehningen: Expert-Verlag (1993) 222 S.
[540] Smith, E. A.: Graphite and boron nitride: aspects of structure, powder size, powder shape and purity. Powder Metall. 14 (1972) 110–123.
[541] Rudolph, S., Klein, F.: Untersuchungen zum Einsatz von Bornitrid in Gießereischlichten zum Vergießen von Aluminium- und Magnesium-Legierungen. Gießerei-Praxis 6 (1992) 81–84.
[542] Blok, H.: Theoretical study of temperature rise at surfaces of actual contact under oilliness lubricating conditions. Proc. General Discussion on Lubrication and Lubricants. Inst. Mechan. Eng. (1937) 222–235.
[543] Jaeger, J. C.: Moving sources of heat and the temperature at sliding contacts. Proc. R. Soc. N.S.W. 76 (1942) 361–366.
[544] Holm, R.: Calculation of the temperature development in a contact heated in the contact surface, and application to the problem of the temperature rise in a sliding contact. J. Appl. Phys. 19 (1948) 361–366.
[545] Archard, J. F.: The temperature of rubbing surfaces. Wear 2 (1958) 438–455.
[546] Kuhlmann-Wilsdorf, D.: Demystifying flash temperatures, I: analytical expressions based on a simple model. J. Mat. Sci. Eng. 93 (1987) 107–118.
[547] Kuhlmann-Wilsdorf, D.: Demystifying flash temperatures, II: first-order approximation for plastic contact spots. J. Mat. Sci. Eng. 93 (1987) 119–133.
[548] Tian, X., Kennedy, F. E.: Maximum and average flash temperatures in sliding contacts. ASME J. Tribol. 116 (1994) 167–174.
[549] Kloß, H., Woydt, M.: Prediction of tribological limits in sliding contacts: flash temperature calculations in sliding contacts and material behavior. J. Tribol. 138(3) (2016) 031403, 11 S.
[550] Suzuki, S., Kennedy, F. E.: The detection of flash temperatures in a sliding contact by the method of tribo-induced thermoluminescence. Trans. Am. Soc. Mech. Eng. 113 (1991) 120–127.
[551] Curry, A. C., Shih, A. J., Kong, J., Scattergood, R. O., McSpadden, S. B.: Grinding temperature measurements in magnesia-partially stabilized zirconia using infrared spectrometry. J. Am. Ceram. Soc. 86(2) (2003) 333–341.
[552] Barceinas-Sánchez, J. D., Rainforth, W. M.: On the role of plastic deformation during the mild wear of alumina. Acta Mater. 46(18) (1998) 6475–6483.

[553] Inkson, B. J.: Dislocations and twinning activated by the abrasion of Al_2O_3. Acta Mater. 48(8) (2000) 1883–1895.

[554] Klaffke, D.: Fretting wear of ceramic-steel: the importance of wear ranking criteria. Wear 104 (1985) 337–343.

[555] Klaffke, D.: Schwingungsverschleiß keramischer Hartstoffe. In: Werkstofftechnisches Symposium „Reibung und Verschleiß", Bad Nauheim, 27.–28.2.1986. Frankfurt: DGM Informationsges (1986) 171–181.

[556] Zum Gahr, K. H. (Hrsg.): Reibung und Verschleiß bei metallischen und nichtmetallischen Werkstoffen. Oberursel: DGM Informationsges, Verlag (1986) 383 S.

[557] Zum Gahr, K.-H., Zimmerlin, B., Telle, R., Park, S.-H.: Einfluß der Korngröße auf mechanische Eigenschaften und den ungeschmierten, reversierenden Gleitverschleiß von Al_2O_3-Keramik. Z. Materialwiss. Werkstofftechnik 23 (1992) 329–338.

[558] Rahaman, M. N., Yao, A., Bal, B. S., Garino, J. P., Ries, M. D.: Ceramics for prosthetic hip and knee joint replacement. J. Am. Ceram. Soc. 90(7) (2007) 1965–1988.

[559] Lange, D., Holleck, H.: Verschleißfeste Werkstoffe auf Borcarbidbasis. Proc. 11th Int. Plansee-Conf. HM 50 (1985) 747.

[560] Brevier Technische Keramik. Selb: Bundesverband der keramischen Industrie e.V., Informationszentrum Technische Keramik, 2003.

[561] Moore, M. A., King, F. S.: Abrasive wear of brittle solids. Wear 69 (1980) 123–140.

[562] Dimond, C. R., Kirk, J. N., Briggs, J.: The evaluation of existing models for impact, erosion and abrasive wear of ceramic materials. In: Proc. Int. Conf. Wear Materials, Reston,Virginia, 11.–14. April 1983. (1983) 333–339.

[563] Evans, A. G., Marshall, D. B.: Wear mechanisms in ceramics. In: Rigney, D. A. (Hrsg.) Fundamentals of Friction and Wear of Materials. Cleveland, Ohio: Amer. Soc. Met. (1981).

Stichwortverzeichnis

https://doi.org/10.1515/9783110742374-011